Wilfried Staudt

AF834085

Kraftfahrzeugmechatronik

Lernfelder 1 bis 4

1. Auflage

Bestellnummer 04830

Bildungsverlag EINS

Haben Sie Anregungen oder Kritikpunkte zu diesem Produkt?
Dann senden Sie eine E-Mail an 04830_001@bv-1.de
Autor und Verlag freuen sich auf Ihre Rückmeldung.

www.bildungsverlag1.de

Bildungsverlag EINS GmbH
Hansestraße 115, 51149 Köln

ISBN 978-3-427-**04830**-5

Hinweise für Benutzer

Im Jahr 2013 haben Vertreter von Handwerk, Schule, Wissenschaft und BM für Wirtschaft und Technologie das Berufsbild des Kfz-Mechatronikers neu geordnet und den Anforderungen aus dem Service- und Wartungsbereich und der technischen Entwicklungen in der Kfz-Technik angepasst. Für die Berufsschule wurde im Sommer 2013 ein neuer Rahmenplan veröffentlicht, der mit dem Schuljahr 2013/2014 in Kraft tritt. Das vorliegende Lehr- und Lernbuch setzt diesen Rahmenlehrplan um.
Das Buch

- ist lernfeldorientiert aufgebaut und berücksichtigt die Zuordnung der Lernfelder zu den *beruflichen Handlungsfeldern Service, Reparatur, Diagnose, Um- und Nachrüsten,*
- berücksichtigt die fremdsprachlichen Ziele durch englische Texte in ausgewählten Lernaufgaben,
- berücksichtigt die spiralcurriculare Anordnung der Lerninhalte.

Im Buch besteht jedes Lernfeld aus zwei Teilen:

- Fachinformationen, die dem Lernfeld entsprechen,
- Lernaufgaben, die sich aus dem Lernfeld ergeben.

Fachinformationen
Im **Lernfeld 1** stehen besonders der Umgang mit den Betriebsflüssigkeiten und die Gefahren durch Hochspannung, hohen Druck oder pyrotechnische Stoffe im Vordergrund.
Das **Lernfeld 2** beschäftigt sich mit den Werkstoffen, der Prüf- und Messtechnik und den Fertigungsverfahren, die als Grundlage für Montage und Demontage von Funktionselementen des Fahrzeugs dienen.
Im **Lernfeld 3** werden die Grundlagen der Elektro-, Steuerungs- und Regelungstechnik sowie der Hochvolttechnik behandelt.
Das **Lernfeld 4** befasst sich neben den Fahrwerk- und Karosserieänderungen im Rahmen von Lernaufgaben mit dem Einbau einer Anhängerkupplung, der Umrüstung auf Xenon-Scheinwerfer und der Umrüstung auf LED-Heckleuchten bzw. Tagfahrlicht.

Neu aufgenommen wurden in den ersten 4 Lernfeldern Reifen und Räder, Abgasanlagen, Kommunikationssysteme, Werkzeuge in der Kfz-Werkstatt, Bordnetze, Beleuchtungseinrichtungen, Grundbegriffe zum CAN-Datenbus und die Grundlagen der Hochvolttechnik.

Lernaufgaben
Jedes Lernfeld enthält mehrere Arbeitsaufträge, die Kundenaufträgen entsprechen. Sie ergeben sich aus dem Lernfeld und werden durch Lernaufgaben ergänzt. Es sind im

Lernfeld 1: Service- und Wartungsarbeiten,
Lernfeld 2: Demontage- und Montagearbeiten,
Lernfeld 3: Fehlerdiagnose und die Fehlereingrenzung mit Prüf- und Messgeräten,
Lernfeld 4: Um- und Nachrüstarbeiten.

Die Lernaufgaben werden teilweise durch Zusatzinformationen ergänzt.

In den Lernaufgaben hat die Arbeitsplanung eine zentrale Rolle. Hier sollen Sie Arbeitsschritte planen, Daten recherchieren, Abbildungen und Schaltpläne analysieren, Arbeitsmittel sowie Messgeräte auswählen. Dabei sind Umweltschutz sowie Sicherheits- und Gesundheitsschutz zu berücksichtigen. Nur eine sorgfältige Planung führt zu einer hohen Arbeitsqualität. Daher sollte vor jeder Arbeit eine sorgfältige Planung durchgeführt werden. Dazu gehören:

- Kenntnisse über die Aufgabe und Funktion der Funktionselemente bzw. Funktionseinheiten, die gewartet, geprüft, demontiert, montiert oder repariert werden.
- Genaue Beachtung der Herstellervorgaben aus den einschlägigen Werkstatt-Informationssystemen.
- Entwicklung eines Arbeitsplans, in dem Arbeitsablauf, erforderliche Werkzeuge, Prüf- und Messgeräte, Ersatzteile, Betriebsstoffe, Vorschriften (UVV) und technische Daten aufgelistet werden.

Die Lernaufgaben sollten im Team bearbeitet, schriftlich dokumentiert und anschließend präsentiert werden.
Die enge Zuordnung von Fachinformationen, Arbeitsauftrag und Lernaufgaben im Lernfeld, die Hinweise zur Informationsbeschaffung sowie die bildliche Darstellung der Service- und Instandsetzungsarbeiten unterstützen Sie bei der Bearbeitung der Lernaufgaben.
Eine weitere Unterstützung bieten an einigen Stellen englische Texte. Die erforderlichen Vokabeln können Sie z. B. über den Online-Service http:/dict.leo.org der Technischen Universität München ermitteln. Eine weitere wichtige Informationsquelle ist das Internet, wo Sie über die Suchmaschinen weiterführender Informationen recherchieren können.

Ich wünsche Ihnen viel Freude bei der Arbeit mit dem Lehr- und Lernbuch und viel Erfolg bei den Prüfungen.
Wilfried Staudt

Inhaltsverzeichnis

Lernfeld 1: Fahrzeuge und Systeme nach Vorgaben warten und inspizieren

Fachinformationen

Handlungsfeld: Service

Lernfeld 2: Baugruppen und Systeme prüfen, demontieren, austauschen und montieren

Fachinformationen

Handlungsfeld: Reparatur

Lernfeld 3: Funktionsstörungen identifizieren und beseitigen

Fachinformationen

Handlungsfeld: Diagnose

Lernfeld 4: Umrüstarbeiten nach Kundenwünschen durchführen

Fachinformationen

Handlungsfeld: Um- und Nachrüsten

1 Fahrzeugsysteme und ihre Betriebsmittel

1.1 Überblick über Antriebskonzepte von Kraftfahrzeugen

Zurzeit sind folgende Antriebskonzepte für Kraftfahrzeuge auf dem Markt:

- Fahrzeuge mit Verbrennungsmotor
  Ein Otto- oder Dieselmotor treibt das Fahrzeug an. Die Kraftstoffversorgung erfolgt aus dem Kraftstofftank.
- Fahrzeug mit Erdgasantrieb
  Ein für Gasbetrieb optimierter Ottomotor treibt das Fahrzeug an. Die Tankanlage besteht aus mehreren Erdgastanks. Für den Notfall steht ein Benzintank zur Verfügung.
- Hybridfahrzeug
  Der parallele Hybridantrieb (mit Leistungsverzweigung über ein Planetengetriebe) besitzt einen Verbrennungsmotor und zwei Motorgeneratoren. Der Verbrennungsmotor und der Motorgenerator sind mechanisch über das Planetengetriebe mit den Antriebsrädern verbunden. Es ermöglicht, dass das Fahrzeug entweder nur vom Verbrennungsmotor oder nur vom Elektromotor oder von beiden angetrieben wird. Beim Abbremsen kann der Generator als elektrische Bremse genutzt und die hierbei gewonnene Energie zum Laden der Batterie verwendet werden.
- Elektrofahrzeug mit Hochvoltbatterie oder Brennstoffzelle
  Das Fahrzeug hat einen oder mehrere Elektromotoren, die die Räder antreiben. Die Elektromotoren erhalten ihre Energie entweder aus einer Hochvoltbatterie oder aus Brennstoffzellen.

Fahrzeug mit Verbrennungsmotor

Fahrzeug mit Erdgasantrieb

Hybridfahrzeug, Elektrofahrzeug

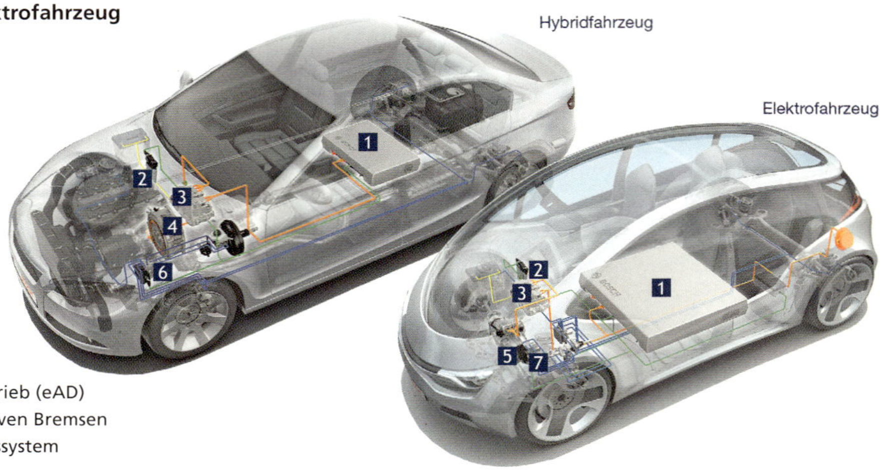

1 Lithium-Ionen Bateriesystem
2 Steuergerät
3 Inverter mit DC/DC-Wandler
4 Integrierter Motor Generator (IMG)
5 Elektrischer Achsantrieb (eAD)
6 ESP zum regeneratirven Bremsen
7 Regeneratives Bremssystem

1.2 Das Kraftfahrzeug als technisches System

Ein Kraftfahrzeug besteht aus ca. 7000 Teilen. Ein Aufzählen dieser Teile und Angabe ihrer Funktion sagt nichts aus über ihren Beitrag zur Funktion des Fahrzeugs. Erst das Zusammenwirken der Bauteile ergibt die Gesamtfunktion eines Kraftfahrzeuges.

Betrachten wir die Kühlung eines Motors, so ist uns deren Aufgabe bekannt, nämlich die bei der Verbrennung des Kraftstoff-Luftgemischs im Motor entstehende Wärme abzuführen. Dies besagt allerdings nichts über die Bauteile, deren Funktion und ihr Zusammenwirken.

Mithilfe von grafischen Darstellungen ist es möglich, z.B. die Motorkühlung übersichtlich in ihre Bauteile zu zerlegen und das Zusammenwirken zu zeigen. Diese Betrachtung erleichtert dem Kfz-Mechatroniker das Verständnis für die Baugruppe und hilft ihm bei der Fehlersuche.

1.2.1 Systemtechnische Grundlagen

Systembegriff

Grundlage für die oben dargestellten Betrachtungen ist das „Denken in Systemen". Die Motorkühlung ist ein technisches System. Auch das Kraftfahrzeug, der Motor, die Motorschmierung, die Gemischbildung, die Zündung usw. sind technische Systeme. Ein technisches System hat folgende Eigenschaften:

- Das System grenzt sich von seiner Umgebung ab.
- Das System hat eine Funktion.
- Das System hat eine Struktur.

Abgrenzung des Systems

Ein System muss durch Systemgrenzen von dem getrennt werden, was nicht zum System gehört. Außerhalb der Systemgrenze befindet sich die Systemumgebung, die aber im Zusammenhang mit dem System steht. Für genauere Untersuchungen ist es sinnvoll, auch die Umgebung abzugrenzen.

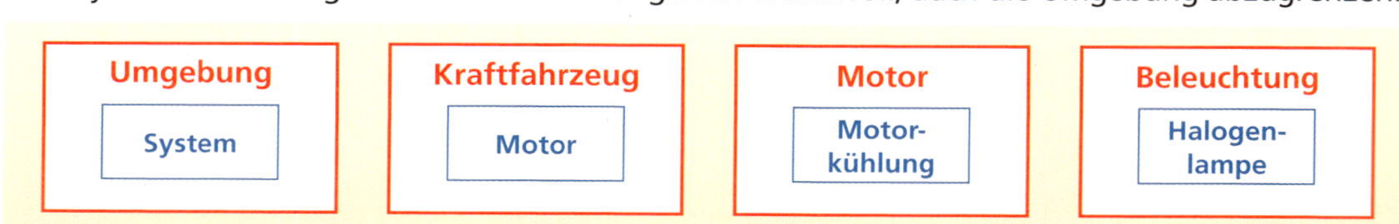

Funktion des Systems

Zur Untersuchung der Funktion wird das System als „black box" (schwarzer Kasten) angesehen, dessen innerer Aufbau unbekannt ist. Dem System werden technische oder physikalische Größen (Eingangsgrößen, Input) eingegeben und die Ausgangsreaktionen (Ausgangsgrößen, Output) beobachtet und registriert. Beim Motor ist die Eingangsgröße die chemische Energie im Kraftstoff-Luftgemisch, die Ausgangsgröße die Drehbewegung der Kurbelwelle (mechanische Energie) und die Wärmeenergie der Abgase.

Struktur des Systems

Teilsysteme/Teilfunktionen

Um festzustellen, was im Innern eines Systems passiert, muss man es in Teilsysteme zerlegen. Der Motor besteht aus den Teilsystemen Kurbelbetrieb, Motorsteuerung, Schmiersystem, Kühlsystem, Gemischbildung, Zündung.

Beispiel Kurbeltrieb:

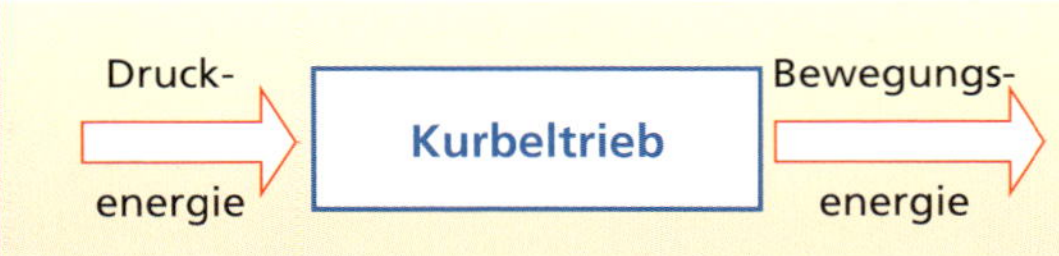

Jedes Teilsystem übernimmt eine bestimmte Teilfunktion und leistet einen Beitrag zur Gesamtfunktion. Das Teilsystem Kurbeltrieb wandelt die geradlinige Kolbenbewegung in eine Drehbewegung der Kurbelwelle um.

Systemelemente/Grundfunktionen

Die Teilsysteme sind noch weiter zerlegbar in Systemelemente. Das Teilsystem Kurbeltrieb besteht aus den Systemelementen Kolben, Kolbenringe, Kolbenbolzen, Pleuelstange, Kurbelwelle, Kurbelwellenlager.

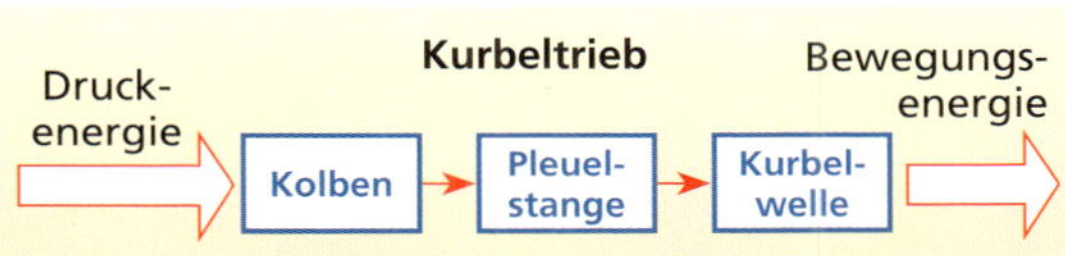

Jedes Systemelement übernimmt eine bestimmte Grundfunktion. Das Systemelement Kolben übernimmt die Grundfunktionen Übertragen von Kräften, Ableiten der Verbrennungswärme, Abdichten. Die Pleuelstange und Kurbelwelle wandeln die geradlinige Kolbenbewegung in eine Drehbewegung um und übertragen Kräfte und Drehmomente.

Blockschaltbild

Zur Darstellung der Struktur des Motors werden Rechtecke und Pfeile verwendet. Die Rechtecke stellen die unterschiedlichen Teilsysteme dar, die Pfeile verdeutlichen die Beziehungen und Verknüpfungen. Es entsteht ein Blockschaltbild, das gelesen werden muss: Im Gemischbildungssystem entsteht das Kraftstoff-Luftgemisch. Es strömt über die Ventilsteuerung (Pfeil nach unten) in den Zylinder. Das Zündsystem zündet das Gemisch. Der Verbrennungsdruck wird im System Zylinder/Kurbeltrieb in mechanische Energie umgewandelt. Die verbrannten Gase werden über die Motorsteuerung in den Auspuff (Pfeil nach oben) geleitet. Das Kühlwasser fließt zur Abfuhr der Motorwärme in den Motor, zur Abfuhr der Wasserwärme in das Kühlsystem zurück (Pfeile nach innen und außen). Das Schmiersystem versorgt den Motor zur Schmierung der Funktionselemente mit Motoröl.

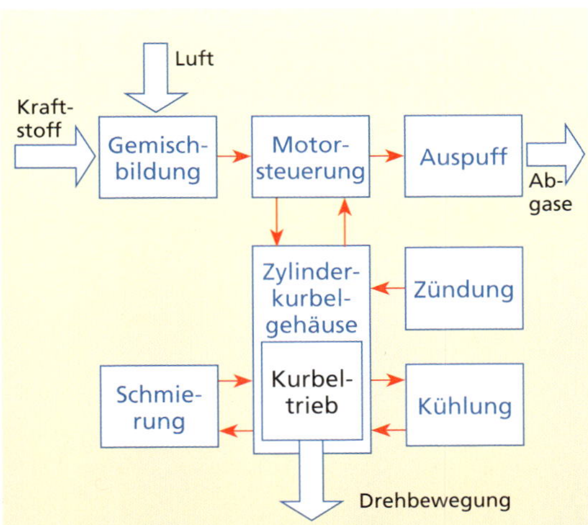

Systeme zur Energie-, Stoff- und Informationsumsetzung

In technischen Systemen werden drei Größen umgesetzt:

- Energie
- Stoff
- Information

Bei der Umsetzung steht eine dieser Größen im Vordergrund. Sie wird als die eigentliche Aufgabe eines Systems, als Hauptfunktion, angesehen. Entsprechend gibt es

- Systeme zum Energieumsatz,
- Systeme zum Stoffumsatz,
- Systeme zum Informationsumsatz.

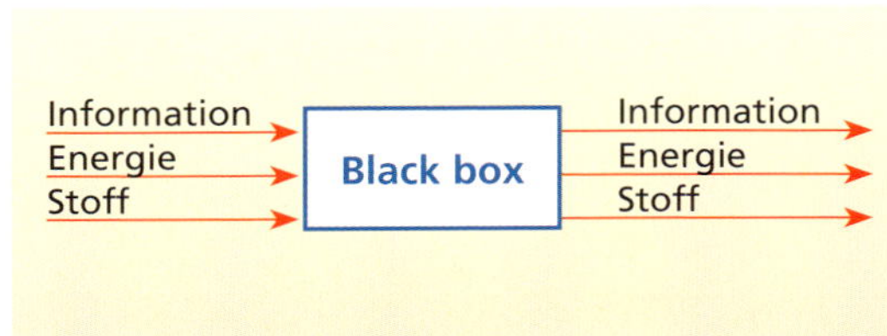

Systeme zum Energieumsatz

Unter Energie versteht man die in einem Stoff gespeicherte Arbeitsfähigkeit. In der Natur gibt es

- chemische Energie in Brennstoffen,
- Energie im strömenden Wasser und Wind,
- Sonnenenergie,
- Kernenergie.

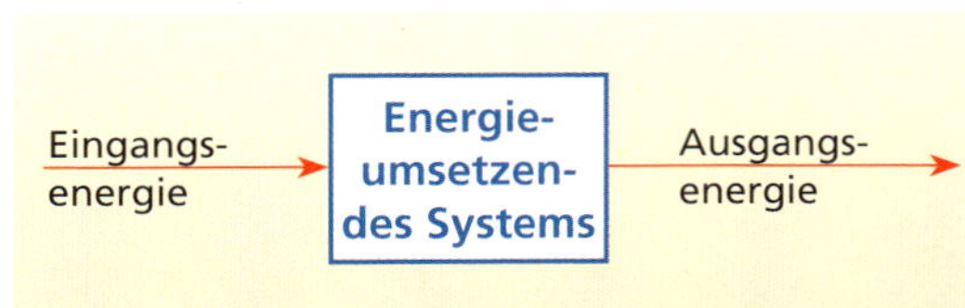

Energie kann nicht erzeugt werden und kann nicht verloren gehen (Satz von der Erhaltung der Energie). Es kann nur die in der Natur vorkommende Energie (Primärenergie) in eine andere vom Verwendungszweck abhängige Energieform (Sekundärenergie) umgewandelt werden:

- Bewegungsenergie (mechanische Energie),
- Wärmeenergie,
- elektrische Energie.

Die Umwandlung erfolgt mithilfe von Kraftmaschinen:

- Wärmekraftmaschinen wie Ottomotor, Dieselmotor, Gas- und Dampfturbine,
- Wasserkraftmaschinen,
- Windkraftmaschinen,
- elektrische Maschinen.

Elektromotoren wandeln dabei Sekundärenergie (elektrische Energie) in mechanische Energie um, eine andere Form von Sekundärenergie.

Systeme zum Stoffumsatz

Zu den Systemen zur Stoffumsetzung zählen vor allem Maschinen, die eine Form- und Lageveränderung von Stoffen bewirken. Die Maschinen werden als Arbeitsmaschinen bezeichnet.

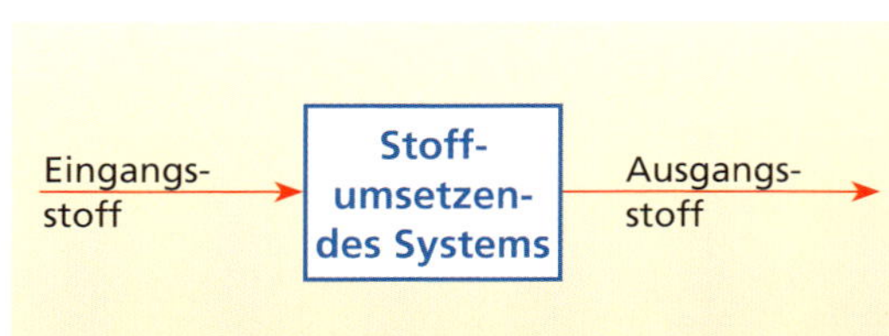

Zu den Arbeitsmaschinen gehören:

- Werkzeugmaschinen
  Sie verändern die Form von Werkstücken.
- Fördermaschinen
  Sie verändern die Lage von festen, flüssigen oder gasförmigen Stoffen:
  - Maschinen zum Fördern von Stückgut, z. B. Hebebühne, Gabelstapler, Hebezeuge,
  - Maschinen zum Fördern von Flüssigkeiten, z. B. Pumpen,
  - Maschinen zum Fördern von Gasen, z. B. Verdichter, Lüfter.

Systeme zum Informationsumsatz

Alle elektronischen Systeme im Kfz sind informationsverarbeitende Systeme. Messwertaufnehmer, sogenannte Sensoren, ermitteln physikalische Größen wie Temperatur, Druck, Dreh-

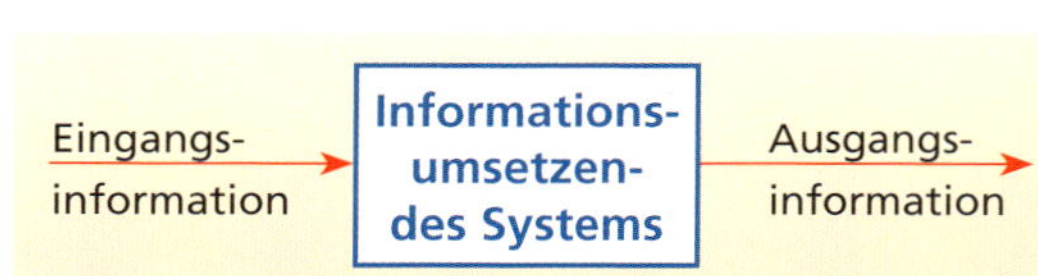

frequenz usw. und wandeln sie in elektrische Signale um. Im Steuergerät werden die von den Sensoren gelieferten Daten ausgewertet. Das Steuergerät bildet Signale und steuert Stellglieder, sogenannte Aktoren, an.

Die Informationsverarbeitung besteht aus drei Grundfunktionen:
- Eingabe der Informationen durch Sensoren.
- Verarbeitung der Informationen durch einen Mikrocomputer im Steuergerät.
- Ausgabe der verarbeiteten Informationen in Form von Signalen an die Aktoren.

Die Eingabe – Verarbeitung – Ausgabe wird kurz als EVA-Prinzip bezeichnet.

1.2.2 Systeme zur Energieumsetzung

1.2.2.1 Verbrennungsmotor

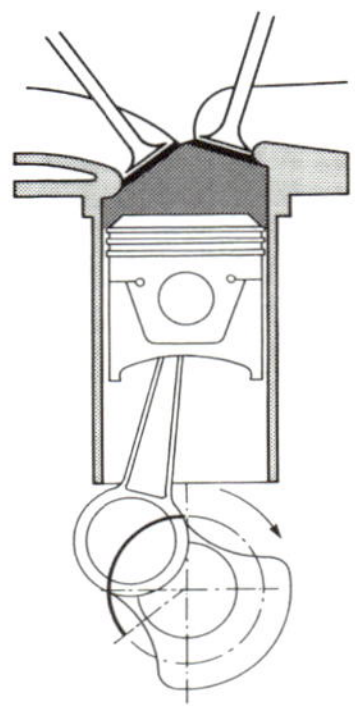

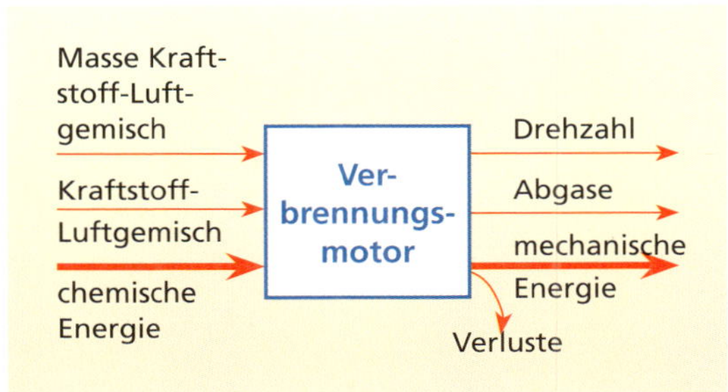

Die Hauptfunktion des Verbrennungsmotors ist der Umsatz von Energie. Die im Kraftstoff gebundene chemische Energie wird in mechanische Energie der Kurbelwelle umgewandelt. Ein Teil der chemischen Energie des Kraftstoffes wird nicht in Nutzenergie umgewandelt und geht für den Antrieb verloren. Diese Energie verschwindet jedoch nicht, sondern wird in eine andere Energieform (Wärmeenergie) umgewandelt. Die Nutzenergie ist daher geringer als die zugeführte Energie. Das Verhältnis von Nutzenergie zur zugeführten Energie bezeichnet man als Wirkungsgrad. Der Wirkungsgrad beträgt bei Ottomotoren $\eta = 0{,}24$, bei Dieselmotoren $\eta = 0{,}32$.
Im Verbrennungsmotor wird Stoff umgesetzt. Dem Motor wird ein Kraftstoff-Luftgemisch zugeführt, Abgase werden abgeführt.
Zum Betrieb benötigt der Motor Informationen. Eingangsinformation ist die Masse des Kraftstoff-Luftgemischs. Sie beeinflusst die Ausgangsinformation Drehzahl.

Arbeitsdiagramme (*p*-*V*-Diagramm, *p*-α-Diagramm)
Das *p*-*V*-Diagramm zeigt den Druckverlauf im Zylinder während der 4 Takte eines Arbeitsspieles über dem Zylindervolumen *V* bzw. Kolbenweg (Hub) s. Das *p*-α-Diagramm zeigt den Druckverlauf über 2 Kurbelwellenumdrehungen.

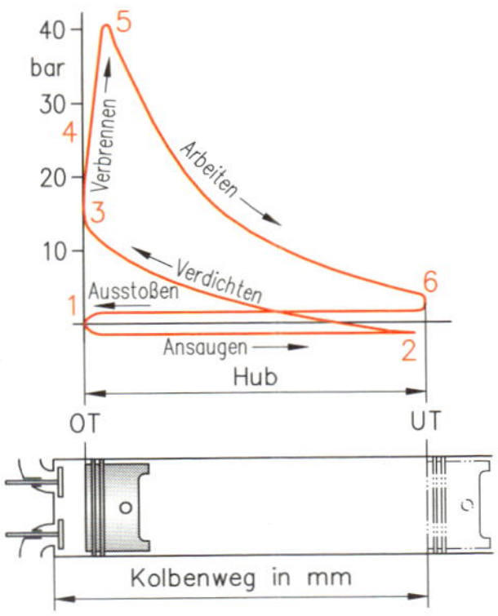

p-*V*-Diagramm

1–2 Ansaugen
Die Drucklinie liegt unter der Atmosphärenlinie. Es herrscht ein negativer Überdruck von –0,1 bis –0,2 bar.

2–3 Verdichten, Entzünden
Der Druck steigt bis zum Verdichtungsenddruck an. Kurz vor OT erfolgt die Zündung (3), die Verbrennung des verdichteten Gemischs wird eingeleitet. Es kommt zu einem Druckanstieg (4).

4–6 Verbrennen, Arbeiten

Der Arbeitstakt besteht aus 2 Abschnitten: Verbrennen und Arbeiten. Während der Verbrennung steigt der Druck bis zum Verbrennungshöchstdruck p_{max}. Die verbrannten Gase dehnen sich aus und drücken den Kolben nach unten. Der Druck fällt bis zum Verbrennungsenddruck von 3–5 bar.

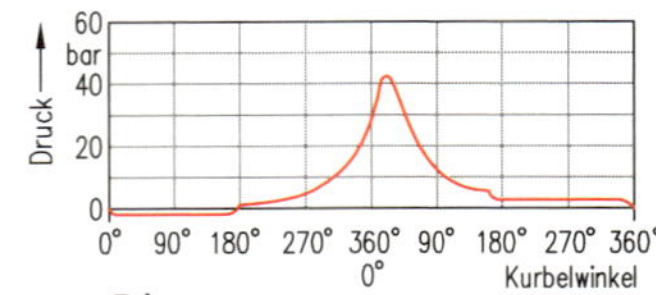

p-α-Diagramm

6–1 Ausstoßen

Mit einem Druck von 3–5 bar strömen die verbrannten Gase mit hoher Geschwindigkeit durch den Auslass.

Otto-Viertaktmotor

1. Takt: Ansaugen

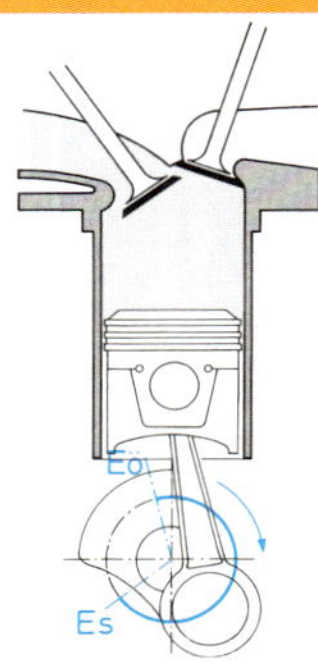

Der Kolben bewegt sich von OT nach UT. Das Einlassventil ist geöffnet, das Auslassventil geschlossen. Kraftstoff wird in das Saugrohr eingespritzt. Infolge der Raumvergrößerung entsteht ein negativer Überdruck (Unterdruck) von 0,1 bis 0,2 bar, der bewirkt, dass das Kraftstoff-Luftgemisch (Frischgase) aus dem Saugrohr in den Zylinder gesaugt wird.

2. Takt: Verdichten

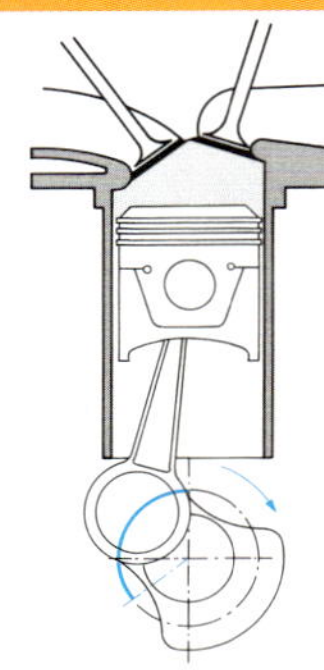

Der Kolben bewegt sich vom UT zum OT, Einlass- und Auslassventil sind geschlossen. Der Kolben drückt das Kraftstoff-Luftgemisch auf den Verdichtungsraum V_c zusammen. Es wird im Verhältnis 9 :1 bis 11:1 verdichtet. Der Druck steigt auf 15 bis 20 bar, die Temperatur auf 400 bis 500 °C. Die hohe Temperatur unterstützt die restlose Vergasung des Kraftstoffs.

3. Takt: Arbeiten

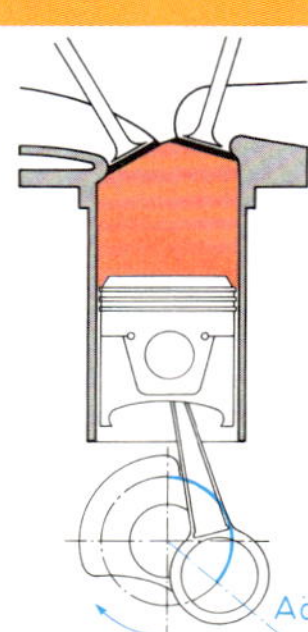

Einlass- und Auslassventile sind geschlossen. Die Verbrennung des verdichteten Kraftstoffs wird durch den Zündfunken eingeleitet. Bis zur vollständigen Verbrennung sind ca. 2/1000 Sekunden erforderlich. Daher muss das Gemisch schon vor OT gezündet werden. Der Verbrennungshöchstdruck beträgt 40 bis 60 bar, die Höchsttemperatur 2000 bis 2500 °C.

4. Takt: Ausstoßen

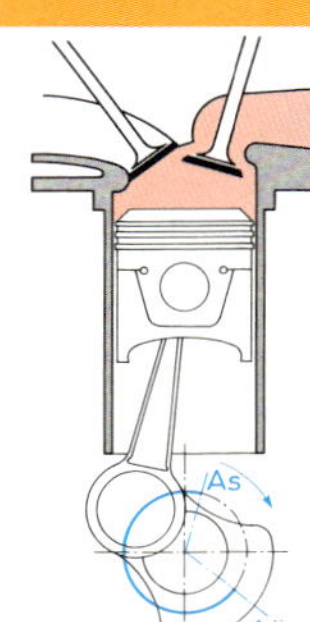

Das Auslassventil öffnet 40° bis 60° vor UT. Die unter 4 bis 7 bar Druck stehenden Gase strömen mit hoher Geschwindigkeit aus dem Zylinder. Die Motorabgase bestehen aus den unschädlichen Stoffen Stickstoff, Kohlenstoffdioxid und Wasser und den Schadstoffen Kohlenstoffmonoxid, Stickstoffoxid und Kohlenwasserstoff.

Dieselmotor

Das Viertakt-Prinzip ist beim Dieselmotor das gleiche wie beim Ottomotor. Im Gegensatz zum Ottomotor saugt der Dieselmotor reine Luft an, die hoch verdichtet wird. In die verdichtete heiße Luft wird Kraftstoff eingespritzt und mit der Luft verwirbelt. Die Bildung des Luft-Kraftstoffgemischs erfolgt also im Zylinder. Man spricht von einer inneren Gemischbildung.

1. Takt: Ansaugen	2. Takt: Verdichten	3. Takt: Arbeiten	4. Takt: Ausstoßen
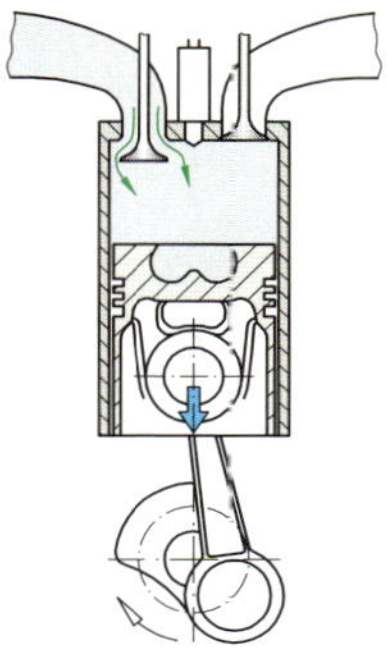	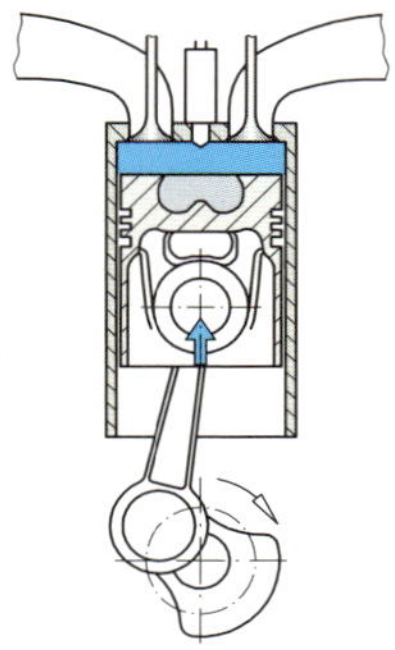	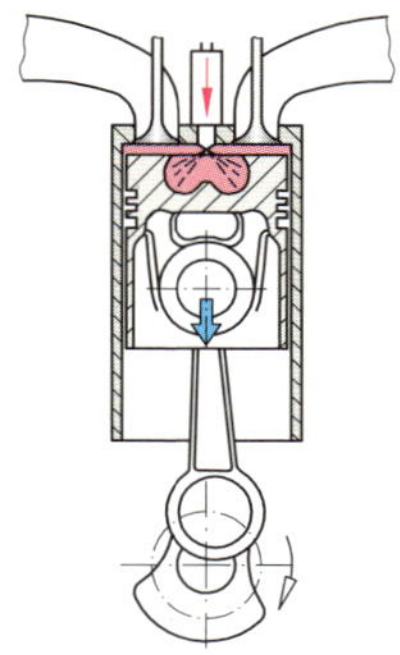	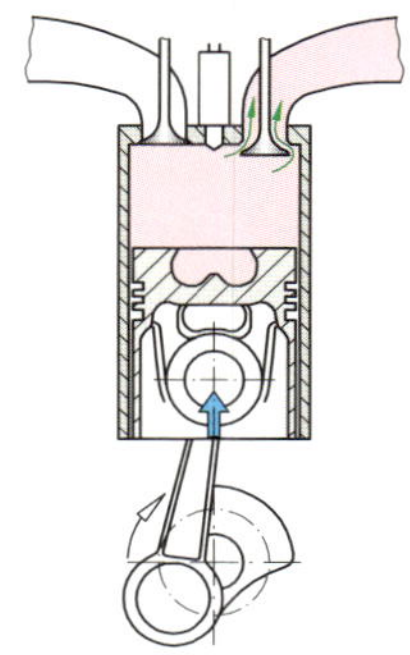
Der Kolben bewegt sich vom OT zum UT. Durch das geöffnete Einlassventil wird reine Luft angesaugt. Der Unterdruck beträgt etwa 0,1 ... 0,2 bar, die Ansaugtemperatur 70 ... 100 °C.	Die Luft wird im Verhältnis 14 : 1 ... 24 : 1 verdichtet. Der Druck steigt auf 40 ... 65 bar an, die Luft erwärmt sich auf 700 ... 900 °C. Die hohe Verdichtung verbessert den thermischen Wirkungsgrad des Dieselmotors.	Kurz vor OT wird Kraftstoff fein zerstäubt in die heiße Luft eingespritzt. Der Kraftstoff verdampft und entzündet sich von selbst. Bei der Verbrennung steigt der Druck auf 70 ... 120 bar, die Temperatur auf 2000 ... 2500 °C.	Kurz vor UT öffnet das Auslassventil, die Abgase puffen mit großer Geschwindigkeit aus dem Zylinder. Die Abgastemperaturen liegen im Leerlauf bei 200 ... 300 °C, bei Volllast bei 500 ... 600 °C. Die Restgase werden vom aufwärtsgehenden Kolben ausgestoßen.

Arbeitsdiagramm

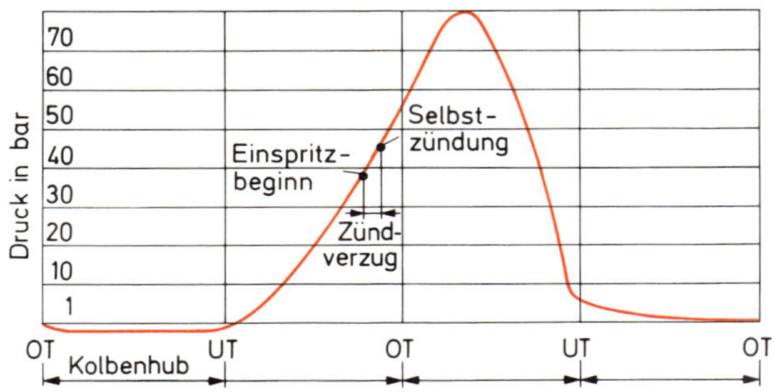

Bevor Selbstzündung eintreten kann, müssen erst einige Kraftstoffteilchen verdampfen. Die Zeit zwischen Einspritzbeginn und Selbstzünden bezeichnet man als Zündverzug. Ein normaler Zündverzug beträgt 0,001 ... 0,0015 s. Beim Dieselmotor ist ein kleiner Zündverzug erwünscht. Der Zündverzug ist umso kürzer,

- je heißer die Luft, d. h. je höher sie verdichtet ist,
- je feiner der Kraftstoff zerstäubt wird,
- je inniger die Luft und der Kraftstoff vermischt werden.

Bei zu großem Zündverzug sammelt sich eine große Kraftstoffmenge im Verbrennungsraum an, die plötzlich zündet und schlagartig verbrennt. Der Motor läuft hart. Dieser Zustand ist mit dem Klopfen des Ottomotors vergleichbar und wird als „Nageln" bezeichnet.

1.2.2.2 E-Maschinen/Motorgeneratoren

E-Maschine arbeitet als Motor

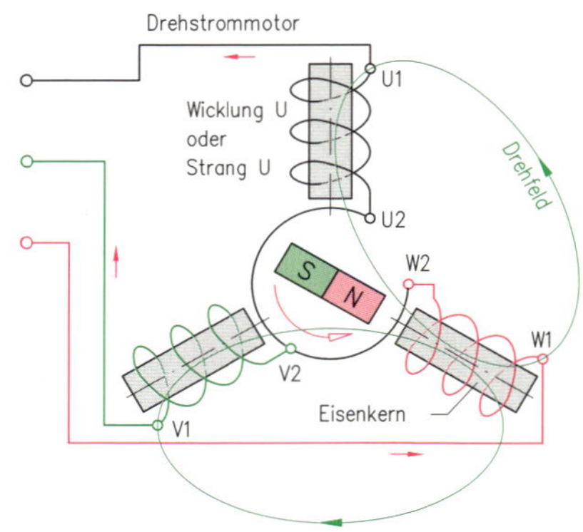

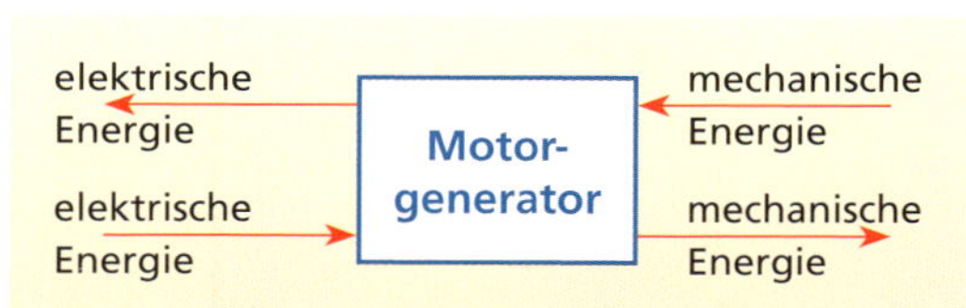

Die E-Maschine befindet sich zwischen Verbrennungsmotor und Getriebe.
Die E-Maschine übernimmt drei Aufgaben im Hybridsystem:

- als Starter des Verbrennungsmotors
- als Elektromotor zum Bewegen des Fahrzeugs
- als Generator zum Laden der Hochvoltbatterie

Daher spricht man in diesem Zusammenhang auch von einem Motorgenerator.

Der E-Maschine besitzt

- einen Ständer mit drei Wicklungen und
- einen Rotor mit einem Dauermagneten.

Wird an die um 120° versetzten Spulen eine Dreiphasenwechselspannung (Drehstrom) angelegt, entsteht ein drehendes Magnetfeld, das Drehfeld. Der Nordpol des Rotors folgt dem sich drehenden Südpol des Drehfeldes im Stator. Rotor und Stator drehen sich synchron. Die E-Maschine arbeitet also als Synchron-Drehstrommotor.

Wird die Motorwelle der E-Maschine extern angetrieben, also durch einen Verbrennungsmotor oder beim Bremsen des Fahrzeuges, induziert das Magnetfeld des Rotors, das an den Wicklungen des Stators vorbeidreht, in den drei Spulen für jede Phase eine Spannung, eine Dreiphasenwechselspannung. Sie wird über eine Leistungselektronik in eine Ladegleichspannung für die Hochvoltbatterie umgewandelt. Bei im Kfz eingesetzten Motorgeneratoren besitzt der Ständer mehr Wicklungen und der Rotor mehr Dauermagnete, z. B. 36 Wicklungen und 24 Dauermagnete.

1.2.2.3 Kraftübertragung

Die Funktionseinheiten Kupplung, Getriebe und Achswellen übertragen die mechanische Energie der Antriebseinheit auf die Antriebsräder. Die dem Kfz zugeführte Antriebsenergie muss den Anforderungen angepasst werden:

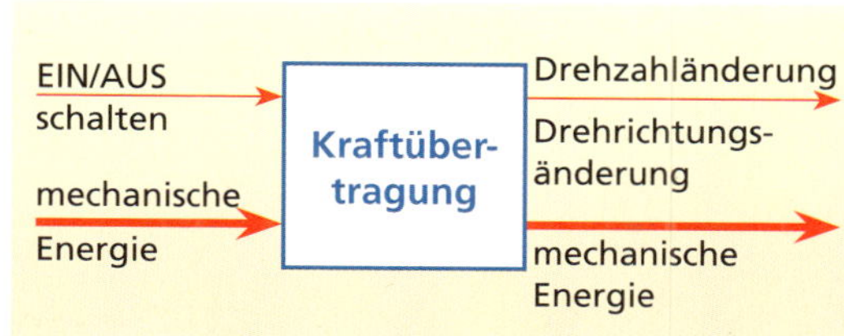

- Kupplung: Die Kupplung muss den Energiefluss beim Wechseln der Gänge unterbrechen.
- Getriebe: Durch Schalten der Gänge bleibt der Motor im leistungsfähigen Drehzahlbereich.
- Gelenkwellen verbinden das Getriebe mit dem Hinterachsgetriebe.
- Achsgetriebe mit Ausgleichsgetriebe: Verringert die vom Wechselgetriebe kommenden Drehzahlen, gleicht die Drehzahlunterschiede von kurvenäußerem und kurveninnerem Rad aus.
- Achswellen: Verbinden das Getriebe mit den Antriebsrädern, gleichen durch Verschiebegelenke Abstandsänderungen der Anschlussflansche beim Einfedern der Antriebsräder aus, gleichen Lenkbewegungen der Antriebsräder durch Gelenke aus.

Antriebsarten

Standardantrieb

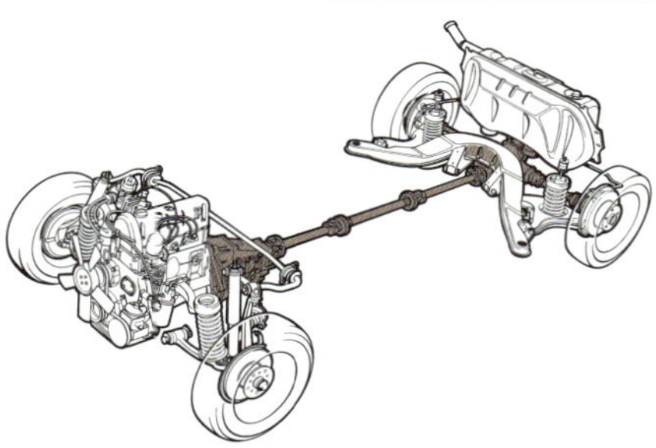

Beim Standardantrieb, Motor vorn, Antriebsräder hinten, überträgt eine Gelenkwelle das Drehmoment vom Wechselgetriebe auf das Achs- und Ausgleichsgetriebe und von hier über Achswellen auf die Räder.

Blockschaltplan

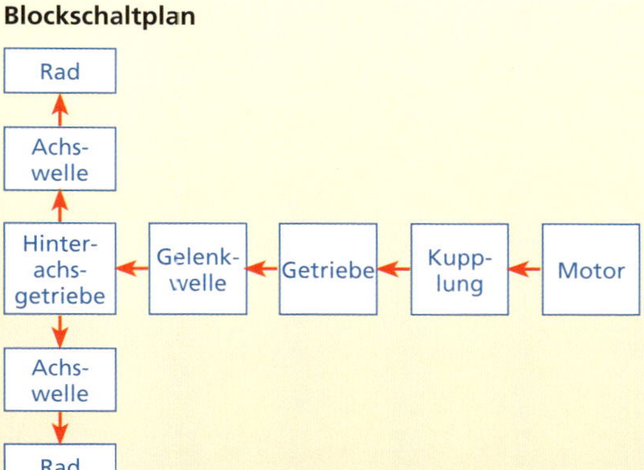

Vorderradantrieb

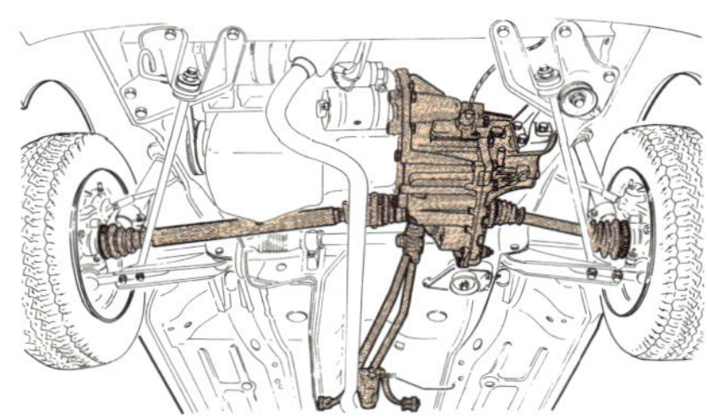

Beim Vorderradantrieb bilden Motor, Kupplung, Getriebe, Achs- und Ausgleichgetriebe eine kompakte Einheit. Von hier wird das Drehmoment über Achswellen auf die Räder übertragen.

Blockschaltplan

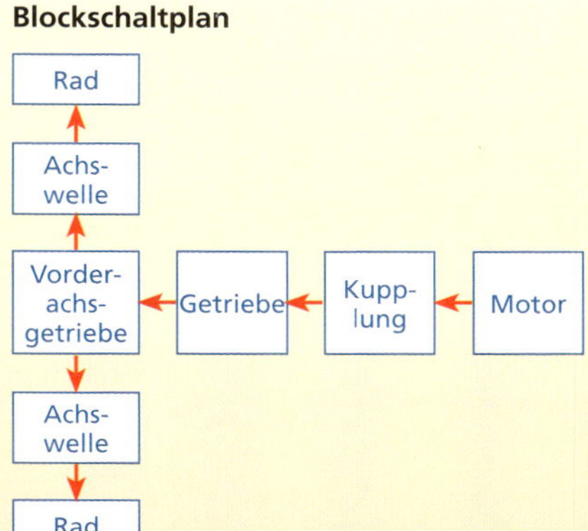

1.2.2.4 Fahrwerk/Lenkung

Vorderachse

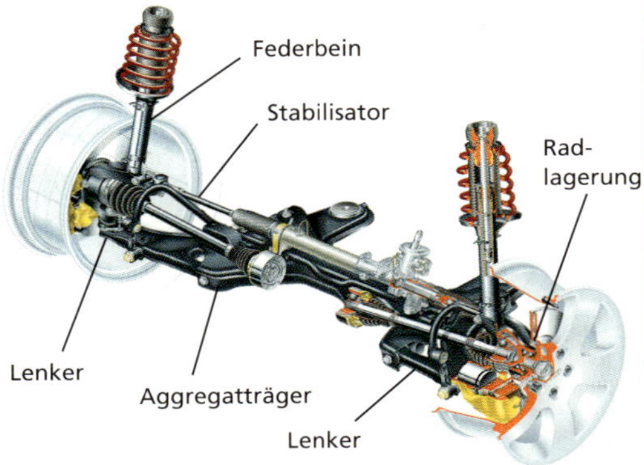

Die Vorderachse umfasst folgende Funktionsgruppen:

Lenker
- verbinden die Räder mit dem Aufbau,
- sind drehbewegliche Teile,
- führen die Räder beim Lenken und Einfedern,
- nehmen die Radkräfte auf.

Radlager
- lagern die Räder leicht drehbar auf dem Achsschenkel und führen die Räder,
- nehmen Radkräfte auf.

Federbein mit Schraubenfedern
- fangen die Fahrbahnstöße ab,
- sorgen für die Bodenhaftung der Räder.

Schwingungsdämpfer
- haben die Aufgabe, die von der Fahrbahn angeregten Schwingungen der Räder und Achsen schnell zum Abklingen zu bringen.

Stabilisator
- verbindet die beiden Räder,
- verringert bei Kurvenfahrt die Neigung des Fahrzeugaufbaus,
- verhindert das Flattern der Vorderräder.

Servolenkung

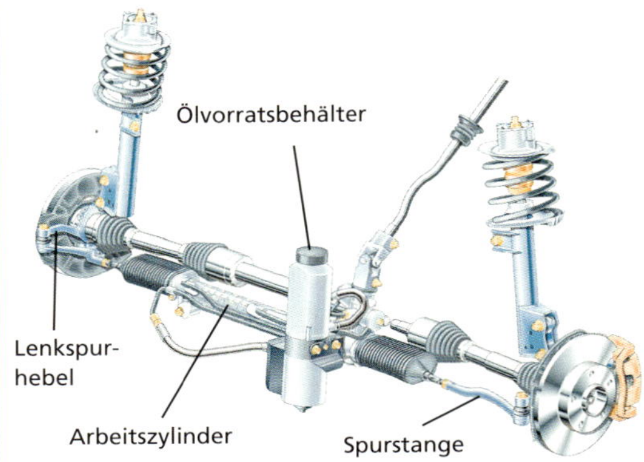

Die Servolenkung, bestehend aus Lenkrad, Lenksäule, Lenkgetriebe mit Hydraulikzylinder, Hydraulikpumpe, Steuerventil, Spurstange und Spurstangenhebel,
- schlägt die Vorderräder in der gewünschten Richtung ein,
- unterstützt die Lenkbewegung des Fahrers durch eine hydraulische Einheit und verringert die Handkraft am Lenkrad,
- gewährleistet bei Ausfall der Hilfskraft eine Lenkmöglichkeit wie ein mechanisches Lenkgetriebe über Zahnstange und Antriebsritzel.

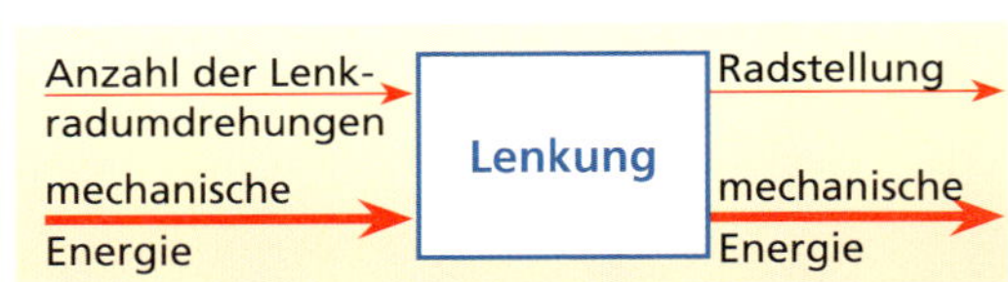

Blockschaltplan

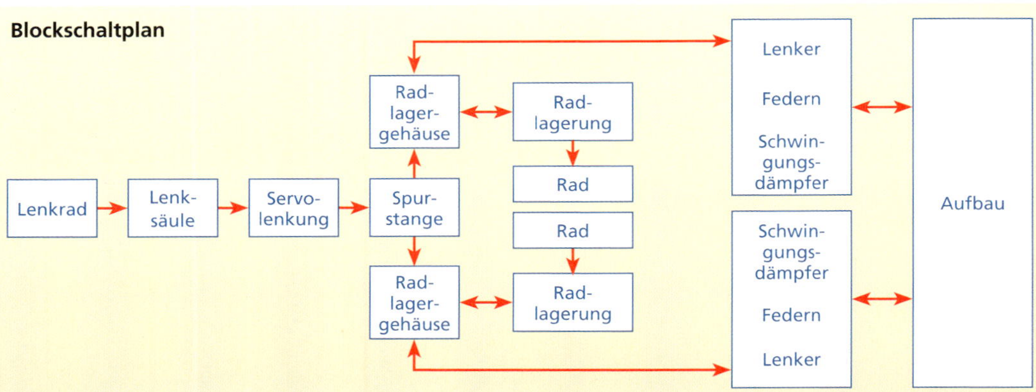

1.2.2.5 Bremssystem

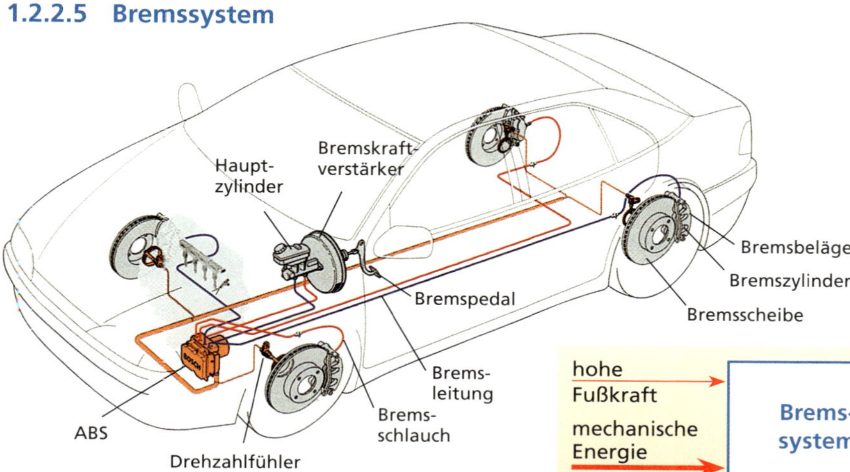

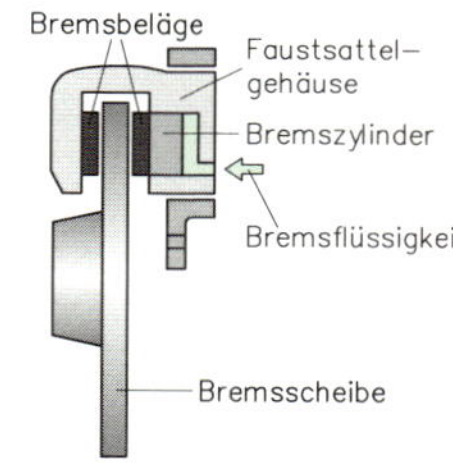

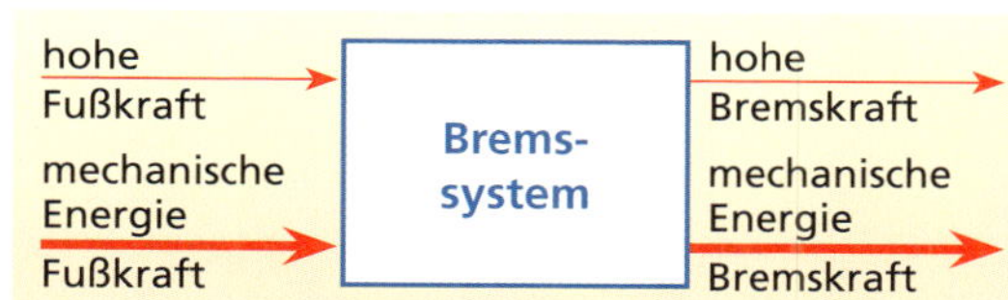

Das Prinzip der hydraulischen Bremsanlage beruht auf der Grundlage des Pascal'schen Gesetzes. Es besagt:

In einer eingeschlossenen Flüssigkeit pflanzt sich der Druck nach allen Seiten gleichmäßig fort. Beim Betätigen des Bremspedals mit der Fußkraft F_F wird im Hauptbremszylinder ein hydraulischer Druck p_L erzeugt, der sich über die Bremsleitungen und -schläuche bis in die Bremszylinder gleichmäßig fortpflanzt. Dort wird der hydraulische Druck in eine Spannkraft F_S umgewandelt, der die Bremsbeläge gegen die Bremsscheibe presst.

Das Bremssystem besteht aus folgenden Baueinheiten:

- Tandem-Hauptbremszylinder
  Im Hauptzylinder wird über das Bremspedal der Druck für die Bremskreise aufgebracht. Der Bremsflüssigkeitsbehälter ist über dem Hauptbremszylinder angeordnet und versorgt das Bremssystem mit Bremsflüssigkeit.
- Bremskraftverstärker
  Der Bremskraftverstärker speichert einen Teil des vom Motor erzeugten Unterdrucks, durch den beim Bremsen die Pedalkraft verstärkt wird. Bei Dieselmotoren wird der Unterdruck durch eine Vakuumpumpe erzeugt.
- Scheibenbremse
  Die Scheibenbremsen sind häufig Faustsattelbremsen, d. h. es wird nur ein Kolben benötigt, um beide Bremsbeläge gegen die Bremsscheibe zu drücken.
- Anti-Blockier-System (ABS)
  Das ABS verhindert beim scharfen Bremsen das Blockieren der Bremsen, sodass das Fahrzeug lenkbar bleibt. Ein Steuergerät nimmt die Signale der Drehzahlfühler auf, wertet sie aus und errechnet den für eine optimale Bremsung erforderlichen Bremsdruck in den Bremszylindern.

Blockschaltplan

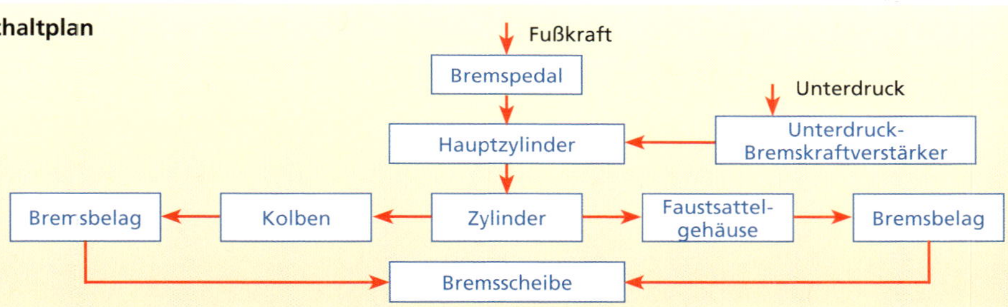

1.2.2.6 Energieversorgung

Drehstromgenerator

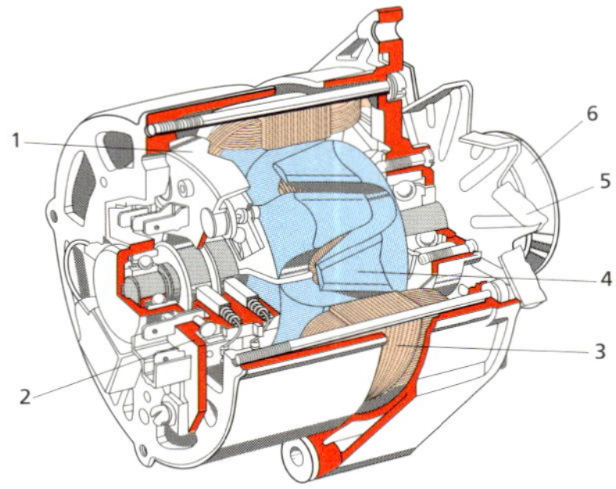

1 Gleichrichter
2 Kohlebürsten
3 Ständer
4 Läufer
5 Lüfter
6 Riemenscheibe

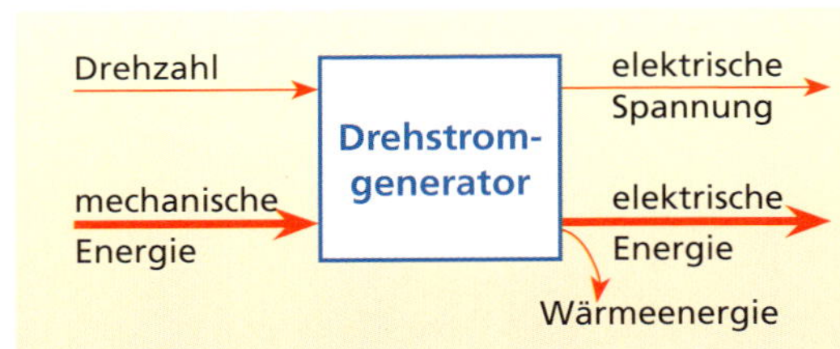

Der Drehstromgenerator wird über einen Keilriemen vom Motor angetrieben. Er erzeugt einen Drehstrom, der in einer Gleichrichtereinrichtung (Dioden) in Gleichstrom umgewandelt wird.
Während der Ottomotor die in der Natur vorkommende Primärenergie (Kraftstoff) in eine Sekundärenergie (mechanische Energie) umwandelt, setzt der Drehstromgenerator die Sekundärenergie (mechanische Energie) in eine andere Energieform (elektrische Energie) um.

Die Eingangsinformation Drehzahl beeinflusst die Ausgangsinformation Spannungsstärke.

Starterbatterie

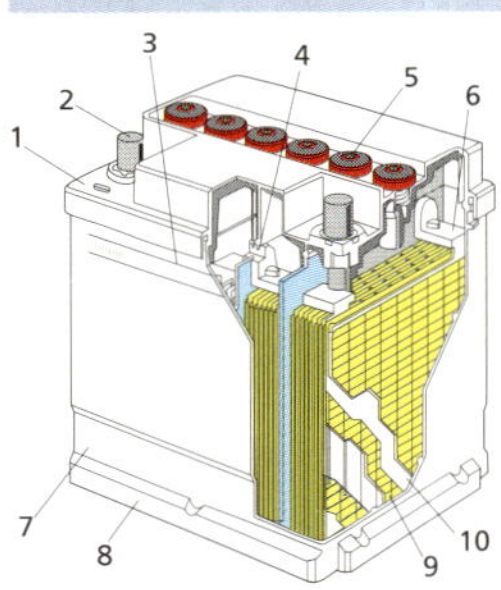

1 Blockdeckel
2 Endpole
3 Säurestandmarke
4 Direkt-Zellenverbinder
5 Verschlussstopfen
6 Polbrücken
7 Blockkasten
8 Bodenleiste
9 Plus- und Minusplatten
10 Kunststoff-Separatoren

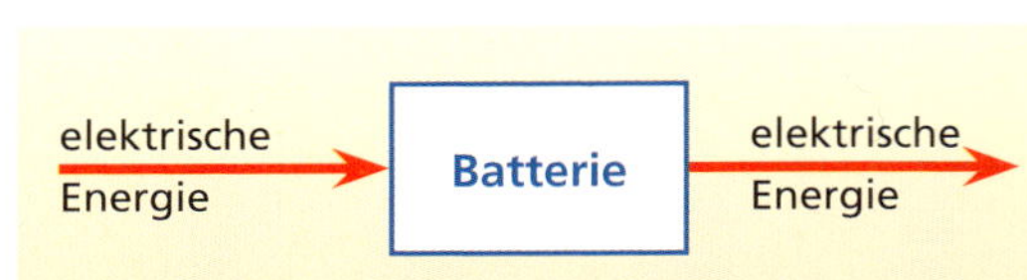

Die Starterbatterie ist ein Energiespeicher, in dem beim Laden elektrische Energie in chemische Energie umgewandelt und beim Entladen – nach Anschluss eines Stromverbrauchers – die chemische Energie in elektrische Energie zurückgewandelt wird.

Solange der Verbrennungsmotor mit genügend hoher Drehzahl läuft, steht die vom Drehstromgenerator gelieferte Energie zur Verfügung. Bei stillstehendem Motor oder beim Starten muss die Batterie die Stromversorgung übernehmen.

Blockschaltplan

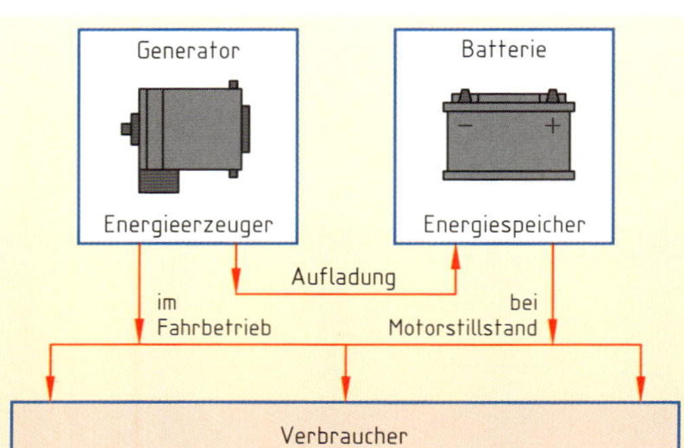

1.2.3 Systeme zur Stoffumsetzung

1.2.3.1 Motorschmierung

Schmiersystem

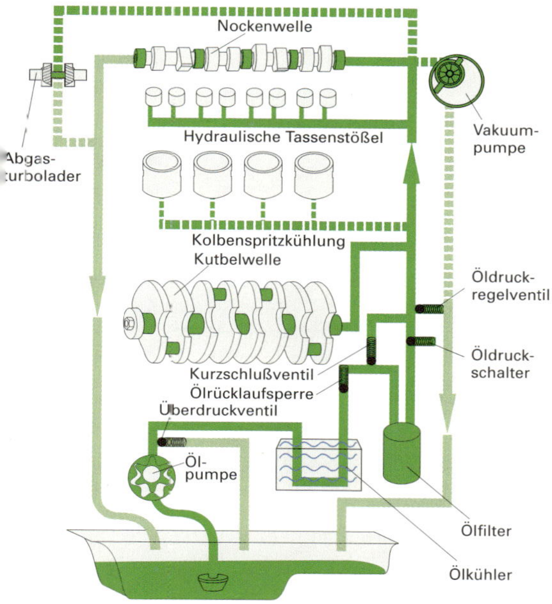

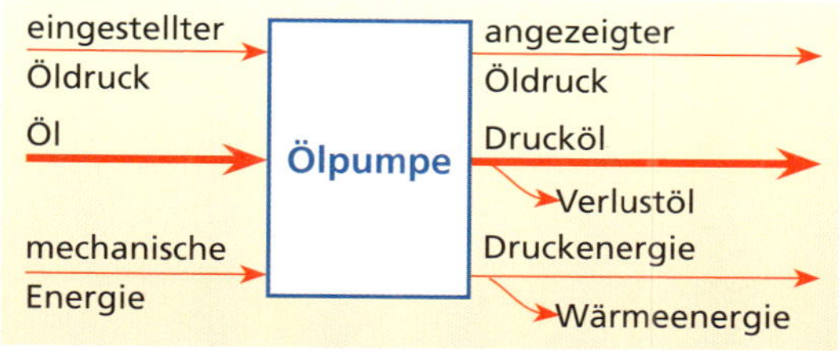

Bei einer Motorschmierung sorgt eine Innenzahnradpumpe für den Stoffumsatz. Sie saugt das Öl in der Ölwanne an und fördert es unter erhöhtem Druck über den Ölkühler und einen Ölfilter zu den Schmierstellen. Die Ölpumpe wird von der Kurbelwelle entweder direkt oder über eine Kette angetrieben.

Die Höhe des Öldrucks bestimmt ein Überdruckventil. Dieses Ventil öffnet bei Überdruck im System den Zufluss zur Ölwanne. Der Öldruck wird über den Öldruckschalter durch die Öldruckleuchte signalisiert. Ein Kurzschlussventil gewährleistet bei verstopftem Filter, dass das Öl direkt zu den Schmierstellen fließen kann.
Bei einem TDI-Motor wird zusätzlich der Abgasturbolader geschmiert.

Die Vakuumpumpe erzeugt den Unterdruck für den Bremskraftverstärker (gestrichelte Linie).

Blockschaltbild

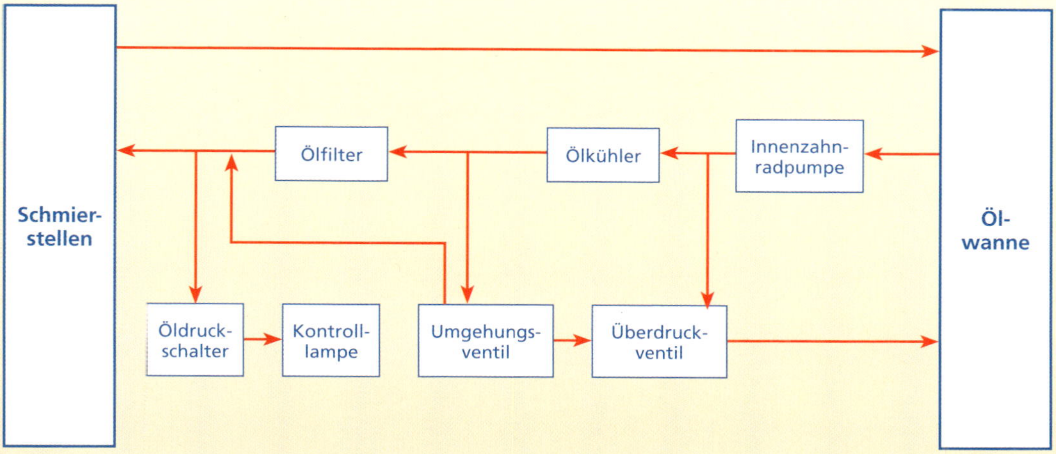

1.2.3.2 Motorkühlung

Kühlsystem

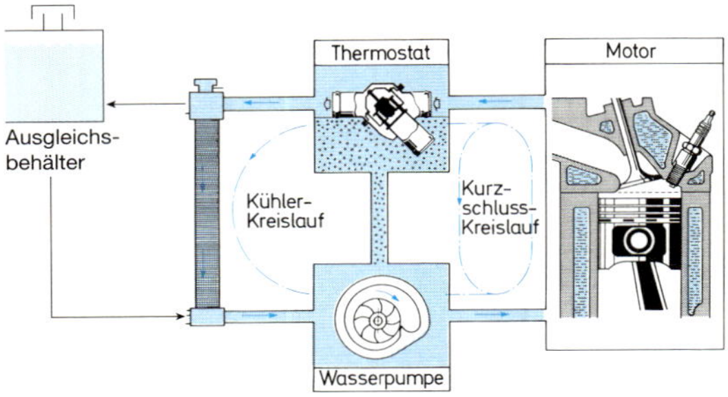

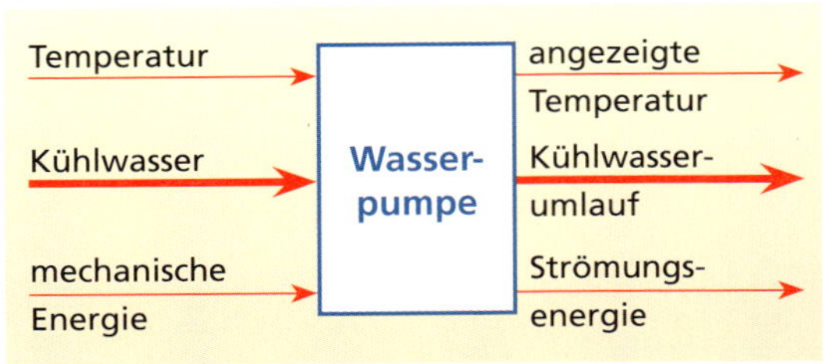

Bei einer Wasserkühlung wird die überschüssige Verbrennungswärme vom Motor zunächst an das Kühlsystem und dann über den Kühler an die Umgebungsluft abgegeben.

Die Wasserpumpe ist im Rücklauf angeordnet und saugt die Kühlflüssigkeit aus dem unteren Wasserkasten des Kühlers an und fördert sie zum Motor. Das Kühlwasser steigt bei Erwärmung nach oben und strömt in den oberen Wasserkasten des Kühlers. Die Wasserpumpe wird über Keilrippenriemen von der Kurbelwelle angetrieben.

Das Kühlsystem wird von einem Kühlwasserthermostat gesteuert. Bei kaltem Motor ($t < 80$ °C) schließt der Thermostat den Zufluss zum Kühler und öffnet den Kurzschlusskreislauf (Motor-Wasserpumpe-Motor). Das Wasser wird nicht gekühlt, der Motor erreicht schnell seine Betriebstemperatur. Bei warmem Motor ($t > 80$ °C) öffnet der Thermostat den Kühlerkreislauf (Motor-Kühler-Wasserpumpe-Motor) und schließt den Kurzschlusskreislauf.

Ein im Kühlwasser angeordneter Thermoschalter steuert das Ein- und Ausschalten des Lüftermotors.

Bei hoher Kühlmitteltemperatur und Druckanstieg im Kühlsystem fließt Kühlmittel in den Ausgleichsbehälter. Im Behälter entsteht ein Überdruck. Die Luft kann über das Überdruckventil im Verschlussdeckel entweichen. Bei Normalisierung der Kühlmitteltemperatur wird durch den entstehenden Unterdruck im Kühlsystem Kühlmittel aus dem Behälter abgesaugt. Der im Behälter entstehende Unterdruck wird durch das Unterdruckventil im Verschlussdeckel ausgeglichen.

Blockschaltbild

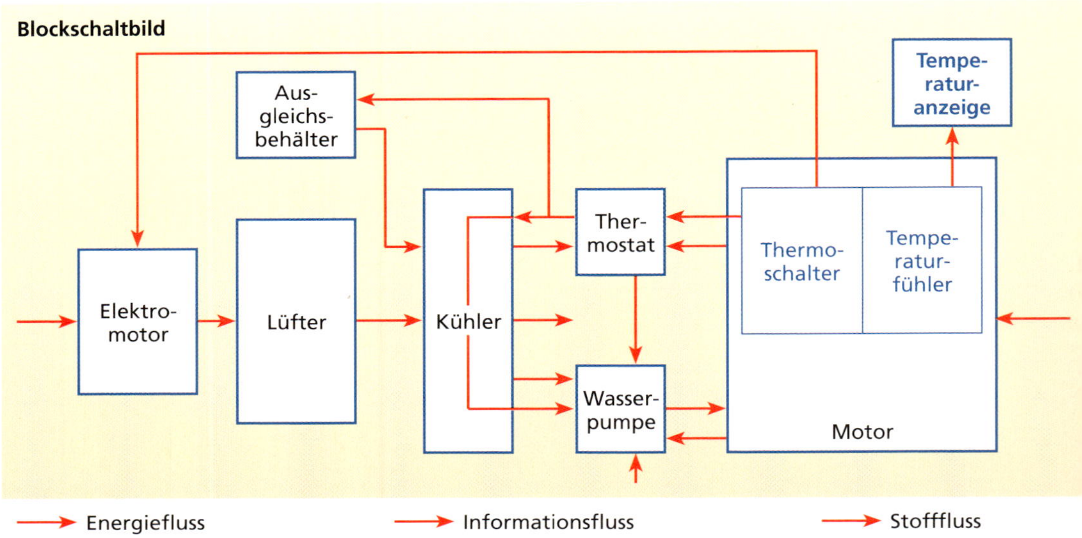

1.2.4 Systeme zum Informationsumsatz

Motormanagementsystem

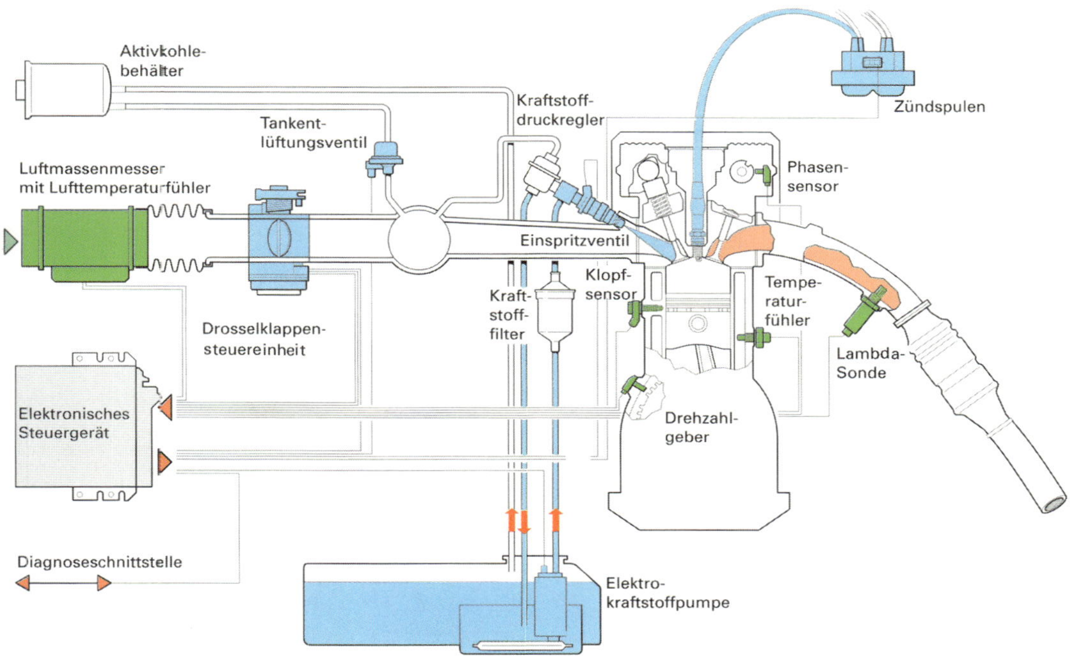

Motormanagementsysteme fassen die Einzelsysteme Benzineinspritzung und Zündung zu einer kompletten Motorsteuerung zusammen. Sie sind informationsverarbeitende Systeme. Jedes informationsverarbeitende System besteht im Wesentlichen aus drei Grundfunktionen:

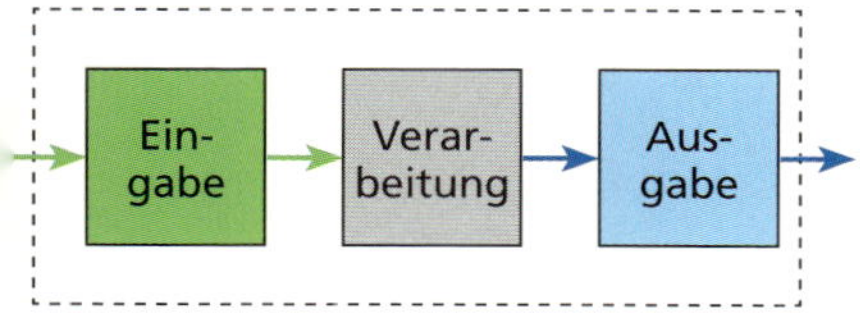

(EVA-Prinzip)

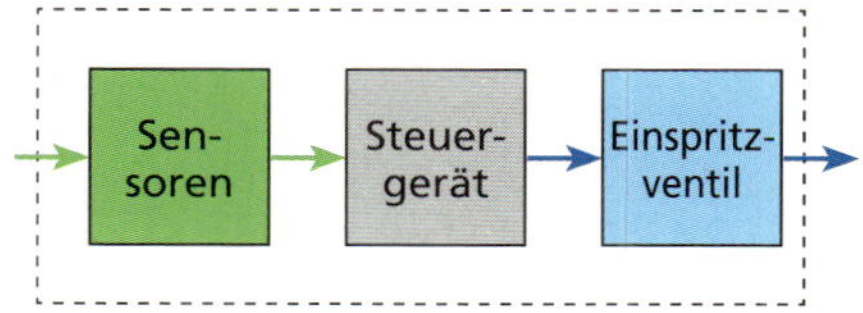

Sensoren, Geber und Schalter erfassen den Betriebszustand des Motors. Sie wandeln die physikalischen Größen Luftmasse, Temperatur, Drehzahl, Stellung der Nockenwelle (Hallgeber), Stellung der Drosselklappe und Klopfsignale des Motors in elektrische Signale um. Das Steuergerät wertet die Eingangssignale der Sensoren aus, berechnet die einzuspritzende Kraftstoffmenge und den Zündzeitpunkt und bildet die Steuerimpulse für die Aktoren.

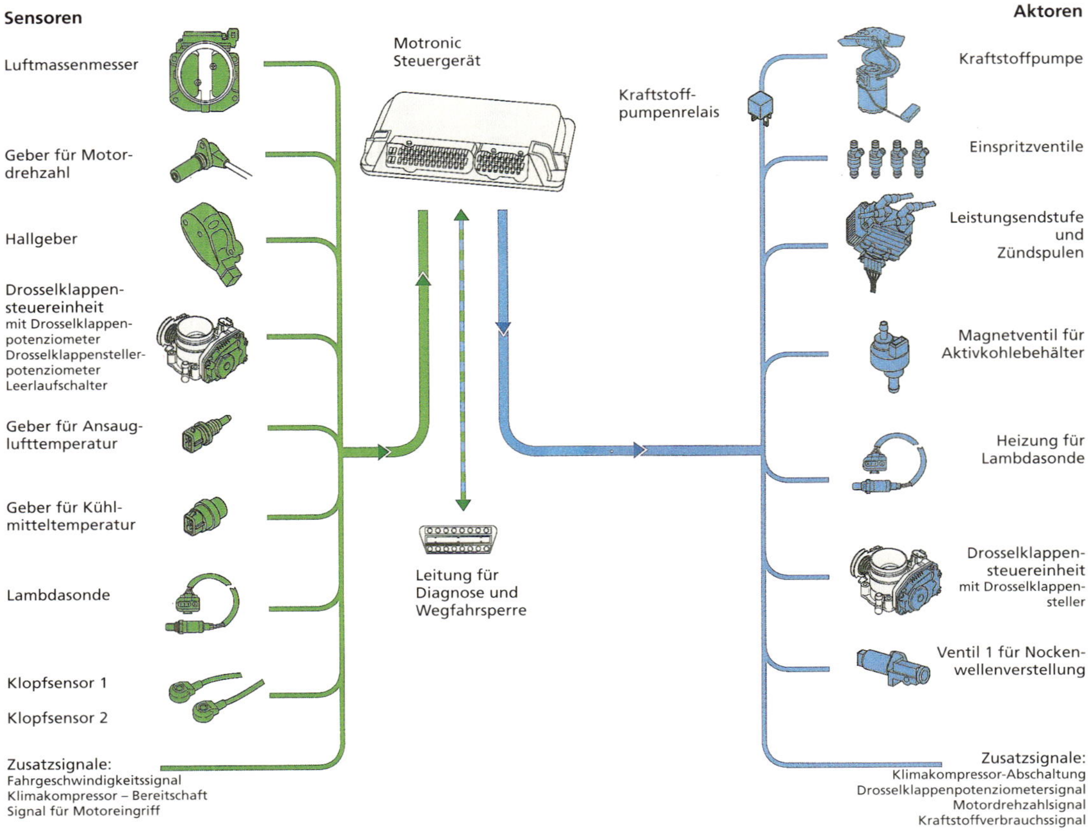
Sensoren
Luftmassenmesser
Geber für Motordrehzahl
Hallgeber
Drosselklappensteuereinheit
mit Drosselklappenpotenziometer
Drosselklappenstellerpotenziometer
Leerlaufschalter
Geber für Ansauglufttemperatur
Geber für Kühlmitteltemperatur
Lambdasonde
Klopfsensor 1
Klopfsensor 2
Zusatzsignale:
Fahrgeschwindigkeitssignal
Klimakompressor – Bereitschaft
Signal für Motoreingriff
Motronic Steuergerät
Leitung für Diagnose und Wegfahrsperre
Kraftstoffpumpenrelais
Aktoren
Kraftstoffpumpe
Einspritzventile
Leistungsendstufe und Zündspulen
Magnetventil für Aktivkohlebehälter
Heizung für Lambdasonde
Drosselklappensteuereinheit
mit Drosselklappensteller
Ventil 1 für Nockenwellenverstellung
Zusatzsignale:
Klimakompressor-Abschaltung
Drosselklappenpotenziometersignal
Motordrehzahlsignal
Kraftstoffverbrauchssignal

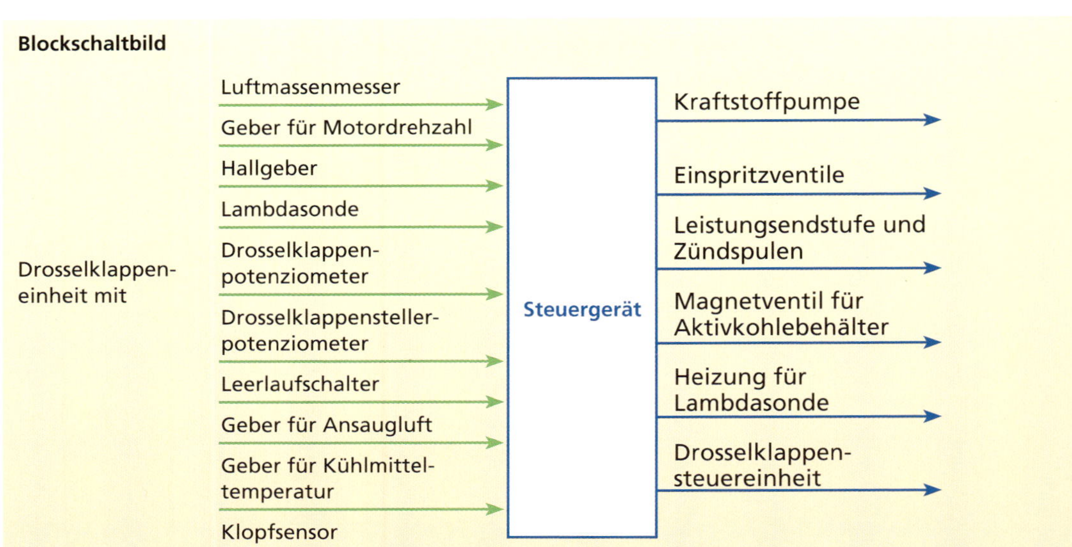
Blockschaltbild
Luftmassenmesser
Geber für Motordrehzahl
Hallgeber
Lambdasonde
Drosselklappeneinheit mit
Drosselklappenpotenziometer
Drosselklappenstellerpotenziometer
Leerlaufschalter
Geber für Ansaugluft
Geber für Kühlmitteltemperatur
Klopfsensor
Steuergerät
Kraftstoffpumpe
Einspritzventile
Leistungsendstufe und Zündspulen
Magnetventil für Aktivkohlebehälter
Heizung für Lambdasonde
Drosselklappensteuereinheit

1.3 Betriebsflüssigkeiten/Hilfsstoffe

1.3.1 Motoröl

Aufgabe

Das Motorenöl soll

- die Reibung vermindern, damit möglichst wenig Motorleistung verloren geht,
- den Verschleiß verringern,
- die in Lagern und Gleitflächen entstehende Reibungswärme ableiten,
- den Verbrennungsraum und das Kurbelgehäuse durch den Schmierfilm zwischen Zylinderwand und Kolben fein abdichten,
- Verunreinigungen aus den Gleitflächen abführen und
- die Motorenteile vor Korrosion schützen.

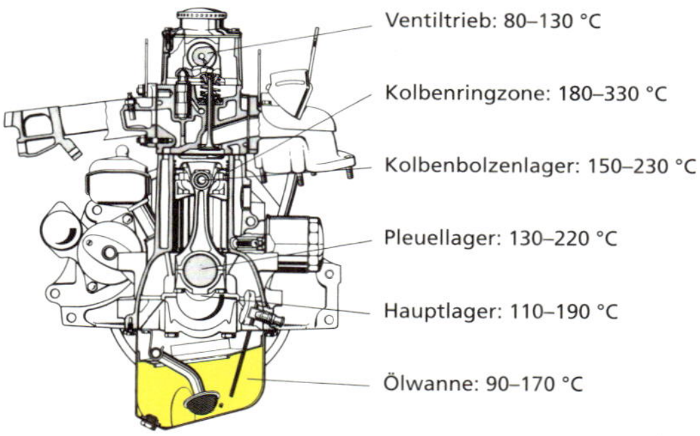

Anforderungen an das Motorenöl

Das Öl muss über einen großen Temperaturbereich einen tragfähigen und zerreißfesten Ölfilm bilden. Um die Schmierung im Motor zu gewährleisten, darf das Öl bei tiefen Temperaturen nicht zu dickflüssig, bei hohen Temperaturen nicht zu dünnflüssig sein.
Das Öl muss einen niedrigen Stockpunkt haben, damit es auch bei niedrigen Temperaturen seine Schmierfähigkeit behält. Das Motorenöl muss alterungsbeständig und schlammsicher sein.

Eigenschaften des Motorenöls

Mineralöl/Erdöl

Grundöle: Sie werden durch Erhitzen, Verdampfen und Kondensieren hergestellt. (Destillation).	Hydrocracköle: Ausgangspunkt sind Destillate aus den Rückständen der Grundölherstellung, die in mehreren Verfahrensschritten zu Grundöl verarbeitet werden.	Syntheseöle: Ausgangspunkt ist Rohbenzin, das in mehreren Schritten zu Grundölen aufgearbeitet – synthetisiert – wird.
Verwertung von Altölen (Zweitraffinate)		
Preiswert, normale Altersstabilität, Viskositätsindex 90 bis 100, hoher Verdampfungsverlust, mäßiges Kälteverhalten, (Einbereichsöl)	Teuer, gleichmäßige Zusammensetzung, höhere Altersstabilität, Viskositätsindex 130 bis 150, geringes Verdampfungsverhalten, sehr gutes Kälteverhalten	Teuer, gleichmäßige Zusammensetzung, höhere Altersstabilität, Viskositätsindex 130 bis 150, geringes Verdampfungsverhalten, sehr gutes Kälteverhalten

Molekularer Aufbau: Kohlenstoff (C) + Wasserstoff (H)

Die Schmierfähigkeit des Öls beruht auf der geringen Reibung der Ölmoleküle untereinander. Die Schmierfähigkeit hängt von der Zähflüssigkeit des Schmieröls ab. Diese Zähflüssigkeit wird als

Viskosität bezeichnet. Die Viskosität ändert sich mit der Temperatur. Mit zunehmender Temperatur wird das Öl dünnflüssiger, mit abnehmender Temperatur dickflüssiger. Ab einer bestimmten Temperatur (Stockpunkt) fließt das Öl überhaupt nicht mehr.

Motorenöl-Additive

Den Grundölen werden Wirkstoffe (Additive) zugemischt, um im Motorenöl Eigenschaften zu erzielen, die für die Schmierung erforderlich, im Grundöl aber nicht enthalten sind. Additive verlieren im Laufe der Zeit an Wirkung oder werden vollständig verbraucht. Daher muss von Zeit zu Zeit das Öl gewechselt werden.

Die Zusätze

- verringern die Temperaturabhängigkeit,
- setzen den Stockpunkt herab,
- verbessern die Schmierfilmfestigkeit,
- verhindern die Schaumbildung,
- schützen die Motorenteile vor Ablagerungen, indem sie die Verunreinigungen im Öl in Schwebe halten,
- verzögern die Oxidation (Alterung) des Öles,
- vermindern die Korrosion.

1.3.1.1 Einteilung der Motorenöle

Viskositätsklassen

Wichtigste Kenngröße des Motoröls ist die Viskosität. Viskosität ist ein Maß für die innere Reibung eines Öles beim Fließen. Ist das Öl kalt, ist die innere Reibung groß (hohe Viskosität). Je wärmer das Öl wird, desto dünnflüssiger wird es, desto geringer ist die innere Reibung (geringe Viskosität).

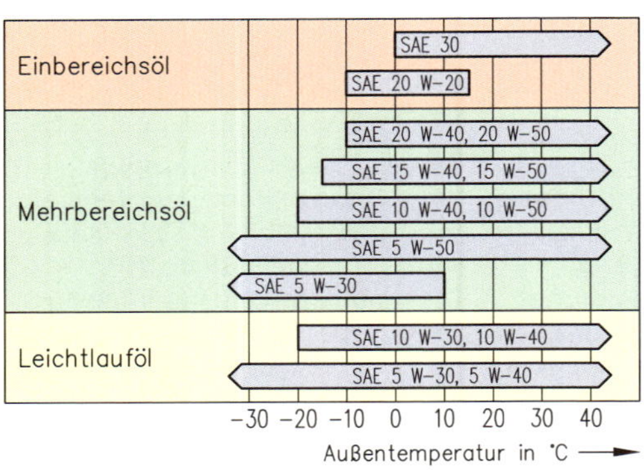

Klassifikation der Motorenöle

Angaben für die Qualität und das Leistungsvermögen der Öle werden durch verschiedene Prüfmethoden (Klassifikationen) ermittelt.

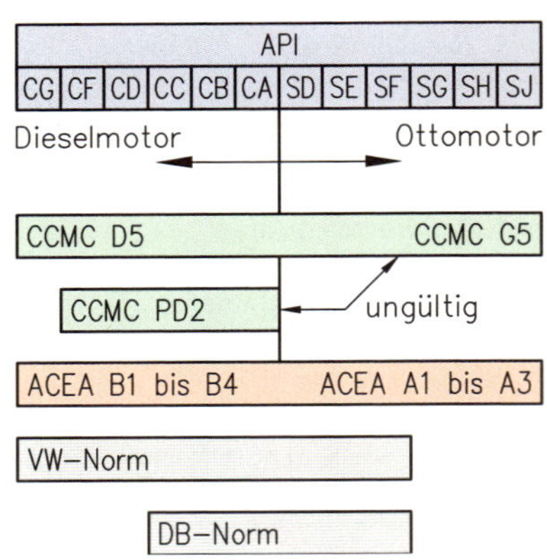

SAE-Viskositätsklassen

Die amerikanische Society of Automotive Engineers (SAE) hat die Motorenöle in Viskositätsklassen eingeteilt, die in die DIN 51511 übernommen und ergänzt wurden. Die SAE-Klassen geben keine Auskunft über die Schmierfähigkeit eines Öles, sondern über den Temperaturbereich, in dem das Öl zum Einsatz kommen kann. Erfüllt das Öl nur die Anforderungen einer SAE-Klasse, so ist es ein Einbereichsöl, z.B. 10 W, 30, 50 bei Motorölen oder SAE 80 W, 90, 140 bei den Getriebeölen.
Mehrbereichöle erfüllen die Viskositätsanforderungen mehrerer SAE-Klassen. Beispiel: 15 W-50 erfüllt die Forderung an SAE 15 W bei −18° und die Forderungen an SAE 50 bei +100°.

Leichtlauföle sol en die Reibung im Motor verringern und damit Kraftstoff sparen. Dies wird auf zwei Arten erreicht:
- Absenkung der Viskosität,
- reibungsmindernde Additive.

Da im Motor überwiegend Flüssigkeitsreibung besteht, hat die Absenkung der Viskosität den größten Einfluss auf einen geringen Kraftstoffverbrauch:
- Ottomotor: Volllast 3–5 %, Teillast 11–18 %
- Dieselmotor: Volllast 7–9 %, Teillast 13–14 %

Bezeichnung für Leichtlauföle:
SAE 5 W – X, SAE 0 W – X
X kann 20, 30, 40, 50, 60 sein.

API-Klassen (USA)

API-Klassen werden vom American Petroleum Institut zusammen mit anderen Organisationen (ASTM, SAE) festgelegt. API teilt die Motorenöle nach ihrem Leistungsvermögen ein:
S-Klassen für Ottomotoren: SH, SJ
C-Klassen für Dieselmotoren: CF-4, CF, CG 4.
Die früheren SE-, SF-, SG-Klassen, die CC-, CD-, CE-Klassen wurden durch die o. a. Klassen mit verschärften Anforderungen ersetzt.

CCMC/ACEA-Klassen (EU)

Die europäischen Motorenhersteller haben vom Comité des Constructeurs d'Automobiles du Marché Commun (CCMC) Testverfahren zur Prüfung von Motoren entwickeln lassen. 1996 wurde die CCMC-Vereinigung in Association des Constructeurs Européens d'Automobiles (ACEA) umbenannt. Zur Prüfung werden Fahrzeugmotoren und Einzylinder-Prüfmotoren nach genau festgelegten Bedingungen gefahren. Nach der Prüfung werden die Motoren zerlegt und alle wichtigen Bauteile (z.B. Kolben, Zylinderlaufbahn, Lager, Ventiltrieb, Ölwanne) bewertet.
ACEA teilt das Motoröl in 3 Klassen entsprechend den ACEA-Testsequenzen ein:
Ottomotoren: A1-96, A2-96, A3-96
Dieselmotoren: B1-96, B2-96, B3-96
Die Zahl gibt die Leistungsstufe innerhalb der Gruppen an, 96 ist das Einführungsjahr der Festlegung.

1.3.1.2 Ölverschlechterung

Ölverdünnung	Beim Kaltstart eines Ottomotors kondensiert ein Teil des Kraftstoffes an den noch kalten Zylinderwänden. Durch die unverbrannten Benzinbestandteile kommt es zu einer erheblichen Motorölverdünnung. Hierdurch wird die Viskosität und die Schmierfähigkeit des Motoröls herabgesetzt. Erreicht das Motoröl die Betriebstemperatur, so dampft das Benzin zum Teil wieder aus. Höhersiedende Benzinbestandteile bleiben im Motoröl.
Ölverdickung	Ölverdickung tritt bei Dieselmotoren durch Rußaufnahme des Motoröls auf. Ein Teil des bei der Verbrennung entstehenden Rußes gelangt als Durchblasegas (über Spalten zwischen Kolben, Kolbenringen und Zylinderlaufflächen) in die Ölwanne. Ölverdickung führt in der kalten Jahreszeit zu Kaltstartschwierigkeiten.
Ölverschlammung	Durch Schwarzschlamm werden Ölsieb, Ölpumpe und Ölleitungen ganz oder teilweise zugesetzt. Es entsteht eine Mangelschmierung. Schwarzschlamm kann entstehen durch • mangelnde Ölqualität, • mangelhafte Wartung, lange Ölwechselintervalle, • Verbrennung von Kraftstoff und Motoröl im Brennraum. Die Verbrennungsrückstände gelangen mit dem Durchblasegas in die Ölwanne.

Vorschriften der Automobilhersteller

Aufgrund der Ölverschlechterung muss das Motoröl von Zeit zu Zeit gewechselt werden.
Für Pkw werden die Intervalle für den Ölwechsel in der Betriebsanleitung für maximale Kilometerleistung oder maximale Zeit angegeben. Moderne Fahrzeuge besitzen einen Wartungsrechner, der verschiedene Faktoren berücksichtigt. Damit werden flexible Ölwechselintervalle möglich, die zur Zeit bis 30000 km für Ottomotoren, bis 50000 km für direkteinspritzende Dieselmotoren oder maximal zwei Jahre Ölverweilzeit erlauben. Die Motorenhersteller prüfen die Motorenöle speziell auf Eignung in ihren Motoren. Daher dürfen nur zugelassene Motorenöle verwendet werden, die meist einer Testsequenz nach CCMC/ACEA entsprechen müssen.

Richtlinien

Umweltschutz

Motoröl gehört nach dem Kreislaufwirtschafts- und Abfallgesetz zu den besonders überwachungsbedürftigen Abfällen. Es ist eine wassergefährdende Flüssigkeit nach dem Wasserhaushaltsgesetz und gehört in die Gruppe der stark wassergefährdenden Stoffe.

Motoröl darf nicht in oberirdische Gewässer, Kanalisation oder in den Untergrund gelangen. Auslaufende Flüssigkeiten sind mit Erde oder anderem geeigneten Material einzudämmen. Verschüttetes Motoröl muss sofort mit einem Universalbinder aufgenommen werden. Daher sollte nur über flüssigkeitsdichten Flächen gearbeitet werden.

Motoröl ist entzündlich und muss von Zündquellen ferngehalten werden.

Entsorgung

Altöl, Ölfilter und Öldichtungen gehören zu den besonders überwachungsbedürftigen Abfällen und müssen getrennt gesammelt werden. Die Entsorgung von Altöl hat einige Besonderheiten: Altöle bekannter Herkunft werden in betrieblichen Altölsammelanlagen zwischengelagert und unterliegen einer ständigen Kontrolle. Das Altöl muss sortenrein sein, d. h. es dürfen keine Fremdstoffe beigefügt sein, z. B. Bremsflüssigkeit, Kühlflüssigkeit usw.
Altöle unbekannter Herkunft, das sind Altöle, die im Rahmen des Frischölverkaufs vom Kunden angenommen werden müssen, sind aufgrund möglicher Vermischungen mit anderen Substanzen gesondert zwischenzulagern.
Der Altölabgeber hat dem Abholer eine Erklärung zu übergeben, dass das Altöl keine Fremdstoffe enthält.
Altölabholer müssen bei der Übernahme eine Probe entnehmen. Eine Teilmenge wird jeweils vom Betrieb und vom Altölabnehmer solange aufbewahrt, bis eine Untersuchung durch den Altölverwerter feststellt, dass das Altöl ordnungsgemäß entsorgt werden kann. Die Altöle werden vom Altölverwerter wieder aufgearbeitet.

Arbeitssicherheit

Verletzungen durch Ausrutschen!
Einwirkungen auf die Haut kann zur Entfettung und Hautreizungen führen, daher Hautkontakt vermeiden und, wenn möglich, Schutzhandschuhe tragen. Hautschutz- und Hautpflegemittel verwenden. Getränkte Kleidung und Schuhe sind sofort zu wechseln.

Erste Hilfe:
Nach Einatmen: Frischluft, im Normalfall sind keine weiteren Maßnahmen erforderlich.
Nach Hautkontakt: Benetzte Haut mit Wasser und Seife abwaschen.
Nach Augenkontakt: Gründlich mit Wasser, mindestens 10 Minuten, ausspülen, danach unverzüglich Augenarzt aufsuchen.
Nach Verschlucken: Kein Erbrechen hervorrufen, sofort Arzt zu Rate ziehen.

BTA Nr.: 2 2001-12-06	**BETRIEBSANWEISUNG** gemäß § 20 GEFSTOFFV **Geltungsbereich und Tätigkeiten** **Name der Schule: Werkstatt o. Ä.**	Unterschrift

GEFAHRSTOFFBEZEICHNUNG

Schmieröle und Fette

Motoröle, Getriebeöle, sonstige Schmiermittel und Schmierfette

GEFAHREN FÜR MENSCH UND UMWELT

- R10 Entzündlich
- R21/22 Gesundheitsschädlich bei Berührung mit der Haut und beim Verschlucken.

SCHUTZMASSNAHMEN UND VERHALTENSREGELN

- S16 Von Zündquellen fernhalten – Nicht rauchen.
- S24/25 Berührung mit den Augen und der Haut vermeiden.

VERHALTEN IM GEFAHRENFALL

- Ausgetretenes Material mit Universalbinder aufnehmen.

ERSTE HILFE **Notruf** 112

Bei jeder Erste-Hilfe-Maßnahme: Selbstschutz beachten und umgehend Arzt aufsuchen!
- S27 Beschmutzte, getränkte Kleidung sofort ausziehen.
- S28 Bei Berührung mit der Haut sofort abwaschen mit viel Wasser und Seife.
- Augen bei gespreizten Lidern unter fließendem Wasser gründlich ausspülen (unverletztes Auge schützen! Kontaktlinsen entfernen! Augenarzt!)
- Nach Verschlucken sofort Mund ausspülen und reichlich Wasser nachtrinken.

SACHGERECHTE ENTSORGUNG

A

- Altöl bekannter Herkunft getrennt sammeln und einer Wiederverwertung zuführen.
- Ölverschmutzte Fraktionen oder Putzlappen nicht in den Hausmüll geben.

1.3.2 Kühlmittel

Das Kühlmittel hat folgende Aufgaben:

- Korrosionsschutz
- Frostschutz
- Schutz vor Ablagerungen
- Siedepunkterhöhung (das Kühlmittel verdampft nicht so schnell)

Das Kühlmittel setzt sich aus folgenden Komponenten zusammen:

<table>
<tr><th colspan="3">Kühlmittel</th></tr>
<tr><td colspan="2">Kühlerschutzmittel</td><td rowspan="2">Wasser</td></tr>
<tr><td>Basisflüssigkeit</td><td>Additive</td></tr>
<tr><td>Ethandiol (Ethylenglykol)
Ethandiol setzt den Gefrierpunkt herab und erhöht den Siedepunkt.</td><td>Sie geben Schutz vor
• Korrosion,
• Ablagerungen (Kesselstein),
• Schaumbildung,
• Überhitzung.</td><td>Das Wasser muss sauber und nicht zu hart, der Salzgehalt möglichst gering sein. Die Wasserhärte sollte unter 20° deutscher Härte liegen. Auskunft über die Härte des Wassers geben die Wasserwerke.</td></tr>
<tr><td>Empfehlenswert ist folgende Mischung:
(Gefrierschutzmittel : Wasser)</td><td colspan="2">40 : 60 ergibt einen Frostschutz bis – 25 °C.
50 : 50 ergibt einen Frostschutz bis – 37 °C.
55 : 45 ergibt einen Frostschutz von – 45 °C.</td></tr>
<tr><td colspan="3">Vorschriften der Automobilhersteller</td></tr>
<tr><td colspan="3">Allgemeingültige Klassifikationen, wie sie z. B. bei den Motorölen bestehen, gibt es nicht. Aufgrund der z. T. sehr abweichenden Anforderungen sind die Angaben der Motorenhersteller unbedingt zu beachten. Es dürfen nur Kühlerschutzmittel verwendet werden, die die Freigabe des Automobilherstellers besitzen.

Regelmäßiger Wechsel des Kühlmittels ist mindestens alle 2 bis 4 Jahre notwendig, da durch die hohe Wärmebelastung im Kühlkreislauf des Motors die Korrosionsschutzzusätze abgebaut werden.</td></tr>
</table>

Beim Nachschütten oder Wechseln von Kühlerschutzmittel ist auf die Farbe der Betriebsflüssigkeit zu achten. Es sollte immer Kühlerschutzmittel der gleichen Farbe nachgefüllt werden. Kühlerschutzmittel ist in Deutschland in drei Farben erhältlich: grün, blau, rot. Rot verwenden die französischen Hersteller wie Renault. Kühlerschutzmittel sollten nicht gemischt werden. Dies gilt insbesondere für silikathaltige Produkte, z. B. Glysantin Protect Plus oder VW Kühlerschutzmittel G 11 mit silikatfreien Produkten, z. B. Glysantin Alu Protect oder VW Kühlerschutzmittel G 12.

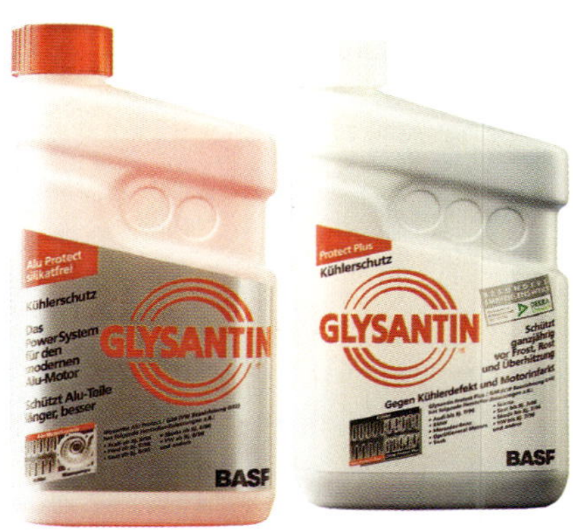

Richtlinien

Umweltschutz

Kühlflüssigkeit gehört nach dem Kreislaufwirtschafts- und Abfallgesetz zu den besonders überwachungsbedürftigen Abfällen. Es ist eine wassergefährdende Flüssigkeit nach dem Wasserhaushaltsgesetz und gehört in die Gruppe der schwach wassergefährdenden Stoffe. Es darf daher nicht in die Kanalisation entsorgt, sondern muss gesammelt werden.
Kühlerschutzmittel müssen nach der Gefahrstoff-Verordnung gekennzeichnet sein.

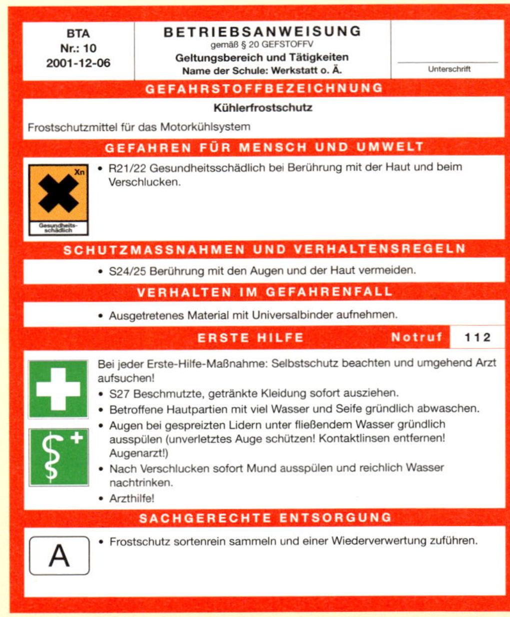

BTA
Nr.: 10
2001-12-06

BETRIEBSANWEISUNG
gemäß § 20 GEFSTOFFV
Geltungsbereich und Tätigkeiten
Name der Schule: Werkstatt o. Ä.

Unterschrift

GEFAHRSTOFFBEZEICHNUNG

Kühlerfrostschutz

Frostschutzmittel für das Motorkühlsystem

GEFAHREN FÜR MENSCH UND UMWELT

Xn
Gesundheits-schädlich

- R21/22 Gesundheitsschädlich bei Berührung mit der Haut und beim Verschlucken.

SCHUTZMASSNAHMEN UND VERHALTENSREGELN

- S24/25 Berührung mit den Augen und der Haut vermeiden.

VERHALTEN IM GEFAHRENFALL

- Ausgetretenes Material mit Universalbinder aufnehmen.

ERSTE HILFE **Notruf** **112**

Bei jeder Erste-Hilfe-Maßnahme: Selbstschutz beachten und umgehend Arzt aufsuchen!
- S27 Beschmutzte, getränkte Kleidung sofort ausziehen.
- Betroffene Hautpartien mit viel Wasser und Seife gründlich abwaschen.
- Augen bei gespreizten Lidern unter fließendem Wasser gründlich ausspülen (unverletztes Auge schützen! Kontaktlinsen entfernen! Augenarzt!)
- Nach Verschlucken sofort Mund ausspülen und reichlich Wasser nachtrinken.
- Arzthilfe!

SACHGERECHTE ENTSORGUNG

A

- Frostschutz sortenrein sammeln und einer Wiederverwertung zuführen.

Arbeitssicherheit

Folgende Vorsichtsmaßnahmen sind zu beachten:
- Hautkontakt ist zu vermeiden,
- persönliche Schutzausrüstung tragen,
- für Hautreinigung und Pflege sorgen,
- getränkte Kleidungsstücke umgehend ablegen.

Erste Hilfe
- nach Hautkontakt: Benetzte Haut mit Wasser und Seife abwaschen und gut nachspülen,
- nach Augenkontakt: Augen bei geöffnetem Lidspalt mehrere Minuten unter fließendem Wasser spülen,
- nach Verschlucken: Sofort Mund ausspülen und reichlich Wasser nachtrinken. Sofort Arzt hinzuziehen.

Entsorgung

Gebrauchte Kühlmittel dürfen nicht mehr verwendet werden, da die vor Korrosion schützenden Zusätze zerstört sind. Sie müssen entsorgt werden. Kühlmittel werden sortenrein in entsprechend gekennzeichneten Behältern gesammelt. Die Behälter werden in Sammelstationen abgestellt, die mit einer Auffangwanne ausgestattet sind. Die Sammelstationen sind anfahrgeschützt und abschließbar, so dass unbefugte Personen keinen Zugriff haben. Die gesammelten Kühlmittel werden über eine Entsorgungsfirma dem Recyclingunternehmen zugeführt und dort aufbereitet.

Die BASF (Badische Anilin- und Soda-Fabrik) ist ein Kühlerschutzmittelhersteller, der einen geschlossenen Recyclingkreislauf anbietet. Damit werden Ressourcen und die Umwelt geschont. Das Sammeln und Aufbereiten von gebrauchten Kühlerschutzmitteln lohnt sich nach Angabe der BASF: Bei 5 Litern ergibt sich insgesamt eine Energieeinsparung mit einem vergleichbaren Heizwert von ca. 3,5 Litern Heizöl. Diese Energie bringt einen Diesel-Pkw 75 km weit.

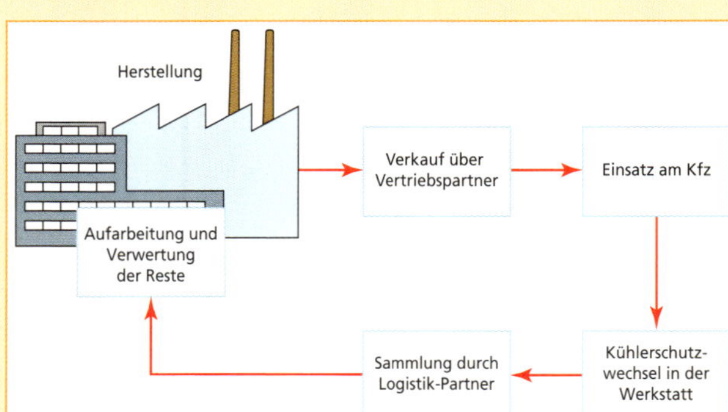

Bestimmen der Anteile Kühlerschutzmittel/Wasser

Auswerten von Diagrammen

Bei einem Gefrierschutz bis $t = -15$ °C gilt:

- Wasservolumen 75 % ≙ 3 Anteile
- Volumenkühlerschutzmittel 25 % ≙ 1 Anteil

Das Diagramm zeigt die Abhängigkeit des Gefrierpunktes vom Kühlerschutzmittelanteil: Bis zu einem Volumenanteil von 60 % Kühlerschutzmittelanteil und 40 % Wasser nimmt der Frostschutz bis – 56 °C zu. Bei größeren Volumenanteilen Kühlerschutzmittel nimmt der Frostschutz ab.

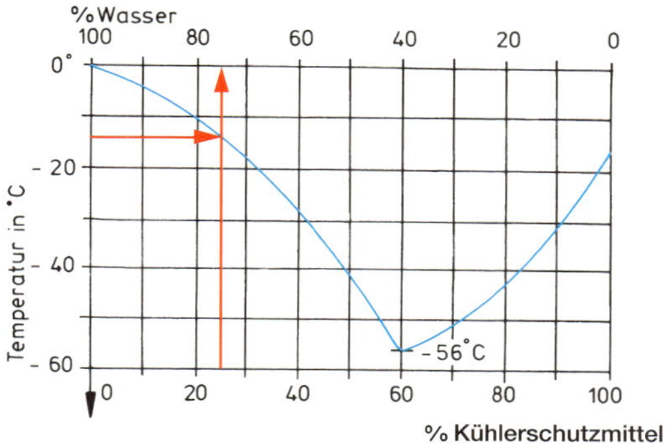

Berechnen der Kennwerte

Das Kühlerschutzmittelvolumen V_G ist abhängig

- vom Volumen des Kühlsystems V_K,
- vom Anteil des Kühlerschutzmittels A_G,
- von der Summe der Anteile von Kühlwasser und Kühlerschutzmittel $A_G + A_W$.

$$V_G = \frac{V_K \cdot A_G}{A_G + A_W}$$

Das Mischungsverhältnis in % errechnet sich wie folgt:

$$\frac{\text{Wassermenge } V_W \cdot 100}{\text{Wassermenge } V_W + \text{Kühlerschutzmittelmenge } V_G}$$

Beispiel:

Das Flüssigkeitsvolumen eines Kühlers beträgt $V = 9$ Liter. Die Kühlflüssigkeit soll bis zu einer Temperatur von – 15 °C Gefrierschutz haben.

$$V_G = \frac{9\,\text{l} \cdot 1}{3 + 1}$$

$$V_G = 2{,}25\,\text{l}$$

$$V_W = 9\,\text{l} - 2{,}25\,\text{l}$$

$$V_W = \underline{\underline{6{,}75\,\text{l}}}$$

$$\text{Mischungsverhältnis in \%} = \frac{V_W \cdot 100}{V_W + V_G}$$

$$\text{Mischungsverhältnis in \%} = \frac{6{,}75 \cdot 100}{6{,}75 + 2{,}25} = 75\,\%$$

Mischungsverhältnis 75 % zu 25 % ≙ 3 : 1

1.3.3 Bremsflüssigkeit

Die Bremsflüssigkeit dient zur hydraulischen Kraftübertragung in den Bremsen. An die Bremsflüssigkeit werden hohe Anforderungen gestellt:

- Nicht kompressibel
- Hoher Siedepunkt (ca. 260 °C)
  Hierdurch wird die Dampfblasenbildung verhindert. Dampfblasen setzen die Bremswirkung herab, da sich die Dampfblasen zusammendrücken lassen.
- Hoher Flammpunkt
  Die Bremsflüssigkeit darf bei den auftretenden Temperaturen nicht entflammen.
- Tiefer Gefrierpunkt
  Die Bremse muss auch bei tiefen Temperaturen funktionsfähig bleiben.
- Chemisch stabil
  Die Bremsflüssigkeit sollte eine möglichst geringe Ausdehnung bei Erwärmung und eine Schmierfähigkeit im gesamten Temperatur- und Druckbereich haben.
- Metall- und Gummiteile nicht angreifen.

Eigenschaften

Bremsflüssigkeit besteht aus Polyglykolether mit speziellen Zusätzen. Daneben werden auch Silikonöle (US-Armee) und Spezialöle auf Mineralölbasis (Citroen) als Bremsflüssigkeiten verwendet. Bremsflüssigkeit auf Polyglykolether-Basis ist am weitesten verbreitet. Sie ist stark hygroskopisch und reichert sich im Laufe der Zeit mit Wasser an. Sie nimmt Feuchtigkeit aus der Luft durch das „Atemloch" des Bremsflüssigkeitsvorratsbehälters und durch die Wandungen der Bremsschläuche auf. Ein Wasseranteil von 2 % kann den Siedepunkt um 60 ... 80 °C absenken. Bei starker Beanspruchung der Bremsanlage, z. B. bei längerem Bremsen auf Gefällstrecken, kann es bei zu hohem Wasseranteil zur Dampfblasenbildung kommen. Wasserdampf ist als Gas zusammendrückbar. Damit fällt das Bremspedal ohne Widerstand bis zum Bodenblech durch, ohne dass das Fahrzeug abgebremst wird.

Ein zu hoher Wasseranteil führt außerdem zur Korrosion der Hydraulikkomponenten.

Bremsflüssigkeit muss daher nach Ablauf von 1 bis 2 Jahren im Rahmen der Wartungsarbeiten erneuert werden. Da sich nicht nur Wasser, sondern auch feinster Abrieb und Schmutzteilchen in der Bremsflüssigkeit anreichern, sollte beim Wechsel der Bremsflüssigkeit das Bremssystem durchgespült werden.

Einteilung

Bremsflüssigkeit wird nach DOT (Department of Transportation) in drei Klassen eingeteilt:

- Bremsflüssigkeit auf Polyglykolether-Basis: DOT 3, DOT 4 und DOT 5.1,
- Bremsflüssigkeit auf Silikon-Basis: DOT 5.

Entsprechend den gesetzlichen Vorschriften geben die Bremsflüssigkeitshersteller auf ihren Dosen folgende Hinweise:

- Trockensiedepunkt: Siedepunkt der neuen, ungebrauchten Bremsflüssigkeit ohne Wasseranteil.
- Nasssiedepunkt: Siedepunkt der Bremsflüssigkeit mit etwa 3,5 % Wasseranteil.
- Flüssigkeitstyp nach DOT.

	DOT 3	DOT 4	DOT 5.1	DOT 5
Trockensiedepunkt Nasssiedepunkt Farbe	205 °C 140 °C gelb	230 °C 155 °C gelb	260 °C 180 °C gelb	260 °C 180 °C blau
Auf den Dosen ist vermerkt: • Trockensiedepunkt, • Nasssiedepunkt, • Flüssigkeitstyp nach DOT.				

Arbeitshinweise

Es ist darauf zu achten, dass alle Werkzeuge und Prüfgeräte, die mit Bremsflüssigkeit in Berührung kommen, sauber und frei von Mineralölrückständen sind. Geringste Anteile von Mineralöl genügen, um sämtliche Gummiteile, wie Manschetten, Dichtungen, Bremsschlauchleitungen, zu zerstören, sodass die Bremsanlage funktionsuntüchtig wird. In diesem Fall müssen alle Gummiteile durch neue ersetzt werden.

DOT 5 ist nicht mischbar mit Bremsflüssigkeiten auf Glykoletherbasis DOT 3, 4, 5.1.

Bremsflüssigkeit greift Lacke an, Spritzer sind sofort mit Wasser abzuwaschen. Abgelassene Bremsflüssigkeit kann nicht mehr verwendet werden, da sie verunreinigt sein kann.

Umweltschutz

Bremsflüssigkeit gehört nach dem Kreislaufwirtschafts- und Abfallgesetz zu den besonders überwachungsbedürftigen Abfällen und ist schwach wassergefährdend (Wassergefährdungsklasse: WKG 1). Sie darf nicht in Gewässer oder in die Kanalisation gelangen. Nach Verschütten ist die Bremsflüssigkeit mit flüssigkeitsbindendem Material aufzunehmen.

Arbeitssicherheit

Folgende Maßnahmen sind zu beachten:

- Hautkontakt vermeiden,
- ggf. persönliche Schutzausrüstung tragen,
- für Hautreinigung und -pflege sorgen.

Erste Hilfe

- Nach Einatmen: für Frischluftzufuhr sorgen,
- nach Hautkontakt: Benetzte Haut mit Wasser und Seife abwaschen und gut nachspülen,
- nach Augenkontakt: Augen bei geöffnetem Lidspalt mehrere Minuten unter fließendem Wasser spülen. Bei anhaltenden Beschwerden: Arzt aufsuchen,
- nach Verschlucken: Reichlich Wasser nachtrinken und Frischluft zuführen. Unverzüglich Arzt hinzuziehen.

Entsorgung

Bremsflüssigkeit wird in der Kfz-Werkstatt sortenrein in speziellen Behältern gesammelt. Um sie vor Verunreinigung, insbesondere Feuchtigkeit zu schützen ist ein besonderes Sammel- und Entnahmesystem erforderlich.

Die Bremsflüssigkeit wird über einen Schlauch vom Fahrzeug in eine Flasche geleitet. Ein Ventilsystem sorgt dafür, dass beim Umfüllen der Bremsflüssigkeit in den Sammelbehälter keine Feuchtigkeit aus der Umweltluft gezogen und damit die Bremsflüssigkeit verunreinigt wird. Sie wird der kostenpflichtigen Entsorgung über einen zugelassenen Abfallentsorger einer Recycling-Firma zugeführt. Die Entsorgung ist nachweispflichtig.

BTA Nr.: 4 2001-12-06	**BETRIEBSANWEISUNG** gemäß § 20 GEFSTOFFV **Geltungsbereich und Tätigkeiten** **Name der Schule: Werkstatt o. Ä.**	Unterschrift

GEFAHRSTOFFBEZEICHNUNG

Bremsflüssigkeit

Bremsflüssigkeit für hydraulische Bremsanlagen

GEFAHREN FÜR MENSCH UND UMWELT

Xn
Gesundheits-schädlich

- R21/22 Gesundheitsschädlich bei Berührung mit der Haut und beim Verschlucken.

SCHUTZMASSNAHMEN UND VERHALTENSREGELN

- S24/25 Berührung mit den Augen und der Haut vermeiden.

VERHALTEN IM GEFAHRENFALL

- Ausgetretenes Material mit Universalbinder aufnehmen.

ERSTE HILFE **Notruf** 112

Bei jeder Erste-Hilfe-Maßnahme: Selbstschutz beachten und umgehend Arzt aufsuchen!

- S27 Beschmutzte, getränkte Kleidung sofort ausziehen.
- Betroffene Hautpartien mit viel Wasser und Seife gründlich abwaschen.
- Augen bei gespreizten Lidern unter fließendem Wasser gründlich ausspülen (unverletztes Auge schützen! Kontaktlinsen entfernen! Augenarzt!)
- Nach Verschlucken sofort Mund ausspülen und reichlich Wasser nachtrinken.
- Arzthilfe!

SACHGERECHTE ENTSORGUNG

A

- Bremsflüssigkeit sortenrein sammeln und einer Wiederverwertung zuführen.

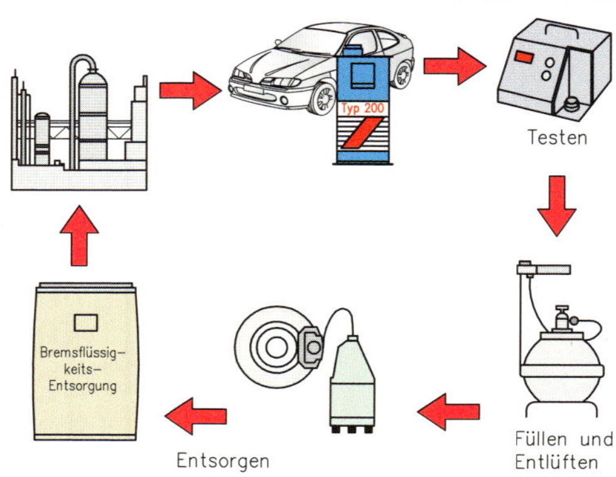

1.3.4 Kraftstoffe

Kraftstoffe sind Kohlenwasserstoff-Verbindungen. Sie werden überwiegend aus Erdöl hergestellt.

Otto-Kraftstoff	Diesel-Kraftstoff
Otto-Kraftstoffe müssen folgende Eigenschaften aufweisen: • Klopffestigkeit Klopfende Verbrennung entsteht, wenn vom Zündfunken die Zündung eingeleitet wird, und gleichzeitig sich das Kraftstoff-Luftgemisch an heißen Stellen selbst entzündet und beide Flammenfronten gegeneinander stoßen. Dies ist als klopfendes Geräusch hörbar. Eine klopfende Verbrennung führt zu erhöhtem Verschleiß und Schäden an Kolben, Ventilen, Lagern. Otto-Kraftstoff muss daher eine hohe Selbstzündungstemperatur haben. Das Maß der Klopffestigkeit ist die Research-Oktanzahl (ROZ). Sie wird in einem Prüfmotor ermittelt. ROZ 92 bedeutet: Der Kraftstoff ist so klopffest wie ein Vergleichsgemisch von 92 % Isooktan (ROZ 100) und 8 % Heptan (ROZ 0). • Siedeverhalten Otto-Kraftstoff muss leicht und vollständig vergasen.	Diesel-Kraftstoffe müssen folgende Eigenschaften aufweisen: • Zündwilligkeit Im Gegensatz zu Otto-Kraftstoffen müssen Dieselkraftstoffe besonders zündwillig sein. Ein Maß für die Zündwilligkeit ist die Cetan-Zahl CZ. Auch sie wird in einem Prüfmotor mit einem Vergleichskraftstoff aus sehr zündwilligem Cetan (CZ 0) und einem sehr zündträgen Kraftstoff (Methylnaphthalin) ermittelt. Die Cetan-Zahl liegt bei CZ 50 bis CZ 55. • Kälteverhalten Bei niedrigen Temperaturen können durch Parafinausscheidungen Leitungen und Filter der Einspritzanlage verstopfen und die Kraftstoffzufuhr unterbrechen. Für den Winterbetrieb werden dem Kraftstoff Fließverbesserer zugemischt.

Umweltschutz

Otto-Kraftstoff und Diesel-Kraftstoff sind wassergefährdende Stoffe der Wassergefährdungsklasse 2 (siehe Seite 46).

In die Kanalisation dürfen Kraftstoffe nicht gelangen. Bei Otto-Kraftstoff besteht Explosionsgefahr. Ausgelaufener Otto- oder Dieselkraftstoff muss sofort mit einem Binder aufgenommen werden. Otto-Kraftstoff ist hochentzündlich und ist nach der Verordnung über brennbare Flüssigkeiten in die Gefahrenklasse A 1 eingestuft. Besonders Dämpfe von Otto-Kraftstoff bilden mit der Luft explosionsgefährliche Gemische.

Diesel-Kraftstoff gehört in die Gefahrenklasse A 3. Der Flammpunkt von Dieselkraftstoff (55–100 °C) liegt wesentlich höher als der von Ottokraftstoff (< 21 °C).

Arbeitssicherheit

Otto-Kraftstoff ist hochentzündlich, kann Krebs erzeugen, reizt die Haut. Es besteht bei Arbeiten mit Otto-Kraftstoffen immer Brand- und Explosionsgefahr. Bei Arbeiten am Kraftstoffsystem ist offenes Feuer und Rauchen verboten.

Weitere Vorsichtsmaßnahmen sind:
- Kontakt mit Haut, Augen, Kleidung vermeiden,
- Einatmen vermeiden,
- Verunreinigte Kleidung wechseln,
- Kraftstoffdämpfe absaugen.

Erste Hilfe:
- Nach Einatmen: Frischluft, bei Atemstörungen Arzt aufsuchen,
- Nach Hautkontakt: Benetzte Haut mit Wasser und Seife waschen,
- Nach Augenkontakt: Gründlich mit Wasser spülen,
- Nach Verschlucken: Auf keinen Fall erbrechen, da flüssiger Otto-Kraftstoff in die Lunge gelangen kann. Sofort Arzt aufsuchen.

Entsorgung

Verunreinigter Otto-Kraftstoff in einem dicht verschlossenen, für A 1-Flüssigkeiten zugelassenen, Behälter sammeln und entsorgen.
Verunreinigter Diesel-Kraftstoff im geeigneten Behälter sammeln und der Wiederverwertung zuführen.

Firma

BETRIEBSANWEISUNG

gem. § 20 Gefahrstoffverordnung

Otto-Kraftstoff

Nr.: Datum:

Verantwortlich:

ANWENDUNGSBEREICH

Arbeitsbereich: Werkstatt — Tätigkeit: Arbeiten an der Kraftstoffanlage

GEFAHREN FÜR MENSCH UND UMWELT

- Hochentzündlich.
- Kann Krebs erzeugen
- Giftig beim Einatmen, Verschlucken oder Berührung mit der Haut.
- Dämpfe bilden mit Luft explosionsfähige Gemische.
- Dämpfe sind unsichtbar und sinken zu Boden.

SCHUTZMASSNAHMEN UND VERHALTENSREGELN

- Von Zündquellen fernhalten. Feuer, offenes Licht und Rauchen verboten.
- Nicht in die Kanalisation gelangen lassen – Explosionsgefahr!
- Kontakt mit Augen, Haut oder Kleidung vermeiden.
- Raum in Bodennähe gut lüften.

VERHALTEN IM GEFAHRENFALL

Ausgetretenes Material mit Universalbinder aufnehmen.

Für gute Raumlüftung sorgen.

Vorgesetzten informieren.

ERSTE HILFE

- Verunglückte Personen an die frische Luft bringen.
- Verunreinigte Kleidung entfernen.
- Betroffene Hautpartien mit viel Wasser und Seife gründlich reinigen.
- Nach Augenkontakt Augen unter fließendem Wasser ausspülen (Augenlid offen halten, unverletztes Auge schützen, Kontaktlinsen entfernen). Augenarzt aufsuchen.
- Bei Verschlucken Arzt aufsuchen.

SACHGERECHTE ENTSORGUNG

Verunreinigte Kraftstoffe in einem dicht verschlossenen, für A 1-Flüssigkeiten zugelassenen Behälter sammeln und separat entsorgen.

BTA
Nr.: 6
2001-12-06

BETRIEBSANWEISUNG
gemäß § 20 GEFSTOFFV
Geltungsbereich und Tätigkeiten
Name der Schule: Werkstatt o. Ä.

Unterschrift

GEFAHRSTOFFBEZEICHNUNG

Kraftstoff für Dieselmotore

Kraftstoff für Dieselmotore, Kontakt bei allen Arbeiten an der Kraftstoffanlage

GEFAHREN FÜR MENSCH UND UMWELT

- R21/22 Gesundheitsschädlich bei Berührung mit der Haut und beim Verschlucken.

SCHUTZMASSNAHMEN UND VERHALTENSREGELN

- S24/25 Berührung mit den Augen und der Haut vermeiden.
- S16 Von Zündquellen fernhalten – Nicht rauchen.

VERHALTEN IM GEFAHRENFALL

- Ausgetretenes Material mit Universalbinder aufnehmen.

ERSTE HILFE — **Notruf** 112

Bei jeder Erste-Hilfe-Maßnahme: Selbstschutz beachten und umgehend Arzt aufsuchen!

- Betroffene Hautpartien mit viel Wasser und Seife gründlich abwaschen.
- Verunreinigte Kleidung wechseln.
- Augen bei gespreizten Lidern unter fließendem Wasser gründlich ausspülen (unverletztes Auge schützen! Kontaktlinsen entfernen! Augenarzt!)
- Nach Verschlucken sofort Mund ausspülen und reichlich Wasser nachtrinken.
- Arzthilfe!

SACHGERECHTE ENTSORGUNG

A

- Verunreinigten Dieselkraftstoff getrennt sammeln und einer Wiederverwertung zuführen

---

BTA
Nr.: 7
2001-12-06

BETRIEBSANWEISUNG
gemäß § 20 GEFSTOFFV
Geltungsbereich und Tätigkeiten
Name der Schule: Werkstatt o. Ä.

Unterschrift

GEFAHRSTOFFBEZEICHNUNG

Diesel- bzw. Ottomotorabgase

Abgase laufender Diesel- und Ottomotore

GEFAHREN FÜR MENSCH UND UMWELT

- R45 Kann Krebs erzeugen
- R23 Giftig beim Einatmen (Farb- und geruchloses Kohlenmonoxid bei Ottoabgasen).

SCHUTZMASSNAHMEN UND VERHALTENSREGELN

- Bei stehendem Fahrzeug Auspuffabgase in jedem Fall mit stationärer Abgasabsaugung abführen.
- Fahrstrecken innerhalb geschlossener Räume auf ein Minimum reduzieren.

VERHALTEN IM GEFAHRENFALL

- Für gute Raumlüftung sorgen.

ERSTE HILFE — **Notruf** 112

Bei jeder Erste-Hilfe-Maßnahme: Selbstschutz beachten und umgehend Arzt aufsuchen!

- Nach dem Einatmen von Abgasen für Frischluftzufuhr sorgen.
- Beim Auftreten von Kopfschmerzen, Sehstörungen, Schwindelgefühl und Atemstörungen Arzt aufsuchen.

SACHGERECHTE ENTSORGUNG

- entfällt

1.3.5 Batteriesäure

Die Batterie ist mit einem Elektrolyt – einer leitenden Flüssigkeit – gefüllt. Als Elektrolyt wird verdünnte Schwefelsäure (H_2SO_4) verwendet: 37,5 % verdünnte Schwefelsäure, 62,5 % destilliertes Wasser.

Einfüllen und Mischen von Säure

Wartungsfreie Batterien nach DIN EN werden in der Regel trocken geladen geliefert. Bei Auslieferung werden sie mit Säure gefüllt.

Beim Mischen der Säure ist darauf zu achten, dass stets die konzentrierte Säure in destilliertes Wasser gegossen wird. Erfolgt dies umgekehrt, kann es zu Explosionen kommen. Die Dichte der Batteriesäure sollte bei 1,28 kg/l liegen. Beim Einfüllen der Batteriesäuren ist darauf zu achten, dass der Säurespiegel 15 mm über der Oberkante der Batterieplatten liegt. Nach einer Einwirkzeit von etwa 20 Minuten ist die Batterie betriebsbereit.

Sicherheitshinweise für den Umgang mit Autobatterien

Auf dem Deckel der Batterie sind folgende Hinweise zum Umgang mit der Batterie dargestellt:

Hinweise auf der Batterie sind zu beachten.

Kinder von Säure und Batterien fernhalten.

Vorsicht:
Bei der Ladung von Batterien entsteht ein (hochexplosives) Knallgasgemisch, deshalb kann bei unsachgemäßem Umgang Explosionsgefahr entstehen. Bitte beachten Sie daher:

Feuer, Funken, offenes Licht und Rauchen sind verboten. Vermeiden Sie Funkenbildung beim Umgang mit Kabeln und elektrischen Geräten sowie durch elektrostatische Entladung. Vermeiden Sie Kurzschlüsse!

Vorsicht Verätzungsgefahr:
Batteriesäure ist stark ätzend, tragen Sie deshalb Schutzhandschuhe und Augenschutz. Batterien dürfen nicht gekippt werden, da aus den Entgasungsöffnungen Säure austreten kann.

Tragen Sie einen Augenschutz!

Entsorgung:
Altbatterien werden in säurefesten Behältern gesammelt und einer Wiederverwertung zugeführt. Altbatterien bitte nie über den Hausmüll entsorgen.

Pb

Firma	**BETRIEBSANWEISUNG** gem. § 20 Gefahrstoffverordnung **Batteriesäure**	Nr.: Datum: Verantwortlich:

ANWENDUNGSBEREICH

Arbeitsbereich: Werkstatt/Batterieraum — Tätigkeit: Wartung der Batterie

GEFAHREN FÜR MENSCH UND UMWELT

Verursacht schwere Verätzungen.
Zerstört organisches Gewebe und Textilien.
Beim Laden der Batterie entsteht explosives Knallgas.

SCHUTZMASSNAHMEN UND VERHALTENSREGELN

- Kontakt mit Augen, Haut oder Kleidung vermeiden.
- Schutzbrille (ggf. auch Gesichtsschutz), Handschuhe, Schürze tragen.
- Säurenebel vermeiden.
- Feuer, Rauchen und offenes Licht verboten.

VERHALTEN BEI STÖRUNGEN UND IM GEFAHRENFALL

Ausgetretene Säure mit Universalbinder aufnehmen oder mit Neutralisationsmittel behandeln.
Herrn/Frau .... informieren.
Kleinmengen mit viel Wasser verdünnen und wegspülen.

ERSTE HILFE

- Verunreinigte Kleidung entfernen.
- Betroffene Hautpartien mit viel Wasser und Seife gründlich abwaschen.
- Bei Augenkontakt Augen unter fließendem Wasser 15 Minuten ausspülen (Augenlid offen halten, unverletztes Auge schützen, Kontaktlinsen entfernen), Augenarzt aufsuchen.
- Nach Verschlucken sofort Mund ausspülen und reichlich Wasser nachtrinken. Kein Erbrechen auslösen. Notarzt herbeirufen.
- Nach Einatmen von Säurenebel für Frischluftzufuhr und Ruhe sorgen.
- Arzt aufsuchen.

SACHGERECHTE ENTSORGUNG

Altbatterien in einem säurefesten Behälter sammeln und einer Wiederverwertung zuführen.

1.4 Baugruppen und Bauteile, von denen besondere Gefahren ausgehen

1.4.1 Airbag

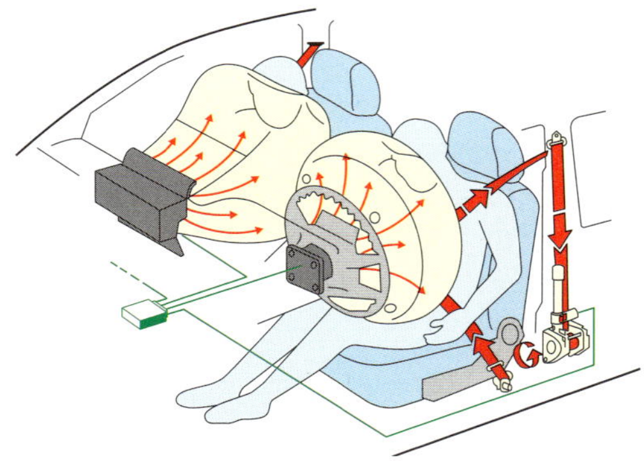

Airbag und Gurtstraffer arbeiten auf pyrotechnischer Basis. Beschleunigungssensoren erfassen die Verzögerungswerte. Das Steuergerät leitet dann über einen elektrischen Impuls die Zündung eines Treibsatzes ein. Die Airbags werden aufgeblasen bzw. die Gurte gestrafft.

Arbeits- und Gesundheitsschutz

Die Fehlersuche an Airbag-Systemen beschränkt sich auf die Abfrage der Fehlerspeicher und überwiegend auf die Überprüfung der Steckverbindungen, der Leitungen für die Spannungsversorgung und zu den Sensoren und Aktoren. Ist hier kein Fehler zu finden, liegt die Fehlerursache im Steuergerät. Prüf-, Montage- und Instandsetzungsarbeiten an Airbag-Sytemen dürfen nur von geschulten Personal durchgeführt werden. Im Umgang mit pyrotechnischen Systemen ist die Betriebsanweisung zu beachten.

Firma:
Namen der Firma hier einsetzen

Betriebsanweisung
gem. GefStoffV § 14

Nummer: 7.3.21

1. Anwendungsbereich

Handhabung von Airbags und Gurtstraffern in der Fahrzeuginstandhaltung

Abteilung: ______________ Arbeitsplatz: ______________

2. Gefahrstoffbezeichnung

Pyrotechnische Airbags und Gurtstraffer

(Treibsatz auf Basis von ....)

4. Schutzmaßnahmen und Verhaltensregeln

- Vor allen Arbeiten und Prüfungen an Airbags und Gurtstraffern oder Arbeiten am Fahrzeug mit Erschütterungen Zündung ausschalten, Minuspol der Batterie abklemmen und Steckverbindung für Stromversorgung von Airbag und Gurtstraffer trennen.
- Airbageinheiten nur einzeln und mit dem Prallpolster nach oben ablegen.
- Prüfungen nur mit Spezialgeräten des Fahrzeugherstellers durchführen.
- Achtung: Prüfung nicht mit Prüflampe, Volt- oder Ohmmeter durchführen.
- Airbags und Gurtstraffer nicht mit Fett oder Reinigungsmitteln behandeln.
- Nach allen Arbeiten und Prüfungen zuerst Zündung ausschalten, dann Steckverbindung(en) für Airbag und Gurtstraffer stecken, zuletzt Batterie anklemmen. Hierbei darf sich niemand im Fahrzeuginneren aufhalten.
- Gezündeten Airbag und Prallsack nicht öffnen.
- Airbags und Gurtstraffer nur in geprüfter Originalverpackung transportieren.
- Niemals mehr als ... Originalverpackungen zusammen transportieren.
- Der Transport im Fahrgastraum ist verboten.
- Lagervorschriften des Sprengstoffgesetztes (LR 240) beachten; Maßnahmen sind mengenabhängig.

5. Verhalten bei Störungen und im Gefahrfall Notruf: 112

- Mechanisch beschädigte oder aus eine Höhe größer 0,5 m herabgefallene Airbags und Gurtstraffer nicht einbauen; den Vorgesetzten informieren.
- Gezündeten Airbag mit zerstörtem Prallsack nicht mit bloßen Händen berühren.
- Schutzhandschuhe aus Nitrilkautschuk benutzen.
- Ausgetretene Rückstände sind berührungsfrei mit dem bereitgestellten Staubsauger aufzunehmen.

6. Verhalten bei Unfällen – Erste Hilfe Notruf: 112

- Ersthelfer und Vorgesetzten verständigen.
- Mit Rückständen behaftete Hautpartien sofort mit viel Wasser abwaschen.

7. Instandhaltung, Entsorgung

- Vor Arbeitsbeginn Werkzeuge und Arbeitsmittel prüfen.
- Quecksilberhaltige Zünder in besonders gekennzeichneten Behältern sammeln.
- Die Entsorgung erfolgt durch: ....

Datum: xx.08.00 Unterschrift:

Komplette Betriebsanweisung siehe BuchPlusWeb

1.4.2 Hochvoltsysteme

1.4.2.1 Hochvolt-Fahrzeuge (s. auch Seite 183)

Bei Hochvolt-Fahrzeugen (HV-Fahrzeuge) werden HV-Batterien mit Spannungen von zum Teil weit über 200 V DC eingesetzt. So hat der NiMH-Akku beim VW Touareg bzw. Porsche Cayenne eine Spannung von 288 V, die Li-Ion-Batterie des Toyota Prius III Plug-In eine Spannung von 345,6 V. Da die elektrischen Generatoren bzw. Maschinen aufgrund des besseren Wirkungsgrades und des einfacheren Aufbaus mit Drehstrom betrieben werden, muss die Gleichspannung der Batterie gewandelt werden. D.h. aus

- der Gleichspannung der Batterie von z.B. 288 V muss mithilfe eines Wechselrichters eine Dreiphasenwechselspannung von z.B. 500 V für den Elektromotor erzeugt werden,
- der Dreiphasenwechselspannung des Generators muss mithilfe eines Gleichrichters eine Gleichspannung von 288 V zum Laden der Hochvoltbatterie erzeugt werden.

Diese Aufgabe übernimmt der Inverter. Neben den reinen Antriebskomponenten werden Kühlmittelpumpe, Klimakompressor, Lenkhilfepumpe und Unterdruckpumpe zur Bremskraftunterstützung mit HV-Spannung versorgt. Das HV-Stromnetz ist – bis auf den DC/DC-Wandler zum Laden der Bordbatterie – vollständig vom Bordnetz getrennt. Die elektrischen Verbraucher außerhalb des HV-Netzes werden über das normale 12-Volt-Bordnetz betrieben.

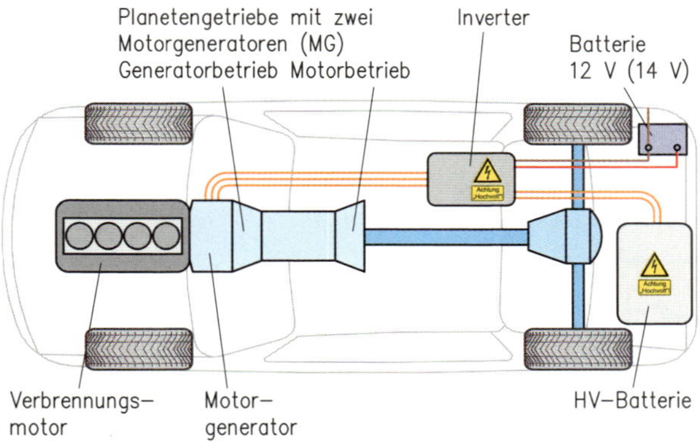

Bei einer unsachgemäßen Handhabung der Hochvolttechnik besteht Lebensgefahr. Stromstärken über 50 mA sind lebensgefährlich. Die Gefährdung nimmt dabei mit höherer Stromstärke und längerer Einwirkungszeit zu.
Berührt ein Kfz-Mechatroniker während der Reparatur mit der Hand spannungsführende Teile, so durchfließt der Strom den Körper auf dem kürzesten Weg:

Stromweg	Spannung *U* (AC)	Stromstärke *I* mA	Folgen bei einer Einwirkungszeit von 0,2 Sekunden
Hand-Hand 	200 V	200 mA	Muskelverkrampfung, Atemschwierigkeiten
	400 V	400 mA	Herzkammerflimmern, Atemstillstand, Herzstillstand
Hand-Fuß	600 V	600 mA	

Bei Arbeiten an HV-Fahrzeugen sind folgende Punkte zu beachten:

1. Instandsetzungsarbeiten am 12-Volt-Bordnetz von HV-Fahrzeugen können von Kfz-Mechatronikern durchgeführt werden, wenn sie betriebsintern darüber unterwiesen wurden, an welchen Bauteilen eine HV-Spannung anliegt. Kfz-Mechatroniker besitzen mit der Abschlussprüfung die

notwendige Eingangsqualifikation für Arbeiten an Fahrzeugen **unterhalb** der HV-Spannung. **Sie sind qualifiziert für Arbeiten an HV-Fahrzeugen, aber nicht für Arbeiten am HV-System selbst.**
Bei diesen Tätigkeiten ist eine „HV-Sensibilisierung“ notwendig: „Ohne HV-Sensibilisierung darf nicht an Hybrid-Fahrzeugen gearbeitet werden“ (Mercedes-Benz). Eine HV-Sensibilisierung ist bereits beim Öffnen der Motorhaube, beim Nachfüllen von Scheibenwaschwasser oder Prüfen des Kühlmittelstands erforderlich. Bei solchen Arbeiten ist darauf zu achten, dass der Zündschlüssel abgezogen und das Ladekabel für den Ladevorgang der HV-Batterie nicht angeschlossen ist.

2. Für Arbeiten an Kraftfahrzeugen mit HV-Systemen müssen Mitarbeiter durch Teilnahme an Qualifizierungsmaßnahmen qualifiziert und zum **„Fachkundigen für Arbeiten an HV-eigensicheren Systemen in Fahrzeugen“** zertifiziert werden.

   Der Begriff „HV-eigensichere Systeme im Fahrzeug“ bedeutet:
   - Alle Komponenten und Gehäuse sind basisisoliert.
   - An allen Komponenten sind Warnhinweisschilder angebracht, Hochvoltleitungen haben eine orangefarbige Kennzeichnung.
   - Das HV-Netz ist vom 12-Volt-Bordnetz getrennt.
   - Der Isolationswiderstand aktiver Leiter gegen Fahrzeugmasse wird ständig automatisch gemessen. Bei einem Fehler wird das HV-System abgeschaltet und entladen.

3. An allen Komponenten sind zwei Arten von Aufklebern angebracht:
   - Aufkleber mit gelben Warnzeichen weisen auf Hochvoltkomponenten hin, die in der Nähe verbaut oder unter Abdeckungen verborgen sind:

   - Warnkennzeichen mit rotem Grund und dem Schriftzug „Danger“ weisen auf Hochvoltkomponenten bzw. hochvoltführende Bauteile hin.

4. Hochvoltleitungen und deren Schutzhüllen sind leuchtend orange eingefärbt. Die Färbung ist ein Warnhinweis für hohe Spannung.

1.4.2.2 Scheinwerfersysteme mit Gasentladungslampe

Xenon-Licht-Steuerteil

Für Zündung, Betrieb und Überwachung wird ein elektronisches Vorschaltgerät verwendet. Das Vorschaltgerät besteht aus

- Steuerteil
  Es erhöht den Lampenstrom in der kurzen Anlaufphase, damit die Lampe sofort aufleuchtet. Es begrenzt weiterhin den Lampenstrom während des Betriebs und regelt die Betriebsspannung für eine gleichmäßige Lichtausstrahlung.
- Zündteil
  Es erzeugt die erforderliche Hochspannung (10 bis 20 kV) zum Zünden der Gasentladungslampe. Danach bringt eine Wechselspannung von 200 V und 400 Hertz die Lampe zum Leuchten. Ist die Lampe richtig heiß, reicht eine Spannung von 85 V aus.

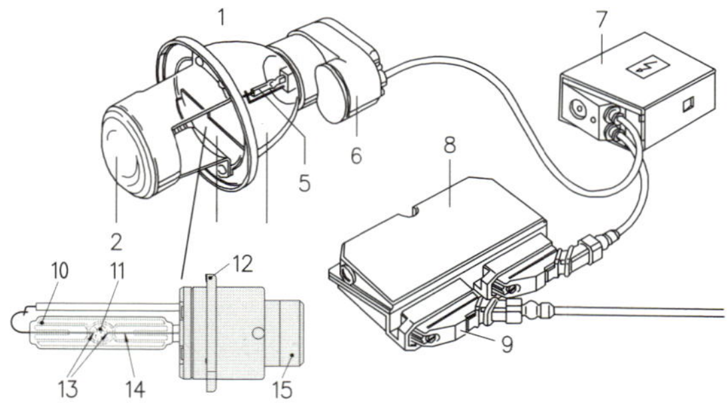

1 Polyellipsoid-Abblendscheinwerfer (PES)
2 Linse
3 Blende
4 Reflektor
5 D1-Gasentladungslampe
6 Lampenträger
7 Zündteil
8 Steuerteil
9 Kabelbaumstecker
10 UV-Schutzglaskolben
11 Entladungsraum
12 Lampensockel
13 Elektroden
14 elektrische Durchführung
15 elektrischer Anschluss

Gemäß den Anforderung nach ECE-R48 werden Xenon-Scheinwerfer stets mit einer automatischen Leuchtweitenregelung und einer Scheinwerfer-Reinigungsanlage kombiniert.

Sicherheitsmaßnahmen beim Arbeiten an Beleuchtungsanlagen mit Gasentladungslampen

Beleuchtungssysteme bergen für den Kfz-Mechatroniker lebensgefährliche Gefahren.

Beim Arbeiten an Beleuchtungssystemen mit Gasentladungslampen bestehen folgende Gefahren:

- **Gefährliche Hochspannung**
  Die Hochspannung hochspannungsführender Teile im Bereich der Lampenfassung oder abgezogener Verbindungsstecker beträgt bis zu 20000 V. Während des Zündvorgangs liegen am Ausgang des Steuergeräts ca. 480 V an, während des Zündvorgangs ist die Spannung an der Gasentladungslampe ca. 20 kV (20000 V).

  Im Betrieb besteht an der Gasentladungslampe eine Brennspannung von 65 V bei ca. 400 Hertz. Dies alles bedeutet Lebensgefahr.

  - Es ist daher darauf zu achten, dass der Lichtschalter auf Null steht und sichergestellt ist, dass er nicht betätigt werden kann.
  - Das Berühren der Kontakte der Gasentladungslampe ist im Betrieb unbedingt zu vermeiden. Besonders gefährlich ist die Betriebsspannung (Brennspannung) der Gasentladungslampe. Werden z. B. die Kontakte der Lampe berührt, sodass eine Störgröße vom Steuergerät festgestellt wird, veranlasst die elektronische Regelung, dass mehr Leistung eingespeist wird.

- **Verbrennungsgefahr**
  Während des Betriebs erreicht der Glaskolben außen eine Temperatur von ca. 700 °C. Auch der Lampensockel hat noch eine Temperatur von über 100 °C.

  - Beim Wechsel des Gasentladungslampe ist daher abzuwarten, bis sich die sehr heiße Gasentladungslampe abgekühlt hat.

- **Explosionsgefahr**
  Während des Betriebs herrscht in der Gasentladungslampe ein Druck von 70 bar.
  - Mechanische Beanspruchungen oder Hautfett schwächen die mechanische Festigkeit des Glaskolbens.
    Durch mechanische Einflüsse (Risse im Glas) oder chemische Einflüsse (Fingerabdrücke auf dem Glaskolben) kann der Glaskolben bersten und explodieren.
  - Der Lampentausch darf nur mit sauberen Stoffhandschuhen von eingewiesenem Fachpersonal durchgeführt werden

- **Augenschäden durch Lichteinwirkung**
  - Nicht in den Lichtbogen schauen. Auf der Netzhaut bleibt sonst für mehrere Stunden ein Nachbild erhalten.
    Das Sehvermögen ist in dieser Zeit beeinträchtigt.

1.4.3 Unter Hochdruck stehende Fluide

Bei einem Dieselmotor mit Common-Rail-Einspritzung erzeugt eine Hochdruckpumpe einen Systemdruck von 1350 bis 1800 bar. Der Druck wird im Hochdruckspeicher, auch Rail genannt, gespeichert und steht den Injektoren über Hochdruckleitungen zur Verfügung. Einspritzzeitpunkt und Einspritzmenge werden über Magnetventile an den Injektoren vom Motorsteuergerät gesteuert. Höhere Drücke werden bei Dieselmotoren mit Pumpe-Düse-Einheit (2050 bar) oder mit Radialkolben-Verteilereinspritzpumpe (2000 bar) erreicht.

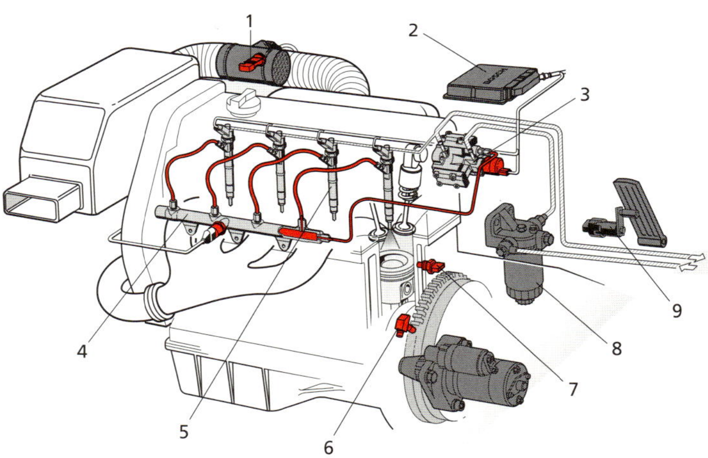

1 Luftmassenmesser
2 Steuergerät
3 Hochdruckpumpe
4 Hochdruckspeicher (Rail)
5 Injektoren
6 Kurbelwellen-Drehzahlsensor
7 Kühlmittel-Temperatursensor
8 Kraftstofffilter
9 Fahrpedalsensor

Unter hohem Druck austretender Kraftstoff – Leckagen – kann schwere Verletzungen an Hand und Augen verursachen. Bei allen Tätigkeiten am Motor sollte daher persönliche Schutzausrüstung, z.B. Schutzbrille und Schutzkleidung, getragen werden. Folgende Sicherheitsregeln sind bei Arbeiten an Dieselmotoren zu beachten:

- Keine Arbeiten am Einspritzsystem bei laufendem Motor.
- Vor dem Prüfen und Austauschen von Komponenten der Kraftstoff-Hochdruckseite muss immer zuerst der Kraftstoffdruck vollständig abgebaut sein. Wartezeiten werden von den Herstellern angegeben.
- Arbeiten am Hochdrucksystem, z.B. das Lösen von kraftstoffführenden Leitungen und Komponenten, sollten nur bei kalten Motor erfolgen.
- Bei fehlerhaften Komponenten darf das System nicht in Betrieb genommen werden, beschädigte Teile sind zu ersetzen.

1.5 Gesetzliche Vorgaben zum Umweltschutz

1.5.1 Kreislaufwirtschafts- und Abfallgesetz

Kreislaufwirtschafts- und Abfallgesetz (KrW/AbfG) (Auszug)

Zweck des Gesetzes

Zweck des Gesetzes ist
- die Förderung der Kreislaufwirtschaft (Recyclingfirmen) zur Schonung der natürlichen Ressourcen,
- Sicherung der umweltverträglichen Beseitigung von Abfällen.

Die Vorschriften gelten für
- die Vermeidung,
- die Verwertung,
- die Beseitigung von Abfällen.

Abfälle

Abfälle sind nach dem Gesetz
- in erster Linie zu vermeiden,
- in zweiter Linie stofflich zu verwerten oder zur Gewinnung von Energie zu nutzen.

Abfälle, die sich nicht vermeiden oder ordnungsgemäß verwerten lassen, sind umweltverträglich zu beseitigen.

Abfälle sind nach dem Gesetz unterteilt in
- besonders überwachungsbedürftige Abfälle ❶,
- überwachungswbedürftige Abfälle ❷,
- überwachungsbedürftige Abfälle zur Beseitigung ❸,
- nicht überwachungsbedürftige Abfälle zur Verwertung ❹.

Zuordnung der Abfallstoffe im Kfz-Betrieb

Abfälle	Überwachungsverfahren			
	①	②	③	④
Altbatterien	•			
Altöl	•			
Batteriesäure	•			
Bremsflüssigkeit	•			
Dichtungen				•
Kaltreiniger	•			
Keilriemen				•
Kraftstoffe, verunreinigt	•			
Kraftstofffilter	•			
Kühlmittel	•			

Abfälle	Überwachungsverfahren			
	①	②	③	④
Lacke	•			
Luftfilter				•
Ölbinder, gebraucht			•	•
Ölfilter	•			
Papier, Kartonagen				•
Putzlappen	•			
Reifen		•		
Reinigungsmittel	•			
Waschbenzin		•		
Wischergummi				•

Konsequenzen für den Betrieb

Oberste Grundsätze sind:

1. Vermeiden
- Optimaler Einsatz umweltfreundlicher Betriebs- und Hilfsstoffe,
- Mitarbeiter an eine vermeidungsorientierte Einstellung heranführen.

2. Verwerten
- Der Kfz-Betrieb kann nicht selbst verwerten, sondern muss durch Sammeln, Sortieren, Lagern die Abfallstoffe einem Recycling-Betrieb zuführen, der die Abfallstoffe verwertet.

Die Entsorgung beginnt mit der getrennten Sammlung der Abfälle im Betrieb. Die Sammelbehälter, farblich unterschiedlich und mit Aufklebern versehen, erleichtern den Mitarbeitern die getrennte sortenreine Sammlung.
Für eine ordnungsgemäße Entsorgung ist der Abfallerzeuger, der Kfz-Betrieb, verantwortlich und haftet entsprechend

Konsequenzen für die Mitarbeiter

Die Mitarbeiter des Kfz-Betriebes müssen ein vermeidungsorientiertes Verhalten akzeptieren und anstreben.

Sie müssen:
- Abfälle möglichst vermeiden.
- Sorgfältig mit den Betriebsstoffen umgehen, z. B.
  - Altöl sorgfältig auffangen,
  - Altöl, Kühlerflüssigkeit, Bremsflüssigkeit nicht verschütten,
  - verschüttete Flüssigkeiten sofort beseitigen.
- Die o. a. Flüssigkeiten getrennt in die entsprechenden Sammelbehälter entsorgen.
- Grundsätzlich Mülltrennung durchführen.
- Gebinde gut verschließen, damit nichts verschüttet werden kann bzw. keine Dämpfe in die Luft gelangen.

1.5.2 Gefahrstoffverordnung

Gefahrstoffverordnung (GefStoffV) (Auszug)

Die Gefahrstoffverordnung soll den Menschen vor arbeitsbedingten und sonstigen Gesundheitsgefahren und die Umwelt vor stoffbedingten Schädigungen schützen.
Gefahrstoffe sind mit einem Symbol sowie mit standardisierten R-Sätzen (R = Risiko), S-Sätzen (S = Sicherheitsratschläge) und E-Sätzen (E = Entsorgung) gekennzeichnet, die auf den Verpackungen der Gefahrstoffe angegeben werden müssen.

R-Sätze (Auszug)

R 10 Entzündlich
R 16 Explosionsgefährlich in Mischung mit brennbaren Stoffen
R 20 Gesundheitsschädlich beim Einatmen
R 21 Gesundheitsschädlich bei Berührung mit der Haut
R 22 Gesundheitsschädlich beim Verschlucken
R 23 Giftig beim Einatmen
R 24 Giftig bei Berührung mit der Haut
R 25 Giftig beim Verschlucken
R 35 Verursacht schwere Verätzungen
R 36 Reizt die Augen
R 45 Kann Krebs erzeugen

S-Sätze (Auszug)

S 1 Unter Verschluss aufbewahren
S 2 Darf nicht in die Hände von Kindern gelangen
S 3 Kühl aufbewahren
S 7 Behälter dicht geschlossen halten
S 8 Behälter trocken halten
S 15 Vor Hitze schützen
S 20 Bei der Arbeit nicht essen und trinken

E-Sätze (Auszug)

E 1 Verdünnen, in den Ausguss geben
E 3 In den Hausmüll geben
E 8 Der Sondermüllbeseitigung zuführen
E 12 Nicht in die Kanalisation gelangen lassen

Gefahrensymbole und Kennzeichnung gefährlicher Stoffe

Gefahrstoffe im Kfz-Bereich

Abfallbezeichnung	Gefahrklasse nach VbF	Wassergefährdungsklasse nach VwVwS	Gefahrstoffkennzeichnung nach: GefStoffV	Abfallbezeichnung	Gefahrklasse nach VbF	Wassergefährdungsklasse nach VwVwS	Gefahrstoffkennzeichnung nach: GefStoffV
Akku-Säure	–	WGK 1	C	Kraftstoffe, verunreinigt	A I	WGK 2–3 (je nach Inhalt)	F+ T
Altfarben, Altlacke	A II–A III (je nach Inhalt)	WGK 2	F Xn	Kühlflüssigkeit	–	WGK 1	Xn
Altöl bekannter Herkunft	A III	WGK 3	F Xn	Lösemittelgemische	A I–A III (je nach Inhalt)	WGK 2–3 (je nach Zusammensetzung)	F+ Xn
Altöl unbekannter Herkunft	A I	WGK 3	F+ Xn	Nitroverdünner	A II	WGK 2	F Xn
Altreifen	–	–	–	Ölbinder, verbraucht	–	WGK 3	O
Autobatterien	–	WGK 1	C	Ölfilter	A III	WGK 3	F+ Xn
Betriebsmittel, ölverschmutzt	A I–A III (je nach Inhalt)	WGK 3	F Xn	Trockenbatterien	–	WGK 2	Xn
Bremsflüssigkeit	–	WGK 1–2	Xn	Waschbenzin	A I	WGK 2	F+ Xn
Kaltreiniger, halogenfrei	A I–A III (je nach Inhalt)	WGK 2–3 (je nach Inhalt)	F Xn				

VbF: Verordnung über brennbare Flüssigkeiten
VwVwS: Verwaltungsvorschrift wassergefährdende Stoffe
GefStoffV: Gefahrstoffverordnung

Gefahrstoffe im Kfz-Bereich

Fortsetzung

Betriebsanweisung

Der Arbeitgeber hat nach der Gefahrstoffverordnung eine arbeitsbereichs- und stoffbezogene Betriebsanweisung zu erstellen mit folgenden Angaben:

- Gefahren für Mensch und Umwelt,
- Schutzmaßnahmen,
- Verhaltensregeln,
- sachgerechte Entsorgung,
- Erste-Hilfe-Maßnahmen.

Konsequenzen für den Mitarbeiter

Der Mitarbeiter ist verpflichtet
- die Betriebsanweisung zu beachten,
- mit Gefahrstoffen sorgfältig umzugehen,
- die Gefahrstoffe nur bestimmungsgemäß zu verwenden,
- unverzüglich bei Gefahr für Sicherheit und Gesundheit Meldung zu erstatten.

Firma

BETRIEBSANWEISUNG
gem. § 20 Gefahrstoffverordnung
Otto-Kraftstoff

Nr.: Datum:
Verantwortlich:

ANWENDUNGSBEREICH

Arbeitsbereich: Werkstatt Tätigkeit: Arbeiten an der Kraftstoffanlage

GEFAHREN FÜR MENSCH UND UMWELT

T F+

- Hochentzündlich.
- Kann Krebs erzeugen
- Giftig beim Einatmen, Verschlucken oder Berührung mit der Haut.
- Dämpfe bilden mit Luft explosionsfähige Gemische.
- Dämpfe sind unsichtbar und sinken zu Boden.

SCHUTZMASSNAHMEN UND VERHALTENSREGELN

- Von Zündquellen fernhalten. Feuer, offenes Licht und Rauchen verboten.
- Nicht in die Kanalisation gelangen lassen – Explosionsgefahr!
- Kontakt mit Augen, Haut oder Kleidung vermeiden.
- Raum in Bodennähe gut lüften.

VERHALTEN IM GEFAHRENFALL

Ausgetretenes Material mit Universalbinder aufnehmen.

Für gute Raumlüftung sorgen.

Vorgesetzten informieren.

ERSTE HILFE

- Verunglückte Personen an die frische Luft bringen.
- Verunreinigte Kleidung entfernen.
- Betroffene Hautpartien mit viel Wasser und Seife gründlich reinigen.
- Nach Augenkontakt Augen unter fließendem Wasser ausspülen (Augenlid offen halten, unverletztes Auge schützen, Kontaktlinsen entfernen). Augenarzt aufsuchen.
- Bei Verschlucken Arzt aufsuchen.

SACHGERECHTE ENTSORGUNG

Verunreinigte Kraftstoffe in einem dicht verschlossenen, für A 1-Flüssigkeiten zugelassenen Behälter sammeln und separat entsorgen.

1.5.3 Verordnung über brennbare Flüssigkeiten

Verordnung über brennbare Flüssigkeiten (VbF) (Auszug)

Die Verordnung bezieht sich auf Anlagen zur Lagerung, Abfüllung und zum Betrieb von brennbaren Flüssigkeiten. Die brennbaren Flüssigkeiten werden in Abhängigkeit von Flammpunkt und Wasserlöslichkeit in Gefahrenklassen eingeteilt.

Gefahrenklasse	Flammpunkt	Beispiele
A I	< 21 °C	Ottokraftstoffe, Lösemittel
A II	21 bis 55 °C	Petroleum, Kaltreiniger
A III	55 bis 100 °C	Dieselkraftstoff, Leichtes Heizöl
B	< 21 °C in Wasser löslich bei 15 °C	Alkohol, Spiritus

Konsequenzen für den Betrieb

- Feuerlöscher
- Objektabsaugungen
- Getrennte Lagerräume für brennbare Flüssigkeiten
- Betriebsanweisung erstellen
- Mitarbeiter schulen

Konsequenzen für die Mitarbeiter

- Rauchverbot
- Umgang mit offener Flamme vermeiden
- Gebinde von brennbaren Stoffen geschlossen halten
- Keine brennbaren Stoffe in Arbeitsräumen lagern

Bei Arbeiten am Kraftstoffsystem
- Rauchverbot
- Zündquellen vermeiden
- Ausgelaufenes Benzin sofort aufnehmen
- Entstehende Dämpfe absaugen

1.5.4 Gesetz und Verordnungen zum Schutz des Wassers

Wasserhaushaltsgesetz

Das Wasserhaushaltsgesetz ist ein Rahmengesetz des Bundes. Einzelheiten regeln die Länder, u.a. durch Landeswassersatzungen und die Gemeinden durch eine Entwässerungssatzung und eine Abwassersatzung.
Die Verwaltungsvorschrift wassergefährdende Stoffe (VwVwS) bestimmt wassergefährdende Stoffe und Stoffgruppen und stuft sie entsprechend der Gefährlichkeit in Wassergefährdungsklassen ein.

Wassergefährdungsklasse	Bedeutung	Beispiele
WKG 3	Stark wassergefährdende Stoffe	Altöle, Kaltreiniger
WKG 2	Wassergefährdende Stoffe	Dieselkraftstoff, Ottokraftstoff
WKG 1	Schwach wassergefährdende Stoffe	Kühlflüssigkeit, Batteriesäure
WKG 0	Nicht wassergefährdende Stoffe	Bestimmte Reinigungsmittel Kochsalz

Konsequenzen für den Kfz-Betrieb

Um Abwassergrenzwerte einzuhalten, bestehen für den Kfz-Betrieb folgende Möglichkeiten:

- Vermeiden: Durch den sparsamen Einsatz von umweltfreundlichen Produkten wird die Abwasserbelastung verhindert.
- Organisation: Trennung von Sanitär- und Regenwasser und betrieblichem Abwasser. Regenwasser von Hof- und Dachflächen und Sanitärwasser kann direkt in die Kanalisation geleitet werden.
- Technische Mittel: Behandlung von betrieblichem Abwasser in Abwasseranlagen

Konsequenzen für die Mitarbeiter

- Wenig wasserschädliche Chemikalien verwenden.
- Sparsamer Umgang mit Wasser bei der Wagenreinigung.
- Verwendung von Reinigern, die auf die örtliche Wasserhärte abgestimmt sind und die sich schnell abbauen.
- Sorgfältiger Umgang mit wassergefährdenden Flüssigkeiten, d.h. Flüssigkeiten sorgfältig auffangen und nicht verschütten.
- Verschüttete Flüssigkeiten binden und sofort beseitigen.

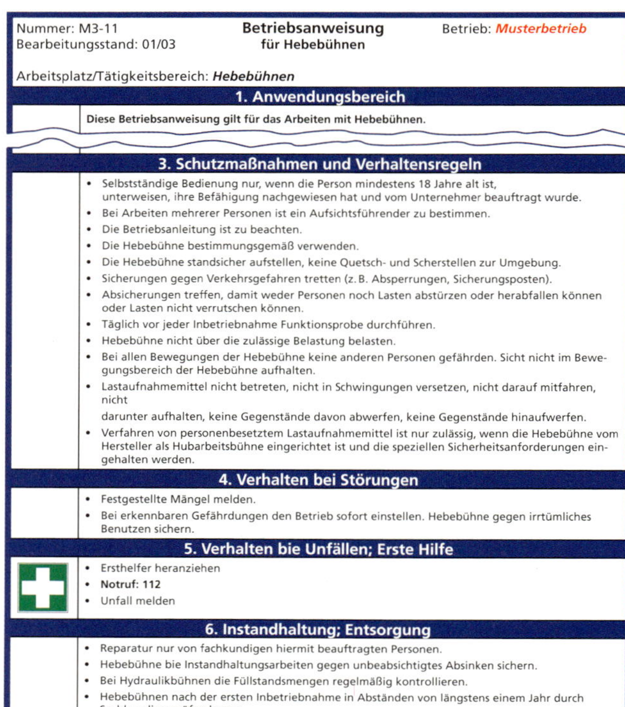
Nummer: M3-11
Bearbeitungsstand: 01/03

Betriebsanweisung
für Hebebühnen

Betrieb: ***Musterbetrieb***

Arbeitsplatz/Tätigkeitsbereich: ***Hebebühnen***

1. Anwendungsbereich

Diese Betriebsanweisung gilt für das Arbeiten mit Hebebühnen.

3. Schutzmaßnahmen und Verhaltensregeln

- Selbstständige Bedienung nur, wenn die Person mindestens 18 Jahre alt ist, unterweisen, ihre Befähigung nachgewiesen hat und vom Unternehmer beauftragt wurde.
- Bei Arbeiten mehrerer Personen ist ein Aufsichtsführender zu bestimmen.
- Die Betriebsanleitung ist zu beachten.
- Die Hebebühne bestimmungsgemäß verwenden.
- Die Hebebühne standsicher aufstellen, keine Quetsch- und Scherstellen zur Umgebung.
- Sicherungen gegen Verkehrsgefahren tretten (z.B. Absperrungen, Sicherungsposten).
- Absicherungen treffen, damit weder Personen noch Lasten abstürzen oder herabfallen können oder Lasten nicht verrutschen können.
- Täglich vor jeder Inbetriebnahme Funktionsprobe durchführen.
- Hebebühne nicht über die zulässige Belastung belasten.
- Bei allen Bewegungen der Hebebühne keine anderen Personen gefährden. Sicht nicht im Bewegungsbereich der Hebebühne aufhalten.
- Lastaufnahmemittel nicht betreten, nicht in Schwingungen versetzen, nicht darauf mitfahren, nicht
  darunter aufhalten, keine Gegenstände davon abwerfen, keine Gegenstände hinaufwerfen.
- Verfahren von personenbesetztem Lastaufnahmemittel ist nur zulässig, wenn die Hebebühne vom Hersteller als Hubarbeitsbühne eingerichtet ist und die speziellen Sicherheitsanforderungen eingehalten werden.

4. Verhalten bei Störungen

- Festgestellte Mängel melden.
- Bei erkennbaren Gefährdungen den Betrieb sofort einstellen. Hebebühne gegen irrtümliches Benutzen sichern.

5. Verhalten bie Unfällen; Erste Hilfe

- Ersthelfer heranziehen
- **Notruf: 112**
- Unfall melden

6. Instandhaltung; Entsorgung

- Reparatur nur von fachkundigen hiermit beauftragten Personen.
- Hebebühne bie Instandhaltungsarbeiten gegen unbeabsichtigtes Absinken sichern.
- Bei Hydraulikbühnen die Füllstandsmengen regelmäßig kontrollieren.
- Hebebühnen nach der ersten Inbetriebnahme in Abständen von längstens einem Jahr durch Sachkundige prüfen lassen.

Komplette Betriebsanweisung siehe BuchPlusWeb

1.6 Beispiel einer Arbeitsplanung: Wartung des Kühlsystems und der Scheibenwisch-/waschanlage

1. Geschäftsprozess Wartung und Auftragsannahme

Im Annahmegespräch legt der Kundendienstberater den Umfang der Wartung und die vertraglich auszuführenden Leistungen mit dem Kunden fest. Der Kunde erhält eine Kopie des Auftrags, die ihm gleichzeitig als Abholnachweis dient. Eine weitere Kopie erhält der Werkstattmeister, der den Kfz-Mechatroniker mit der Wartung des Fahrzeugs beauftragt. Die Darstellung zeigt den Geschäftsprozess Wartung und den Kundenauftrag.

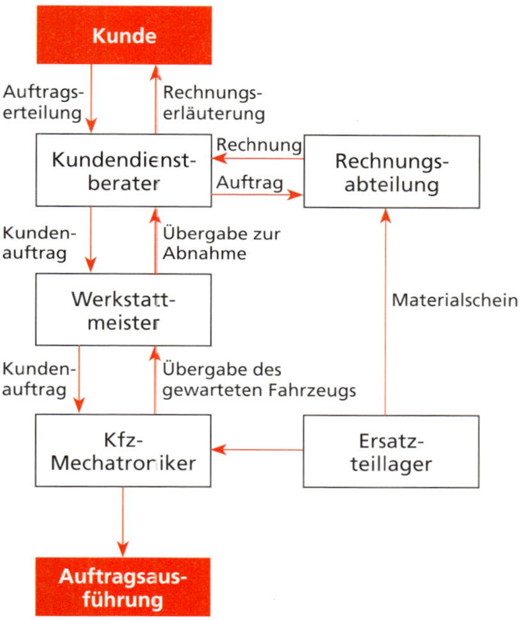

Herrn
Erich Mustermann
Rheinstr. 15
65189 Wiesbaden

Auftrags-Nr.: 0201
Kunden-Nr.: 1289
Auftragsdatum: 01.07.2013
unverbindlicher Termin: 01.07.13, 17.00 Uhr

Typ	Amtl. Kennzeichen	Fahrzeug-Ident.-Nr.	km Stand
VW Golf 1,8	*XY-XX 348*	*wwwzzz1jy(1)w00027*	*25400*

Erst-Zulassung	Motor-Nr.:	angenommen durch	Telefon-Nr. d. Kunden
25.08.2005	*AEH*	*A. Meyer*	*0611/12345*

Nr.	Arbeitsanweisung	Betrag/Euro
1	*Wartung des Kühlsystems und der Scheibenwisch-/Waschanlage*	
	Arbeitspreis	
	Ersatzteile	
	Zubehör	
	Schmierstoffe	
	Fremdleistungen	
	Zwischensumme	
	Mehrwertsteuer	
	Gesamtbetrag	

Der Auftraggeber erteilt diesen Auftrag aufgrund der beim Auftragnehmer ausgehängten Kfz-Reparatur- oder allgemeinen Geschäftsbedingungen

Mustermann
Unterschrift des Auftraggebers

2. Ablauf einer Arbeitsplanung

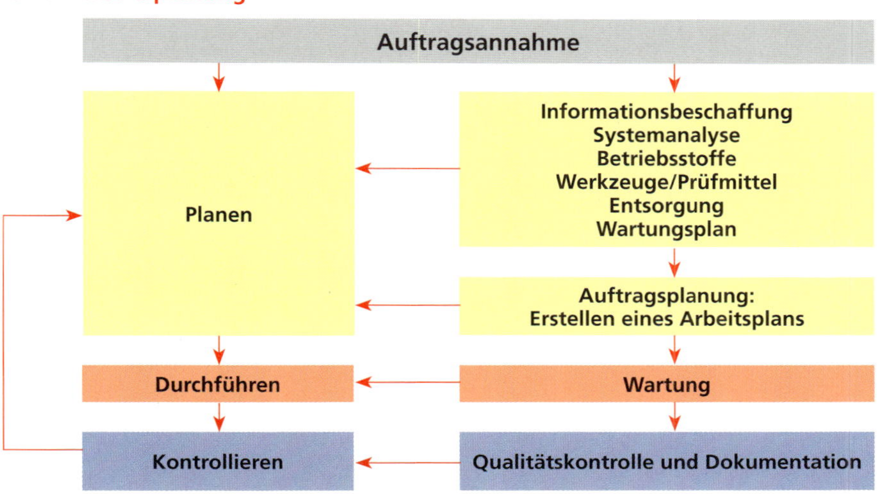

3. Informationsbeschaffung

> **i** Fachinformationen:
> Motorkühlung Seite 22, Kühlmittel Seite 29
> ESItronic z. B. VW Golf IV 1,6

- **Fahrzeugidentifizierung**
  Über die Informations- und Diagnosesysteme der Automobilhersteller (VW/AUDI DIS und ELSA, Mercedes Star Diagnose usw.) sind alle Informationen zum Service erhältlich. In diesem Buch wird auf das von Bosch entwickelte Werkstattinformationssystem ESItronic zurückgegriffen.
  Zur Fahrzeugidentifizierung wird über die Navigationsleiste das gewünschte Einstiegfenster gewählt, abhängig davon, was vom Fahrzeug bekannt ist:
  – Bezeichnung des Fahrzeugs,
  – Schlüsselnummer aus Fahrzeugschein/Zulassungsbescheinigung.

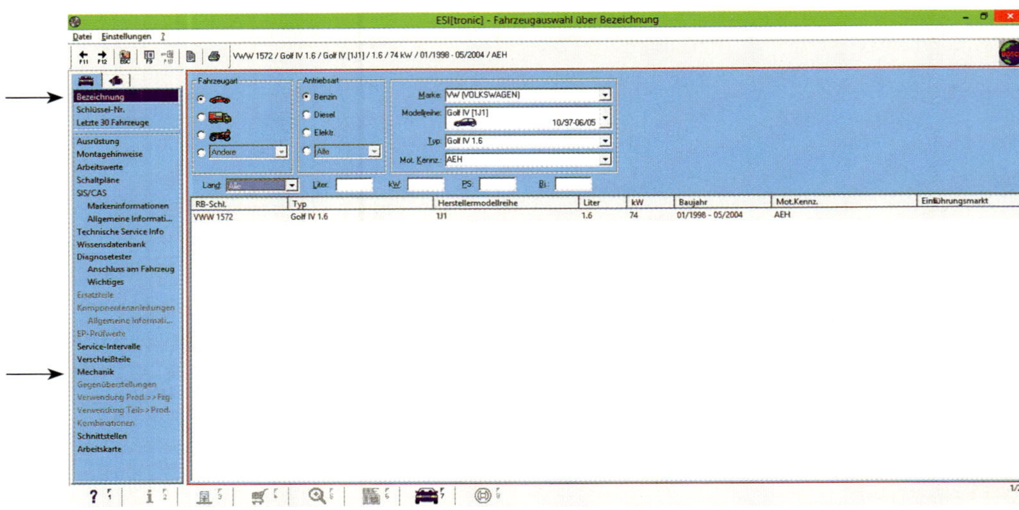

Fahrzeugschein

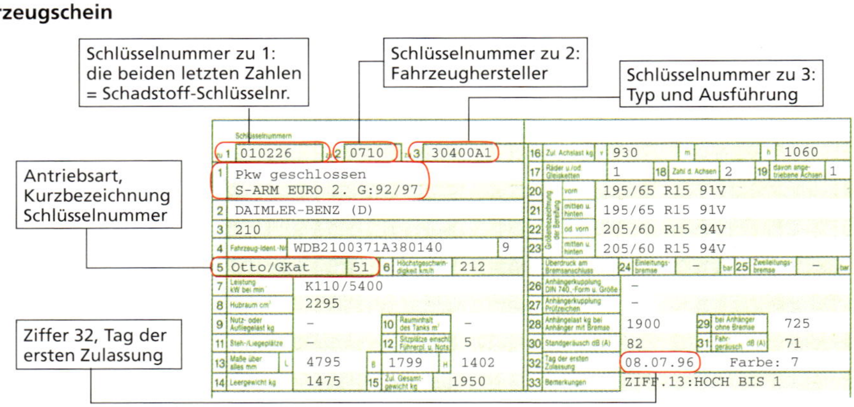

Zulassungsbescheinigung Teil I

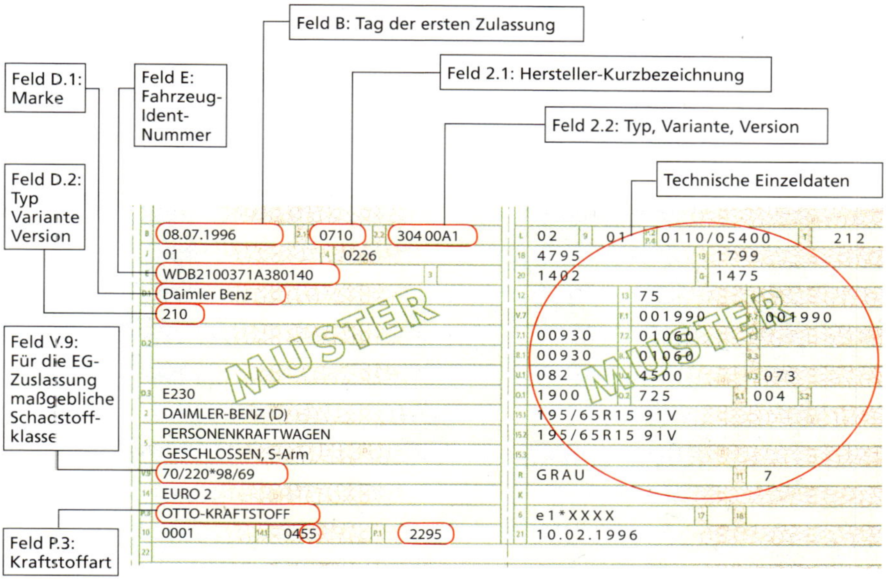

- **Wartungsplan**
  Durch Klicken auf „Mechanik" in der Navigationsleiste erscheint das Inhaltsverzeichnis, u. a. die Wartungspläne. Für den Arbeitsauftrag sind folgende Servicearbeiten vorgesehenen:
  Kühlsystem: Motorkühlstand/Frostschutzmittelstärke – prüfen/einstellen, Kühlmittel-Heizungsschläuche – prüfen/hinweisen;
  Scheibenwisch-/waschanlage: Wasch-Vorratsbehälter – prüfen/hinweisen, Scheibenwischerblätter vorn/hinten – prüfen/hinweisen, Scheibenwascher vorn/hinten – prüfen/einstellen

- **Systemanalyse**

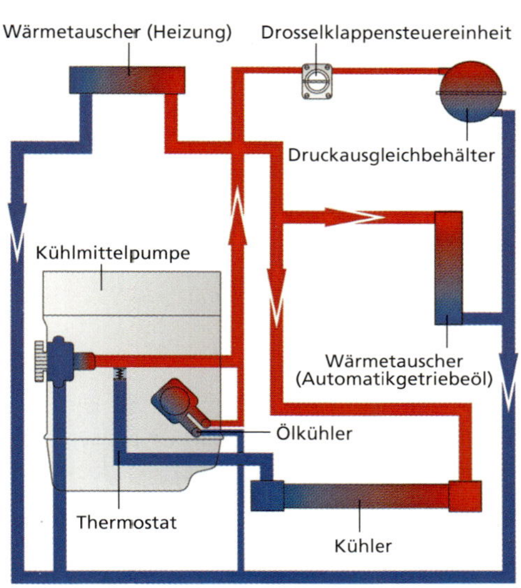

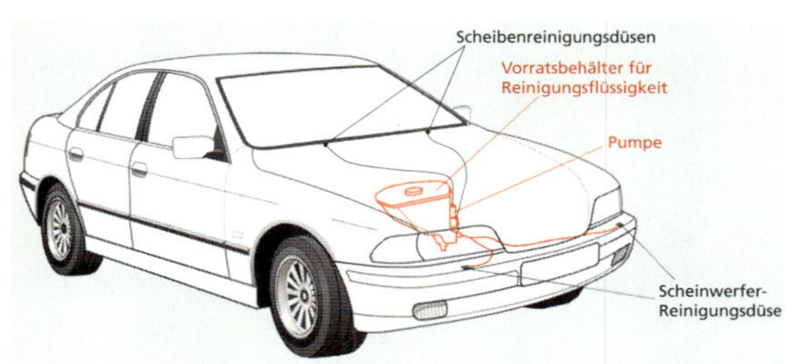

- **Systembeschreibung**
  Pumpenumlaufkühlung mit Ausgleichsbehälter, Wärmetauscher (Heizung, Automatikgetriebeöl)

- **Wirkungsweise/Mode of action**
  (Der englischer Text unterstützt Sie bei der Beschreibung des Kühlsystems. Es ist keine wörtliche Übersetzung, sondern eine freie Übersetzung zu wählen. Die erforderlichen Vokabeln können Sie über den Online-Service http:/dict.leo.org der TU München ermitteln.)

  When the engine is cold, the coolant circulates through the engine block and the heat exchanger. The way to the cooler is closed by the thermostat. When the engine has reached working condition (80 °C), the thermostat opens. Now the coolant temperature increases. The coolant expands and flows into the compensation container. The air in the container escapes through a relief valve in the cap. When the coolant temperature goes down, there is low pressure in the cooling system caused by the contraction of the coolant. The coolant flows from the compensation container back into the cooling system. Air from outside flows through the valve in the cap into the container.

- **Prüfen und Messen**

Frostschutzspindel

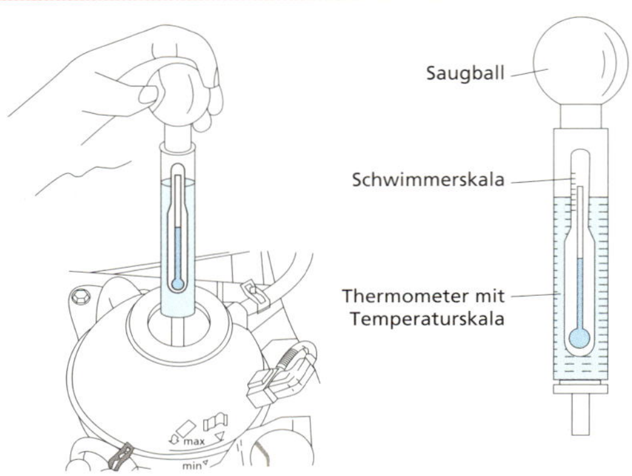

Das Kühlmittel wird mithilfe des Saugballs aus der Kühlanlage gesaugt, sodass der Schwimmkörper frei schwimmen kann. Auf der Temperaturskala wird die Kühlmitteltemperatur abgelesen, auf der Schwimmerskala der Volumenanteil des Frostschutzmittels in Prozent. Die Gefriersicherheit wird mithilfe einer Tabelle ermittelt.

Handrefraktometer

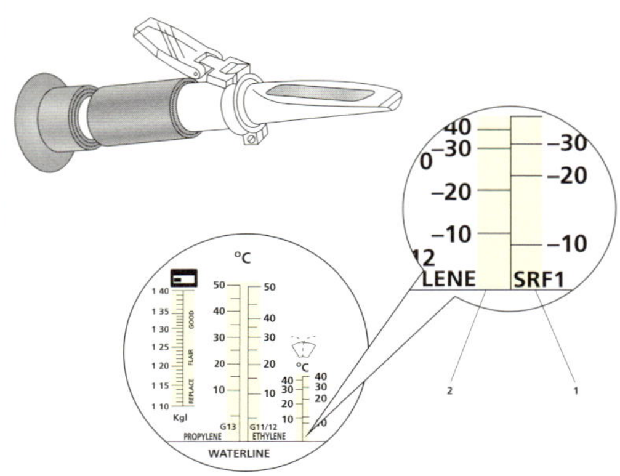

Ein Tropfen wird mithilfe einer Pipette auf das Glas des Refraktometers gebracht. Beim Durchsehen erscheint eine Hell-Dunkel-Grenze, und auf einer Skala kann die Konzentration des Kühlmittelzusatzes abgelesen werden.

- **Betriebsmittel:** Kühlmittel = Kühlerschutzmittel + Wasser, Scheibenklar

- **Entsorgung:** Sammelbehälter

- **Unfallverhütung:** Das Kühlsystem steht bei warmem Motor unter Druck. Durch plötzliches Öffnen des Verschlussdeckels besteht Verbrühungsgefahr. Kühlsystem abkühlen lassen auf Kühlmitteltemperatur unter 90 °C. Verschlussdeckel langsam öffnen und Überdruck ablassen. Bei Arbeiten mit Kühlerschutzmittel/Kühlflüssigkeit Schutzhandschuhe, Schutzkleidung, Schutzbrille tragen. Verschüttetes Kühlmittel sofort mit Bindemittel aufsaugen.

4. Auftragsplanung

- **Wartungsplan**

Der Wartungsplan wird aus dem Kundenauftrag bzw. dem vorgegeben Programmablaufplan abgeleitet. Der Wartungsplan ist das Fundament für alle die Wartung betreffenden Arbeiten. Über den Programmablaufplan enthält er Angaben über

- den Arbeitsablauf,
- erforderliche Werkzeuge, Prüf- und Messgeräte,
- Betriebs- und Hilfsstoffe,
- Einbauhinweise wie Regeln, Vorschriften, technische Daten.

Der Wartungsplan ist nicht genormt und kann von Betrieb zu Betrieb unterschiedlich ausfallen und gehandhabt werden.

Nr.	Arbeitsschritt	Werkzeuge, Prüfmittel	Betriebs- und Hilfsstoffe, Ersatzteile	Regeln, techn. Daten, Vorschriften

- **Programmablaufplan**

Vielfach geben die Hersteller einen Programmablaufplan für Wartung und Instandsetzung vor. Der Programmablaufplan ist eine bildliche Darstellung von aufeinanderfolgenden Schritten zur Beschreibung eines Arbeitsablaufs.

Von einem Startpunkt werden alle Schritte durch Symbole bis zum Endpunkt festgelegt:

Arbeitsaufgabe (Start und Ende)

Arbeitsprozess

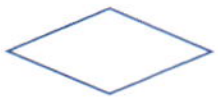

Entscheidung, ob in Ordnung (i. O.) mit „ja" oder „nein". Bei „ja" geht es weiter in Flussrichtung, bei „nein" gibt es eine Abzweigung entweder mit Rückkopplung zu einem davorliegenden Arbeitsschritt oder nach einem weiteren Arbeitsprozess in Flussrichtung weiter.

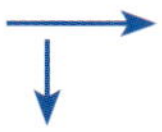

Die Flusslinien geben die Richtung an

Wiederholungsschritte:

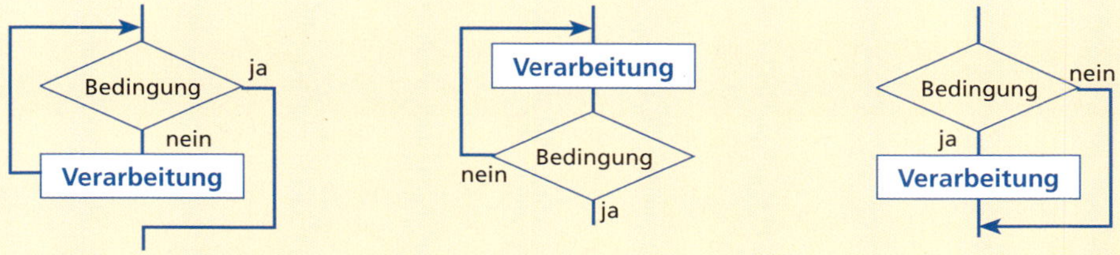

Bedienungsprüfung **vor** der Verarbeitung

Bedienungsprüfung **nach** der Verarbeitung

Bedingte Verarbeitung

Lernaufgaben

- **Wartungsplan und Wartung:** Warten des Kühlsystems und der Scheibenwisch-/waschanlage

Nr.	Arbeitsschritte	Werkzeuge Prüfmittel	Betriebs/Hilfsstoffe Ersatzteile	Regeln, technische Daten, Vorschriften
	Sichtprüfung			
1	Alle Schläuche auf Risse und schlechten Zustand untersuchen			Verbiegen der Schläuche von Hand
2	Undichtigkeiten an Schlauchverbindungen, Kühler, Kühlmittelpumpe prüfen			
3	Kühlmittelstand an Standmarken im Ausgleichsbehälter prüfen			
4	Systemdruck abbauen, durch Drehen des Verschlussdeckels um 90°			Verbrühungsgefahr, vor Öffnen Verschlussdeckel mit Lappen abdecken
5	Kühlmittelstand richtigstellen		Frostschutz, Wasser	Nur freigegebenes Kühlerschutzmittel verwenden
	Frost- und Korrosionsschutz			
6	Kühlwasser mithilfe es Saugballs aus der Kühlanlage ansaugen	Frostschutzspindel		Schwimmer muss frei schwimmen
7	Volumenanteil des Frostschutzmittels auf Schwimmerskala ablesen			
8	Gefriersicherheit mithilfe der Tabelle ermitteln			Frostschutzmittelkonzentration von 45 % entspricht Frostschutz bis –35 °C
9	Frostschutz evtl. korrigieren		Frostschutzmittel	Freigegebenes Frostschutzmittel: G 12/TL VW 774 F
	Scheibenwaschanlage			
10	Wischerblätter auf Verhärtung und Risse prüfen, evtl. austauschen		Wischerblätter	
11	Einstellung der Spritzdüsen prüfen			
12	Einstellung der Wischerarme prüfen			
13	Frostschutz prüfen	Frostschutzspindel		
14	Waschwasserstand evtl. korrigieren		Scheibenklar, Wasser	Freigegebenes Scheibenklar: G 052 164

Schläuche auf Risse, Schlauchverbindungen prüfen

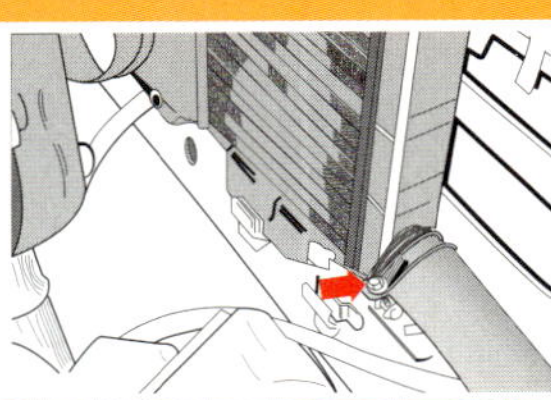

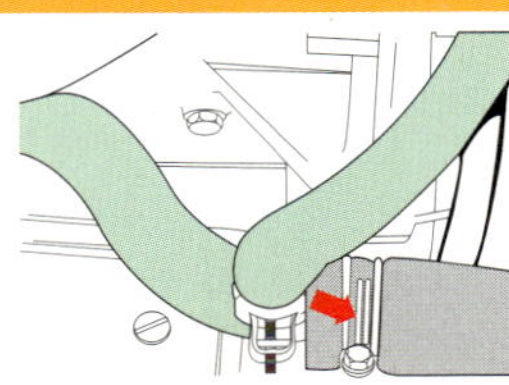

Kühlmittelstand prüfen

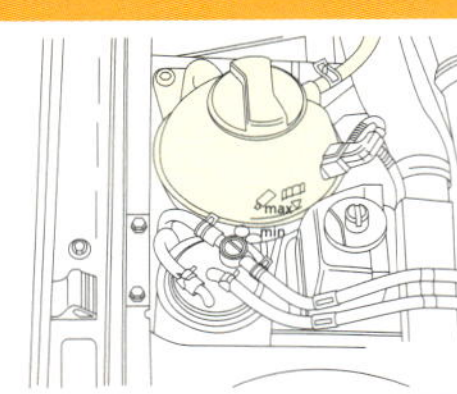

Forstschutz prüfen: Kühlsystem und Scheibenreinigungsanlage

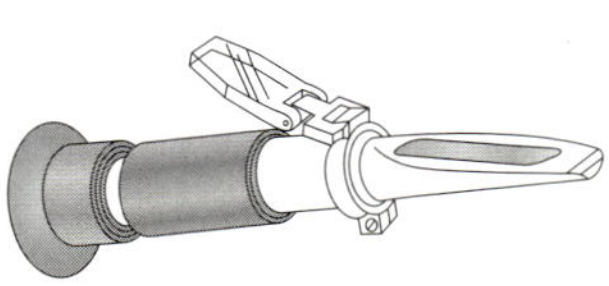

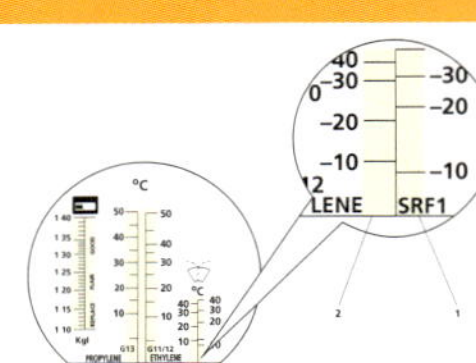

Düseneinstellung prüfen, Wischergummi auf Risse und Verhärtung prüfen und austauschen; Scheibenwischerblätter: Ruhestellung prüfen

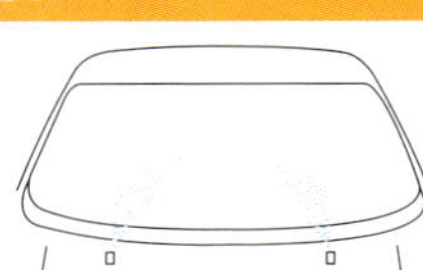

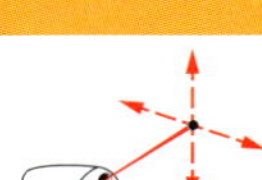

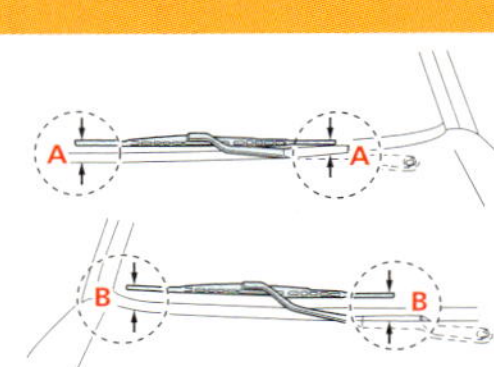

- **Programmablaufplan**

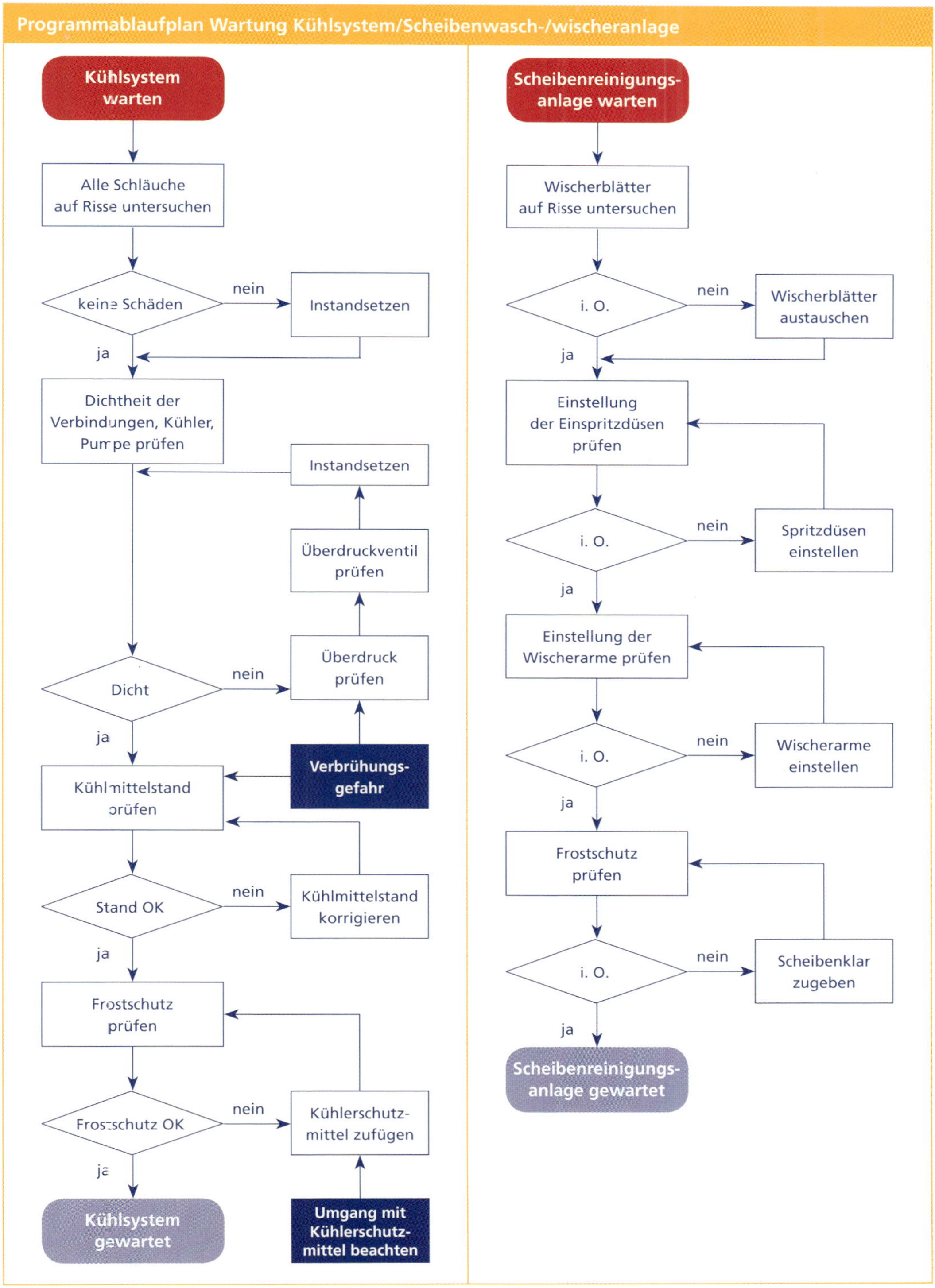

5. Qualitätskontrolle

- **Qualitätssicherung durch Prüfen und Messen**
  Nach Durchführung der Wartungsarbeiten werden das Kühlsystem und die Scheibenwisch-/waschanlage nochmals messtechnisch überprüft.

- **Qualitätssicherung auf die Arbeit bezogen**
  Am Schluss der Wartungsarbeiten überzeugt sich der Kfz-Mechatroniker, ob
  - alle Prüfpositionen der Checkliste sorgfältig erledigt worden sind,
  - die Arbeitswerte entsprechend der Herstellerangaben eingehalten wurden,
  - bei Wechsel der Betriebsmittel die Entsorgung in die entsprechenden Behälter erfolgt ist,
  - die Reihenfolge der Arbeitsschritte sinnvoll, Werkzeuge, Betriebsmittel verfügbar waren und die Zeiteinteilung eingehalten wurde,
  - die Unfallverhütungsmaßnahmen beachtet wurden,
  - die Durchführung der Wartungsarbeit noch optimiert werden kann.

6. Dokumentation

Die Arbeitskarte übernimmt die Funktion des Auftrags. Sie ist ein Warenkorb, in dem Produkte, Ersatzteile oder Leistungen (wie z.B.Inspektion) abgelegt werden. Die Arbeitskarte bildet die Grundlage für Angebote, Rechnungen, Bestellungen und kaufmännische Programme. Sie begleitet einen Vorgang von der Auftragsphase bis zur Rechnungserstellung. Während der Abwicklung eines Auftrags schreiben alle Beteiligten ihre Leistungen und die benötigten Artikel in die Arbeitskarte. Bei Auftragsende wird die Arbeitskarte überprüft, evtl. bearbeitet und als Rechnung ausgedruckt.

Die Arbeitskarte wird über die Navigationsleiste unter dem Begriff „Arbeitskarte" auf dem Bild schirm abgebildet. Eine Hilfe zur Bearbeitung kann über die Funktionstaste „Aktuelle Hilfe F1" unter „ Servicebereich Kalkulation, Angebot" aufgerufen werden.

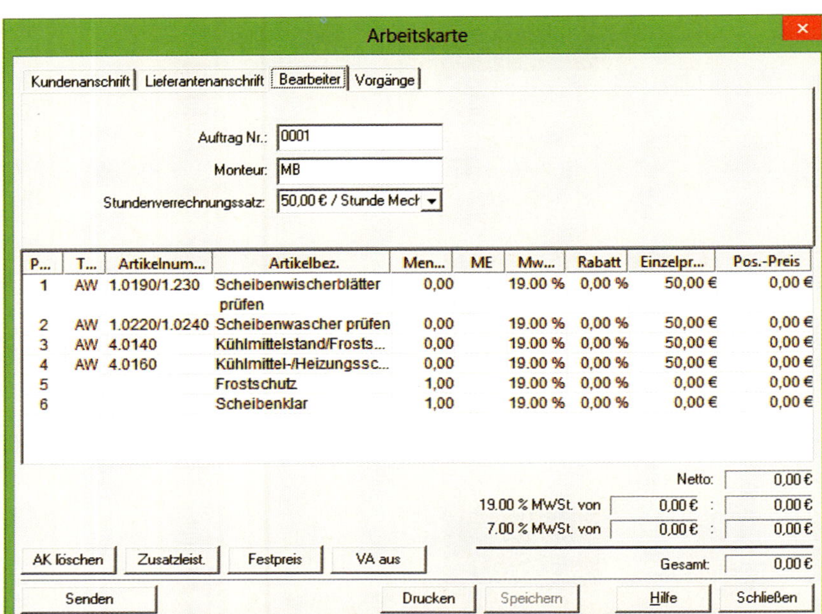

1.7 Ölwechsel nach Intervall-Anzeige

Kundeninformation:
Im Schalttafeleinsatz erscheint die Meldung „Service jetzt" im Display. Gleichzeitig blinkt die Anzeige bei „Zündung ein".

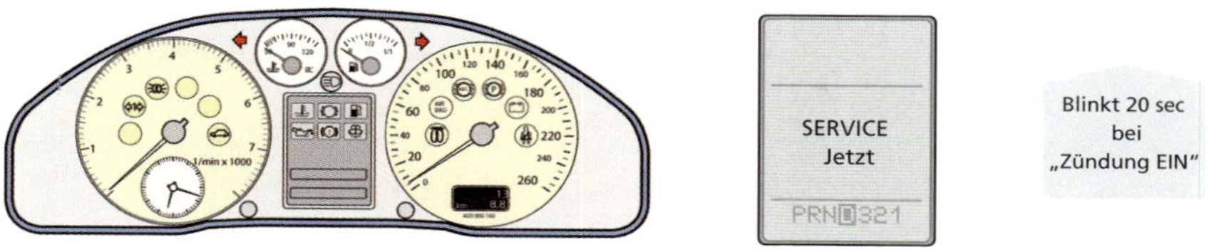

Ursache: Das Fahrzeug ist mit einer Wartungsintervall-Verlängerung ausgestattet, die flexible Service-Intervalle ermöglicht. Das Steuergerät berechnet aus Öltemperatur, Motordrehzahl, Motorlast und Fahrstrecke die thermische Belastung sowie die Rußbelastung des Motoröls und ermittelt, wann das Öl gewechselt werden muss.

Informationsbeschaffung:

Fachinformationen:
Motorschmierung Seite 21, Motoröl Seite 25.

Schmiersystem

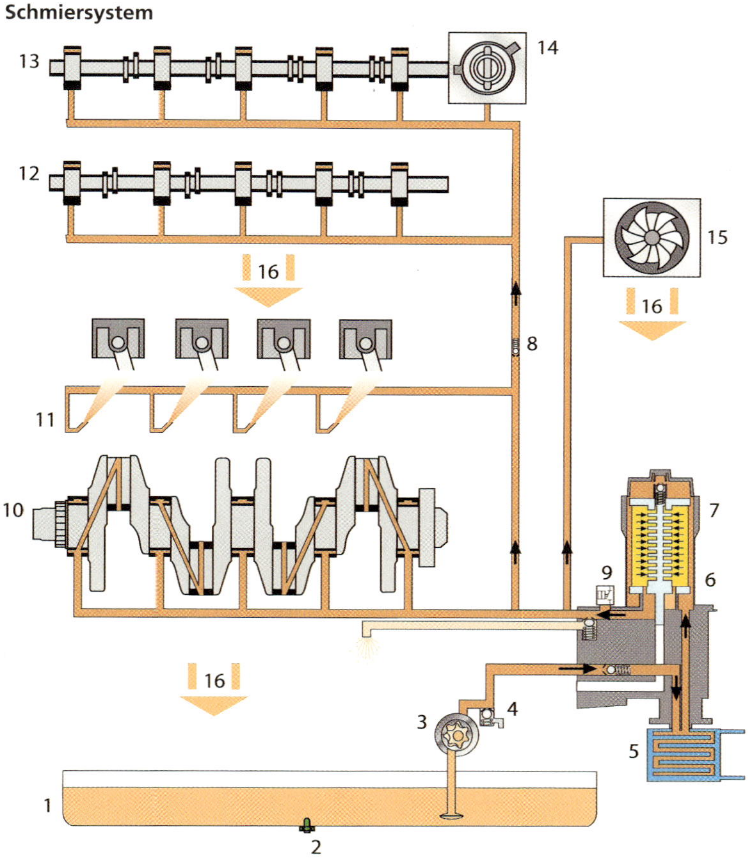

1 Ölwanne
2 Ölstands- und Temperaturgeber G266
3 Duocentric-Ölpumpe
4 Öldruckregelventil
5 Ölkühler
6 Ölfilter
7 Kurzschlussventil (Filterumgehungsventil)
8 Öldruckhalteventil
9 Öldruckschalter F1
10 Kurbelwelle
11 Ölspritzdüsen zur Kolbenkühlung
12 Auslassnockenwelle
13 Einlassnockenwelle
14 Vakuumpüumpe
15 Turbolader
16 Ölrücklauf
17 Sieb
18 Drosselstelle

Mode of action: lubrication system

A mechanically driven pump draws oil from the sump and delivers it via the oil cooler and main filter to the main oil gallery. From the oil gallery oil is supplied to the crankshaft bearings. A feed is also taken from the main gallery, through an oil way in the cylinder block and cylinder head to the camshaft bearings and the bucket tappet. The oil drains back to the sump via tubes or channel cast into the cylinder head and the engine block. Diesel engines with turbocharger oil can be fed to bearings of the vacuum pump and the turbocharger.
A small hole drilled in a suitable position in the connecting rod allows an intermittent jet of oil to spray onto the cylinder walls and the pistons for cooling.
A by-pass valve opens when the pressure drop across the filter exceeds about 1 bar, e.g. when the filter is plugged up or the oil is cold. The oil pressure switch gives the information to the driver by a light in the display planel when the oil pressure is too low. The pressure is limited by an over-pressure valve. In the case of high pressure is to high, oil is allowed to escape from the main oil channel to the sump.

Wartung:

Ölwechsel

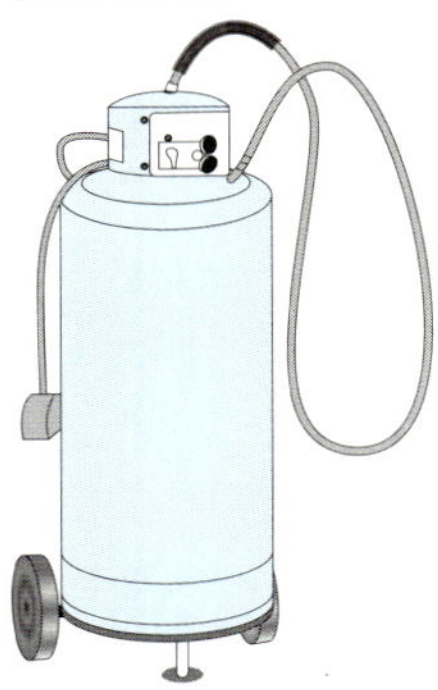

Ölfilterwechsel

Ottomotor

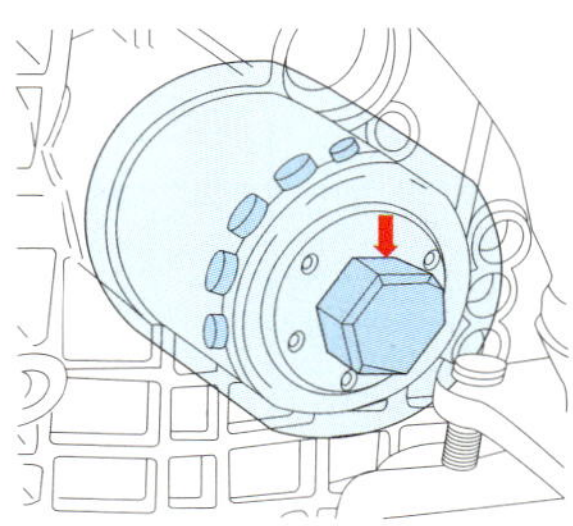

Dieselmotor

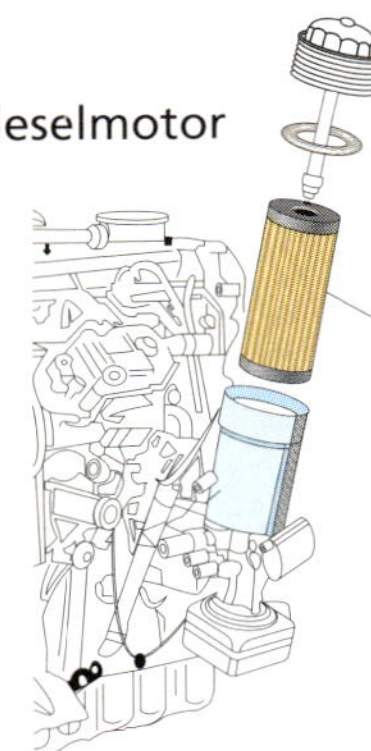

Lernaufgaben

1. Beschreiben Sie die Wirkungsweise des Schmiermittelsystems. Zur Unterstützung dient der engliche Text.
2. Entwickeln Sie einen Blockschaltplan des Schmiermittelsystems.
3. Welche Aufgabe hat das Überdruckventil?
4. Welche Aufgabe hat das Kurzschlussventil?
5. Welche Aufgabe hat der Öldruckschalter?
6. Ermitteln Sie den Materialbedarf für ein Fahrzeug, das in Ihrem Betrieb gewartet wird.
7. Wie hoch ist der Zeitansatz für einen Ölwechsel?
8. Als Ölsorte ist das Öl SAE 5W-30 vorgeschrieben. Erklären Sie die Kennzeichnung und geben Sie die Eigenschaften des Öles an.
9. Was verstehen Sie unter Viskosität?
10. Wodurch entsteht Ölverdünnung?
11. Wodurch entsteht Ölverschlammung?
12. Welche Unfallverhütungsmaßnahmen sind einzuhalten?
13. Wie wird das Motoröl nach dem Kreislaufwirtschafts- und Abfallgesetz, der Gefahrstoffverordnung und dem Wasserhaushaltsgesetz eingestuft?
14. Wie erfolgt die Entsorgung des Altöls?
15. Welche qualitätssichernden Maßnahmen schlagen Sie nach Abschluss der Arbeit vor?
16. Entwickeln Sie den Arbeitsplan zum Ölwechsel.

1.8 Wartung: Bremsanlage

Schad- und Störstellen:
Bremsflüssigkeitsstand, Verschleiß der Bremsbeläge, Risse, thermische Überbelastung, Verschleiß der Bremsscheibe, Bremsleitungen, Bremsschläuche

Sichtprüfung:
Stand der Bremsflüssigkeit, Überprüfen des letzten Bremsflüssigkeitswechsels, Dicke der Bremsbeläge, Zustand der Bremsscheibe, Prüfung auf Dichtheit und Beschädigungen

Informationsbeschaffung:

Fachinformationen:
Bremssystem Seite 19, Bremsflüssigkeit Seite 32.

Systemdarstellung

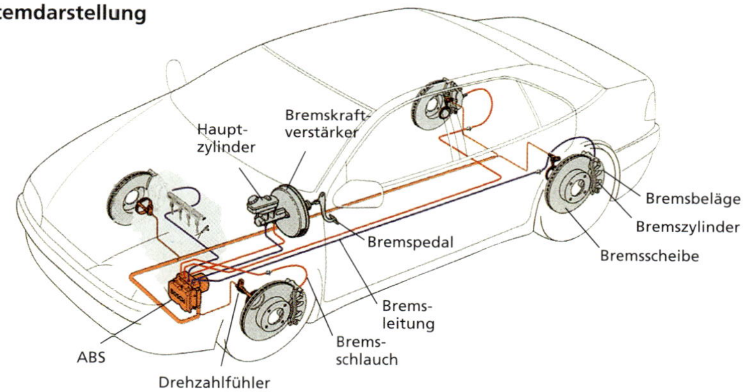

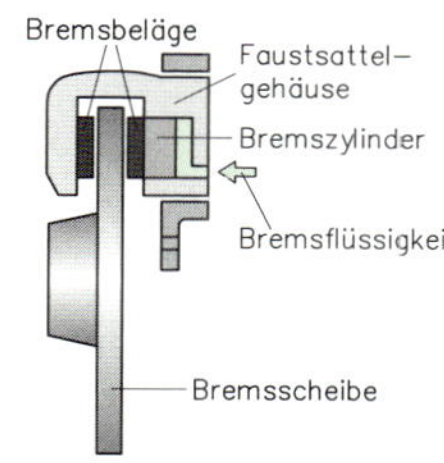

Prüfen und Messen:
Bremsflüssigkeit ist hygroskopisch, d. h. sie reichert sich im Laufe der Zeit mit Wasser an.

Bremsflüssigkeits-Testgeräte

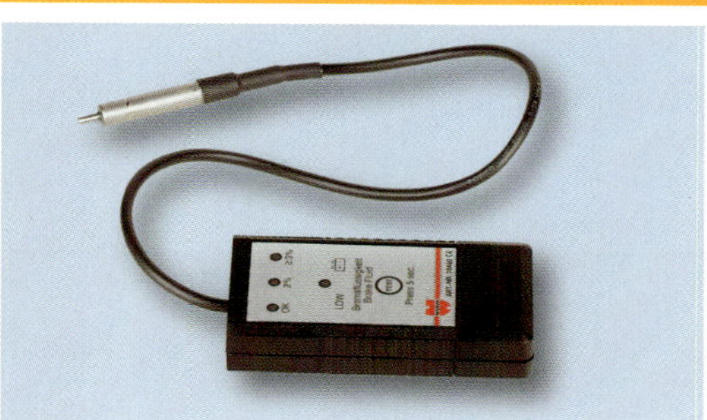

Das Gerät misst über einen Sensor über die elektrische Leitfähigkeit der Bremsflüssigkeit den Wassergehalt.
Der Sensor wird hierzu in die Bremsflüssigkeit getaucht. Nach etwa 5 Sekunden erfolgt über die LED-Anzeige die Angabe des Wassergehaltes in Prozent (0 %–1 %, 2 %, ≥ 3 %).

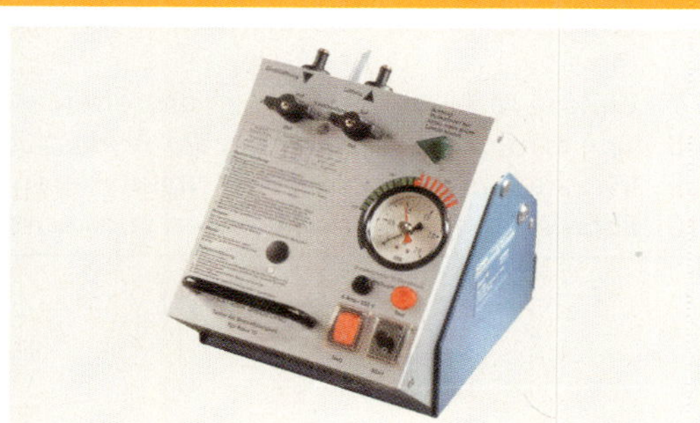

Mit dem dargestellten Bremsflüssigkeit-Testgerät wird der genaue Siedepunkt der Bremsflüssigkeit ermittelt. Die Messung simuliert genau die Bedingungen im Radbremszylinder. Hierzu wird eine Bremsflüssigkeitsprobe in einer geschlossenen Druckzelle erhitzt. Über den Dampfdruck wird dann bei konstanter Temperatur die Qualität der Bremsflüssigkeit bewertet. Das Messergebnis wird an der Digitalanzeige abgelesen.

Liegt der gemessene Wassergehalt über 3 % oder ist der letzte Bremsflüssigkeitswechsel länger als zwei Jahre her, muss die Bremsflüssigkeit gewechselt werden.
Bei längerem Bremsen kann es durch die Wasseranreicherung zu Dampfblasenbildung und Bremsfading kommen.

Bremsflüssigkeitswechsel
Zum Bremsflüssigkeitswechsel der Bremsanlage benötigt man ein Füll- und Entlüftergerät sowie eine Entlüfterflasche. Zum Füllen und Entlüften wird das Entlüftergerät über einen transparenten Schlauch und ein Anschlussstück am Ausgleichsbehälter und die Entlüfterflasche an ein Entlüfterventil am Bremsgehäuse angeschlossen. Nach Öffnen des Absperrhahnes lässt man die Bremsflüssigkeit so lange fließen, bis neue klare Bremsflüssigkeit austritt. Das Entlüfterventil wird geschlossen. Der Vorgang wird an allen Entlüfterventilen wiederholt. Im Anschluss an die Befüllung wird vor Abbau des Anschlussstutzens ein Entlüfterventil geöffnet, um den Druck im Bremssystem abzubauen.

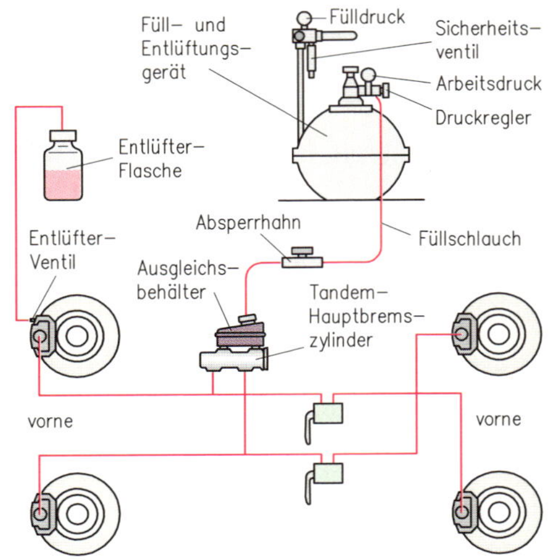

Lernaufgaben

1. Entwickeln Sie einen Blockschaltplan der dargestellten Bremsanlage.
2. Benennen Sie die Funktionseinheiten und geben Sie deren Aufgaben der an.
3. Warum sollte die Bremsflüssigkeit nach ca. 2 Jahren gewechselt werden?
4. Welche Bremsflüssigkeitssorten werden verwendet? Geben Sie die Eigenschaften der Bremsflüssigkeiten an.
5. Was versteht man unter Trockensiedepunkt bzw. Nassesiedepunkt?
6. Welche Unfallverhütungsvorschriften und Maßnahmen zur Arbeitssicherheit sind einzuhalten?
7. Welche Maßnahmen sind zu ergreifen, wenn Bremsflüssigkeit in die Augen gelangt?
8. Wie erfolgt die Entsorgung der Bremsflüssigkeit?
9. Welche qualitätssichernden Maßnahmen schlagen Sie nach Abschluss der Arbeit vor?
10. Entwickeln Sie den Arbeitsplan zum Austausch der Bremsflüssigkeit.

1.9 Inspizieren Bereifung

Kundenauftrag:
Radwechsel von Sommerreifen auf Winterreifen, Reifenkontrolle im Rahmen der Inspektion

Stör-/Schadstellen:
Verschleiß der Laufflächen, Beschädigung der Seitenwand

Sichtprüfung:
Reifen auf ungleiche Abnutzung, auf Beschädigung und Rissbildung prüfen; Profiltiefe, Reifendruck messen; Vergleich der Reifenkennzeichnung mit Angaben im Fahrzeugschein/in der Zulassungsbescheinigung; Reifenalter prüfen

Verschleißbild der Sommerreifen:

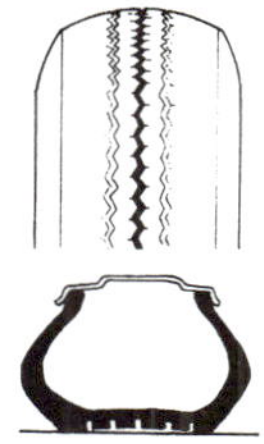

Informationsbeschaffung:

Fachinformationen:
Reifen Seite 118

Reifenkennzeichnung

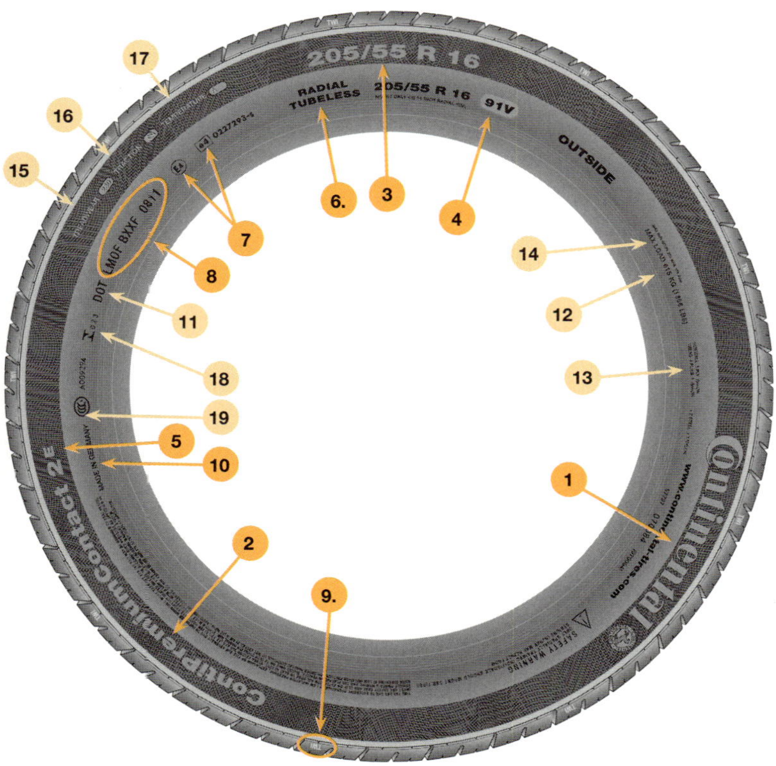

⑪ – ⑲ Angaben für Länder außerhalb Europas

① Hersteller (Markenname oder -logo)

② Produktname

③ Größenbezeichnung
- **205** = Reifenbreite in mm
- **55** = Verhältnis höhe zu Breite in Prozent
- **R** = Radialbauweise
- **16** = Felgendurchmesser (Zoll-Code)

④ **91** = Tragfähigkeits
V = Geschwindigkeitssymbol

⑤ **E** = Im Rollwiderstand optimierter Reifen (für bestimmte Fahrzeughersteller)

⑥ Schlauchloser Radialreifen

⑦ Continental-Reifen sind nach internationalen Vorschriften gekennzeichnet. Dementsprechend tragen sie in einem Kreis ein E und die Nummer des Genehmigungslandes sowie nachgestellt eine mehrstellige Genehmigungs-Nr. (E4) [e4] (4 = Niederlande)

⑧ Hersteller-Code:
- Reifenfabrik, Reifengröße und -ausführung
- Herstellerdatum (Produktions-woche/Jahr) 0811 bedeutet **8.** Woche 20**11**

⑨ **T.W.I.**: Tread Wear Indicator (Profilabnutzungsanzeiger). Querstege an mehreren Stellen in den Haupt-Profilrillen, die bei 1,6 mm Restprofil auf gleicher Ebene wie die restliche Lauffläche liegen

⑩ Herstellungsland

Prüfen und Messen

Verschleißanzeige, Profiltiefe messen

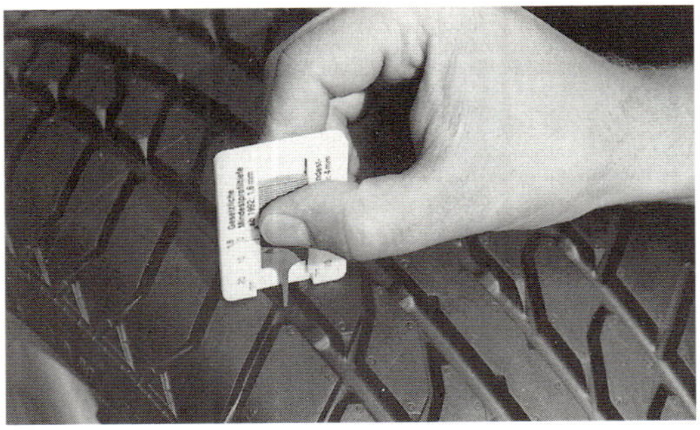

Der Gesetzgeber schreibt eine Profiltiefe von 1,6 mm vor. Es wird jedoch empfohlen, Sommerreifen bei einer Restprofiltiefe von 2 mm, Winterreifen bei einer Restprofiltiefe von 3 mm auszutauschen.

Eine Verschleißanzeige (Tread Wear Indikator TWI), die an einigen Stellen in das Profil des Reifens integriert ist, erscheint bei einer Restprofiltiefe von 1,6 mm.
Die aktuelle Profiltiefe kann auch mit einem Reifenprofilmesser gemessen werden.

Radwechsel

Lernaufgaben

1. Bestimmen Sie die Ursache für den Verschleiß der Sommerreifen.
2. Wie hoch sind die Anzugsdrehmomente (ca.-Werte) für Stahlfelgen?
3. In welcher Größenordnung (ca.-Werte) liegt der Reifendruck vorn bzw. hinten (ohne Beladung)?
4. Wie groß ist die Restprofiltiefe bei Sommer- bzw. Winterreifen?
5. In welcher Reihenfolge sollen die Schrauben angezogen werden?
6. Welche Unfallverhütungsvorschriften sind beim Radwechsel zu beachten?
7. Entwickeln Sie den Arbeitsplan zum Radwechsel .
8. Welche qualitätssichernden Maßnahmen schlagen Sie nach Abschluss der Arbeit vor?

1.10 Arbeitssicherheit

1.10.1 Unfallverhütungsvorschriften (UVV)

Das Arbeitsschutzgesetz verpflichtet den Arbeitgeber, „die erforderlichen Maßnahmen des Arbeitsschutzes unter Berücksichtigung der Umstände zu treffen, die Sicherheit und Gesundheit der Beschäftigten bei der Arbeit beeinflussen" (§ 3). Er hat „die Beschäftigten über Sicherheit und Gesundheitsschutz bei der Arbeit während ihrer Arbeitszeit ausreichend und angemessen zu unterweisen" (§ 12).

„Die Beschäftigten sind verpflichtet, nach ihren Möglichkeiten sowie gemäß der Unterweisung und Weisung des Arbeitgebers für ihre Sicherheit und Gesundheit bei der Arbeit Sorge zu tragen. Entsprechend Satz 1 haben die Beschäftigten auch für die Sicherheit und Gesundheit der Personen zu sorgen, die von ihren Handlungen oder Unterlassungen betroffen sind" (§ 15).
„Die Beschäftigten haben dem Arbeitgeber oder dem zuständigen Vorgesetzten jede von ihnen festgestellte unmittelbare erhebliche Gefahr für die Sicherheit und Gesundheit sowie jeden an den Schutzsystemen festgestellten Defekt unverzüglich zu melden" (§ 16).

Die Berufsgenossenschaften sind als Träger der gesetzlichen Unfallversicherung verpflichtet, Unfallverhütungsvorschriften und Sicherheitsregeln zu entwickeln und zu erlassen. Jeder Kfz-Betrieb ist Mitglied der Süddeutschen Metall-Berufsgenossenschaft, Mainz. Die Gewerbeaufsichtsämter überwachen als staatliche Kontrollorgane die Einhaltung der Unfallverhütungsvorschriften. Sie können bei Verstößen gegen die Arbeitsschutzvorschriften Geldbußen verhängen.

1.10.2 Gesundheitsschutz

Die Innungskrankenkasse IKK hat für das Kfz-Handwerk die häufigsten Unfallgefahren und Gesundheitsbelastungen zusammengetragen und veröffentlicht.

Die häufigsten Unfall- und Verletzungsrisiken sind:

- Schnittverletzungen durch Werkzeuge oder andere Materialien.
- Quetschungen oder Verstauchungen, die durch Maschinen oder anderes Werkzeug verursacht werden.
- Ausrutschen oder Stolpern, oftmals verursacht durch rutschigen Werkstattboden (z. B. durch Öl).
- Verbrennungen, die beim Schweißen oder Löten der Karosserie entstehen.
- Herunterfallende Materialien oder Werkzeuge, die z. B. auf Hebebühnen liegen.

Weiterhin hat die IKK Schadstoffbelastungen festgestellt durch

- Abgase von Otto- und Dieselmotoren,
- sämtliche Betriebsstoffe wie z. B. Motoröl, Getriebeöl, Brems- und Kühlflüssigkeit und Batteriesäure,
- Hilfsmittel wie Kontaktspray, Mittel zum Lösen von Rost, Bremsenreiniger, Verdünner, Lösemittel, Hohlraumkonservierer, Spachtelmasse und jegliche Reinigungsmittel,
- Staub, der durch Schleif- und Karosseriearbeiten verursacht wird.

Hinzu kommen noch Belastungen durch eine falsche Arbeitshaltung.
Um die Gesundheitsbelastungen zu verringern, hat die IKK Informationen zum Arbeits- und Gesundheitsschutz für den Kfz-Mechatroniker entwickelt.

Weitere umfassende Informationen zum Arbeitsschutz und Gesundheitsschutz zu den u. g. Gebieten findet man im Internet unter www.ikk.de. → Service + Beratung → Broschüren → den entsprechenden Suchbegriff eingeben und anklicken.

- Wie Sie Konflikte am Arbeitsplatz lösen?
- Lärm: Schützen Sie sich richtig.
- Gefahrstoffe: Schützen Sie sich richtig.
- So vermeiden Sie Allergien.
- So beugen Sie Rückenschmerzen vor.

1.11 Qualitätssicherung

1.11.1 Die Verantwortung des Kfz-Mechatronikers im Geschäftsprozess

Der Mechatroniker ist für den gesamten Teilprozess des Geschäftsprozesses Wartung (= Arbeitsprozess) verantwortlich. Hierzu gehören das Planen des Wartungsauftrages, die Materialbeschaffung, die fachkompetente Ausführung der Wartung, die Überprüfung der Arbeitsqualität, die ordnungsgemäße Entsorgung der Betriebsstoffe und Altteile in die Sammelbehälter, die Beachtung der Unfallverhütungsvorschriften und die Dokumentation der wichtigen Daten des Arbeitsprozesses. Die Durchführung der Arbeit bestätigt der Kfz-Mechatroniker durch seine Unterschrift auf der Checkliste bzw. dem Wartungsplan. Mit der Unterschrift ist er verantwortlich für die einwandfreie Arbeitsqualität.

Der Betrieb hat damit eine rechtliche Handhabe, die u. U. Abmahnungen bzw. Lohnkürzungen zur Folge haben können.

Grundsätzlich muss dem Kfz-Mechatroniker bewusst sein, dass nur hundertprozentige Arbeitsqualität Zufriedenheit beim Kunden und letztendlich Vertrauen zum Autohaus schafft.

Das Bild, das die Kunden von einem Autohaus haben, wird u. a. durch das Service-Image des Betriebes bestimmt. Das Service-Image setzt sich aus verschiedenen Teilleistungen des Betriebes zusammen: Reparaturqualität, Kundenbehandlung, Preisgestaltung, Termingestaltung und Service-Angebote.

An einem guten Service-Image arbeiten alle Mitarbeiter des Betriebes durch qualifizierte Arbeit und Kundenfreundlichkeit mit. Nur der rundum zufriedene Kunde wird sein Fahrzeug in Zukunft wieder in diesem Autohaus warten bzw. reparieren lassen, den Betrieb weiterempfehlen bzw. dort einen neuen Wagen kaufen.

Der Umgang mit dem Kunden gehört zu den empfindlichsten Bereichen in einem Autohaus, wo sich Fehler sehr schnell und nachhaltig auswirken. Die folgende Abbildung zeigt die Folgen. Sie zeigt aber auch, dass jeder Mitarbeiter ständig zum Erfolg des Autohauses beiträgt und damit seinen Arbeitsplatz sichert.

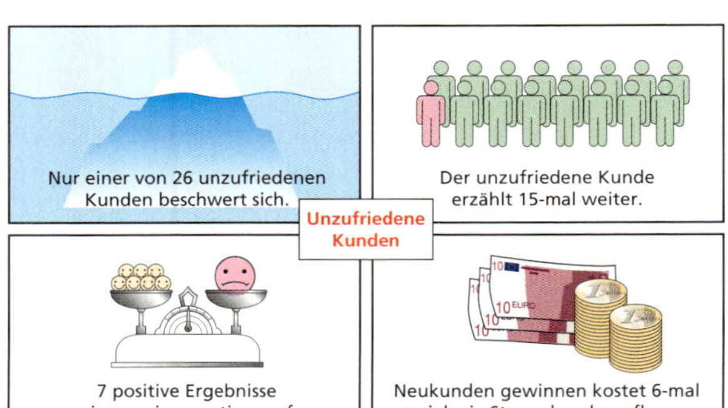

1.11.2 Arbeitsqualität

Qualität ist die Erfüllung von (vereinbarten) Anforderungen zur dauerhaften Kundenzufriedenheit. Dienstleistungsqualität ergibt sich aus der Arbeitsqualität der Teilfaktoren:

- Technische Qualität, d. h. die technische Ausstattung der Werkstatt mit modernen Prüfgeräten, Werkzeugen und technischen Einrichtungen.
- Arbeitsprozessqualität, insbesondere die Fachkompetenz und Qualifikation der Mitarbeiter aber auch die Organisation des Betriebes.
- Soziale Qualität, einmal wie die Mitarbeiter mit dem Kunden umgehen, zum anderen auch, wie die Kollegen miteinander kommunizieren und zusammenarbeiten

Welche Forderungen stellt der Kunde?

- Schnelligkeit von Wartung und Reparatur, Einhalten der Termine,
- Höflichkeit, Freundlichkeit, Berücksichtigung der Wünsche,
- gute und fachgerechte Ausführung der Arbeiten,
- Kompetenz und Fachwissen der Mitarbeiter,
- Sicherheit einer ordnungsgemäßen Reparatur,
- Glaubwürdigkeit, Richtigkeit der Aussagen,
- Sauberkeit des Wagens bei der Abholung.

Welchen Beitrag kann der Kfz-Mechatroniker leisten, um den Forderungen des Kunden gerecht zu werden?

- Arbeitsqualität als ständige Arbeitsaufgabe im täglichen Arbeitsverhalten betrachten.
- Jede Arbeit fachkompetent, sorgfältig und exakt durchführen.
- Sich als seinen eigenen Qualitätskontrolleur betrachten, d. h. Fremdkontrolle durch Selbstkontrolle ersetzen.
- Eine kontinuierliche Verbesserung der Arbeitsvorgänge im eigenen Arbeitsbereich anstreben und zur Fehlervermeidung statt Fehlerbehebung beitragen.
- Umweltgesetze und Unfallverhütungsvorschriften beachten.
- Eine Dienstleistung abliefern, damit der Kunde wiederkommt und nicht die Ware oder ein Beschwerdebrief.
- Den Kunden in den Mittelpunkt seines Handelns stellen.
- Erkennen, dass die Produktionsfaktoren „Arbeitsqualität", „Freundlichkeit" und „Höflichkeit" den eigenen Arbeitsplatz sichern.
- Jeden im eigenen Betrieb als Kunden und Lieferanten ansehen. (Auch der Meister ist Kunde.)
- Dem Kunden zuhören und keine Diskussionen führen, um Recht zu haben.
- Wissen, dass der Kunde auch im Unrecht immer Recht behält, spätestens dann, wenn er den Betrieb wechselt.
- Verantwortung spüren gegenüber Kunden, Kollegen, dem Unternehmen und der Umwelt.
- Bereit sein, im Team zu arbeiten.
- Für die eigene Weiterbildung mitverantwortlich sein.

Übertragen in die tägliche Praxis heißt das,

▶ auf den Kunden bezogen:

- den Kunden uneingeschränkt in den Mittelpunkt stellen,
- den Kunden als einen gern gesehenen Menschen betrachten,
- dem Kunden zu dienen,
- dem Kunden bei jedem Besuch einen positiven Eindruck vermitteln,
- dem Kunden mehr bieten als gute Produkte und Dienstleistungen,
- vom Kunden her denken und handeln,
- zum Kunden enge und dauerhafte Beziehungen pflegen,
- den Kunden auch nach der Wartung beraten und betreuen,
- den Kunden so behandeln, dass er nach jedem Werkstattbesuch gerne wiederkommt.

▶ auf die Arbeit bezogen:

- die Arbeit gut zu planen, durchzuführen und zu kontrollieren,
- bei auftretenden Problemen den Meister oder die Kollegen fragen,
- für Sauberkeit im Fahrzeug durch Fußmatten und Schonbezüge zu sorgen,
- nach Beendigung der Arbeit kontrollieren, ob alle Arbeitspositionen entsprechend den Absprachen mit dem Kunden und der Checkliste durchgeführt wurden,
- alle anfallenden Abfallstoffe ordnungsgemäß entsorgen,
- die Arbeitsergebnisse dokumentieren und den Kunden darüber informieren,
- den Arbeitsprozess überdenken und verbessern und eventuelle Fehler in Zukunft vermeiden.

2 Werkstoffe, Verbindungstechnik, Fertigungsverfahren, Prüf- und Messtechnik

Funktionselemente werden mechanisch durch Kräfte, thermisch durch Wärme und chemisch durch Flüssigkeiten und Gase beansprucht. Vor einer Wiederverwendung müssen sie auf Funktionsfähigkeit untersucht werden. Bei Beschädigungen ist es nicht nur erforderlich, die Funktionsteile zu ersetzen, sondern auch die Ursachen zu finden. Hierzu benötigt der Kfz-Mechatroniker Kenntnisse über die wirkenden Beanspruchungen und die eingesetzten Werkstoffe, um sich ein Urteil zu bilden.

2.1 Werkstofftechnik

2.1.1 Beanspruchung von Funktionselementen im Kraftfahrzeug

Beanspruchungsarten	Äußere Kräfte/Wirkungen	Beanspruchungen im Motor
Zug 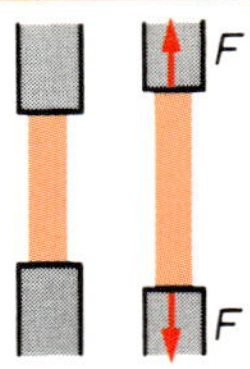	Zugkräfte wirken in Richtung der Stabachse. Der Stab dehnt sich und wird länger. Bei Entlastung nimmt der Stab die ursprüngliche Form an.	Zylinderkopfschrauben 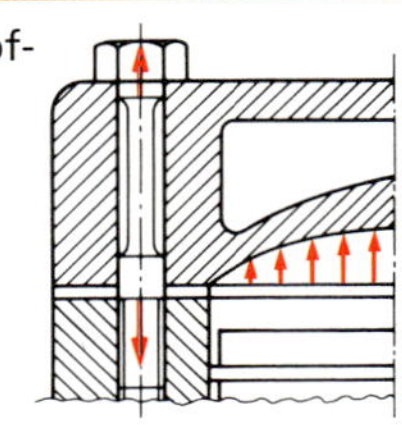
Druck 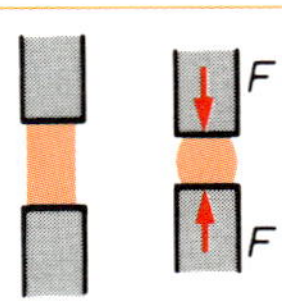	Druckkräfte wirken in Richtung der Stabachse. Sie sind im Richtungssinn den Zugkräften entgegengesetzt. Der Stab verkürzt sich.	Kolben 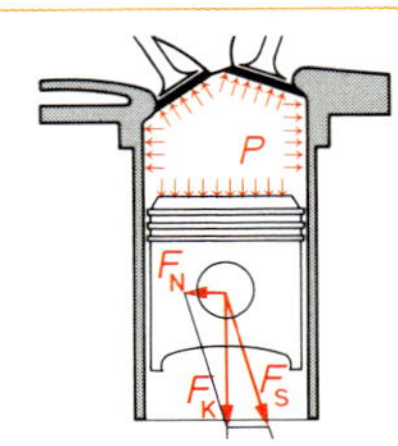
Knickung 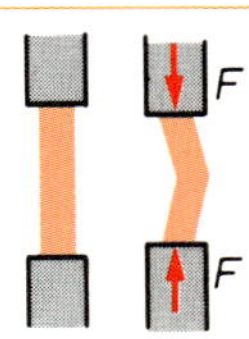	Druckkräfte wirken in Richtung der Stabachse. Ein langer, schlanker Stab knickt aus.	Pleuelstange 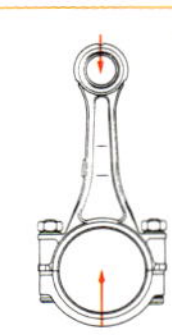
Abscheren 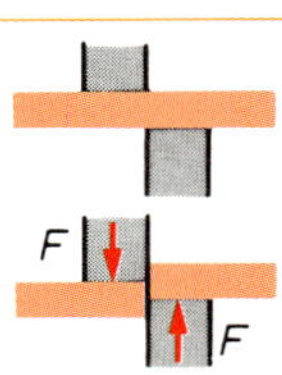	Die Scherkräfte wirken senkrecht zur Stabachse. Das Bauteil, der Stab wird abgeschert.	Kolbenbolzen 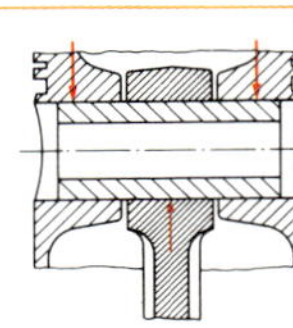
Biegen 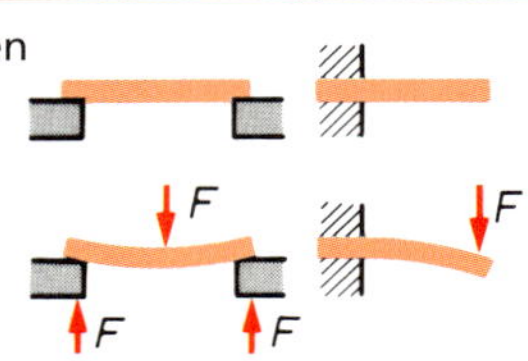	Die Biegekräfte wirken senkrecht zur Stabachse. Der Stab verbiegt sich.	Kurbelwelle 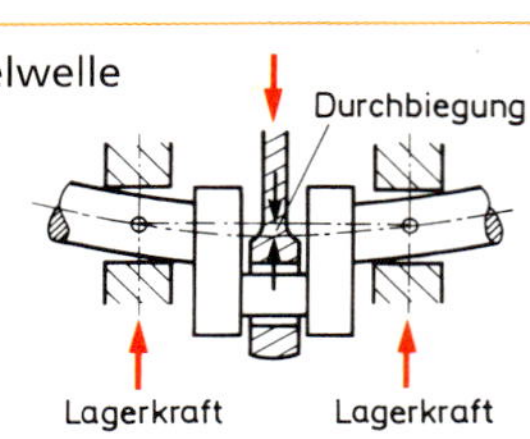

Fortsetzung

Beanspruchungsarten	Äußere Kräfte/Wirkungen	Beanspruchungen im Motor
Verdrehung 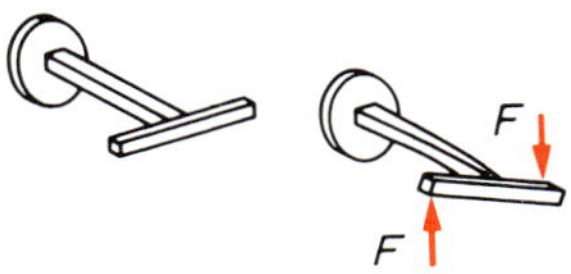	Die Verdrehkräfte (Torsionskräfte) versuchen in einer Ebene senkrecht zur Stabachse die einzelnen Querschnitte gegeneinander zu verdrehen.	Kurbelwelle 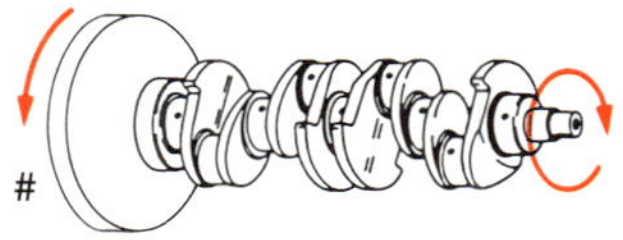
Reibung 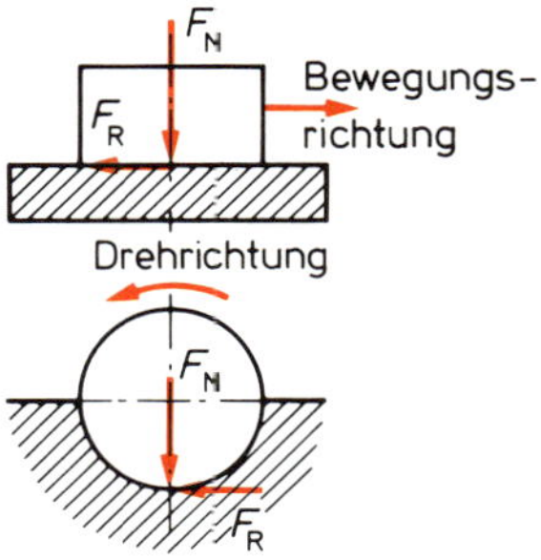	Reibungskräfte entstehen zwischen den Flächen sich berührender und bewegter Bauteile. Die Reibkraft ist bestrebt, die Bewegung zu verhindern. Durch Reibung entsteht Verschleiß.	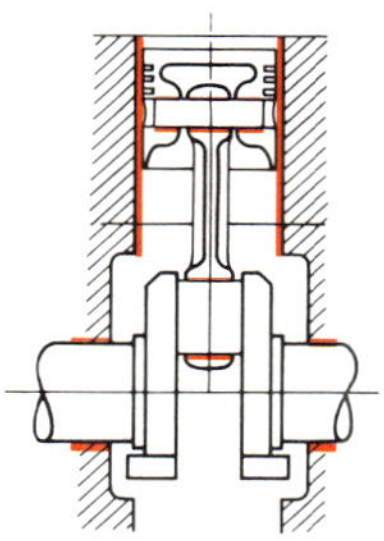

2.1.1.1 Chemische Beanspruchung

Bei Kraftfahrzeugen erfolgt die chemische Beanspruchung durch Korrosion.

Elektrochemische Korrosion

Elektrochemische Korrosion tritt immer dann auf, wenn ein „edleres" Metall mit einem „unedleren" Metall in Berührung kommt und beide von einem Elektrolyt benetzt werden. Das Elektrolyt ist eine Flüssigkeit, die durch gelöste Salze oder Säure leitend wird, z. B. Regenwasser. Es kommt zu einem Stromfluss, durch den das unedlere Metall zersetzt wird. Die Fahrzeugbatterie arbeitet nach einem ähnlichen Prinzip.

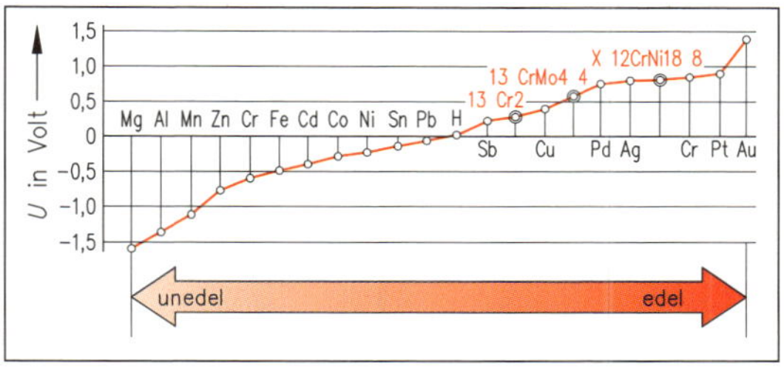

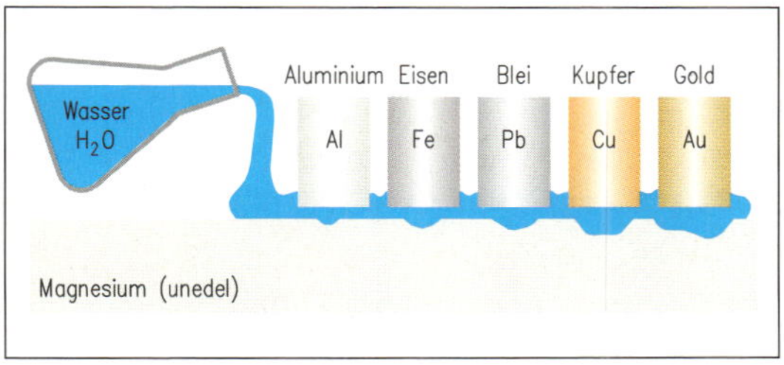

Zersetzt sich ein Metall leicht, so bezeichnet man es als ein unedles Metall, zersetzt es sich schwerer, so nennt man es edel. Ordnet man die Metalle in einer Reihe vom unedlen bis zum edlen, erhält man die elektrochemische Spannungsreihe der Metalle. Je weiter die Metalle in der Spannungsreihe voneinander entfernt sind, desto größer ist der Stromfluss, desto größer ist die Zersetzung des unedlen Metalls.

Unedle Metalle sind fast immer durch Spuren edlerer Metalle „verunreinigt". Diese Spuren ermöglichen eine elektrochemische Korrosion, wenn eine Berührung mit Wasser erfolgt.

Flächige Korrosion

Korrosion, die parallel zur Oberfläche entsteht, wenn sich der Sauerstoff der Luft und Luftfeuchtigkeit z. B. mit Eisen verbinden. Es bildet sich eine poröse Rostschicht, durch die der Luftsauerstoff und die Luftfeuchtigkeit zur darunterliegenden Eisenschicht dringen kann, sodass die Rostschicht wächst. Es kommt zum gleichmäßigen Abtragen der Metalloberfläche.

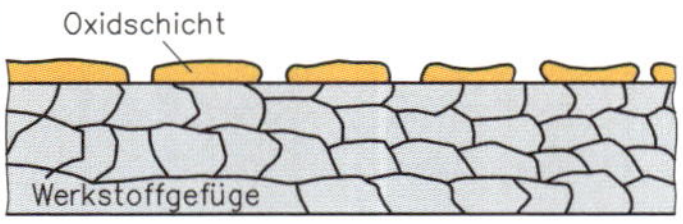

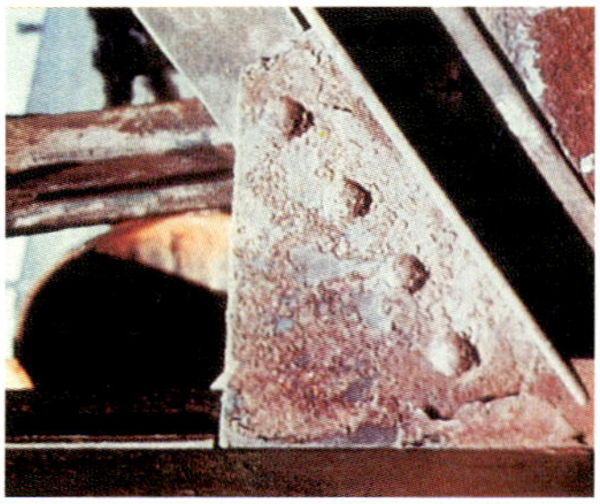

Kontaktkorrosion

Werden Bauteile aus unterschiedlichen Werkstoffen gefügt, die in der Spannungsreihe weit auseinanderliegen, entsteht Korrosion, wenn Feuchtigkeit hinzukommt. Verbindungselemente wie Schrauben und Nieten sollten daher aus dem gleichen Material sein wie die zu verbindenden Teile oder durch eine Isolierschicht geschützt sein.

Beispiel: Getriebegehäuse aus einer Magnesium-Legierung mit Stahlschrauben.

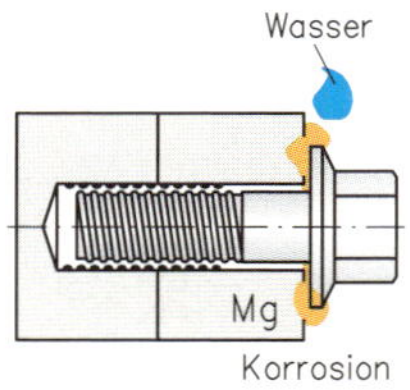

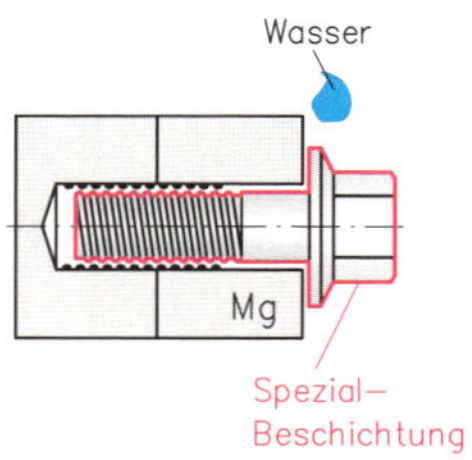

Lochkorrosion

Lochkorrosion entsteht z. B. an einer verzinkten Stahlblechkarosserie, wenn durch Steinschlag die Zinkschicht zerstört wird. Das Regenwasser wirkt als Elektrolyt. Es entsteht ein Lokalelement, bei dem das unedlere Zink zersetzt wird.

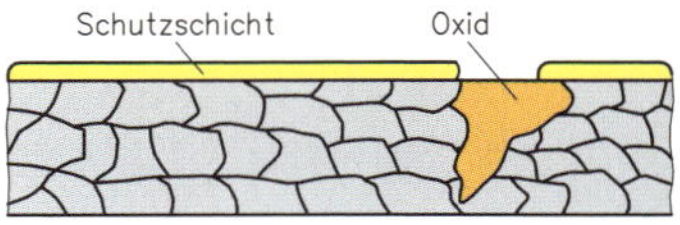

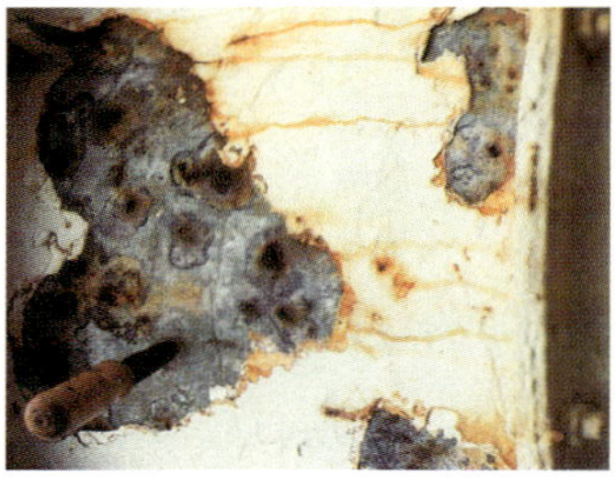

2.1.1.2 Thermische Beanspruchung

Im Fahrzeug werden drei Funktionseinheiten besonders durch hohe Temperaturen belastet:

- Motor
  Im Verbrennungsraum entstehen je nach Arbeitstakt Temperaturen von 250 °C bis 2500 °C, die Zylinder, Zylinderkopf, Ventile und Kolben thermisch belasten.
- Abgasanlage
  Die Abgase erwärmen die Auspuffanlage auf 800 °C am Anfang und 500 °C am Ende.
- Scheibenbremse
  Beim Bremsen kann die Bremsscheibe rotglühend werden und Temperaturen von 800 °C erreichen.

Durch thermische Überbeanspruchung, insbesondere bei Ausfall der Wärmeabfuhr, können die Funktionsteile an überhitzten Stellen durchbrennen, z. B. Kolbenboden oder ihre Gefügestruktur verändern und Ausglühen, z. B. Bremsbeläge. Grundsätzlich dehnen sich alle Funktionsteile be Erwärmung aus.

Längenausdehnung der Funktionselemente

Bauteile dehnen sich bei Erwärmung und schrumpfen bei Abkühlung. Die Längenzunahme ist umso größer

- desto größer die ursprüngliche Länge des Bauteils,
- desto größer die Temperaturzunahme,
- desto größer die Längenausdehnungszahl ist.

Längenausdehnungszahl α	
Stahl, niedrig legiert	0,000011
Stahl, hoch legiert	0,000017
Stahl, unlegiert	0,000011
Alu-Legierung	0,000022
Grauguss, unlegiert	0,0000105

Die Längenzunahme ist

$$\Delta l = l_1 \cdot \alpha \cdot (t_2 - t_1)$$

Endlänge = Anfangslänge + Längenzunahme

$$l_2 = l_1 + \Delta l$$

Größe	Formelzeichen	Einheit
Länge	l	mm
Ausdehnungszahl	α	1/K
Temperatur	t	°C oder K

Die Temperaturdifferenz ($t_2 - t_1$) bzw. die Längendifferenz ($l_2 - l_1$) bzw. ($d_2 - d_1$) werden häufig durch den griechischen Buchstaben Δ (Delta) dargestellt.

Es gilt dann

$$\Delta l = l_2 - l_1$$
$$\Delta t = t_2 - t_1$$

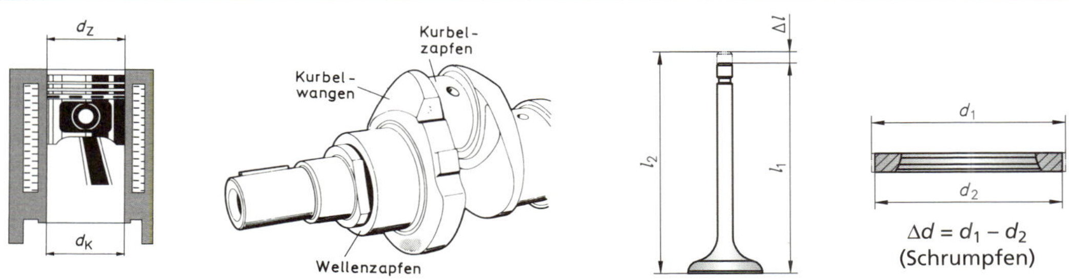

$\Delta d = d_1 - d_2$
(Schrumpfen)

Spiel $S = d_Z - d_K$ $\quad$ $\Delta d = d_2 - d_1$ $\quad$ $\Delta l = l_2 - l_1$ $\quad$ $\Delta l = l_2 - l_1$

Beispiel:

Gegeben: $d = l_1 = 74$ mm
$t_1 = 20$ °C
$t_2 = 250$ °C
$\alpha = 0{,}000022$ 1/K

Gesucht: l_2 in mm

Lösung:
$l_2 = l_1 + l_1 \cdot \alpha\,(t_2 - t_1)$
$l_2 = 74\text{ mm} + 74\text{ mm} \cdot 0{,}000022\text{ 1/K}\,(250 - 20)$
$\underline{\underline{l_2 = 74{,}37\text{ mm}}}$

2.1.2 Wiederverwendbarkeit von Funktionselementen

Die mechanischen, chemischen und thermischen Beanspruchungen führen zu Schäden an den Funktionselementen. Sind Schäden an einem Funktionselement vorhanden, muss festgestellt werden,

- was die Ursache für den Schaden ist,
- ob sich eine Instandsetzung lohnt,
- ob eine Instandsetzung erlaubt ist,
- ob das Teil verschlissen oder beschädigt ist.

Es muss geprüft werden, welcher Kategorie das Funktionselement angehört:

- **Risikoteile**
  Risikoteile sind Funktionsteile, denen eine erhöhte Aufmerksamkeit geschenkt werden muss, da deren Ausfall schwerwiegende Folgen haben könnte. Hierzu gehören Komponenten der Bremsanlage, die zu den sicherheitsrelevanten Bauteilen gehören. Diese Komponenten dürfen nicht instand gesetzt werden. Das Reparaturverbot gilt für Hauptbremszylinder, Bremskraftverstärker, Bremskraftregler, Bremskraftbegrenzer, Radzylinder mit integriertem Bremskraftbegrenzer. Diese Komponenten müssen bei Defekt komplett durch ein Neuteil ersetzt werden.
  Auch Schrauben, z.B. für den Zylinderkopf, Schwungrad, Kurbelwellen-Riemenscheibe, Auspuffkrümmer, Muttern für die Radnabe vorn und hinten sind durch neue Schrauben bzw. Muttern zu ersetzen. Hinweise gibt der Hersteller.
  Bei Nichtbeachtung kann der Instandsetzungsbetrieb für daraus entstandene Schäden haftbar gemacht werden. Grundsätzlich müssen alle Altteile verschrottet werden, um eine Wiederverwendung auszuschließen.
- **Verschleißteile**
  Die Hersteller bezeichnen bestimmte Teile als Verschleißteile. Diese Teile sind bei der Reparatur zu ersetzen.
- **Wiederverwendbare Teile**
  Diese Teile müssen durch eine
  - Sichtprüfung,
  - Maßprüfung,
  - Verschleißprüfung

  auf Wiederverwendbarkeit überprüft werden.

Beurteilung der Komponenten

Die Überprüfung auf Wiederverwendbarkeit umfasst folgende Punkte:

- Mechanische Überbeanspruchung durch Kräfte
  - Risse, Brüche, Verformung,
  - Riefen, Schleifspuren, Fresser,
  - übermäßiger oder abnormaler Verschleiß,
  - Leichtgängigkeit,
  - Alterung.
- Thermische Überbeanspruchung durch Wärme
  - Risse,
  - Ausglühen,
  - Ausschmelzungen,
  - Verglasung.
- Chemische Beanspruchung
  - Korrosion, Rostnarben.

Zur Beurteilung der Funktionsteile auf Wiederverwendbarkeit und zur Bestimmung der Ursache der Beschädigungen sind neben Kenntnissen über die wirkenden Beanspruchungen auch Werkstoffkenntnisse erforderlich.

2.1.3 Werkstoffe im Kraftfahrzeug

Stahl

Stahl ist eine Eisen-Kohlenstoff-Legierung mit 0,05 bis 2,06 % Kohlenstoff. Der Kohlenstoff liegt nicht in reiner Form vor, sondern ist mit einem Teil des Eisens chemisch zu Eisenkarbid (Fe_3C) verbunden. Der Kohlenstoffgehalt bestimmt die

- mechanischen und
- technologischen Eigenschaften des Stahles.

Mit steigendem C-Gehalt

- erhöhen sich Zugfestigkeit, Härte und Sprödigkeit,
- verringern sich Zähigkeit, Umformbarkeit, Zerspanbarkeit und Schweißbarkeit.

Unlegierte Baustähle	Einsatzstahl	Vergütungsstahl	Legierte Stähle
0,1 ... 0,5 % C gut umformbar, schweißbar	0,1 ... 0,15 % C oberflächenhärtbar	0,25 % ... 0,6 % C Festigkeitsverbesserung durch Vergüten	Eigenschaftsverbesserung durch Legieren mit Chrom, Nickel, Vanadium, Molybdän usw.
Beispiel: Karosserie	Beispiel: Zahnräder	Beispiel: Pleuelstange	Beispiel: Ventile

Gusswerkstoffe

Gusswerkstoffe sind Eisen-Kohlenstoff-Legierungen mit einem Kohlenstoffgehalt von 2 bis 5 %. Gusseisen besteht aus einem Grundgefüge, in das der Kohlenstoff in Form von lamellenförmigem, kugelförmigem oder flockenförmigem Graphit eingelagert ist.
Grundgefüge und Art der Graphitausscheidung bestimmen die mechanischen und technologischen Eigenschaften des Gusswerkstoffes. Lamellenförmig eingelagerter Graphit schwächt das Grundgefüge stärker als flockenförmiger oder kugelförmiger Graphit. Die Lamellen wirken wie Kerben, von denen Risse ausgehen können.

Grauguss	Gusseisen mit Kugelgraphit	Temperguss	Stahlguss
lamellenförmiger Graphit: spröde, druckfest, korrosionsfest, schwingungsdämpfend, gut gießbar und zerspanbar	kugelförmiger Graphit: hohe Festigkeit, dehnbar	flockenförmiger Graphit: zäh und dehnbar	Kohlenstoff chemisch gebunden
Beispiel: Motorblock	Beispiel: Kurbelwelle	Beispiel: Nockenwelle	Beispiel: Radnabe

Wärmebehandlung von Stahl

Vergüten: Härten mit nachfolgendem Anlassen bei hohen Temperaturen.
Oberflächenhärten: Erwärmen der Oberfläche und anschließendes Abschrecken.

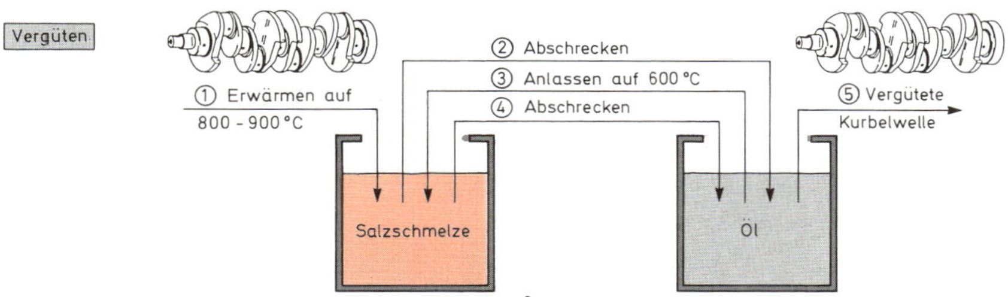

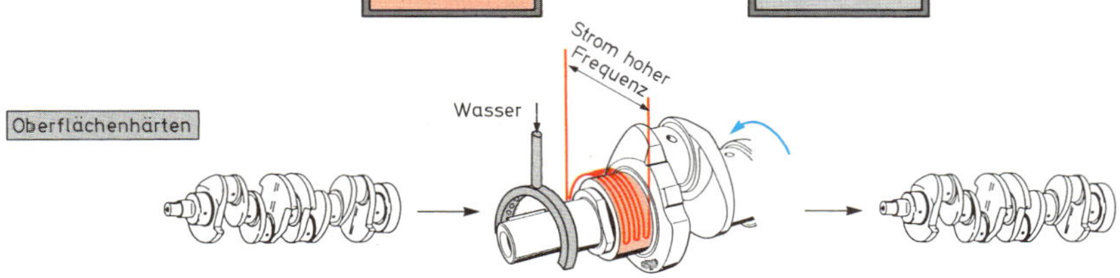

NE-Metalle

Durch Legierungszusätze zum reinen Material lassen sich die Eigenschaften – insbesondere Festigkeit und Härte – verbessern und den jeweiligen Ansprüchen anpassen. Hauptlegierungselemente sind Magnesium (Mg), Silizium (Si), Kupfer (Cu), Zink (Zn), Mangan (Mn).

Aluminium, Aluminiumlegierungen		
Physikalische Eigenschaften	Chemische Eigenschaften	Technologische Eigenschaften
⊕ geringe Dichte (2,7 kg/dm^3) ⊕ niedriger Schmelzpunkt (660 °C) ⊕ gute elektrische Leitfähigkeit ⊕ gute Wärmeleitfähigkeit ⊖ hohe Wärmeausdehnung ⊖ geringe Festigkeit ⊖ geringe Härte	⊕ korrosionsbeständig, Alu überzieht sich unter Einwirkung des Luftsauerstoffs mit einer dünnen Oxidschicht, die das darunter liegende Material schützt ⊕ ungiftig	⊕ gut kalt und warm umformbar ⊕ gut zerspanbar ⊕ gut gießbar
Alu-Gusslegierung (Al + Si + Mg, in Formen gegossen): Pkw-Räder, Faust-Bremssattel, Schwenklager und Achsträger. Alu-Knetlegierung (Al + Mg + Mn, geschmiedet, gewalzt): Pkw-Räder, Karosserieteile.		
Magnesium, Magnesium-Legierung		
⊕ sehr geringe Dichte (1,74 kg/dm) ⊕ niedriger Schmelzpunkt (650 °C) ⊖ geringe Festigkeit ⊖ weich	⊖ nicht korrosionsbeständig gegen Säuren und Salzlösungen ⊖ reines Magnesium ist leicht entflammbar ⊖ kann nicht mit Wasser gelöscht werden, sondern nur mit Sand oder Pulverlöschmittel	⊕ gut gießbar ⊕ sehr gut zerspanbar ⊖ nur mäßig verformbar ⊖ aufgrund der Brennbarkeit bei höheren Temperaturen schlecht verarbeitbar
Durch Legieren mit Aluminium, Zink, Mangan wird Magnesium korrosionsbeständig, fest und schweißbar. Magnesium-Legierungen werden aufgrund des geringen Gewichts in der Kfz-Technik z. B. für Getriebegehäuse verwendet.		
Kupfer, Kupferlegierungen		
⊕ sehr gute elektrische Leitfähigkeit ⊕ sehr gute Wärmeleitfähigkeit ⊕ weich und zäh ⊖ bedeutend geringere Festigkeit als Stahl	⊕ korrosionsbeständig Kupfer bildet eine grüne, dichte Oxidschicht mit der Kohlensäure der Luft (Patina). Sie schützt das Material vor weiterer Oxidation ⊖ Kommt Kupfer mit Essigsäure in Berührung, entsteht der giftige Grünspan	⊕ gut umformbar ⊕ gut lötbar ⊖ schlecht zerspanbar ⊖ schlecht gießbar ⊖ schlecht lötbar, schlecht schweißbar

Kupferlegierungen

- Kupfer-Zink-Legierung (Messing)
  Kupfer-Zink-Legierungen mit mindestens 50 % Kupfer und dem Haupt-Legierungsbestandteil Zink werden als Messing bezeichnet. Je höher der Zinkgehalt, desto schlechter sind die Messingsorten umformbar, desto besser sind sie gießbar und zerspanbar.
  Beispiel: Synchronring
- Kupfer-Zinn-Legierung (Zinnbronze)
  Kupfer-Zinn-Legierungen mit mindestens 60 % Kupfer und dem Haupt-Legierungsbestandteil Zinn werden Zinnbronzen genannt. Zinn erhöht die Korrosionsbeständigkeit, verbessert die Zugfestigkeit und Verschleißfestigkeit.
  Beispiel: Lenkrolle einer Schneckenrollenlenkung
- Kupfer-Zinn-Blei-Legierung (Bleibronze)
  Kupfer-Zinn-Blei-Legierungen bis 30 % Blei und 10 % Zinn bezeichnet man als Bleibronzen. Blei erhöht die Notlaufeigenschaften, da es schmierend wirkt, wenn die Schmierung kurzzeitig aussetzt.
  Beispiel: Laufschicht eines Gleitlagers

Kunststoffe

Kunststoffe werden durch chemische Verfahren aus Erdöl gewonnen. Grundbausteine sind Kohlenstoffatome, die Verbindungen mit Wasserstoff, Sauerstoff, Stickstoff, Chlor oder Fluor eingehen können.

Thermoplaste	Duroplaste	Elaste
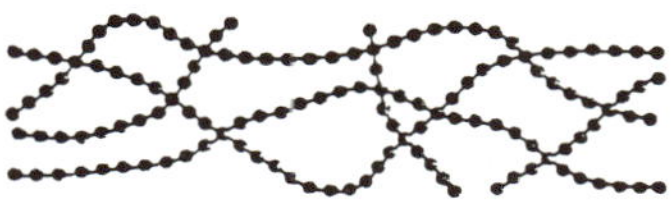		
Bei thermoplastischen Kunststoffen sind die Moleküle (Makromoleküle = Riesenmoleküle) unvernetzt. Bei Temperaturen über 100 °C werden sie weich und plastisch verformbar. ⊕ Wiederholt umformbar, ⊕ bei Wärmezufuhr umformbar und schweißbar, ⊕ gut klebbar, ⊖ bei Temperaturen um 70 °C weich, ⊖ bei geringen Temperaturen glasig hart.	Bei Duroplasten sind die Makromoleküle engmaschig vernetzt. Duroplaste härten nach einer Erwärmung auf über 170 °C aus und sind danach nicht mehr umformbar. ⊕ Bleiben auch bei hohen Temperaturen hart und fest, ⊕ gut zerspanbar, ⊕ klebbar, ⊖ nicht schweißbar.	Elaste sind Kunststoffe, die aus weitmaschig vernetzten Makromolekülen bestehen. Sie zeigen gummiartige Eigenschaften. Nach Abschluss der Vernetzung sind sie nicht mehr schmelzbar. ⊕ Gummiartiges Verhalten, ⊖ in Wärme nicht umformbar.

Gemeinsame Eigenschaften der Kunststoffe

Physikalische Eigenschaften	Chemische Eigenschaften	Technologische Eigenschaften
⊕ Geringe Dichte, ⊕ hohes elektrisches Isoliervermögen, ⊕ schlecht wärmeleitend, ⊖ geringe Temperaturbeständigkeit, ⊖ hohe Wärmeausdehnung.	⊕ Korrosionsfest gegen Säuren, Laugen, Wasser, Sauerstoff, ⊖ unbeständig gegenüber Lösungsmitteln, z. B. Benzol.	Die technologischen Eigenschaften werden im Wesentlichen durch den Aufbau der Kunststoffe bestimmt.

Anwendungsbeispiele

Thermoplaste		Duroplaste
Lüfter: Polypropylen (PE) Radkappen: Polyurethan (PUR) Faltenbälge: Polyethylen (PE) Seitenverkleidung: Polycarbonat (PC) Wasserkasten: Polyamid (PA) Abdeckung für Leuchten: Polystyrol (PS) Kabelisolierungen: Polyvinylchlorid (PVC)	Kühlergrill: Acrylnitril-Butadien-Styrol (ABS) Lichtabdeckungen: Acrylglas (PMMA)	Glasfaserverstärkte Karosserieteile: Epoxidharz (EP) Verteilerkappen: Melaminformaldehyd (MF) Dichtungen aus Schichtpressstoffen: Phenolformaldehyd (PF) Spachtelmasse: ungesättigter Polyester (UP)

Sinterwerkstoffe

Bei der Herstellung von Sinterwerkstoffen werden metallische und/oder nichtmetallische Werkstoffe zu Pulver zerkleinert und daraus Rohlinge unter hohem Druck hergestellt. Durch anschließendes Glühen unterhalb des Schmelzpunktes verbinden sich die Pulverteilchen zu einem festen Gefüge, dem Sinterwerkstoff. Mit dem Sintern können

- schwierig zu schmelzende Metalle, z. B. Wolfram, für Glühwendeln von Lampen verbunden werden,
- metallische und nichtmetallische Werkstoffe, z. B. Kupfer und Kohle, zu Kohlebürsten von Motoren und Generatoren verbunden werden.
- Unter hohem Druck und Nachverdichten können sehr genaue Teile ohne Nachbearbeitung hergestellt werden, z. B. Zahnriemenräder.

Weitere Beispiele: Lagerschalen aus Sinterbronze, Filter aus Phosphorbronze mit großem Porenraum, Außen- und Innenzahnrad einer Ölpumpe oder Kupplungsteile aus Sinterstahl.

2.1.4 Verfügbarkeit von Werkstoffen

Die Grafik zeigt die Materialien, die im Audi verwendet werden:

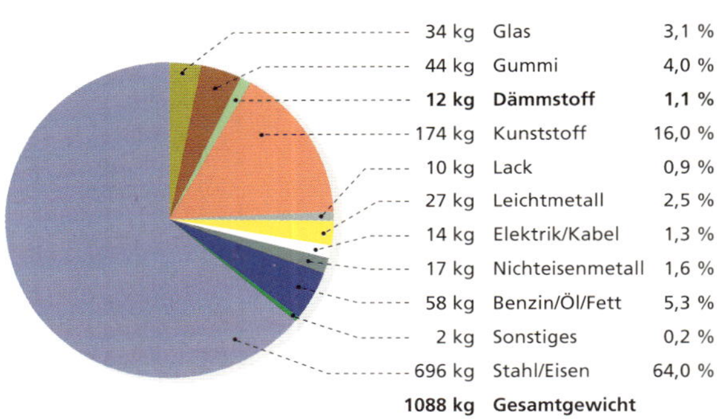

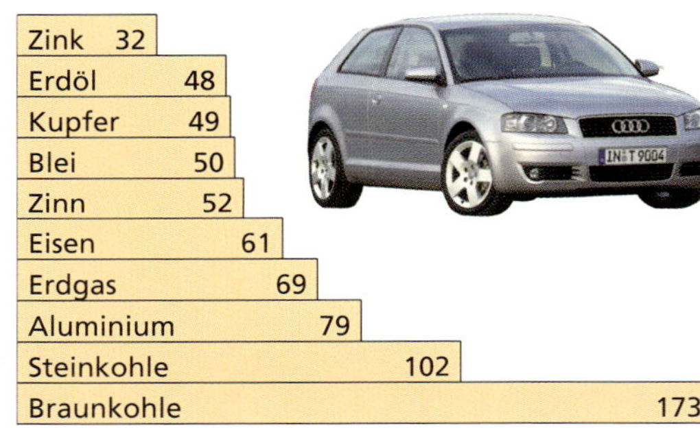

Vorrat der Rohstoffvorkommen in Jahren

In einem einzigen großen Automobilwerk werden bei einer Tagesproduktion von 12 000 Fahrzeugen täglich folgende Mengen verarbeitet:

- 11 000 Tonnen Stahl,
- 11 720 Tonnen NE-Metalle,
- 13 000 Tonnen Nichtmetalle

Dem großen Werkstoff- und damit Rohstoffbedarf stehen begrenzte Rohstoffreserven gegenüber:

- Aluminium wird in rund 79 Jahren zur Neige gehen,
- die Bleivorräte der Erde reichen noch etwa 50 Jahre,
- die Zinkreserven sind in 32 Jahren erschöpft,
- die Kupfervorräte reichen noch 49 Jahre
- Zinn wird es in 52 Jahren nicht mehr geben.

Die zunehmende Verknappung, insbesondere der NE-Metalle, führt zu steigenden Rohstoffpreisen. Entscheidend für die Rohstoffkosten sind aber auch die Energiekosten. Für die Aufbereitung der Rohstoffe benötigt man Energie. Kupfer z. B. muss aus immer ärmeren Erzen gewonnen werden. Abbau, Zerkleinerung und Anreicherung des Erzes kosten mehr und mehr Energie pro Mengeneinheit Kupfer. Hinzu kommt, dass auch die Erdöl- und Erdgasreserven begrenzt sind und damit diese Kosten ebenfalls steigen werden.

Recycling

Aufgrund der knapper werdenden Rohstoffreserven und steigenden Energiepreise ist es erforderlich, Werkstoffe wieder aufzubereiten und zu verwenden. Der Fachausdruck hierfür heißt Recycling. Durch Recycling werden

- die Rohstoffreserven geschont,
- Energiekosten eingespart.

In der Bundesrepublik werden jährlich ca. 1,8 Millionen Kraftfahrzeuge stillgelegt und müssen beseitigt werden. Die dabei anfallende Metall-Schrottmenge beläuft sich auf über 1 Million Tonnen.

Die 22 Millionen Altreifen, die nicht mehr runderneuert werden können, haben sich als Kohlenstoff- und Energieträger bei der Zementherstellung bewährt. Ein Altreifen hat den gleichen Heizwert wie 10 kg Kohle. Die Schadstoffe – so die Versuchsergebnisse – werden im Zement gebunden. Die anfallenden Abgase sind weitgehend schadstofffrei.

Auch aufarbeitungsfähige Altöle aus dem Motor und dem Getriebe können durch eine erneute Raffination wieder in hochwertige Schmieröle umgewandelt werden.

Beim Recycling von Katalysatoren werden die Edelmetalle Platin und Rhodium wiedergewonnen.

Altautoentsorgung

Seit dem 1. 4. 1998 ist die Altautoverordnung in Kraft, die den Letztbesitzer eines Kraftfahrzeuges verpflichtet, sein Altauto einer anerkannten Annahmestelle oder einem Verwertungsbetrieb zur endgültigen Stilllegung zuzuführen. Der Letztbesitzer wird je nach Alter, Typ und Zustand seines Altautos entweder eine Vergütung erhalten oder einen Betrag für die Entsorgung zu entrichten haben. Die Annahmestelle händigt den Verwertungsnachweis im Auftrag und Namen eines nachgeschalteten Verwertungsbetriebes an den Letztbesitzer aus und leitet das Altauto zur weiteren Entsorgung an den anerkannten Verwerter weiter.

Im Verwertungsbetrieb wird das Altauto trockengelegt und demontiert. Verwertbare Teile stehen als gebrauchte Ersatzteile den Kfz-Betrieben für eine Reparatur zur Verfügung. Das vorbehandelte Auto (Restkarosse) wird dann zur weiteren Verwertung und zur Rückgewinnung von Metallen einer Schredderanlage überlassen. Die anfallenden Werkstoffe fließen in den Stoffkreislauf für die Neuproduktion von Kraftfahrzeugen zurück. Mit dem Altfahrzeuggesetz vom 1. 7. 2002 haben Letztbesitzer grundsätzlich die Möglichkeit, ihr Fahrzeug unentgeltlich an den Hersteller/Importeur zurückzugeben. Für vor dem Juli 2002 bereits im Verkehr befindliche Fahrzeuge gilt dies ab dem Jahre 2007.

Das Gesetz schreibt u. a. vor, dass ab dem Jahre 2006 mindestens 85 % des durchschnittlichen Gewichts eines Altfahrzeuges zu verwerten und mindestens 80 % stofflich zu verwerten oder wiederzuverwenden sind. Ab 2015 sind es mindestens 95 % bzw. 85 %.

2.1.5 Korrosionsschutz

2.1.5.1 Korrosionsschutz der Karosserie

Um Karosserien über einen langen Zeitraum vor Korrosion zu schützen, verzinkt man alle Karosserieteile. Sie werden entweder feuer- oder elektrolytisch verzinkt. Feuerverzinkt werden alle Teile, die nach außen nicht sichtbar sind, elektrolytisch verzinkt werden die Außenhautbleche. Durch die Lackierung wird der Korrosionsschutz zusätzlich erhöht.

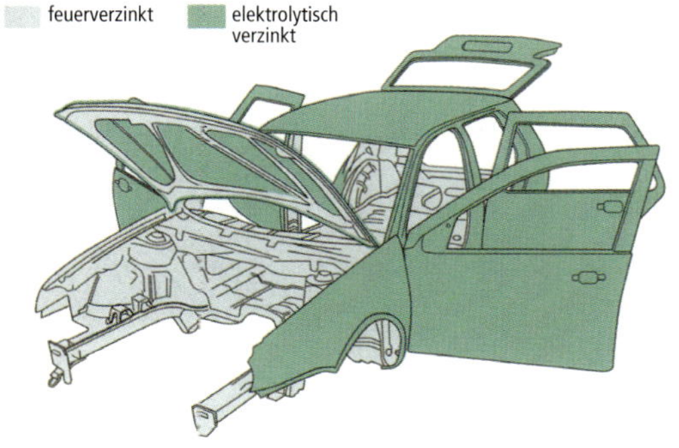

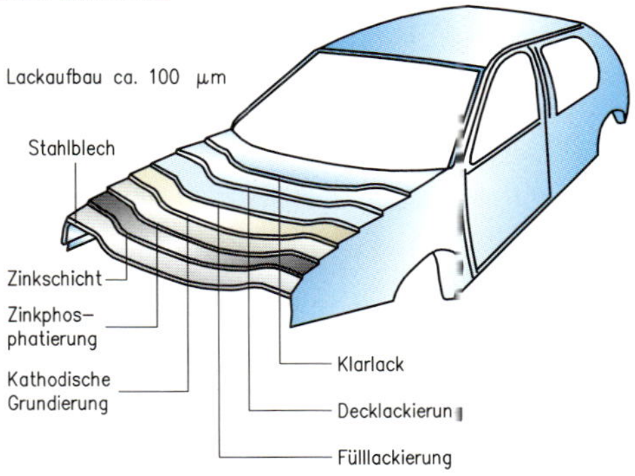

2.1.5.2 Unterbodenschutz

Vom Automobilhersteller wird der Unterbodenschutz als Steinschlagschutz aufgebracht. Er besteht aus einer kunststoff-, kautschuk- oder bitumenhaltigen Masse, die über einen längeren Zeitraum elastisch bleibt. Im Laufe der Zeit können durch Versprödungen Risse auftreten. Daher muss der Unterbodenschutz einer jährlichen Sichtprüfung unterzogen werden. Beschädigte Stellen müssen instand gesetzt werden.

2.1.5.3 Hohlraumversiegelung

Hohlräume an Trägern, Holmen, Türen usw. sind durch Spritzwasser und Kondenswasser stark korrosionsgefährdet. Sie werden daher durch eine Hohlraumkonservierung gegen Korrosion geschützt. Als Sprühmittel werden Öle, Wachse, Rosthemmer und Lösungsmittel verwendet, die ein großes Haft- und Kriechvermögen besitzen. Nach Karosserieinstandsetzungsarbeiten muss immer eine Hohlraumkonservierung durchgeführt werden.

2.1.5.4 Korrosionsschutz an Funktionselementen

Beschichtungen

Kontakt-Korrosion bei Getriebegehäuse

Bei Getrieben mit einem Gehäuse aus Magnesium werden zum Fügen Schrauben aus Stahl eingesetzt. Wird die Berührungsfläche mit Wasser benetzt, kommt es zu einem Stromfluss zwischen beiden Metallen. Das Magnesium wird dabei zersetzt.

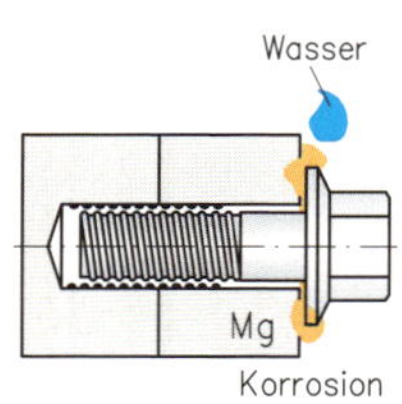

Schrauben mit Spezialbeschichtung

Die Kontakt-Korrosion wird verhindert, indem der Stromfluss zwischen beiden Metallen unterbunden wird.
Dies wird erreicht, indem die Schraube mit einer elektrisch nicht leitenden Isolierschicht versehen wird.

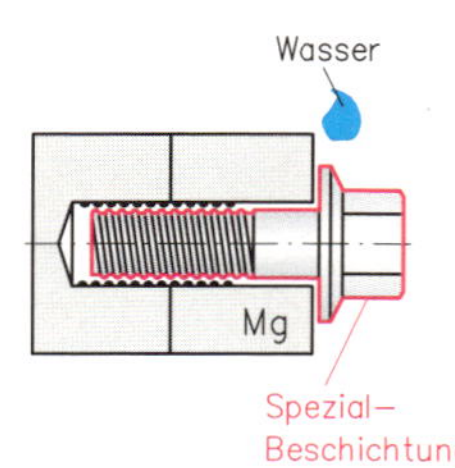

Bremsleitungen

Die Bremsleitungen bestehen aus biegbaren Stahlrohren, die vielschichtig gegen Korrosion geschützt sind.

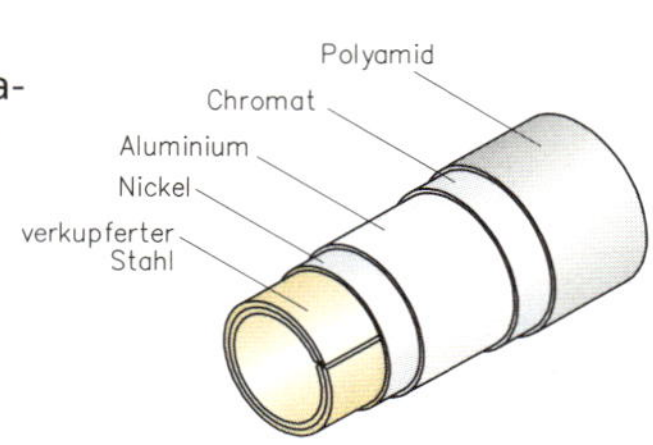

Dacromierte Schrauben

Alle außen liegenden Schrauben der Bremsanlage sind dacromiert, d. h. ein zink-alu-staubhaltiger Überzug schützt vor Korrosion.

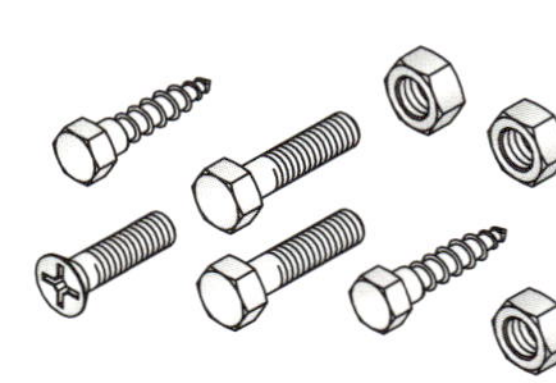

2.2 Verbindungstechnik

2.2.1 Verbindungstechniken im Kraftfahrzeug

Motor, Getriebe, Fahrwerk und Bremsanlage bestehen aus einer Vielzahl von Einzelteilen, die durch unterschiedliche Verbindungstechniken miteinander verbunden sind. Das unten dargestellte Ausgleichsgetriebe mit den Achswellen besteht aus über 70 Einzelteilen, die durch unterschiedliche Verbindungselemente gefügt sind:

- Schraubenverbindungen
- Kerbzahnverbindungen
- Stiftverbindungen
- Sicherungsringe
- Klemmverbindungen

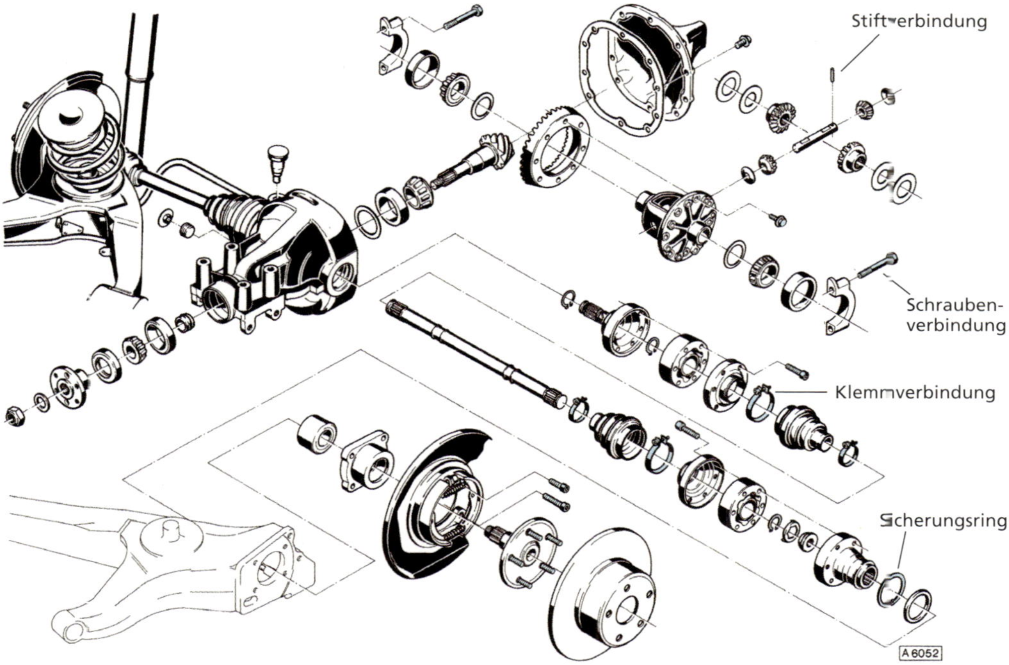

Einteilung der Fügeverbindungen

Lösbare Verbindungen	Unlösbare Verbindungen
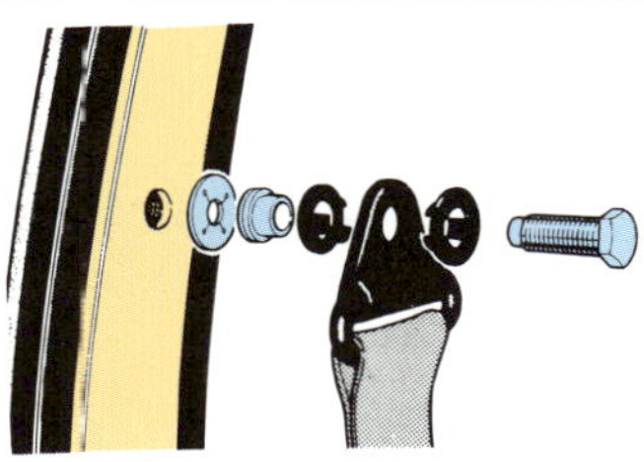	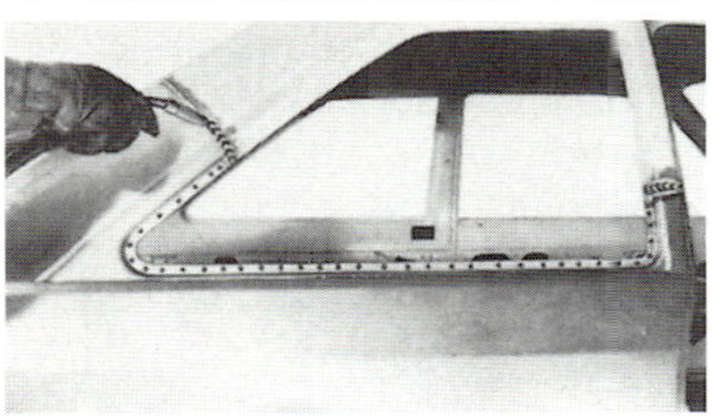
Die Verbindung kann ohne Zerstörung des Verbindungselementes gelöst werden.	Die Verbindung kann nur gelöst werden, wenn das Verbindungselement zerstört wird.

Außer dieser Einteilung wird eine Unterscheidung nach der Art, wie die einzelnen Verbindungselemente die Kraft übertragen, vorgenommen.

Formschlüssige Verbindungen

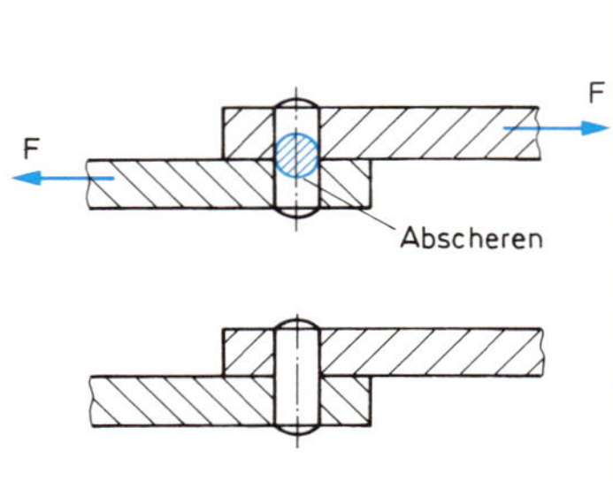

Ein Stift dient als Verbindungselement. Wird die Stiftverbindung durch eine Kraft F belastet, dann wird durch die Form des Stiftes ein Verschieben der beiden Bauteile verhindert.
Der Stift wird auf Abscheren beansprucht.
Die Scherfläche ist eine Kreisfläche.

Kraftschlüssige Verbindungen

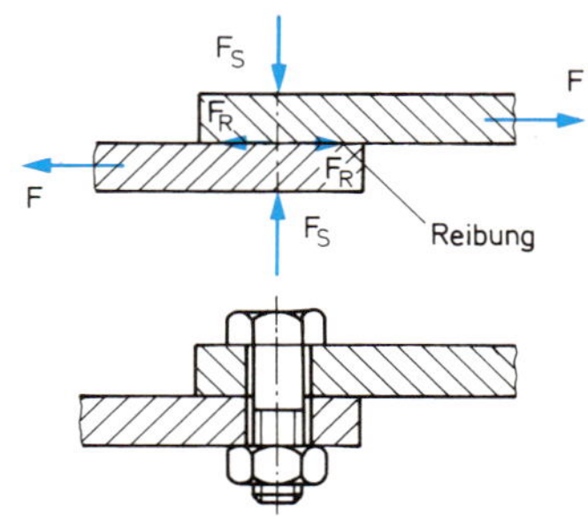

Schraube und Mutter dienen als Verbindungselemente.
Beim Anziehen der Schraubenverbindung werden die beiden Werkstücke durch die Spannkraft F_S gegeneinander gepresst. Wird nun die Schraubenverbindung durch eine Kraft F belastet, dann wird durch die Reibungskraft F_R zwischen den beiden Teilen ein Verschieben der Teile verhindert.

Stoffschlüssige Verbindungen

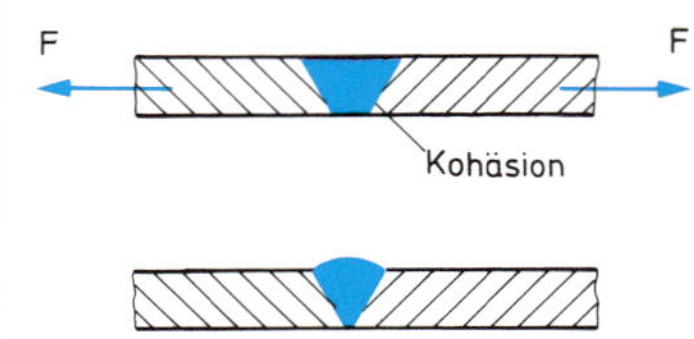

Beim Schweißen werden die zu verbindenden Teile an der Verbindungsstelle mit dem Zusatzwerkstoff verschmolzen. Beim Abkühlen erstarrt das Schmelzbad.
Wird die Schweißverbindung durch eine Kraft F belastet, dann verhindern die Kohäsionskräfte zwischen den einzelnen Stoffteilchen das Verschieben bzw. das Trennen der Verbindung.

2.2.2 Kraftschlüssige Verbindungen

2.2.2.1 Schraubverbindung

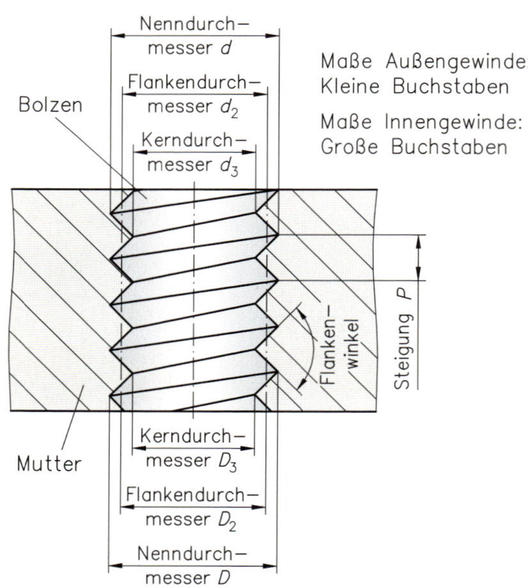

Schrauben ist eine Verbindungstechnik, bei der im Gewinde zwischen Schraube und Mutter eine Kraft erzeugt wird, die die Bauteile aufeinander presst, so dass die Reibungskraft zwischen beiden Teilen ein Verschieben verhindert. Wichtigstes Konstruktionsmerkmal der Schraube und Mutter ist das Gewinde. Als Gewinde wird bei Schraubverbindungen Spitzgewinde verwendet. Das Gewinde ist durch folgende Größen gekennzeichnet:

- Außen- und Nenndurchmesser (D, d),
- Flankendurchmesser (D_2, d_2),
- Kerndurchmesser (D_1, d_3),
- Flankenwinkel,
- Steigung (P).

Das Gewinde ist genormt:

- Metrisches ISO-Gewinde: Der Flankenwinkel beträgt 60°. Gewindekurzzeichen: M.
  M 10: Metrisches Gewinde mit einem Nenndurchmesser von 10 mm. Alle anderen Größen können über Tabellenbücher ermittelt werden.
- Technisches ISO-Feingewinde: M 10 x 1: Nenndurchmesser 10 mm, Steigung 1 mm

Schrauben und Muttern

Schrauben

Sechskantschrauben

Sechskantschrauben werden eingesetzt als

- Durchsteckschrauben mit Mutter bei Werkstücken mit Durchgangslöchern,
- Einziehschrauben ohne Mutter, wenn das Muttergewinde in das Werkstück geschnitten ist.

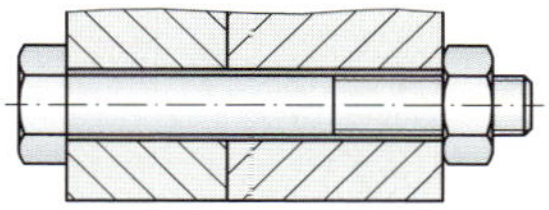

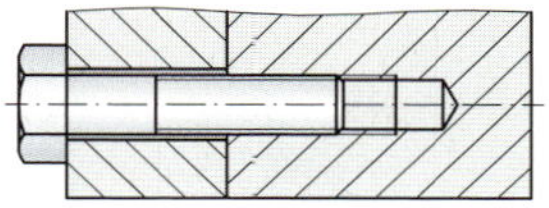

Zylinderschraube mit Innensechskant

Bei Zylinderschrauben mit Innensechskant kann der Zylinderkopf der Schraube im Werkstück versenkt werden. Mit einem Winkelschraubendreher kann die Zylinderschraube an Stellen noch angezogen werden, wo z. B. ein Ringschlüssel nicht mehr verwendet werden kann.

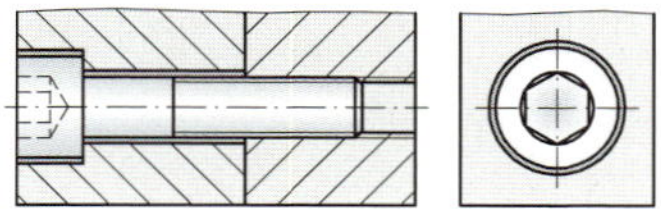

Die Schraubenverbindungen erzeugt große Reibungskräfte zwischen den Fügeflächen der Werkstücke, wodurch ein Verschieben der beiden Werkstückteile verhindert wird. Da der Durchmesser der Werkstückbohrung etwas größer ist als der Schaftdurchmesser der Schraube, kann die Schraube aufgrund des Spiels nicht auf Abscheren beansprucht werden und die Lage der Teile zueinander nicht genau einhalten.

Passschrauben

Passschrauben haben einen geschliffenen Schaft, dessen Außendurchmesser etwas größer ist als der Gewindedurchmesser. Die Passschraube passt ohne Spiel in eine genaue (aufgeriebene) Bohrung.

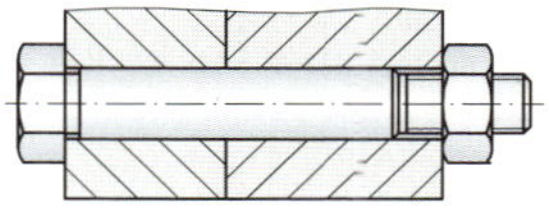

Die Passschraube

- sichert die genaue Lage der Werkstücke zueinander,
- kann an den Fügeflächen große Reibungskräfte übertragen,
- kann auf Abscheren beansprucht werden.

Stiftschrauben

Stiftschrauben werden eingesetzt,

- wo kein Platz für den Schraubenkopf vorhanden ist,
- wenn eine Schraubenverbindung häufig gelöst werden muss,
- wenn das Innengewinde im Werkstück beschädigt werden kann.

Die Stiftschraube wird mit einem Stiftsetzer eingeschraubt und im Allgemeinen nicht mehr herausgedreht.

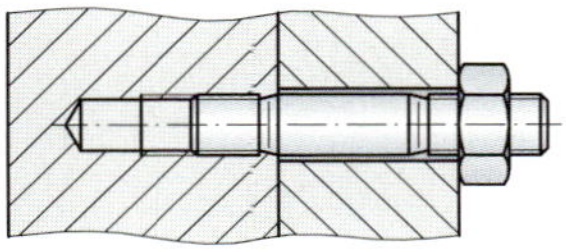

Dehnschrauben

Bauteile, die Schwell- und Wechselbeanspruchungen ausgesetzt sind, z. B. Pleuelstange oder Zylinderkopf, werden mit Dehnschrauben gefügt. Der Schaftdurchmesser der Dehnschraube ist auf 90 % des Gewindekerndurchmessers verringert, bis auf Stellen, wo die Schraube an der Bohrwandung anliegen soll. Die Schaftoberfläche ist glatt, der Übergang zum Gewinde gerundet. Die Dehnschraube wird mit dem Drehmomentschlüssel auf ein vorgeschriebenes Drehmoment angezogen und so weit vorgespannt, dass die Vorspannkraft größer ist als die im Betrieb auftretenden Zugkräfte. Daher benötigen Dehnschrauben keine Schraubensicherung.

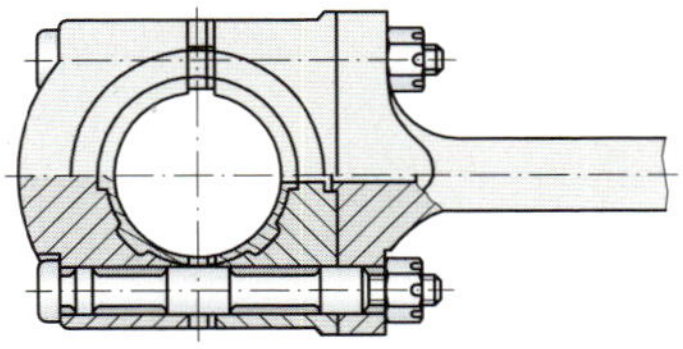

Schlitz- und Kreuzschlitzschrauben

Schlitz- oder Kreuzschlitzschrauben werden als Zylinder-, Senk-, Linsenzylinder- und Linsensenkschrauben mit Schlitz oder Kreuzschlitz eingesetzt.

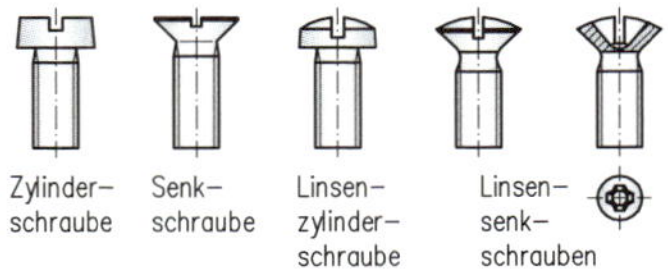

Blechschrauben

Zum Verbinden von Blechen verwendet man Blechschrauben. Sie schneiden sich beim Einschrauben das Muttergewinde selbst in das vorgebohrte Blech oder es werden vorgestanzte Bleche als Mutter verwendet.

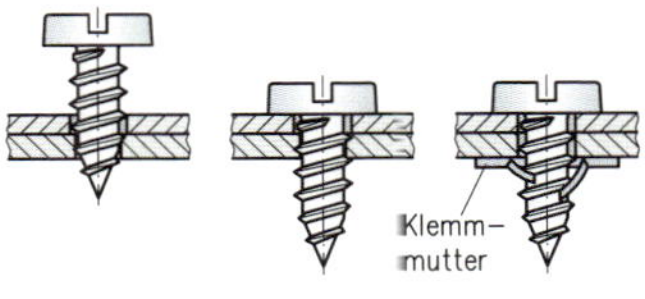

Besondere Schraubenköpfe und Warenzeichen

Symbol	Benennung	Symbol	Benennung	Symbol	Benennung
	Außen-Torx®-Schraube[1]		Innen-Torx®-Schraube[1]		Innen-Torx®-Schraube mit Zapfenführung[1]
	POZIDRIVE®[2]		Innenvielzahnschraube XZN[3]		Innenvielzahnschraube mit Zapfenführung XZN[4]
	PHILLIPS-RECESS-Kreuzschlitzschraube		Innenkeilprofilschraube RIBE CV[5]		5-Stern-Sonderprofil

1) Torx® ist das eingetragene Warenzeichen der CAMCAR TEXTRON INC.
2) POZIDRIVE® ist das geschützte Warenzeichen der European Industrial Services Ltd.
3) Anwender sind z. B. Mercedes-Benz, Ford, Renault.
4) Anwender sind z. B. Opel (Frontera), Audi A4, A6.
5) Anwender ist z. B. Ford.

Gewindeeinsätze

Gewindeeinsätze werden bei Leichtmetall-Bauteilen eingesetzt, wenn das Muttergewinde beschädigt bzw. ausgerissen ist und seine Funktion nicht erfüllt, z. B. beim Zündkerzengewinde in Leichtmetall-Zylinderköpfen. Die Gewindeeinsätze sind mit einem Außen- und Innengewinde versehen und besitzen am Einschraubende Schneidschlitze. Sie sind gehärtet. Das defekte Gewinde wird zuerst ausgebohrt. Danach wird der Gewindeeinsatz mit einem Eindrehwerkzeug in die Bohrung eingedreht.

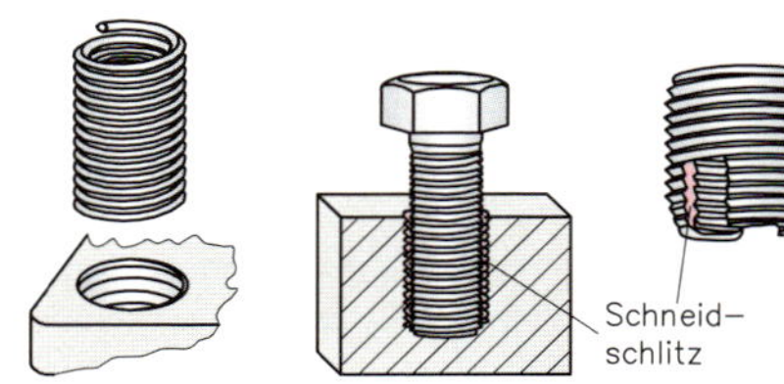

Muttern

Sechskantmutter	Sechskantmutter mit Flansch	Radmutter	Kronenmutter	Hutmutter
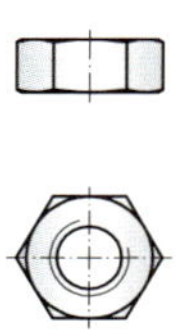	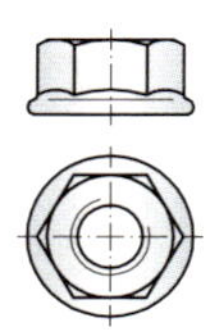	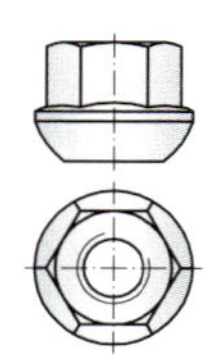	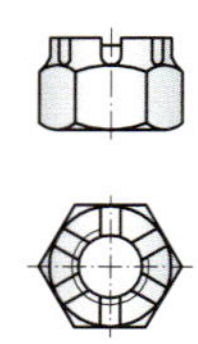	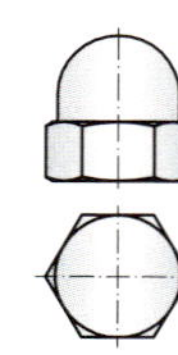

2.2.2.2 Werkstoffe

Im Kraftfahrzeug werden Schrauben und Muttern aus unlegierten und legierten Stählen verwendet, die nach DIN in Festigkeitsklassen eingeteilt sind. Hochfeste Schrauben sind mit dem Herstellerzeichen und der Festigkeitsklasse gekennzeichnet.

Die Festigkeitsklasse besteht aus zwei Zahlen mit einem Punkt dazwischen. Mithilfe dieser Zahlen kann

- die Mindestzugfestigkeit R_m
- und die Mindeststreckgrenze R_e

bestimmt werden (s. S. 84).

Festigkeitsklasse: 10.9

$R_m = \mathbf{100} \cdot 10$
$R_m = 1000\ \text{N/mm}^2$

$R_e = \mathbf{10} \cdot 10 \cdot 9$
$R_e = 900\ \text{N/mm}^2$

Mutter 10 belastbar wie Schraube 10.9

Muttern werden nur durch eine Festigkeitskennzahl gekennzeichnet. Diese Muttern sind belastbar wie eine Schraube der gleichen Festigkeitsklasse.

2.2.2.3 Schraubensicherungen

Schraubensicherungen sollen das selbsttätige Lösen der Schraubverbindung verhindern.

Formschlüssig	Kraftschlüssig	Stoffschlüssig
Kronenmutter mit Splint 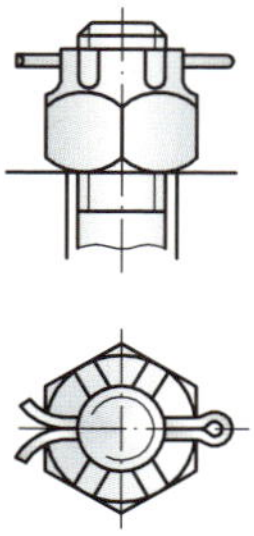 Sicherungsblech 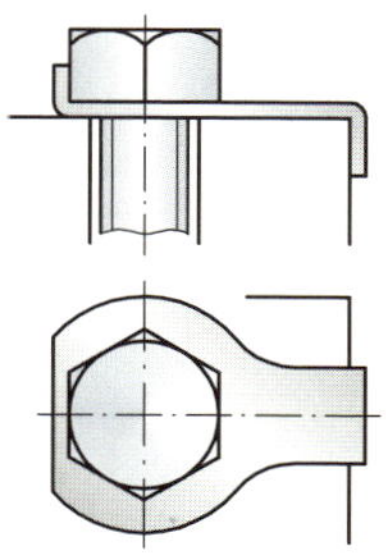	Federscheibe 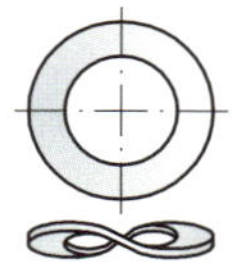 Federring  selbstsichernde Verbindung  Zahnscheibe 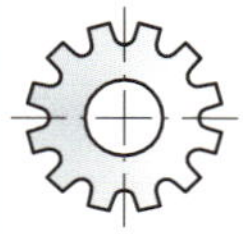	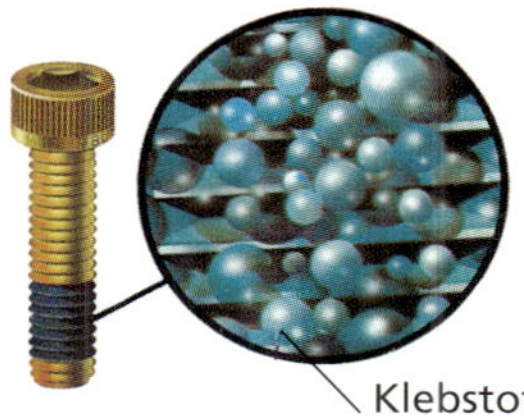 Beim Einschrauben platzen die winzig kleinen Mikrokapseln auf. Klebstoff und Härter vermischen sich und benetzen das Gewinde.

2.2.2.4 Einschraubtiefen

Stoffe mit einer geringeren Dichte haben eine geringere Festigkeit. Der Festigkeitsverlust muss ausgeglichen werden. Um dies zu erreichen, muss bei Gehäusen aus Aluminium- oder Magnesium-Legierungen die Einschraubtiefe erhöht werden.

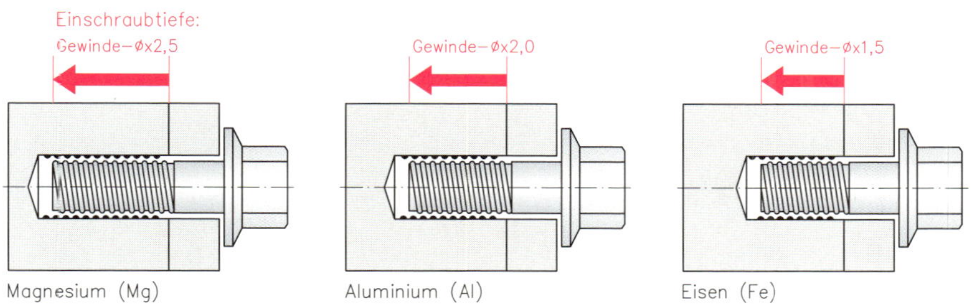

2.2.2.5 Kräfte in Schraubverbindungen

Die Schraube ist die Anwendung der schiefen Ebene. Der Gewindegang einer Schraube entsteht, wenn man eine schiefe Ebene um einen Zylinder wickelt. In der Schraubverbindung werden die zum Kraftschluss notwendigen großen Kräfte erreicht durch

- die Hebelübersetzung der Handkraft,
- die Kraftverstärkung im Gewindegang.

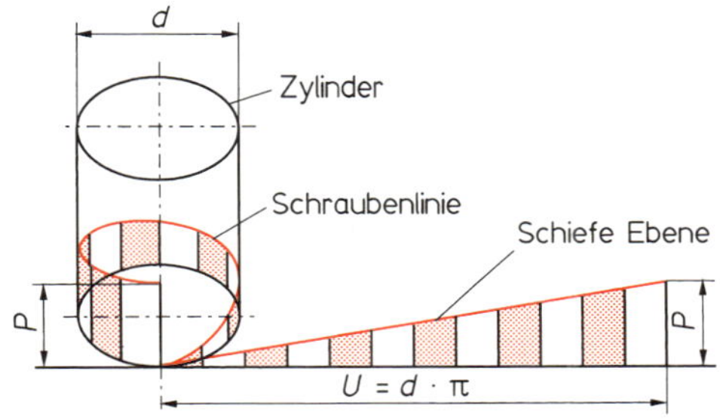

Drehmoment/Anzugsmoment

Allgemein

Ein drehbar gelagerter Körper, z. B. die Kurbelwelle, an dem außerhalb des Drehpunktes eine Kraft angreift, beginnt zu drehen. Die Drehwirkung bezeichnet man als Drehmoment.

Das Drehmoment ist umso größer

- desto größer die Kraft F,
- desto größer der Hebelarm r.

Es gilt: $M = F \cdot r$

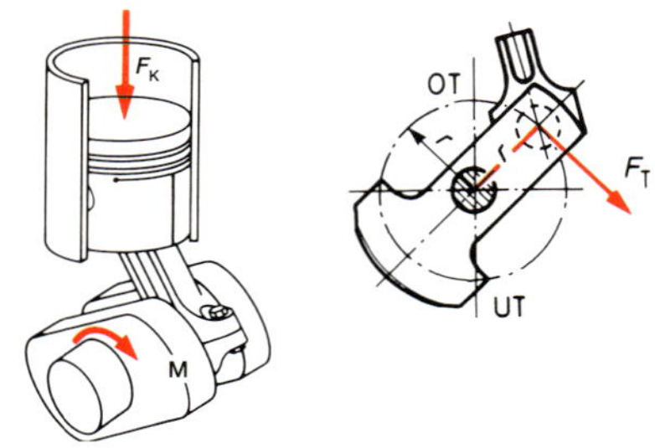

Ein Drehmoment bezeichnet man als

- rechtsdrehend, wenn es im Uhrzeigersinn dreht,
- linksdrehend, wenn es entgegen dem Uhrzeigersinn dreht.

Größe	Formelzeichen	Einheit
Drehmoment	M	Nm
Kraft	F	N
Hebelarm	r	m

Beispiel: An einem Hebelarm von 300 mm Länge wirkt eine Kraft von 120 N. Wie groß ist das Drehmoment?

Gegeben: F = 120 N; r = 300 mm = 0,3 m
Gesucht: Drehmoment M
Lösung: $M = F \cdot r = 120\ \text{N} \cdot 0{,}3\ \text{m}$
$M = 36\ \text{Nm}$

Schraubverbindung

Die Funktionsfähigkeit der Schraubverbindung ist abhängig von der Kraft mit der die Schraube angezogen bzw. vorgespannt wird. Die notwendige Vorspannkraft wird durch ein bestimmtes Drehmoment erreicht.

Das mit dem Schraubenschlüssel erzeugte Drehmoment (Anzugsmoment M_{AN}) ist:

$$M_{AN} = F_H \cdot l$$

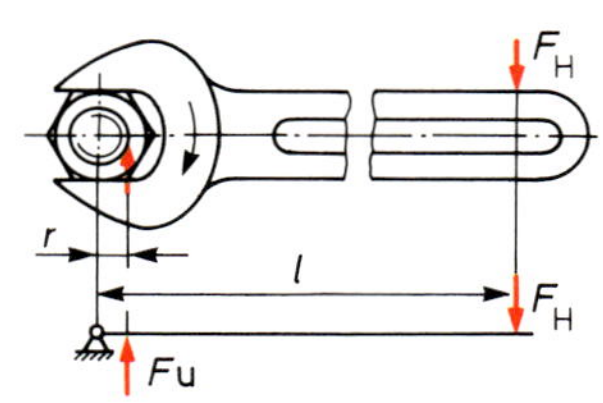

Beispiel: Eine Schraubverbindung M 8 wird von Hand mit einer Kraft F_H = 200 N angezogen. Der Schraubenschlüssel hat eine Länge von l = 140 mm. Wie groß ist das Anzugsmoment M_{AN}?

Gegeben: F_H = 200 N, l = 140 mm
Gesucht: M_{AN}
Lösung: $M_{AN} = F_H \cdot l = 200\ \text{N} \cdot 0{,}14\ \text{m}$
$M_{AN} = 28\ \text{Nm}$

Anziehmomente in der Praxis

In der Praxis werden die Anziehmomente von den Automobilherstellern festgelegt oder können Tabellen entnommen werden. Das Anziehmoment lässt sich auch vereinfacht über eine Faustformel berechnen:

$$M_{AN} \approx 0{,}2 \cdot F_V \cdot d_2$$

F_V Vorspannkraft (siehe Seite 81) in N
d_2 Flankendurchmesser des Gewindes in mm

Reibung

Allgemein

Ein Körper setzt seiner Verschiebung auf einer Unterlage eine Widerstandskraft entgegen. Die Widerstandskraft wird als Reibungskraft F_R bezeichnet. Die Reibungskraft ist abhängig von der

- Normalkraft (Anpresskraft) F_N in N,
- Reibungszahl μ

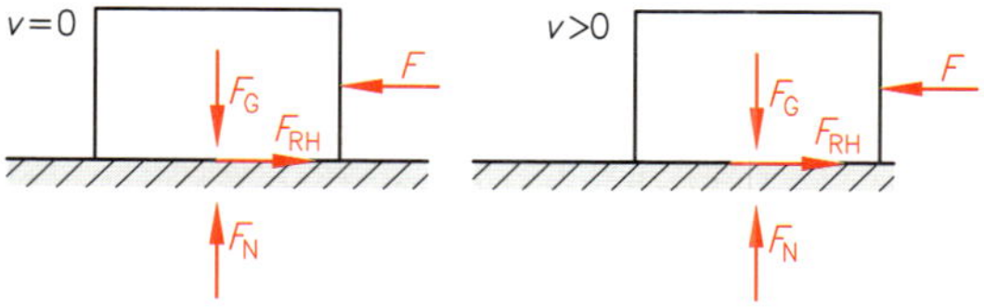

$$F_R = F_N \cdot \mu$$

Die Reibungszahl ist abhängig von

- der Reibungsart
  Haftreibung: Körper und Unterlage sind in Ruhe,
  Gleitreibung: Körper bewegt sich auf der Unterlage,
- der Werkstoffpaarung,
- der Oberflächengüte der Bauteile,
- dem Schmierzustand (trocken, flüssig).

Beispiel: Stahl auf Stahl
Haftreibung:
trocken: $\mu_H = 0{,}15$ geschmiert: $\mu_H = 0{,}12$
Gleitreibung:
trocken: $\mu_G = 0{,}1$ geschmiert: $\mu_G = 0{,}08$

Beispiel:
Ein Stahlteil der Masse m = 600 kg wird auf einer Stahlunterlage verschoben. Es ist die Kraft zur Überwindung der Haftreibung und der Gleitreibung zu berechnen.

Gegeben: $m = 600$ kg, $\mu_H = 0{,}15$, $\mu_G = 0{,}1$
Gesucht: F_{RH}, F_{RG}
Lösung: Zuerst muss die Kraft berechnet werden, mit der die Masse m = 600 kg aufgrund der Erdanziehungskraft g = 9,81 m/s (abgerundet 10 m/s) auf die Unterlage drückt.

$$F_N = m \cdot g = 600 \cdot 10 = 6000 \text{ N}$$

$$F_{RH} = F_N \cdot \mu_H = 6000 \text{ N} \cdot 0{,}15 = \underline{\underline{900 \text{ N}}}$$

$$F_{RG} = F_N \cdot \mu_G = 6000 \text{ N} \cdot 0{,}1 = \underline{\underline{600 \text{ N}}}$$

Schraubverbindung

Beim Anziehen der Schraube bzw. Mutter werden die Werkstücke durch die Vorspannkraft F_V der Schraube gegeneinander gepresst. Es entsteht Haftreibung zwischen den Flächen. Bei Belastung der Verbindung verhindern die zwischen den Flächen wirkenden Haftreibungskräfte ein Verschieben der Teile. Die übertragbaren Kräfte sind abhängig von der Vorspannkraft F_V und der Reibungszahl μ.

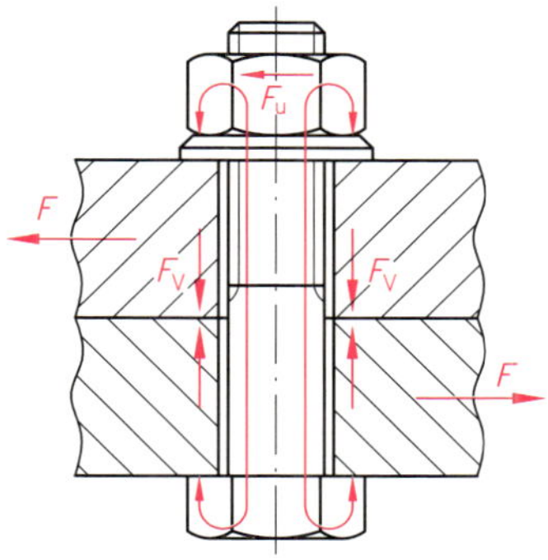

Es gilt: $$F_R = F = F_V \cdot \mu$$

Die Vorspannkraft F_V entspricht der Kraft, die die Schraube auf Zug beansprucht.

Beispiel:
Mit einer Schraube M 8 werden zwei Bleche verbunden.

Gegeben: F_V = 7000 N, μ_H = 0,15 (Stahl auf Stahl)
Gesucht: Übertragbare Kraft F
Lösung: $F = F_V \cdot \mu = 7000 \text{ N} \cdot 0{,}15$
$\underline{\underline{F = F_R = 1050 \text{ N}}}$

Mechanische Arbeit

Allgemein

Mechanische Arbeit W wird verrichtet, wenn ein Körper unter Einwirkung einer Kraft F einen Weg s zurücklegt.

Es gilt:

Arbeit = Kraft · Weg
$$W = F \cdot s$$

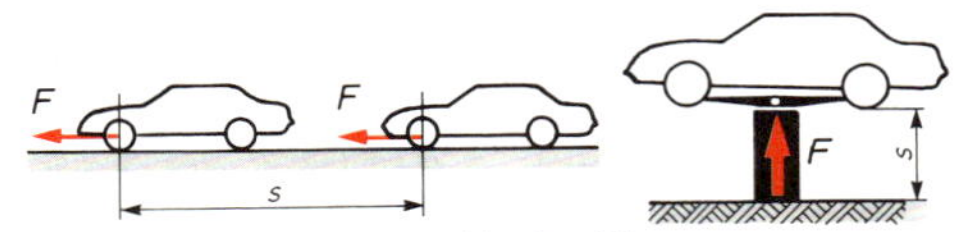

Arbeit = Kraft · Weg

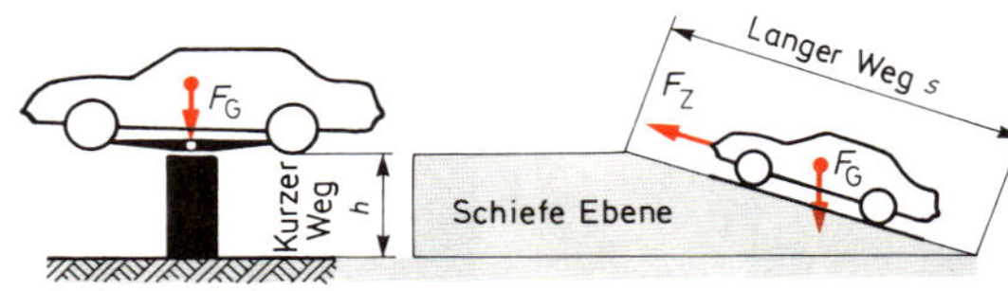

Die Einheit der Arbeit ist
- Newtonmeter (Nm) oder
- Joule (J) oder
- Wattsekunde (Ws).

Größe	Formelzeichen	Einheit
Arbeit	W	Nm
Kraft	F	N
Weg	s	m

Ein Fahrzeug kann auf unterschiedliche Weise auf eine höhere Ebene gebracht werden:

Hebebühne: Die Kraft F_G ist groß, der Weg h ist kurz.
Schiefe Ebene: Die Kraft F_Z ist klein, der Weg s aber größer.
Das Produkt aus Kraft und Weg ist immer gleich.

$$F_Z \cdot s = F_G \cdot h$$

Beispiel:
Eine Hebebühne hebt ein Fahrzeug mit einem Gewicht von 1700 kg 1,5 m hoch. Welche Arbeit ist notwendig, um den Wagen zu heben.

Gegeben: $m = 1700$ kg, $h = 1{,}5$ m
$g \approx 9{,}81$ m/s² (Erdbeschleunigung)
abgerundet $g \approx 10$ m/s²
Gesucht: W
Lösung: $F_G = m \cdot g = 1700 \cdot 10 = 17000$ N
$W = F_G \cdot h = 1700$ N $\cdot$ 1,5 m
$W = 25500$ Nm $= 25500$ Ws

Schraubverbindung

Das Anziehen oder Lösen einer Schraubverbindung entspricht dem Hinaufschieben oder Herunterziehen des Fahrzeugs auf der schiefen Ebene.

Die Schraube ist die Anwendung der schiefen Ebene. Die Umfangskraft F_U verschiebt die Mutter, die mit der Vorspannkraft F_V auf die schiefe Ebene drückt, entlang der schiefen Ebene, bei einer Umdrehung um die Steigung P.

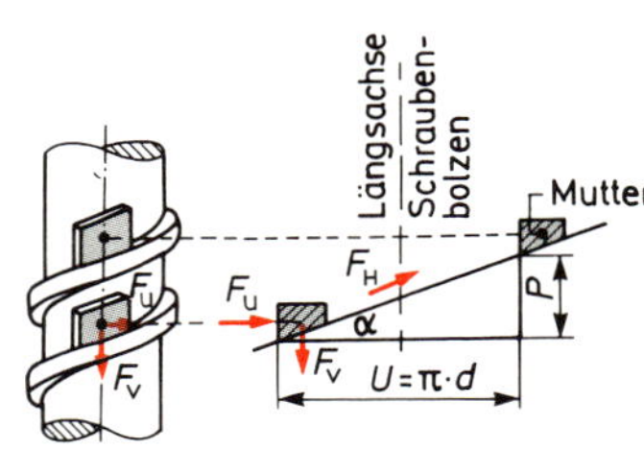

Es gilt die goldene Regel der Mechanik:

Kleine Kraft bei großem Weg ergibt eine große Kraft bei kleinem Weg.

- Kleine Kraft bei großem Weg: Handkraft mal dem Handweg
  $W_2 = F_H \cdot 2\, l \cdot \pi$
- Große Kraft bei kleinem Weg: Schraubenkraft mal der Steigung
  $W_1 = F_V \cdot P$

Setzt man die Arbeit W_1 und W_2 gleich, gilt:

$$F_H \cdot 2\, l \cdot \pi = F_V \cdot P$$

Beispiel:
Die im Beispiel auf Seite 81 angezogene Schraube M 8 hat eine Steigung von 1,25 mm, $\mu_H = 0{,}15$ (Stahl auf Stahl). Wie groß ist die Vorspannkraft?

Gegeben: Handkraft $F_H = 200$ N, $\mu_H = 0{,}15$, Steigung $P = 1{,}25$ mm
Gesucht: Spannkraft F_V

Lösung:
$$F_V = \frac{F_H \cdot 2\, l \cdot \pi}{P} = \frac{200\text{ N} \cdot 2 \cdot 0{,}14\text{ m} \cdot 3{,}14}{1{,}25}$$
$F_V = 7000$ N

2.2.2.6 Verhalten der Schraubverbindung beim Anziehen

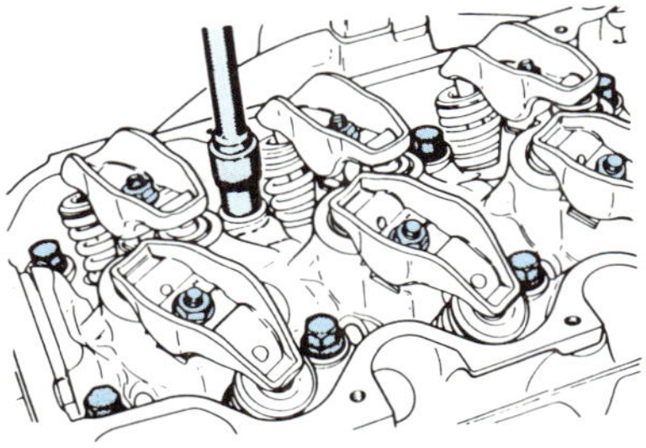

Die Widerstandskraft der Werkstoffe gegen die Beanspruchung durch äußere Kräfte bildet ihre mechanischen Eigenschaften: die Festigkeit, Elastizität, Plastizität, Zähigkeit, Sprödigkeit. Beim Anziehen der Zylinderkopfschrauben ist das Verhalten der Werkstoffe zu berücksichtigen, um Schaden zu vermeiden.

Festigkeit

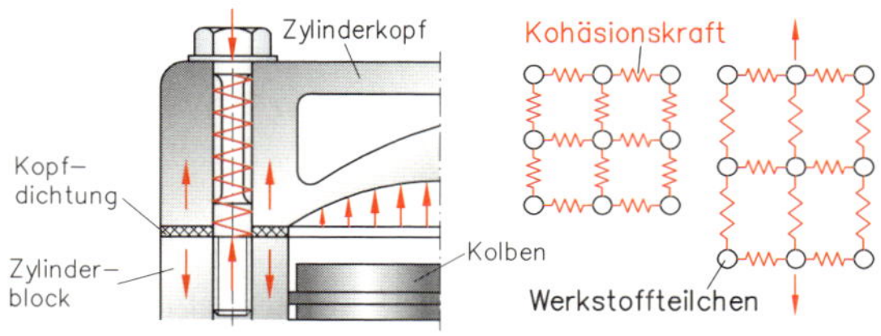

Der Zylinderkopf wird durch Zylinderkopfschrauben am Zylinderkurbelgehäuse befestigt. Beim Anziehen der Zylinderkopfschraube entsteht eine in Achsrichtung wirkende äußere Kraft, die den Schraubenschaft auf Zug beansprucht. Der Zusammenhalt der kleinsten Werkstoffteilchen – der Atome und Moleküle – erfolgt durch innere Kräfte, den Zusammenhangskräften, auch Kohäsionskräfte genannt. Sie verhindern die Trennung der Werkstoffteilchen. Damit die Zylinderkopfschraube nicht abreißt, müssen die äußeren Kräfte und die Kohäsionskräfte im Gleichgewicht sein. Steigen die äußeren Kräfte über die Kohäsionskräfte, werden die Werkstoffteilchen getrennt, die Schraube reißt ab.

Den inneren Widerstand des Werkstoffs gegen Verformungen oder Zerstörungen durch äußere Kräfte bezeichnet man als Festigkeit.

Die äußeren Kräfte rufen im Schraubenwerkstoff gleich große, entgegengesetzt wirkende innere Kräfte hervor, die sich als Widerstand gegen die Verformung bemerkbar machen. Die inneren Kräfte im Werkstoff bezeichnet man als Spannung. Die Spannung wird mit dem Formelzeichen σ (sprich Sigma) gekennzeichnet. Ein Maß für die im Schraubenwerkstoff herrschende Spannung ist der Kraftanteil, der auf die Flächeneinheit des Querschnitts (1 mm^2, 1 cm^2) wirkt.

Es gilt:

$$\text{Spannung} = \frac{\text{Kraft}}{\text{Querschnitt}} \qquad \sigma = \frac{F}{S}$$

Elastizität, Plastizität, Zähigkeit

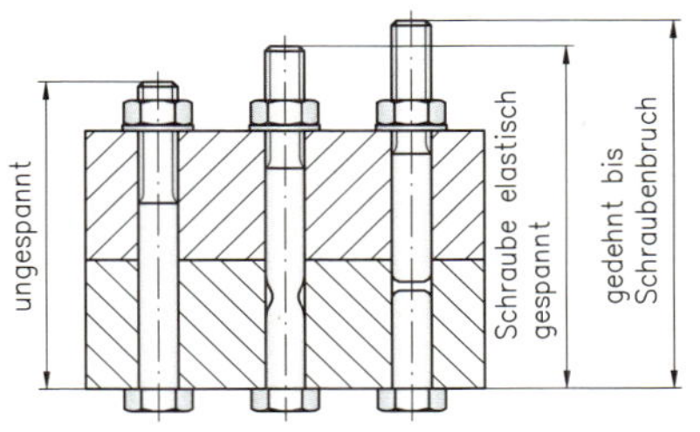

Beim Anziehen der Mutter ruft die in Achsrichtung wirkende Kraft eine Verlängerung des Schraubenschaftes hervor. Nach dem Lösen der Schraube nimmt sie ihre ursprüngliche Länge wieder an. Diese Eigenschaft nennt man Elastizität.

Die Elastizität ist bei den Zylinderkopfschrauben von besonderer Bedeutung. Eine elastisch gedehnte Schraube hat das Bestreben, auf ihre Ursprungslänge zurückzugehen. Da die Schraube durch den Zylinderkopf daran gehindert wird, übt sie eine Spannkraft auf die zu verbindenden Teile Zylinder/Zylinderkopf aus. Die Verbindung ist dann gasdicht, wenn die Vorspannkraft größer ist als die ihr entgegenwirkenden Betriebskräfte (Verbrennungsdruck). Ist die Spannkraft geringer, hebt die Verbindung ab und ist undicht.

Wird das Anziehen der Schraube über eine bestimmte Grenze fortgesetzt – man nennt sie Dehngrenze – beginnt sich die Schraube bleibend zu dehnen. Beim Lösen der Schraubverbindung nimmt die Schraube nicht mehr ihre Ursprungslänge an. Sie hat sich plastisch verformt. Das Vermögen des Werkstoffs, sich zu verformen, ohne sofort zu Bruch zu gehen, bezeichnet man als Zähigkeit.

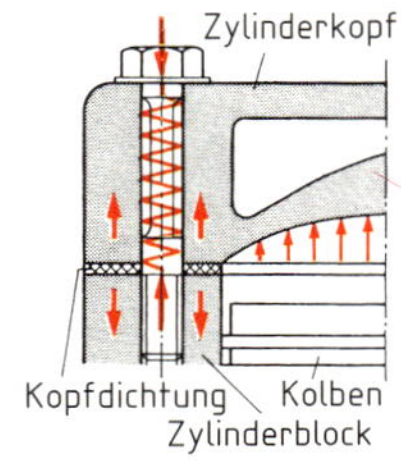

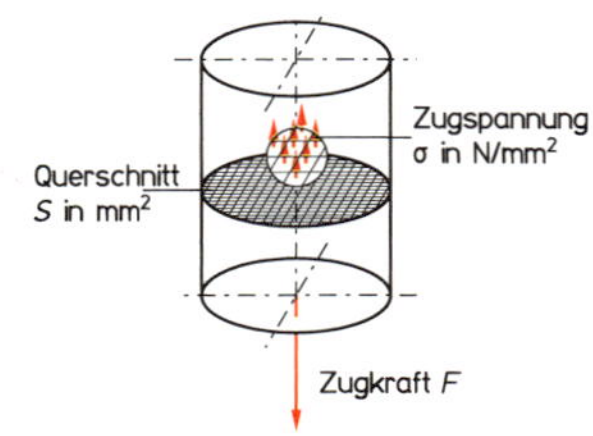

Stellt man das Verhalten einer Schraube in einem Spannungs-Dehnungs-Diagramm dar, so zeigt sich am Anfang eine stetige Zunahme der Dehnung bei steigender Belastung bis zur Dehngrenze R_p. Die Schraube dehnt sich elastisch, d. h. sie nimmt nach der Entlastung wieder die ursprüngliche Länge ein. Wird sie über die Dehngrenze R_p hinaus belastet, wird sie plastisch verformt, d. h. sie nimmt bei Entlastung nicht mehr ihre Ausgangslänge ein. Im Bereich der Streckgrenze R_e gibt der Werkstoff ruckartig nach und es kommt zu stärkeren Längenänderungen. Die Schraube streckt sich, der Werkstoff fließt.
Durch die Verspannungen der Kristalle entsteht Kaltverfestigung. Daher nimmt mit weiterer Dehnung die Zugkraft bis zur Höchstzugkraft F_m zu.

Im Spannungs-Dehnungs-Diagramm dient der höchste Punkt der Kurve zur Berechnung der Zugfestigkeit.
Die Zugfestigkeit R_m ist die höchste Spannung des Werkstoffs vor dem Zerreißen.

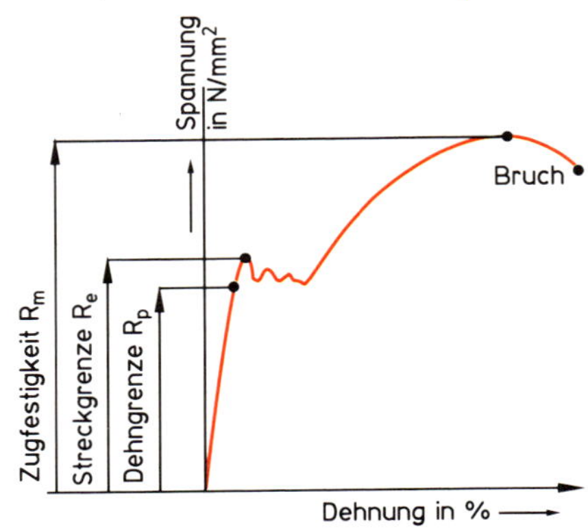

Spannungs-Dehnungs-Diagramm

Es gilt:

$$\textbf{Zugfestigkeit} = \frac{\textbf{höchste Zugkraft}}{\textbf{Anfangsquerschnitt}} = \frac{F}{S_o}$$

Größe	Formelzeichen	Einheit
Spannung	σ, σ_{zul}	N/mm^2
Kraft	F	N
Querschnitt	S, S_o	mm^2
Zugfestigkeit	R_m	N/mm^2
Sicherheit	v	–

Damit keine Schäden an den Bauteilen entstehen, dürfen die auftretenden Spannungen nur einen Bruchteil der Höchstspannung erreichen. Diesen Bruchteil der Spannung nennen wir zulässige Spannung σ_{zul}. Das Verhältnis von Zugfestigkeit R_m zur zulässigen Spannung σ_{zul} ergibt die Sicherheit v (sprich ny):

$$v = \frac{R_m}{\sigma_{zul}}$$

Für die zulässige Zugkraft $F_{zul} = \sigma_{zul} \cdot S$ gilt mit $\sigma_{zul} = \frac{R_m}{v}$

$$F_s = \frac{R_m}{v} \cdot S$$

Beispiel: Die 4 Schrauben eines Zylinderkopfes werden durch eine Kraft, die durch den Verbrennungshöchstdruck hervorgerufen wird, von 24000 N belastet. Die Zylinderkopfschrauben M 8 haben eine Zugfestigkeit von $R_m = 800\ N/mm^2$.
Es ist zu prüfen, ob die Schrauben überbelastet sind, wenn eine vierfache Sicherheit gefordert wird.

Gegeben: $R_m = 800\ N/mm^2$

$v = 4$

$$F = \frac{24000\ N}{4} = 6000\ N/Schraube$$

Gewinde M 8:
Bei Festigkeitsberechnungen von Schrauben wird mit dem Kerndurchmesser gerechnet. Kerndurchmesser: $d_3 = 6{,}466$ mm (aus Tabellenbuch).

Gesucht: σ_{zul}, σ

Lösung:

$$\sigma_{zul} = \frac{R_m}{v} = \frac{800\ N/mm^2}{4}$$

$$\sigma_{zul} = 200\ N/mm^2$$

$$S = \frac{d_3^2 \cdot \pi}{4} = \frac{6{,}466^2\ mm^2 \cdot 3{,}14}{4} = 32{,}82\ mm^2$$

$$\sigma = \frac{F}{S} = \frac{6000\ N}{32{,}82\ mm^2}$$

$$\sigma = 182{,}8\ N/mm^2$$

$$\sigma \leq \sigma_{zul}$$

$$\underline{\underline{182{,}8\ N/mm^2 \leq 200\ N/mm^2}}$$

2.2.2.7 Arbeitsregeln zum Lösen und Anziehen von Schraubverbindungen

Arbeitsregeln

- Schlüsselweiten der Schraubenschlüssel sind den Größen der Schrauben anzupassen. Bei zu großer Schlüsselweite besteht die Gefahr des Abrutschens und der Beschädigung der Schraube.
- Schraubenschlüssel haben eine bestimmte Hebellänge, die der Festigkeit der Schraube entspricht. Verlängerungen können zur Überbeanspruchung der Schraube beim Anziehen führen.
- Schraubenschlüssel richtig ansetzen. Bei schrägem Ansetzen kann die Schraube beschädigt werden.
- Durchsteckschrauben mit einem zweiten Schlüssel festhalten. Möglichst nur die Mutter drehen.
- Bei schlecht zugänglichen Stellen mit Steckschlüssel arbeiten.
- Bei vorgeschriebenen Anzugsmoment Drehmomentschlüssel verwenden.
- Beim Eindrehen von Schrauben passende Schraubendreher verwenden.
- Richtige Schraubendreher-Größe verwenden: Klingenbreite = Durchmesser des Schraubenkopfes, Klingendicke = Schlitzbreite des Schraubenkopfes.
- Schraubendreher senkrecht zur Schraube führen.

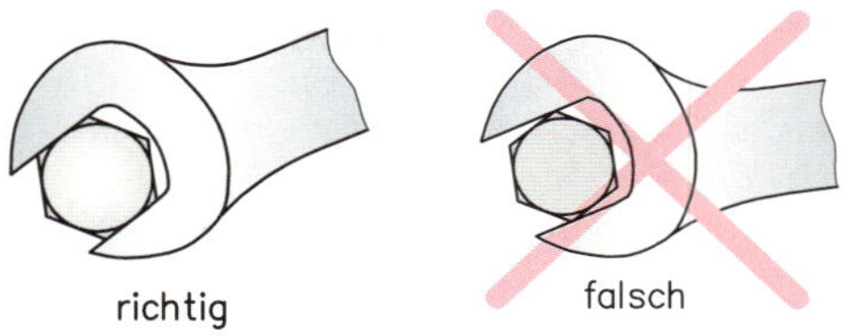

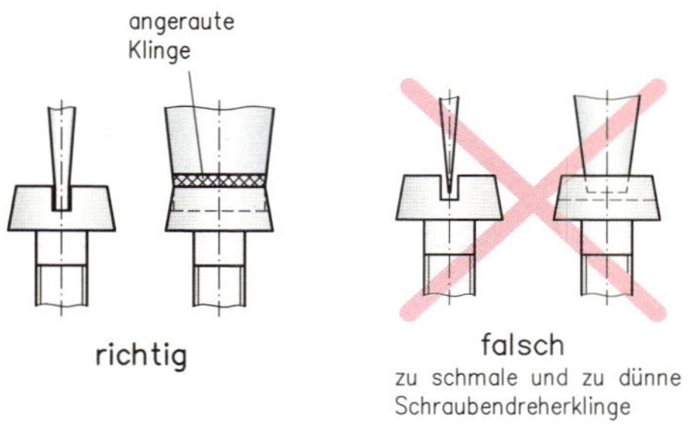

Lösen von Schrauben

Lösen korrodierter oder beschädigter Muttern

Vor dem Lösen einer festgerosteten Schraube oder Mutter sind folgende Vorbereitungen zu treffen:

- Gewinde mit Drahtbürste säubern,
- Gewinde mit Rostlöser besprühen,
- einige Zeit warten und dann lösen.

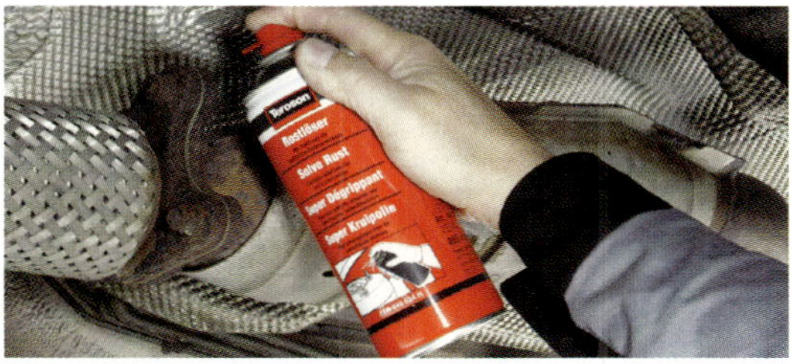

Lösen von beschädigten Muttern

Eine beschädigte Mutter kann auf folgende Arten gelöst werden:

- Die Mutter mit einer Gripzange fest greifen und losdrehen oder
- Mutter mit einem Meißel aufmeißeln oder
- Mutter mithilfe eines Muttersprengers aufsprengen.

Lösen von Innensechskant- und Innenvielzahnschrauben

Vor dem Lösen der Schraubverbindung ist das Einstechloch von Schmutz zu säubern.

- Am besten eignen sich Steckeinsätze mit langen Sechskant- bzw. Vielzahn mit Umschaltknarre.
- Wenn die Schraube sehr fest sitzt, kann ein leichter Schlag mit dem Kunstoffhammer auf die Adapterseite oder direkt auf den Schraubenkopf den Sitz der Schraube etwas lockern und das Lösen ermöglichen.

Lösen von Schlitz- und Kreuzschlitzschrauben

Bei festsitzenden Schrauben mit Schlitz- oder Kreuzschlitzkopf dreht sich häufig der Schraubendreher heraus und beschädigt die Schraube.

- Wenn die Schraube sich nicht losdrehen lässt, einen kräftigen Schraubendreher ansetzen und mit einem kräftigen Schlag auf das Griffende versuchen, den festen Sitz zu lockern.
- Lässt sich die Schraube immer noch nicht lösen, ist die Verwendung eines Schlagschraubers sinnvoll. Mit jedem Schlag auf den Kopf des Schlagschraubendrehers dreht dieser den Einsatz etwas weiter und löst die Schraube.

2.2.3 Formschlüssige Verbindungen

2.2.3.1 Verbindungen von Wellen und Naben

Diese Verbindungen übertragen Drehmomente durch Ineinandergreifen von Welle und Nabe mit besonderem Profil. Profilformen sind das Keilwellenprofil und die Kerbverzahnung.

Keilwellenverzahnung

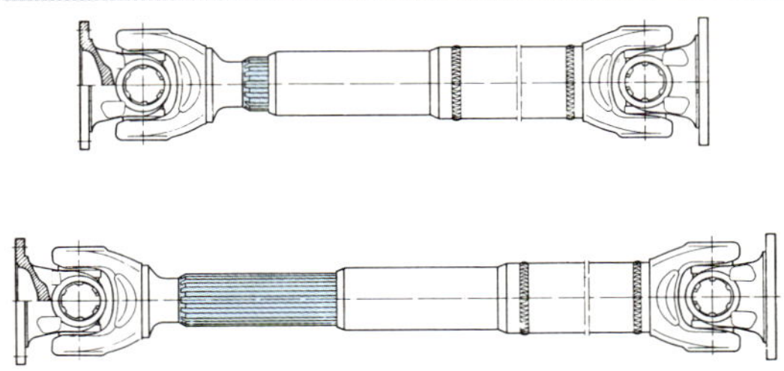

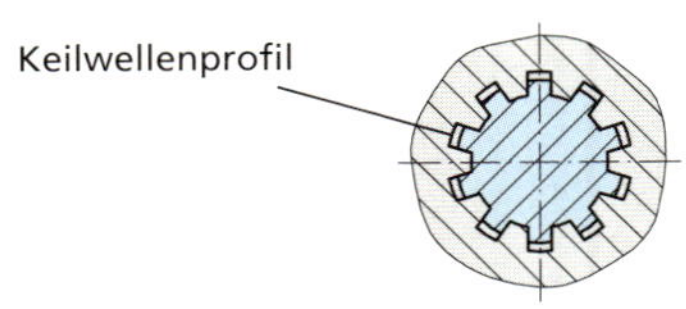

Keilwellenverbindungen werden überwiegend für längsbewegliche Verbindungen eingesetzt, z. B. Gelenkwelle mit Schiebestück, Kupplungsscheibe und Getriebewelle.

Kerbverzahnung

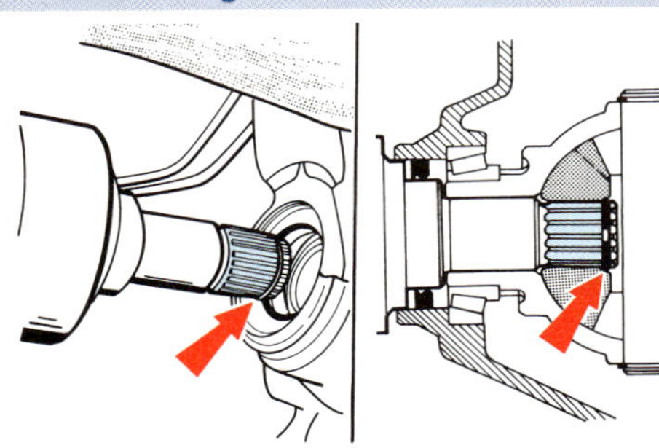

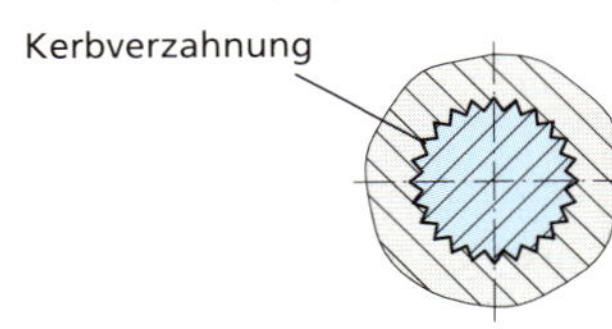

Kerbverzahnungen werden bei festen Verbindungen eingesetzt, z. B. Gelenkwelle und Achswellenflansch bzw. Achswellenräder des Ausgleichgetriebes.

2.2.3.2 Sicherungsringe und Sicherungsscheiben

Sicherungsringe und Sicherungsscheiben sichern die Lage von Bauteilen, z. B. des Kolbenbolzens in der Kolbenbohrung, des Radlagers im Radlagergehäuse oder Gleichlaufgelenk auf der Gelenkwelle.

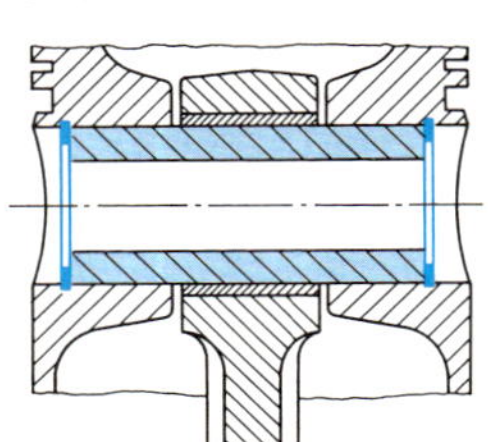

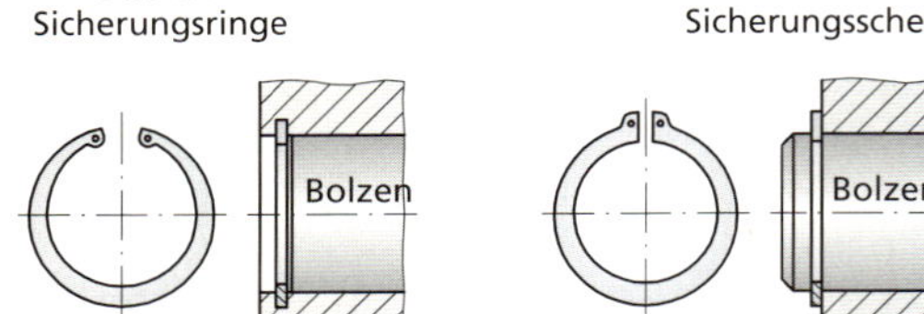

2.2.3.3 Stiftverbindungen

Die Stiftverbindung ist eine formschlüssige, lösbare Verbindung. Stifte werden unterschieden in

- Passstifte
  Sie legen zwei Bauteile lagegenau zueinander fest (Fixierung).
- Befestigungsstifte
  Beim Eintreiben entsteht durch den dickeren Stift eine Pressung zwischen Stift und Bohrung. Der Stift ist damit kraftschlüssig gegen Lösen gesichert.
- Abscherstifte
  Sie dienen als Überlastsicherung. Bei Überbeanspruchung wird der Stift abgeschert.

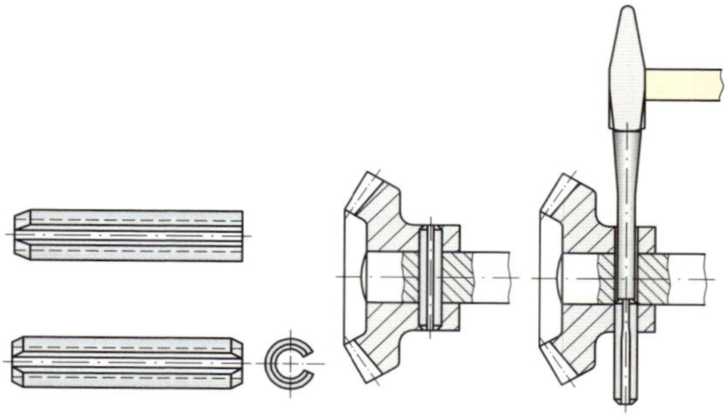

Spannstift (Spannhülsen) | Eingebauter Spannstift | Austreiben in beliebiger Richtung mit Hammer und Dorn

Ausgleichskegelrad

Stiftarten

Zylinderstifte	Kegelstifte	Kerbstifte	Spannhülsen
	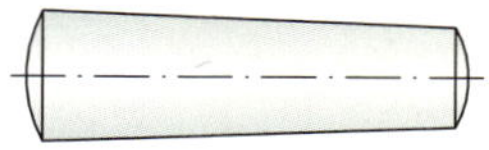	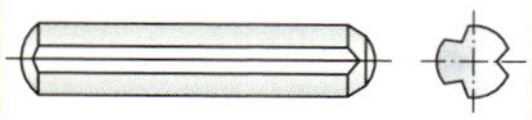	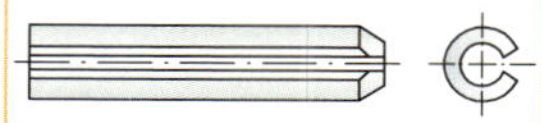
Sie werden mit unterschiedlichen Passungen hergestellt. Die Bohrung wird mit der Reibahle aufgerieben.	Sie haben ein Kegelverhältnis von 1 : 50. Die Bohrung wird mit der Kegelreibahle aufgerieben.	Sie besitzen am Umfang drei Kerben. Beim Einschlagen werden die Wulste eingedrückt.	Der Durchmesser ist 0,3 bis 0,5 mm größer als die Bohrung. Durch die Spannung des Federstahls entsteht die Anpressung.

2.2.4 Stoffschlüssige Verbindungen

2.2.4.1 Schweißverbindungen

Das Schweißen ist ein Fügeverfahren, bei dem gleichartige Werkstoffe in teigigem oder flüssigem Zustand mit oder ohne Zusatzwerkstoff verbunden werden. Es entsteht eine unlösbare, stoffschlüssige Verbindung. Die Festigkeit der Schweißverbindung wird durch die Zusammenhangskräfte (Kohäsion) bestimmt.

Schweißbarkeit der Werkstoffe

Ausschlaggebend für die Schweißbarkeit von Stählen ist der Kohlenstoffgehalt. Gut schweißbar sind kohlenstoffarme Stähle (C-Gehalt < 0,3 %), schlecht schweißbar kohlenstoffreiche Stähle (C-Gehalt 0,3 ... 0,7 %).

Schweißverfahren

Nach dem Ablauf des Schweißvorgangs werden die Schweißverfahren unterteilt in Schmelzschweißverfahren und Pressschweißverfahren.

Schmelzschweißverfahren

Gasschmelzschweißen

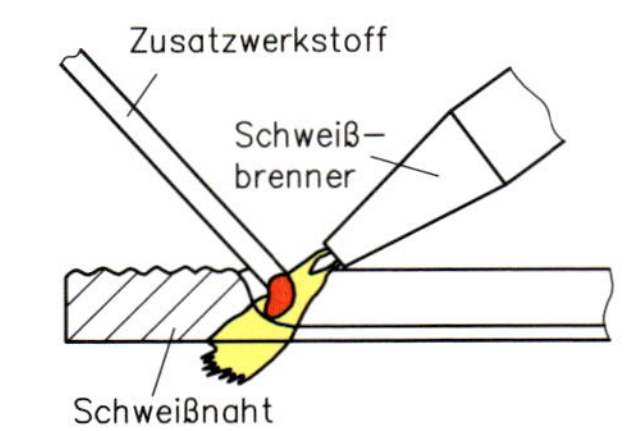

Die zu verbindenden Bauteile werden durch eine Gasflamme erhitzt. Als Brenngas wird ein Gemisch aus Sauerstoff und Acetylen verwendet.

Der Schweißdraht (Zusatzwerkstoff) soll die gleichen Eigenschaften wie der Grundwerkstoff haben.

Einsatz: Allgemeiner Maschinenbau und Fahrzeugbau.

Lichtbogenschweißen

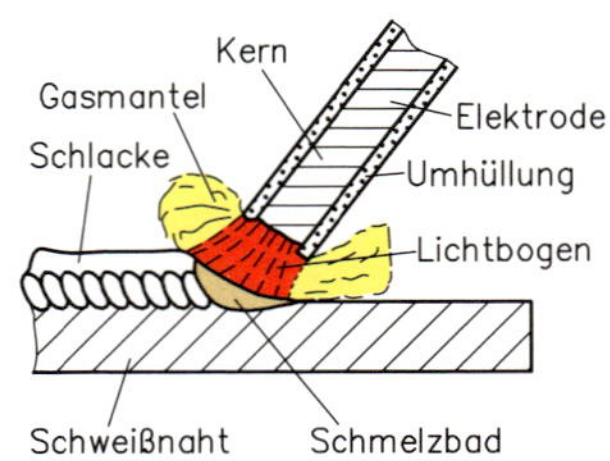

Die zu verbindenden Bauteile werden durch den elektrischen Lichtbogen erhitzt. Der Lichtbogen entsteht zwischen der sich verbrauchenden Elektrode (Zusatzwerkstoff) und dem Werkstück.

Durch die Elektrodenumhüllung entsteht über der Schweißstelle ein Gasmantel und über der Schweißnaht Schlacke.

Einsatz: Allgemeiner Maschinenbau und Fahrzeugbau

Schutzgasschweißen

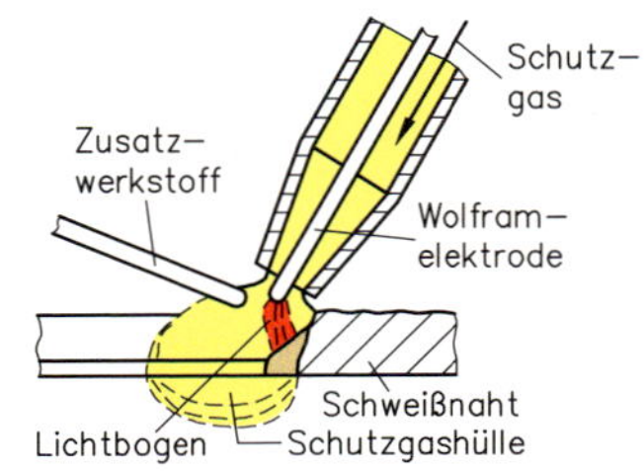

Die zu verbindenden Bauteile werden durch den elektrischen Lichtbogen erhitzt. Der Lichtbogen entsteht zwischen der sich nicht verbrauchenden Wolfram-Elektrode und dem Werkstück.

Der Zusatzwerkstoff wird von Hand zugeführt. Das Schutzgas (z. B. Argon) hält den Luftsauerstoff von der Schweißstelle fern.

Einsatz: Karosserieinstandsetzung

Pressschweißverfahren

Punktschweißen

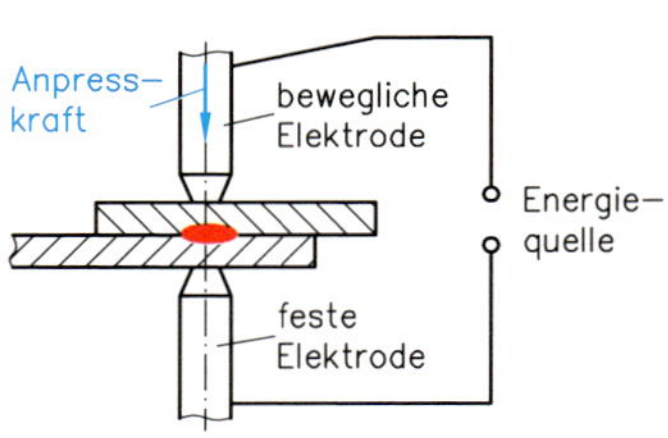

Der elektrische Strom fließt über Kupferelektroden und die zu verbindenen Bleche. Dabei wird durch den elektrischen Widerstand zwischen den Blechen die Schweißstelle erhitzt.

Durch Anpressen mit der beweglichen Elektrode verschweißen die Bleche punktförmig.

Einsatz: Häufig angewendet bei der Karosserieinstandsetzung

Nahtschweißen

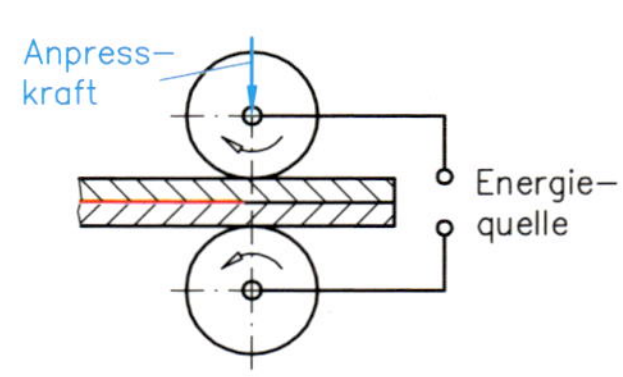

Die zu verschweißenden Bleche werden zwischen zwei rollenförmigen Elektroden bewegt und angepresst.

Die Elektroden erhalten Stromimpulse, sodass die einzelnen Schweißpunkte zu einer geschlossenen Schweißnaht aneinandergereiht werden.

Einsatz: Heizungsbau

Buckelschweißen

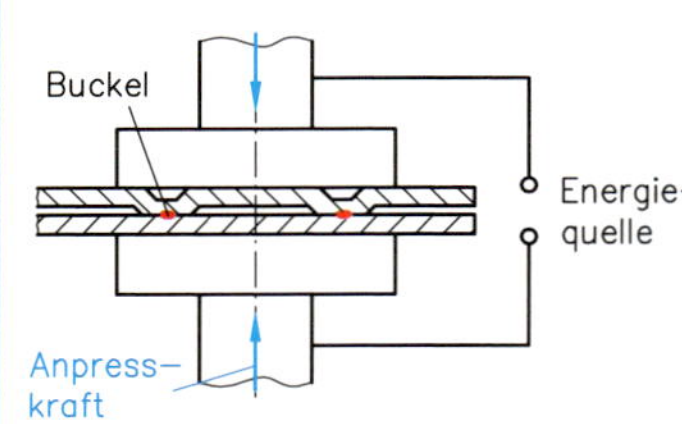

In das zu verschweißende Werkstück werden Vertiefungen (Buckel) eingedrückt.

Die Werkstücke werden angepresst, sodass sie bei Stromfluss an den Buckeln zusammenschweißen.

Es können mehrere Schweißpunkte gleichzeitig hergestellt werden.

Einsatz: Dünnblechschweißung

2.2.4.2 Gasschmelzschweißen

Beim Gasschmelzschweißen (Autogenschweißen) von Eisenwerkstoffen wird die erforderliche Wärme durch eine Brenngas-Sauerstoff-Flamme erzeugt. Die Werkstücke werden an der zu verbindenden Stelle in den flüssigen Zustand gebracht und durch einen gleichartigen Zusatzwerkstoff stoffschlüssig (Kohäsion) verbunden. Als Brenngas wird am häufigsten Acetylen (andere Brenngase: Propan, Wasserstoff) verwendet, da es die höchste Flammentemperatur liefert.

Geräte zum Schweißen

Gasflaschen

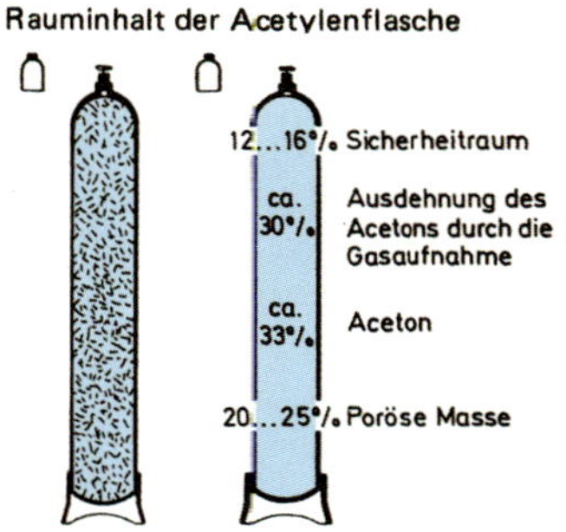

- Acetylenflasche
  Inhalt:
  - Acetylen
    Es ist eine gasförmige chemische Verbindung von Kohlenstoff und Wasserstoff. Es hat die Eigenschaft, beim Komprimieren explosionsartig in seine Bestandteile zu zerfallen. Deshalb muss es in Aceton gelöst werden.
  - Aceton
    Ätherartige brennbare Flüssigkeit
  - Poröse Masse
    In ihr ist das Aceton wie in einem Schwamm enthalten.

  Druck: 15 bar
  Anschlussstutzen: Bügelverschluss
  Kennfarbe: gelb
- Sauerstoffflasche
  Inhalt: Reiner Stauerstoff, der durch Zerlegung von verflüssigter Luft in Sauerstoff und Stickstoff gewonnen wird.
  Druck: 150 bar
  Anschlussstutzen: R3/4"
  Kennfarbe: blau

Druckminderventil

einstufig

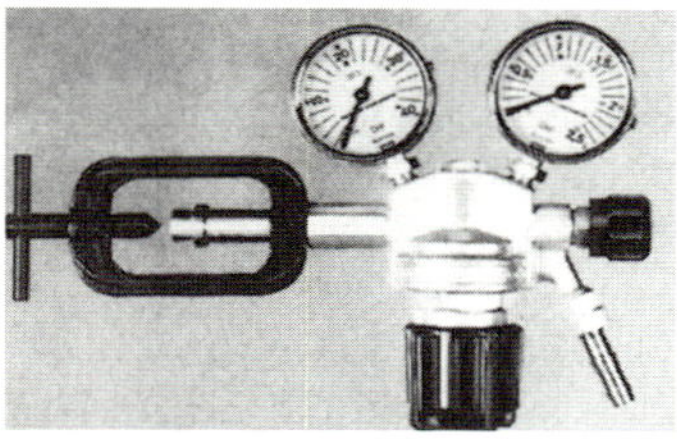

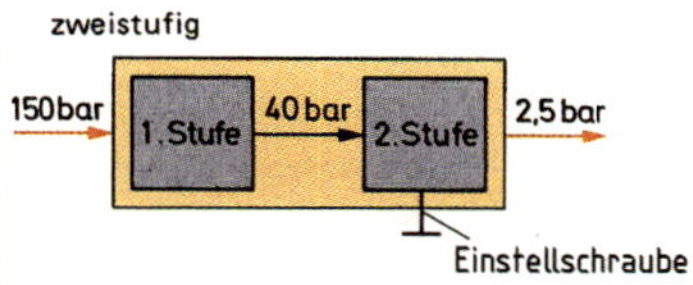

Sie verringern den hohen, ständig abnehmenden Flaschendruck auf einen niedrigen gleichbleibenden Arbeitsdruck.

Der Arbeitsdruck beträgt für
- Sauerstoff p_e ⊕ 2,5 bar
- Acetylen p_e ⊕ 0,1 ... 0,5 bar

Jedes Druckminderventil besitzt zwei Manometer:
- Das Inhaltsmanometer zeigt den Flaschendruck an.
- Das Arbeitsmanometer zeigt den Arbeitsdruck an.

Vom Druckminderventil strömen die Gase über Schläuche zum Schweißbrenner. Die Schläuche sind für unterschiedliche Drücke ausgelegt und dürfen deshalb nicht vertauscht werden.

Farbkennzeichnung:
- Sauerstoffschlauch: blau
- Acetylenschlauch: rot

Schweißbrenner

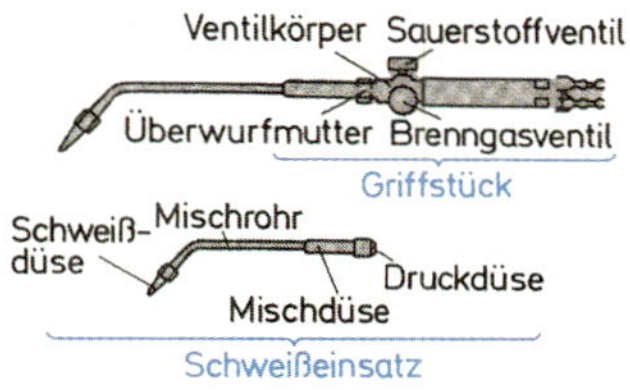

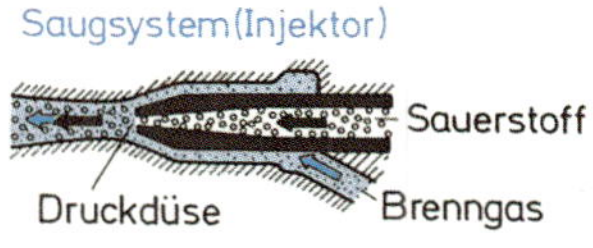

Das Brenngas und der Sauerstoff werden dem Schweißbrenner (Injektor- oder Saugbrenner) unabhängig voneinander zugeführt.

Der Sauerstoff strömt über die kreisförmige Druckdüse, das Acetylen über die kreisringförmige Saugdüse. Da die Druckdüse einen kleinen Querschnitt besitzt, strömt der Sauerstoff mit hoher Geschwindigkeit aus der Druckdüse aus. Dadurch entsteht an dieser Stelle ein Unterdruck, der das Acetylen aus der Saugdüse ansaugt.

In der Mischdüse vermischen sich die beiden Gase, sodass am Mundstück ein brennfähiges Gemisch austritt.

Schweißflamme

Die richtig eingestellte Schweißflamme (neutrale Flamme) lässt sich in vier Bereiche einteilen:

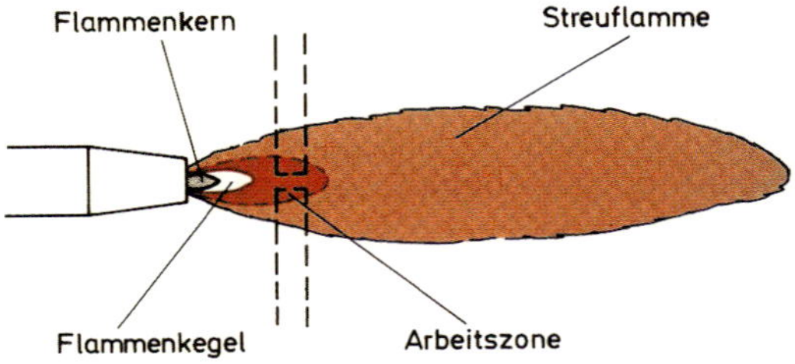

- Dunkler Flammenkern
  Unvollkommene Verbrennung direkt vor der Schweißdüse.
  Temperatur ⊕ 500 °C.
- Heller Flammenkegel
  Das Acetylen zerfällt und verbrennt teilweise.
  Temperatur ⊕ 1 200 bis 2 500 °C.
- Schweißzone (Arbeitszone)
  Der für die vollkommene Verbrennung erforderliche Sauerstoff wird der umgebenden Luft entzogen. Es entsteht eine sauerstofffreie Zone. Diese reduzierende Wirkung verhindert ein Oxidieren des Werkstoffes. Die Höchsttemperatur von etwa 3 200 °C tritt 2 ... 5 mm vor dem hellen Flammenkegel auf.
- Streuflamme
  Durch Verbrennen von Luftsauerstoff entsteht eine sauerstoffarme Zone.
  Temperatur ⊕ 1 200 bis 2 500 °C.

Schweißflamme

neutral	aufkohlend	oxidierend
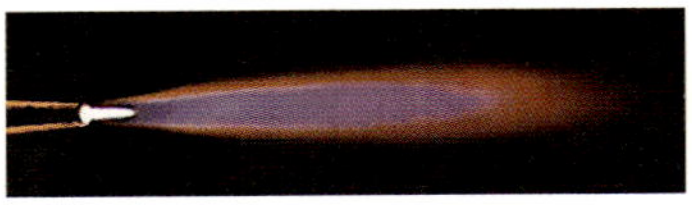	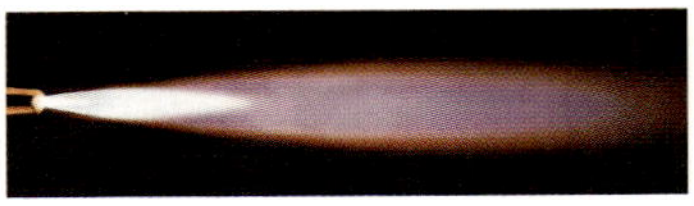	
Flammenkegel hell leuchtend und scharf begrenzt. Mischungsverhältnis 1 : 1 ⊕ Mit diesem Mischungsverhältnis wird die höchste Flammentemperatur erreicht. Die Flamme wirkt reduzierend.	Flammenkegel unscharf. Acetylenüberschuss ⊖ Der freie Kohlenstoff dringt in das Schmelzbad ein. Die Schweißnaht wird spröde.	Flammenkegel verkürzt und blassblau. Sauerstoffüberschuss ⊖ Das Schmelzbad reagiert mit dem Sauerstoff. Der Werkstoff verbrennt (Funkenbildung). Die Schweißnaht wird spröde.

Schweißarbeiten

Schweißnähte werden in verschiedenen Ausführungen hergestellt. Es gibt drei Hauptgruppen:

- Stumpfnaht
  Die Form (Bördel-, I-, V-, X-Naht usw.) ist abhängig von der Blechdicke.
- Stirnnaht
- Kehlnaht

Schweißnahtformen

Stumpfnaht	Stirnnaht	Kahlnaht
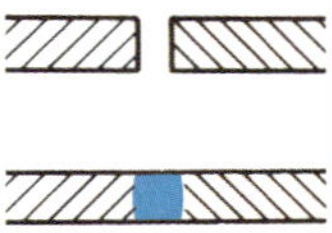	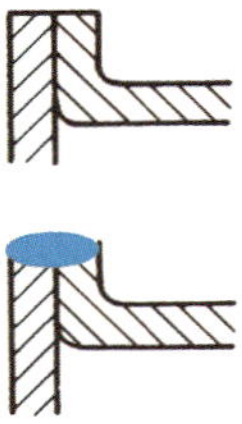	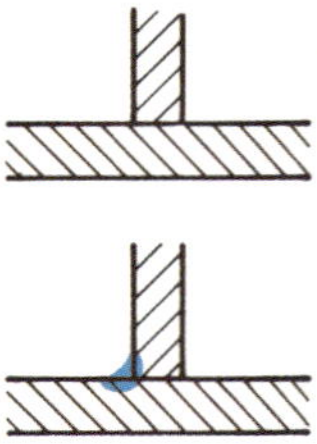

Schweißvorgang

Inbetriebnahme des Brenners:

- Sauerstoffventil öffnen
- Brenngasventil öffnen
- Gemisch am Mundstück entzünden
- Flamme mit den Ventilen einstellen

Brenner- und Schweißdrahtführung

Nachlinksschweißung

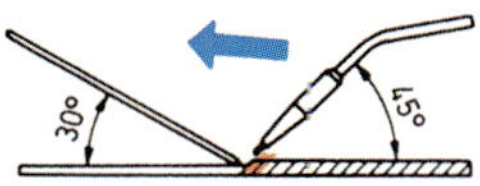

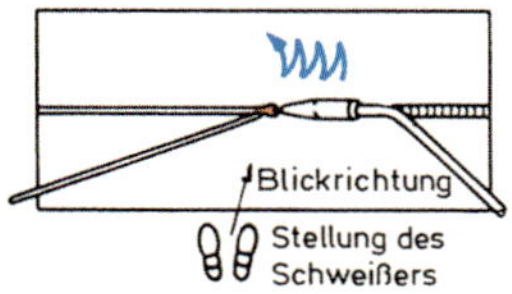

Der Brenner wird mit pendelnder Bewegung von rechts nach links geführt. Er folgt dem Schweißdraht, der wiederholt in das Schmelzbad getaucht wird.
Die Flamme ist nicht voll auf das Schmelzbad gerichtet, sondern mehr auf den Schweißdraht und die offene Naht.

⊕ gutes Vorwärmen des Grundwerkstoffes durch voreilende Wärme
⊖ Durchschweißen der Nahtwurzel schwierig

Einsatz: Bei Blechen bis 3 mm Dicke

Nachrechtsschweißung

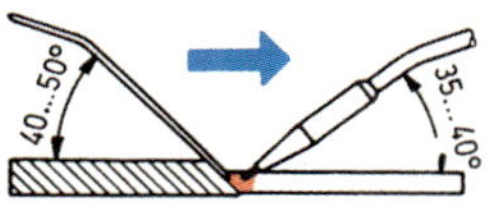

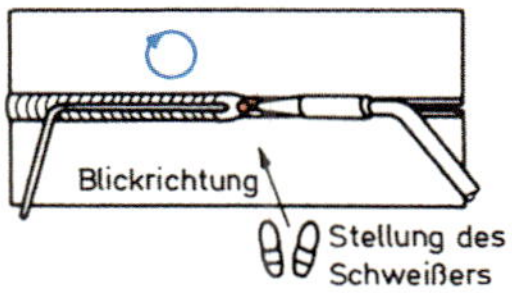

Der Brenner wird geradlinig von links nach rechts geführt. Der Schweißdraht wird kreisend im Schmelzbad bewegt und folgt der Bewegung des Brenners.
Die Flamme ist auf das Schmelzbad gerichtet, sodass auch die Nahtwurzel gut erfasst wird.

⊕ schmale Wärmezone und Nachglühen der Naht
⊕ höhere Schweißgeschwindigkeit

Einsatz: Bei Blechen über 3 mm Dicke

Bei der Außerbetriebnahme des Brenners wird zuerst das Acetylengasventil und dann das Sauerstoffventil geschlossen.

Schweißfehler

Fehler	Ursache
• Brenner knattert und knallt	• Mundstück zu heiß, Schlackenspritzer im Mundstück, Sauerstoffdruck falsch
• Flammenrückschlag	• Sauerstoffdruck falsch
• Nahtwurzel nicht einwandfrei durchgeschweißt	• Schweißgeschwindigkeit zu groß, Brennereinsatz zu klein, Brennerhaltung
• Naht fällt durch	• Schweißgeschwindigkeit zu klein, Brennereinsatz zu groß

Unfallverhütung

- Beim Schweißen immer Schutzbrille tragen
- Gasflaschen gegen Umfallen sichern
- Acetylenflasche nicht liegend benutzen (Aceton!)
- Gasflaschen gegen Erwärmung schützen (Sonne, Heizung!)
- Sauerstoffflasche, -schlauch und -ventil müssen öl- und fettfrei sein (Explosion!)
- Zulässige Entnahmemenge beachten (Ventilvereisung!)
- Brennerventile beim Abknallen der Flamme oder Flammenrückschlag sofort schließen. Prüfen, ob Acetylenflasche sich erwärmt (Flaschenbrand!)
- Acetylenschläuche nicht mit Kupferrohr verbinden (Explosionsgefahr!)
- Brenner- und Flaschenventile nach dem Schweißen schließen. Druckminderventile entlasten.

2.2.4.3 Lichtbogenschmelzschweißen

Schweißstromkreis

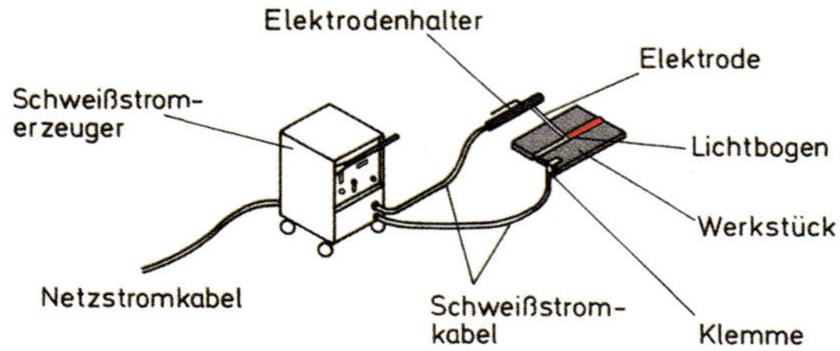

Beim Lichtbogenschweißen wird die erforderliche Wärme durch einen elektrischen Lichtbogen erzeugt. Die Werkstücke werden an der Schweißstelle angeschmolzen und die Elektrode abgeschmolzen.

Es kann Gleich- und Wechselstrom verwendet werden. Zugelassen sind Spannungen von etwa 15 V bis 50 V. Bei diesen niedrigen Spannungen sind Ströme von 60 A bis 1 000 A erforderlich, um die entsprechende Wärmeentwicklung des Lichtbogens zu erzielen.

Da in den Kfz-Werkstätten nur der ortsübliche Wechselstrom mit einer Spannung von 220 V bzw. Drehstrom von 380 V zur Verfügung steht, muss die Spannung durch einen Schweißstromerzeuger (Trafo, Umformer) auf eine niedrigere Spannung umgespannt oder umgeformt werden.

Beim Schweißen mit Gleichstrom ist auf die Elektrodenpolung zu achten. Meistens wird der Pluspol an das Werkstück (4200 °C) und der Minuspol an die Elektrode (3600 °C) angelegt. Beim Dünnblechschweißen wird umgekehrt gepolt.

Schweißvorgang

Strom kann erst fließen, wenn der Stromkreis geschlossen ist. Deshalb muss zunächst mit der Elektrode das Werkstück kurz angetupft werden. Es entsteht ein Kurzschluss.

Beim Abheben der Elektrode treten aus ihr Elektronen aus (Ionisieren), d. h. es entsteht zwischen Elektrode und Werkstück eine elektrisch leitende Gasstrecke. Die dabei auftretende Temperatur bringt die Elektrode und die Schweißstelle zum Schmelzen. An der Elektrodenspitze werden Werkstofftropfen abgeschmolzen, die dann zur Schweißnaht wandern.

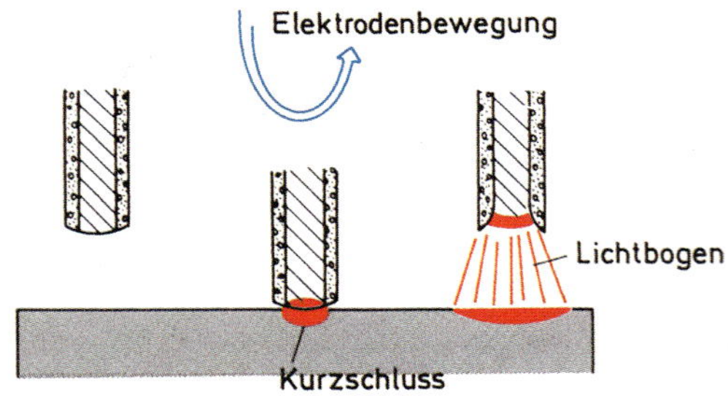

Damit der Lichtbogen nicht abreißt, muss sich die Elektrode immer in einem bestimmten Abstand zum Werkstück befinden. Der Abstand soll etwa dem Kerndurchmesser der Elektrode entsprechen.

In der Kfz-Werkstatt werden fast ausschließlich umhüllte Elektroden verwendet. Der Elektrodenwerkstoff soll etwa dem Grundwerkstoff entsprechen.

Die mineralische/organische Umhüllung schmilzt und verdampft während des Schweißvorganges. Sie erfüllt folgende Aufgaben:

- Bildung einer Gasglocke auf dem Schmelzbad
  Dadurch wird der Sauerstoff und der Stickstoff der Luft von der Schweißstelle ferngehalten.
- Stabilisierung des Lichtbogens
  Die Leitfähigkeit der Lichtbogenstrecke wird verbessert.
- Bildung von Schlacke auf dem Schweißbad
  Während des Erstarrens wird der Zutritt von Luftsauerstoff und -stickstoff verhindert.
  Die Schweißnaht kühlt langsamer ab.

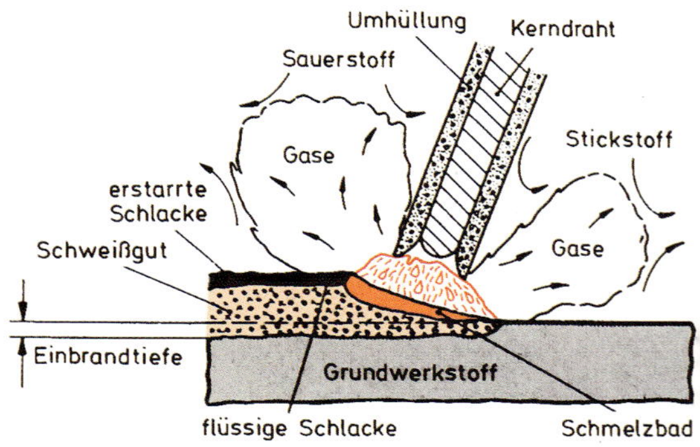

Blaswirkung

Durch das magnetische Feld, das um die Elektrode und das Werkstück entsteht, kann es zu einer Ablenkung des Lichtbogens kommen. Diese Ablenkung (Blaswirkung) kann so groß sein, dass beim Schweißen Gegenmaßnahmen ergriffen werden müssen, und zwar:

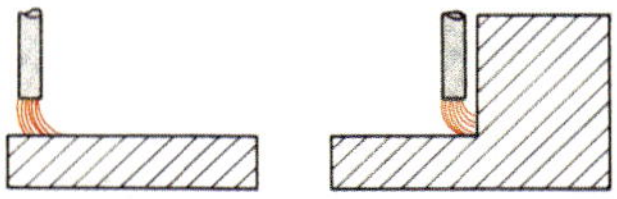

- Elektrode gegen die Blaswirkung schräg halten
- Anstatt Gleichstrom Wechselstrom verwenden
- Polklemme in die Nähe der Schweißstelle umklemmen
- Dickummantelte Elektroden verwenden

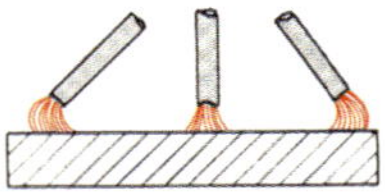

Unfallverhütung

- Schutzschild mit Seitenschutz benutzen, um Augenschäden zu vermeiden (Verblitzen!)
- Schutzkleidung tragen (Handschuhe, Schürze)
- Mitarbeiter vor UV-Strahlen schützen (Abschirmung)
- Beim Auswechseln der Elektrode das Werkstück nicht berühren. Die Leerlaufspannung ist höher als die Schweißspannung (Lebensgefahr!)
- In feuchten Räumen isolierende Unterlagen verwenden
- Für gute Be- und Entlüftung sorgen

Schweißfehler

Fehler	Ursache
• Einbrandtiefe zu gering	Stromstärke zu gering
• Einbrandtiefe zu groß	Stromstärke zu groß
• starke Werkstoffspritzer	Lichtbogen zu lang
• Naht fällt durch	Spalt zu groß

2.2.4.4 Schutzgasschweißen

Das Schutzgasschweißen ist ein Lichtbogenschweißverfahren. Die für das Schmelzen der Werkstoffe erforderliche Wärme wird durch den elektrischen Lichtbogen erzeugt. Der Lichtbogen und die Schweißstelle werden durch Zufuhr eines Schutzgases in einen Schutzgasmantel gehüllt. Das Schutzgas wird durch den Brenner zugeführt.

Das Schutzgas verhindert, dass der Sauerstoff und der Stickstoff aus der Luft mit dem Schmelzbad chemisch reagieren. Es entsteht keine Schlacke.

Durch die hohe Schweißgeschwindigkeit wird dem Werkstoff nur in einer schmalen Zone Wärme zugeführt. Daraus ergeben sich geringe Schrumpfspannungen und damit geringer Verzug.

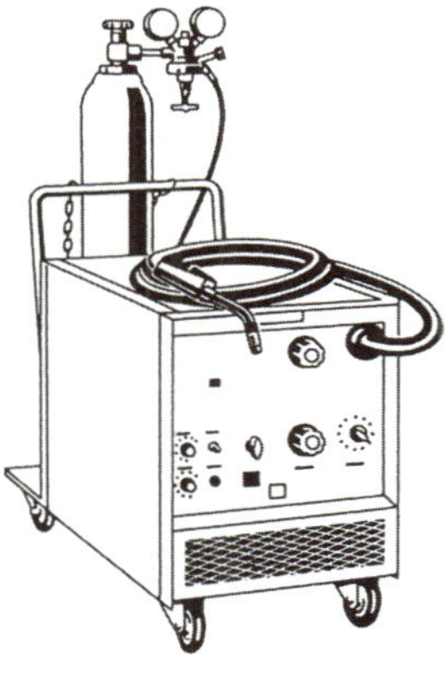

Für dünne Bleche werden luftgekühlte Brenner, für dicke Bleche und hohe Stromstärken wassergekühlte Brenner verwendet.

Als Schutzgase werden verwendet:

- Inerte Gase (z. B. Argon, Helium)
  Sie gehen während des Schweißvorgangs mit der Schmelze keine chemische Reaktion ein.
- Aktive Gase (z. B. Kohlenstoffdioxid oder Gasgemische aus Argon und Kohlenstoffdioxid)
  Sie sind preiswerter und nehmen an der chemischen Reaktion des Schweißvorgangs teil.

Nach dem verwendeten Schutzgas werden folgende Schutzgasschweißverfahren unterschieden:

Schutzgasschweißverfahren

<table>
<tr><th>Wolfram-Schutzgasschweißen (WSG)</th><th colspan="2">Metall-Schutzgasschweißen (MSG)</th></tr>
<tr><th>Wolfram-Inertgasschweißen (WIG)</th><th>Metall-Inertgasschweißen (MIG)</th><th>Metall-Aktivgasschweißen (MAG)</th></tr>
<tr><td>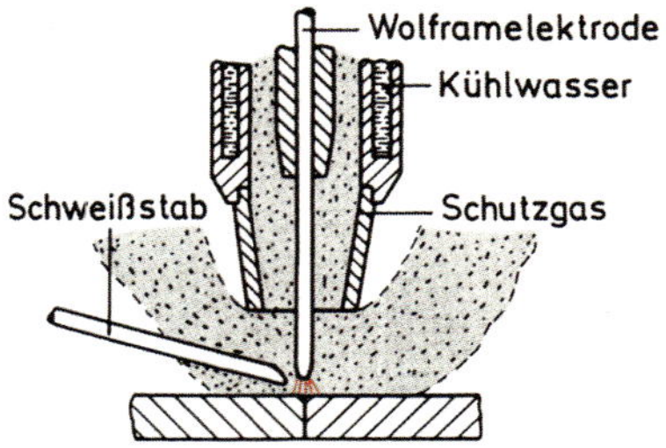
</td><td colspan="2">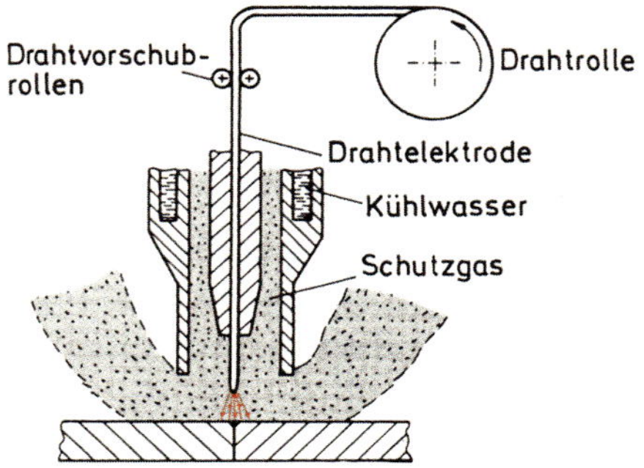
</td></tr>
<tr><td rowspan="2">Der Lichtbogen entsteht zwischen der sich nicht verbrauchenden Wolframelektrode und dem Werkstück. Der Zusatzwerkstoff wird von Hand zugeführt.
Stromquelle: Gleich- oder Wechselstrom
Schutzgas: Argon

Einsatz: Zum Schweißen von Blechen und Profilen bis 5 mm Dicke aus nichtrostendem, säure- und hitzebeständigem Stahl, Aluminium, Kupfer und deren Legierungen geeignet.</td><td colspan="2">Der Lichtbogen schmilzt die Drahtelektrode ab. Die Drahtelektrode wird von einer Drahtrolle durch einen biegsamen Schlauch dem Brenner automatisch zugeführt.

Stromquelle: Gleichstrom</td></tr>
<tr><td>Schutzgas: Argon

Einsatz: Zum Schweißen dicker Bleche aus hochlegiertem Stahl, Aluminium, Kupfer und deren Legierungen.</td><td>Schutzgas: Kohlenstoffdioxid bzw. ein Gemisch aus Argon und Kohlenstoffdioxid oder Argon und Sauerstoff.
Einsatz: Zum Schweißen aller unlegierten und niedriglegierten Stahlarten geeignet (insbesondere für Dünnbleche). Bei der Karosserieinstandsetzung häufig angewendet.</td></tr>
</table>

Durch Schutzgasschweißen können bei der Karosserieinstandsetzung überlappte Bleche durch Lochschweißen von einer Seite aus verbunden werden.

Durch die geringe Wärmeentwicklung ist das Ausbauen wärmeempfindlicher Teile oft nicht notwendig.

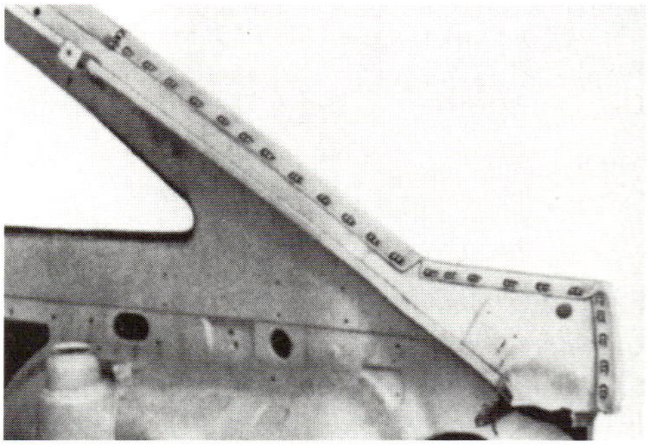

2.2.4.5 Löten

Beim Löten werden Werkstücke aus gleichen oder verschiedenen Metallen durch einen Zusatzwerkstoff, das Lot, verbunden. Der Schmelzpunkt des Lots liegt unter dem der zu verbindenden Teile.

Lötvorgang:

- Das flüssige Lot benutzt die Oberfläche der zu verbindenden Teile.
- Das flüssige Lot fließt aufgrund der Kapillarwirkung in den Lötspalt. Dabei wandern Atome des Lots in die Randschichten der zu verbindenden Bauteile und umgekehrt. An der Grenze zwischen Lot und Bauteil entsteht eine Legierung.

Lötverfahren:

- Weichlöten: Kolbenlötung, Temperaturen von 150 °C bis 450 °C
- Hartlöten: Flammenlötung, Temperaturen von 450 °C bis 1 100 °C

Lote:

- Weichlote: Blei-Zinn-Legierungen
- Hartlote: Messinglot (Cu-Zn-Legierung), Silberlote (Cu-Ag-Legierung)

Flussmittel:

Sie haben folgende Aufgaben:

1. entfernen Metalloxide von der Werkstückoberfläche
2. verhindern die Bildung neuer Metalloxide
3. erhöhen die Benetzbarkeit der Lötstelle mit Lot

- Flussmittel für Weichlöten: Lötwasser (Zink-Ammoniumchlorid), Lötfett, Harz (Kolophonium)
- Flussmittel für Hartlöten: Borax oder Borsäure

Lötverbindungen:

Stoßverbindung	Schäftung	Überlappung

Abgesetzte Überlappung	**Laschenverbindung**	**Gefalzte Lötverbindung**
		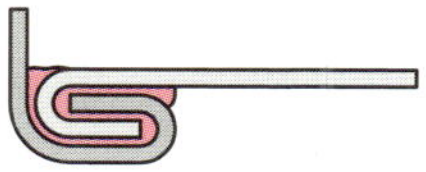

2.2.4.6 Kleben

Kleben ist eine stoffschlüssige Verbindung von Bauteilen mit Kleber.

Klebevorgang:

Die Oberflächenhaftung entsteht durch Adhäsionskräfte (Anziehungskräfte zwischen Metallmolekülen und Klebstoffmolekülen), die innere Festigkeit der Klebstoffschicht beruht auf der Wirkung der Kohäsionskräfte (Zusammenhangskraft) zwischen den Klebstoffteilchen. Da die Kohäsionskräfte geringer sind als die Adhäsionskräfte, muss die Kraftstoffschicht möglichst dünn sein.

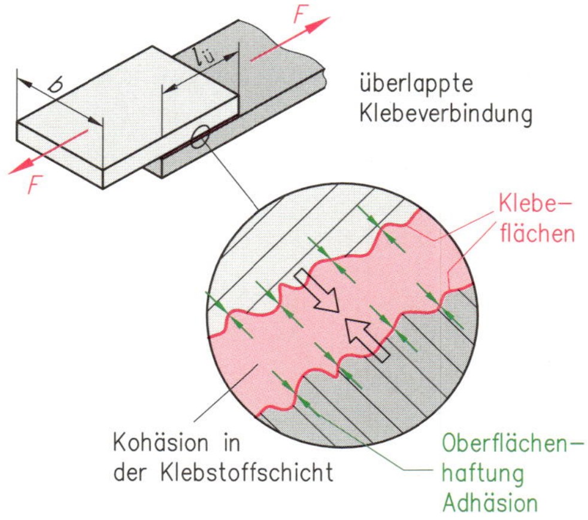

Klebstoffe:

Reaktionskleber, die durch chemische Reaktion aushärten:

- Einkomponentenkleber
- Mehrkomponentenkleber

Nach der Aushärtetemperatur unterscheidet man:

- Kaltkleber: Sie härten bei Raumtemperatur aus.
- Warmkleber: Sie härten bei Temperaturen über 150 °C aus.

Klebeverbindungen:

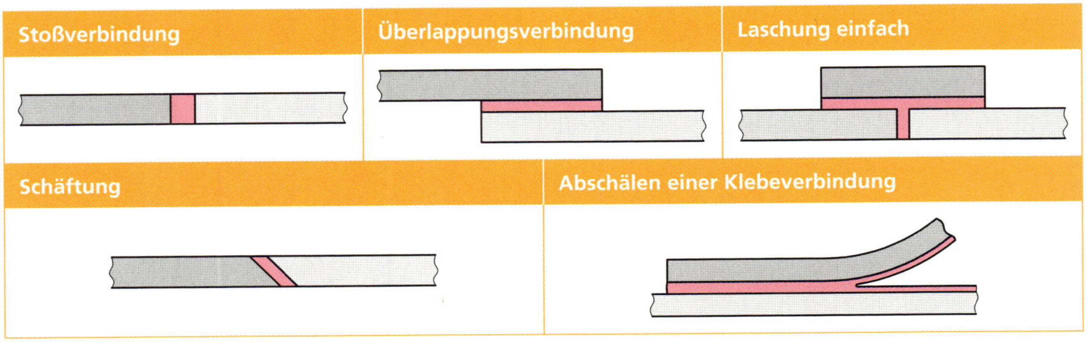

2.2.4.7 Nietverbindungen

Beim Nieten werden Werkstücke durch Umformen der Niete formschlüssig (Kaltnietung), reibschlüssig (Warmnietung) unlösbar miteinander verbunden.

Vorgang:

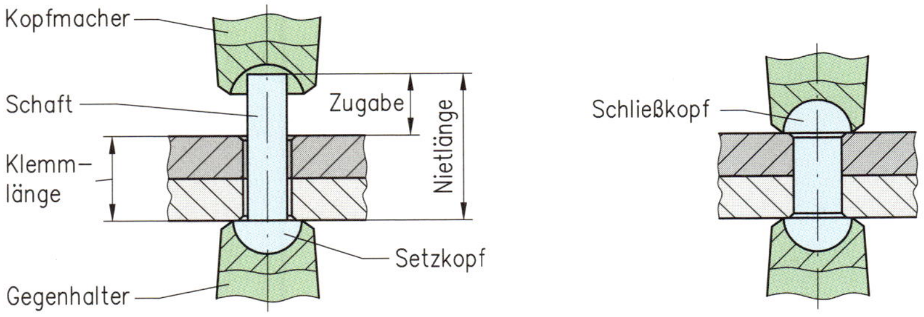

Nietformen:

Als Nietwerkstoffe, die gut dehnbar sein müssen, verwendet man Stahl, Kupfer, Messing und Aluminium. Diese Nieten werden kalt geschlagen. Nur Stahlnieten ab d = 10 mm werden warm genietet. Der Niet schrumpft beim Erkalten und presst die Werkstücke zusammen.

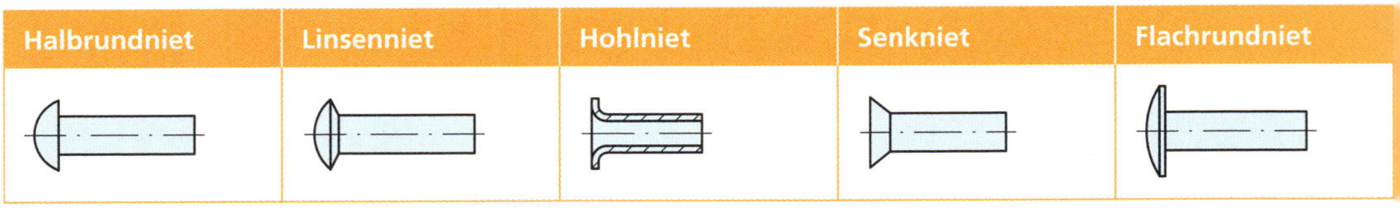

Nietverbindungen:

Im Kfz-Bereich gibt es u. a. Nietverbindungen bei Membrankupplung, Steuerketten und den aufgenieteten Belägen einer Trommelbremse.

Schließkopfformen von Leichtmetallnieten

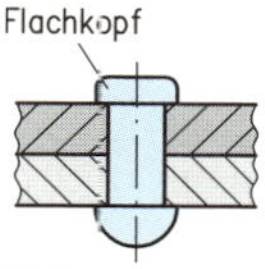

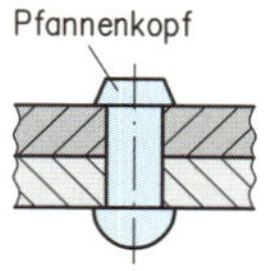

Überlappungsnietung

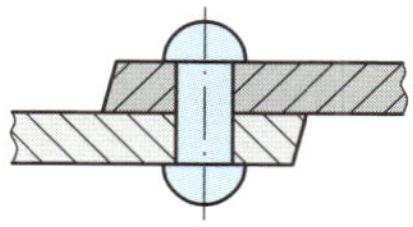

Laschennietung

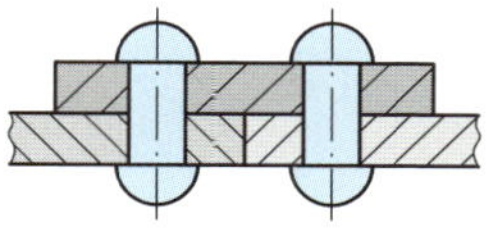

Doppellaschennietung

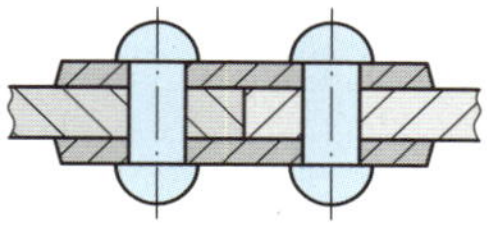

Nietverbingung mit Hohlniet

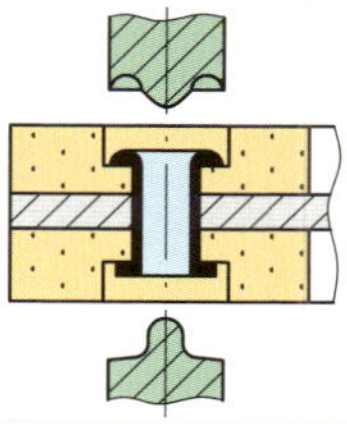

2.2.4.8 Klemmverbindungen

Mit einer Klemmverbindung wird die Bewegbarkeit eines Bauteils durch Kraftschluss (Anpressung) verhindert. Klemmverbindungen werden z. B. bei Hebeln angewendet, die auf glatte, längere Wellen aufzubringen sind. Die Naben von Hebeln sind dabei einseitig geschlitzt. Das Aufklemmen erfolgt durch Schrauben.

Hebel-Welle-Verbindung

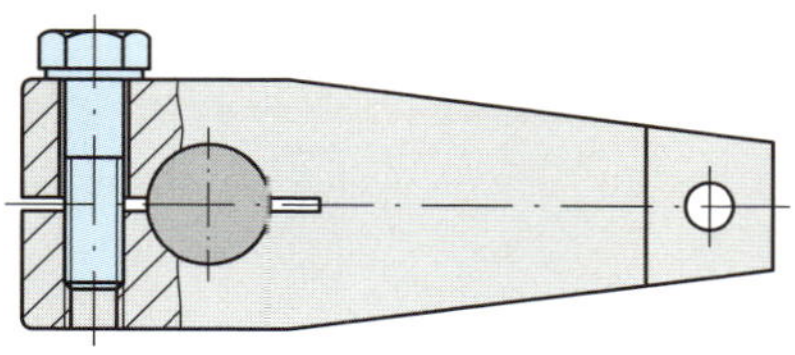

Klemmschellen

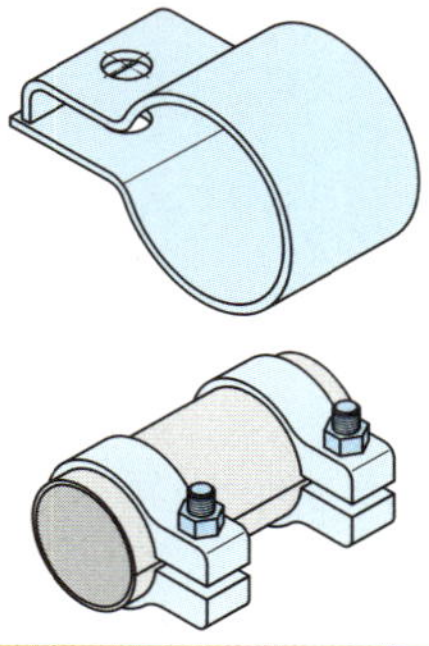

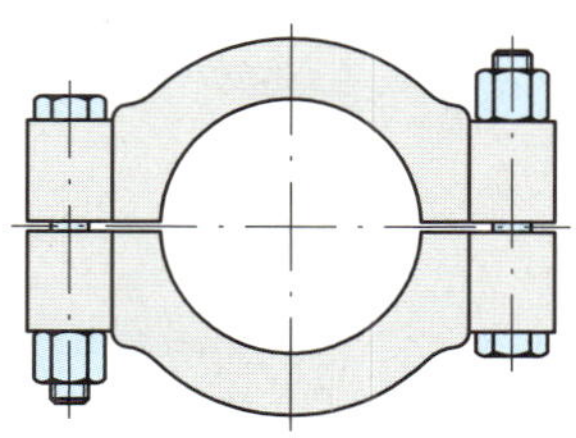

Klemmverbindungen im Kfz:

Verbindung Federbein-Radlagereinheit

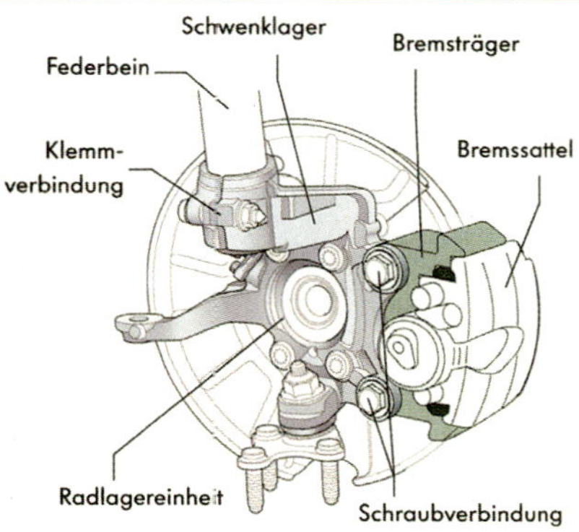

Klemmschelle Abgasrohr

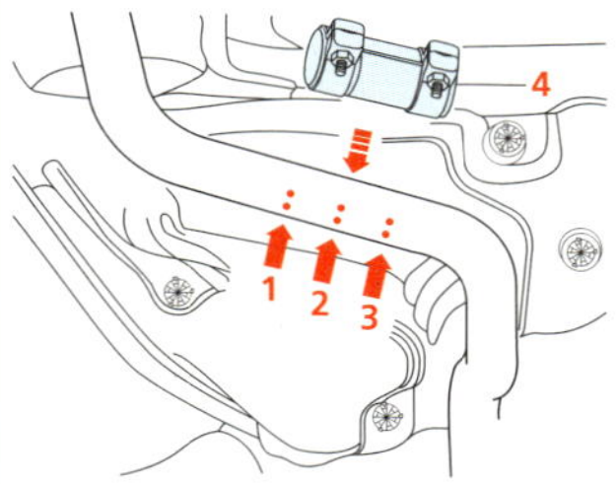

Klemmschelle Faltenbalg

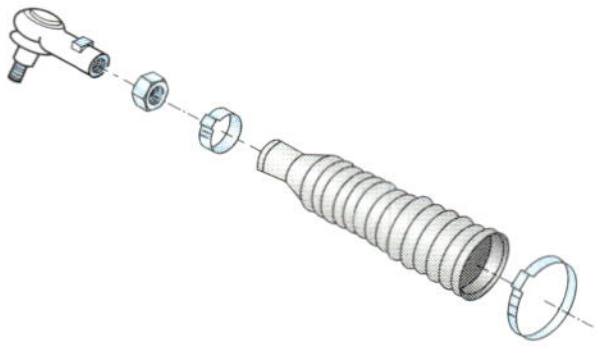

2.3 Fertigungstechnik

2.3.1 Werkstoffbearbeitung von Hand

2.3.1.1 Spanende Werkstoffbearbeitung

Spanende Werkstoffbearbeitung von Hand

Meißeln

Der Meißel ist ein einschneidiges Werkzeug.
Der Keilwinkel des Meißels hängt von dem zu bearbeitenden Werkstoff ab:

Werkstoff	Keilwinkel
Alu, Cu	40 … 50°
Baustahl	50 … 60°
hochfester Stahl	65 … 75°

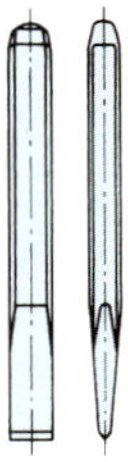

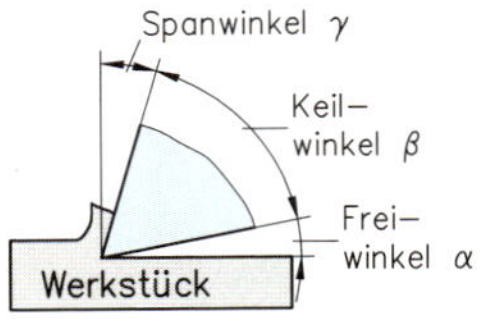

Span- und Freiwinkel werden von der Meißelhaltung bestimmt.
Meißel bestehen aus unlegiertem Werkzeugstahl. Im Bereich der Schneide ist der Meißel gehärtet. Zum Schaft hin nimmt die Härte ab, der Kopf ist weich.

Wir unterscheiden:

- Flachmeißel zur Flächenbearbeitung
- Kreuzmeißel zum Herstellen schmaler Nuten

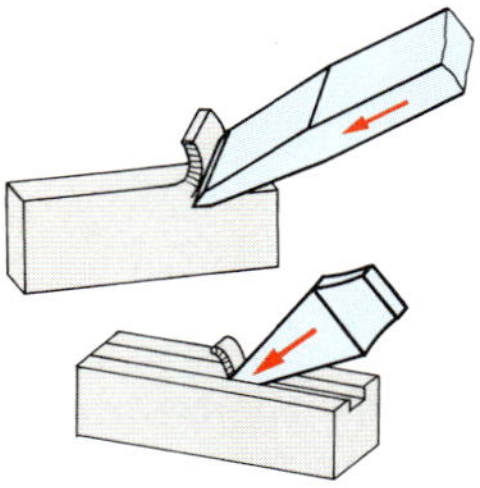

Unfallverhütung:

- Der Meißelkopf muss gratfrei sein.
- Beim Spanen mit dem Meißel ist eine Schutzbrille zu tragen.
- Zum Schutz anderer Personen gegen wegfliegende Späne ist ein Schutzschild aufzustellen.

Feilen

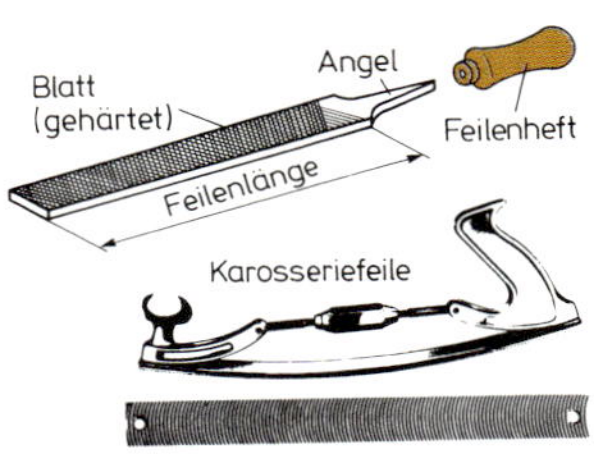

Die Feile ist ein mehrschneidiges Werkzeug. Feilen werden unterschieden nach:

- Herstellung

Gefräste Feilen	Gehauene Feilen
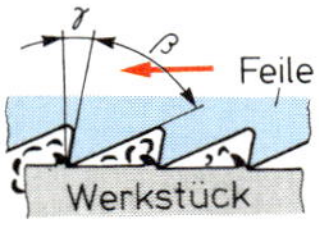	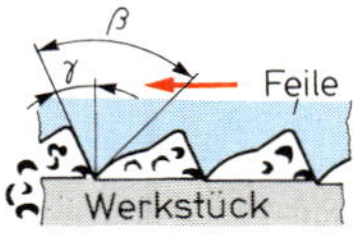
Positiver Spanwinkel – schneidende Wirkung Kleiner Keilwinkel – weiche Werkstoffe	Negativer Spanwinkel – schabende Wirkung Großer Keilwinkel – harte Werkstoffe

- Hiebteilung

Als Hiebteilung bezeichnet man den Abstand zweier aufeinanderfolgender Zähne. Je mehr Zähne pro cm Feilenlänge, desto feiner ist die Feile (Schlicht-, Feinschlichtfeile), desto sauberer wird die gefeilte Oberfläche

- Hiebanordnung

Damit die Späne gut abfließen, verläuft der Feilenhieb schräg oder rund zur Feilenachse.

Einhiebige Feilen	Feile mit Kreuzhieb
	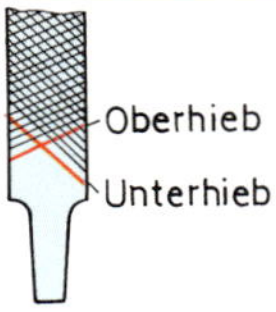
Einhiebige Feilen nehmen einen breiten Span ab. Sie eignen sich für weiche Werkstoffe.	Bei einer Feile mit Kreuzhieb werden die Späne gebrochen. Sie eignet sich für harte Werkstoffe.

- Feilenform

Unfallverhütung:

- Das Feilenheft muss festsitzen.
- Nie ohne Feilenheft arbeiten.

Je weniger Zähne pro cm Feilenlänge, desto gröber is[t] die Feile (Schruppfeile), desto mehr Riefen hat di[e] Oberfläche des gefeilten Werkstücks.

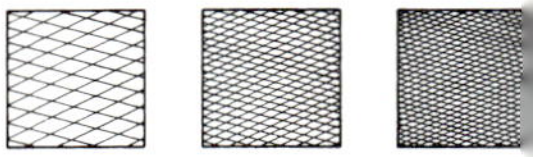

Spanende Werkstoffbearbeitung von Hand

Fortsetzung

Sägen

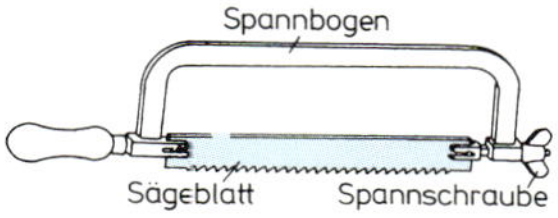

Die Säge ist ein mehrschneidiges Werkzeug mit vielen hintereinander angeordneten Keilen.

Damit die Säge einwandfrei arbeitet, müssen zwei Bedingungen erfüllt werden:

- Freischneiden des Sägeblattes
- Spanräume
  - weiche Werkstoffe: große Zahnteilung
  - harte Werkstoffe: kleine Zahnteilung
  - dünnwandige Werkstoffe: feine Zahnteilung

Unfallverhütung:

- Das Sägeblatt muss fest eingespannt werden.
- Das Werkstück ist nahe der Schnittstelle zu spannen.

Freischneiden des Sägeblattes

Freischnitt durch Schränken	Freischnitt durch Wellen
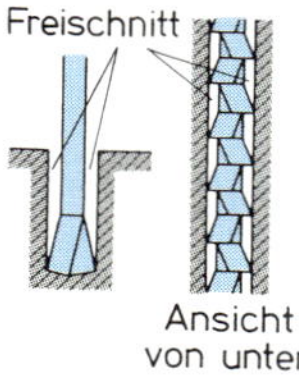	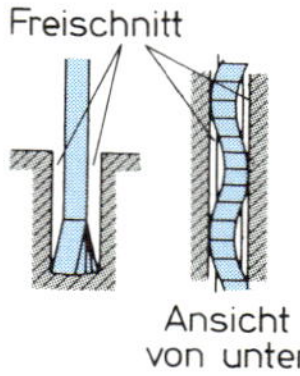

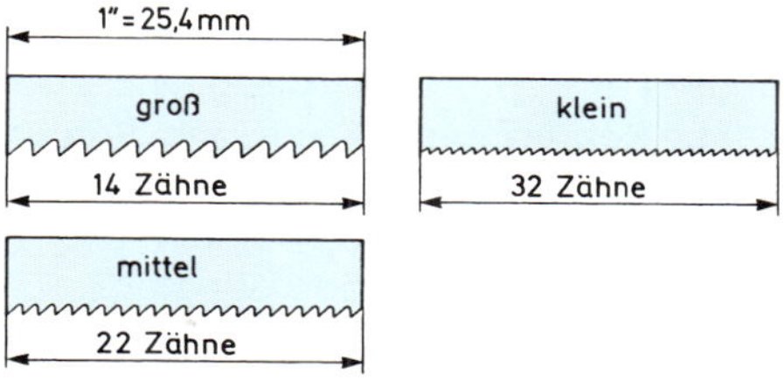

2.3.1.2 Zerteilende Werkstoffbearbeitung

Keilschneiden		Scherschneiden	
mit dem Flachmeißel	• mit dem Aushaumeißel	• mit Durchlaufschere	• mit der Handhebelschere
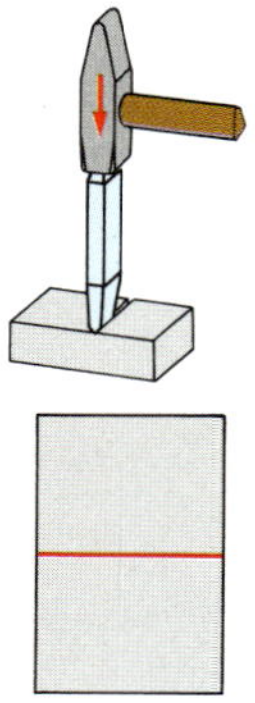	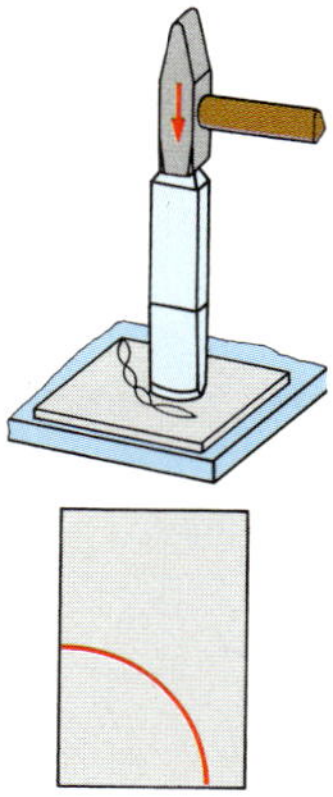	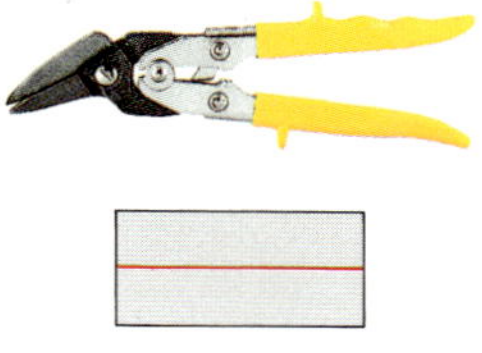	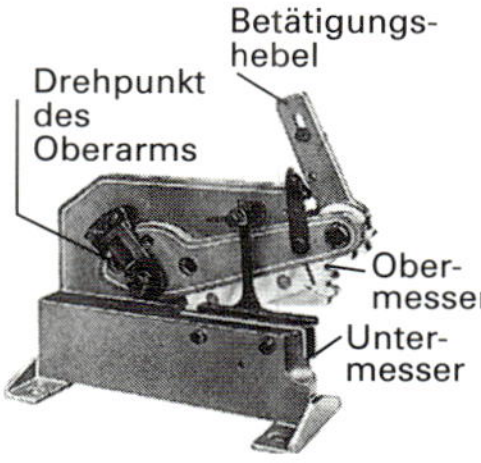
		Die Durchlaufschere eignet sich für lange Schnitte.	Bleche bis 8 mm
		• mit Figuren- oder Lochschere	• mit Knabber-Blechschere
		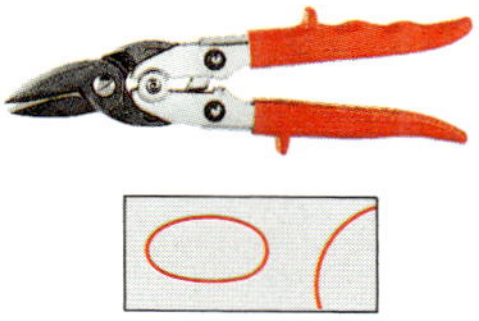	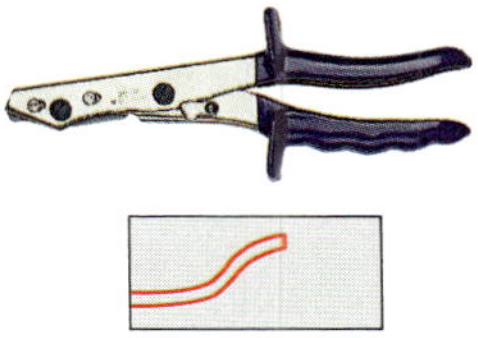
Der Flachmeißel eignet sich zum Zerteilen von Blechen mit geraden Schnittlinien.	Der Aushaumeißel hat eine gerundete Schneide und eignet sich zum Zerteilen beliebig geformter Schnittlinien.	Die Figurenschere eignet sich für gekrümmte Schnitte und Lochausschnitte.	Die Knabber-Blechschere schneidet knabbernd Aussparungen in jeder gewünschten Form und Größe.
Bleche bis 5 mm	Bleche bis 3 mm	Bleche bis 1,5 mm	Bleche bis 1,2 mm

2.3.2 Bohren, Senken, Gewindeschneiden

2.3.2.1 Bohrvorgang und Bohrer

Beim Bohren erfolgt die Spanabnahme durch das Zusammenwirken von zwei Bewegungen:

- Drehbewegung des Bohrers = Schnittbewegung
- Geradlinige Bewegung des Bohrers = Vorschubbewegung

Der Bohrer ist ein zweischneidiges Werkzeug. Die zwei Hauptschneiden entstehen durch den kegelförmigen Anschliff der Bohrerspitze. Die Spannuten transportieren die Späne aus der Bohrung. Bohrerfasen führen den Bohrer im Bohrloch. Die beiden Hauptschneiden werden durch die Querschneide verbunden. Die Querschneide hat eine schabende Wirkung.

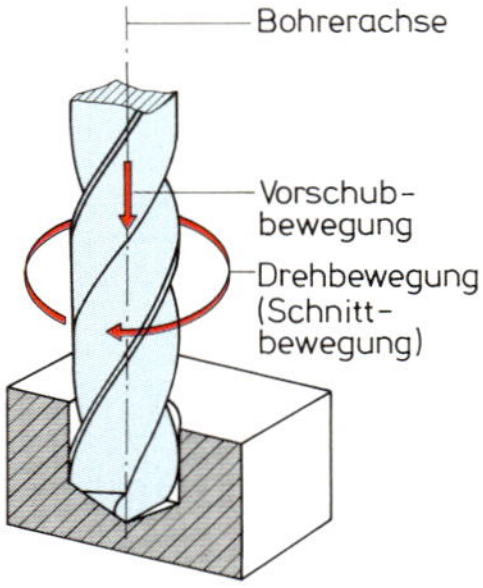

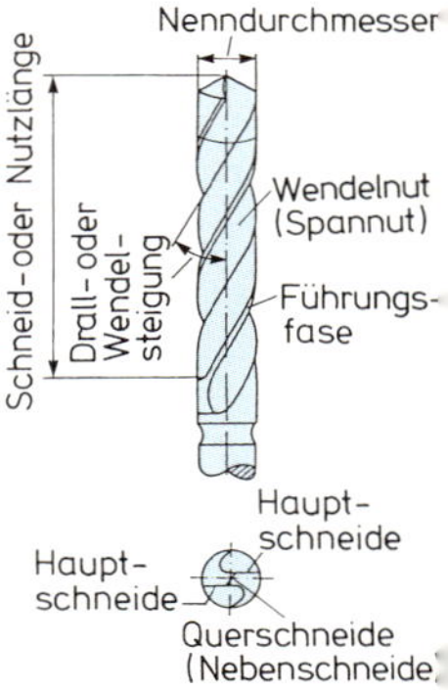

Winkel an der Bohrerschneide		
Freiwinkel	**Keilwinkel**	**Spanwinkel**
Der Freiwinkel entsteht durch Hinterschleifen der Freifläche. Der Freiwinkel beträgt 6–8°. 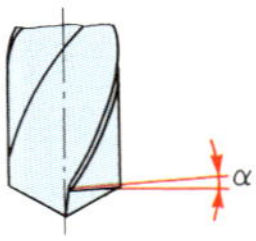	Den Winkel zwischen Freifläche und Spanfläche bezeichnet man als Keilwinkel. 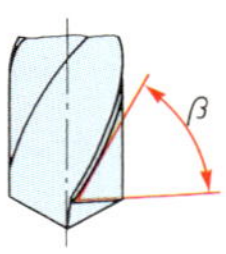 Es gilt: • weiche Werkstoffe – kleiner Keilwinkel, • harte Werkstoffe – großer Keilwinkel.	Der Winkel zwischen Spanfläche und Bohrerlängsachse wird Drallwinkel genannt. 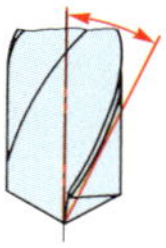 Der Drallwinkel entspricht dem Spanwinkel γ. Es gilt: • weiche Werkstoffe – großer Spanwinkel, • harte Werkstoffe – kleiner Spanwinkel.

Bohrerarten			
Bohrertyp	**Spanwinkel**	**Spitzenwinkel**	**Werkstoffe**
Typ W 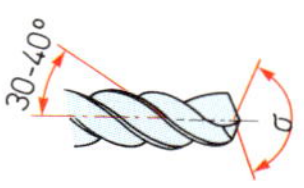	30 … 40°	140°	Weiche und zähe Werkstoffe: Cu, Al, Al-Legierungen
Typ N 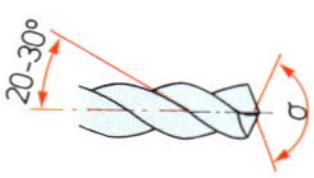	20 … 30°	118°	Normale Werkstoffe: Stahl, Grauguss
Typ H 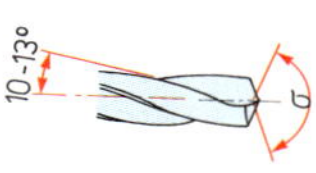	10 … 13°	140° 118° 80°	Harte Werkstoffe: hochfester Stahl Messing Kunststoffe, Pressstoffe

2.3.2.2 Senken

Durch Senken werden Bohrungen entgratet und zylindrische bzw. kegelige Aufnahmen für Schraubenköpfe hergestellt. Senker sind ein- oder mehrschneidige Werkzeuge, die der Form der jeweiligen Senkung entsprechen. Die Schnittgeschwindigkeit wird etwa halb so groß gewählt wie für das Bohren.

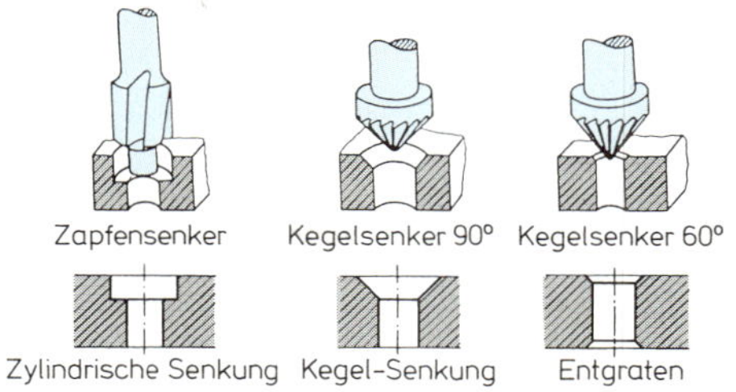

2.3.2.3 Säulenbohrmaschine

Die Bohrmaschine besteht aus folgenden Funktionseinheiten:

- Elektromotor,
- Hauptgetriebe,
- Vorschubgetriebe,
- Bohrspindel,
- Bohrtisch,
- Maschinengestell.

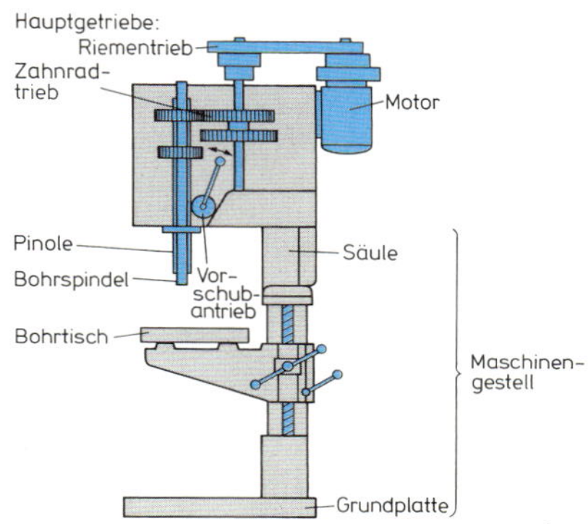

Funktionseinheiten

Bohrspindel/ Vorschubgetriebe

Die Bohrspindel führt die Schnitt- und Vorschubbewegung durch. Sie wird durch den Elektromotor über das Hauptgetriebe angetrieben. Die Bohrspindel besteht aus der eigentlichen Spindel für die drehende Bewegung und der Bohrspindelhülse (Pinole) für die Vorschubbewegung. Die Bohrspindelhülse besitzt eine Zahnstange, in die ein Ritzel eingreift. Das Ritzel wird über ein Handrad betätigt.

Die Bohrspindel besitzt einen Innenkegel zur Aufnahme des Bohrfutters oder des kegeligen Schaftes des Bohrers. Durch einen Auswerferdurchbruch kann mithilfe eines Austreibers das Bohrfutter oder der Bohrer aus der Spindel gelöst werden.

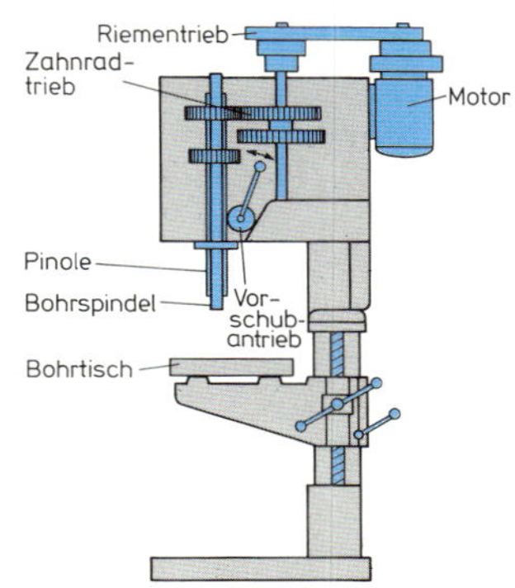

Hauptgetriebe

Mithilfe des Hauptgetriebes kann die Drehzahl stufenweise oder stufenlos verstellt werden.

Stufengetriebe
Auf der Motorwelle und auf der Bohrspindel befinden sich mehrere Keilriemenscheiben. Durch Umlegen der Keilriemen erreicht man verschiedene Drehzahlen.

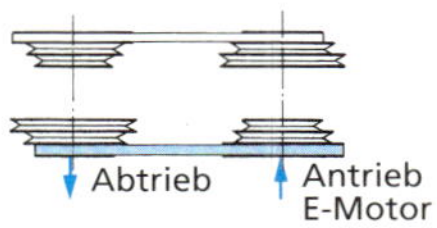

Stufenloses Getriebe
Stufenlose Getriebe besitzen zweiteilige Kegelscheiben, zwischen denen ein Keilriemen geführt wird. Mittels Rechts- und Linksgewinde der Stellspindel kann der Abstand der Kegelscheiben verändert werden. Hierdurch verlagert sich der Keilriemen und es ergeben sich andere Laufdurchmesser auf den Kegelscheiben.

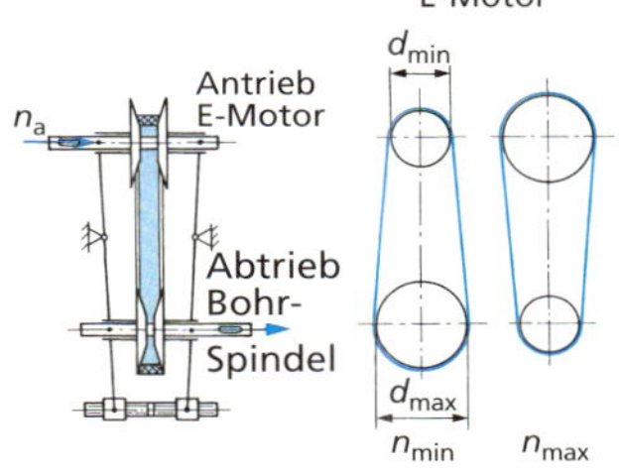

Funktionseinheiten		Fortsetzung
Spannmittel	Bohrer mit zylindrischem Schaft werden in ein Bohrfutter eingespannt, Bohrer mit kegeligem Schaft werden entweder direkt in den Innenkegel der Bohrspindel gesteckt oder durch Aufstecken von Reduzierhülsen dem Innenkegel angepasst. Kleine Werkstücke werden in einen Maschinenschraubstock eingespannt. Mit den Prismenbacken ist das Spannen zylindrischer Teile möglich. Der Maschinenschraubstock kann durch Spannschrauben auf dem Maschinentisch befestigt werden. Große Werkstücke werden mit Spannelementen auf dem Tisch direkt befestigt. Beim Bohren dünner Bleche wird ein Feilkloben verwendet und das Blech auf eine Holzunterlage gelegt.	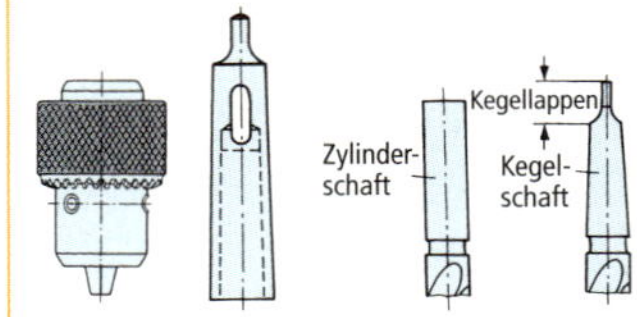 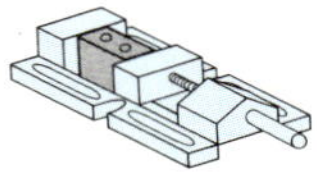 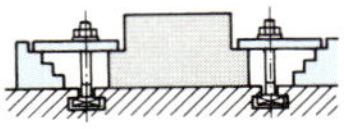

2.3.2.4 Handbohrmaschine

Die elektrische Handbohrmaschine wird überwiegend in der Montage eingesetzt und eignet sich für Arbeiten an großen und sperrigen Werkstücken. Die Genauigkeit und die Oberflächengüte der Bohrung ist allerdings nicht hoch.
Die elektrische Handbohrmaschine hat häufig ein Zweigang-Getriebe, die Drehzahl lässt sich elektronisch stufenlos regeln. Das Dreibackenfutter kann Bohrer bis 13 mm Durchmesser aufnehmen. Meist haben die Handbohrmaschinen eine Schlagbohreinrichtung zum Bohren von Beton.

2.3.2.5 Umfangsgeschwindigkeit, Drehzahl, Schnittgeschwindigkeit

Die Umfangsgeschwindigkeit ist abhängig von
- der Drehzahl *n*,
- dem Kreisdurchmesser *d*.

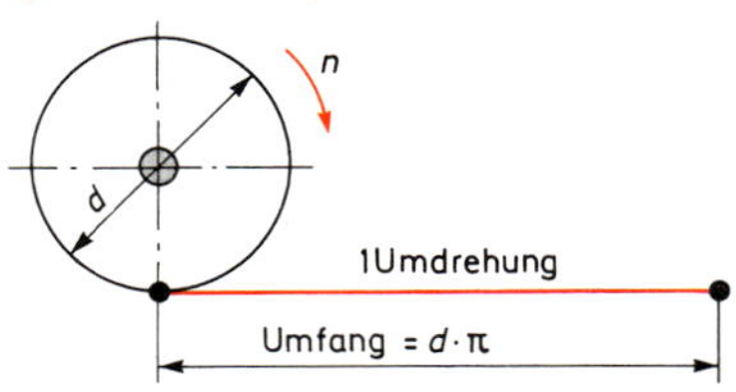

Unter Drehzahl oder Umdrehungsfrequenz versteht man die Anzahl der Umdrehungen in einer bestimmten Zeit (z. B. in einer Minute, Schreibweise: 1/min).

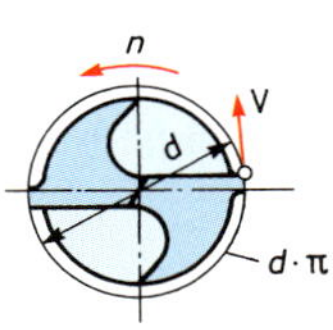

Die Umfangsgeschwindigkeit *v* des Körpers ist der Weg $s = d \cdot \pi$, den er am Kreisumfang in 1 Sekunde zurücklegt. Für die Umfangsgeschwindigkeit gilt dann:

$$v = d \cdot \pi \cdot n$$

Die Umfangsgeschwindigkeit *v* eines Bohrers bezeichnet man in der Fertigungstechnik als Schnittgeschwindigkeit. Sie entspricht dem Weg, den ein Punkt der Schneide am Umfang des Bohrers in der Minute zurücklegt.
Es gilt:

$$v = d \cdot \pi \cdot n \rightarrow n = \frac{v}{d \cdot \pi} \qquad d = \frac{v}{n \cdot \pi}$$

Drehzahl/Umdrehungsfrequenz

$$= \frac{\text{Anzahl der Umdrehungen}}{\text{Zeit}} \qquad n = \frac{z}{t}$$

Größe	Formelzeichen	Einheit
Schnittgeschwindigkeit	*v*	m/min
Durchmesser	*d*	m
Drehzahl	n	1/min

Beispiel:

Ein Werkstück aus Grauguss bis 260 N/mm^2 soll gebohrt werden. Berechnen Sie die an der Bohrmaschine einzustellende Drehzahl, wenn der Bohrerdurchmesser 20 mm beträgt.

Gegeben: $d = 20\ \text{mm} = 0{,}02\ \text{m}$
v für Grauguss aus Tab.: 15–25 m/min
$v = 20\ \text{m/min}$ (gewählt)

Gesucht: n in 1/min

Lösung: $v = d \cdot \pi \cdot n$

$$n = \frac{v}{d \cdot \pi}$$

$$n = \frac{20\ \text{m/min}}{0{,}02\ \text{m} \cdot 3{,}14}$$

$$\underline{\underline{n = 318{,}5\ 1/\text{min}}}$$

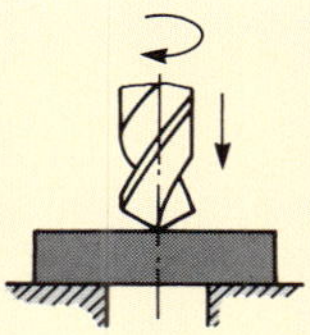

Damit der Bohrer den Beanspruchungen des Zerspanungsvorganges – Wärme, Verschleiß, Zerspankräfte – standhält, darf die zulässige Schnittgeschwindigkeit nicht überschritten werden. Die Werte für die Schnittgeschwindigkeit werden durch Versuche ermittelt und in Tabellen zusammengefasst.

Zulässige Schnittgeschwindigkeit beim Bohren in m/min

Werkstoff	Bohrer aus SS-Stahl
Stahl bis 500 N/mm^2	30–40
Stahl bis 700 N/mm^2	25–35
Grauguss bis 260 N/mm^2	15–25
Grauguss über 260 N/mm^2	12–16
Alu-Legierung (bis 11 % Si)	40–50
Messing	30–50
Kunststoff mit Füllstoffen (Glasfaser)	16

2.3.2.6 Gewindeherstellung

Innengewinde

Das Schneiden eines Innengewindes von Hand erfolgt mit Gewindebohrern, die mit einem Windeisen in das Kernloch eingedreht werden. Die Zerspanarbeit wird auf drei Gewindebohrer verteilt. Sie werden durch Ringe gekennzeichnet.

Der Kernlochdurchmesser muss etwas größer als der Kerndurchmesser des fertigen Gewindes sein, da beim Gewindeschneiden nicht nur Werkstoff abgetrennt, sondern gleichzeitig plastisch verformt wird und Werkstoffaufwerfungen entstehen.

Vorschneider (1 Ring)	Mittelschneider (2 Ringe)	Fertigschneider (3 Ringe oder ohne Ringe)
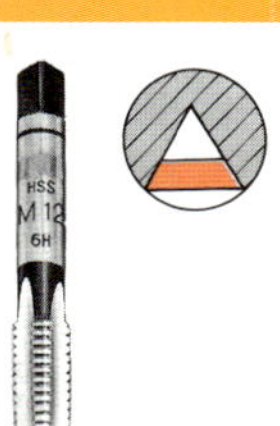	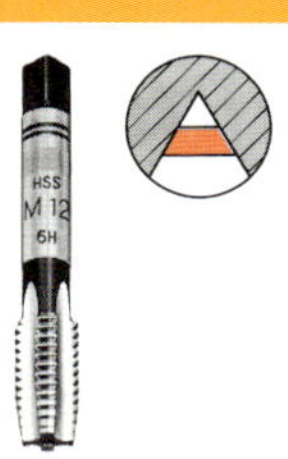	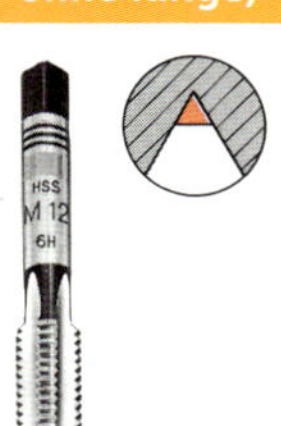

Gewinde	Kernloch-Bohrerdurchmesser in mm
M4	3,3
M5	4,2
M6	5,0
M8	6,8
M10	8,5
M12	10,2

Außengewinde

Außengewinde werden mit dem Schneideisen hergestellt. Das Gewinde wird in einem Arbeitsgang geschnitten.

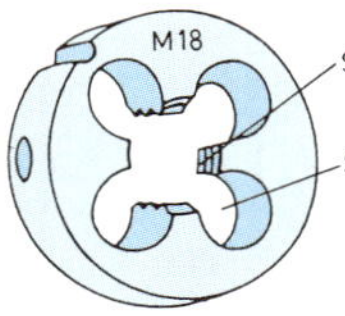

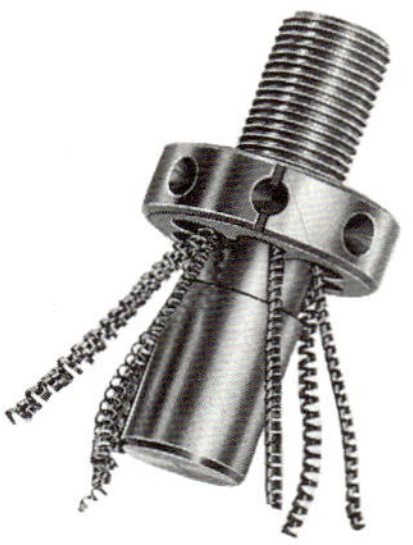

Gewinde	Bolzendurchmesser in mm
M4	3,9
M5	4,9
M6	5,9
M8	7,9
M10	9,85
M12	11,85

Der Außendurchmesser des Bolzens muss etwas kleiner als der Außendurchmesser des Gewindes sein, da auch hier Werkstoffaufwerfungen entstehen. Eine Fase erleichtert das Ausschneiden.

Je nach Werkstoff werden Schneidöle oder Kühlschmiermittel (Mischung von Wasser und Öl) als Schmiermittel verwendet. Hierdurch wird die Reibung beim Schneidvorgang verringert und die Oberflächengüte der Gewindeflanken verbessert.

Innengewinde schneiden

1. Bohren des Kernloches: Durchmesser entweder aus Tabelle oder über Näherungsformel: Kernlochdurchmesser ≈ 0,8 · Gewindenenndurchmesser.
2. Kernloch ansenken.
3. Gewindebohrer zum Vorschneiden in das Windeisen einspannen und mit dem Anschnitt in die Kernbohrung setzen.
4. Gewindebohrer unter gleichmäßigem Druck ein bis zwei Gewindegänge eindrehen.
5. Rechtwinkliges Anschneiden mit dem Flachwinkel überprüfen.
6. Gewindebohrer eindrehen:
   - Ein halber Gewindegang in Schneidrichtung,
   - Gewindebohrer etwas zurückdrehen, damit die Späne brechen,
   - Kühlschmiermittel verwenden.
7. Nach dem Vorschneiden Mittel- und Fertigschneider jeweils von Hand eindrehen und dann mit dem Windeisen fertigschneiden.

Verstellbares Windeisen

Außengewinde herstellen

1. Bolzen kegelig anfasen.
2. Schneideisen rechtwinklig ansetzen.
3. Zum Anschneiden des ersten Ganges leicht andrücken.
4. Gewinde schneiden:
   - Eine halbe Umdrehung in Schneidrichtung drehen,
   - Schneideisen etwas zurückdrehen, um die Späne zu brechen,
   - auch hier gegebenenfalls Kühlschmiermittel verwenden.

Schneideisenhalter

Verschlissene und ausgerissene Gewinde erneuern

Bei Leichtmetallen reißt manchmal das Gewinde aus. Dies gilt z. B. für das Zündkerzengewinde im Leichtmetall-Zylinderblock. In solch einem Fall setzt man in die Bohrung eine Gewindebuchse aus Stahl ein. Das defekte Zündkerzenloch wird ausgebohrt und anschließend die Gewindebuchse mit einem Eindrehwerkzeug eingedreht. Die Buchse ist selbstschneidend.

Für hochbelastbare Gewinde in metallischen Werkstoffen geringer Festigkeit, z. B. Alu-Legierungen, werden Gewindeeinsätze aus präzisionsgeformtem, rhombischen Stahldraht verwendet. Hierzu wird ein Kernloch gebohrt und mit einem Gewindebohrer ein Aufnahmegewinde für den Gewindeeinsatz geschnitten. Der Gewindeeinsatz wird mit einem Einbauwerkzeug unter Vorspannung in das Kernloch eingedreht.

Eindrehwerkzeug

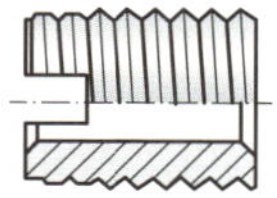

Gewindebuchse

Eindrehwerkzeug

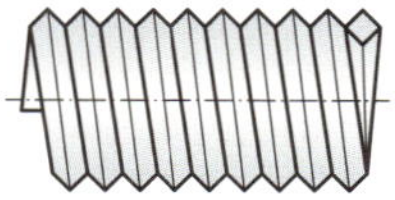

Gewindeeinsatz (HeliCoil®)

Beispiel:

Gegeben: Das Zündkerzengewinde M 14 im Leichtmetall-Zylinderkopf ist ausgerissen. Der Bohrer hat einen Durchmesser von 17 mm.

Gesucht: Drehzahl, mit der gebohrt wird.

Lösung: Die zulässige Schnittgeschwindigkeit wird aus der Tabelle ermittelt: Alu-Legierung → v = 40–50 m/min.

Gewählt: 45 m/min

Gegeben: v = 45 m/min
d = 17 mm = 0,17 m

$$n = \frac{v}{d \cdot \pi} = \frac{45}{0{,}017 \cdot 3{,}14} = 843\,\frac{1}{\text{min}}$$

2.3.3 Biegeumformen

Biegen ist ein spanloses Fertigungsverfahren, das beim Umformen von Blechen, Halbzeugen und Rohren angewendet wird.

2.3.3.1 Biegevorgang

Beim Biegen, z. B. eines Stabes, treten folgende Veränderungen auf:

- Die äußeren Werkstofffasern werden gedehnt.
- Die inneren Werkstofffasern werden gestaucht.
- In der Mitte des Stabes befindet sich eine Faserschicht, die weder gedehnt noch gestaucht wird. Diese Faserschicht wird als „neutrale Faser" bezeichnet. Sie bleibt in ihrer Länge unverändert und wird deshalb zur Berechnung der gestreckten Länge verwendet.
- Durch das Dehnen und Stauchen entsteht eine Querschnittveränderung. Im Bereich der Werkstoffstreckung wird der Querschnitt verkleinert, im Bereich der Werkstoffstauchung wird der Querschnitt vergrößert.

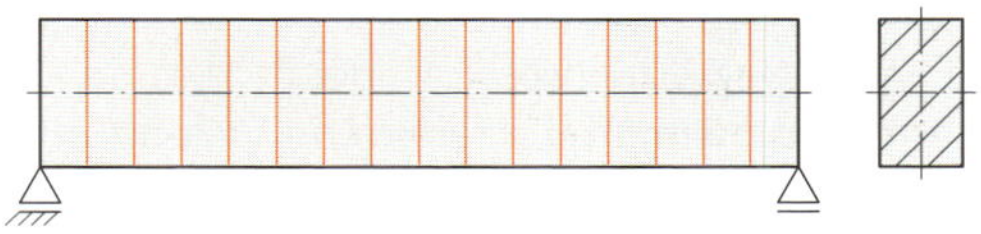

Stab vor dem Biegen

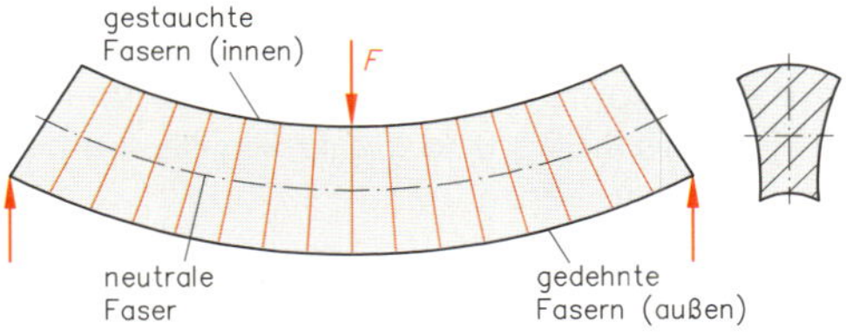

Stab durch Biegekraft F belastet

Gut verformbar sind: Stähle niedriger Festigkeit, weiches Messing, Kupfer, Zink, Aluminium.

Schlecht verformbar sind: hochfeste, legierte Stähle, harte Aluminiumlegierungen, Magnesiumlegierungen.

Nicht verformbar sind: Grauguss, Temperguss, harter Stahl (siehe Kap. Werkstoffe).

2.3.3.2 Biegen von Profilen, Blechen und Rohren

Beim Biegen eines Flachstahles sind zu berücksichtigen:

Biegewinkel und Biegeradius	Größe und Lage des Querschnitts
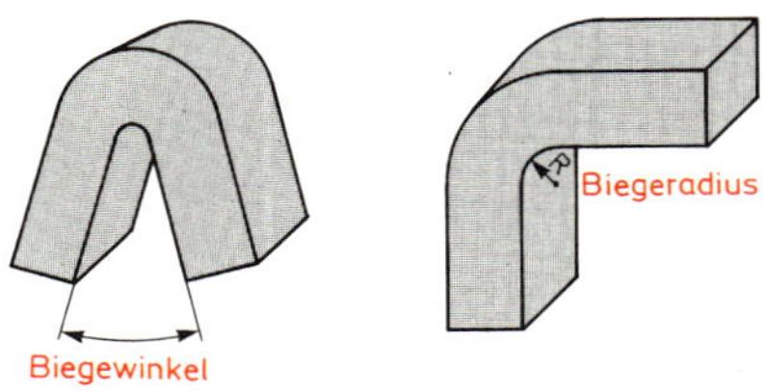	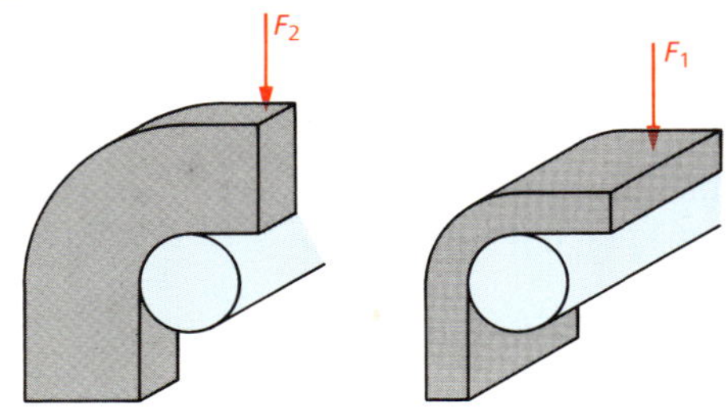
Großer Biegeradius – geringe Verformung der äußeren und inneren Fasern – geringe Biegekraft. Kleiner Biegeradius – große Verformung der äußeren und inneren Fasern – große Biegekraft.	Flachstab hochkant – Fasern stärker gedehnt und gestaucht – große Biegekraft. Flachstab flachkant – Fasern geringer gedehnt und gestaucht – kleine Biegekraft.

Biegen von Blechen

Durch Walzen von Blechen werden die Werkstoffkörner in Walzrichtung gestreckt. Der Zusammenhalt der nebeneinanderliegenden Walzfasern ist geringer als der Zusammenhalt in Walzrichtung. Daher müssen Bleche quer zur Walzrichtung gebogen werden oder mit einem größeren Biegeradius versehen werden.

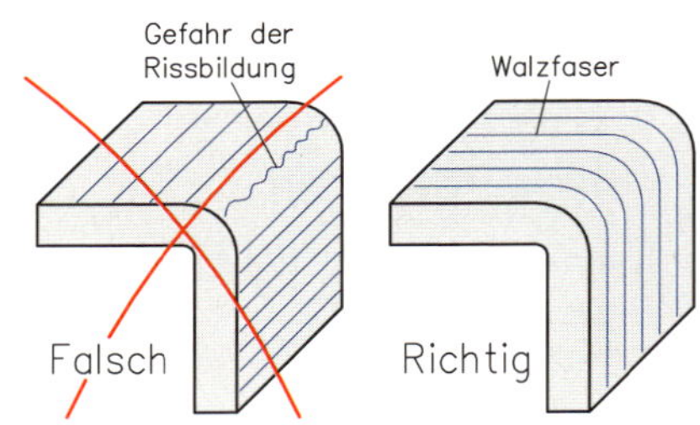

Biegen von Rohren

Im Kraftfahrzeug sind es insbesondere Bremsleitungen, die aus Stahl bestehen. Sie sind vielschichtig gegen Korrosion geschützt. In Biegungen und Bögen dürfen keine Verengungen sein. Biegungen und Bögen dürfen nicht zu eng sein. Rohrkrümmungen < 5-mal Außendurchmesser sind zu vermeiden.

Bremsleitungen und Rohre werden am einfachsten in einer Rohrbiegevorrichtung gebogen, um eine Faltenbildung und ein Einknicken am äußeren Rand zu vermeiden.

Schweißnähte von Rohren sollten möglichst in der neutralen Zone liegen, um ein Aufplatzen der Nähte zu verhindern.

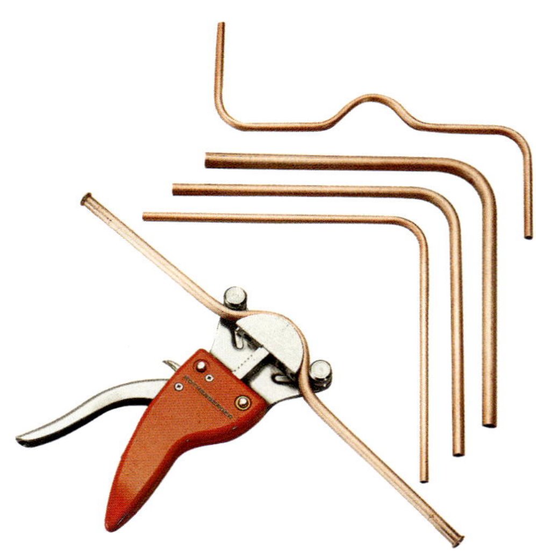

2.4 Prüf- und Messtechnik

2.4.1 Maßsysteme

Längen und Winkel

Heute sind in der Welt zwei Längenmaßsysteme üblich:

- Zollmaßsystem in den angelsächsischen Ländern, z. B. USA, GB
- Metrisches Maßsystem in den übrigen Ländern

Die gesetzliche Längeneinheit des metrischen Längenmaßsystems ist das Meter. Es wurde 1889 als der 40-millionste Teil eines Erdmeridians festgelegt. Um den heutigen Genauigkeitsansprüchen zu genügen, hat man 1960 das Meter neu definiert. Man nutzt hierbei die Eigenschaften von Stoffen, bei Erwärmung Licht verschiedener Wellenlängen auszusenden.

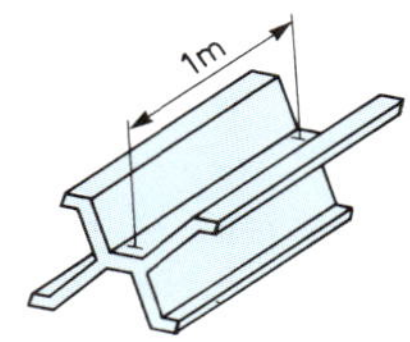

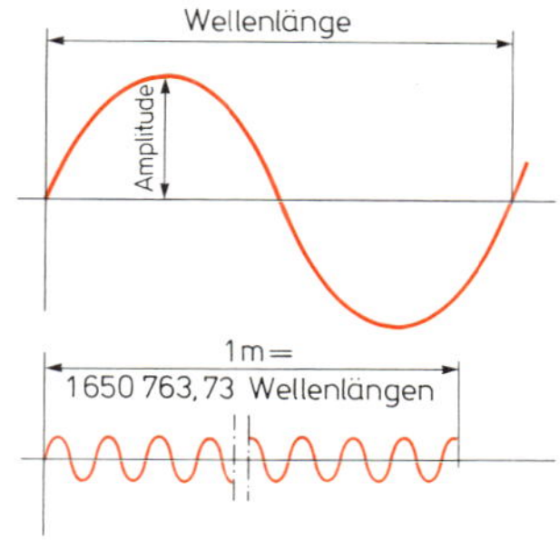

Bisher galt: Ein Meter ist das 1 650 763,73-fache der Wellenlänge des orangefarbenen Lichts, das vom Edelgas Krypton ausgesendet wird. Heute gilt: Ein Meter ist die Länge der Strecke, die Licht im Vakuum während der Zeit von 1/299 792 458 Sekunden durchläuft.

In angelsächsischen Ländern ist der Zoll gesetzliche Längeneinheit. Das Zollmaßsystem hat als Grundlage die Daumenbreite.

Längeneinheiten
1 m = 10 Dezimeter = 10 dm
1 m = 100 Zentimeter = 100 cm
1 m = 1 000 Millimeter = 1000 mm
1 m = 1 Mill. Mikrometer = 1 000 000 µm
1″ = 1 Zoll
1″ = 25,4 mm

Winkel werden in der Kfz-Technik in Grad angegeben. Ein Grad ist der 360. Teil eines Vollkreises. Die Einheit Grad (°) kann in Minuten (') und Sekunden (") unterteilt werden.

Winkeleinheiten
1° = 60 Minuten = 60′
1° = 3 600 Sekunden = 3600″

2.4.2 Maßabweichungen, Maßtoleranz

Kurbelwelle, Pleuelstange, Lager usw. werden einzeln gefertigt und dann zusammengebaut. Dabei ist wichtig, dass keine Nacharbeit erforderlich ist. Daher muss jedes Bauelement seine vorgeschriebenen Maße besitzen. Die Genauigkeit der Fertigung wird dabei von der Funktion der Bauelemente bestimmt. Da mit zunehmender Genauigkeit die Fertigungskosten enorm steigen, gilt der Grundsatz:

Die Fertigung erfolgt so genau wie nötig und nicht so genau wie möglich.

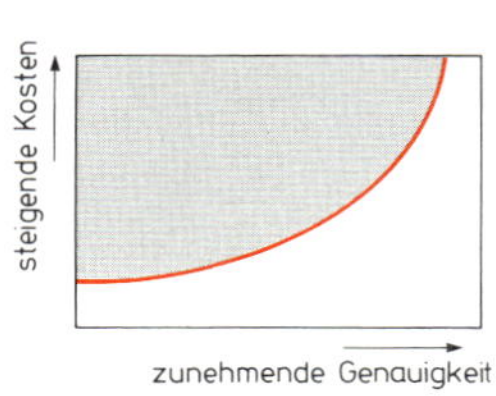

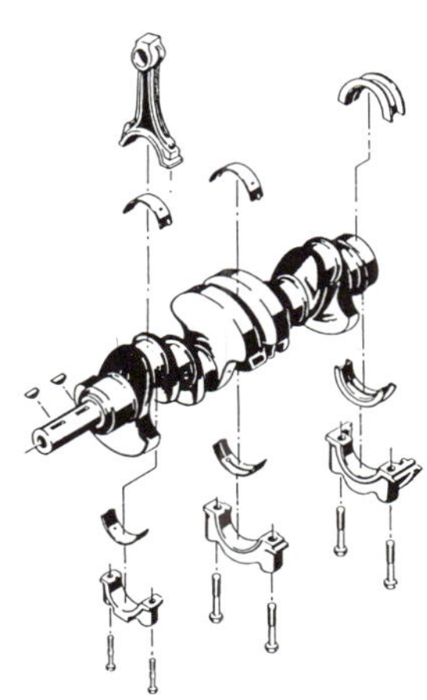

Bei der Fertigung werden bestimmte Abweichungen vom angegebenen Maß zugelassen. Wir unterscheiden:

- **Nennmaß** *N*
  Das Nennmaß ist die eigentliche Größenangabe z. B. 58 mm.
- **Grenzabmaße Welle:** *es, ei,* **Bohrung:** *ES, EI*
  Die Grenzabmaße geben die zulässigen Abweichungen vom Nennmaß an. Die obere zulässige Abweichung vom Nennmaß ist das obere Grenzabmaß *es* bzw. *ES*, die untere Abweichung ist das untere Grenzabmaß *ei* bzw. *EI*.
- **Höchstmaß** G_o, **Mindestmaß** G_u
  Aus den Nennmaßen und den Grenzabmaßen lässt sich das größte zugelassene Maß ≙ Höchstmaß G_o und das kleinste zugelassene Maß ≙ Mindestmaß G_u ermitteln.
- **Passmaß**
  Ein Maß mit zulässigen Maßabweichungen bezeichnet man als Passmaß.
- **Maßtoleranz**
  Der Unterschied zwischen Höchstmaß G_o und Mindestmaß G_u ergibt die Maßtoleranz *T*.
- **Istmaß**
  Das tatsächlich am Werkstück gemessene Maß nennt man Istmaß. Das Istmaß muss zwischen Höchst- und Mindestmaß liegen.

Kurbelwellenzapfendurchmesser	Hauptlagerschalendurchmesser
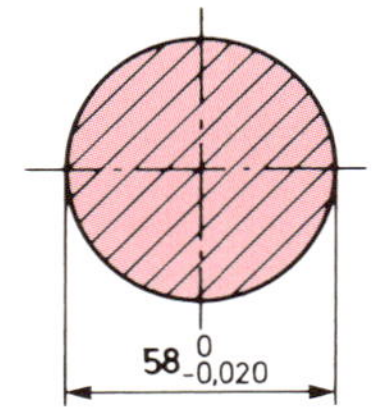	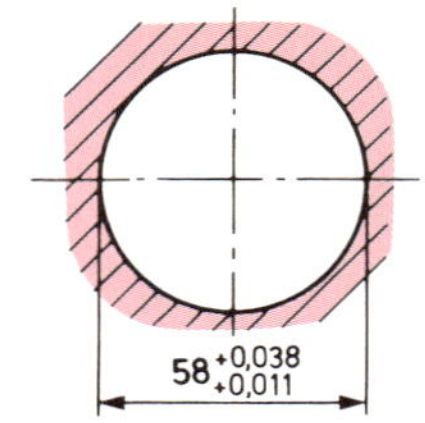
$N = 58$ mm	$N = 58$ mm
$es = 0$	$EI = +0,011$ mm
$ei = -0,020$ mm	$ES = +0,038$ mm
$G_o = N + es$	$G_o = N + ES$
$= 58 + 0$	$= 58 + 0,038$
$= 58$ mm	$= 58,038$ mm
$G_u = N + ei$	$G_u = N + EI$
$= 58 - 0,02$	$= 58 + 0,011$
$= 57,98$ mm	$= 58,011$ mm
$T = G_o - G_u$	$T = G_o - G_u$
$= 58 - 57,98$	$= 58,038 - 58,011$
$= 0,02$ mm	$= 0,027$ mm

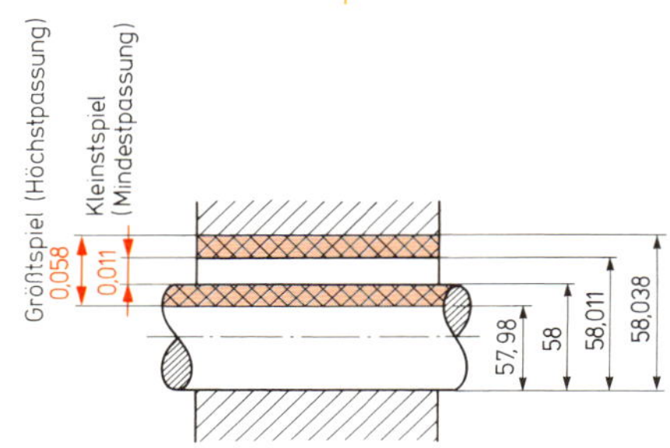

Spielpassung

Wenn Kurbelwelle, Pleuelstange und Lager zusammengebaut werden, muss nach dem Paaren der Teile ein Lagerspiel vorhanden sein. Dies ist dann der Fall, wenn das Istmaß der Welle kleiner als das Istmaß der Bohrung ist.

2.4.3 Prüfen, Messen, Lehren

Durch Prüfen wird festgestellt, ob ein Werkstück den geforderten Maßen und/oder der vorgeschriebenen Form entspricht. Das Prüfen kann durch Messen oder Lehren erfolgen.

Messen

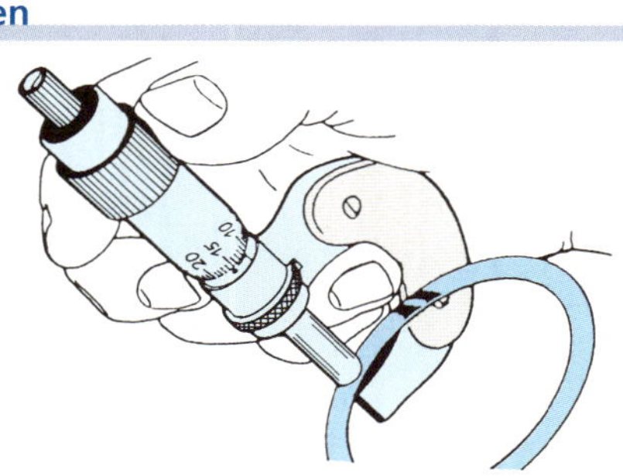

Die Dicke des Kolbenringes wird mit einer Bügelmessschraube gemessen und das Maß in vollen und hundertstel Millimeter ermittelt.
Messen ist das Vergleichen einer Länge an einem Werkstück mit einem Messgerät. Das Ergebnis des Messens ist das Istmaß in Form eines Zahlenwertes. Der Zahlenwert mit der entsprechenden Einheit multipliziert, ergibt den Messwert.

Lehren

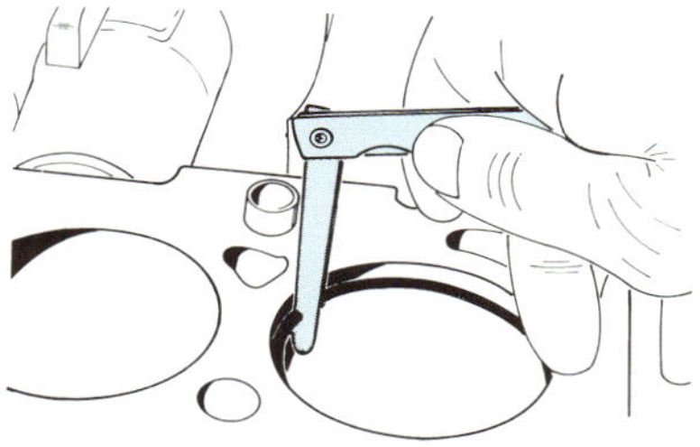

Mit der Fühllehre wird festgestellt, ob genügend Stoßspiel beim Kolbenring vorhanden ist, damit er sich bei Erwärmung ungehindert ausdehnen kann. Beim Lehren wird ein Prüfling mit einer Lehre verglichen. Sie stellt das Sollmaß oder die Sollform dar. Mit den Lehren wird festgestellt, ob das Istmaß oder die Istform von dem Sollmaß oder der Sollform abweicht. Ein Zahlenwert wird nicht ermittelt.

Bezugstemperatur

Nach DIN 102 ist für jede Prüfung eine Bezugstemperatur von 20 °C für das Prüfgerät und das zu prüfende Werkstück festgelegt.

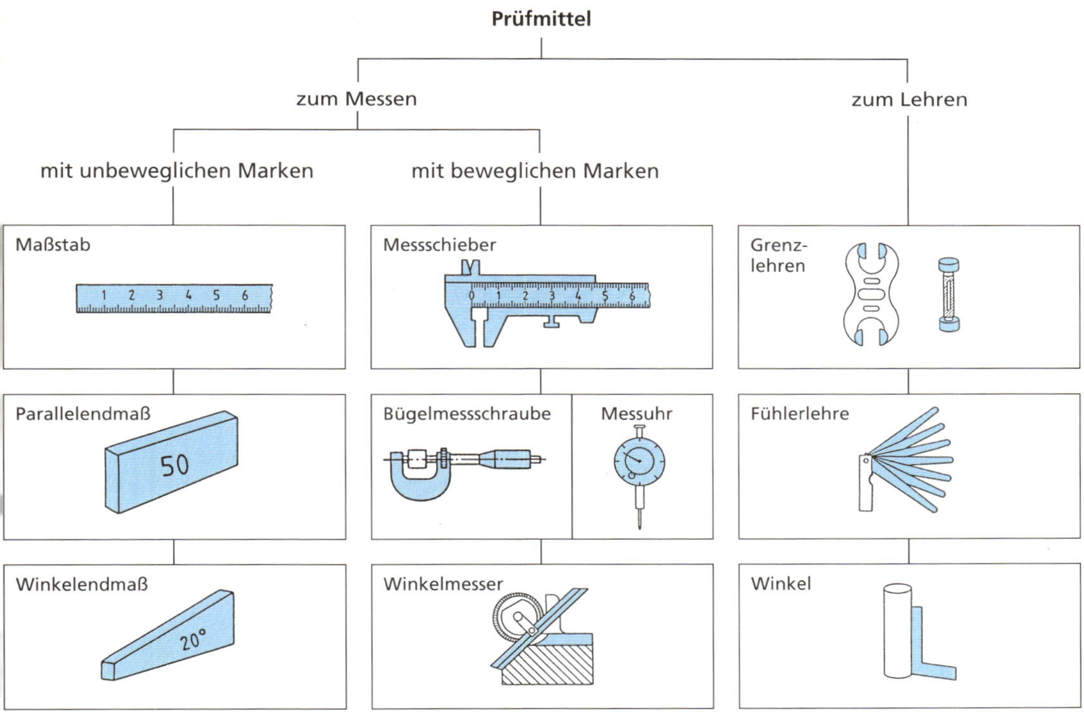

2.4.4 Verfahren der Längenprüftechnik

Direktes Messen

Beim direkten oder unmittelbaren Messen wird die Länge eines Prüflings mit der Skala des Längenmessgerätes verglichen.

Indirektes Messen

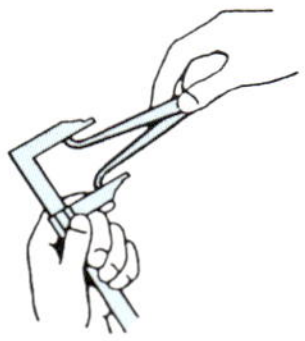

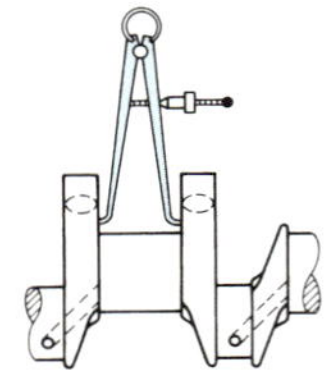

An Stellen eines Werkstücks, die für ein Messgerät nur schwer zugänglich sind, wird ein Messhilfsmittel, z. B. ein Innen- oder Außentaster zwischengeschaltet.

Unterschiedsmessung

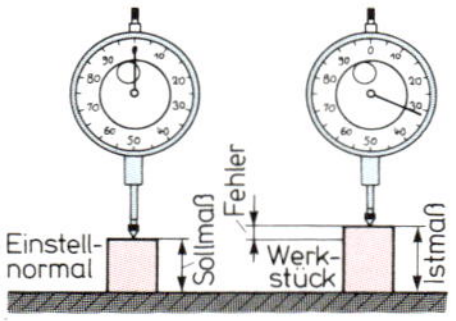

Zum Unterschiedsmessen werden Messuhren verwendet. Die Messuhr wird mithilfe eines Einstellnormals auf das Sollmaß eingestellt und anschließend mit dem Istmaß des Werkstücks verglichen. Die Messuhr zeigt den Unterschied zwischen Soll- und Istmaß an.

Beim Einbau neuer Kolben ist der Kolbenstand im OT zu prüfen, um eine entsprechende Zylinderkopfdichtung auszuwählen.

Hierzu wird die Messuhr zuerst auf die Planfläche des Zylinderkurbelgehäuses und dann auf die Kolbenoberfläche eingestellt und die Differenz abgelesen. Sie entspricht der Mindeststärke der Dichtung.

Formlehren

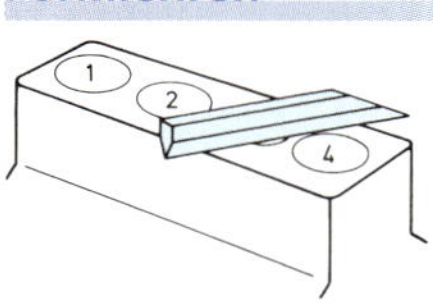

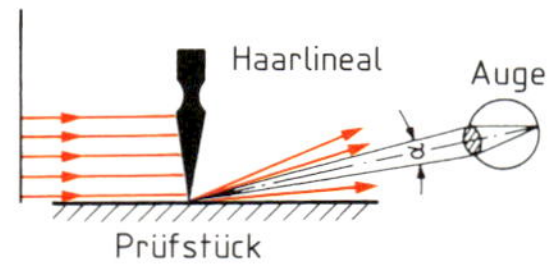

Formlehren dienen zum Überprüfen von Flächen, Winkeln, Radien usw. Mit dem Haarlineal wird die Ebenheit der Planfläche des Zylinderkopfes durch Lichtspaltprüfung kontrolliert.

Maßlehren

Fühllehre

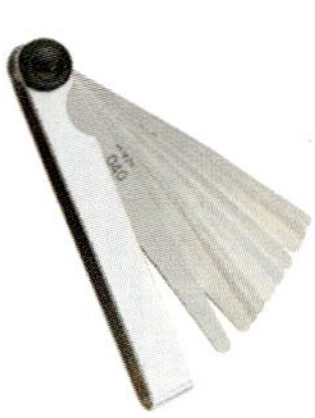

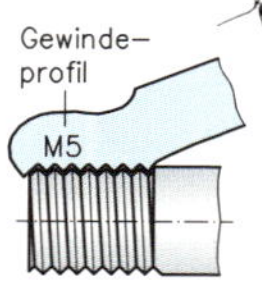

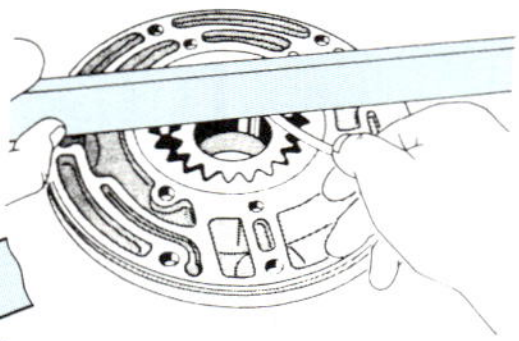

Maßlehren dienen dazu, ein bestimmtes Maß zu prüfen. Die Fühllehre besitzt mehrere Blattlehren von unterschiedlicher Stärke. Die Nennmaße sind auf den Blattlehren aufgetragen. Bei richtigem Spiel muss sich die Fühllehre gerade noch zwischen den zu prüfenden Teilen bewegen lassen.

Grenzlehren

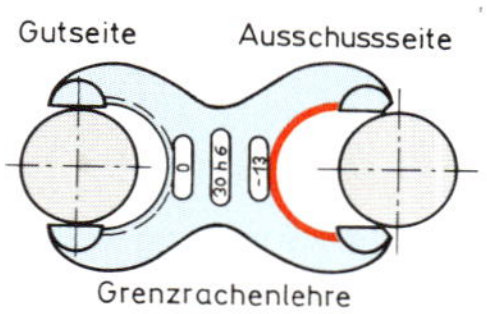

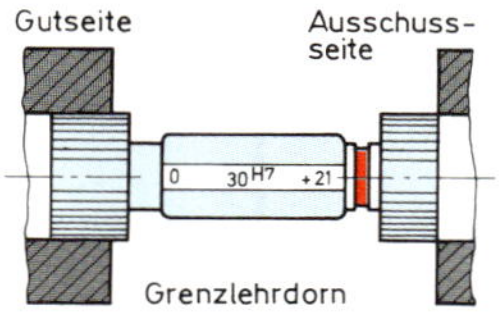

Durch Grenzlehren überprüft man, ob das Istmaß eines Werkstücks im vorgeschriebenen Toleranzbereich liegt. Grenzrachenlehren verwendet man zum Lehren von Wellen, Grenzlehrdorne zum Lehren von Bohrungen. Die Lehren besitzen eine Gut- und eine Ausschussseite. Die Gutseite verkörpert bei Wellen das Höchstmaß, bei Bohrungen das Mindestmaß, die Ausschussseite bei Wellen das Mindestmaß und bei Bohrungen das Höchstmaß. Das Istmaß des Werkstücks liegt zwischen Höchst- und Mindestmaß, wenn

- die Gutseite durch das Eigengewicht der Lehre über die Welle bzw. in die Bohrung gleitet,
- die Ausschussseite nur anschnäbelt.

2.4.5 Maßverkörperungen

Zu den Maßverkörperungen gehören Strichmaßstäbe, da sie durch den Abstand von Strichen die Längeneinheit verkörpern. Die Strichmaßstäbe haben einen Teilstrichabstand von 1 mm. Die Ablesegenauigkeit entspricht dem Abstand der Teilstriche.

Strichmaßstäbe

Benennung	Werkstoff	Nenngrößen	Benennung	Werkstoff	Nenngrößen
Stahlmaßstab 	Federstahl Stahl	300 mm 500 mm 0,5 m, 1,2 m	Bandmaße 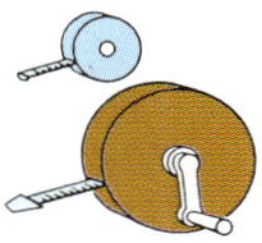	Stahlband	1 m, 2 m, 10 m, 20 m, 30 m, 50 m
Gliedermaßstab 	Holz Stahl Aluminium	1 m 2 m			

2.4.6 Anzeigende Messgeräte

2.4.6.1 Messschieber und Bügelmessschraube

Aufbau und Funktion

Messschieber

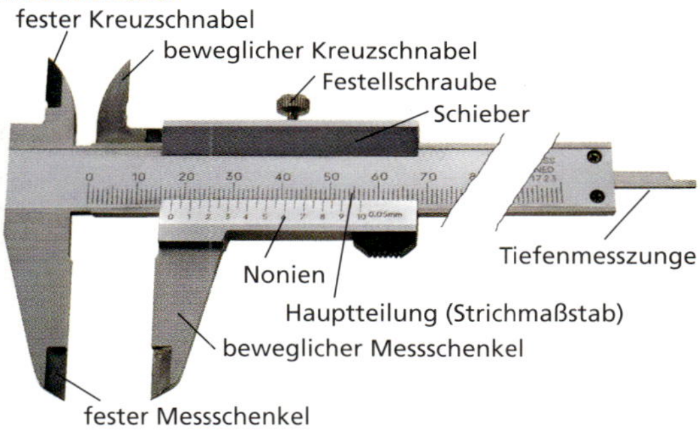

Bügelmessschraube

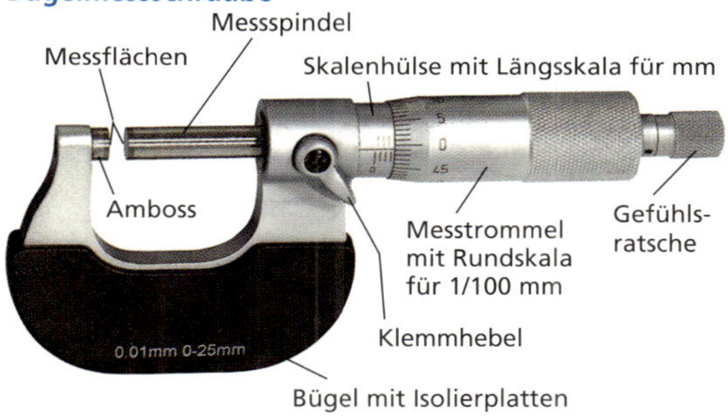

Der Messschieber besteht aus

- dem festen Schenkel mit dem Strichmaßstab in Millimeterteilung und
- dem beweglichen Schenkel mit dem Schieber, auf dem der Nonius aufgetragen ist.

Der Nonius ist z. B. 19 mm lang. Die Länge von 19 mm ist in 10 gleiche Teile unterteilt. Der Abstand von Teilstrich zu Teilstrich beträgt 1,9 mm. Der Abstand zum „2 mm"-Teilungsstrich des Strichmaßstabes beträgt 0,1 mm.

Wird der Schieber nach rechts so verschoben, dass der 1. Teilstrich des Nonius mit dem 2. Teilstrich (2 mm) des Strichmaßstabes übereinstimmt, so haben sich die Messschenkel um 2 mm – 1,9 mm = 0,1 mm geöffnet.

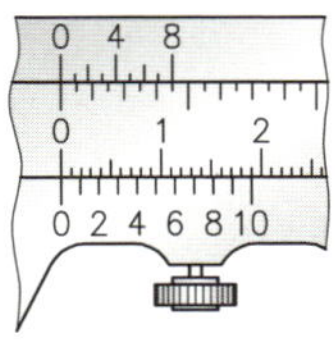

Die Messgenauigkeit des Messschiebers beträgt 0,1 mm = 1/10 mm.

Die Bügelmessschraube besteht aus folgenden Funktionselementen:

- Bügel mit dem Amboss und der Skalenhülse
  Auf der Skalenhülse sind die ganzen und halben Millimeter aufgetragen. Im Innern befindet sich ein Innengewinde mit einer Steigung von 0,5 mm.
- Messspindel mit Messtrommel
  Die Messspindel hat ein Außengewinde mit einer Steigung von 0,5 mm und ist mit dem Innengewinde der Messtrommel verbunden. Die Messtrommel besitzt eine Skala mit 50 Teilen. Eine Gefühlsratsche sorgt für einen gleichmäßigen Messdruck.

Bei einer Umdrehung der Messtrommel verschiebt sich die Messspindel um 0,5 mm in Längsrichtung. Dreht man die Messtrommel um einen Skalenteil, so bewegt sich die Messspindel in Achsrichtung um 1/50 von 0,5 mm = 1/100 mm

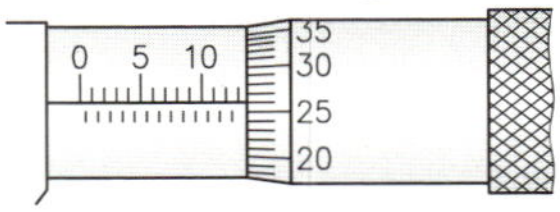

Die Messgenauigkeit der Messschraube beträgt 0,01 mm.

Aufbau und Funktion

Fortsetzung

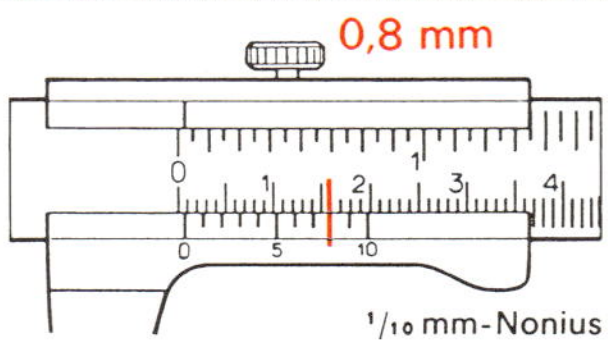

- Ganze Millimeter werden auf dem Strichmaßstab links vom Nullstrich des Nonius abgelesen.
- Die zehntel Millimeter werden rechts vom Nullstrich auf dem Nonius abgelesen. Der Strich am Anfang des Nonius gilt als 0-Strich. Der Strich des Nonius, der mit dem Teilstrich auf der Hauptteilung übereinstimmt, gibt die zehntel Millimeter an.
- Die Addition der einzelnen Ablesungen ergibt den Messwert.

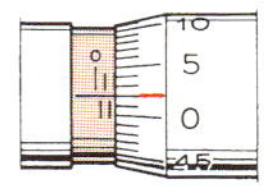
2,02 mm

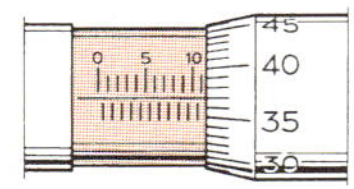
11,37 mm

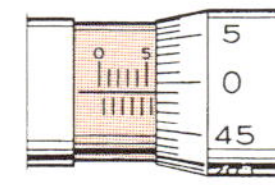
5,99 mm

- Ganze und halbe Millimeter werden vor der kegeligen Kante der Messtrommel auf der Skalenhülse abgelesen.
- Die hundertstel Millimeter werden auf der Messtrommel abgelesen. Markierung ist der waagrechte Strich auf der Skalenhülse.
- Die Addition der einzelnen Ablesungen ergibt den Messwert.

Mit der Bügelmessschraube lassen sich Außenmessungen durchführen.

Messen mit dem Messschieber

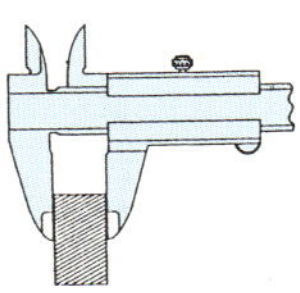
Außenmessung

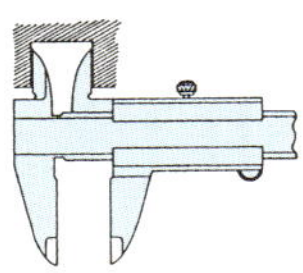
Innenmessung

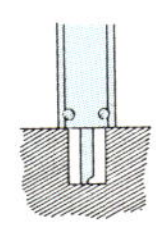
Tiefenmessung

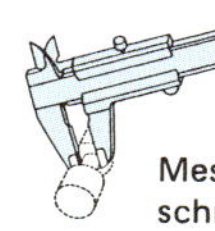
Messen von schmalen Stellen

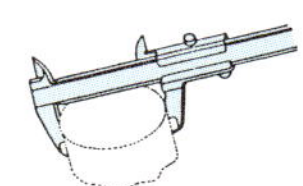
Durchmesser messen

Messen mit der Bügelmessschraube

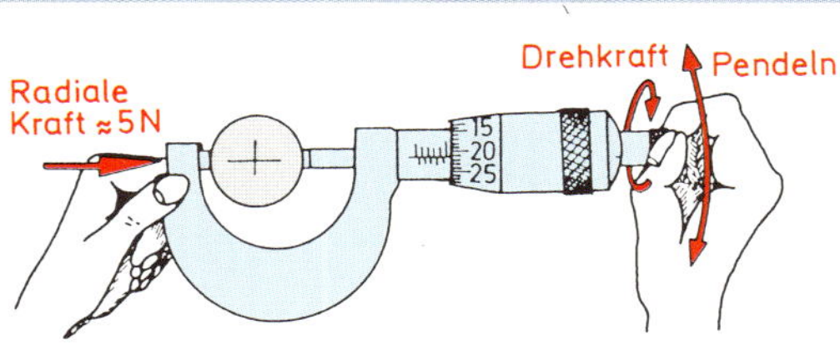

Das Arbeiten mit der Bügelmessschraube erfordert einige Übung. Es ist zweckmäßig, mit zwei Händen zu arbeiten. Während die eine Hand die Messschraube hält und den Amboss fest an das Werkstück drückt, dreht die andere Hand nur die Messspindel.
Der größte Durchmesser der Welle kann durch leichtes Pendeln um den Amboss als Drehpunkt ermittelt werden.

Weitere Ausführungen

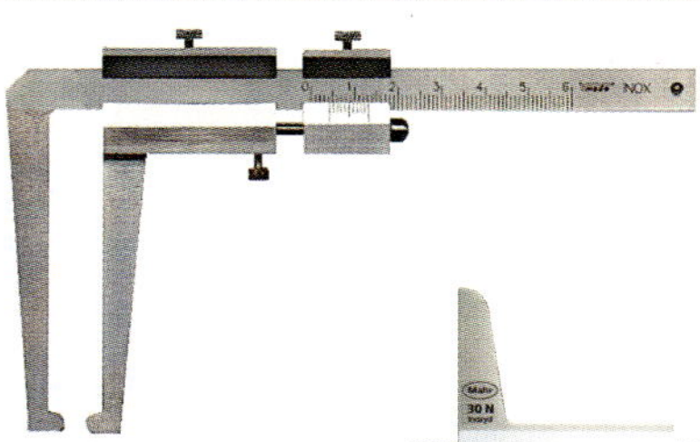
Messschieber für Bremsscheiben

Innenmessschraube

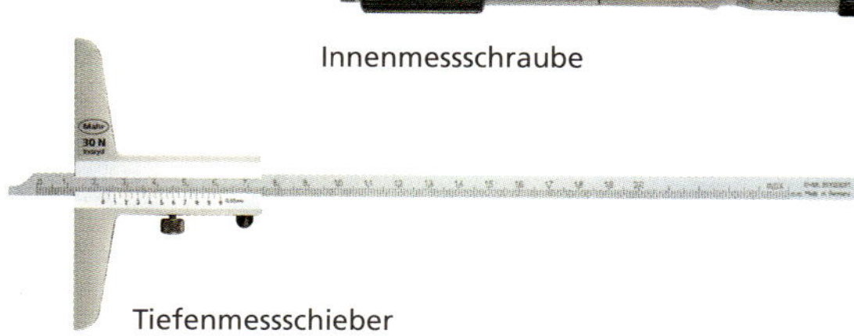
Tiefenmessschieber

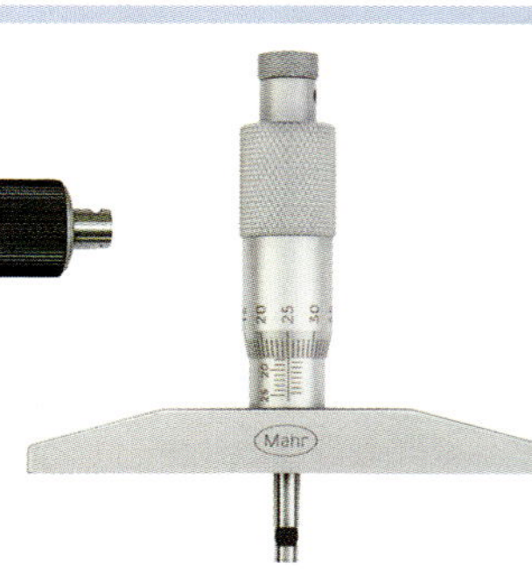
Tiefenmessschraube

2.4.6.2 Winkelmesser

Der einfache Winkelmesser besteht aus einem festen Messschenkel mit einer Gradeinteilung und einem beweglichen Messschenkel mit einem Zeiger. Der Messbereich geht von 0° bis 180°, die Ablesegenauigkeit liegt bei 1°. Beim Ablesen des Winkels ist die Lage des Werkstücks zu berücksichtigen. Der Ablesewert entspricht nur dann dem Messwert, wenn das Werkstück rechts vom Zeiger angelegt wird.
Der Universalwinkelmesser besitzt einen Nonius, der die Ablesegenauigkeit erhöht. Die vollen Grade werden am Nullstrich auf der Hauptskala abgelesen, die Winkelminuten auf der Noniusskala. Je nachdem, wie die Messschenkel angelegt sind, ist die Ableserichtung rechts- oder linksdrehend.
Messbereich: 360°
Ablesegenauigkeit: 5 Winkelminuten

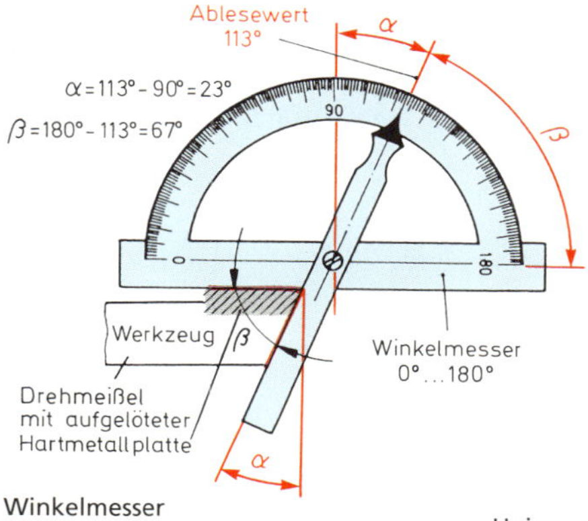

Winkelmesser

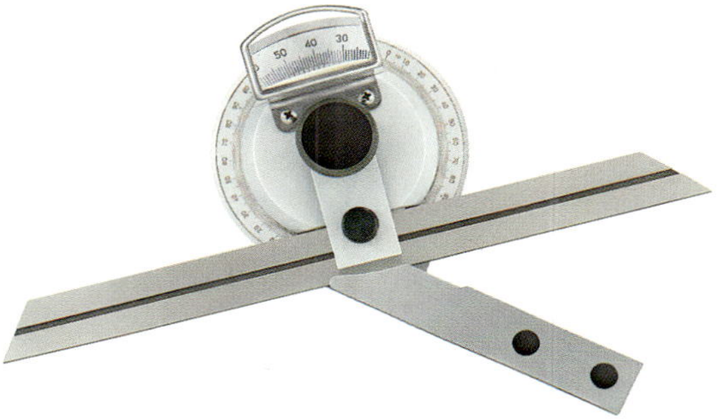

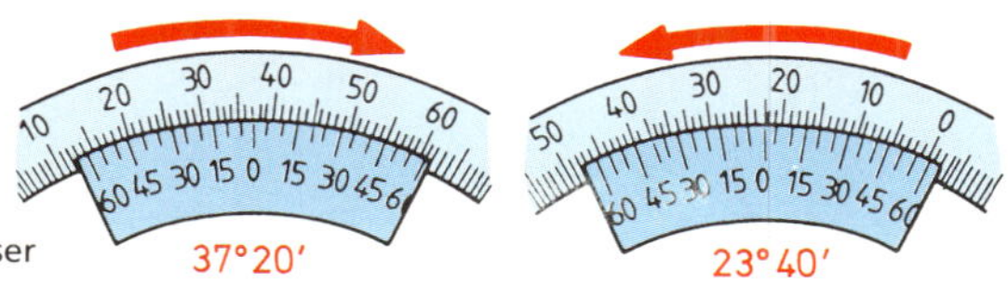

Universalwinkelmesser

2.4.6.3 Messuhren

Messuhren sind Längenmessgeräte, bei denen der Weg des Messbolzens über ein Zahnradgetriebe auf den Zeiger übertragen wird. Verschiebt sich der Messbolzen um 1 mm in Längsrichtung, so dreht sich der Zeiger um 360°.
Die Messuhr besitzt ein drehbares Ziffernblatt, das mit der Null unter die jeweilige Zeigerposition gestellt werden kann. Das Ziffernblatt ist in 100 Teile eingeteilt. Der Weg des Zeigers von einem Teilstrich zum anderen entspricht damit einer Verschiebung des Messbolzens um 1/100 mm.
Neben dem großen Ziffernblatt gibt es ein zweites kleines Ziffernblatt, auf dem die Anzahl der Umdrehungen des großen Zeigers, d. h. die vollen Millimeter, angezeigt werden.
Toleranzmarken an der Skala dienen der Markierung des Kontrollbereichs, innerhalb dessen Grenzen sich der Zeiger bei der Prüfung des Werkstücks bewegen darf.
Für jede Messung benötigt die Messuhr Haltevorrichtungen:

- Außenmessungen
  Für Außenmessungen wird die Messuhr in einen Messständer eingespannt.
- Innenmessungen
  Zum Innenmessen verwendet man ein selbstzentrierendes Innenmessgerät, das mit einer Messuhr bestückt ist.

Messen mit der Messuhr in der Kfz-Technik

Plan- und Rundlaufprüfung

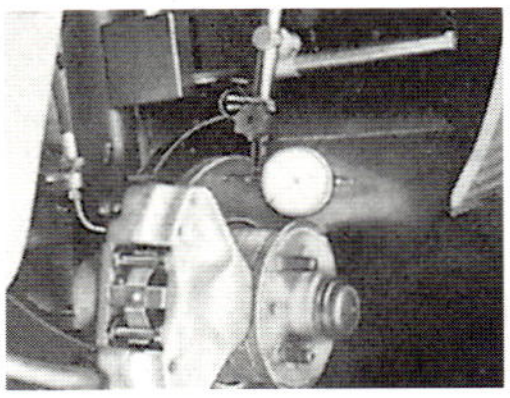

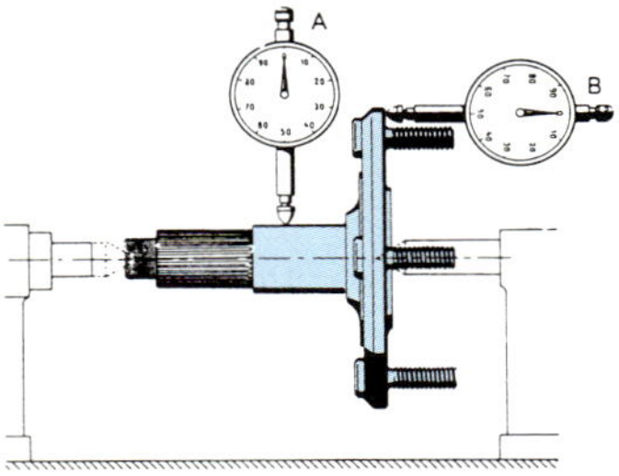

Zur Ermittlung des Rund- oder Planlaufs wird die Messuhr an einer beliebigen Stelle auf den Prüfling eingestellt und die Null des Ziffernblattes unter die Zeigerposition gedreht. Durch Drehen des Prüflings lassen sich die Rundlauf- bzw. Planabweichungen feststellen.
Für Plan- und Rundlaufprüfungen werden die ausgebauten Prüflinge zwischen Spitzen gespannt oder – bei Wellen – in Prismen gelagert.

Die Abbildungen zeigen jeweils die Planprüfung
- der Kupplungsscheibe,
- der Bremsscheibe,
- des Radzapfenflansches.

Der Radzapfenschaft wird zusätzlich auf Rundlauf geprüft.

Unterschiedsmessung

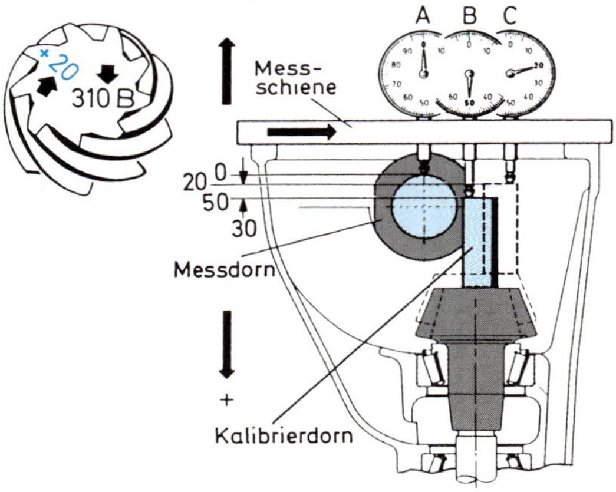

Nach Instandsetzung des Ausgleichsgetriebes muss die Höhe des Antriebskegelrades kontrolliert werden. Die vom Hersteller auf das Kegelrad gravierte Zahl + 20 gibt an, um wie viel hundertstel Millimeter das Antriebskegelrad – von einer Nulllinie gemessen – tiefer stehen muss. Die Nulllinie wird durch einen Messdorn dargestellt, der in die Lagerung des Tellerrades eingeführt wird.
Die Messuhr wird auf den höchsten Punkt des Messdornes auf „0“ eingestellt. Dann wird die Messuhr mit der Messschiene verschoben, bis der Messbolzen auf einem Kalibrierdorn aufsitzt:
Messwert 50/100 mm.
Entsprechend der o. a. Kontrollzahl + 20, muss der äußere Laufring des inneren Lagers durch Ausgleichsscheiben von 0,30 mm Dicke höher gesetzt werden.

Innenmessung

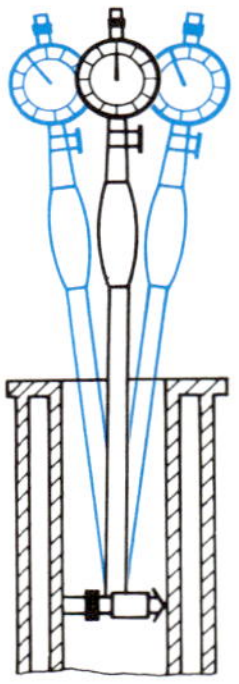

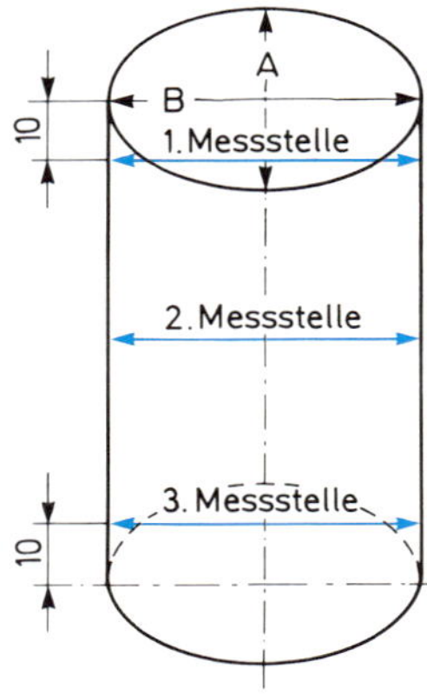

Zylinderverschleiß entsteht durch Reibung und Korrosion. Durch genaue Messung des Zylinders wird nachgewiesen, ob der Zylinder nachgearbeitet werden muss.
Zur Vermessung eines Zylinders werden drei Messebenen festgelegt. Die Messung wird in der gleichen Ebene längs und quer zur Arbeitsrichtung des Kolbens vorgenommen.
Vor der Messung wird das Innenmessgerät auf den vom Hersteller angegebenen Zylinderdurchmesser mit einer Messschraube eingestellt.
Durch Verschieben des Innenmessgerätes in die einzelnen Messebenen lassen sich die Abweichungen unmittelbar ablesen. Ein Verdrehen des Innenmessgerätes im Zylinder ergibt ein Maß für die Unrundheit der Zylinderbohrung.

2.5 Abgasanlage

Die Abgasanlage besteht aus folgenden Teilen:

- Abgaskrümmer,
- Katalysator,
- vorderes Abgasrohr,
- Mittel- und Nachschalldämpfer.

2.5.1 Aufbau

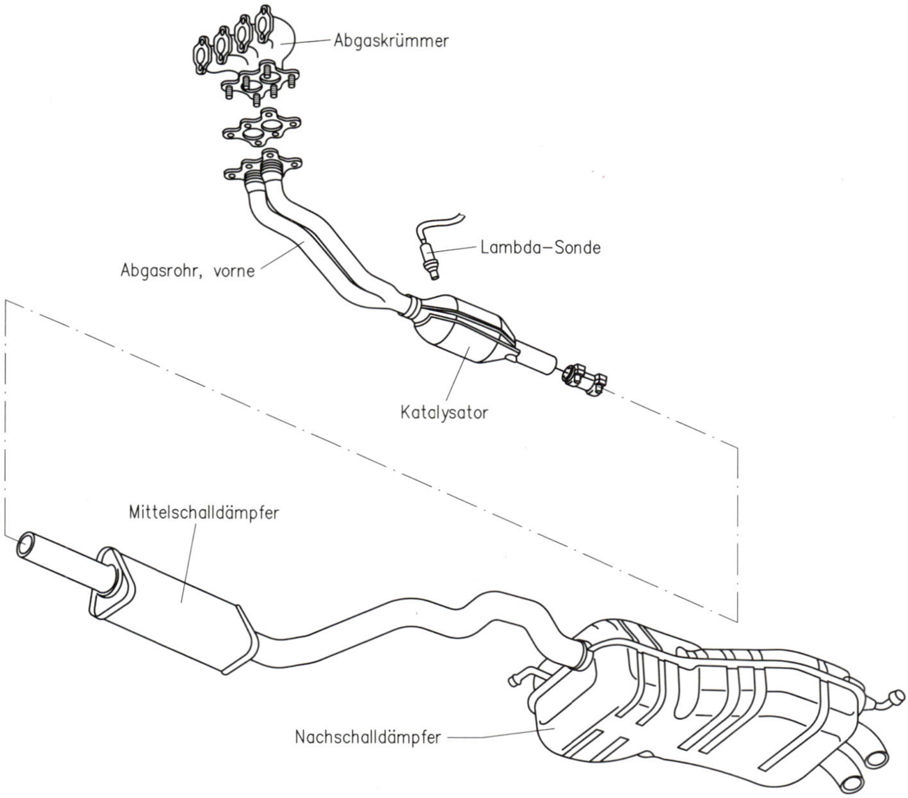

2.5.2 Schalldämpfung

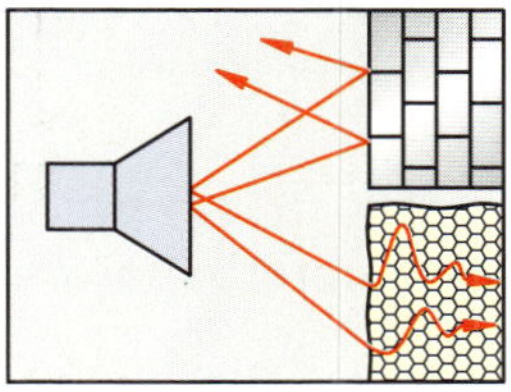

Aufgabe der Schalldämpfung ist es,

- die Schallenergie zu vernichten,
- die turbulente Strömung zu glätten und
- die Abgase an einer günstigen Stelle ins Freie zu leiten.

Es gibt zwei verschiedene Arten, die Schallausbreitung zu verhindern:

- Schalldämmung
  Behinderung der Schallausbreitung durch reflektierende Hindernisse und Löschung bestimmter Schallfrequenzen infolge Überlagerung (Interferenz) von vor- und rücklaufender Schallwelle.
- Schalldämpfung
  Schallenergie wird durch Reibung in einem geeigneten Schallschluckstoff in Wärme umgesetzt.

In der Schalldämpfertechnik arbeitet man mit verschiedenen Methoden, um den Schall zu reduzieren.

Dämpfungselemente

Dämpfungselement	Wirkungsweise	Dämpfungselement	Wirkungsweise
Reflexion 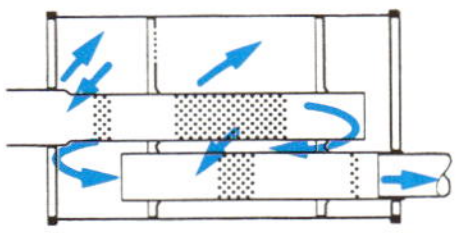	Der Schall wird an den Schallwellenwiderständen, z. B. Querschnittsänderungen, reflektiert. Wie ein abklingendes Echo vernichtet sich ein Teil der Schallenergie von selbst.	Drossel 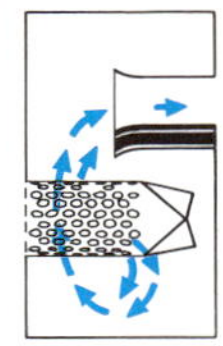	Durch Rohrverengung und Lochungen (Perforation) wird die pulsierende Strömung fein zerteilt und geglättet.
Interferenz 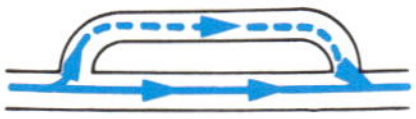	Der Abgasstrom wird geteilt. Die Schallwellen legen unterschiedlich lange Wege zurück. Treffen sie wieder zusammen, überlagern sie sich und löschen sich gegenseitig aus.	Resonator 	Der Resonator saugt die Rohrresonanz ab.
Absorption 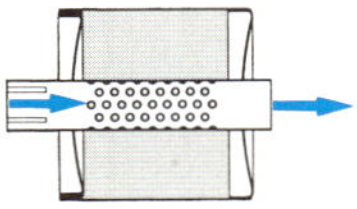	Die Kammer ist mit Schallschluckstoff gefüllt. Die Schallenergie wird durch Reibung im Schallschluckstoff in Wärme umgesetzt.	Kettenleiter 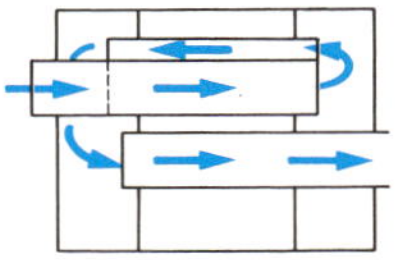	Durch lange Rohrmassen und entsprechende Kammervolumen werden die unteren und mittleren Frequenzen (Brummgeräusche) gedämpft.

Der Schalldämpfer setzt sich aus den unterschiedlichen Dämpfungselementen zusammen:

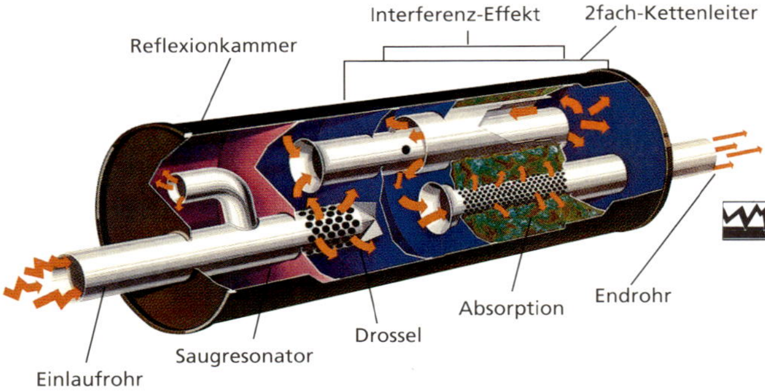

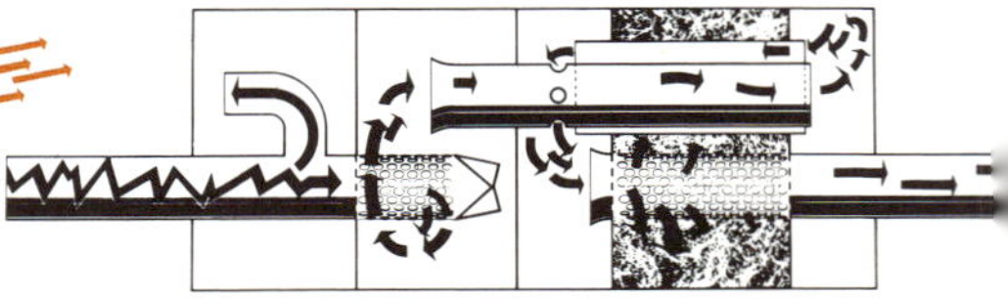

Schalldämpferbauarten

Reflexions-Schalldämpfer

Der Reflexions-Schalldämpfer besteht aus mehreren, aufeinander abgestimmten Kammern, die durch gelochte (perforierte) Rohre verbunden sind. Die Schalldämpfung erfolgt durch

- Reflexion,
- Interferenz.

Diese Schalldämpfer eignen sich zur Dämpfung niedriger Frequenzen (= tiefe Töne).

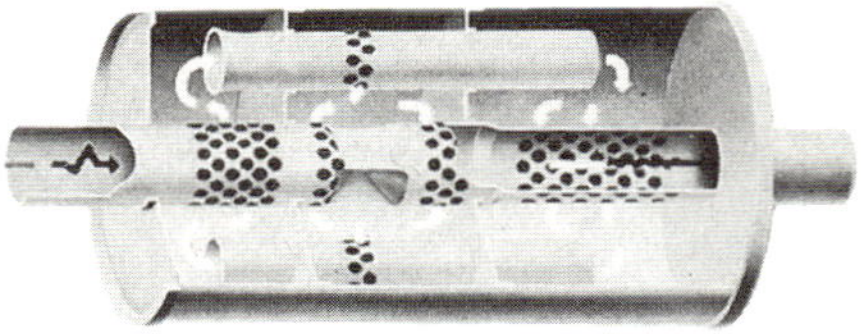

Absorptions-Schalldämpfer

Der Absorptions-Schalldämpfer besteht aus mehreren Kammern, die mit Schallschluckstoffen – Mineral-, Fiberglas- oder Metallwolle – gefüllt sind. Die Schalldämpfung erfolgt durch die Umwandlung der Schallenergie in Reibungswärme. Diese Schalldämpfer eignen sich zur Dämpfung hoher Schallfrequenzen (= hohe Töne).

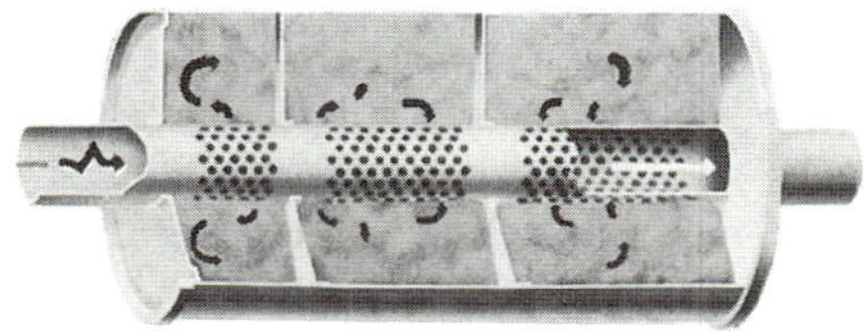

Kombinierte Schalldämpfer

Die ausgeführten Schalldämpfer im Kfz bestehen meist aus der Kombination von Reflexions- und Absorptions-Schalldämpfer. Sie decken einen breiten Frequenzbereich ab.

Lage des Schalldämpfers

Innere Technik und Lage des Schalldämpfers in der Abgasanlage ist hinsichtlich Dämpfung und Leistung von wesentlichem Einfluss.

Der Strömungswiderstand des Schalldämpfers muss gering sein, da sonst der wieder aufwärts gehende Kolben abgebremst wird und ein Teil der Leistung des Motors verloren geht.

Neben der sorgfältig auf den Motor abgestimmten inneren Technik des Schalldämpfers ist auch seine Lage in der Abgasanlage für die Dämpfung und Leistung von wesentlichem Einfluss.

Es ist nicht gleichgültig, wie lang die Auspuffrohre vor, zwischen und hinter den Schalldämpfern sind. In einer gut abgestimmten Abgasanlage herrscht am Ende der Abgasleitung ein Schwingungsunterdruck, sodass die Abgase aus dem Zylinder gesaugt werden. Hierdurch wird eine bessere und schnellere Zylinderentleerung bei geöffnetem Auslass und damit eine bessere Füllung und höhere Leistung erreicht.

Der Vorschalldämpfer dient hauptsächlich der Leistungsabstimmung des Motors, während der Hauptschalldämpfer für die eigentliche Schalldämpfung sorgt.

Beanspruchung

Die Zerstörung der Schalldämpfer erfolgt weniger durch äußere als durch innere Korrosion.

Bei der Verbrennung von Kraftstoff entsteht Wasser, das zum größten Teil als Wasserdampf unsichtbar durch den Auspuff ausgestoßen wird. 1 Liter Kraftstoff ergibt bei der Verbrennung etwa 1 Liter Wasser. Bei niedrigen Temperaturen kühlt ein Teil des Wasserdampfes so stark ab, dass er kondensiert. Das Kondenswasser setzt sich im Auspuff ab und bildet mit dem in den Abgasen enthaltenen Schwefel eine schweflige Säure. Sie zerstört den Auspuff von innen.

Als Werkstoff verwendet man daher einen hochwertigen, temperaturbeständigen Stahl, der je nach Beanspruchung aluminiumbeschichtet oder verzinkt ist.

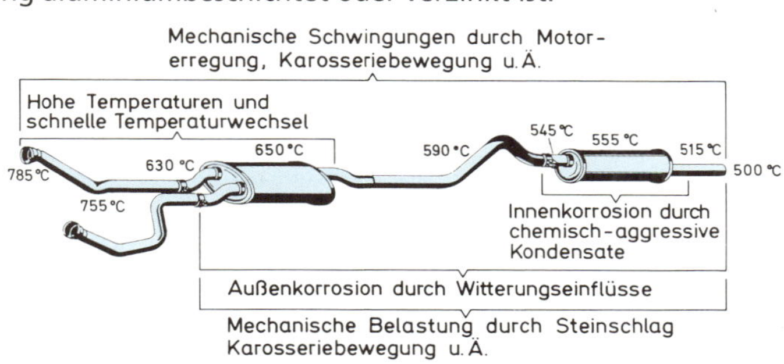

2.6 Reifen und Räder

2.6.1 Reifen

Der schlauchlose Reifen besteht aus

- Karkasse, dem Gewebeunterbau aus zwei Lagen Rayon,
- Zwischenbau mit der Lauffläche (Protektor) aus mehreren Gewebeschichten und Gummipolstern,
- Gürtel aus mehreren sich kreuzenden Lagen von Stahldrähten oder Aramidfasern, in Gummi eingebettet,
- Seitenwand aus Gummi,
- Wülste mit Wulstkern aus Stahldrähten oder Aramideinlagen,
- luftdichte Gummischicht.

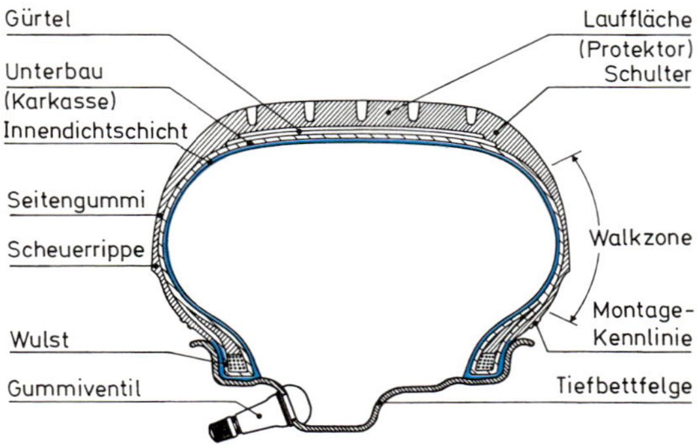

Am Reifen sind folgende Abmessungen von Bedeutung:

- Reifenbreite *B*

  Breite des aufgepumpten, nicht belasteten Reifens
- Reifenhöhe *H*

  Abstand zwischen Lauffläche und Felgenschulter
- Reifeninnendurchmesser *d* ≙ Felgendurchmesser
- Reifendurchmesser *D*
  Außendurchmesser des aufgepumpten, unbelasteten Reifens
- Reifenhalbmesser *r*

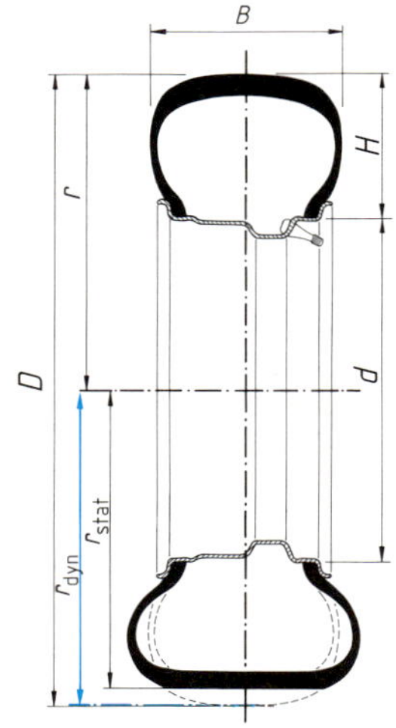

- Statischer Halbmesser r_{stat}
  Abstand zwischen Radmitte und Standebene. Der Reifen ist dabei der höchstzulässigen Belastung ausgesetzt und mit dem vorgeschriebenen Druck aufgepumpt.
- Dynamischer Halbmesser r_{dyn}
  Abstand zwischen Radmitte und Fahrebene bei einer Fahrgeschwindigkeit von 60 km/h, bei höchstzulässiger Belastung und vorgeschriebenem Druck.

Reifenbezeichnungen

Die Reifenbezeichnung wird nach ECE (Economic Comission for Europe) unterteilt:

Beispiel: 195/65 R 15 91 T

Reifenkennung 195/65 R 15		Betriebskennung 91 T	
195	Reifenbreite in mm	**91**	Tragfähigkeitsklasse 615 kg
/65	Querschnittsverhältnis in %	**T**	Geschwindigkeitsklasse 190 km/h
R	Reifenbauart: Radialreifen		
15	Felgendurchmesser in Zoll		

Darin bedeuten die Kennzahlen für Tragfähigkeit und Geschwindigkeit:

Tragfähigkeitsklassen (Load Index LI) (Auszug)

Tragfähigkeitskennziffer LI	max. Reifentragfähigkeit in kg	Tragfähigkeitskennziffer LI	max. Reifentragfähigkeit in kg
80	450	86	530
81	462	87	545
82	475	88	560
83	487	89	580
84	500	90	600
85	515	91	615

Geschwindigkeitsklassen (Speed Index SI) (Auszug)

SI	km/h	SI	km/h
Q	160	H	210
R	170	V	240
S	180	W	270
T	190	ZR	über 240

Querschnittsformen

Eine wichtige Kenngröße von Reifen ist das Querschnittsverhältnis von Höhe zu Breite. Mit zunehmender Reifenbreite nimmt die Reifenaufstandsfläche auf dem Boden zu. Die größere Aufstandsfläche bewirkt, dass die Bodenhaftung des Reifens aufgrund der Verzahnung mit der Straße bei Kurvenfahrt und beim Bremsen ansteigt.

Das Querschnittsverhältnis ist bei modernen Reifen niedrig, um eine gute Kurvenfestigkeit zu erhalten und die Berührungsfläche des Reifens mit der Fahrbahn zu vergrößern.

Als Breitreifen gelten Reifen mit einem Querschnittsverhältnis von 70 % und kleiner. Bei einem Reifen mit einem Querschnittsverhältnis von 70 beträgt die Höhe 70 % der Breite.

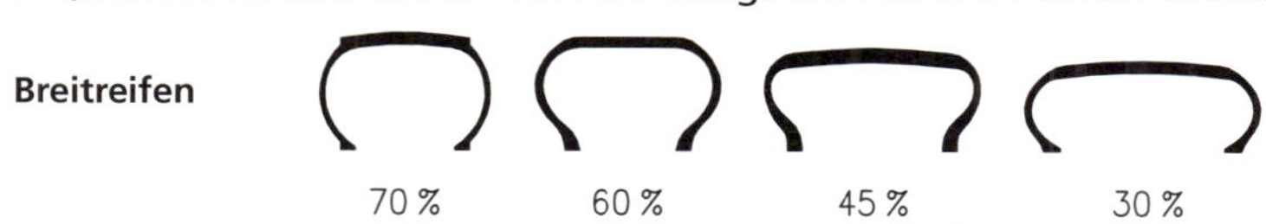

2.6.2 Räder

Ein Rad besteht aus der Radscheibe (Radschüssel) und der Felge. Die Felge ist fest mit der Radscheibe oder dem Radstern verbunden. Löcher und Schlitze in den Radscheiben verringern die Masse und ermöglichen die Zufuhr von Kühlluft zu den Bremsen. Um die ungefederten Massen möglichst gering zu halten, werden Räder aus einer Aluminiumlegierung hergestellt und als Hohlrad gegossen. Die Radscheibe wird hierbei als Hohlkörper ausgeführt und das Felgenbett mittels Reibschweißen zusammengefügt.

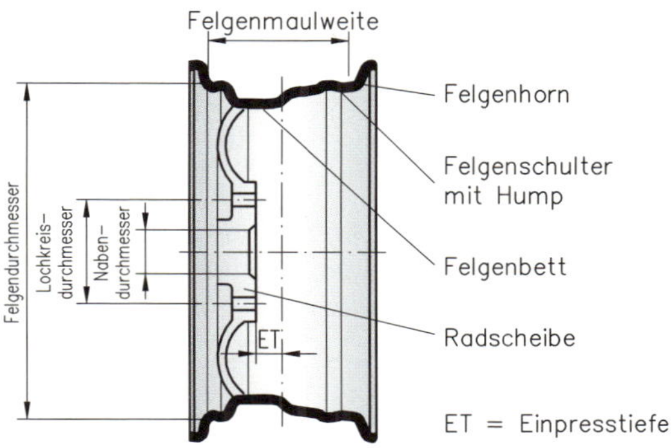

Für schlauchlose Gürtelreifen werden ungeteilte Tiefbettfelgen verwendet, die fest mit der Radscheibe oder dem Radstern verbunden oder als ein Stück gegossen oder geschmiedet sind.

Die Tiefbettfelgen besitzen eine oder zwei rundum laufende, höckerartige Ausbildungen, auch Hump genannt, die verhindern, dass bei Kurvenfahrt einer der Reifenwulste durch die Seitenkräfte von der Felgenschulter abrutscht. Tiefbettfelgen werden symmetrisch oder unsymmetrisch ausgeführt.

An der Felge sind folgende Abmessungen von Bedeutung:

- Felgendurchmesser *D* in Zoll
- Maulweite in Zoll
- Einpresstiefe *ET*

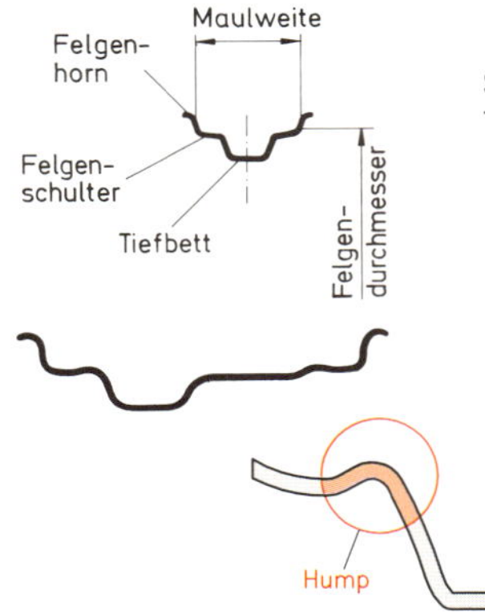

Felgenbezeichnungen

Die Bezeichnung der Felgen ist genormt nach DIN 7817.

Beispiel: 6,5 J x 15 H ET 50

Darin bedeuten:

6,5	Maulweite in Zoll
J	Felgenhornform nach DIN
x	ungeteilte Tiefbettfelge
15	Felgendurchmesser in Zoll
H	Hump auf der Außenschulter
ET 50	Einpresstiefe 50 mm

2.6.3 Notlaufsysteme

PAX (Michelin)

Die Felge hat eine neue geometrische Form. Sie ist flach gestaltet mit einer Montagevertiefung und den beiden außen liegenden Felgensitzen. Ein Stützring ist formschlüssig in der Mitte der Felge befestigt.

Der Reifen hat kürzere Flanken und einen starken Wulst.

Auf der Innenseite der Lauffläche des Reifens befindet sich ein Glyceringel, das die Reibung zwischen Stützring und Reifen im Notlauf verringern soll.

Aufstands- und Seitenkräfte erzeugen in der Reifen-Seitenwand eine Zugkraft. Sie bewirkt eine Drehung des Reifen-Wulstes um den Wulstkern, wodurch der Wulst stärker auf seinen Sitz gepresst wird.

Das System ermöglicht bei drucklosen Reifen und voller Beladung mit max. 80 km/h eine Strecke von max. 200 km/h.

Da der Druckverlust nicht immer gleich erkannt wird, muss der Fahrer über eine Reifendruckkontrolle informiert werden.

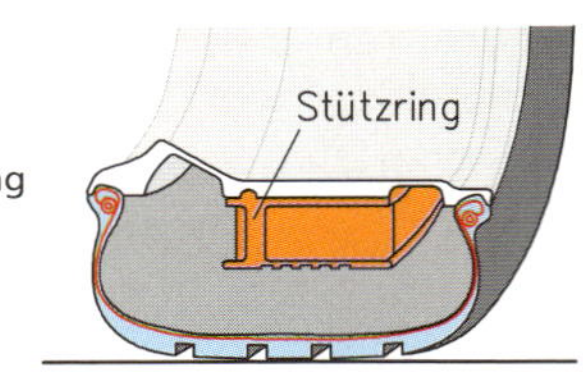

Reifen mit Luft

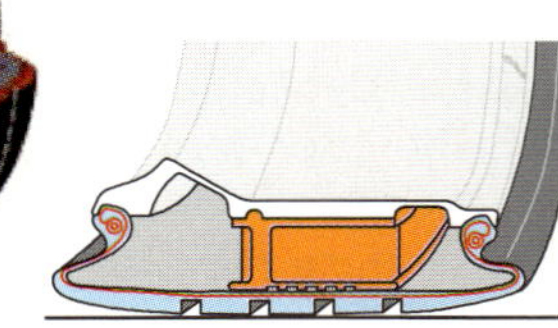

Reifen ohne Luft

Runflat (Goodyear)

Der Runflat-Reifen besitzt verstärkte Flanken, die das Fahrzeuggewicht bei drucklosen Reifen weitertragen.

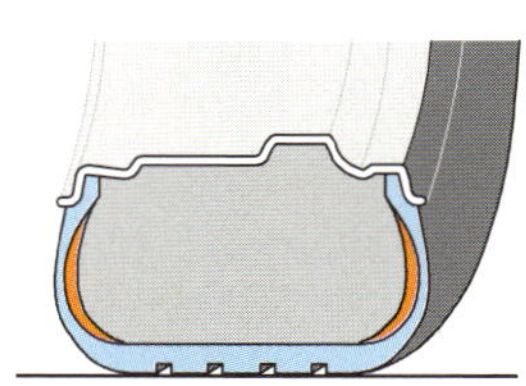

Reifen mit Luft

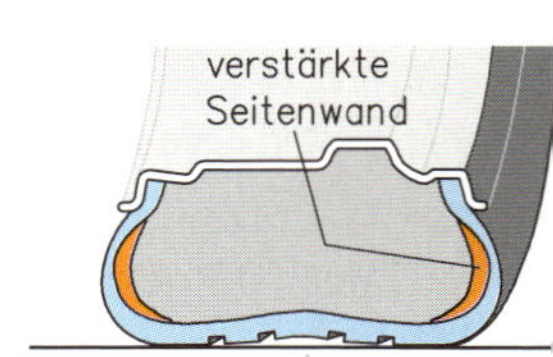

Reifen ohne Luft

2.6.4 Auswuchten

2.6.4.1 Unwucht

Bei allen drehenden Teilen tritt eine hersteller- und montagebedingte Unwucht auf, die den Rundlauf stört und den Verschleiß der Räder und Bereifung, der Radaufhängung und der Lenkungsteile erhöht.
Laufunruhe kann durch ungleiche Masseverteilung bei Felge und Reifen und durch Formfehler der Felge bzw. Ungleichmäßigkeiten im inneren Aufbau des Reifens erzeugt werden.
Wir unterscheiden zwischen statischer und dynamischer Unwucht, die jedoch meist zusammen auftreten.

Statische Unwucht

Eine statische Unwucht entsteht durch ungleiche Massenverteilung (schwere Stellen). Würde ein solches Rad auspendeln, kommt die schwere Stelle immer unten zur Ruhe.
Ein Rad mit statischer Unwucht neigt im Fahrbetrieb zum Springen.

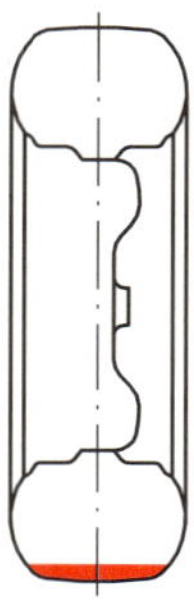

Dynamische Unwucht

Bei einer dynamischen Unwucht hat der Reifen zwei schwere Stellen, die sich diagonal gegenüberliegen.
Sind beide schweren Stellen gleichgroß, heben sie sich in Ruhe gegenseitig auf.
Ein Rad mit dynamischer Unwucht neigt zum Taumeln.

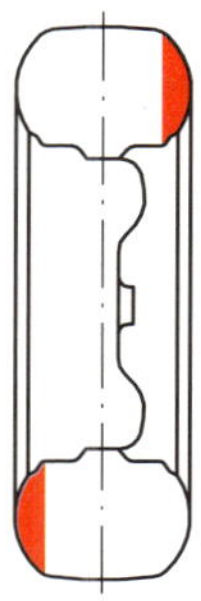

Beseitigen von statischer oder dynamischer Unwucht

Die Radauswuchtmaschine teilt das Rad in zwei Hälften. Die Ebenentrennung kommt bei einer dynamischen Unwucht zum Tragen.

Beseitigen einer statischen Unwucht

Bei einem Rad mit statischer Unwucht wird ein Ausgleich durch Ausgleichsgewichte auf der gegenüberliegenden Seite erreicht

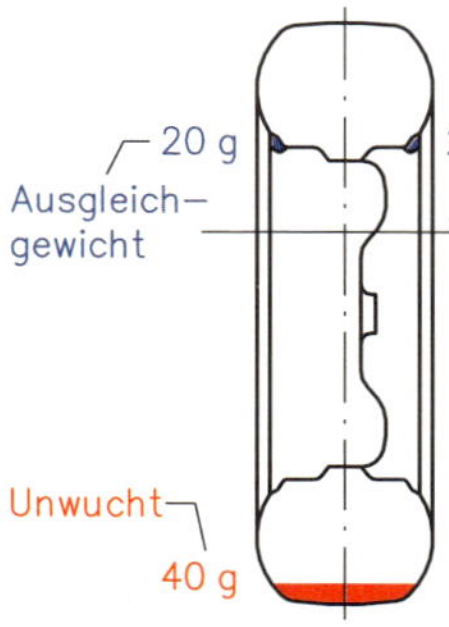

Beseitigen einer dynamischen Unwucht

Ein dynamischer Unwuchtanteil lässt sich nur auf der gleichen Radseite ausgleichen.
Bei einem Rad mit dynamischer Unwucht wird daher jede Radhälfte für sich betrachtet.

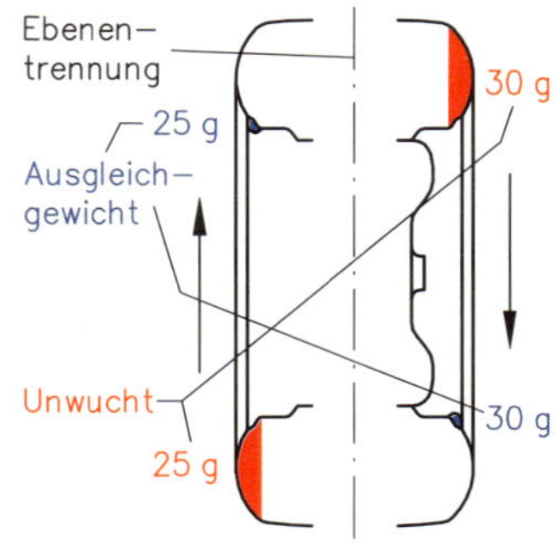

Verfahren zur Beseitigung von Laufunruhe

Die Beseitigung der Laufunruhe kann auf zwei Arten erfolgen:

- Auswuchten
  Die Unwuchten von Reifen und Felge werden beim Messlauf ermittelt und mit Ausgleichgewichten beseitigt.
- Matchen
  Der Reifen wird soweit auf der Felge verdreht, bis sich die Unwuchten von Reifen und Felge gegenüberliegen und damit teilweise aufheben. Die noch verbliebene Restunwucht wird anschließend mit Ausgleichgewichten beseitigt.

2.6.4.2 Auswuchtmaschine

Eine moderne Auswuchtmaschine mit automatischer Korrektur und Diagnose der Radexzentrizität ermöglicht u. a. folgende Funktionen:

- Automatische Messung der Radgeometrie (Exzentrizität).
- Automatische Messung von Abstand, Durchmesser und Breite.
- Nach Schließen der Radschutzhaube automatischer Start, Messung der Unwucht und automatische Beendigung des Messlaufes.
- Nach Beendigung des Messlaufes automatische Korrekturposition des Rades für innen und außen.
- Automatische Ausgabe für selbstklebende Ausgleichs-Gewichte.
- Automatische Anbringung der Klebegewichte auf der Innenseite der Felge.

Beispiel für einen automatischen Korrekturverlauf

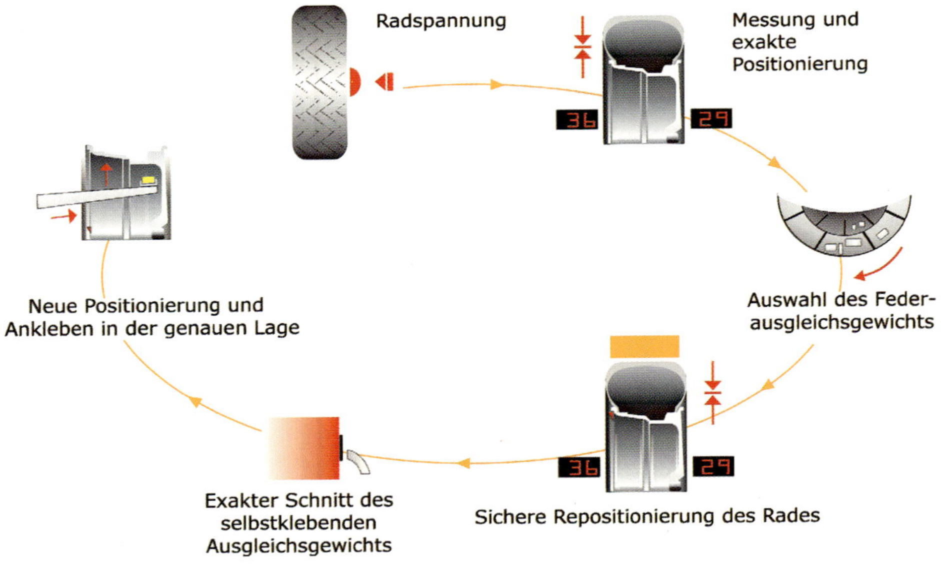

2.7 Ersatzteile

Originalteile	Die Teile sind vom Fahrzeughersteller bei der Serienproduktion (Eigenkonstruktionsteile) bzw. von Zulieferern nach den Vorgaben der Fahrzeughersteller gefertigt (Kaufteile). Diese Teile unterliegen einer Qualitätskontrolle. Markengebundene Fahrzeughändler sind durch Vertrag an die Verwendung von Originalteilen gebunden.
Austauschteile	Austauschteile sind im Herstellerwerk aufbereitete Altteile, die in ihrer Qualität den fabrikneuen Teilen gleichzusetzen sind.
Gebrauchtteile	Diese Teile werden z. B. aus Unfallfahrzeugen ausgebaut und werden ohne Aufbereitung wieder verwendet. Ausgenommen sind sicherheitsrelevante Teile der Bremsanlage und Lenkung.
Fremdteile	**Identteile** Identteile sind von Zulieferern hergestellte Teile, die über die Bestellung des Herstellers hinaus produziert werden. Sie werden unter dem Markennamen des Zulieferers vertrieben. **Nachbauteile** Nachbauteile sind Teile, die unabhängig vom Fahrzeughersteller oder Zulieferer gefertigt werden. Sie unterliegen nicht dem Anforderungskatalog der Fahrzeughersteller.

Ersatzteilarten

Ersatzteile sind alle Teile, die zur Grund- und Serienausstattung eines Fahrzeugs gehören. Im Unterschied dazu bezeichnet man als Zubehör alle Teile, die zusätzlich zur Grundausstattung eingebaut wurden. Typisches Zubehör sind z. B. Radio, Winterreifen usw. Die Ersatzteile werden unterschiedlich bezeichnet:

Bei Ersatzteilen ist zu beachten:

- Sie sind durch Teilenummern des Herstellers gekennzeichnet:
  Die Teilenummer enthält die Kennzahl für das Modell bzw. Aggregat, die Haupt- und Untergruppen und die Nummer des Teils.
  Beispiel: Starterbatterie 12 V 44 Ah 360 A, Teilenummer 0180654 41 N
  180: Kennzahl für das Aggregat
  654: 6 = Hauptgruppe, 54 = Untergruppe
  41: Nummer des Teils
- Sie benötigen eine Betriebserlaubnis:
  Die StTVZO schreibt eine Betriebserlaubnis für jedes Fahrzeug vor. Die Fahrzeughersteller erhalten für Serienfahrzeuge eine Allgemeine Betriebserlaubnis (ABE) vom Kraftfahrt-Bundesamt in Flensburg. Auch für Teile des Fahrzeugs kann eine Betriebserlaubnis, bei Serienteilen eine Allgemeine Betriebserlaubnis erteilt werden. Auch für Teile, die im freien Teilehandel angeboten werden, ist eine ABE notwendig. Die ABE muss auf dem Teil selbst, auf dem Teile-Etikett oder auf der Verpackung vermerkt sein.
  Durch den Einbau von Teilen ohne Betriebserlaubnis erlischt die Betriebszulassung für das ganze Fahrzeug.

Elektronischer Ersatzteilkatalog

Im elektronischen Ersatzteilkatalog sind alle Informationen über Ersatzteile anwenderfreundlich aufbereitet. Ersatzteile sind z. B. in der ESItronic, dem Werkstatt-Informationssystem der Firma Bosch, in zwei Arten zu finden:

- Auswahl des Fahrzeugs
  Nach der Auswahl des Fahrzeugs werden durch Klicken auf „Ausrüstung" in der Navigationsspalte alle Ersatzteile des Fahrzeugs angezeigt. Die Ersatzteile werden durch Eingabe der „Gruppe", „Alle", „Sortiment" begrenzt.

- Markenspezifische Bestellnummer des Teils oder Aggregats
  Nach Eingabe der Bestellnummer wird das Teil/Aggregat angezeigt.

  Weitere Infomationen lassen sich aufrufen:
  - Durch Klicken auf das gewünschte Ersatzteil bzw. Aggregat und/oder Aufrufen der Informationsart „Ersatzteile" werden die Explosionszeichnung, die Ersatzteile mit ihrer Bestellnummer und Zusatzinfos für die Bestellung angezeigt.
  - Durch Klicken auf Arbeitswerte werden die Zeit und die Preise in Euro angegeben.
  - Über die Funktionstasten werden weitere Informationen zur Verfügung gestellt:
    F 2: Informationen zu den Abkürzungen,
    F 6: Wenn die Schaltfläche aktiv ist: Abbildungen der markierten Ersatzteile,
    F 8: Informationen über das Ersatzteil.

2.8 Betriebswirtschaftliche Kalkulation

Mit der Kalkulation werden alle Kosten erfasst, die bei der Erledigung des Kundenauftrags entstehen. Es sind:

Fertigungslohnkosten	Materialkosten
Fertigungslohnkosten entstehen bei Instandsetzungsarbeiten an einem Fahrzeug. Die Lohnkosten sind die Kosten, die dem Auftrag direkt zugeordnet werden können.	Zu den Materialkosten zählen Ersatzteilkosten wie z. B. Drehstromgenerator, Bremsbeläge, die Kosten für Hilfsstoffe wie z. B. Motoröl, Bremsflüssigkeit, die einem Kundenauftrag direkt zuzuordnen sind.
Gemeinkosten	
Gemeinkosten sind Kosten, die dem Auftrag nicht direkt zugeordnet werden können. Hierzu gehören: • Gehälter für Meister, Angestellte usw. • Hilfslöhne für betriebsbedingte Arbeiten • Kosten aus Gewährleistungs- und Kulanzansprüchen • Kosten für Sozialversicherung, Berufsgenossenschaft, Handwerkskammer, Innung • Kosten für Strom, Heizung, Wasser, Telefon	• Kosten für Hilfsstoffe, z. B. Öle, Reinigungsmittel • Betriebliche Steuern • Büromaterial, Zeitungen, Zeitschriften • Werbekosten • Zinsen für Kredite und Investitionen • Abschreibungen für Gebäude, Werkstattausrüstung, Fahrzeuge

Kostenrechnung

Lohnberechnung

Leistungslohn

Der Kfz-Mechatroniker arbeitet im Leistungslohn. Die Fahrzeughersteller haben für die Wartungs- und Instandsetzungarbeiten Richtzeiten vorgegeben, die eine Mindestleistung darstellen. Die Richtzeiten werden in Zeiteinheiten (ZE) oder Arbeitswerten (AW) angegeben. Der Werkstattfaktor (Sollleistung je h) gibt die Anzahl der Arbeitswerte pro Stunde an. Er beträgt in der Regel 12 AW/h.

1 h = 100 ZE = 12 AW
1 AW = 5 Minuten
Werkstattfaktor: 12 AW/h

Die Basis zur Ermittlung des Leistungslohnes eines Gesellen ist die Zeit, die er in Form von Zeiteinheiten bzw. Arbeitswerten abrechnet. Die tatsächlich benötigte Zeit wird nicht berechnet. Der Leistungslohn errechnet sich wie folgt:

$$\text{Leistungslohn (EUR)} = \text{Stundenlohnsatz (EUR/h)} \cdot \frac{\text{Summe AW}}{12}$$

Kostenrechnung

Fortsetzung

Kostenindex

Der Kostenindex ist ein kalkulierter Werkstattindex, der aus den Lohnkosten, den kalkulatorischen Gemeinkosten und dem Gewinn ermittelt wird.

$$\text{Kostenindex} = \frac{\text{Fertigungslöhne (EUR)} + \text{Gemeinkosten (EUR)} + \text{Gewinn (EUR)}}{\text{Fertigungslöhne (EUR)}}$$

Arbeitswert-Verrechnungssatz

Der Arbeitswert-Verrechnungssatz gibt an, wie viel EUR dem Kunden für einen Arbeitswert in Rechnung gestellt werden. Er ist abhängig vom

- Werkstattdurchschnittslohn,
- Kostenindex,
- Werkstattfaktor.

$$\text{AW – Verrechnungssatz} = \frac{\text{Werkstattdurchschnittslohn (EUR/h)} \cdot \text{Kostenindex}}{\text{Werkstattfaktor (AW/h)}}$$

Vereinfachte Kalkulation zur Ermittlung der Reparaturkosten (Kostenvoranschlag)

Mithilfe des Stundenverrechnungssatzes oder des Arbeitswertverrechnungssatzes und dem Kostenindex ist ein Arbeitspreis mit einer hinreichenden Genauigkeit zu ermitteln.

$$\text{Arbeitspreis} = \text{Arbeitswertverrechnungssatz} \cdot \text{AW-Vorgabe}$$

Die Materialkosten ergeben sich aus Ersatzteilen und Kleinmaterial.

Die Reparaturkosten setzen sich wie folgt zusammen:

$$\text{Reparaturkosten} = \text{Arbeitspreis} + \text{Materialkosten}$$

Der Kunde muss zusätzlich die Mehrwertsteuer von 19 % bezahlen. Es ist dann der Rechnungsbetrag:

$$\text{Rechnungsbetrag} = \text{Reparaturkosten} + \text{Mehrwertsteuer}$$

2.9 Informations- und Kommunikationssysteme

Zur Instandsetzung eines Fahrzeugs benötigt der Kfz-Mechatroniker umfassende Unterlagen. Die sorgfältige und ständige Beachtung der Vorgaben der Hersteller ist Voraussetzung für die Erhaltung der Verkehrs- und Betriebssicherheit der Fahrzeuge. Es gibt eine Vielzahl von Informations- und Kommunikationssystemen der Automobilhersteller, der Komponenten- und Systemlieferanten und der Hersteller der Betriebs- und Hilfsstoffe.

- **Checklisten und Werkstatthandbücher**
  Wartungs-Checkliste: Sie enthält alle Prüfpunkte, die bei der Wartung zu berücksichtigen sind.
  Werkstatthandbücher: Sie enthalten alle Service- und Reparaturanleitungen, die zur Wartung, Inspektion und Instandsetzung erforderlich sind.

- **Informations- und Diagnosesysteme:** Sie werden von den Automobilherstellern auf CD/DVD oder online über das Internet zur Verfügung gestellt:
  - Audi/VW: DIS (Diagnose Informationssystem), ELSA (Elektronisches Service- und Auskunftssystem), erWin (elektronische Reparatur- und Werkstattinformation)
  - BMW: DIS (Diagnose Informationssystem), TIS (Technisches Informationssystem)
  - Ford: IDS (Integrated Diagnostic System)
  - Mercedes: Star Diagnose
  - Opel: TIS (Technisches Informationssystem)

Mit der **ESI(tronic)** stellt die Firma Bosch ein herstellerunabhängiges Informationssystem zur Verfügung. Das Informationssystem ESI(tronic) unterstützt den Steuergeräte-Diagnose-Tester KTS.

Das Informationssystem ermöglicht über eine bedienerfreundliche Oberfläche einen einfachen und schnellen Zugriff auf alle Informationen.

1. Fahrzeug identifizieren

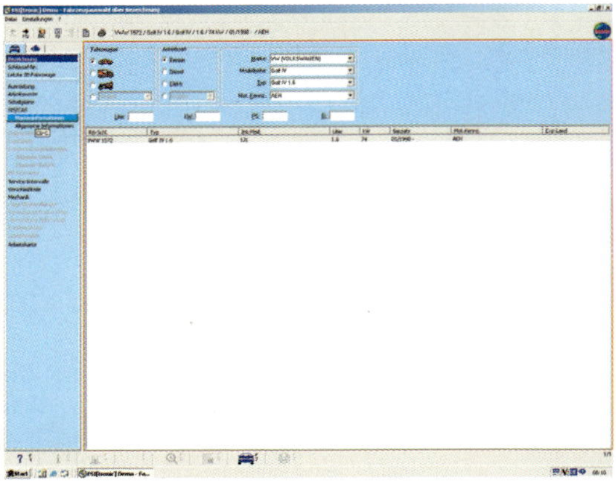

Über die Navigationsleiste wird das gewünschte Einstiegsfenster gewählt, abhängig davon, was vom Fahrzeug bekannt ist:

- Bezeichnung des Fahrzeugtyps,
- Schlüssel-Nr. aus dem Fahrzeug-Schein,
- Letzte 30 Fahrzeuge, wenn der Typ unter den letzten 30 Fahrzeugen aufgerufen wurde.

Durch Anklicken der entsprechenden Zeile in der Navigationsleiste erscheint z. B. das Fenster „Fahrzeugauswahl über Bezeichnung“. Durch Anklicken der „Fahrzeugart“, „der Antriebsart“, Eingabe in die Felder „Marke“, „Modellreihe“, „Typ“ und „Mot. Kennz.“ sowie anschließendes Bestätigen mit F12 (Taste oder Symbol in der Statusleiste) wird die Suche gestartet.
Mit F7 lassen sich alle Informationen zu dem ausgewählten Fahrzeug anzeigen.

2. Ausrüstung

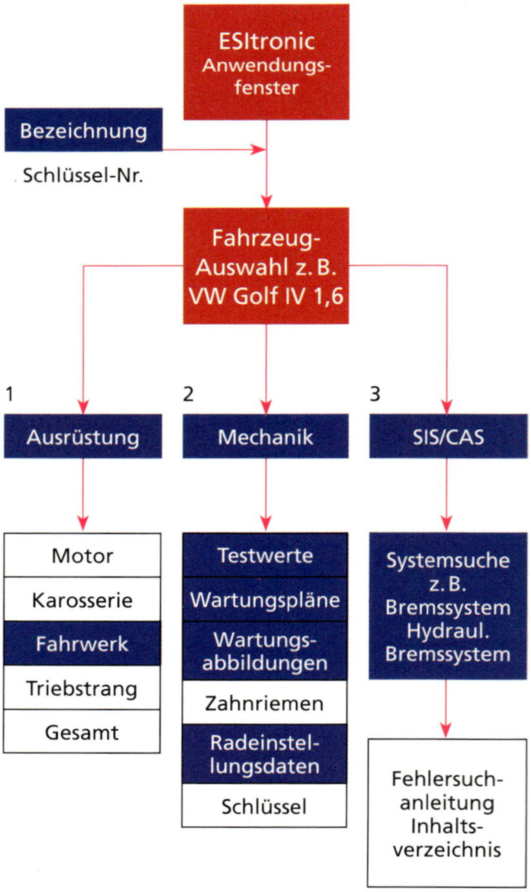

Um Informationen über die Ausrüstung der Bremsanlage des Fahrzeugs zu erhalten, sind folgende Schritte durchzuführen:
Klicken auf:

1. Ausrüstung (Navigationsleiste),
2. Fahrwerk,
3. Gruppe: Vorder- oder Hinterachse,
4. Sortiment: Alle.

3. Mechanik

Durch Klicken auf „Mechanik“ erscheint das Inhaltsverzeichnis:

- Testwerte,
- Wartungspläne,
- Wartungsabbildungen,
- Zahnriemen,
- Radeinstellungsdaten,
- Schlüssel-Bedienung und Programmierung.

Durch Anklicken z. B. von „Wartungspläne“, „Laufleistung über 15 000 km“, „30 000 km“ erscheint der Wartungsplan.

4. Fehlersuchanleitung/Service-Informationen (SIS)

Durch Anklicken von SIS/CAS in der Navigationsleiste erscheinen Informationen über:

- die Systeme des Fahrzeugs, zu denen es Informationen gibt,
- Fehlersuchanleitungen,
- Service-Informationen,
- den computergestützten Service zur Auswertung der Eigendiagnose.

Steuergeräte-Diagnose-Tester (KTS)

Das Testsystem besteht aus KTS-Modulen, die an Laptop oder PC über die serielle oder eine USB-Schnittstelle angeschlossen werden. Über eine serielle Schnittstelle wird das Modul direkt über ein Adapterkabel mit dem Diagnosestecker verbunden. Automatisch erkennt das System das Steuergerät und liest die Ist-Werte, Fehlerspeicher und weitere steuergerätespezifische Daten aus. In das System sind Multimeter und Oszilloskop je nach Ausstattung integriert.

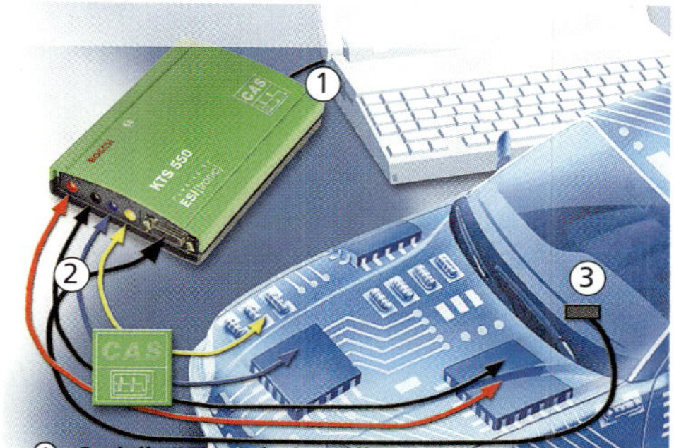

① Serielle/USB-Schnittstelle
② Messleitungen für 2-Kanal-Oszilloskop
③ OBD-Leitung

Das System wird durch das Werkstatt-Informationssystem ESItronic unterstützt, das den Anwender durch alle Prüfschritte führt und Informationen für das zu prüfende System oder die jeweiligen Arbeitsschritte liefert. Die Steuergeräte-Diagnose-Daten werden mit den Daten des „Service-Informations-Sytems" (SIS) durch den „Computer-Aided-Service" (CAS) verknüpft.

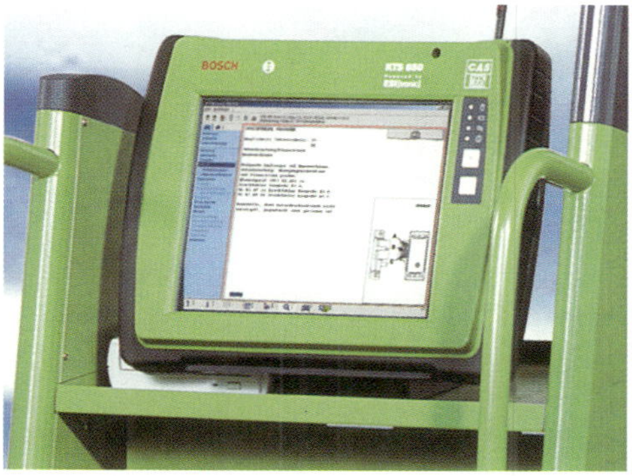

2.10 Werkzeuge in der Kfz-Werkstatt

Montagewerkzeug

Für eine fachgerechte Instandsetzung stehen dem Kfz-Mechatroniker eine Vielzahl von Werkzeugen in verschiedenen Arten und Größen zur Verfügung. Die dargestellten Werkzeuge gehören zu den Universalwerkzeugen, die durch Spezial- und Sonderwerkzeuge aus dem Werkzeuglager ergänzt werden. Diese Werkzeuge sind meist für eine bestimmte Fahrzeugmarke und häufig auch nur für einen bestimmten Fahrzeugtyp verwendbar.

Im Werkzeugwagen lassen sich Werkzeuge, Kleinteile und Hilfsmaterial übersichtlich aufbewahren. Dabei sollten die Werkzeuge so geordnet sein, dass jede Werkzeugart einen bestimmten Platz, d.h. ein bestimmtes Fach hat.

Nach abgeschlossener Arbeit muss das Werkzeug sorgfältig gereinigt und an seinen ordnungsgemäßen Platz zurückgelegt werden. Ordnung am Arbeitsplatz spart Zeit bei der Auswahl der Werkzeuge.

Es ist immer auf einen einwandfreien und sicheren Zustand der Werkzeuge zu achten. Beschädigtes Werkzeug wie beschädigter Schraubendrehergriff, ausgebrochene Schneiden, aufgeweitete Schraubenschlüssel, schlechtsitzende Feilenschäfte oder Hämmer, ausgefranster Meißelkopf, abgenutzte Backenriffelung von Zangen usw. kann zu Unfällen und Beschädigungen am Bauteil führen. Es erschwert außerdem die Arbeit und vergrößert den Zeitaufwand.

Werkzeuge zur Demontage und Montage

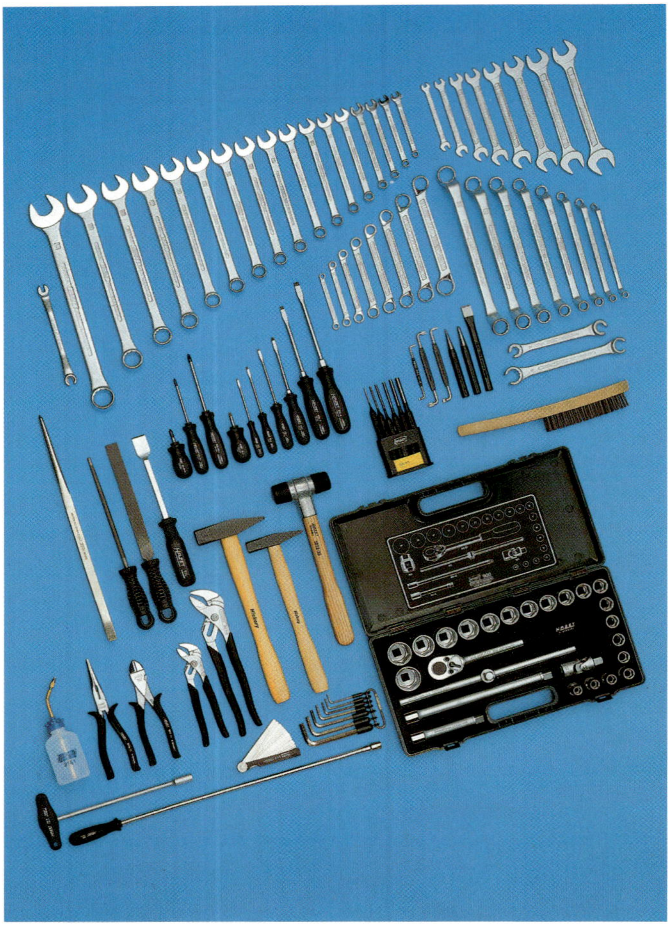

Maul-Ring-Schlüssel

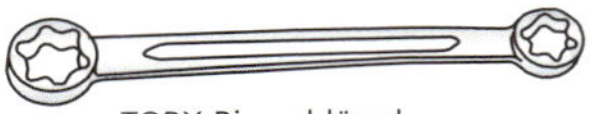

TORX-Ringschlüssel

gekröpfter Ringschlüssel

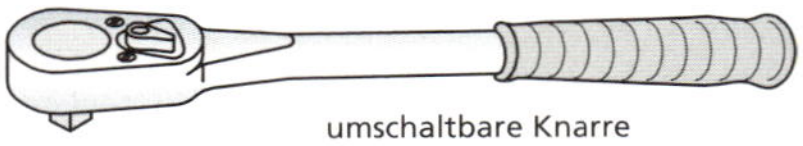

umschaltbare Knarre

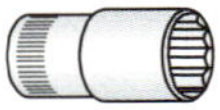

Steckschlüssel-Einsatz

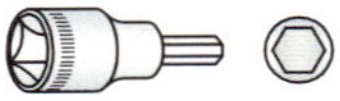

Innensechskant-Einsatz

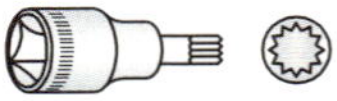

Innenvielzahn-Einsatz

Innen-TORX-Einsatz

Innenkeilprofil-Einsatz

Schlitz-Schraubendreher

Kreuzschlitz-Schraubendreher

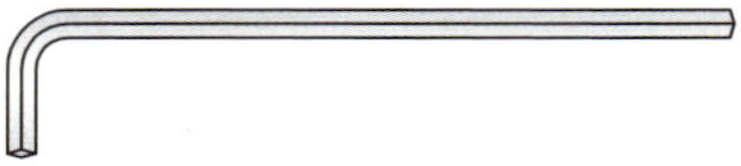

Innensechskant-Stiftschlüssel

Innenvielzahnschlüssel

Drehmomentschlüssel

Wird eine Schraubenverbindung zu fest angezogen, wird sie überbeansprucht und kann reißen, wird sie zu schwach angezogen, kann sie sich lösen. Die Automobilhersteller schreiben daher für viele Schraubenverbindungen im Kraftfahrzeug Anzugsmomente (Drehmomente) vor, um zu gewährleisten, dass die Schrauben bzw. Muttern richtig und gleichmäßig angezogen werden.

Um Schrauben gleichmäßig mit einem bestimmten Drehmoment anzuziehen, ist ein Drehmomentenschlüssel erforderlich. Das Drehmoment wird mit einem Drehknopf eingestellt. Bei Erreichen des eingestellten Wertes rastet der Schlüssel hör- und fühlbar aus.

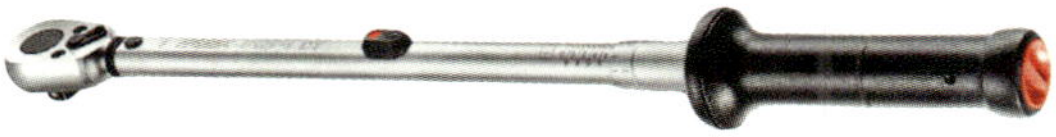

Unfallverhütung beim Umgang mit Werkzeugen

Wählen Sie das richtige Werkzeug.
Benutzen Sie das Werkzeug laut Gebrauchsanweisung.
Tragen Sie eine Schutzbrille.

- Lesen Sie die Gebrauchsanweisung vor der Benutzung.
- Tragen Sie eine Schutzbrille.
- Tragen Sie Gehörschutz.
- Verlängerung des Hebelarmes durch Aufsetzen von Rohren bleibt grundsätzlich den speziellen Werkzeugen vorbehalten.
- Handwerkzeuge sollten mit der Hand betätigt werden – nicht mit dem Hammer.
- Falsches Schlagen führt zu Absplitterungen und bedroht Ihr Augenlicht (grundsätzlich Schutzbrille tragen).
- Schraubendreher sind diffizile Handwerkzeuge, die nicht als Brecheisen oder Meißel verwendet werden dürfen.
- Schrauben verlangen nicht nur einen maßgerechten Schraubendreher – sondern auch senkrechtes Zuführen.

Halten Sie das Werkzeug sauber.
Benutzen Sie isolierte VDE-Werkzeuge an elektrischen Anlagen.

- Werkzeuge tragen ihre Maßbezeichnung, damit sie richtig zugeordnet werden.
- Nur der vollständig gut sitzende Werkzeug-Kraftschluss sichert lange Lebensdauer für Werkzeug und Schraube.
- Nachträgliches Bearbeiten von Werkzeugen z. B. mit Schleifgeräten führt zu Rissbildung und Bruchstellen – das erhöht die Unfallgefahr.
- Handbetriebene Einsätze und Betätigungswerkzeuge nicht auf Schlagschrauben verwenden.
- Niemand kann in alle Schubladen zugleich schauen – darum immer nur eine herausziehen und Kippen vermeiden.
- Treten Sie nicht auf die Schubladen.
- Ziehen Sie nicht den Werkstattwagen hinter sich her.
- Alle Dinge dieser Welt sind endlich. Das gilt auch für Werkzeuge. Verbrauchte Teile sollten entsorgt werden.

Heben schwerer Lasten mit Hebezeugen

Hebebühnen

Bei Arbeiten mit der Hebebühne für die Wartung arbeitet der Kfz-Mechatroniker häufig an der Unterseite des angehobenen Fahrzeuges: z. B. bei Sichtprüfungen auf Undichtigkeiten der Bremsanlage und des Fahrwerkes, Motorölwechsel usw. Bei all diesen Arbeiten ist es wichtig, ein unbeabsichtigtes Absinken der Last zu vermeiden. Daher müssen alle Hebebühnen jährlich durch einen Sachkundigen geprüft werden. Beim Betrieb von Hebebühnen werden an das Bedienungspersonal besondere Anforderungen gestellt:

- Mindestens 18 Jahre,
- Ausdrückliche Beauftragung durch den Unternehmer zur Bedienung der Hebebühne,
- Unterweisung im Bedienen der Hebebühne.

Beim Hochheben von Fahrzeugen ist weiterhin zu beachten:

- Fahrzeug gegen Wegrollen sichern,
- Tragarme an die vom Hersteller vorgesehenen Punkte ansetzen,
- Fahrzeug mit Hebebühne zuerst geringfügig anheben und richtigen Sitz der Tragarme nochmals prüfen,
- Arbeitstägliche Sichtkontrolle der Gelenkarmsicherung und Abrollsicherung.
- Beim Absenken besteht Quetschgefahr.

Anhebepunkte

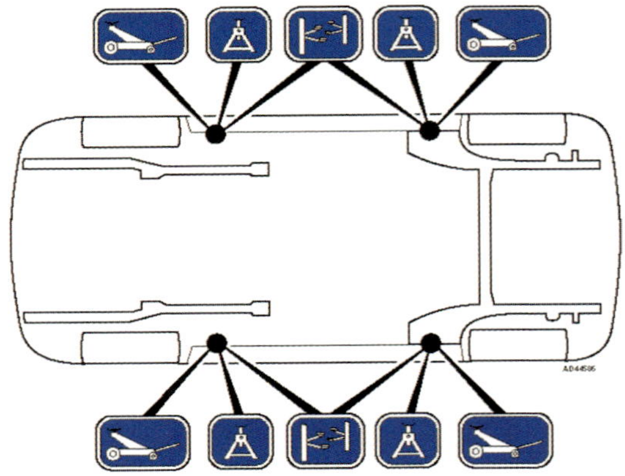

Mitgänger- Flurförderzeuge

Mitgänger-Flurförderzeuge werden von einer Person bedient, die vor, neben oder hinter dem Gerät läuft. Die Bedienung geschieht über eine Deichsel. Die Lastaufnahme erfolgt in der Regel mit Gabeln, die fest mit der Hubeinrichtung verbunden sind. Mitgänger-Flurförderzeuge fahren nicht mehr als 6 km/h.

Handhubwagen

Niederhubwagen

Hochhubwagen

Mitgänger-Flurförderzeuge kann nur sicher bedienen, wer über entsprechende Kenntnisse und ausreichende Praxis verfügt. Eine gründliche Unterweisung ist daher unerlässlich. Die Bediener von Mitgänger-Flurförderzeugen müssen beauftragt werden. Der Unternehmer darf nur Personen beauftragen, die

- mindestens 18 Jahre alt sind,
- für diese Tätigkeit geeignet und ausgebildet sind,
- ihre Befähigung nachgewiesen haben.

(siehe auch „Unternehmer-Handbuch – Mitgänger-Flurförderzeuge" der Berufsgenossenschaft Handel und Warendistribution, www.bghw.de sowie Betriebsanweisung „Mitgänger-Flurförderzeuge" in BPW)

2.11 Instandsetzung Motor

Problem:
Bei der Montage des Zylinderkopfs und beim Anziehen der Zylinderkopfschrauben ist eine Schraube abgerissen.

Ursache:
Zu hohes Drehmoment, Überschreiten der Dehngrenze

Informationsbeschaffung:

Fachinformationen:
Verhalten der Schraubenverbindung beim Anziehen Seite 83.
Berechnen: Kraft, Drehmoment, Festigkeit Seite 80–83.

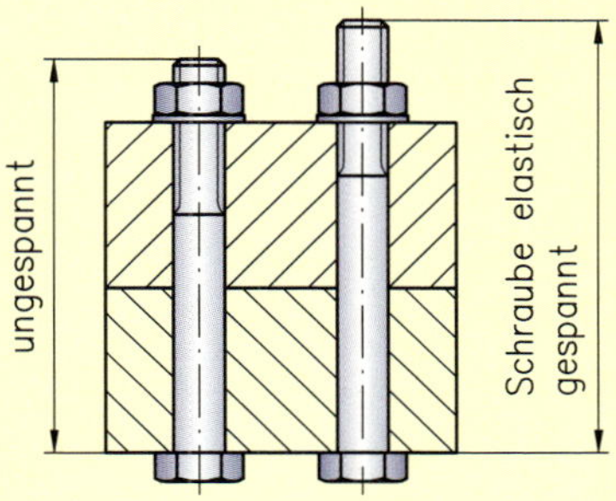

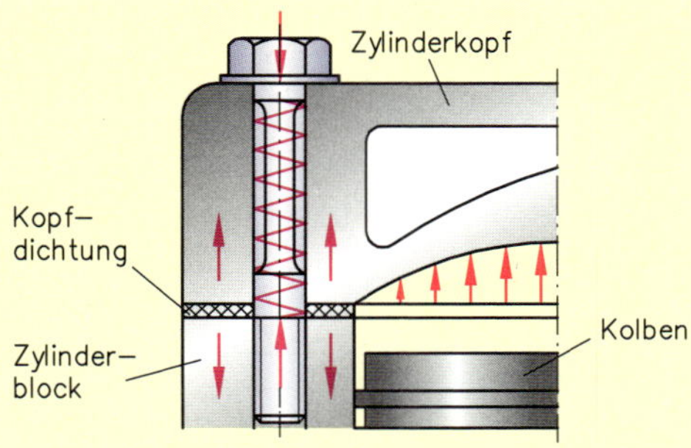

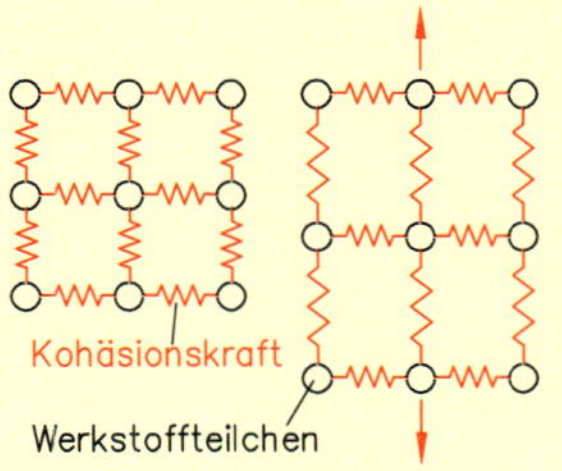

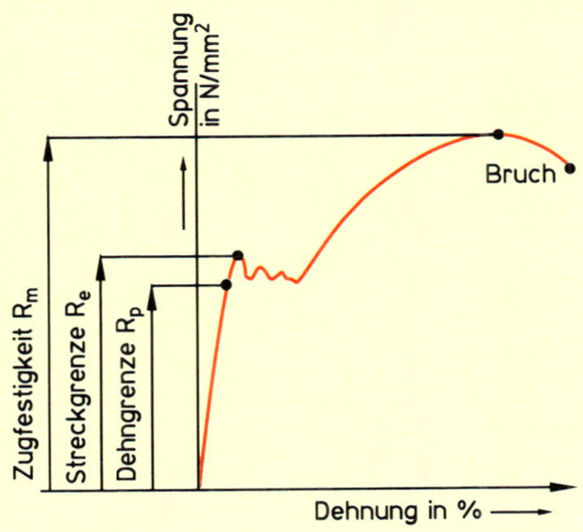

Spannungs-Dehnungs-Diagramm

Instandsetzung:

Abgebrochene Schrauben entfernen

Beim Anziehen von Schrauben reißt manchmal die Schraube ab, und es besteht keine Möglichkeit, sie aus dem Gewindeloch zu entfernen. Sie muss ausgebohrt werden. In das ausgebohrte Loch wird ein Ausdrehstift eingeschlagen, der mit einer Ausdrehmutter die Schraube aus dem Loch löst. Folgende Vorgehensweise ist erforderlich:

① Vorbohren
② Nachbohren
③ Ausdrehstift einschlagen
④ Ausdrehen

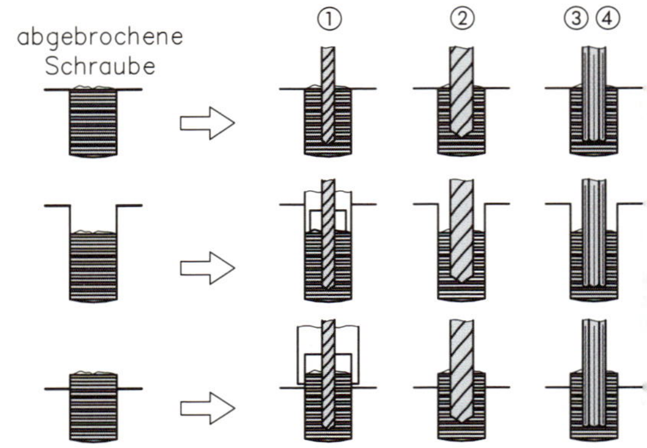

Beispiel:

Gegeben: Eine Schraube M 10 ist beim Anziehen abgerissen. Die Schraube besteht aus einem Stahl bis 700 N/mm². Die Schraube wird mit einem Bohrer von 4,6 mm Durchmesser vorgebohrt und einem Bohrer von 6,4 mm nachgebohrt. Schnittgeschwindigkeit $v = 30$ m/min

Gesucht: Drehzahl, mit der gebohrt wird.

Lernaufgaben

1. Erklären Sie die Vorgänge im Werkstoff beim Anziehen einer Schraube.
2. Was passiert, wenn die Schraube über die Dehngrenze hinaus angezogen wird?
3. Berechnen Sie das Drehmoment, mit dem die Zylinderkopfschraube angezogen wird, wenn die Umschaltknarre 400 mm lang ist und die Handkraft $F_H = 150$ N beträgt.
4. Bestimmen Sie anhand des Werkstattinformationssystems das vom Hersteller vorgeschriebene Anzugsmoment.
5. Welche maximale Zugkraft kann die Zylinderkopfschraube (M10, Kerndurchmesser $d = 8{,}16$ mm) übertragen, wenn die Zugfestigkeit $R_m = 700$ N/mm² beträgt?
6. Welche Funktionselemente sind nach der Demontage des Zylinderkopfs zu erneuern?
7. Warum ist beim Anziehen des Zylinderkopfs eine bestimmte Reihenfolge (stufenweise) des Anziehens zu beachten?
8. Das Anzugsmoment wird vom Hersteller z. B. mit 40 Nm, 90°, 90° angegeben. Was bedeutet das?
9. Berechnen Sie die an der Bohrmaschine einzustellenden Drehzahlen für das Vorbohren und das Nachbohren (siehe Beispiel).
10. Welche Unfallverhütungsvorschriften sind zu beachten?
11. Welche Qualitätssicherungsmaßnahmen sind durchzuführen?
12. Im Rahmen der o.a. Instandsetzung des Motors müssen alle 10 Zylinderkopfschrauben und die Zylinderkopfdichtung ausgetauscht werden. Die Materialkosten betragen 45 €. Für die Arbeit werden insgesamt 1 Stunde und 10 Minuten angesetzt. Der Werkstattdurchschnittslohn beträgt 15 €, der Kostenindex 4,2. Berechnen Sie den Reparaturpreis.
13. Entwickeln Sie den Arbeitsplan (Arbeitsschritte, Werkzeuge, Ersatzteile, Anzugsmomente).

2.12 Austauschreparatur Abgasanlage

Kundenbeanstandung: Dumpfer Auspuffton und Knallen im Schiebebetrieb.

Sichtprüfung, Direktannahme: Prüfen der Abgasanlage auf Dichtheit.

Ursache: Nachschalldämpfer durchgerostet.

Informationsbeschaffung:

Fachinformationen:
Abgasanlage Seite 115

Abgassystem

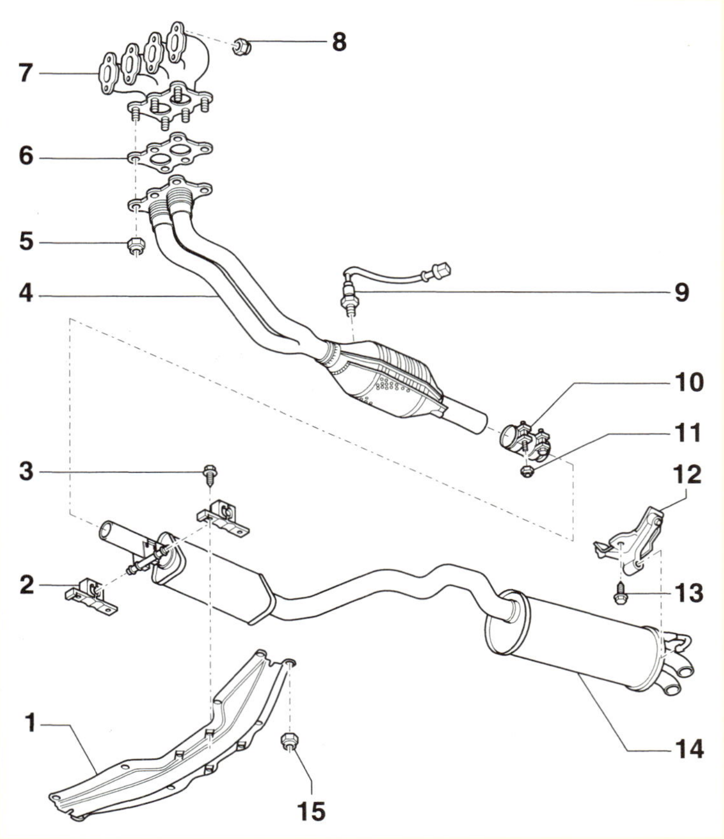

1 Tunnelbrücke
Mit Bohrung zum Einrichten der Abgasanlage.
2 Aufhängung
3 Schraube, 25 Nm
4 Abgasrohr vorn, Katalysator
Nicht fallen lassen, vor Stoß- und Schlagbeanspruchung schützen.
5 Mutter, 40 Nm
Selbstsichernd, immer erneuern.
6 Dichtung
Immer erneuern
7 Abgaskrümmer
8 Mutter, 25 Nm
9 Lambdasonde, 50 Nm
Gewinde mit „G5" fetten.
10 Klemmschelle
Einbaulage: Verschraubung zeigt waagerecht zur linken Fahrzeugseite.
11 Mutter, 40 Nm
12 Aufhängung
13 Schraube, 25 Nm
14 Vor- und Nachschalldämpfer
Im Reparaturfall trennen und einzeln ersetzen.
15 Mutter, 25 Nm

Hinweis: Die Anzugsdrehmomente in Nm sind Beispiele. Sie können von Fahrzeugtyp zu Fahrzeugtyp variieren.

Mittel- und Nachschalldämpfer sind in dem dargestellten Beispiel einteilig. Im Reparaturfall werden sie getrennt und können mit Klemmschellen miteinander verbunden werden.

Verbindungen: Temperaturfeste Stift-Schraubenverbindung zwischen Abgaskrümmer und Hosenrohr (Zusammenführung der Abgassammelrohre) und Klemmverbindung zwischen Katalysator und den Anschlussrohren.

Wirkungsweise/Mode of action: exhaust system

(Der englische Text unterstützt Sie bei der Beschreibung des Kühlsystems. Es ist keine wörtliche Übersetzung, sondern eine freie Übersetzung zu wählen. Die erforderlichen Vokabeln können Sie über den Online-Service http:/dict.leo.org der TU München ermitteln.)

The exhaust system consists of four main parts:

- The exhaust manifold which collects the exhaust gases from a number of cylinder and leads them to the exhaust pipe.
- The exhaust pipe conducts the exhaust gases to the rear of a vehicle. The silencer reduces the noise of the pressure pulsations of the hot exhaust gases. To dampen the different frequencies, two silencer are needed:
- One silencer to treat the frequencies and one silencer to treat the high frequencies.
- The catalic converter promotes a chemical/thermal reaction of exhaust gases to reduce the level of unwanted emissions.
- The oxygen sensor checks the oxygen content in the exhaust gases and produces an electrical signal for the electronically control unit.

Instandsetzung

Trennen und Verbinden der Abgasrohre

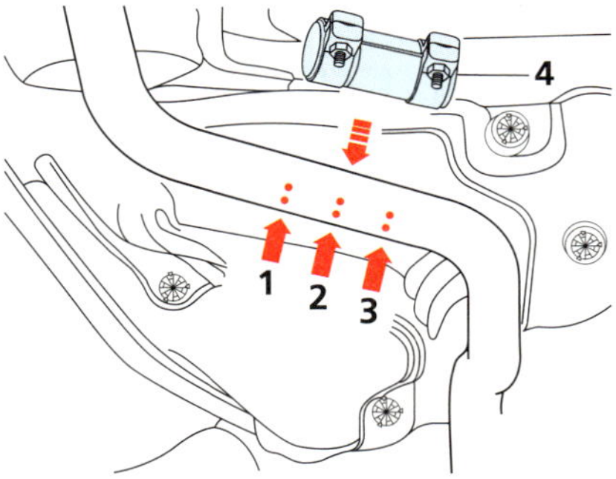

Auspuff-Rohrabschneider

Lernaufgaben

1. Welche Aufgaben haben die einzelnen Funktionseinheiten der Abgasanlage?
2. Durch welche unterschiedlichen Maßnahmen erreicht man eine Schalldämmung?
3. Wodurch korrodieren Schalldämpfer?
4. Welche Funktionsteile können nicht wiederverwendet werden?
5. Worauf ist bei Verwendung der Neuteile zu achten?
6. Welche Maßnahmen sind nach dem Einbau von Neuteilen zu ergreifen?
7. Welche Unfallverhütungsvorschriften und Maßnahmen zur Arbeitssicherheit sind zu beachten?
8. Welche qualitätssichernden Maßnahmen schlagen Sie vor?
9. Entwickeln Sie den Arbeitsplan zum Austausch des Nachschalldämpfers.

2.13 Austausch der Reifen

Kundenbeanstandung: Starker Reifenverschleiß

Sichtprüfung: Starker Verschleiß in der Mitte der Laufflächen

Informationsbeschaffung:

Fachinformationen: Räder und Reifen Seite 118,
Reifenwechsel: www.drekra.de/c/document_library/get_file?folderId=27287...pdf
Auswuchten: Google: Radauswuchten Kfz-Ausbildungskanal Clip 08 Hatee Film-You Tube

Verschleißbild Reifen:

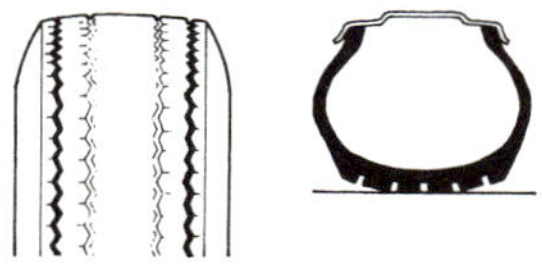

Instandsetzung:

Reifen müssen ausgewechselt werden.
Räder demontieren und montieren, Altreifen demontieren, Neureifen montieren, auswuchten

Reifen vom Felgenhorn abdrücken

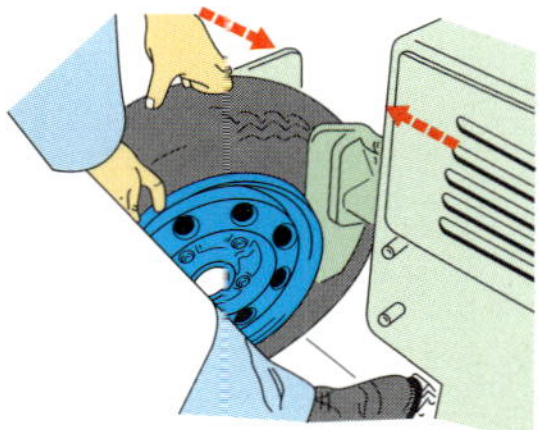

Altreifen abziehen

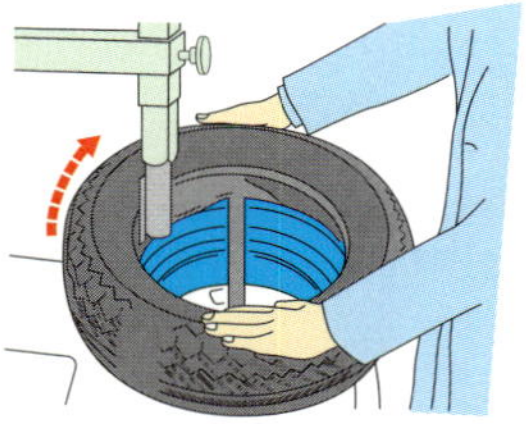

Neuen Reifen mit Gleitmittel schmieren

Reifen montieren

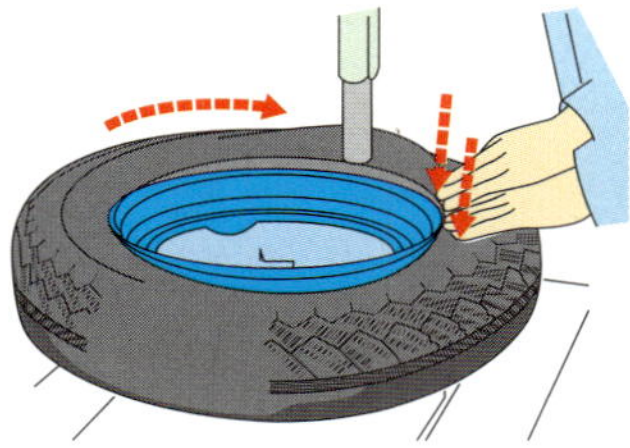

Reifen auswuchten

Lernaufgaben

1. Bestimmen Sie die Ursache für den Reifenverschleiß.
2. Wo finden sich Aussagen über die zugelassene Bereifung für das Fahrzeug?
3. Der Reifen hat die Kennzeichnung 205/60 R15 94V. Welche Bedeutung haben die Aussagen?
4. Wo findet man das Herstellungsdatum?
5. Was bedeutet DOT 4304?
6. Warum müssen Räder/Reifen ausgewuchtet werden?
7. Welche Hilfsstoffe sind zum Reifenwechsel erforderlich?
8. Welche Unfallverhütungsmaßnahmen sind einzuhalten?
9. Was passiert mit den Altreifen?
10. Entwickeln Sie den Arbeitsplan zum Reifenwechsel.
11. Welche qualitätssichernden Maßnahmen schlagen Sie nach Abschluss der Arbeiten vor?

2.14 Austauschreparatur Bremsbeläge

Sichtprüfung:
Bremsflüssigkeitsstand prüfen, Dichtheit des Systems prüfen, Bremsschläuche prüfen

Informationsbeschaffung:

Fachinformationen:
Bremssystem Seite 19.

Bremsenmechanik
Um die erforderliche Bremskraft zu erzeugen, muss die Fußkraft verstärkt werden:

- Mechanische Verstärkung durch Hebelsysteme
- Hydraulische Übersetzung durch Umwandlung des hydraulischen Druckes in Spannkraft F_S
- Pneumatische Verstärkung durch Unterdruck-Bremskraftverstärker

Systemdarstellung

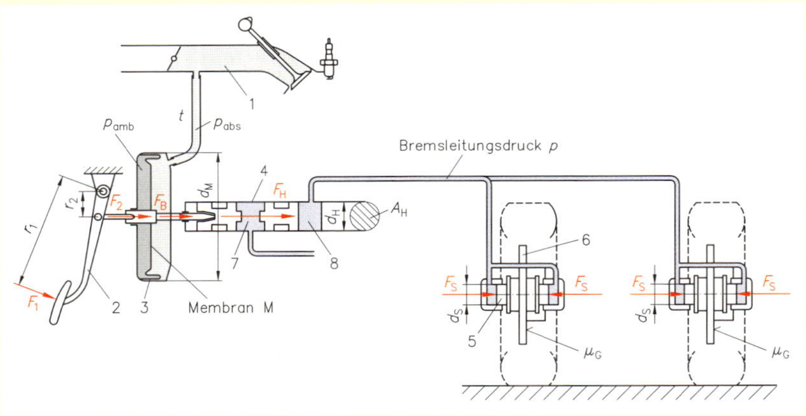

1 Saugrohr
2 Bremspedal
3 Unterdruckverstärker
4 Tandem-Hauptzylinder
5 Bremszylinder
6 Bremsscheibe
7 Bremskreis 1
8 Bremskreis 2

Mode of action: hydraulic brake

The basic hydraulic brake system consists of a master cylinder, which is connected by a small tubing to the wheel cylinder. Brake fluid fill completely all pipelines and working wheel cylinder. A reserve volume of fluid is held in a reservoir, which is usually an integral part of the master cylinder. Because fluid may be regarded as incompressible the pressure is the same throughout the system.

When the footbrake is depressed, the pedal acts a on a piston within the master cylinder. Hydraulic pressure is produced. The pressure moves on the piston of the wheel cylinder which forces the brake pads against the brake disc. To avoid complete failure of the hydraulic system, a tandem master cylinder is used. The tandem master cylinder contains two pistons, one directly connected to the pedal and the other operated by fluid pressure. Each piston controls a separate brake pipeline to either the front or rear brakes. Two independent brake circuit are controlled through the use of one brake master cylinder. A hydraulic failure in one of the brake pipelines results in a loss of fluid in only one circuit. The other brake circuit keep the front or rear brake in operation.

To slow the vehicle down the drivers effort is supported by a vacuum servo. The vacuum servo unit operates directly from the intake manifold. In the case of a diesel engine, this energy is not available at the manifold, so an engine-driven vacuum pump is used to provide the required assistance.

Faustsattelbremse

Bremssattel und seine Funktionselemente

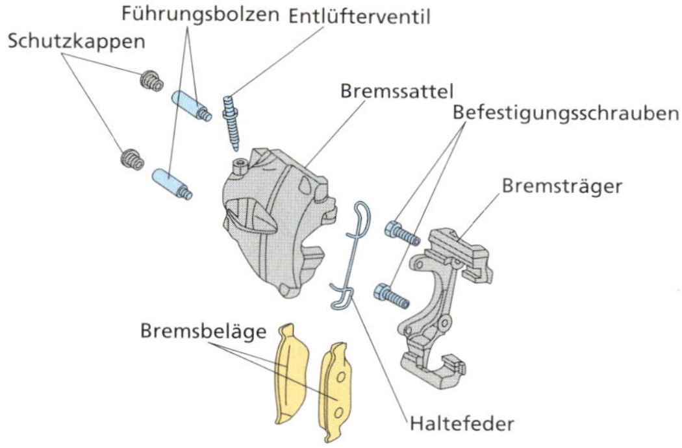

Mode of action: Single cylinder calliper (floating calliper brake)

When the driver brakes, the brake master cylinder produce a pressure, which works over the brake pipe in the brake cylinder. The plunger of the brake cylinder press the inner brake pad against the brake disk. The outer brake pad is pressed over the brake calliper against the brake pad. The disc is sandwiched by the action of the piston and the reaction of the cylinder.

Austauschreparatur

Haltefeder für Bremsbeläge heraushebeln

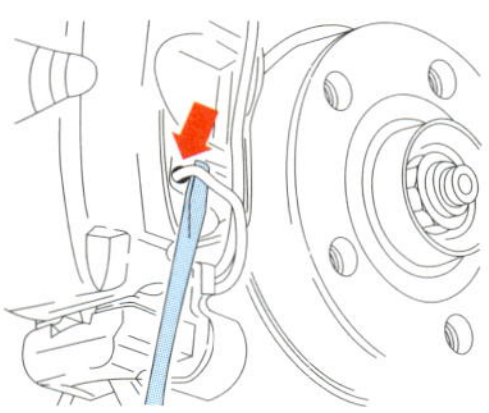

Führungsbolzen aus Bremssattel herausschrauben

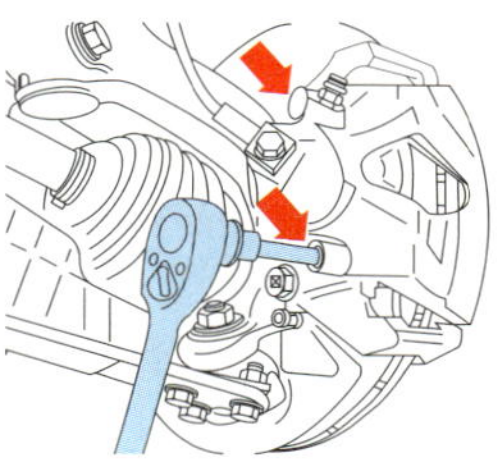

Bremskolben mit Vorrichtung zurücksetzen

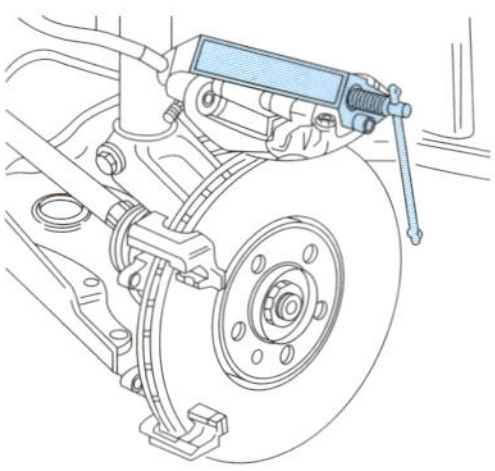

Beläge einbauen

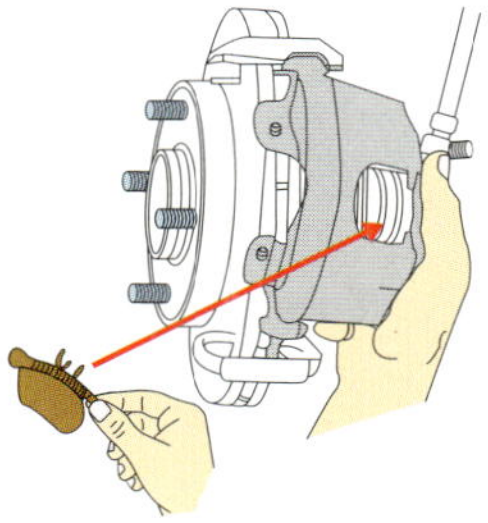

Lernaufgaben

1. Erklären Sie die Wirkungsweise der dargestellten hydraulischen Bremse. Zur Unterstützung dient der englische Text.
2. Entwickeln Sie einen Blockschaltplan der dargestellten, ungeregelten Bremsanlage und benennen Sie die Funktionselemente der dargestellten Bremsanlage.
3. Das dargestellte Bremssystem ist ein Zweikreisbremssystem. Was verstehen Sie darunter?
4. Welchen Vorteil hat ein Zweikreisbremssystem?
5. Wodurch erfolgt die mechanische, hydraulische und pneumatische Kraftverstärkung der Fußkraft?
6. Entwickeln Sie ein Blockschaltbild der Funktion der Faustsattelbremse.
7. Erklären Sie die Wirkungsweise der Faustsattelbremse. Zur Unterstützung dient der englische Text.
8. Welche vorbereitenden Arbeiten sind erforderlich?
9. Wie werden die Teile gereinigt?
10. Worauf ist bei der Ersatzteilbeschaffung zu achten?
11. Welche Hilfsstoffe sind notwendig und wofür werden sie gebraucht?
12. Wann und wo kann Bremsflüssigkeit austreten?
13. Welche Unfallverhütungsvorschriften und Maßnahmen zur Arbeitssicherheit sind einzuhalten?
14. Welche qualitätssichernden Maßnahmen schlagen Sie vor?
15. Entwickeln Sie den Arbeitsplan zum Austausch der Bremsbeläge.

2.15 Teilereinigung

Die demontierten Bauteile sind meist verschmutzt und verölt. Um beurteilen zu können, ob die Bauteile für eine Wiederverwendung (siehe Kap. Wiederverwendbarkeit) taugen, müssen sie gereinigt werden. Die übliche Reinigung erfolgt in Teilereinigungsgeräten mit der Pinselmethode.

Das Reinigungsgerät besteht aus einer Arbeitsfläche mit Spritzschutz und einem 200-Liter-Fass mit Reinigungsflüssigkeit. Eine selbstansaugende Pumpe fördert das Reinigungsmittel nahezu drucklos durch einen Hohlpinsel. Während des manuellen Reinigungsvorganges fließt stetig Flüssigkeit nach. Hierdurch wird der Pinsel gespült und es bleiben keine Schmutzteilchen an den Borsten hängen. Siebe und Filter halten die Schmutzteilchen aus der Reinigungsflüssigkeit zurück, bevor sie wieder in den Kreislauf gelangt.

Als Reinigungsflüssigkeit werden kohlenwasserstoffhaltige Spezialreiniger, meist Kaltreiniger verwendet. Kaltreiniger gehören zu den besonders überwachungsbedürftigen Abfällen, sind stark wassergefährdend, gesundheitsschädlich und leicht entzündlich. Verbrauchte Kaltreiniger werden daher vom Lieferanten bei Lieferung eines neuen Fasses kostenlos zurückgenommen und von einem zertifizierten Entsorgungsbetrieb weiterverarbeitet.

Nach dem Waschvorgang werden die gereinigten Teile mit Putzwolle oder nicht faserndem Vliespapier abgetrocknet. Von der Verwendung der Druckluftpistole ist abzuraten, da durch den gerichteten Luftstrahl die Gefahr besteht, dass Schmutzteilchen oder Metallabrieb aufgewirbelt wird. Ist der Gebrauch von Druckluft notwendig, z. B. zum Ausblasen von Düsen, ist es erforderlich, eine Schutzbrille zu tragen.

BTA Nr.: 9 2001-12-06	**BETRIEBSANWEISUNG** gemäß § 20 GEFSTOFFV **Geltungsbereich und Tätigkeiten** **Werkstatt**	 Unterschrift

GEFAHRSTOFFBEZEICHNUNG

Kohlenwasserstoffhaltige Kaltreiniger

Kohlenwasserstoffhaltige Kaltreiniger in Teilereinigungsgeräten und zur Aggregatereinigung

GEFAHREN FÜR MENSCH UND UMWELT

Xn Gesundheitsschädlich

- R10 Entzündlich.
- R21/22 Gesundheitsschädlich bei Berührung mit der Haut und beim Verschlucken.
- ACHTUNG: Beim Reinigen von kraftstoff- bzw. ölverschmutzten Teilen kann der Flammpunkt sinken bzw. Bildung explosionsfähiger Dampf-Luft-Gemische.

SCHUTZMASSNAHMEN UND VERHALTENSREGELN

- S16 Von Zündquellen fernhalten – Nicht rauchen.
- S24/25 Berührung mit den Augen und der Haut vermeiden.
- S37/39 Bei der Arbeit geeignete Schutzhandschuhe und Schutzbrille/Gesichtsschutz tragen.

VERHALTEN IM GEFAHRENFALL

- Ausgetretenes Material mit Universalbinder aufnehmen.

ERSTE HILFE **Notruf 112**

Bei jeder Erste-Hilfe-Maßnahme: Selbstschutz beachten und umgehend Arzt aufsuchen!

- Verunreinigte Kleidung wechseln.
- Betroffene Hautpartien mit viel Wasser und Seife gründlich abwaschen.
- Augen bei gespreizten Lidern unter fließendem Wasser gründlich ausspülen (unverletztes Auge schützen! Kontaktlinsen entfernen! Augenarzt!)
- Nach Verschlucken sofort Mund ausspülen und reichlich Wasser nachtrinken.
- Arzthilfe!

SACHGERECHTE ENTSORGUNG

A

- Reststoffe getrennt sammeln und einer Wiederverwertung zuführen.
- Ölverschmutzte Fraktionen oder Putzlappen nicht in den Hausmüll geben.

3 Elektrotechnik, Hochvolttechnik, Steuerungs- und Regelungstechnik

3.1 Elektrotechnik

3.1.1 Zusammenhänge im elektrischen Stromkreis

3.1.1.1 Einfacher Stromkreis

Der einfache Gleichstromkreis für eine Beleuchtung besteht aus:

- Spannungsquelle: Batterie,
- Verbraucher: Glühlampe,
- Schalter,
- Verbindungsleitungen.

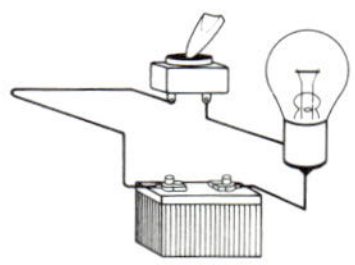

Die einzelnen Funktionselemente und ihr Zusammenwirken werden in einem Schaltplan durch Schaltzeichen dargestellt. Die Schaltzeichen sind nach DIN EN 60617 genormt. Der Schaltplan wird grundsätzlich im stromlosen und mechanisch nicht betätigten Zustand gezeichnet.

Geräte	Batterie 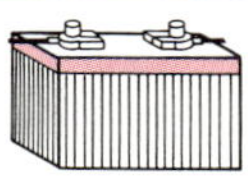	Lampe 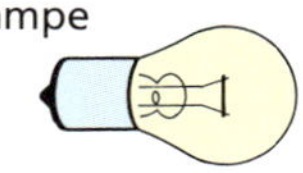	Schalter 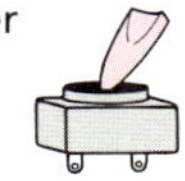	Leitung 
Schaltsymbol	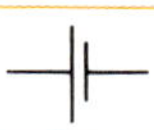		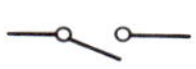	

Stromlaufplan

Der Stromlaufplan ist die ausführliche Darstellung einer Schaltung in ihren Einzelheiten. Er zeigt durch eine übersichtliche Darstellung der Stromwege die Wirkungsweise einer Schaltung. Für die Anordnung gibt es folgende Darstellungsarten:

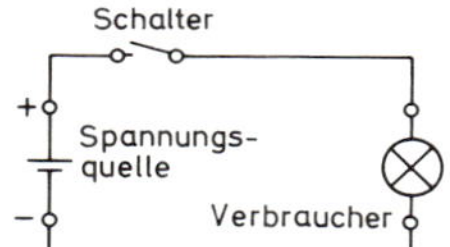

Stromlaufplan in zusammenhängender Darstellung

Beim Stromlaufplan in zusammenhängender Darstellung werden alle Schaltzeichen eines elektrischen Gerätes ihrer Lage entsprechend zusammenhängend gezeichnet. Die mechanische Wirkverbindung wird durch unterbrochene Verbindungslinien dargestellt.

Stromlaufplan in aufgelöster Darstellung

Beim Stromlaufplan in aufgelöster Darstellung werden die Schaltzeichen getrennt, ohne Rücksicht auf die räumliche Lage und den mechanischen Zusammenhang der Schaltelemente, angeordnet. Hauptzweck dieser Anordnung ist das Erkennen der Funktion einer Schaltung. Jeder Stromweg verläuft möglichst geradlinig.

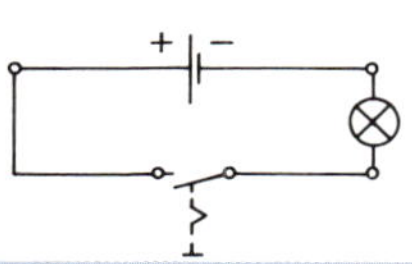

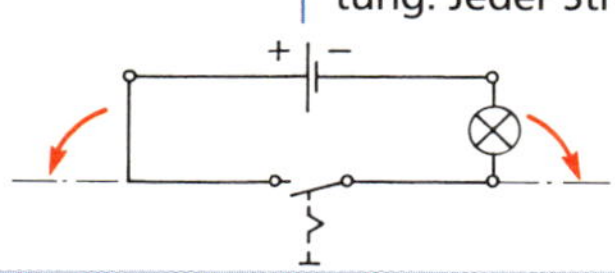

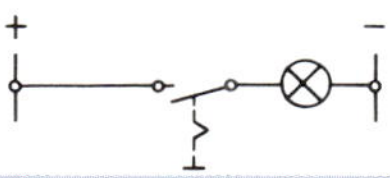

3.1.1.2 Elektrische Grundgrößen

Spannung

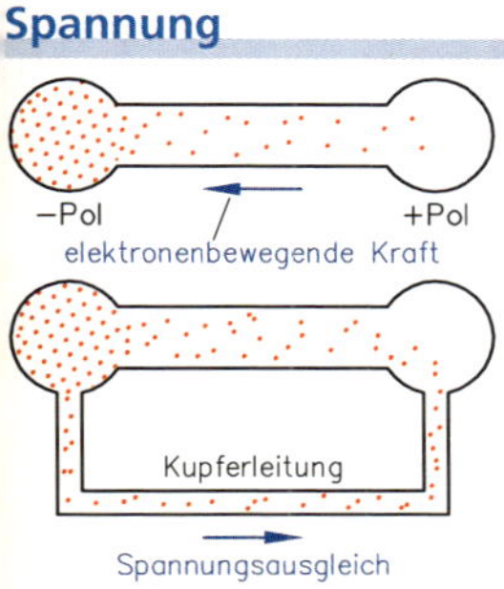

Eine elektrische Spannung entsteht durch einen Spannungserzeuger, z. B. eine Batterie. Durch Energieeinsatz (z. B. Laden der Batterie) transportiert der Spannungserzeuger viele Elektronen zu einer Anschlussklemme. Dort entsteht ein Elektronenüberschuss. Da die Elektronen eine negative Ladung haben, ist die Klemme negativ geladen. Sie wird als Minuspol bezeichnet. An der anderen Klemme entsteht Elektronenmangel. Ein Mangel an Elektronen ist gleichbedeutend mit positiver Ladung. Die Klemme ist daher positiv geladen und heißt Pluspol. Die unterschiedlichen Ladungszustände an Plus- und Minuspol haben das Bestreben, sich auszugleichen. Dieses Bestreben zum Ladungsausgleich wird als Spannung bezeichnet. Ein Ladungsausgleich ist zwischen den Polen einer Spannungsquelle nur bei geschlossenem Stromkreis möglich.

Spannung

Fortsetzung

Die elektrische Spannung wird in Volt gemessen.

Formelzeichen: *U*
Einheitenkurzzeichen: V

Im Schaltzeichen kennzeichnet die lange Linie der Batterie den positiven Pol.

Gleichspannungen haben stets die gleiche Größe und Polarität. Gleiche Polarität heißt, dass der Pluspol positiv, der Minuspol der Spannungsquelle negativ gepolt bleibt, z. B. bei der Batterie.
Bei einer Wechselspannung ändern sich die Höhe der Spannung und ihre Polarität ständig.
Gleichspannungen erzeugen einen Gleichstrom, Wechselspannungen einen Wechselstrom.

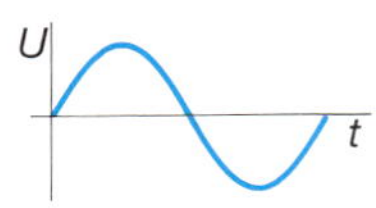

Elektrisches Potenzial
Unter Potenzial versteht man die elektrische Spannung zwischen dem Pluspol und einem Bezugspunkt.
Beispiel:

- Die Spannung der Batterie beträgt 12 Volt. Zwischen dem Pluspol der Batterie und der Fahrzeugmasse als Bezugspunkt besteht ein elektrisches Potenzial von 12 Volt.
- Lädt der Generator mit 14 Volt die Batterie von 12 Volt auf, ist der Bezugspunkt die Batteriespannung von 12 Volt.
  Es besteht ein elektrisches Potenzial von 2 Volt, der Ladespannung zwischen den beiden Pluspolen.

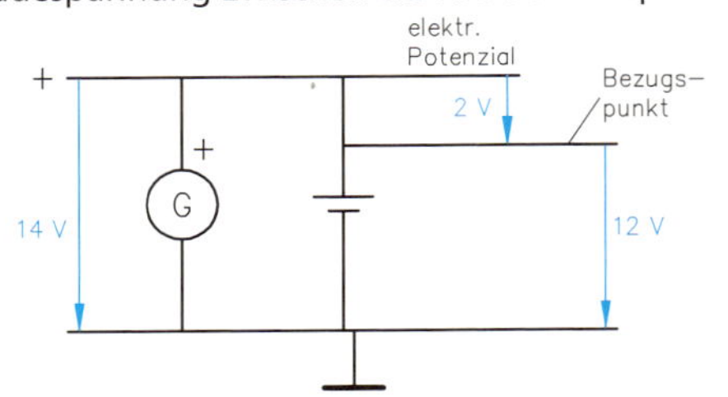

Strom

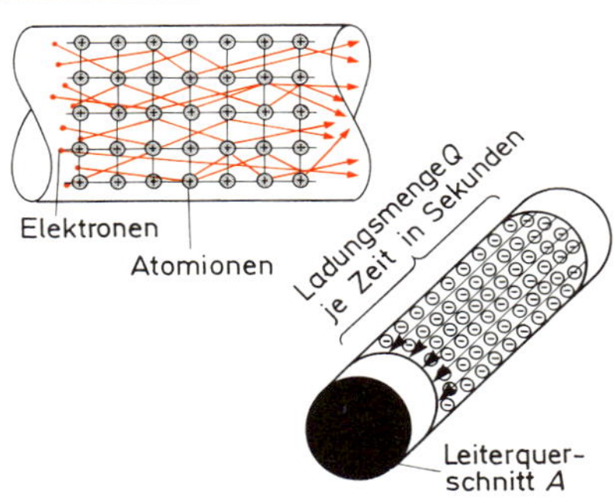

Elektronen-stromrichtung	Technische Stromrichtung
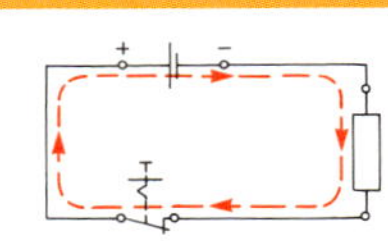	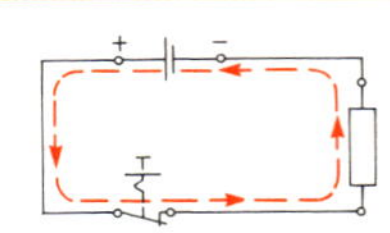
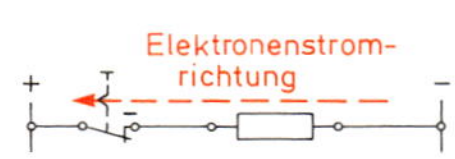	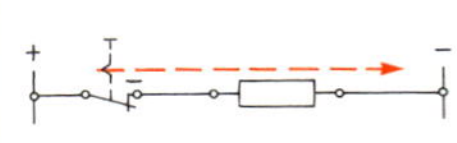

Metalle haben freie Elektronen, die im Innern eines Leiters frei beweglich sind. Die Elektronen bewegen sich nur dann fort, wenn Kräfte auf die Elektronen wirken, d. h. wenn eine Spannung auf sie wirkt. In einem geschlossenen Stromkreis treibt die Spannung die freien Elektronen vom Minuspol der Spannungsquelle über die Leitungen und den Verbraucher zum Pluspol.

Im vorigen Jahrhundert hat man die Stromrichtung vom Pluspol zum Minuspol festgelegt, da man die Elektronenbewegung nicht kannte. Diese einmal festgelegte Stromrichtung hat man in der Technik beibehalten. Die elektrische Stromstärke gibt an, wie viele Elektronen in einer bestimmten Zeit durch den Leiterquerschnitt fließen. Die elektrische Stromstärke wird in Ampere gemessen.

Formelzeichen: *I* Einheitenkennzeichen: A

Fließt Strom stets in die gleiche Richtung und in gleicher Höhe durch den Leiter, so heißt er Gleichstrom.

Verändert der Strom in gleichen Zeitabständen seine Richtung und seine Größe, so wird er als Wechselstrom bezeichnet.

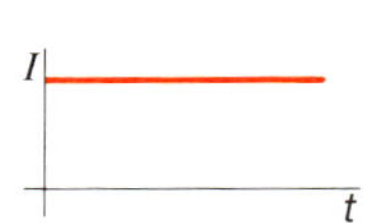

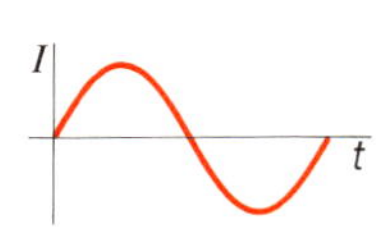

Eine negative und eine positive Halbwelle stellen eine Periode der Wechselspannung dar. Die Anzahl der Perioden pro Sekunde (Schwingungen/Sekunde) bezeichnet man als Frequenz. Die Maßeinheit der Frequenz ist nach dem deutschen Physiker Hertz benannt: Hertz (Hz).

Strom

Fortsetzung

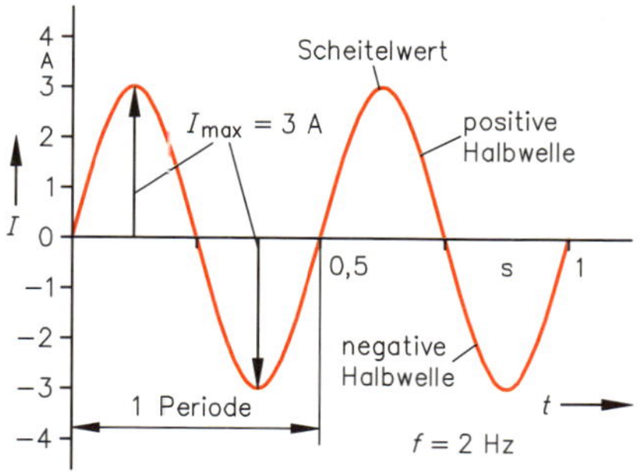

Drehstrom setzt sich aus 3 Wechselspannungen zusammen, die um 120° gegeneinander verschoben (phasenverschoben) sind.

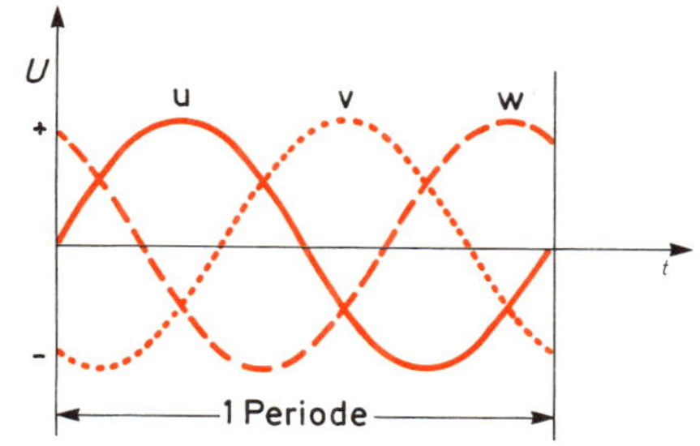

Widerstand

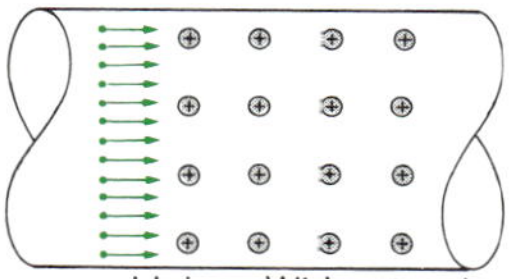
kleiner Widerstand

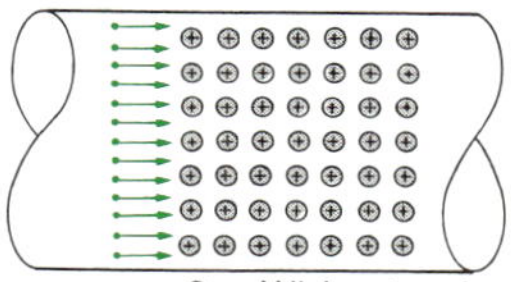
großer Widerstand

Auf ihrem Weg durch den Leiter bewegen sich die Elektronen zwischen den Atomionen hindurch. Dabei stoßen sie gegen die Atomionen und werden in ihrer Bewegung behindert. Diese Behinderung des elektrischen Stromes wird als Widerstand bezeichnet.

Der Widerstand wird in Ohm gemessen.

Formelzeichen: *R*
Einheitenzeichen: Ω (Omega)

Der Widerstand des Leiters ist abhängig von folgenden Größen:

- Werkstoff des Leiters
  Jeder Werkstoff hat einen arteigenen Widerstand, der als spezifischer Widerstand ϱ bezeichnet wird.
- Querschnittsfläche des Leiters
  Der Widerstand nimmt mit wachsendem Leitungsquerschnitt *A* ab.
- Länge des Leiters
  Der Widerstand eines Leiters wächst mit dessen Länge *l*.

Dieser Zusammenhang wird in der folgenden Gleichung mathematisch dargestellt:

$$R = \frac{\varrho \cdot l}{A}$$

ϱ in Ωmm²/m
l in m
A in mm²
R in Ω

Um übersichtliche Werte des spezifischen Widerstandes zu erhalten, wird häufig mit der elektrischen Leitfähigkeit κ gerechnet.

$$\varrho = \frac{1}{\kappa} \qquad R = \frac{l}{\kappa \cdot A}$$

l Leiterlängen in m
A Querschnitt in mm²

Werkstoff	Spezifischer Widerstand	Elektrische Leitfähigkeit
	ϱ $\frac{\Omega \cdot mm^2}{m}$	κ $\frac{m}{\Omega \cdot mm^2}$
Silber	0,0165	60
Kupfer	0,0178	56
Alu	0,028	36
Konstantan	0,5	2,04

Die Werkstoffe werden nach ihrem elektrischen Widerstand eingeteilt:

- Leiter
  Leiter sind Werkstoffe wie Metalle, Grafit usw., die den Strom gut leiten.
- Nichtleiter
  Nichtleiter sind Werkstoffe wie Kunststoffe, Gummi, Keramik usw., die den elektrischen Strom nicht leiten.
- Halbleiter
  Halbleiter sind Werkstoffe wie Germanium, Silizium usw., deren elektrische Leitfähigkeit verhältnismäßig gering ist. Durch das Einsetzen kleinerer Mengen an Fremdstoffen in das reine Material kann man die Leitfähigkeit vom Isolator bis zum Leiter beliebig variieren. Halbleiter sind das Kernstück der Elektronik.

3.1.1.3 Ohmsches Gesetz

Der Zusammenhang zwischen den Grundgrößen des elektrischen Stromkreises Spannung U, Stromstärke I und Widerstand R wurde von dem Physiker Ohm mathematisch formuliert:

- Je höher die Spannung bei konstantem Widerstand ist, desto höher ist der Strom.
- Je höher der Widerstand bei gleichbleibender Spannung, desto geringer ist der Strom.

Mit dem Begriff Widerstand werden in der Elektrotechnik zwei Aspekte beschrieben:

- Widerstand beim Stromfluss durch einen Werkstoff, z. B. Leitungen,
- Widerstand als Bauteil.

Da jeder Verbraucher einen Widerstand besitzt, werden in Darstellungen häufig Widerstandssymbole an die Stelle des Verbrauches gesetzt.

$$\text{Stromstärke } I = \frac{\text{Spannung } U}{\text{Widerstand } R}$$

$$I = \frac{U}{R}$$

Größe	Formelzeichen	Einheit
Stromstärke	I	Ampere (A)
Spannung	U	Volt (V)
Widerstand	R	Ohm (Ω)

Beispiel:
Eine Halogenlampe H 4 hat eine Nennspannung von $U = 12$ Volt. Der Widerstand der Glühwendel beträgt 2,4 Ω. Welcher Strom fließt durch die Glühwendel?

Gegeben: $U = 12$ V, $R = 2{,}4\ \Omega$
Gesucht: Stromstärke I

Lösung: $I = \frac{U}{R} = \frac{12\ \text{V}}{2{,}4\ \Omega}$

$I = 5$ A

Umrechnungen:
1 Ampere = 1 000 Milliampere   1 A = 1 000 mA
1 Kiloohm = 1 000 Ohm   1 kΩ = 1 000 Ω

Beispiel:
$I = 6{,}53$ mA $= 0{,}653$ A $I = 3$ A $= 3\,000$ mA

$R = 3{,}4$ kΩ $= 3\,400$ Ω $R = 400$ Ω $= 0{,}4$ Ω

3.1.1.4 Elektrische Leistung, elektrische Arbeit

Elektrische Leistung

In einer Halogenlampe wird elektrische Energie in Licht- und Wärmenergie umgesetzt. Je größer der Strom und je größer die Spannung ist, desto mehr wird geleistet. Die elektrische Leistung ist damit das Produkt aus Spannung und Stromstärke:

$$\text{Elektrische Leistung} = \text{Spannung} \cdot \text{Stromstärke}$$

$$P = U \cdot I$$

Setzt man $U = I \cdot R$ bzw. $I = U/R$ in die obige Formel ein, ergeben sich folgende Formeln:

$$P = I^2 \cdot R \qquad P = \frac{U^2}{R}$$

Die Einheit der elektrischen Leistung ist das Watt (W).
1 Watt = 1 VA   1 000 Watt = 1 kW

Größe	Formelzeichen	Einheit
Leistung	P	Watt (W)
Stromstärke	I	Ampere (A)
Spannung	U	Volt (V)

Elektrische Arbeit

Brennt die Halogenlampe mehrere Stunden, so hat sie dem Bordnetz eine bestimmte Energie entnommen und eine bestimmte Arbeit verrichtet. Die verrichtete Arbeit ist umso größer, je größer die Leistung des Verbrauchers und je länger die Einschaltdauer ist. Die elektrische Arbeit errechnet sich daher wie folgt:

$$\text{Elektrische Arbeit} = \text{Leistung} \cdot \text{Zeit}$$

$$W = P \cdot t$$

Setzt man für $P = U \cdot I$ ein, so erhält man folgende Formel:

$$W = U \cdot I \cdot t$$

Die elektrische Arbeit wird in Wattsekunden (Ws) oder in Kilowattstunden (kWh) angegeben. Es gilt
3 600 Ws (Wattsekunden) = 1 Wh (Wattstunde)
1 000 Wh (Wattstunden) = 1 kWh (Kilowattstunde)

Größe	Formelzeichen	Einheit
Arbeit	W	Ws kWh
Leistung	P	Watt (W), Kilowatt (kW)
Zeit	t	Sekunden (s), Stunden (h)

Beispiel: Auf dem Sockel der Halogenlampe steht 12 V/60 W.
Die Lampe brennt 4 Stunden.
Gegeben: 12 V: Nennwert der Spannung
60 W: Nennwert der Leistung in Watt, Zeit $t = 4$ Stunden
Gesucht: Stromstärke I in A, Arbeit W in kWh

Lösung:

$I = \frac{P}{U} = \frac{60\ \text{W}}{12\ \text{V}} = \underline{\underline{5\ \text{A}}}$

$W = P \cdot t = 60\ \text{W} \cdot 4\ \text{h}$

$W = 240\ \text{Wh} = \underline{\underline{0{,}240\ \text{kWh}}}$

3.1.2 Elektrische Bauelemente, Grundschaltungen

3.1.2.1 Sicherungen, Leitungen

Sicherungen

Jede Leitung kann nur mit einer bestimmten Dauerstromstärke belastet werden. Zu hohe Ströme, z. B. bei einem Kurzschluss, erwärmen die Leitungen so stark, dass Brandgefahr besteht. Zum Schutz der Leitung werden Schmelzsicherungen eingebaut. Die Sicherung besitzt einen Schmelzleiter, der so dünn ist, dass er bei einer bestimmten Stromstärke schmilzt und dadurch den Stromkreis unterbricht. Der Draht wird entweder über einen Keramikzylinder gespannt oder bei Flachsicherungen als Drahtbrücke in Kunststoff eingebettet.

Die Sicherungen befinden sich in einem Sicherungskasten. Die Sicherungsbelegung ist von der Ausstattung und vom Baujahr des Fahrzeuges abhängig. Eine Übersicht ist meist auf dem Deckel des Sicherungskastens dargestellt.

Bei Austausch müssen die neuen Sicherungen die gleiche Sicherungsstärke haben. Die Nennstromstärke ist durch eine Farbcodierung oder durch einen Aufdruck auf der Sicherung gekennzeichnet.

Schaltungen zwischen Batterie, Generator, Anlasser und Zündschloss sind nicht abgesichert.

Zum Auswechseln werden die Sicherungen mit einer kleinen Kunststoffzange aus dem Steckplatz herausgezogen.

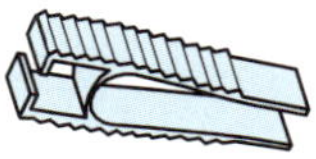

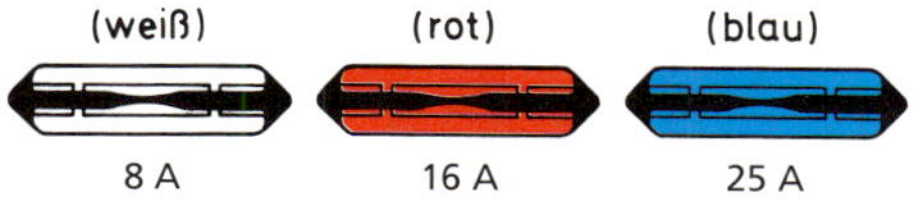

Prüfen und Messen:
Bei Fehlern in der elektrischen Anlage ist immer zuerst eine Sichtprüfung der Sicherungen durchzuführen. Ist eine Sicherung durchgebrannt, ist sie durch eine neue Sicherung mit gleicher Nennstromstärke zu ersetzen.

Wenn eine Sicherung nach dem Auswechseln wieder durchbrennt, ist der Stromkreis zu überprüfen.

Schaltzeichen:

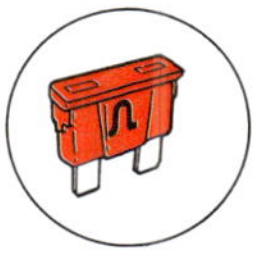

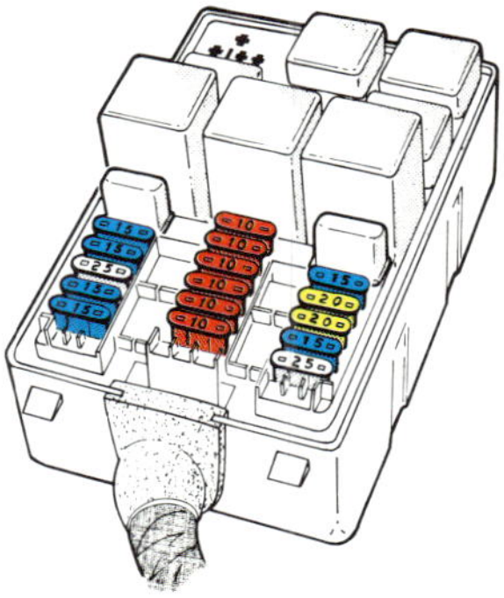

Kennfarben der Sicherungen

Keramiksicherung		Flachsicherung			
Kennfarbe	Nennstrom	Kennfarbe	Nennstrom	Kennfarbe	Nennstrom
Gelb	5 A	Violett	3 A	Hellblau	15 A
Weiß	8 A	Rosa	4 A	Gelb	20 A
Rot	16 A	Hellbraun	5 A	Weiß	25 A
Blau	25 A	Braun	7,5 A	Hellgrün	30 A
		Rot	10 A		

Leitungen

Die Versorgung der Verbraucher mit elektrischer Energie erfolgt über Leitungen. Sie werden zusammengefasst in Kabelbäumen verlegt. Teilkabelbäume führen zu den unterschiedlichen elektrischen und elektronischen Systemen. Teilkabelbäume, elektrische und elektronische Bauelemente werden über Steckverbindungen verbunden.

Elektrische Leitungen werden nach dem Verwendungszweck zur besseren Unterscheidung nach DIN durch Farben gekennzeichnet. Durch die Farbkennzeichnung wird die systematische Fehlersuche im Bordnetz wesentlich vereinfacht, da aus der Farbe auch der Verwendungszweck des Leiters hervorgeht.

Jede Leitung hat eine Grundfarbe. Sie ist die überwiegende Farbe der Leitung. Zur weiteren Unterteilung der Leitungen mit gleicher Grundfarbe dienen zwei Kennfarben:

1. Kennfarbe: Sie wird als Längsfäden eingeflochten.
2. Kennfarbe: Sie wird als fortlaufende Ringmarkierung dargestellt.

Wird in einem Schaltplan die Leitungsfarbe angegeben, so steht die Grundfarbe vor dem Schrägstrich und hinter ihm die Kennfarbe. Die Farbkennzeichnung ist mit dem Querschnitt der Leitung verbunden.

Grundfarbe nach DIN IEC 304 (Klammer → Kurzzeichen der englischen Wörter):

Weiß (WH), gelb (YE), grau (GY), grün (GN), rot (RD), violett (VT), braun (BR), blau (BU), schwarz (BK), orange (OG).

Alte Grundfarben und Kurzzeichen nach DIN ECE 757:

Weiß (ws), gelb (ge), grau (gr), grün (gn), rot (rt), blau (bl), violett (vi), braun (br), schwarz (sw), orange (or).

Leitungen

Fortsetzung

Kennfarben Beleuchtung	
Leitung	**Grund-/Kennfarbe**
Masseleitung	br
Kabel Kl. 15	sw oder sw/Streifen
Kabel Kl. 30	rot oder rot/Streifen
Batterie Plus – Lichthauptschalter	rt
Lichthauptschalter – Abblendschalter	ws/sw
Abblendschalter – Fernlicht	ws
Lichthauptschalter – Abblendlicht	ge
– Stand-, Schlusslicht li	gr/sw
– Stand-, Schlusslicht re	gr/rt

Prüfen und Messen

Leitungen können beschädigt bzw. unterbrochen werden durch

- scharfkantige Karosserieteile,
- Korrosion,
- lockere oder korrodierte Steckverbindungen.

Bei Störungen von Bauelementen ist daher zu überprüfen, ob die Stromzufuhr durch die Leitungen gewährleistet ist. Dies erfolgt durch eine Durchgangsprüfung mit der Prüflampe oder eine Messung des Leitungswiderstandes mit einem Multimeter.

Bei zu hohem Leitungswiderstand steht dem Verbraucher nicht genügend Spannung zur Verfügung und es kommt zu Fehlfunktionen. Der Spannungsfall einer Leitung darf daher nicht zu groß sein.

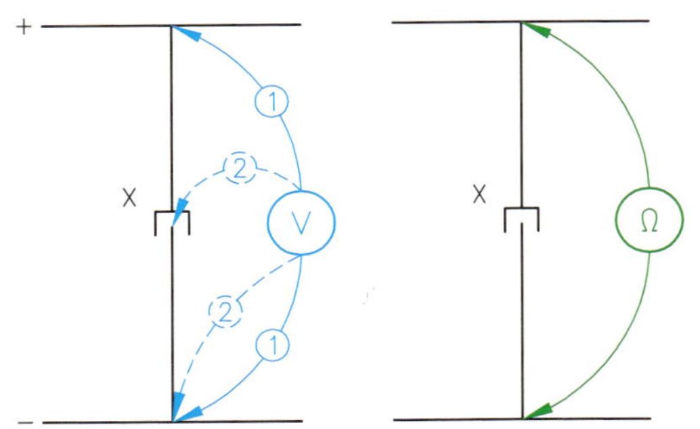

Reparatur von Leitungen

Abgeschirmte Leitungen zu Sensoren (z. B. Drehzahlgeber) dürfen nicht repariert werden. Dies gilt auch für Leitungen zum Airbagsystem. Reparaturleitungen werden durch gelbes Isolierband gekennzeichnet.

Abisolieren

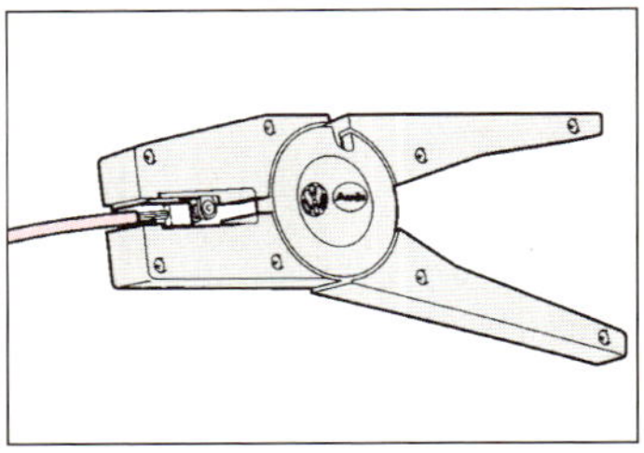

Quetschverbinder mit Zange zusammendrücken

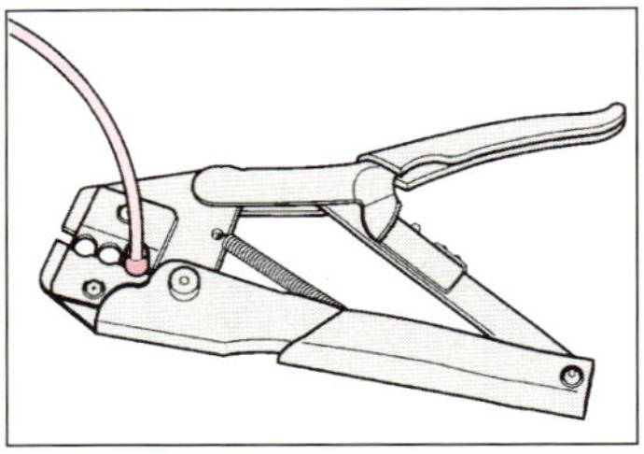

Isolierung mit Heißluftgebläse

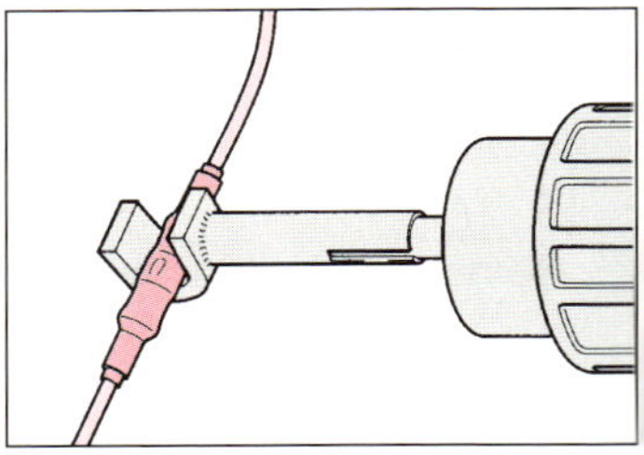

Spannungsverlust/Spannungsfall

Die elektrische Energie der Spannungsquelle, der Batterie, wird den Verbrauchern wie Lampen, Starter usw. durch elektrische Leitungen zugeführt. Durch den Leitungswiderstand R_L, dem Übergangswiderstand $R_Ü$ an Sicherungen, Schaltern und Steckkontakten geht ein Teil der elektrischen Energie verloren. Der Übergangswiderstand an Schaltern und Steckkontakten wird z. B. durch Oxidation der Kontakte hervorgerufen.

Die dem Verbraucher zur Verfügung stehende Spannung U_V ist daher um eine Teilspannung geringer als die Batteriespannung U_B. Den Unterschied zwischen der Spannung der Spannungsquelle und der Verbraucherspannung bezeichnet man als Spannungsfall.

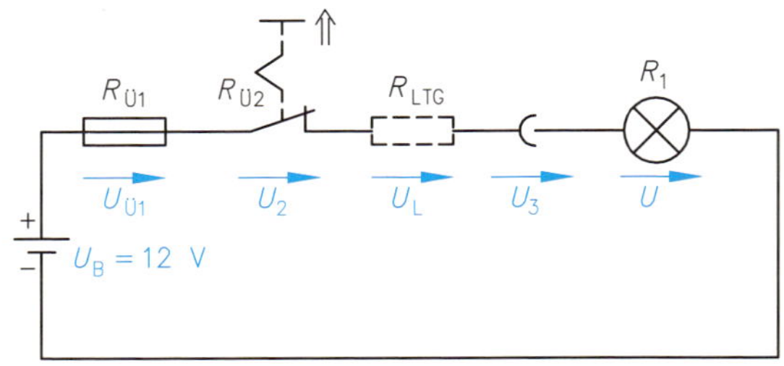

Der Spannungsfall darf einen bestimmten Wert nicht übersteigen, damit dem Verbraucher genügend Spannung zur Verfügung steht und seine Funktionsfähigkeit gewährleistet ist. Der zulässige Spannungsfall ist daher für Kraftfahrzeuge in der Norm DIN 72 551 festgelegt.

Beispiel:

Gegeben: Spannungsfall an Steckkontakt: $U_{Ü1} = 0{,}2\ \text{V}$
Sicherung: $U_{Ü2} = 0{,}1\ \text{V}$ Schalter: $U_{Ü3} = 0{,}2\ \text{V}$
Leitung: $U_L = 0{,}1\ \text{V}$ Batteriespannung: $U_B = 12\ \text{V}$
Gesucht: Wie groß ist die Verbraucherspannung U?

Lösung:
$U = U_B - U_{Ü1} - U_{Ü2} - U_{Ü3} - U_L$
$U = 12\ \text{V} - 0{,}2 - 0{,}1 - 0{,}2 - 0{,}1$
$\underline{\underline{U = 11{,}4\ \text{V}}}$

Spannungsfall in Leitungen, Leiterquerschnitt

Leitungen im Bordnetz werden vom Fahrzeughersteller dimensioniert.

Bei Erneuerungen, Umrüstungen, Erweiterungen müssen die Querschnitte neu festgelegt werden. Dabei muss der zulässige Spannungsfall und die zulässige Stromdichte berücksichtigt werden.

Der Spannungsfall darf einen bestimmten Wert nicht übersteigen, damit dem Verbraucher genügend Spannung zur Verfügung steht.

Der Querschnitt der Leitung muss so bemessen sein, dass die Stromdichte die zulässigen Werte nicht überschreitet, da sonst die Leitungen zu warm werden und Brandgefahr besteht.

Spannungsfall U_V

$$U_V = R \cdot I$$
$$U_V = \frac{I \cdot \varrho \cdot l}{A} \quad [\text{V}]$$

Leiterquerschnitt A

$$A = \frac{I \cdot \varrho \cdot l}{U_V} \quad [\text{mm}^2]$$

Stromdichte J

$$J = \frac{I}{A} \quad \left[\frac{\text{A}}{\text{mm}^2}\right]$$

Elektrische Kupferleitungen, einadrig, PVC-isoliert

Normquerschnitt mm²	Max. Widerstand je Meter bei 11 520 °C m Ω/m	Max. Leiterdurchmesser mm	Max. Leitungsdurchmesser (mit Isolation) mm	Zulässiger Dauerstrom (Richtwert) bei + 30 °C A	bei + 50 °C A	Zulässige Stromdichte Dauerbetrieb A/mm²
1	18,5	1,4	2,7	19	13,5	10
1,5	12,7	1,6	3,0	24	17,0	10
2,5	7,6	2,1	3,7	32	22,7	10
4	4,71	2,7	4,5	42	29,8	10
6	3,14	3,4	5,2	54	38,3	6
10	1,82	4,3	6,6	73	51,8	6
16	1,16	6,0	8,1	98	69,6	6
25	0,743	7,5	10,2	129	91,6	4
35	0,824	8,8	11,5	158	112	4
50	0,368	10,3	13,2	198	140	4

Zulässiger Spannungsfall

Art der Leitung	Zul. Spannungsfall der Plus-Leitung U_{vl}	Zul. Spannungsfall im gesamten Stromkreis U_{vg}
Lichtleitungen von Lichtschalter Klemme 30 bis Leuchten < 15 W bis Anhängersteckdose von Anhängersteckdose bis Leuchten	0,1 V –	0,6 V
von Lichtschalter Klemme 30 bis Leuchten > 15 W bis Anhängersteckdose	0,5 V	0,9 V
von Lichtschalter Klemme 30 bis Scheinwerfer	0,3 V	0,6 V
Ladeleitung von Drehstromgenerator Klemme B + bis Batterie	0,4 V bei 12 V 0,8 V bei 24 V	– –
Steuerleitungen von Drehstromgenerator bis Regler (Klemmen D +, D –, DF)	0,1 V bei 12 V 0,2 V bei 24 V	– –

Zulässiger Spannungsfall		Fortsetzung
Art der Leitung	Zul. Spannungsfall der Plus-Leitung U_{vl}	Zul. Spannungsfall im gesamten Stromkreis U_{vg}
Starterhauptleitung	0,5 V bei 12 V 1,0 V bei 24 V	– –
Startersteuerleitung von Startschalter bei Starter Klemme 50 Einrückrelais mit Einfachwicklung Einrückrelais mit Einzug- und Haltewicklung	1,4 V bei 12 V 2,0 V bei 24 V 2,4 V bei 12 V 2,8 V bei 24 V	1,7 V bei 12 V 2,5 V bei 24 V 2,8 V bei 12 V 3,5 V bei 24 V
Sonstige Steuerleitungen von Schalter bis Relais, Horn usw.	0,5 V bei 12 V 1,0 V bei 24 V	1,5 V bei 12 V 2,0 V bei 24 V

Beispiele für verschiedene Spannungsfälle

Starterleitung

Gegeben: $l = 1{,}5\ \text{m}$, $P = 1{,}5\ \text{kW}$,
$\varrho = 0{,}0178\ \Omega\text{mm}^2/\text{m}$, $U_V = 0{,}5\ \text{V}$ (laut Tabelle)

1. Stromstärke

$$I = \frac{P}{U_B} = \frac{1\,500\ \text{W}}{12\ \text{V}} = \underline{\underline{125\ \text{A}}}$$

2. Leitungsquerschnitt

$$A = \frac{I \cdot \varrho \cdot l}{U_V} = \frac{125\ \text{A} \cdot 0{,}0178\ \Omega\text{mm}^2 \cdot 1{,}5\ \text{m}}{0{,}5\ \text{mm}^2\ \text{m}}$$

$$\underline{\underline{A = 6{,}675\ \text{mm}^2}}$$

3. Querschnitt aus Tabelle: 10 mm²

4. Stromdichte

$$J = \frac{I}{A} = \frac{125\ \text{A}}{10\ \text{mm}^2} = \underline{\underline{12{,}5\ \frac{\text{A}}{\text{mm}^2}}}$$

Bei Kurzzeitbetrieb:
$S_{zul} < 30\ \text{A/mm}^2$

5. Tatsächlicher Spannungsfall

$$U_V = \frac{I \cdot \varrho \cdot l}{A} = \frac{125\ \text{A} \cdot 0{,}0178\ \Omega\text{mm}^2 \cdot 1{,}5\ \text{m}}{10\ \text{mm}^2\ \text{m}}$$

$$\underline{\underline{U_V = 0{,}3\ \text{V}}}$$

Leitung zur Beleuchtung

Gegeben: $l = 2{,}5\ \text{m}$, $P = 60\ \text{W}$,
$\varrho = 0{,}0178\ \Omega\text{mm}^2/\text{m}$, $U_V = 0{,}5\ \text{V}$ (laut Tabelle)

1. Stromstärke

$$I = \frac{P}{U_B} = \frac{600\ \text{W}}{12\ \text{V}} = \underline{\underline{5\ \text{A}}}$$

2. Leitungsquerschnitt

$$A = \frac{I \cdot \varrho \cdot l}{U_V} = \frac{5\ \text{A} \cdot 0{,}0178\ \Omega\text{mm}^2 \cdot 2{,}5\ \text{m}}{0{,}3\ \text{V m}}$$

$$\underline{\underline{A = 0{,}74\ \text{mm}^2}}$$

3. Querschnitt aus Tabelle: 1 mm² (Leitungsquerschnitte unter 1 mm² werden wegen zu geringer mechanischer Festigkeit nicht verwendet.)

4. Stromdichte

$$J = \frac{I}{A} = \frac{5\ \text{A}}{1\ \text{mm}^2} = \underline{\underline{12{,}5\ \frac{\text{A}}{\text{mm}^2}}}$$

5. Tatsächlicher Spannungsfall

$$U_V = \frac{I \cdot \varrho \cdot l}{A} = \frac{5\ \text{A} \cdot 0{,}0178\ \Omega\text{mm}^2 \cdot 2{,}5\ \text{m}}{1\ \text{mm}^2\ \text{m}}$$

$$\underline{\underline{U_V = 0{,}22\ \text{V}}}$$

Leitung für Kühlergebläse

Gegeben: $l = 2\ \text{m}$, $P = 200\ \text{W}$,
$\varrho = 0{,}0178\ \Omega\text{mm}^2/\text{m}$, $U_V = 0{,}5\ \text{V}$ (laut Tabelle)

1. Stromstärke

$$I = \frac{P}{U_B} = \frac{200\ \text{W}}{12\ \text{V}} = \underline{\underline{16{,}7\ \text{A}}}$$

2. Leitungsquerschnitt

$$A = \frac{I \cdot \varrho \cdot l}{U_V} = \frac{16{,}7\ \text{A} \cdot 0{,}0178\ \Omega\text{mm}^2 \cdot 2\ \text{m}}{0{,}5\ \text{V m}}$$

$$\underline{\underline{A = 1{,}2\ \text{mm}^2}}$$

3. Querschnitt aus Tabelle: 1,5 mm²

4. Stromdichte

$$J = \frac{I}{A} = \frac{16{,}7\ \text{A}}{1{,}5\ \text{mm}^2} = 11{,}1\ \frac{\text{A}}{\text{mm}^2}$$

laut Tabelle $J = 10\ \frac{\text{A}}{\text{mm}^2}$

Neuwahl des Querschnitts:

$A = 2{,}5\ \text{mm}^2$

$$J = \frac{I}{A} = \frac{16{,}7\ \text{A}}{2{,}5\ \text{mm}^2} = \underline{\underline{6{,}68\ \frac{\text{A}}{\text{mm}^2}}}$$

5. Tatsächlicher Spannungsfall

$$U_V = \frac{I \cdot \varrho \cdot l}{A} = \frac{16{,}7\ \text{A} \cdot 0{,}0178\ \Omega\text{mm}^2 \cdot 2\ \text{m}}{2{,}5\ \text{mm}^2\ \text{m}}$$

$$\underline{\underline{U_V = 0{,}24\ \text{V}}}$$

3.1.2.2 Widerstände

Widerstände werden in Schaltungen eingesetzt, um z. B. hohe Spannungen und Ströme zu begrenzen bzw. bestimmte Spannungen zu erreichen.

Festwiderstand

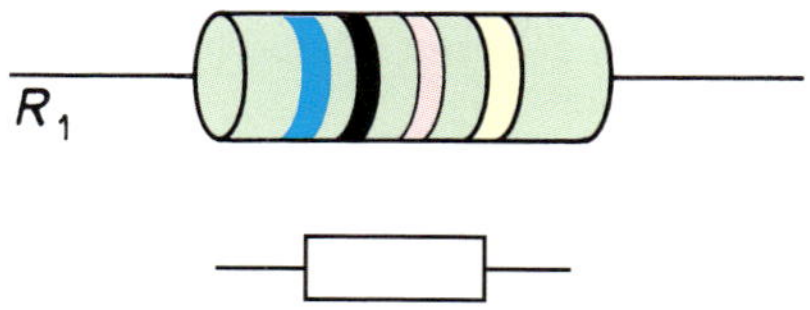

Festwiderstände besitzen einen genau festgelegten Widerstandwert. Sie bestehen aus einem zylindrischen Keramikkörper, auf dem eine Widerstandschicht aufgedampft ist. Sie werden daher auch als Schichtwiderstände bezeichnet. Zur Identifizierung werden die Widerstände mit einem vier Ringe umfassenden Code gekennzeichnet.

Verstellbare Widerstände

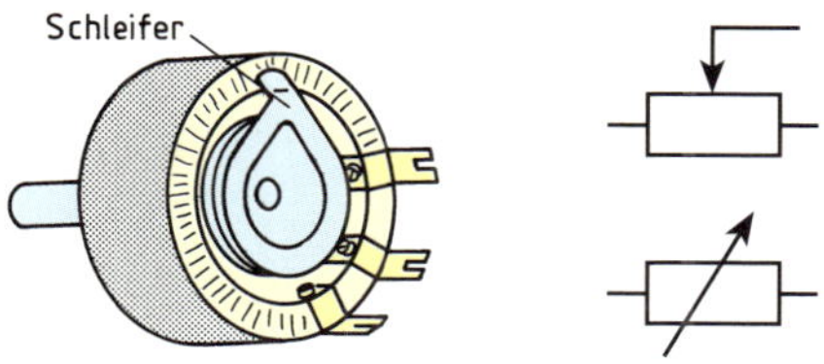

Ein verstellbarer Widerstand, auch Potenziometer genannt, besitzt eine Widerstandsbahn und einen Schleifkontakt, mit dem stufenlos ein Widerstandswert von Null bis zum Nennwert abgegriffen werden kann. Der Schleifkontakt bewegt sich

- linear – Schiebewiderstand,
- drehend – Drehpotenziometer.

Anwendung

Vorwiderstand

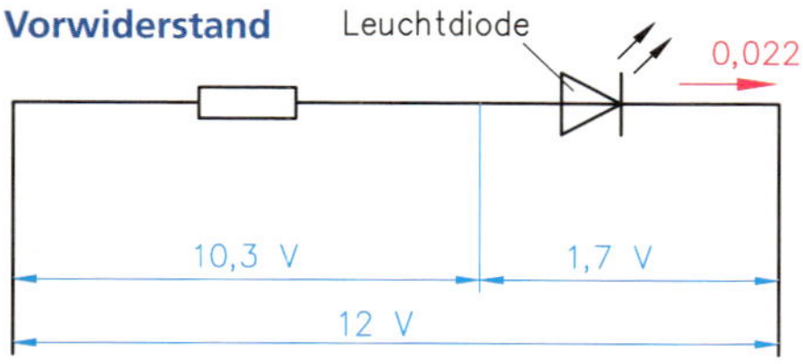

Elektronische Bauteile sind für kleinere Spannungen als die Batteriespannung im Kfz ausgelegt. Bei Anschluss an die volle Batteriespannung würden diese Bauteile zerstört. Um die hohe Stromstärke zu verringern, wird ein Vorwiderstand in Reihe mit dem elektronischen Bauteil geschaltet.

Helligkeitsregler

Für die Armaturenbeleuchtung werden Potenziometer zum stufenlosen Regeln der Helligkeit eingesetzt.
Weitere Anwendungen: Luftmengenmesser, Drosselklappenschalter.

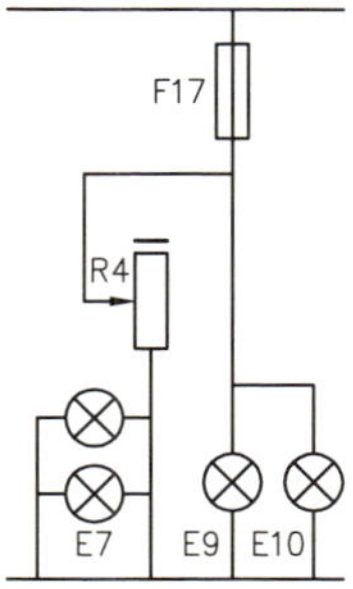

Füllstandsanzeige

Die drei Geber sind in Reihe geschaltet und gewährleisten eine genaue Füllstandsanzeige. Die einzelnen Geberwiderstände werden zu einem Gesamtwiderstand addiert. Die Informationen werden im Mikroprozessor verarbeitet.

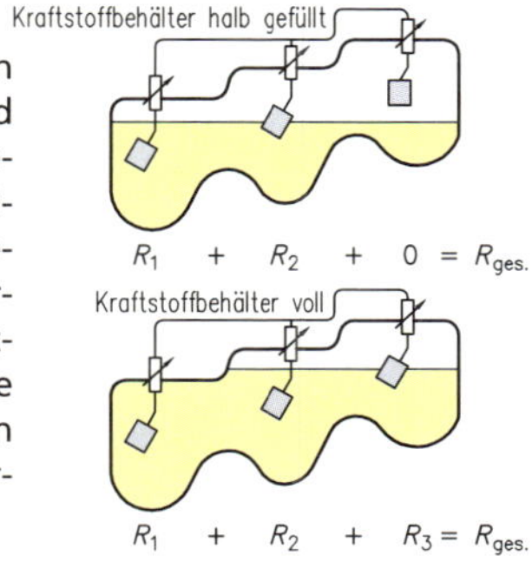

Prüfen und Messen: Spannungsmessung am Verbraucher

Jeder elektrische Verbraucher hat einen Widerstand. Der Verbraucher wird daher als Widerstand dargestellt.

Stromkreis geschlossen

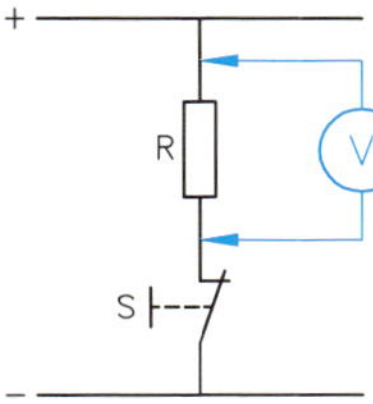

Bei geschlossenem Stromkreis ist die Verbraucherspannung U_2 um den Spannungsfall an der Leitung und am Schalter kleiner als die Batteriespannung U_1 = 12 V.

Stromkreis geöffnet

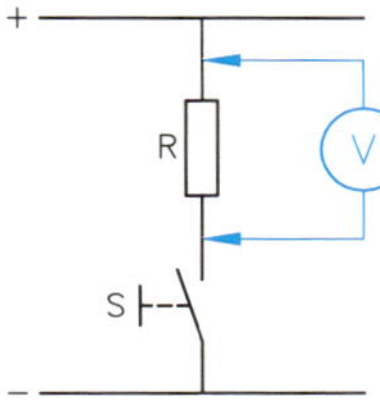

Bei geöffnetem Stromkreis wird die Verbraucherspannung U_2 = 0 Volt gemessen, da die Verbindung zum Pluspol der Batterie unterbrochen ist.

3.1.2.3 Reihen-, Parallel- und gemischte Schaltung von elektrischen Bauelementen

Reihenschaltung

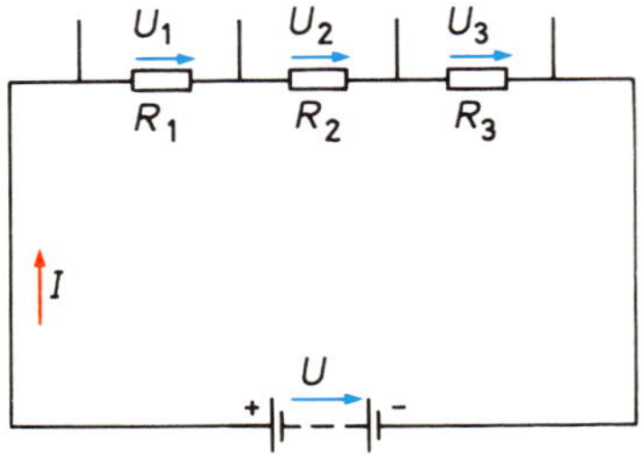

In einer Reihenschaltung gelten folgende Gesetzmäßigkeiten:

- Durch alle Widerstände fließt der gleiche Strom.

$$I = I_1 = I_2 = I_3 = \dots$$

- Die Gesamtspannung ist gleich der Summe der Teilspannungen.

$$U = U_1 + U_2 + U_3 + \dots$$

- Der Gesamtwiderstand ist gleich der Summe der Teilwiderstände.

$$R_{ges} = R_1 + R_2 + R_3 + \dots$$

Bei einer Reihenschaltung wird bei Ausfall eines Verbrauchers der gesamte Stromfluss unterbrochen.

Anwendungen im Kfz:
mehrstufiges Kühl- und Heizungsgebläse, Vorwiderstände zur Strombegrenzung, Spannungsaufteilung.

Beispiel:

Gegeben:

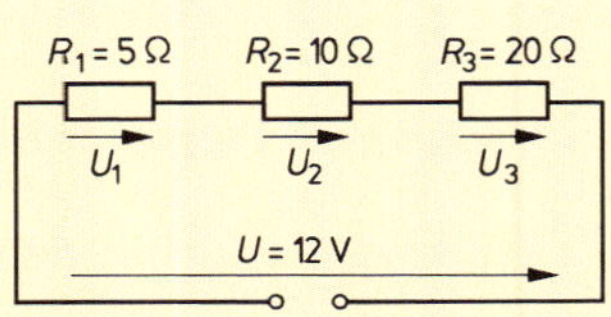

Gesucht: a) Gesamtwiderstand
b) Stromstärke
c) Teilspannungen

a) Gesamtwiderstand:

$R_{ges} = R_1 + R_2 + R_3 = 5\ \Omega + 10\ \Omega + 20\ \Omega$

$R_{ges} = \underline{\underline{35\ \Omega}}$

b) Stromstärke:

$I = \dfrac{U}{R_{ges}} = \dfrac{12\ \text{V}}{35\ \Omega}$

$I = \underline{\underline{0{,}343}}\ \text{A} = I_1 = I_2 = I_3$

c) Teilspannung:

$U_1 = R_1 \cdot I = 5\ \Omega \cdot 0{,}343\ \text{A}$

$U_1 = 1{,}715\ \text{V}$

$U_2 = R_2 \cdot I = 10\ \Omega \cdot 0{,}343\ \text{A}$

$U_2 = 3{,}43\ \text{V}$

$U_3 = R_3 \cdot I = 20\ \Omega \cdot 0{,}343\ \text{A}$

$U_3 = \underline{\underline{6{,}86\ \text{V}}}$

Parallelschaltung

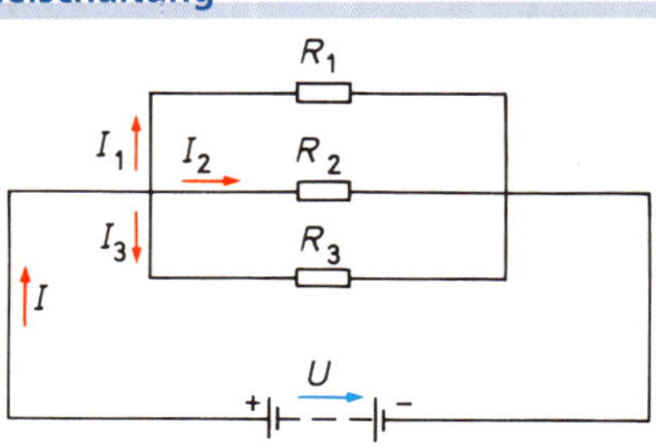

In einer Parallelschaltung gelten folgende Gesetzmäßigkeiten:

- Der Gesamtstrom ist gleich der Summe der Teilströme.

$$I = I_1 + I_2 + I_3 + \dots$$

- An allen Widerständen liegt die gleiche Spannung.

$$U = U_1 = U_2 = U_3 = \dots$$

- Der Gesamtwiderstand ist gleich der Summe der Kehrwerte der Teilwiderstände.

$$\frac{1}{R_{ges}} = \frac{1}{R_1} + \frac{1}{R_2} + \frac{1}{R_3} + \dots$$

Der Gesamtwiderstand (Ersatzwiderstand) ist immer kleiner als der kleinste Einzelwiderstand.

Bei einer Parallelschaltung hat der Ausfall eines Verbrauchers keinen Einfluss auf die Funktionsfähigkeit der anderen Verbraucher.

Anwendung im Kfz:
Glühlampen der Beleuchtung, Drähte der heizbaren Heckscheibe, Glühstiftkerzen in Dieselmotoren.

Parallelschaltung

Fortsetzung

Beispiel:

Gegeben:

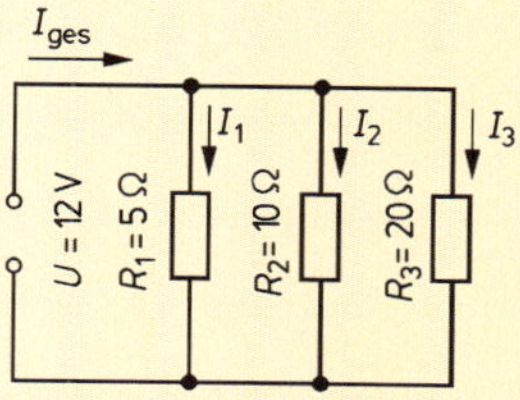

Gesucht: a) Teilstromstärken
b) Stromstärke
c) Gesamtwiderstand

a) Spannung:

$U = U_1 = U_2 = U_3 = \underline{\underline{12\ V}}$

b) Stromstärke:

$$I_1 = \frac{U}{R_1} = \frac{12\ V}{5\ \Omega} = 2{,}4\ A$$

$$I_2 = \frac{U}{R_2} = \frac{12\ V}{10\ \Omega} = 1{,}2\ A$$

$$I_3 = \frac{U}{R_3} = \frac{12\ V}{20\ \Omega} = 0{,}6\ A$$

$$I_{ges} = I_1 + I_2 + I_3 = 2{,}4\ A + 1{,}2\ A + 0{,}6\ A$$

$$I_{ges} = \underline{\underline{4{,}2\ A}}$$

c) Gesamtwiderstand:

$$\frac{1}{R_{ges}} = \frac{1}{R_1} + \frac{1}{R_2} + \frac{1}{R_3} = \frac{1}{5\ \Omega} + \frac{1}{10\ \Omega} + \frac{1}{20\ \Omega}$$

$$R_{ges} = \underline{\underline{2{,}86\ \Omega}}$$

Gemischte Schaltungen

Eine gemischte Schaltung ist eine Kombination von Reihen- und Parallelschaltungen. Zur Berechnung wird die gemischte Schaltung in Einzelschaltungen – Parallel- oder Reihenschaltung – aufgelöst und die Ersatzwiderstände werden bestimmt.

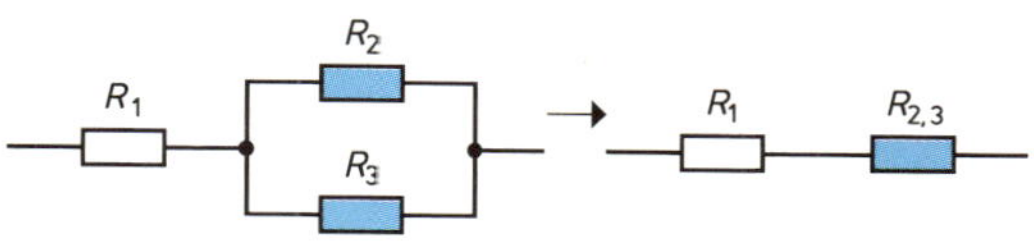

$$R_{2,3} = \frac{R_2 \cdot R_3}{R_2 + R_3}$$

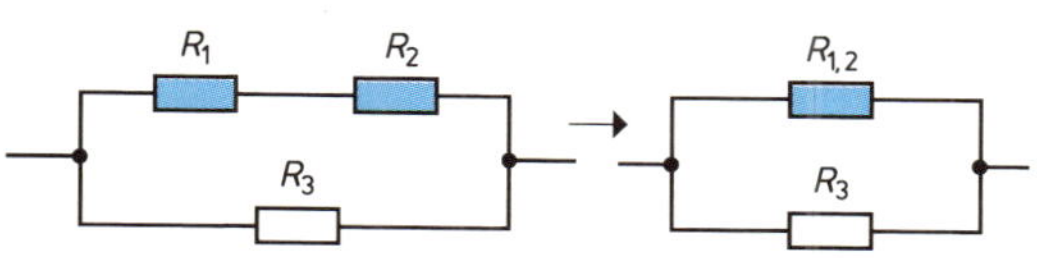

$$R_{1,2} = R_1 + R_2$$

Anwendung

Reihenschaltung

Der Gebläsemotor ermöglicht 4 Drehzahlen durch Vorschalten von 3 Widerständen.

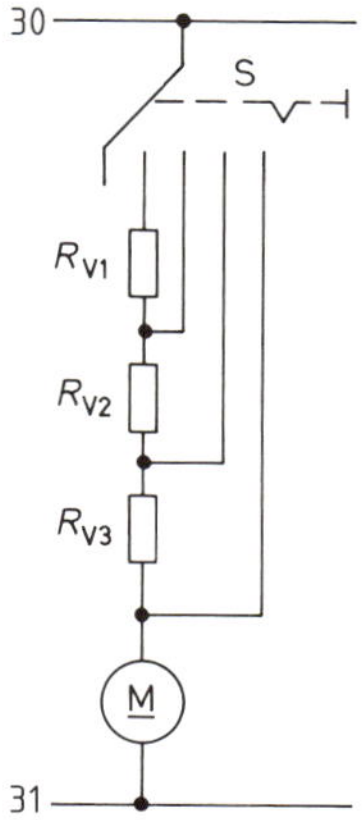

S Stellschalter
R_V Vorwiderstand

Stromverlauf:

niedrigste Drehzahl:
⊕ – Stellschalter S – Vorwiderstand R_{V1} – Vorwiderstand R_{V2} – Vorwiderstand R_{V3} – Gebläsemotor – ⊖

höchste Drehzahl:
⊕ – Stellschalter S – Gebläsemotor – ⊖

Parallelschaltung

Die Lampen der Beleuchtung sind parallel geschaltet.

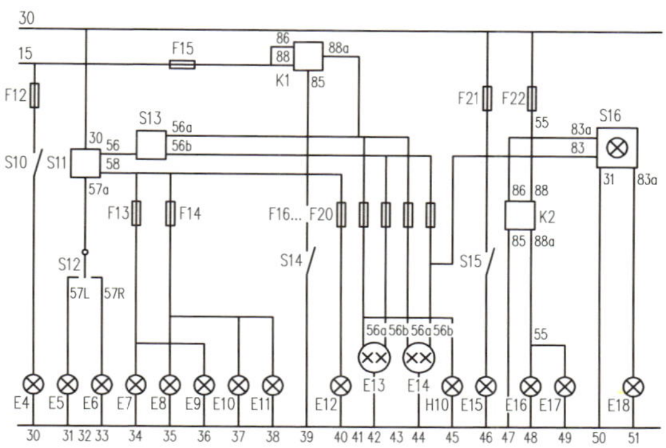

Spannungsteiler

Durch zwei hintereinander geschaltete Widerstände wird eine angelegte Spannung geteilt. Diese Anordnung heißt Spannungsteiler. Mit der Spannung U_1 oder U_2 kann jeweils ein Verbraucher mit einer anderen Spannung versorgt werden.
Wenn die Aufteilung nicht fest, sondern durch einen Schleifkontakt (Potenziometer) verstellbar ausgeführt wird, kann eine sich stetig veränderbare Spannung erzeugt werden.
Spannungsteiler haben besonders in elektronischen Schaltungen eine Bedeutung.

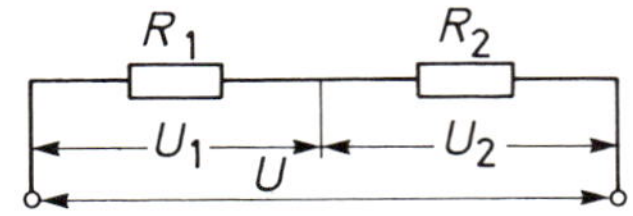

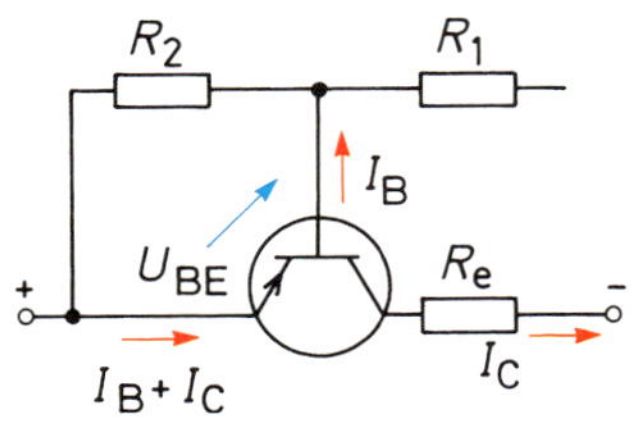

Gemischte Schaltung

Die drei Anzeigegeräte des Kombi-Instruments sollen beleuchtet werden.
Die Instrumentenbeleuchtung erfolgt durch 3 Glühlampen. Die Helligkeit der Armaturenbeleuchtung soll für Nachtfahrten um mehr als die Hälfte verringert werden.
Die Leistung pro Lampe beträgt 2 W. Um die Helligkeit der Instrumentenbeleuchtung bei Dunkelheit herabzusetzen, werden Parallel- und Reihenschaltung kombiniert.

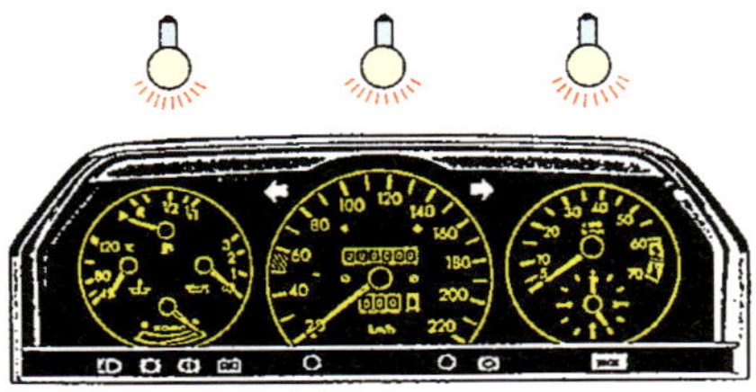

Parallelschaltung

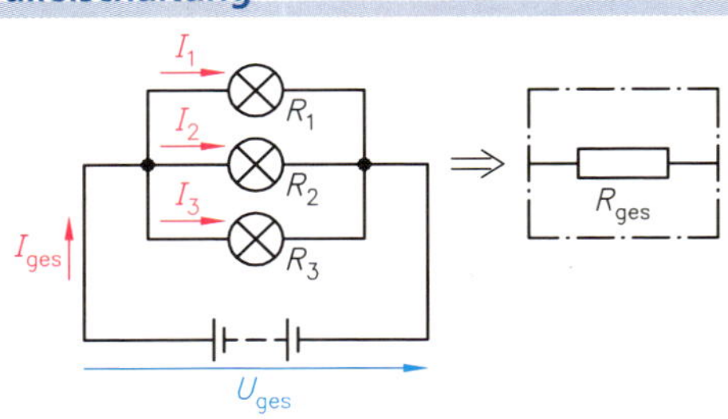

Die Glühlampen werden parallel geschaltet. An allen Glühlampen liegt die gleiche Spannung von 12 V.
Die Leistungsaufnahme beträgt 2 W pro Lampe. Die Stromstärke errechnet sich aus der Gleichung $P = U \cdot I$:

$$I = \frac{P}{U} = \frac{2\ \text{W}}{12\ \text{V}} = \frac{1}{6}\ \text{A}$$

Für die Parallelschaltung gilt:

- $U_{ges} = U_1 = U_2 = U_3 = 12\ \text{V}$
- $I_{ges} = I_1 + I_2 + I_3 = \frac{1}{6} + \frac{1}{6} + \frac{1}{6} = \frac{1}{2}\ \text{A}$
- $R_1 = R_2 = R_3 = \frac{U}{I} = \frac{12}{1/6} = 72\ \Omega.$

Die Teilwiderstände der Glühlampen können durch einen Gesamt- oder Ersatzwiderstand ersetzt werden:

- $\frac{1}{R_{ges}} = \frac{1}{R_1} + \frac{1}{R_2} + \frac{1}{R_3} = \frac{1}{72} + \frac{1}{72} + \frac{1}{72} = \frac{3}{72}\ \Omega$

  $R_{ges} = 24\ \Omega$

Reihenschaltung

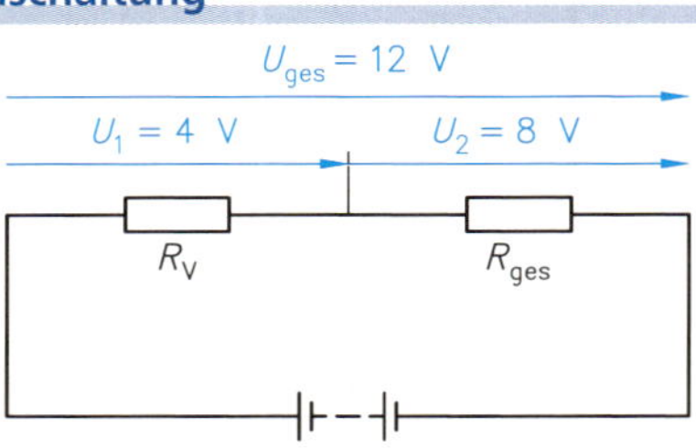

Zu den parallel geschalteten Lampen wird ein Widerstand in Reihe geschaltet. Der Widerstand soll so bemessen werden, dass an den Glühlampen 8 V anliegen.

Für die Reihenschaltung gilt:

- $U_{ges} = U_1 + U_2 = 4\ \text{V} + 8\ \text{V} = 12\ \text{V}$
- $I_{ges} = I_1 = I_2 = \frac{U}{R_{ges}} = \frac{8\ \text{V}}{24\ \Omega} = \frac{1}{3}\ \text{A}$
- $R_{ges} = 24\ \Omega$
- $R_v = \frac{U_v}{I_{ges}} = \frac{8\ \text{V}}{1/3\ \text{A}} = 24\ \Omega.$

Die Leistungsaufnahme pro Lampe beträgt:

- $P = \frac{U^2}{R} = \frac{(8\ \text{V})^2}{72\ \Omega} = \frac{64}{72} = 0{,}88\ \text{W}$

Die Lichtausbeute ist damit geringer.

Parallelschaltung/Reihenschaltung

Fortsetzung

Um die Instrumentenbeleuchtung von hell auf dunkel bzw. umgekehrt schalten zu können, ist ein Schalter erforderlich:
Schaltstellung 1:
An jeder Lampe liegen 12 Volt an. Die Lampen leuchten hell.
Schaltstellung 2:
An jeder Glühlampe liegen 8 Volt an. Die Helligkeit der Lampen ist verringert.

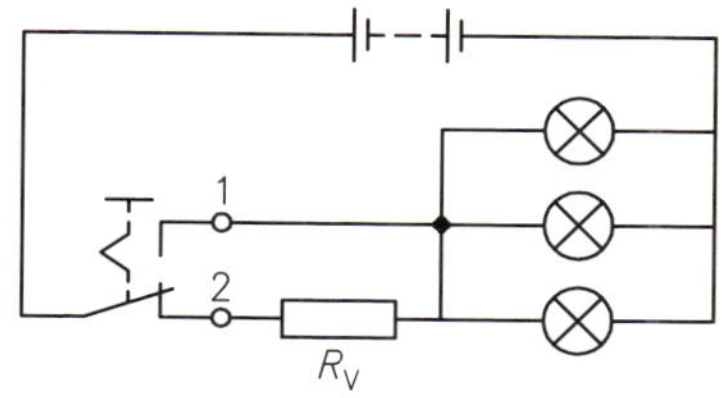

3.1.2.4 Schalter

Schalter öffnen und schließen die elektrischen Stromkreise und schalten damit die Verbraucher ein bzw. aus. Schalter werden von Hand, durch Nocken, Wärme, Druck (hydraulisch oder pneumatisch) betätigt. Sie unterscheiden sich nach Funktion und Betätigung.
Die Schalter sind nach DIN EN 60 617 genormt.

Funktion

Öffner	Schließer	Wechsler	Mehrstellenschalter
Er unterbricht den Stromkreis.	Er schließt den Stromkreis.	Er öffnet einen Stromkreis und schließt einen anderen.	Er schließt oder öffnet Stromkreise gleichzeitig.
		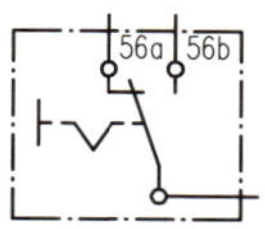 Abblendschalter	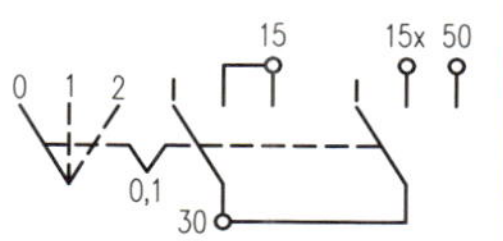 Zündstartschalter

Betätigung von Hand

Allgemein	Drücken	Ziehen	Drehen	Kippen	Fußantrieb	Raste	Schlüsselbetätigung

Anwendung in der Beleuchtungsanlage

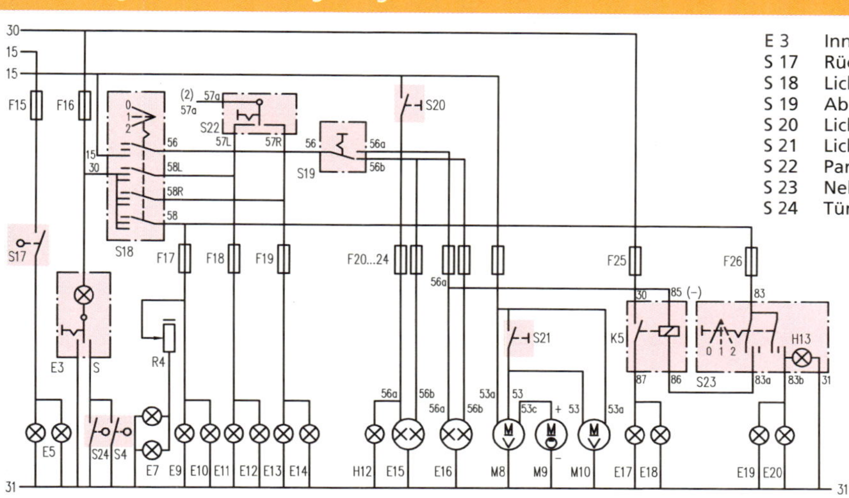

E 3	Innenleuchte mit Schalter
S 17	Rückfahrlichtschalter
S 18	Lichtschalter
S 19	Abblendschalter
S 20	Lichthupentaster
S 21	Lichtwischerschalter
S 22	Parklichtschalter
S 23	Nebellichtschalter
S 24	Türkontaktschalter

Thermozeitschalter

Der Thermozeitschalter besitzt einen elektrisch beheizten Bimetallstreifen. Der Bimetallstreifen besteht aus zwei zusammengewalzten Metallen unterschiedlicher Wärmeausdehnung. Bei Erwärmung krümmt sich das Bimetall in Richtung des Metallstreifens der kleineren Wärmedehnung. Hierdurch öffnet der Kontakt. Der Thermozeitschalter bestimmt z. B. die Einschaltdauer des Kaltstartventils.

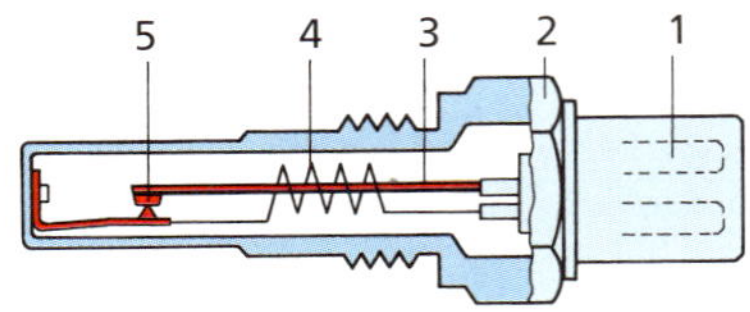

1 elektr. Anschluss
2 Gehäuse
3 Bimetall
4 Heizwicklung
5 Schaltkontakt

Prüfen und Messen: Schalter auf Durchgang prüfen

Spannungsmessung

1. Prüfen, ob Spannung am Eingang anliegt.
2. Prüfen, ob Spannung am Ausgang anliegt.
3. Anzeige:
   U = Batteriespannung
   → Schalter i. O.

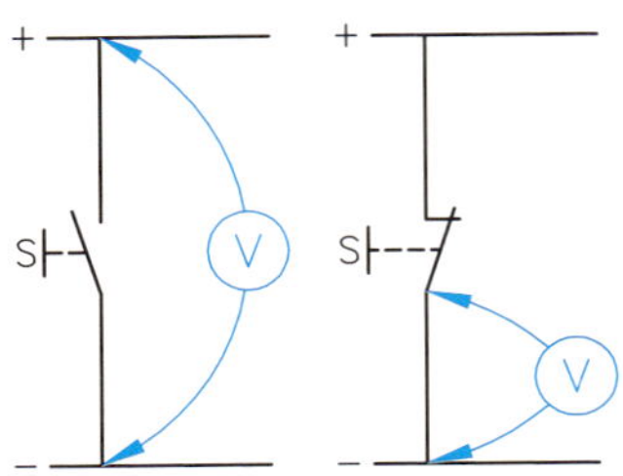

Widerstandsmessung

1. Schalter ausbauen.
2. Messgerät parallel zum Schalter anschließen.
3. Anzeige:
   $R < 2\,\Omega$ → Schalter i. O.
   $R > 2\,\Omega$ → Kontaktschwierigkeiten.

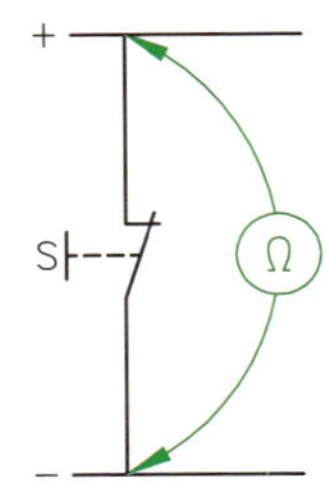

3.1.2.5 Relais

Grundlagen: Magnetismus

Dauermagnete

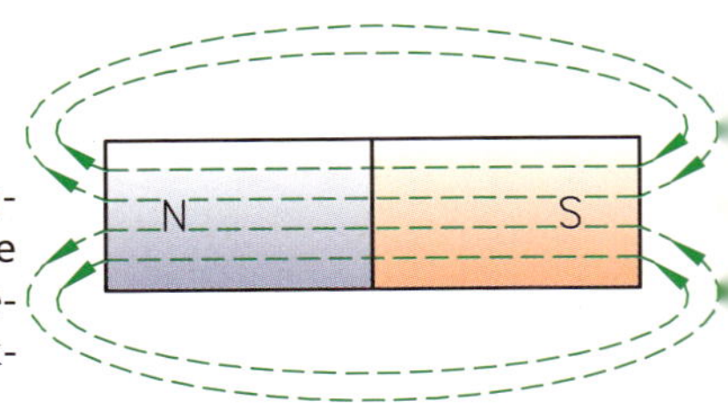

Dauermagnete (z. B. aus einer AlNiCo-Legierung) sind Magnete, die über einen längeren Zeitraum eine magnetische Wirkung haben. Sie werden auch als Permanentmagnete bezeichnet und üben auf eisen-, nickel- und kobalthaltige Werkstoffe eine Anziehungskraft aus.

Die Magnete haben einen Nord- und Südpol. Den Raum um einen Magneten, in dem magnetische Kräfte wirken und den man sich durch magnetische Feldlinien durchsetzt denkt, nennt man magnetisches Feld. Die magnetischen Feldlinien treten am Nordpol aus und beim Südpol ein. Innerhalb des Magneten verläuft das Feld vom Süd- zum Nordpol. Die magnetische Wirkung ist an den Polen am größten.

Elektromagnetismus

Magnetfeld eines stromdurchflossenen Leiters

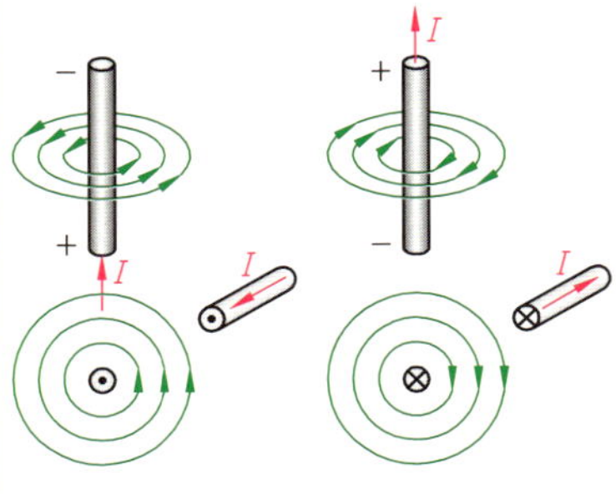

Stromdurchflossene Leiter sind von einem Magnetfeld umgeben. Die Feldlinien verlaufen ringförmig um den Leiter. Der Richtungssinn der Feldlinien ist von der Stromrichtung abhängig. Die Feldrichtung erhält man über die Schraubenregel: Wird eine Schraube in den Leiter in Richtung des Stromes eingeschraubt, so gibt die Drehrichtung der Schraube die Richtung der Feldlinien an.
Die Richtung des Stromes im Leiter wird durch einen Punkt ⊙ – der Strom fließt auf den Betrachter zu – oder ein Kreuz ⊗ – der Strom fließt vom Betrachter weg – gekennzeichnet.

Elektromagnetismus		Fortsetzung
Magnetfeld einer Spule	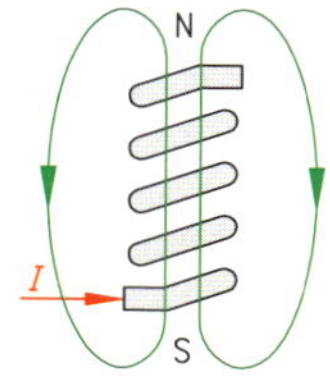	Beim Stromfluss bildet sich um jeden einzelnen Leiter der Spule ein ringförmiges Magnetfeld. Durch Überlagerung entsteht ein Gesamtfeld, bei dem die magnetischen Feldlinien an einer Stirnseite gebündelt austreten und an der entgegengesetzt liegenden Seite wieder eintreten. Die Spule hat damit zwei Magnetpole. Der Nordpol liegt dort, wo die Feldlinien austreten, der Südpol, wo sie eintreten.
Elektromagnet	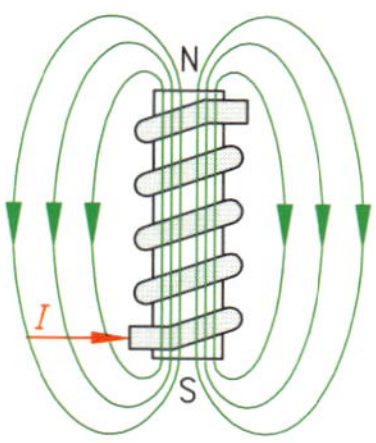	Eine stromdurchflossene Spule mit Eisenkern verstärkt die Wirksamkeit des magnetischen Feldes. Spule und Eisenkern bilden einen Elektromagneten. Die magnetischen Kraftwirkungen können durch Öffnen und Schließen des Stromkreises unterbrochen werden. Die Stärke des Magnetfeldes ist abhängig • vom Werkstoff des Spulenkerns, • von der Windungszahl der Spule, • von der Stromstärke.

Anwendung des Elektromagnetismus beim Relais

Relais als elektromagnetischer Schalter

Ein Relais besteht aus einem Elektromagneten, einem Anker und Schaltkontakten. Bei geschlossenem Stromkreis zieht der Eisenkern den Anker an, der die Schaltkontakte betätigt. Dabei können die Kontakte geöffnet, geschlossen oder umgeschaltet werden.

In einer Relaisschaltung unterscheidet man den Steuerstrom- und den Arbeitsstromkreis. Der Strom des Steuerstromkreises fließt durch die Spule und erzeugt ein Magnetfeld. Dadurch wird der Anker angezogen, der die Schaltkontakte des Arbeitsstromkreises schließt. Das Relais schaltet mit einer geringen Steuerstromstärke von z. B. 0,2 A eine große Arbeitsstromstärke von z. B. 8 A.

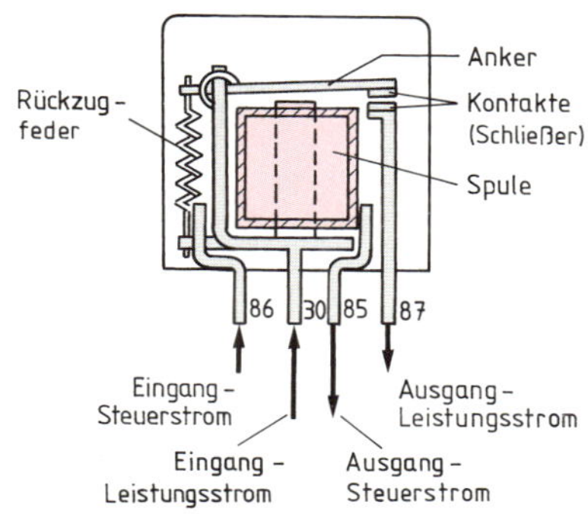

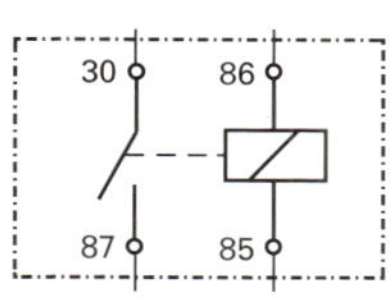

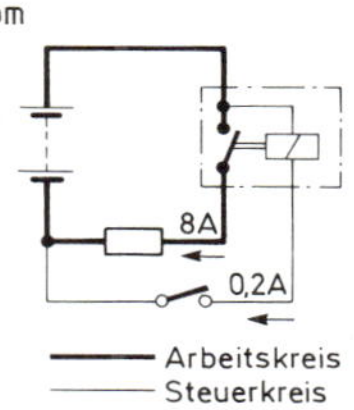

Reedrelais

Das Reedrelais besteht aus einem mit Gas gefüllten Glasrohr, in dem ein federnder Zungenkontakt aus magnetischem Werkstoff eingeschmolzen ist. In einem Magnetfeld werden die Kontaktzungen magnetisch und ziehen sich gegenseitig an. Die Kontakte schließen.

Wird das Magnetfeld entfernt, werden die Kontaktzungen unmagnetisch und öffnen. Das Magnetfeld zum Schalten des Reedrelais kann von einem Elektromagneten oder Permanentmagneten erzeugt werden.

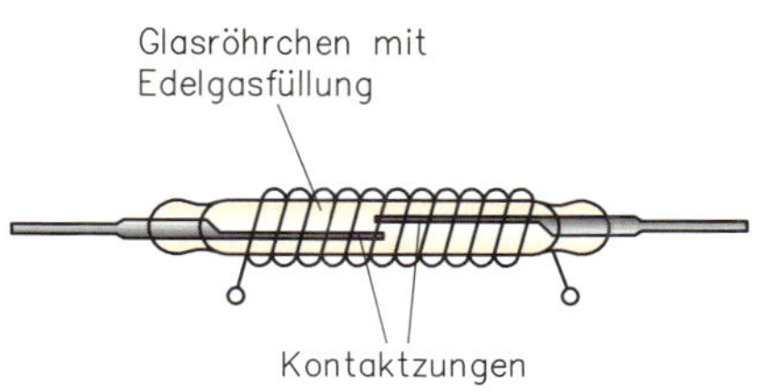

Relais im Kfz

Relais sind in vielen Stromkreisen integriert:

- Schaltrelais für Hupe, Nebelscheinwerfer, Kühlerlüfter, Kraftstoffpumpe.
- Funktionsrelais: Blinkrelais, Wisch-Wasch-Intervallrelais.
- Relais arbeiten als Schließer, Öffner oder Wechsler.

Relais als Schließer

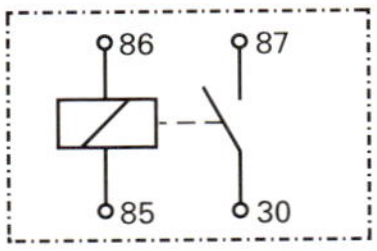

Schalt-zeichen

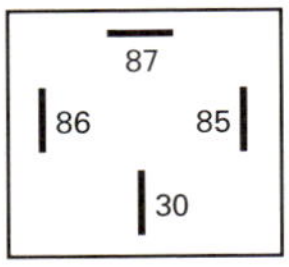

Anschluss-bild

Relais als Öffner

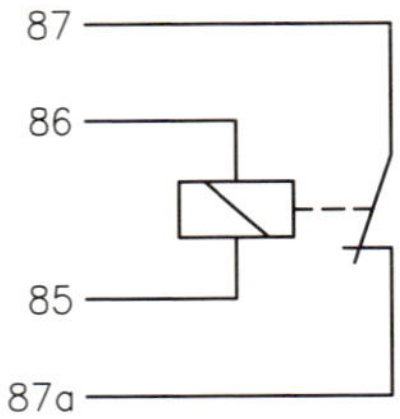

Relais als Wechsler

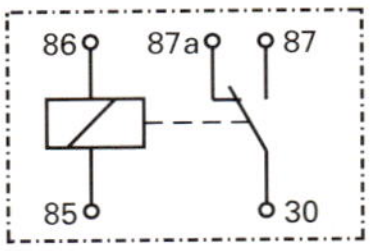

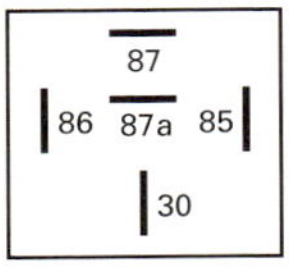

Klemmenbezeichnung nach DIN 72552

Bezeichnung	neu	alt
Steuerstromkreis (–)	85	85
Steuerstromkreis (+)	86	86
Eingangsklemme Laststromkreis	88	30/51
Ausgangsklemme Laststromkreis	88a	87

Bezeichnung	neu	alt
Steuerstromkreis (–)	85	85
Steuerstromkreis (+)	86	86
Eingangsklemme Laststromkreis	87	30/51
Ausgangsklemme Laststromkreis	87a	87a

Bezeichnung	neu	alt
Steuerstromkreis (–)	85	85
Steuerstromkreis (+)	86	86
Eingangsklemme Laststromkreis	87	30/51
Ausgangsklemme Laststromkreis	88a 87a	

Praktische Anwendung von Relais im Kfz

Relais zur Entlastung der Klemme 15

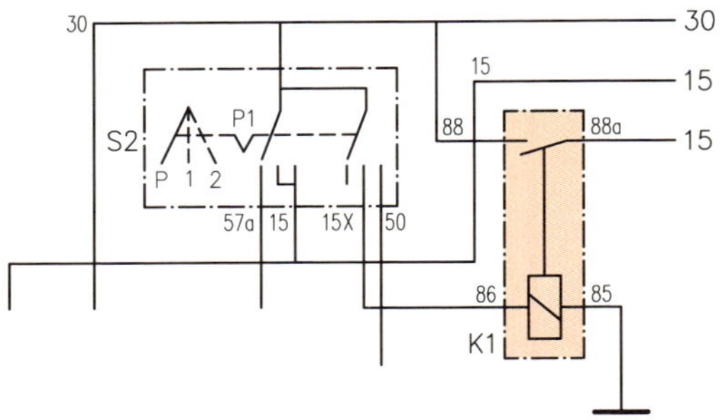

Die Klemme X des Zündstartschalters führt nur bei eingeschalteter Zündung Strom und schaltet das Entlastungrelais K1 für Klemme 15. Alle größeren Stromverbraucher, z. B. das Abblend- und Fernlicht, liegen in diesem Stromkreis. Dieser wird unterbrochen, wenn der Anlasser betätigt wird, um während des Startvorgangs der Zündanlage die volle Batteriespannung zur Verfügung zu stellen.

Füllstandsüberwachung

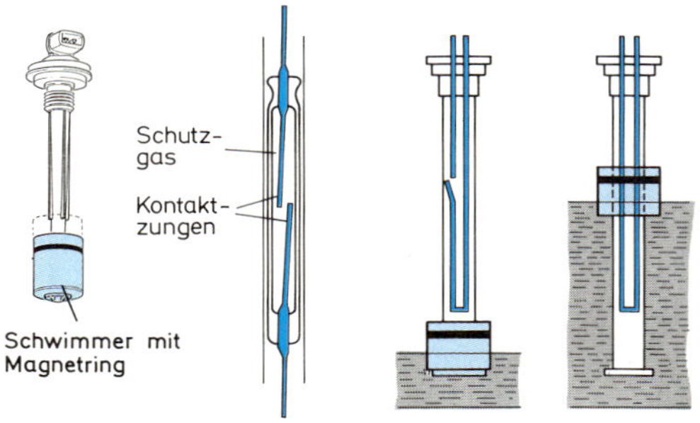

Zur Überwachung von Füllständen werden u. a. Reedrelais eingesetzt. Der Geber zur Bestimmung des Füllstandes besteht aus einem Schwimmer mit Magnetring und dem Reedrelais. Liegt der Schwimmer am oberen Anschlag, so wirkt das magnetische Feld auf die Kontaktzungen. Sie werden magnetisch und ziehen sich an. Der Zungenkontakt schließt. Bei Flüssigkeitsverlust sinkt der Schwimmer, das Magnetfeld verliert an Wirkung. Der Zungenkontakt öffnet. In einem Auswertemodul wird das Öffnen des Kontaktes und damit ein geringer Füllstand dem Fahrer signalisiert.

Prüfen und Messen: Relais

1. Sichtprüfung:
   - Zündung einschalten,
   - Schalter für Relais betätigen,
   - Relais muss hörbar arbeiten.
2. Spannungsversorgung prüfen mit dem Multimeter:
   - Zündung ausschalten,
   - Relais aus der Relaisplatte ziehen,
   - Spannung zwischen Klemme 30 (88) des Relaishalters und Masse prüfen, → Batteriespannung.
   - Zündung einschalten,
   - Spannung zwischen Klemme 86 und Masse prüfen, → Batteriespannung.
3. Relais auf Funktion prüfen:
   - Batterie abklemmen,
   - Widerstand zwischen den Relaisklemmen 30 (88) und 87 (88a) messen → Widerstand ∞.
   - Batteriespannung an die Klemmen 86 (+) und 85 (–) anschließen.
   - Widerstand zwischen den Relaisklemmen 30 (88) und 87 (88a) messen → Widerstand 0.

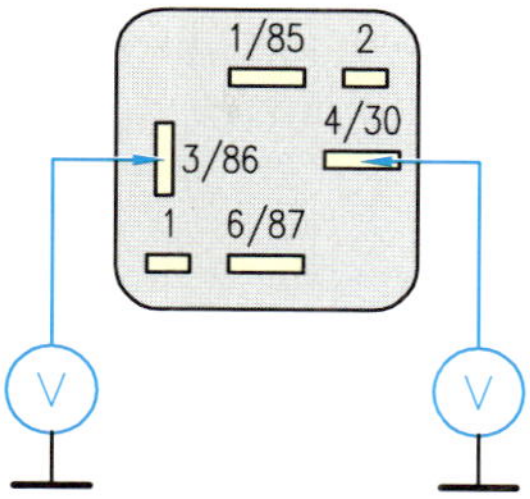

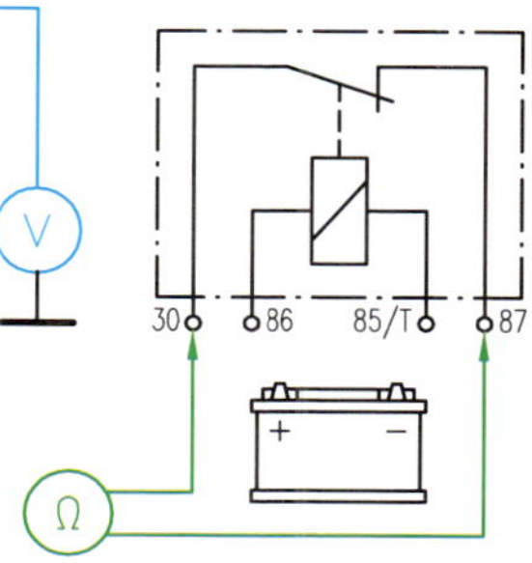

3.1.3 Elektronische Bauelemente, Grundschaltungen

3.1.3.1 Halbleiterbauelemente

P- und N-Leiter

Halbleiter sind Stoffe, die in ihrer Leitfähigkeit zwischen den Leitern und Nichtleitern liegen. Halbleiterwerkstoffe sind Silizium, Germanium oder Selen.
Durch Zusammenfügen von P-Leitern (positiver Leiter) und N-Leitern (negativer Leiter) entstehen Halbleiterbauelemente.

Diode	Transistor	Thyristor
Die Diode besteht aus 2 Halbleiterschichten. 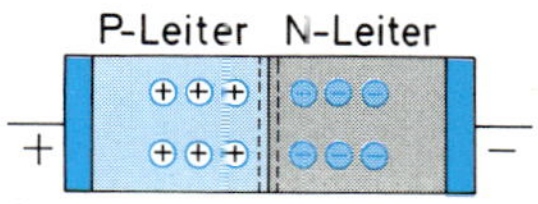	Der Transistor besteht aus 3 Halbleiterschichten. 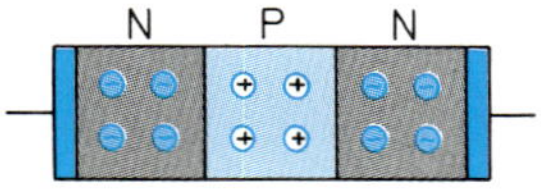	Der Thyristor besteht aus 4 Halbleiterschichten. 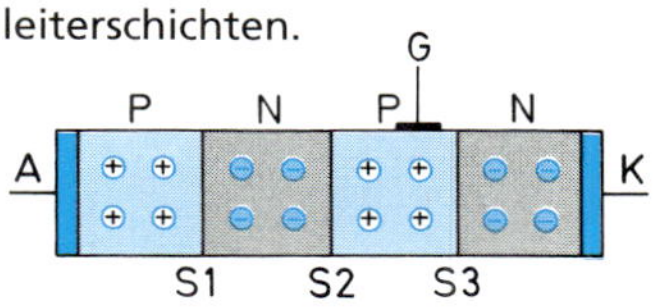

3.1.3.2 Diode

Die Diode hat die Eigenschaft, den Strom im Stromkreis nur in einer Richtung (Pfeilrichtung des Schaltsymbols) durchzulassen, in Gegenrichtung aber zu sperren.
Zum Abbau der Sperrschicht in Durchlassrichtung benötigt die Silizium-Diode eine Spannung von 0,7 V (Schwellenspannung), bevor der Strom zu fließen beginnt. In Sperrrichtung wird die Sperrschicht durchschlagen, wenn die Sperrspannung zu groß wird. Es fließt ein großer Durchbruchstrom, der die Diode zerstören kann.

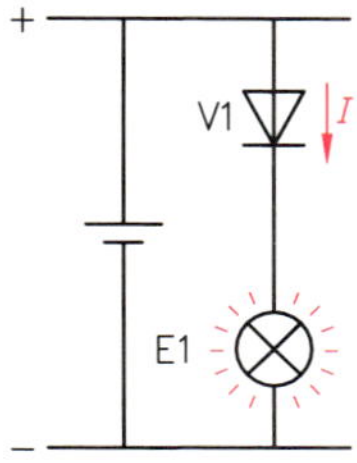

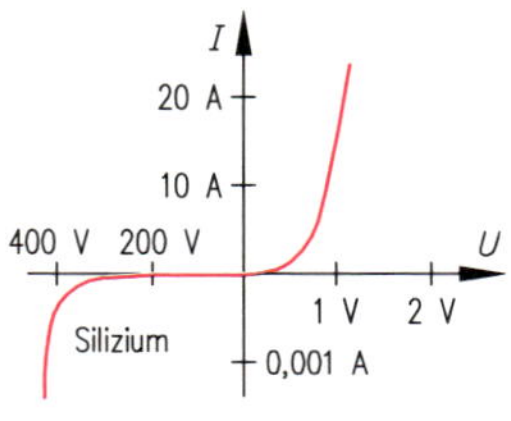

Z-Diode

Die Zenerdiode wird in Sperrrichtung betrieben. In Durchlassrichtung verhält sie sich wie eine normale Diode. In Sperrrichtung sperrt sie den Strom bis zu einer Durchbruchspannung, der sogenannten Zenerspannung. Bei dieser Spannung, z. B. 10 V, wird die Z-Diode schlagartig leitend. Unterschreitet die Spannung die Zenerspannung, sperrt die Diode wieder.

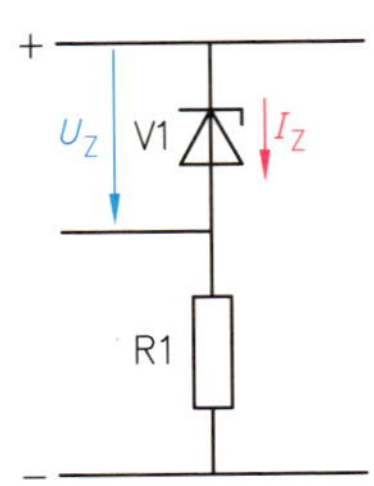

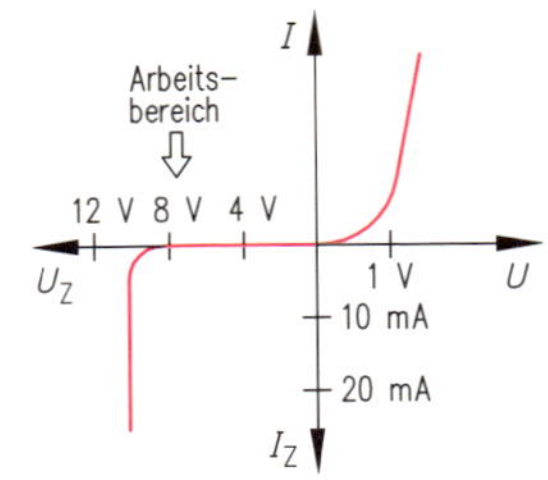

Anwendung im Kfz

Gleichrichtung einer Wechselspannung

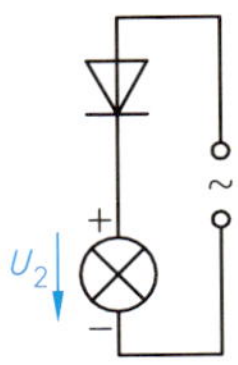

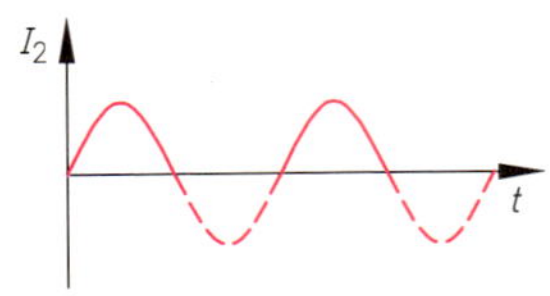

Bei der Einweggleichrichtung wird die Diode nur leitend, wenn die positive Halbwelle der Wechselspannung anliegt. Es entsteht ein stark pulsierender, unterbrochener Gleichstrom.

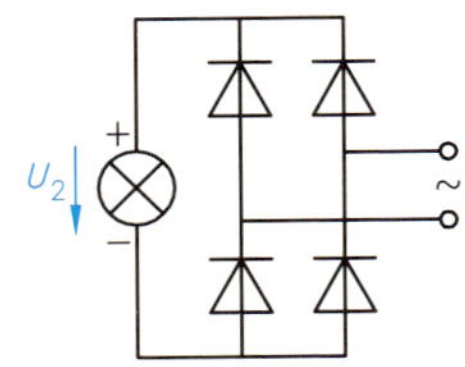

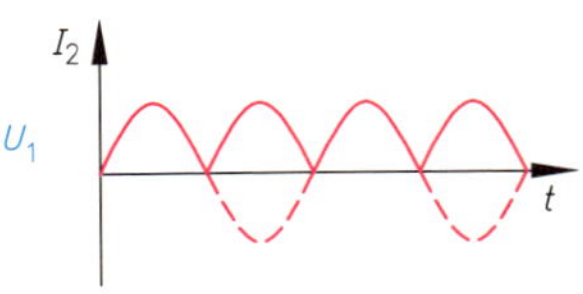

Bei der Zweiweggleichrichtung werden beide Halbwellen gleichgerichtet. Im Stromkreis fließt ein nichtunterbrochener, stark pulsierender Gleichstrom.

Spannungsstabilisierung

Elektronische Steuergeräte benötigen eine konstante Gleichspannung. Die Spannung im Kfz schwankt, z. B. beim Starten zwischen 9,6 und 12 V. Die zum Steuergerät parallel geschaltete Z-Diode wird z. B. bei 5 V leitend. Das Steuergerät erhält eine gleichbleibende Spannung von U = 5 V. Die Differenzspannung zwischen Batterie- und Zenerspannung fällt am Vorwiderstand ab.

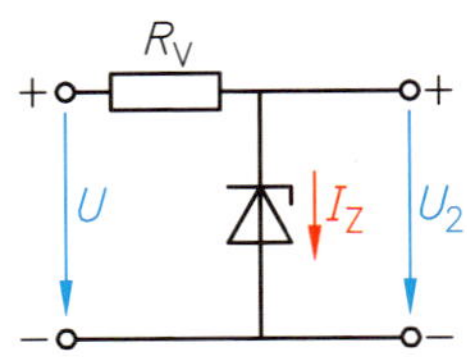

Löschdiode (Freilaufdiode)

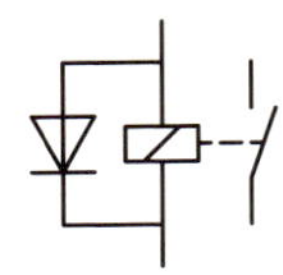

Beim Ausschalten des Relais wird die entstehende Selbstinduktionsspannung in der Relaiswicklung kurzgeschlossen.

Verpolungsschutz

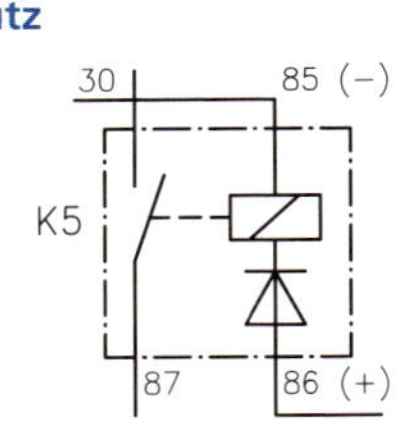

Um ein Relais vor Vertauschen der Klemmen zu schützen, wird in den Steuerstromkreis eine Diode eingebaut.

Sollwertgeber

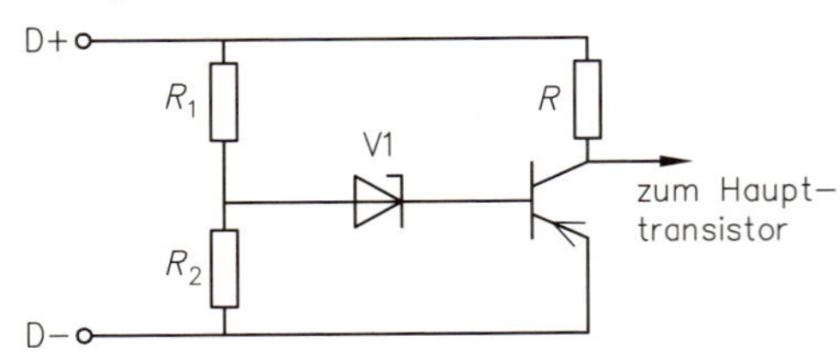

Die Z-Diode gibt ein Signal erst dann weiter, wenn die Zenerspannung erreicht ist. Die Zenerspannung entspricht dem Sollwert.

Prüfen und Messen von Dioden

Widerstandsmessung

Mit dem Ohmmeter können die Dioden geprüft werden. Eine einwandfreie Diode hat, je nach Baugröße, in Durchlassrichtung einen Widerstand von einigen Ohm bis einigen hundert Ohm, in Sperrrichtung von einigen Kiloohm bis einigen Megaohm.

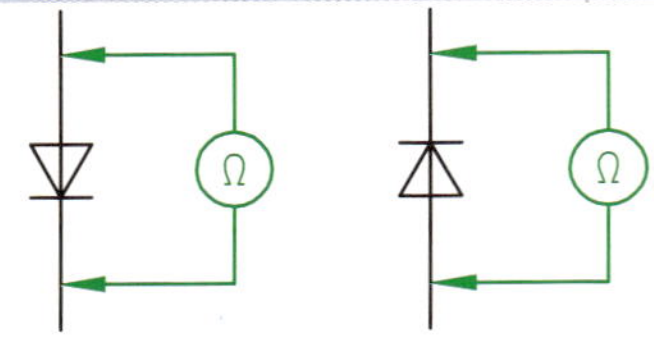

Prüfen und Messen von Dioden

Fortsetzung

Spannungsmessung

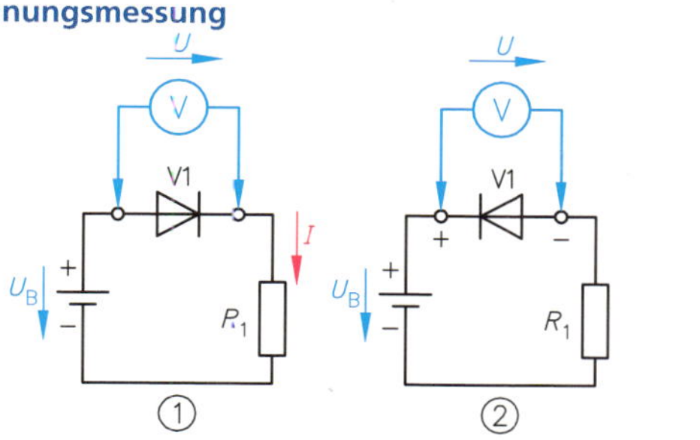

Bei einer in Durchlassrichtung betriebenen Siliziumdiode (Abb. ①) fällt an den Anschlüssen der Diode eine Spannung von ~ 0,7 Volt an.

Bei einer in Sperrrichtung betriebenen Diode (Abb. ②) fließt kein Strom. An den Anschlussstellen der Diode wird die Batteriespannung U = 12 Volt gemessen.

Diodenprüfung

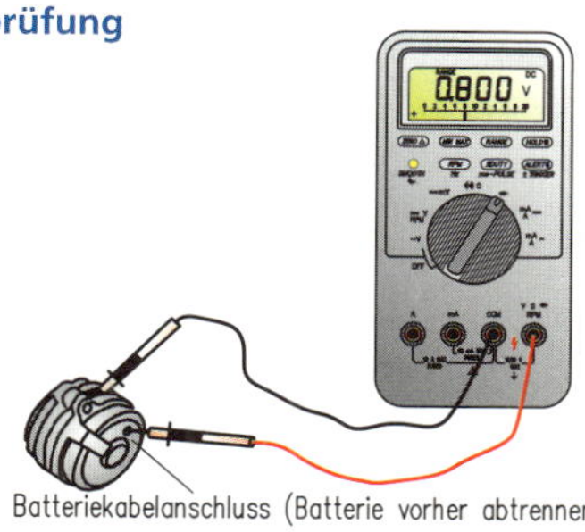

Batteriekabelanschluss (Batterie vorher abtrennen)

Die Widerstandsmessung ergibt keine genaue Prüfung der Diode, was mit dem Kennlinienknick der Diode zusammenhängt. Je nach Messbereich werden unterschiedliche Widerstände ermittelt. Daher haben Multimeter eine Diodenprüfeinrichtung, die mit einem konstanten Messstrom arbeitet.

3.1.3.3 Optoelektronische Bauelemente

Leuchtdiode (LED)

Leuchtdioden senden bei Stromfluss in Durchlassrichtung Licht in den Farben grün, gelb, rot, orange und blau aus. Die LEDs haben eine Betriebsspannung zwischen 1,5 und 3 V. Sie werden daher mit einem Vorwiderstand betrieben. Bei Anschluss an die volle Batteriespannung würden sie sonst zerstört.

Anwendung: Kontroll- und Warnlampe, Leuchten am Heck.

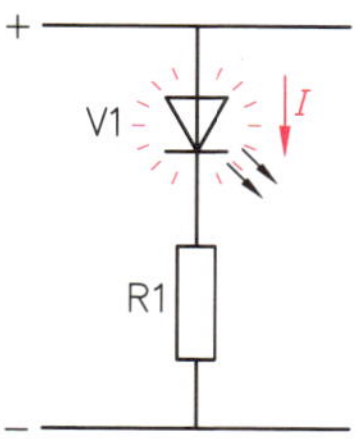

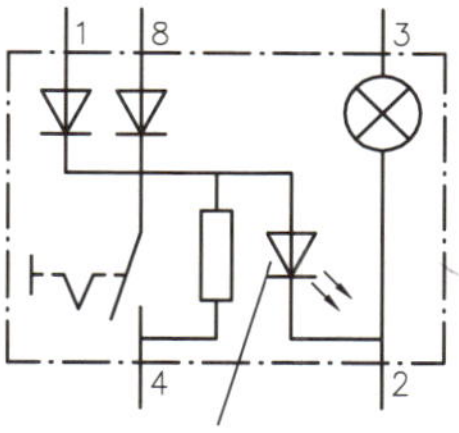

Kontroll- und Warnleuchte

Fotodiode

Fotodioden sind Halbleiterbauelemente, die bei Lichteinwirkung eine Spannung abgeben. Sie werden in Sperrrichtung betrieben und als lichtelektrische Wandler in Steuerungen eingesetzt.

Anwendung: Regensensor

Der Regensensor sendet über Leuchtdioden einen Lichtstrahl aus. Bei trockener Scheibe wird der gesamte Lichtstrahl von der Scheibenoberfläche reflektiert. Ist die Scheibe nass, ändert sich die Lichtbrechung. Es wird weniger Licht von der Scheibenoberfläche in die Fotodiode reflektiert. Sie sendet ein Signal an das Relais für die Wisch-Wasch-Intervallautomatik und die Scheibenwischer werden eingeschaltet.

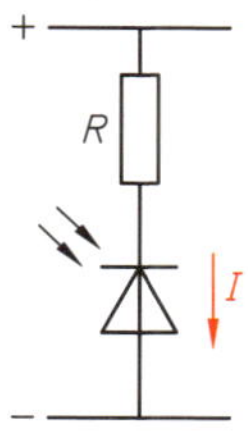

Scheibe trocken
= starke Lichtreflektion

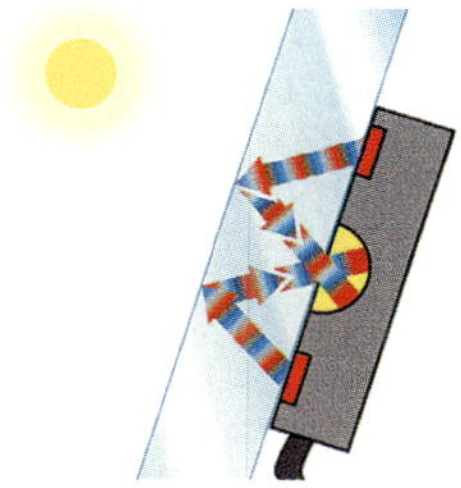

Scheibe nass
= geringe
Lichtreflektion

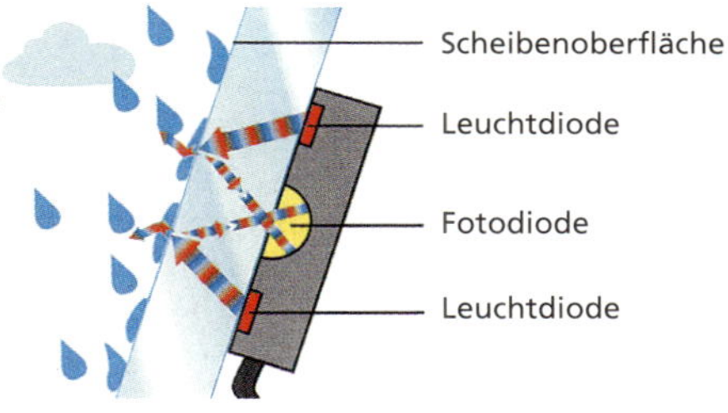

Fotowiderstand (LDR)

Fotowiderstände sind elektronische Bauelemente mit höchster Lichtempfindlichkeit. Sie verringern bei Beleuchtung ihren Widerstandswert. Bei einer einfachen Dämmerungsschaltung steuert das Tageslicht über einen Fotowiderstand (LDR) und ein Relais das Parklicht. Das Tageslicht wird von dem Fotowiderstand in eine elektrische Größe umgesetzt. Ohne Lichteinwirkung hat der LDR einen hohen Widerstand. Der geringe Steuerstrom ist nicht in der Lage, das Relais zum Anzug zu bringen. Die Parkleuchte brennt. Trifft Licht auf den LDR, sinkt der Widerstandswert, der Steuerstrom erhöht sich. Das Relais zieht an und unterbricht den Stromkreis für die Parkleuchte.

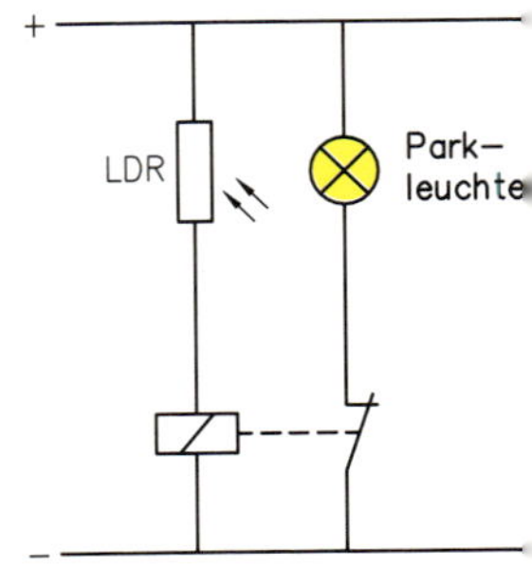

3.1.3.4 Transistor, Grundschaltungen

Ein Transistor besteht aus 3 Halbleiterschichten. Jede Schicht hat einen elektrischen Anschluss. Die Anschlüsse heißen:

- Emitter E: Er sendet Ladungsträger aus.
- Basis B: Sie steuert die Aussendung der Ladungsträger.
- Kollektor C: Er sammelt die Ladungsträger ein.

Je nach der Reihenfolge der Halbleiterschichten unterscheidet man

- PNP-Transistoren,
- NPN-Transistoren.

Davon werden NPN-Transistoren am häufigsten verwendet.

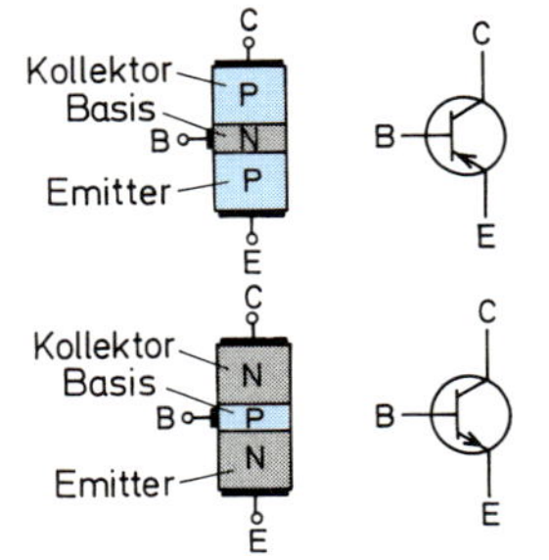

NPN-Transistor als Schalter

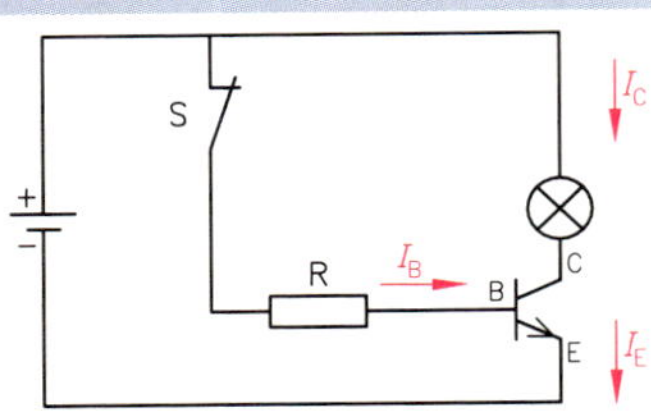

Wird der Schalter S geschlossen, ist die Basis gegenüber dem Emitter positiv gepolt. Es fließt ein Basisstrom I_B in die Basis des Transistors. Das Schalten des Transistors erfolgt über die Basis. Die Sperrschicht zwischen Basis und Emitter wird aufgehoben, wenn die Spannung bei einem Silizium-Transistor etwa 0,7 Volt (Schwellenspannung) beträgt. Der Transistor wird leitend, d. h. er schaltet durch und der Emitter-Kollektor-Strom I_C kann fließen.

NPN-Transistor als Verstärker

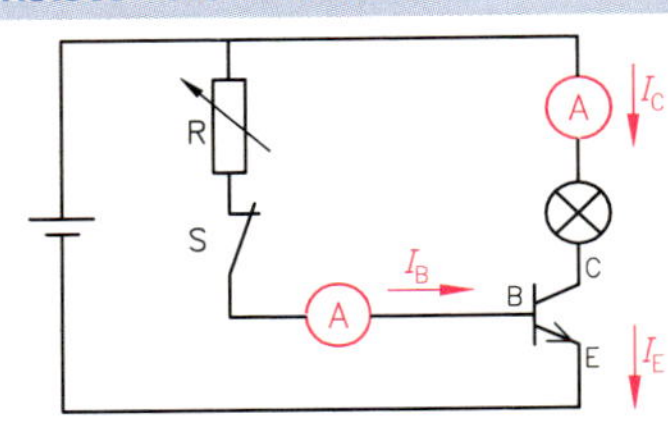

Wird der Schalter S geschlossen, fließt ein Strom I_B in die Basis. Der Transistor wird leitend. Wird der Basisstrom mit dem Potenziometer erhöht, steigt der Kollektorstrom an. Eine kleine Erhöhung führt zu einem starken Anstieg des Kollektorstromes. Das Verhältnis von Kollektorstrom zum Basisstrom bezeichnet man als Stromverstärkung.

PNP-Transistor als Schalter

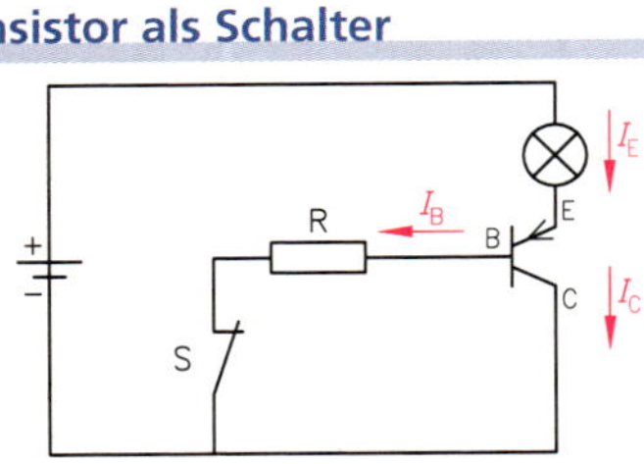

Beim Betrieb eines PNP-Transistors sind Basis und Kollektor negativ gegen den Emitter gepolt. Bei geschlossenem Schalter S fließt der Basisstrom vom Emitter kommend durch die Basis über den Widerstand *R* zum Minusanschluss.

PNP-Transistor als Verstärker

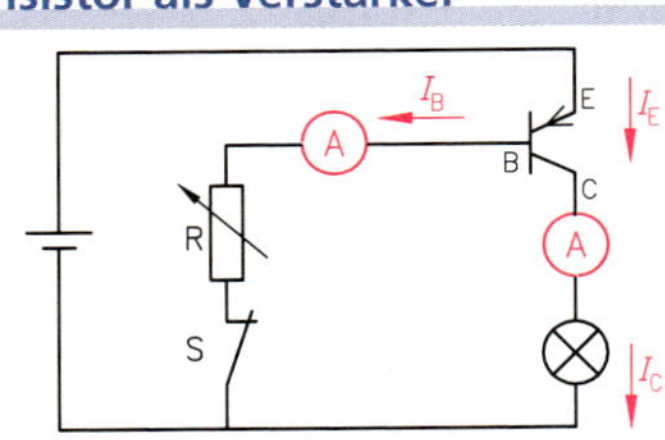

Der Basisstrom I_B wird über ein Potenziometer eingestellt. Eine kleine Änderung des Basisstromes hat eine große Änderung des Kollektorstromes zur Folge.

Darlington-Schaltung

Einzeltransistoren besitzen für hohe Schaltleistungen eine zu geringe Stromverstärkung. Durch zwei hintereinander geschaltete Transistoren erreicht man mit geringen Steuerstromstärken eine hohe Stromverstärkung. Durch Verstärkung Transistors V1 gelangt ein stärkerer Basisstrom an die Basis von Transistor V2, der durchschaltet. Die Darlington-Schaltung wird für das Schalten des Primärstromes in der Zündanlage und der Öffnungsströme der Einspritzventile angewendet.

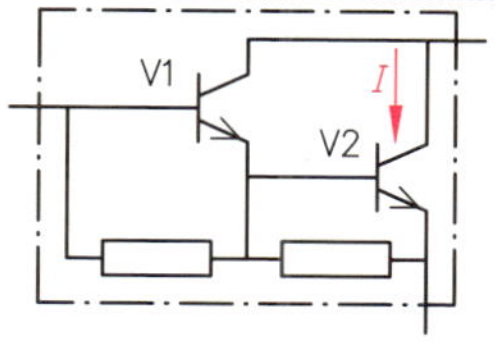

Anwendung im Kfz

Einspritzventile mit Darlington-Schaltung

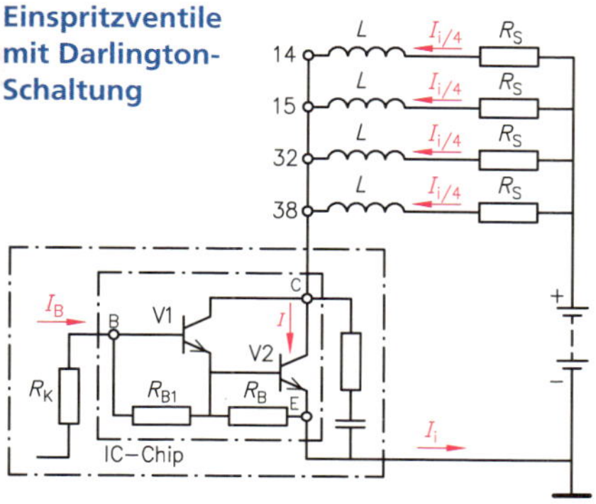

Die vom Steuergerät einer elektronischen Benzineinspritzung gelieferten Einspritzimpulse haben eine Stromstärke von 10 mA. Zur Öffnung eines Einspritzventils ist eine Stromstärke von 1,5 A erforderlich, für einen Vierzylinder-Motor also insgesamt 6 A.

Die Einspritzimpulse müssen daher verstärkt werden.

Da die Verstärkung eines Transistors nicht ausreicht, muss eine zweite Stufe hinzugeschaltet werden. Es entsteht eine Darlington-Schaltung, die in den Endstufen der Steuergeräte Verwendung findet. Der Einspritzimpuls in Form des Steuerstroms I_B veranlasst den Transistor V1 zum Durchschalten. Hierdurch wird auch der Transistor V2 durchgeschaltet und es fließt für die Dauer des Einspritzimpulses ein Strom durch die Magnetventile.

Parklichtschaltung

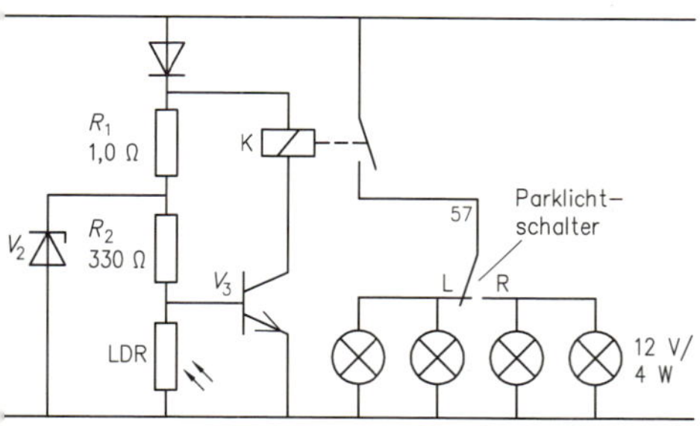

Die Schaltung hat die Aufgabe, das Parklicht in Abhängigkeit von der Helligkeit automatisch ein- und auszuschalten. Die Diode dient als Verpolungsschutz. Die Z-Diode begrenzt die Gesamtspannung und wirkt als Überspannungsschutz. Der Fotowiderstand (LDR) bildet zusammen mit dem Widerstand R_1 und R_2 einen Spannungsteiler.

Bei geringer Lichteinwirkung hat der LDR einen hohen Widerstand. An R_2 fällt eine hohe positive Spannung an, die in die Basis des Transistors wirkt. Wenn U_{BE} größer als 0,7 Volt ist, schaltet der Transistor durch. Das Relais schließt und die eingeschalteten Parkleuchten geben Licht ab.

Bei starker Lichteinwirkung hat der LDR einen niedrigen Widerstand. Die Basis-Emitter-Spannung sinkt unter 0,7 Volt. Der Transistor sperrt, das Relais schaltet ab und die Parkleuchten erlöschen.

Prüfen und Messen: Transistor

Transistor schaltet durch

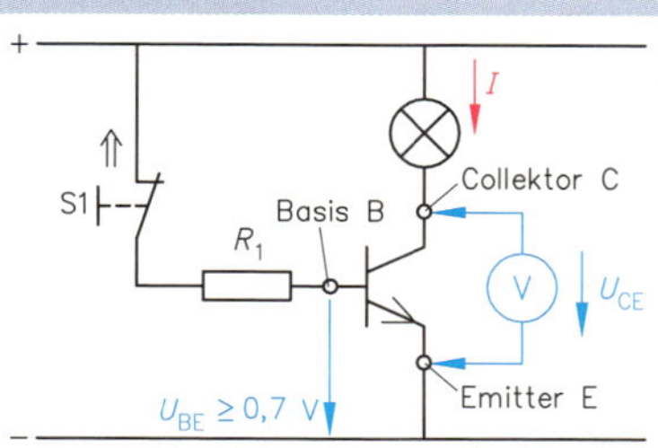

Bei geschlossenem Schalter S1 und einer Basis-Emitter-Spannung von $U_{BE} \approx 0,7$ Volt schaltet der Transistor durch. Es fließt ein Strom vom Pluspol über die Lampe vom Kollektor zum Emitter weiter zum Minuspol der Batterie. Während bei einem mechanischen Schalter kein Spannungsfall besteht, wird beim Transistor zwischen Kollektor und Emitter ein Spannungsfall von z. B. $U_{CE} \approx 0,03$ V gemessen.

Transistor sperrt

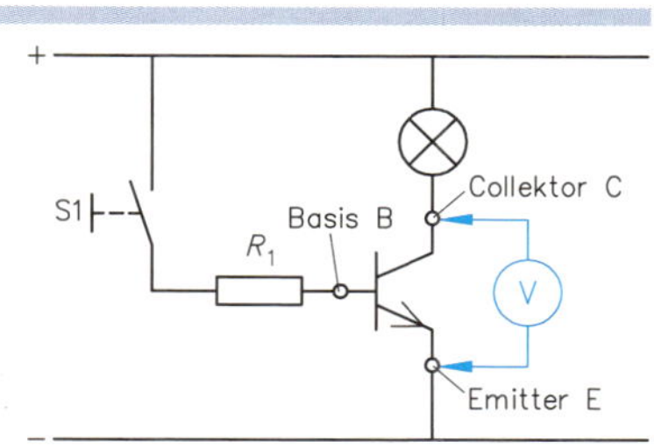

Ist der Schalter geöffnet, sperrt der Transistor, es fließt kein Strom. An den Anschlussstellen des Transistors wird ein Spannungsfall von U_{CE} = 12 Volt (= Batteriespannung) gemessen.

3.1.3.5 Halbleiterwiderstände

NTC-Widerstand (Heißleiter)	PTC-Widerstand (Kaltleiter)
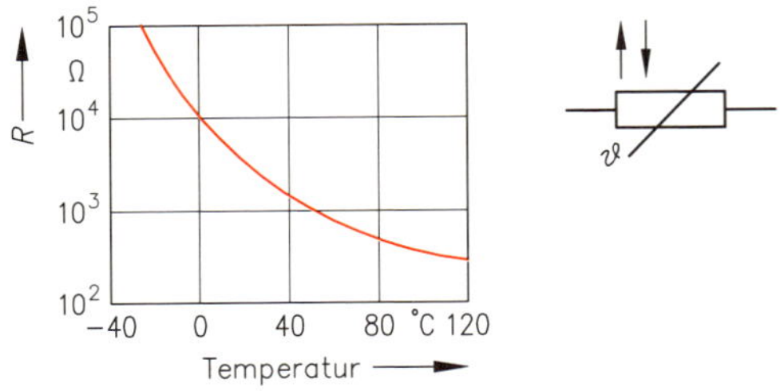	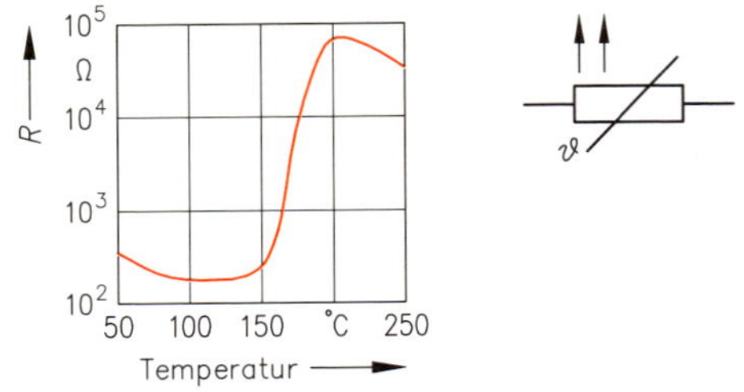
NTC-Widerstände (negative temperature coefficient) sind Halbleiterwiderstände, deren Widerstandswerte mit zunehmender Temperatur abnehmen.	PTC-Widerstände (positive temperature coefficient) sind Halbleiterwiderstände, deren Widerstandswerte sich mit zunehmender Temperatur stark erhöhen. PTC-Widerstände sind als Heizelemente geeignet, da sie ihre Heizwirkung selbstständig regeln: Steigt die Temperatur, steigt auch der Widerstand. Bei gleichbleibender Spannung wird der Stromfluss kleiner, die Heizwirkung lässt nach.

Anwendung im Kfz

NTC-Widerstand zur Kühlmittel-Temperaturanzeige

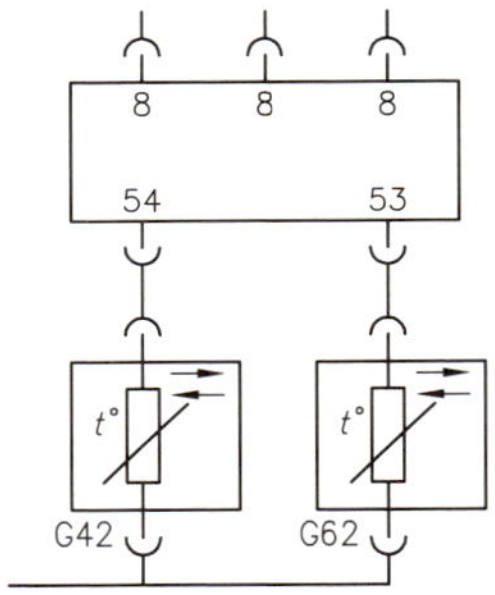

Die NTC-Widerstände werden als Sensoren eingesetzt. Der Widerstand wird mit einer konstanten Spannung versorgt. Der Strom bewirkt am NTC einen Spannungsfall. Mit zunehmender Temperatur des Kühlmittels und Erwärmung des Temperaturfühlers sinkt der Widerstand. Der Spannungsfall verringert sich entsprechend der Abnahme des Widerstandes. Das Steuergerät errechnet aus dem Spannungsfall u. a. die Einspritzmenge.
Weitere Anwendungen: Temperatursensor von Ansaugluft, Öl-, Außen- und Innentemperatur usw.

PTC-Widerstand zur Scheibenwaschdüsen-Heizung

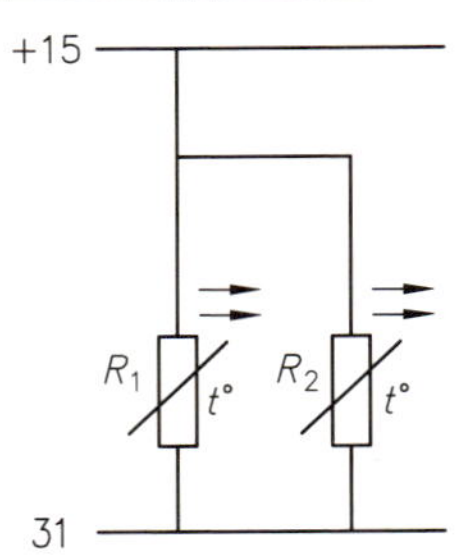

R_1 Heizwiderstand für die linke Waschdüse
R_2 Heizwiderstand für die rechte Waschdüse

PTC-Widerstände werden als Aktoren eingesetzt. Bei Erwärmung nimmt der Widerstand pro 1 Grad durchschnittlich um 2 W zu. Der PTC-Widerstand wird z. B. als Überlastungsschutz eingesetzt. Übersteigt der Strom einen zulässigen Wert, erwärmt sich der PTC-Widerstand, erhöht den Widerstandswert und begrenzt damit den Strom.
Weitere Anwendungen: Heckscheibenheizung, Stiftglühkerzen vom Dieselmotor, Lambdasonden-Heizung, Außenspiegelheizung.

Prüfen und Messen: Temperaturabhängige Widerstände, NTC-Widerstand

Die Messseite des ausgebauten Kühlmittel-Temperaturfühlers wird in ein Wasserbad mit vorgeschriebener Temperatur getaucht, der Widerstand gemessen und der Messwert (Istwert) mit dem Sollwert verglichen:
10 °C: 3 530 bis 4 100 Ω, 20 °C: 2 350 bis 2 670 Ω,
60 °C: 540 bis 615 Ω.

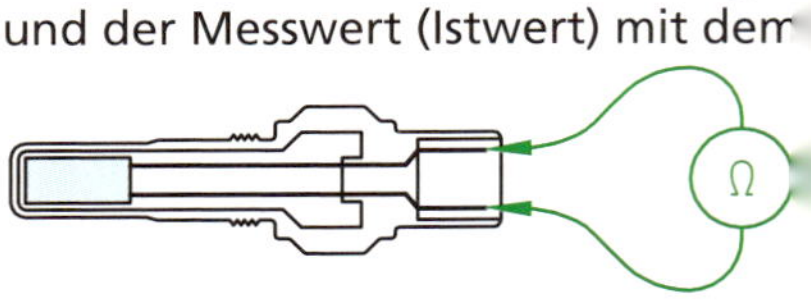

3.1.3.6 Kondensator

Der Kondensator speichert elektrische Ladungen. Er besteht aus zwei Leiterschichten, die durch eine Isolierschicht (Dielektrikum) voneinander getrennt sind. Die Leiterschichten sind nach außen über Anschlüsse elektrisch anbindbar.

Wir unterscheiden

- Schichtkondensatoren,
- Wickelkondensatoren,
- Elektrolytkondensatoren.

Symbol: 

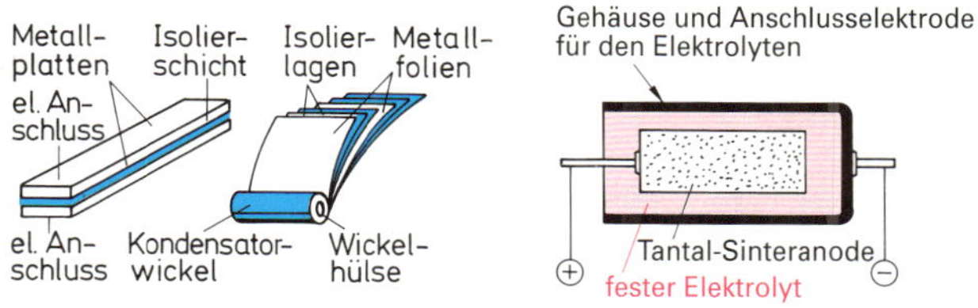

Arbeitsweise

Ladevorgang

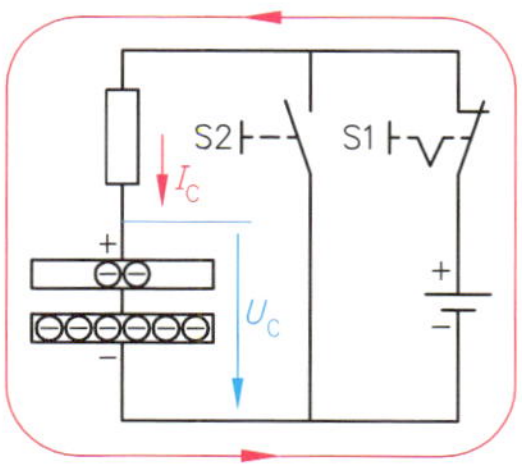

Wird der Schalter S_1 geschlossen, fließt ein Ladestrom. Der Ladestrom bewirkt, dass Elektronen von einer Leiterschicht abgezogen und zur anderen Leiterschicht transportiert werden. Die Spannung am Kondensator nimmt ständig zu, bis sie der Batteriespannung entspricht. Die Aufladung dauert um so länger, je größer der Vorwiderstand und je größer die Kapazität ist.

Speichern

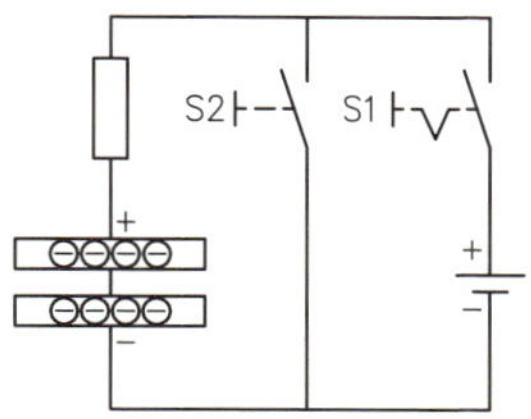

Wird nach dem Laden der Ladestromkreis unterbrochen, bleibt die Spannung am Kondensator erhalten. Das Speichervermögen an Ladungen wird als elektrische Kapazität des Kondensators bezeichnet. Die Einheit der Kapazität ist das Farad (F). Das Formelzeichen der Kapazität ist C.

Entladevorgang

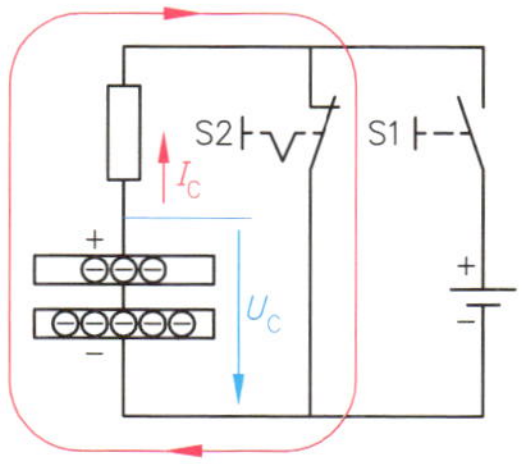

Wird der Schalter S2 geschlossen, so werden Elektronen von der negativen Ladeschicht (mit Elektronenüberschuss) zur positiv geladen Ladeschicht (mit Elektronenmangel) transportiert. Es fließt ein Entladestrom, der der Ladestromrichtung entgegengesetzt gerichtet ist.

Anwendung im Kfz

Ausschaltverzögerung

Beim Schließen der Fahrzeugtür soll die Innenbeleuchtung eine kurze Zeit noch brennen und dann selbstständig abschalten. Zur Ausschaltverzögerung setzt man Kondensatoren ein. Beim Öffnen der Fahrertür schließt der Kontakt S. Der Kondensator lädt sich auf. Gleichzeitig wird die Basis des Transistor V1 gegenüber dem Emitter positiv angesteuert und schaltet durch. Im gleichen Augenblick schaltet der Transistor V2. Das Relais schließt den Stromkreis für die Innenleuchte. Beim Schließen der Fahrertür entlädt sich der Kondensator über den Transistor V1, der mit dem Transistor V2 solange durchgeschaltet bleibt, bis der Kondensator entladen ist.

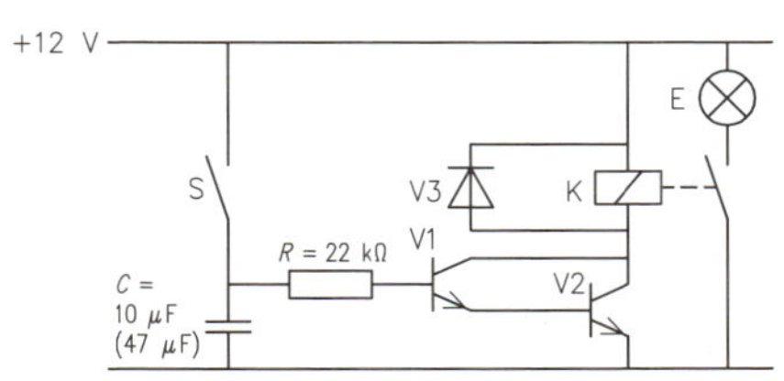

Entstörung

Im Kraftfahrzeug entstehen durch Funken der Zündanlage, Funken an den Kohlebürsten der Elektromotoren und des Drehstromgenerators, Wechselstöme I_S hoher Frequenz, die den Radioempfang, die Telefonanlage und die Steuergeräte beeinträchtigen können. Die Störungen werden durch Entstörkondensatoren beseitigt.

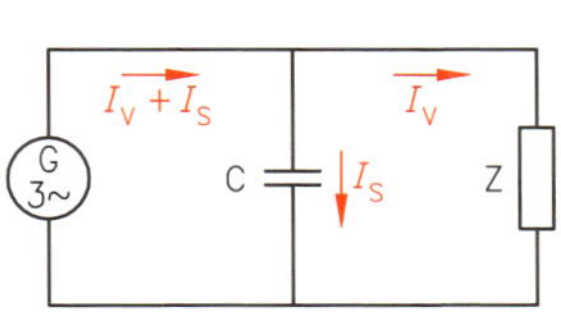

Überspannungsschutz

Halbleiter können durch Überspannungen zerstört werden, z. B. bei Wackelkontakten in der Zündanlage. Zum Schutz der Bauelemente wird ein Kondensator parallel geschaltet, der sich bei Spannungsspitzen auflädt.

3.1.4 Schaltpläne

Schaltpläne zeigen durch eine übersichtliche Darstellung der Stromwege die Wirkungsweise einer elektrischen Schaltung. Ein Schaltplan muss enthalten:

- Schaltung mit Schaltzeichen nach DIN EN 60617, • Gerätekennzeichnung nach DIN EN 61346-2
- Klemmenbezeichnung nach DIN 72552 in der Kfz-Technik oder Anschlusskennzeichnung nach DIN EN 60445 in der Elektrotechnik.

3.1.4.1 Schaltzeichen

Die Schaltzeichen sind die Bauelemente eines Schaltplanes. Sie stellen die vereinfachte Form der Bauelemente dar. Die Schaltzeichen werden grundsätzlich im stromlosen und mechanisch nicht betätigten Zustand gezeichnet.

Betätigung

- Handantrieb: allgemein
- durch Drücken
- durch Ziehen
- durch Drehen
- durch Kippen
- Fußantrieb
- Raste
- Schlüsselbetätigter Schalter
- Verzögerte Betätigung
- Bewegung nach rechts
- Bewegung nach links und rechts
- thermische Betätigung

Schalter

- Schließer, mit selbsttätigem Rückgang
- Schließer, mit nicht selbsttätigem Rückgang
- Öffner, mit selbsttätigem Rückgang
- Öffner, mit nicht selbsttätigem Rückgang
- Wechsler, mit Unterbrechung schaltend
- Wechsler, ohne Unterbrechung schaltend
- Stellschalter, mit drei Schaltstellungen
- Stellschalter, mit drei Schaltstellungen (53e, 53a, 0 1 2, 53, 53b)
- Thermoschalter
- Öffner, schließt verzögert
- Thermokontakt

Relais

- Relais oder Schütz
- Antrieb mit einer Wicklung
- Antrieb mit zwei gegensinnig wirkenden Wicklungen
- Thermorelais
- Magnetventil

Widerstände

- Widerstand
- veränderbarer Widerstand (Drehwiderstand) (1, 2)
- veränderbarer Schiebewiderstand mit Abschaltstellung (1, 2)
- Heizwiderstand, Glühkerze, Heizung allgemein

Induktivitäten, Wicklungen

- Wicklung
- Transformator mit Kern, z. B. Zündspule

Kondensatoren

- Kondensator
- Kondensator, gepolt
- Elektrolytkondensator, gepolt

Drehstrommaschinen

- Drehstromgenerator mit Gleichrichter und Regler

Gleichstrommaschinen

- Scheibenwischermotor
- Kraftstoff-, Scheibenspülerpumpe
- Lüfter
- Druckluftpumpe

Halbleiterbauelemente

Halbleiterwiderstände

- Temperaturabhängiger Widerstand (t_0)
- PTC-Widerstand
- NTC-Widerstand

Dioden, Thyristoren

- Diode
- Z-Diode
- Thyristor

Transistoren

- NPN-Transistor (E, C, B)
- PNP-Transistor (E, C, B)

Optoelektronische Bauelemente

- Fotowiderstand
- Fotodiode
- Leuchtdiode (LED)

Sensoren

- Luftmengenmesser
- Induktionsgeber
- Widerstandsstellungsgeber
- Widerstandsthermometer
- Lambda-Sonde
- Klopfsensor
- Thermofühler

3.1.4.2 Gerätekennzeichnungen

Alle elektrischen und elektronischen Bauelemente sind in den Schaltplänen mit Kennbuchstaben und einer Zahl angegeben. Der Kennbuchstabe bleibt für das Bauelement, z. B. einen Schalter (S5), immer derselbe, nur die Zahl kann eine andere sein.

Bezeichnung der Bauelemente		Bezeichnung der Bauelemente	
A	Baugruppen, Empfänger, Sender	P	Messgerät
B	Geber, Sensoren	R	Widerstände
C	Kondensator	S	Schalter
D	binäres Element, z. B. Impulszähler, CD-ROM	T	Zündspulen
E	Glühlampen	W	Massestellen
F	Sicherungen	U	Umsetzer, z. B. Analog-Digital-Umwandler
G	Stromquellen	V	Halbleiter, z. B. Diode, Transistor
H	Signaleinrichtungen	W	Leitung, z. B. Leitungsbaum, CAN-BUS
K	Relais	X	Stecker, Leitungsverbinder
L	Spulen, Induktivgeber	Y	Ventile
M	Motoren	Z	elektrische Filter, z. B. Entstörglied
N	Steuergeräte		

3.1.4.3 Klemmenbezeichnungen

Klemmenbezeichnungen an Bauelementen sollen verhindern, dass beim Anklemmen von Leitungen Verwechslungen entstehen. An Anschlüssen, wo eine Verwechslung keine Folgen hat, kann auf Klemmenbezeichnungen verzichtet werden. Die Klemmenbezeichnungen nach DIN werden durch Bezeichnungen nach VDE-Norm ergänzt.
Die Bezeichnungen nach VDE-Norm sind fortlaufende Zahlen, z. B. am Steuergerät. Die einzelne Zahl hat im Gegensatz zu den Klemmenbezeichnungen keine Bedeutung. Die Anschlüsse an die Bezeichnungen nach VDE-Norm erfolgen aufgrund des Schaltplanes.

Klemme	Bedeutung
1	Zündspule, Zündverteiler, Niederspannung
	Zündverteiler mit zwei getrennten Stromkreisen
1 a	zum Zündunterbrecher I
1 b	zum Zündunterbrecher II
2	Kurzschließklemme (Magnetzündung)
4	Zündspule, Zündverteiler, Hochspannung
	Zündverteiler mit zwei getrennten Stromkreisen
4 a	von Zündspule I, Klemme 4
4 b	von Zündspule II, Klemme 4
15	Geschaltetes Plus hinter Batterie [Ausgang Zünd-(Fahrt)-Schalter]
15 a	Ausgang an Vorwiderstand zur Zündspule und Starter
	Glühstartschalter
17	Starten
19	Vorglühen

Klemme	Bedeutung
30	Eingang von Batterie Plus, direkt
	Batterieumschaltrelais 12/24 V
30 a	Eingang von Batterie II Plus
31	Rückleitung an Batterie Minus oder Masse, direkt
31 b	Rückleitung an Batterie Minus oder Masse über Schalter oder Relais (geschaltetes Minus)
	Batterieumschaltrelais 12/24 V
31 a	Rückleitung an Batterie II Minus
31 c	Rückleitung an Batterie I Minus
	Elektromotoren
32	Rückleitung[1]
33	Hauptanschluss[1]
33 a	Endabstellung
33 b	Nebenschlussfeld
33 f	für zweite kleinere Drehzahlstufe
33 g	für dritte kleinere Drehzahlstufe
33 h	für vierte kleinere Drehzahlstufe
33 L	Drehrichtung links
33 R	Drehrichtung rechts

[1] Polaritätswechselklemme 32/33 möglich

Klemme	Bedeutung
	Starter
45	Getrenntes Startrelais, Ausgang; Starter: Eingang (Hauptstrom)
	Zwei-Starter-Parallelbetrieb Startrelais für Einrückstrom
45 a	Ausgang Starter I Eingang Starter I und II
45 b	Ausgang Starter II
48	Klemme am Starter und am Startwiederholrelais Überwachung des Startvorgangs
	Blinkgeber (Impulsgeber)
49	Eingang
49 a	Ausgang
49 b	Ausgang zweiter Blinkkreis
49 c	Ausgang dritter Blinkkreis
	Starter
50	Startersteuerung (direkt)
50 a	Batterieumschaltrelais, Ausgang für Startersteuerung
50 b	Startersteuerung, Parallelbetrieb von zwei Startern mit Folgesteuerung

Fortsetzung

Klemme	Bedeutung
	Startrelais für Folgesteuerung des Einrückstroms bei Parallelbetrieb von zwei Startern
50 c	Eingang in Startrelais für Starter I
50 d	Eingang in Startrelais für Starter II
	Startsperrrelais
50 e	Eingang
50 f	Ausgang
	Startwiederholrelais
50 g	Eingang
50 h	Ausgang
	Wechselstromgenerator
51	Gleichspannung am Gleichrichter
51 e	Gleichspannung am Gleichrichter mit Drosselspule für Tagfahrt
	Anhänger-Signale
52	weitere Signalgebung vom Anhänger zum Zugwagen
53	Wischermotor, Eingang (+)
53 a	Wischer (+), Endabstellung
53 b	Wischer (Nebenschlusswicklung)
53 c	elektr. Scheibenspülerpumpe
53 e	Wischer (Bremswicklung)
53 i	Wischermotor mit Permanentmagnet und dritter Bürste (für höhere Geschwindigkeit)
	Anhänger-Signale
54	Anhänger-Steckvorrichtungen und Leuchtenkombinationen, Bremslicht
54 g	Druckluftventil für Dauerbremse im Anhänger, elektromagnetisch betätigt
55	Nebelscheinwerfer
56	Scheinwerferlicht
56 a	Fernlicht und Fernlichtkontrolle
56 b	Abblendlicht
56 d	Lichthupenkontakt
57	Standlicht für Krafträder (im Ausland auch für Pkw, Lkw usw.)
57 a	Parklicht
57 L	Parklicht, links
57 R	Parklicht, rechts
58	Begrenzungs-, Schluss- Kennzeichen- und Instrumentenleuchten
58 b	Schlusslichtumschaltung bei Einachsschleppern
58 c	Anhänger-Steckvorrichtung für einadrig verlegtes und im Anhänger abgesichertes Schlusslicht
58 d	regelbare Instrumentenbeleuchtung,
58 L	Schluss- und Begrenzungsleuchte, links
58 R	rechts, Kennzeichenleuchte
	Wechselstromgenerator (Magnetzünder-Generator)
59	Wechselspannung, Ausgang, Gleichrichter, Eingang
59 a	Ladeanker, Ausgang
59 b	Schlusslichtanker, Ausgang
59 c	Bremslichtanker, Ausgang
61	Generatorkontrolle
	Tonfolgeschaltgerät
71	Eingang
71 a	Ausgang zu Horn 1 + 2 tief
71 b	Ausgang zu Horn 1 + 2 hoch
72	Alarmschalter (Rundumkennleuchte)
75	Radio, Zigarettenanzünder
76	Lautsprecher
77	Türventilsteuerung
	Schalter Öffner und Wechsler
81	Eingang
81 a	erster Ausgang, Öffnerseite
81 b	zweiter Ausgang, Öffnerseite
	Schließer
82	Eingang
82 a	erster Ausgang
82 b	zweiter Ausgang
82 z	erster Eingang
82 y	zweiter Eingang
	Mehrstellenschalter
83	Eingang
83 a	Ausgang, Stellung 1
83 b	Ausgang, Stellung 2
83 L	Ausgang, Stellung links
83 R	Ausgang, Stellung rechts
	Stromrelais
84	Eingang, Antrieb und Relaiskontakt
84 a	Ausgang, Antrieb
84 b	Ausgang, Relaiskontakt
	Schaltrelais
85	Ausgang, Antrieb (Wicklungsende Minus oder Masse)
86	Eingang, Antrieb Wicklungsanfang
86 a	Wicklungsanfang oder erste Wicklung
86 b	Wicklungsanzapfung oder zweite Wicklung
	Relaiskontakt bei Öffner und Wechsler
87	Eingang
87 a	erster Ausgang (Öffnerseite)
87 b	zweiter Ausgang
87 c	dritter Ausgang
87 z	erster Eingang
87 y	zweiter Eingang
87 x	dritter Eingang
	Relaiskontakt bei Schließer
88	Eingang
	Relaiskontakt bei Schließer und Wechsler (Schließerseite)
88 a	erster Ausgang
88 b	zweiter Ausgang
88 c	dritter Ausgang
	Relaiskontakt bei Schließer
88 z	erster Eingang
88 y	zweiter Eingang
88 x	dritter Eingang
	Generator und Generatorregler
B+	Batterie Plus
B–	Batterie Minus
D+	Dynamo Plus
D–	Dynamo Minus
DF	Dynamo Feld
DF 1	Dynamo Feld 1
DF 2	Dynamo Feld 2
	Drehstromgenerator
U,V,W	Drehstromklemmen
	Fahrtrichtungsanzeige (Blinkgeber)
C	Erste Kontrolllampe
C 0	Hauptanschluss für vom Blinkgeber getrennte Kontrolllampe
C 2	Zweite Kontrolllampe
C 3	Dritte Kontrolllampe (z. B. beim Zwei-Anhänger-Betrieb)
L	Blinkleuchten, links
R	Blinkleuchten, rechts

3.1.4.4 Gleichstromkreislauf im Kfz

Im Kfz wird die elektrische Anlage als Einleiteranlage ausgeführt, d. h. zu den Verbrauchern führt nur eine Leitung, die Hinleitung. Als Rückleitung wird die Karosserie (Masse) als leitende Verbindung zwischen dem Minuspol der Spannungsquelle und dem Minuspol der Verbraucher benutzt.
Die Kennzeichnung der Masse erfolgt durch das Masseschaltzeichen (⊥). Sämtliche Teile, die ein Massezeichen erhalten, müssen elektrisch leitend auf der Fahrzeugmasse montiert sein (Massepunkte).

m Schaltplan führt die Klemme 31 zur Masse. Die Masseleitungen sind in der Regel braun. ꜰn der Klemme 30 liegt immer die Batteriespannung an. Die Leitungen sind meist rot oder rot mit 'arbstreifen.

)ie Klemme 15 erhält ihre Spannung vom Zündschloss.)ie Leitungen führen nur)ei eingeschalteter Zündung ,trom. Die Leitungen sind neist grün oder grün mit 'arbstreifen.

)ie Klemme 15 führt nur)ei eingeschalteter Zündung ,trom. Sie wird jedoch unerbrochen, wenn der Anlaser betätigt wird. In diesem ,tromkreis liegen alle größeen Stromverbraucher, z. B. ꜰbblend- und Fernlicht.

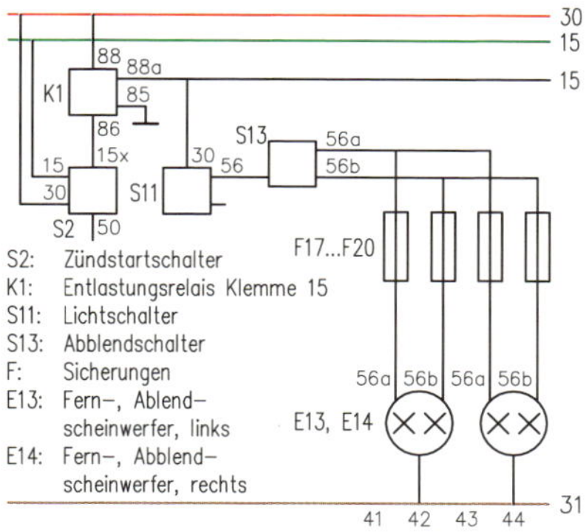

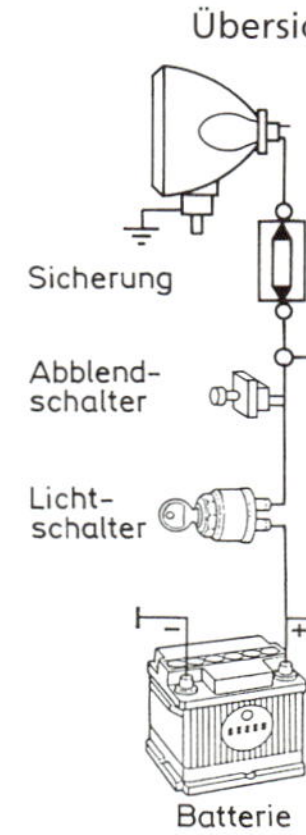

.1.4.5 Schaltplanarten

Virkschaltplan (Übersichtsschaltplan)

)er Wirkschaltplan stellt vereinfacht Aufbau, Gliederung ınd Funktion einer elektrischen Anlage dar. Er dient dem chnellen Überblick und enthält nur die wesentlichen Teile ınd ihre Verbindungen.

)ie Geräte werden als Quadrate, Rechtecke oder Kreise darestellt. Häufig enthalten sie Symbole nach DIN EN 60617.

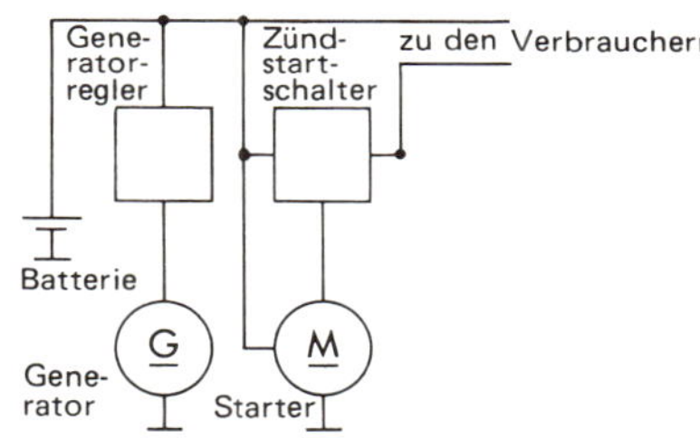

,tromlaufplan

)er Stromlaufplan ist die ausführliche Darstellung einer Schaltung mit ihren Geräten. Hauptzweck les Stromlaufplanes ist das Erkennen der Funktion einer Schaltung.

Stromlaufplan in zusammenhängender Darstellung

Beim Stromlaufplan in zusammenhängender Darstellung werden alle Schaltzeichen eines elektrischen Gerätes ihrer Lage entsprechend zusammenhängend gezeichnet. Die mechanische Wirkverbindung wird durch unterbrochene Verbindungslinien dargestellt.

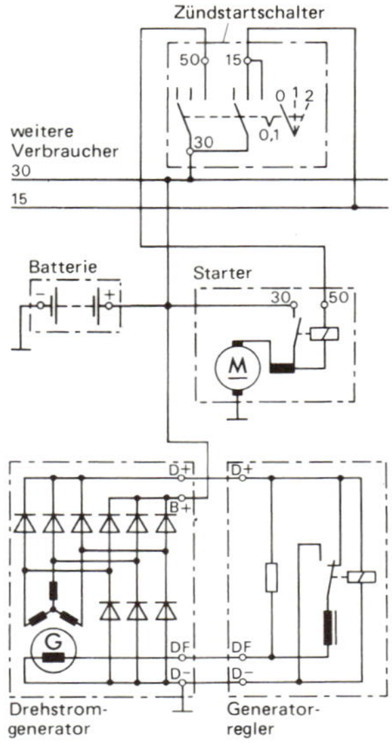

Stromlaufplan in aufgelöster Darstellung

Beim Stromlaufplan in aufgelöster Darstellung werden die Schaltzeichen getrennt und ohne Rücksicht auf die räumliche Lage und den mechanischen Zusammenhang der Schaltelemente angeordnet. Jeder Stromweg verläuft möglichst geradlinig. Sie werden von links nach rechts oder von oben nach unten gezeichnet.

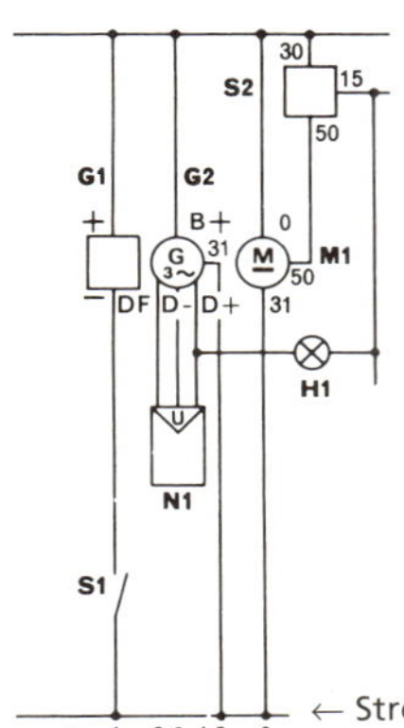

← Stromweg

Zum besseren Auffinden von Schaltungsteilen wird am oberen oder unteren Rand des Schaltplanes eine Abschnittskennzeichnung (Stromweg) angegeben durch

- fortlaufende Zahlen oder
- Hinweise auf den Inhalt des Schaltungsabschnittes.

G1 Batterie
G2 Drehstromgenerator
N1 Generatorregler
M1 Starter
S2 Zündschalter

Anschlussplan

Im Anschlussplan werden die einzelnen Geräte durch Quadrate, Rechtecke oder Kreise mit Schalt
zeichen (DIN EN 60617) dargestellt. Er enthält die Anschlusspunkte der elektrischen Geräte unc
die daran angeschlossenen äußeren Leitungen. Die Geräte werden gekennzeichnet.

Anschlussplan in zusammenhängender Darstellung	Anschlussplan in aufgelöster Darstellung
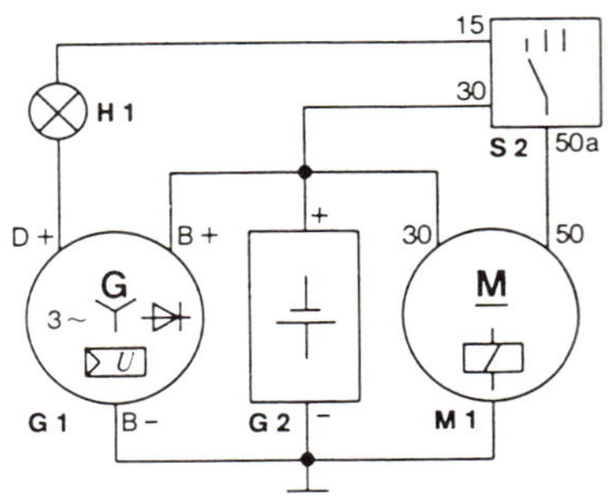	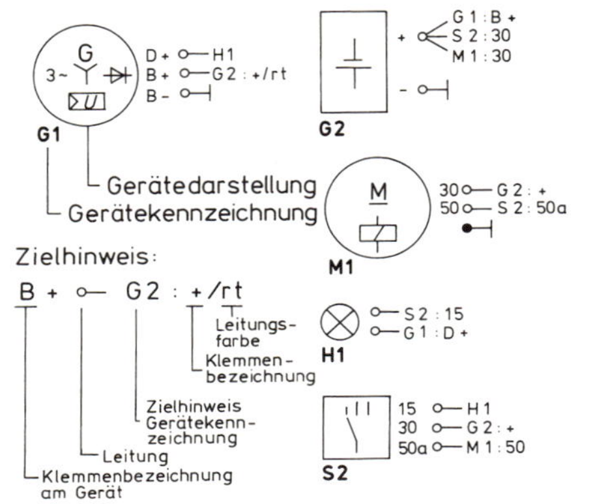

G1	Drehstromgenerator mit Regler	M1	Starter
G2	Batterie	S2	Zündstartschalter

3.1.4.6 Lesen von Schaltplänen

Aufbau

Um einen Fehler in der elektrischen Anlage zu ermitteln, ist ein Schaltplan erforderlich, der Auskunf über den Stromverlauf, die Bauelemente und die Kabelverbindungen gibt. Zur besseren Übersich sind die Strompfade senkrecht nebeneinander angeordnet und nummeriert. Die Strompfade be ginnen oben an zwei waagerechten Linien, die die plusseitigen Anschlüsse, die Klemmen 30 un 15 des Stromkreises darstellen, und münden unten in einer waagerechten Linie, die den Massear schluss, die Klemme 31 symbolisiert. Die Masseverbindung wird normalerweise direkt über di Karosserie oder über eine Leitung zu einem Massepunkt hergestellt. Alle Bauelemente haben a den einzelnen Kontakten Klemmenbezeichnungen, damit sie richtig angeschlossen werden kör nen. Der elektrische Stromkreis muss immer geschlossen sein, da sonst kein Strom fließen kann. Das Lesen des Stromlaufplanes erfolgt vom plusseitigen Anschluss zum Massenanschluss.

Beispiel:
Beleuchtung des Schalttafeleinsatzes Strompfad 317 (siehe Zeichnung auf der folgenden Seite)
Klemme 30 – Lichtschalter – Sicherung F21 → Potenziometer S2.3 – Leuchten in Parallelschaltung E11 – Masse,
↳ Kontrollleuchte Licht H41 – Masse.

Leitungen: Klemme 30 bis Lichtschalter: rot, 2,5 mm²
Lichtschalter bis Leuchten: grau/grün, 0,75 mm²
Leuchten bis Massenanschluss: braun, 0,75 mm²

Die elektrischen Bauelemente sind in den Schaltplänen mit Kennbuchstaben und Ziffern angegeber

Bezeichnung der Bauelemente		Bezeichnung der Bauelemente	
S5.4	Parklichtschalter	E4	Standlicht, rechts
S2.1	Lichtschalter	E5	Schlusslicht, rechts
S2.3	Potenziometer für Instrumentenbeleuchtung	E6	Motorraumleuchte
F1, F2, F21	Sicherungen	E11	Leuchten für Schalttafeleinsatz
E1	Standlicht, links	E12	Leuchte für Wählhebel
E2	Schlusslicht, links	H41	Kontrollleuchte für Licht
E3	Kennzeichenleuchte	X	Steckkontakte

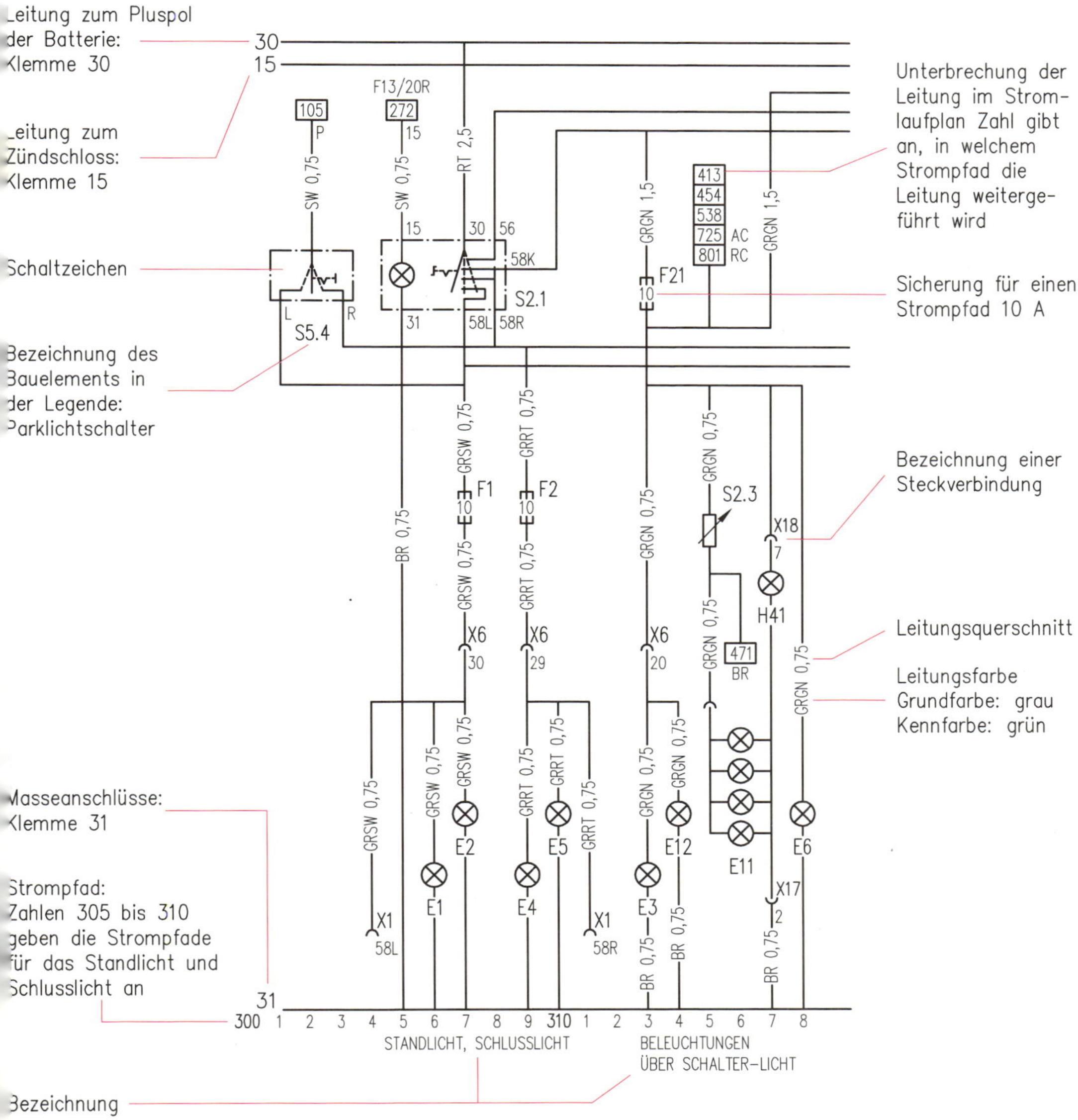

Hinweis: Beispiel und Bezeichnungen zum Schaltplan siehe vorherige Seite.

Stromlaufplan für einen Pkw (siehe auch S. 180)

Den Gesamtschaltplan eines Pkws zeigt der folgende Schaltplan. Die gesamten Schaltpläne eines modernen Fahrzeuges sind umfangreicher und füllen zwei DIN-A4-Ordner. Die Kfz-Werkstätten arbeiten meist mit Teilschaltplänen, die einen abgegrenzten Teil der elektrischen/elektronischen Anlage darstellen, z. B. Außenbeleuchtung oder Motormanagement.

Gesamtschaltplan

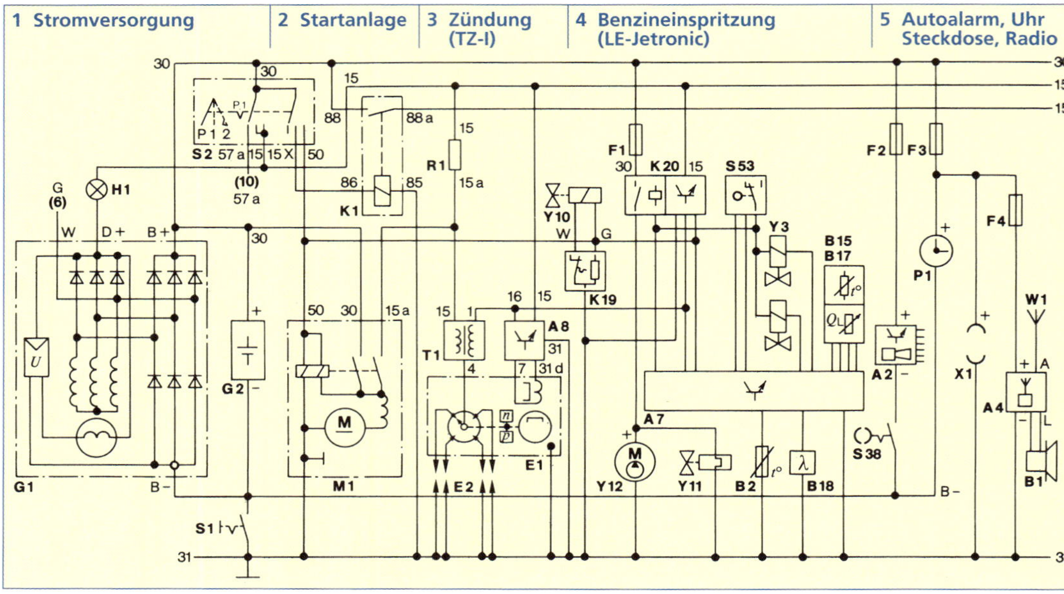

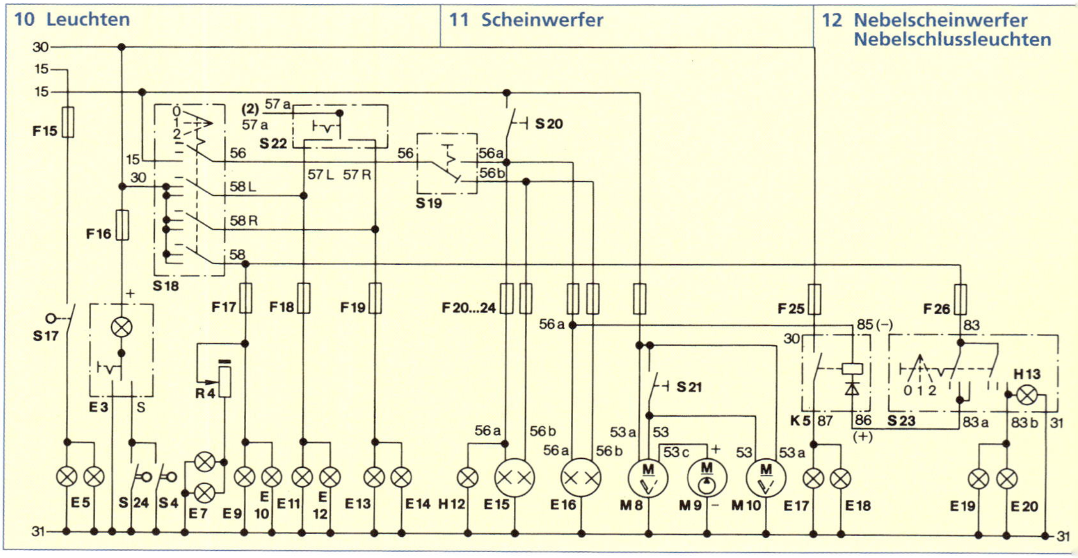

Gerätekennzeichnungen zu den Stromlaufplänen

A1	Glühzeitsteuergerät	E1	Zündverteiler	H1	Generatorkontrollleuchte
A2	Alarmgerät	E2	Zündkerzen	H2	Heckscheibenheizungs-kontrollleuchte
A4	Autoradio	E3	Innenleuchte	H3	Öldruckwarnleuchte
A7	Steuergerät	E4	Heckscheibenheizung	H4	Warnblinkkontrollleuchte
A8	Schaltgerät – Zündung	E5	Rückfahrleuchten	H5	Blinkkontrollleuchte
B1	Lautsprecher	E7	Instrumentenbeleuchtung	H6…H9	Blinklampen
B2	Kühlmittel-Temperatursensor	E9, E10	Kennzeichenleuchten	H10, H11	Bremsleuchten
B3	Signalhorn	E11, E13	Begrenzungsleuchten	H12	Fernlichtkontrollleuchte
B4	Starktonhorn	E12, E14	Schlussleuchten	H13	Nebelschlusslichtkontrolle
B13	Drehzahlgeber	E15, E16	Fern- und Abblendscheinwerfer	K1	Entlastungrelais für Klemme 1
B14	Bezugsmarkengeber	E17, E18	Nebelscheinwerfer	K2	Wischintervallrelais
B15	Lufttemperaturfühler	E19, E20	Nebelschlussleuchten	K3	Hornrelais
B16	Temperaturschalter	F1…F26	Sicherungen	K4	Blink- und Warnblinkgeber
B17	Luftmengenmesser	G1	Generator		
B18	Lambda-Sonde	G2	Batterie		

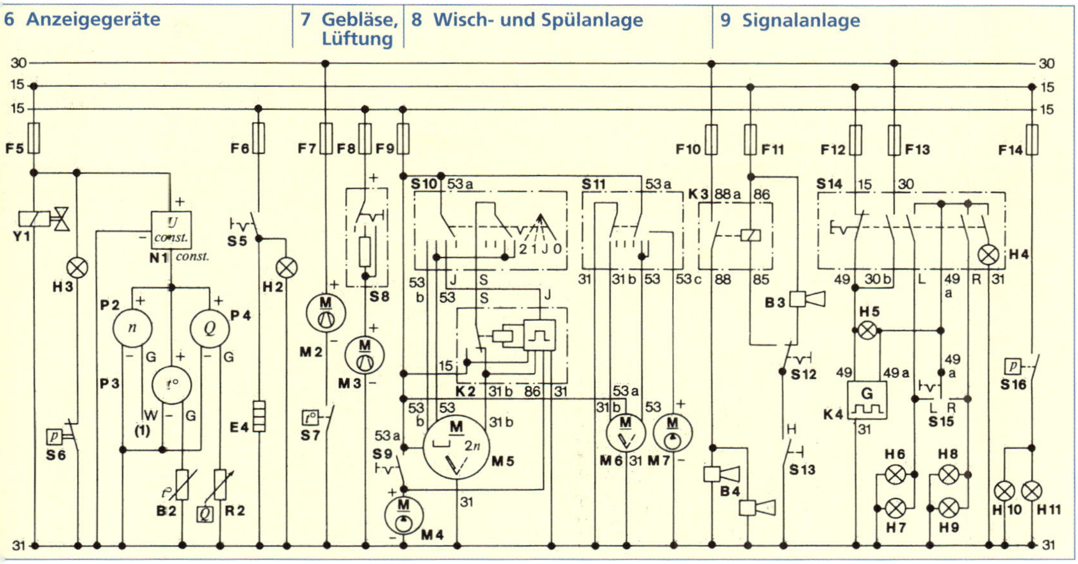

Alternative Stromlaufplanabschnitte

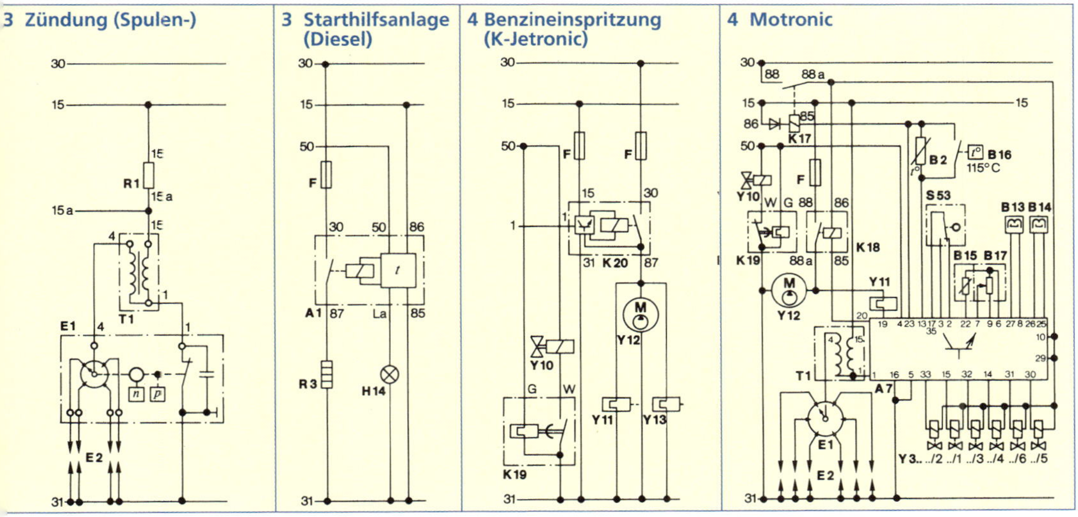

Gerätekennzeichnungen zu den Stromlaufplänen

K5	Relais für Nebelscheinwerfer	R1	Vorwiderstand	S19	Abblendschalter
K17	Hauptrelais	R2	Kraftstoffstandgeber	S20	Lichthupentaster
K18	Kraftstoffpumpenrelais	R3	Glühkerze	S21	Scheinwerferwischertaster
K19	Thermozeitschalter	R4	Potenziometer	S22	Parklichtschalter
K20	Steuerrelais	S2	Zündstartschalter	S23	Nebellichtschalter
M1	Startermotor	S5	Heckscheibenheizungsschalter	S24	Türkontaktschalter
M2	Kühlgebläsemotor	S6	Öldruckschalter	S38	Alarmschalter
M3	Frischluftgebläsemotor	S7	Temperaturschalter (Kühlung)	S53	Drosselklappenschalter
M4	Scheibenspülermotor	S8	Lüfterschalter	T1	Zündspule
M5	Wischermotor	S9	Spüler-Wäscherschalter	W1	Autoantenne
M6	Heckwischermotor	S10	Wischerschalter	X1	Steckdose
M7	Heckscheibenspülermotor	S11	Heckwischer-Spülerschalter	Y3	Einspritzventile
M8, M10	Scheinwerferwischermotor	S12	Hornumschalter	Y3/1	… für Zylinder 1
M9	Spülermotor für M8 und M10	S13	Horntaster	Y10	Kaltstartventil
N1	Spannungskonstanthalter	S14	Warnblinkschalter	Y11	Zusatzluftschieber
P1	Zeituhr	S15	Blinkerschalter	Y12	Elektrokraftstoffpumpe
P2	Drehzahlmesser	S16	Bremslichtschalter	Y13	Warmlaufregler
P3	Kühlmitteltemperaturanzeige	S17	Rückfahrlichtschalter		
P4	Kraftstoffanzeige	S18	Lichtschalter		

3.1.5 Messen von Spannung, Strom, Widerstand und Signalen

3.1.5.1 Prüfen und Messen mit dem Vielfachmessgerät (Multimeter)

Vielfachmessgeräte sind Messgeräte, mit denen Spannungen, Stromstärken und Widerstände gemessen werden.

Analog anzeigende Messgeräte

Zeigermessgeräte sind analog anzeigende Messgeräte. Sie wandeln den Messwert einer Messgröße in einen entsprechenden, analogen Zeigerausschlag um. Analog anzeigende Messgeräte (Analogmultimeter) sind für Spannungs- und Strommessungen geeignet. Bei Widerstandsmessungen wird der Strom gemessen, der durch den Widerstand fließt. Hierzu ist eine Spannungsversorgung durch eine Batterie erforderlich. Je größer der Widerstand ist, umso geringer ist der Strom. Bei einem unendlich großen Widerstand erfolgt kein Ausschlag, bei einem Widerstandswert Null ein Vollausschlag. Die Widerstandsskala verläuft daher entgegengesetzt zur Stromskala.
Das Messgerät hat mehrere Messbereiche, die mit einem Messbereichs-Wahlschalter eingestellt werden können.
Den Messwert erhält man nach folgender Formel:

$$\text{Messwert} = \frac{\text{angezeigte Skalenteile} \cdot \text{Messbereich}}{\text{Skalenendwert}}$$

Beispiel: Messbereich: 2,5 Volt
angezeigte Skalenteile: 30
Skalenendwert: 50

$$\text{Messwert} = \frac{30 \cdot 2{,}5}{50} = \underline{\underline{1{,}5 \text{ Volt}}}$$

Digital anzeigende Messgeräte

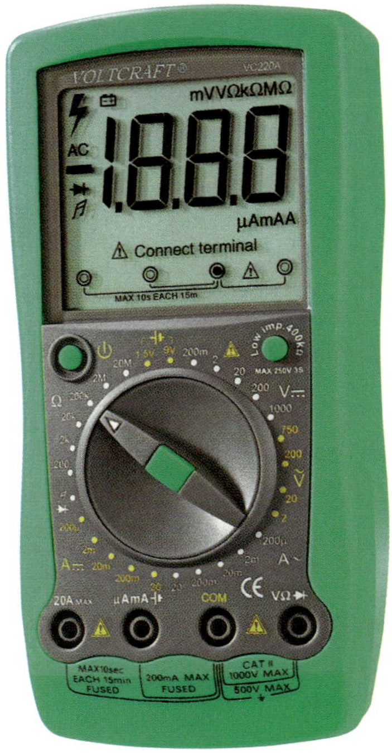

Messgeräte mit Ziffernanzeige sind digital anzeigende Messgeräte. Der Messwert einer Messgröße wird direkt als Ziffernfolge angegeben. Vorteil dieser Digitalmultimeter ist die Robustheit, die relativ gute Genauigkeit und die leichte Ablesbarkeit. Sie eignen sich für Spannungs-, Strom- und Widerstandsmessungen.
Messgrößen und Messbereiche werden mit einem Drehschalter eingestellt. Bei vielen Geräten erfolgt die Umschaltung automatisch. Häufig ist eine Analoganzeige durch Segmente integriert.

Kennzeichnung der Messbuchsen

Masse – Gleichspannung/Wechselspannung, Stromstärken < 100 mA, Stromstärken > 1A – Gleichspannung bis 1 000 V – Widerstand

Kennzeichnung der Messbuchsen

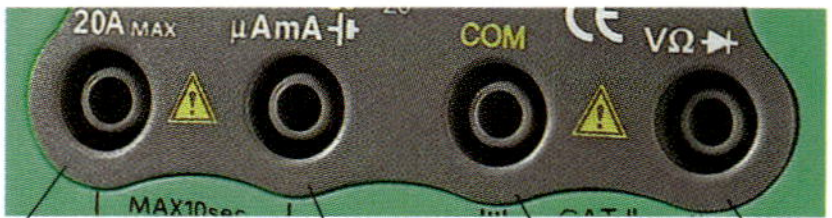

Stromstärke über 1 A – Stromstärke bis 200 mA – Masse – Spannung

Spannungsmessung	Strommessung	Widerstandsmessung
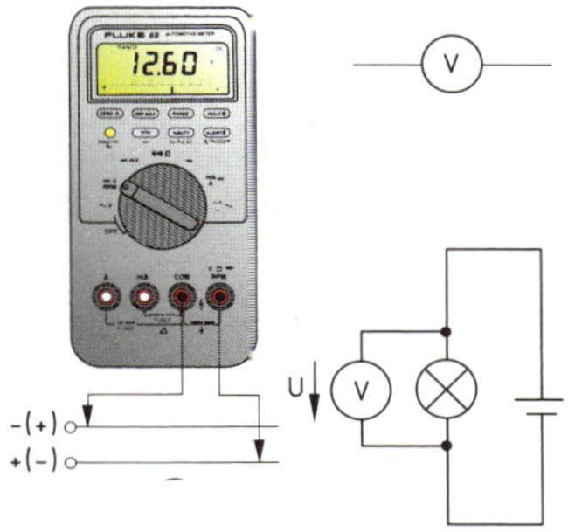	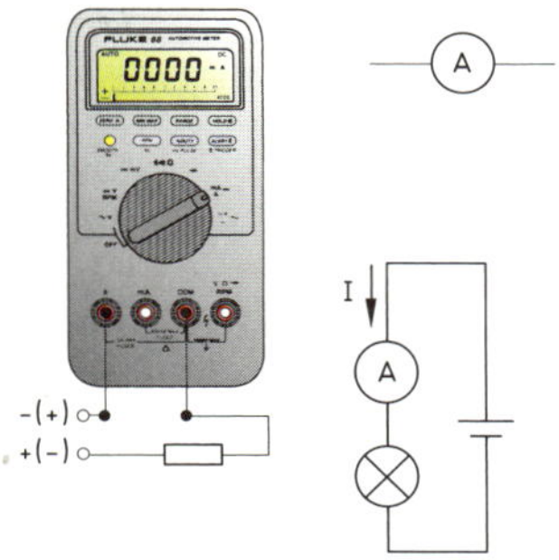	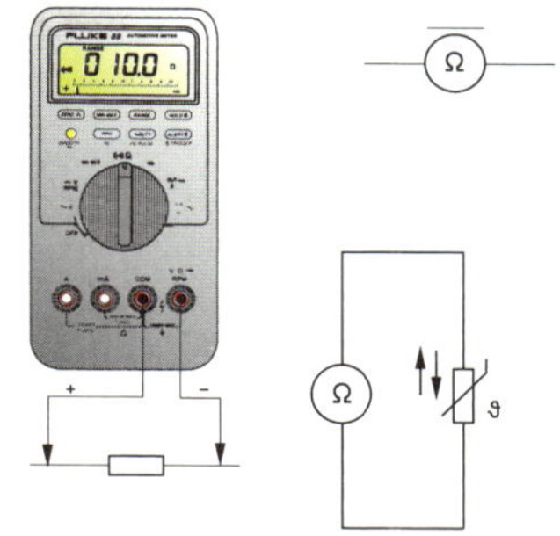
Das Multimeter wird parallel zum Messobjekt geschaltet. Beispiele: Batteriespannung, Generator-Ladespannung, Spannung an der Glühlampe, Spannung am Anlasser.	Das Multimeter wird in Reihe zum Messobjekt geschaltet. Beispiele: Lampenstrom, Entladestrom der Batterie. Große Ströme (Anlasser- und Generator-Ladestrom) werden mit der Strommesszange gemessen.	Das Multimeter wird parallel zum ausgebauten Messobjekt geschaltet. Beispiele: Durchgangsprüfungen, Temperaturfühler, Einspritzventil, Zündspule, Zündkabel.

Messen mit dem Digital-Multimeter

Spannungsmessung

- Geeigneten Messbereich wählen: Messungen im Bordnetz des Kfz: DCV 20
- Messkabel zuerst am Messgerät anschließen
- COM-Buchse: schwarzes Kabel
  V-Buchse: rotes Kabel
- Messgerät in Betrieb nehmen
- Schwarzes Kabel: Minuspol des Verbrauchers
- Rotes Kabel: Pluspol des Verbrauchers

Strommessung

- Geeigneten Messbereich wählen: größtmöglichen Messbereich einstellen
- Messkabel zuerst am Messgerät anschließen
- COM-Buchse: schwarzes Kabel
- A-Buchse: rotes Kabel
- Messgerät in Betrieb nehmen
- Schwarzes Kabel: Minuspol bzw. Stromausgang
- Rotes Kabel: Pluspol bzw. Stromeingang in das Messgerät

Widerstandsmessung

- Das Messobjekt muss ausgebaut und spannungsfrei sein.
- Für das Messen von Widerständen unbekannter Größe ist der größte Messbereich zu wählen.
- Bei gepolten Messobjekten wie Dioden und Transistoren auf Polarität der Anschlusskabel achten.
  Bei ungepolten Messobjekten wie Glühlampen, Widerständen, Leitungen ist die Polarität nicht von Bedeutung.

Widerstandsmessungen an Bauteilen sind nur dann sinnvoll, wenn der Sollwert der Bauteile bekannt ist und ein Vergleich möglich ist.

Messen mit der Stromzange

Bei Strommessungen muss der Stromkreis getrennt werden, was im Fahrzeug nicht immer möglich ist. Mit einer Stromzange kann man berührungslos und ohne den Stromkreis zu trennen Ströme in einem weiten Bereich messen. In Verbindung mit dem Digitalmultimeter mit einem 200-mA-Messbereich lassen sich Strommessungen z. B. von 0,1 A bis 1 000 A berührungslos durchführen. Die Stromzange wird direkt an den Eingangsbuchsen des Multimeters angeschlossen.
Während der Messung umfasst die Stromzange die Leitung. Das Magnetfeld des durch den Leiter fließenden Stromes wirkt auf einen Hallgenerator in der Stromzange, der das Signal zur Auswertung an das Multimeter weiterleitet. Die Stromzange darf bei der Messung nur eine einzelne Leitung umfassen.

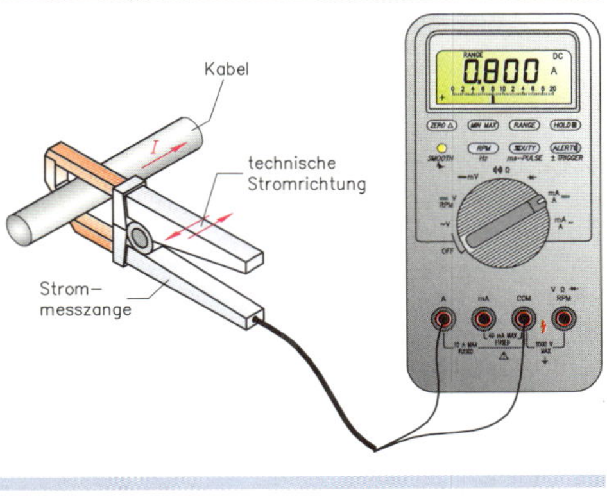

3.1.5.2 Messen mit dem Oszilloskop

Das Multimeter ist zum Prüfen von Stromkreisen im statischen Zustand geeignet. Bei dynamischen Prüfungen, z. B. bei laufendem Motor und bei der Diagnose von intermittierenden (zeitweilig aussetzenden) Fehlern, kann nur noch mit dem Oszilloskop gearbeitet werden.
Das Oszilloskop stellt Schwingungen, Amplituden, Frequenzen und Impulsbreiten des empfangenen Signals dar. Es zeichnet auf dem Bildschirm einen Graphen aus Spannung (y-Achse) in Abhängigkeit von der Zeit (x-Achse) auf.
Mit dem Oszilloskop können einmal intermittierend auftretende Fehler diagnostiziert, zum andern die Auswirkungen bei Eingriffen auf Bauelemente, z. B. durch Abziehen des Mehrfachsteckers beobachtet werden.
Das Oszilloskop wird gewöhnlich durch zwei Kabel angeschlossen. Um Fehlmessungen zu vermeiden, dürfen an ein Oszilloskop nur auf das Gerät abgestimmte Messleitungen verwendet werden. Diese werden auch als Tastköpfe bezeichnet.
Eingesetzt werden heute überwiegend Zweikanal-Oszilloskope. Sie besitzen einen Kanal 1 und einen Kanal 2 und ermöglichen, auf dem Bildschirm gleichzeitig zwei verschiedene Spannungsverläufe in Abhängigkeit von der Zeit darzustellen. Jeder Kanal kann auch eigenständig für eine Messung benutzt werden.

Motortester besitzen ein eingebautes Digital-Oszilloskop, mit dem der Kfz-Mechatroniker Signale von Stromkreisen bzw. Bauelementen auf dem Bildschirm sichtbar machen kann:

- Zündung, Normaloszillogramme und Fehlerbilder des Zündvorgangs.
- Generator, Normaloszillogramme, Fehlerbilder der Dioden.
- Sensor- und Aktorsignale.
- Motormechanik, Zylindervergleich, dynamischer Kompressionstest.

Bedienungselemente am Oszilloskop

Einstellung am Oszilloskop

Bei der Messung von Wechselspannung ist die Einstellung AC, bei der Messung von Gleichspannungen die Einstellung DC vorzunehmen. Bei der Einstellung GND werden die Eingänge des Y-Verstärkers intern auf Masse gelegt.
Mit dieser Einstellung wird die Lage der Nulllinie auf dem Bildschirm überprüft und u. U. neu durchgeführt, ohne dass die Messleitung vom Messobjekt abgeklemmt werden muss.

Einstellung Y-Achse

Auf der Y-Achse wird die Größe der Spannungsskala festgelegt. Sie entscheidet darüber, in welcher Größe das Signal abgebildet wird.

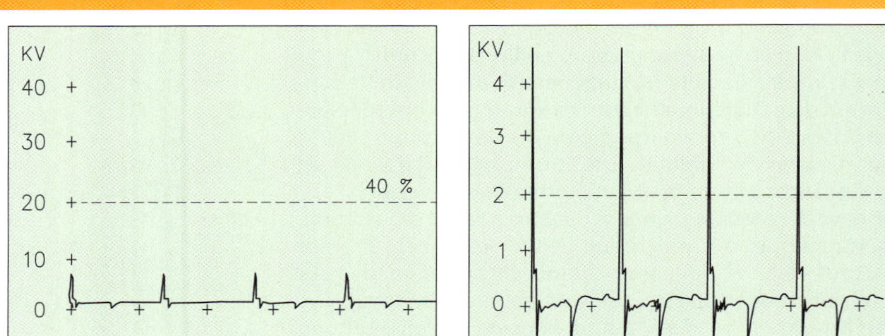

Einstellung X-Achse

Auf dieser Achse wird die Größe der Zeitskala festgelegt. Die Zeitintervalle werden in Sekunden (s) oder Millisekunden (ms; 1/1 000 s) angegeben. Die Zeitachse entscheidet, in welcher Breite das Messsignal dargestellt wird.

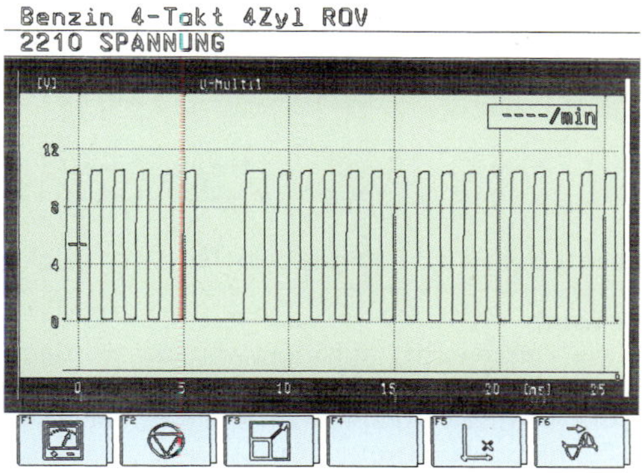

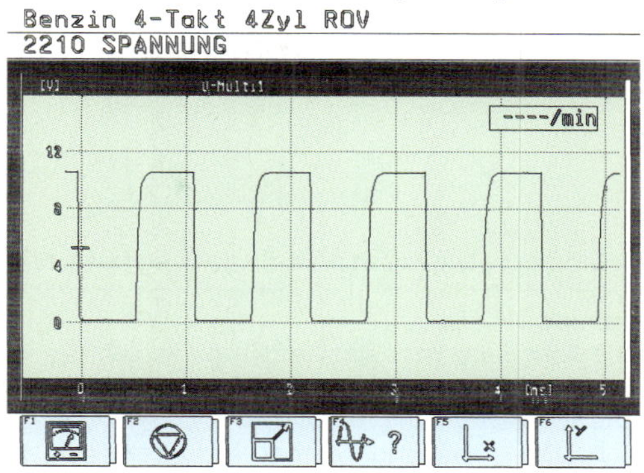

Einstellung des Triggers

Zweck des Triggers ist die Erzeugung eines stehenden Bildes. Der Triggerpegel bestimmt die Spannungsschwelle ab der das Bild auf dem Bildschirm dargestellt wird. Mithilfe der Triggerflanke kann entweder die ansteigende (positive) oder die abfallende (negative) Flanke des Messsignals benutzt werden.

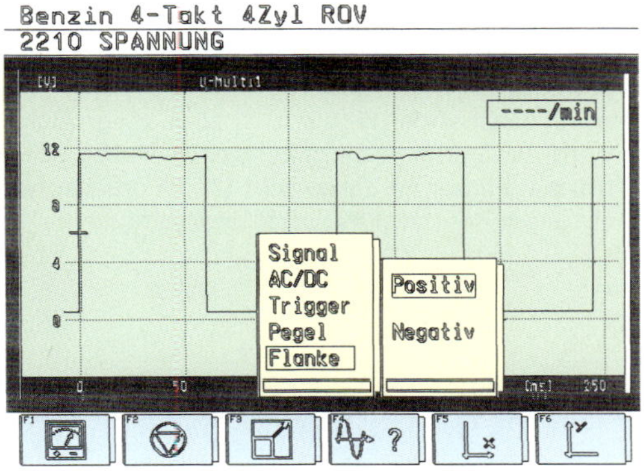

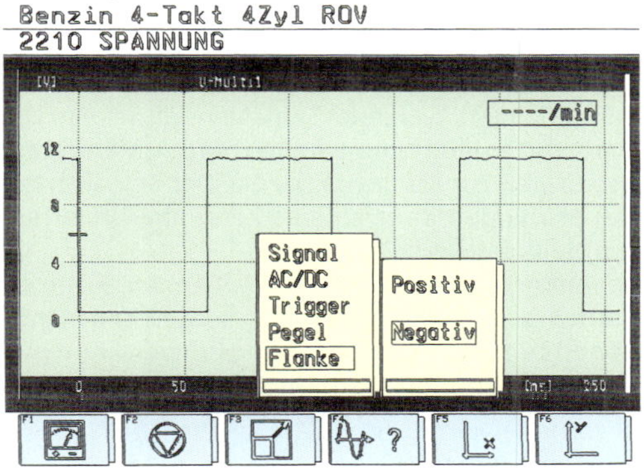

Interpretation der Oszillogramme

Oszillogramme

Die Fehlerdiagnose erfolgt durch Vergleich der empfangenen Oszillogramme mit den typischen Signalverläufen. (Oszillogramme von Bauteilen mit Gleichspannungssignalen und Wechselspannungssignalen: www.hella.com/produktion/Hella Portal/Web Site/Internet Spezial_d/Elektronik_Rallye/content/tm01.pdf)

Der Signalverlauf eines fehlerhaften Bauelements oder Schaltkreises weicht stark vom Signalverlauf eines einwandfreien Systems ab, sodass eine Störung gut zu erkennen ist. Bei der Interpretation von Oszillogrammen ist Folgendes zu beachten:

Jedes Oszillogramm enthält folgende Größen:

- Spannung (V)
- Signalverlauf zu einem bestimmten Zeitpunkt Frequenz in 1/s (Hertz, Hz): Schwingungen pro Sekunde
- Impulsbreite – Tastrate in %
  Impulsdauer, in der die Signalspannung anliegt, ausgedrückt als Prozentsatz (%) der Gesamtzeit
- Zeit (t) in der die Signalspannung angezeigt wird als Prozentsatz (%) der Gesamtzeit
- Signalverlauf Sinusspannung, Rechteckspannung usw.

Der dargestellte Schaltkreis arbeitet mit einer Spannung von 4 Volt in Intervallen von ca. 50 ms.

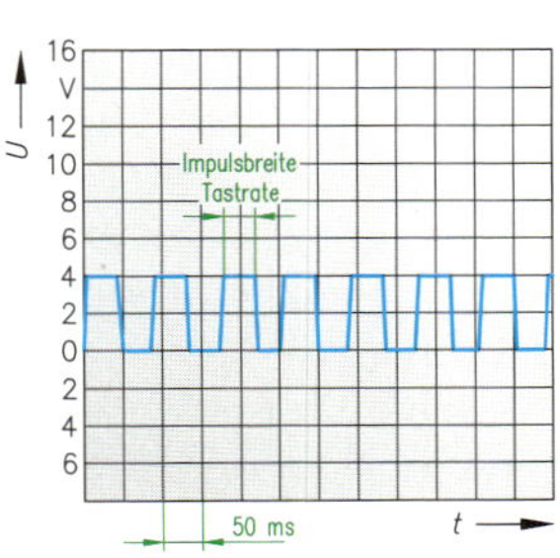

Oszillogramme

Fortsetzung

Digitales Oszillogramm

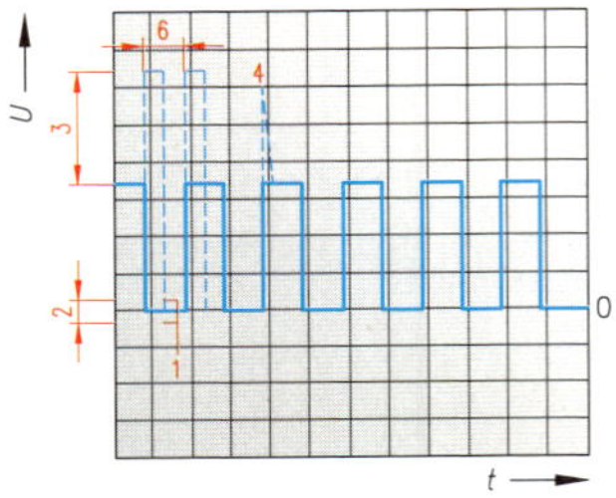

Analoges Oszillogramm

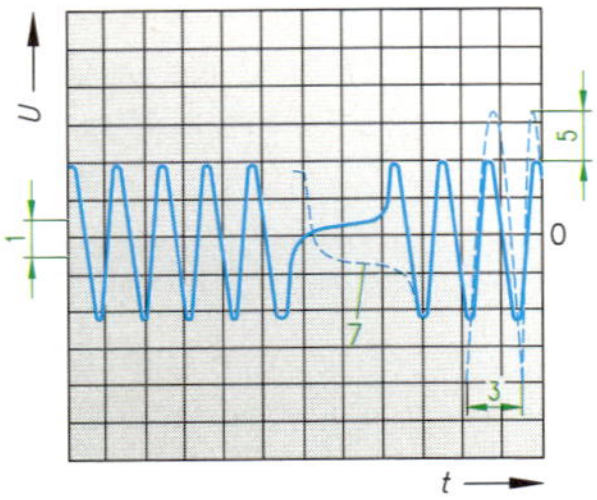

Langsame Vorgänge misst man mit dem digitalen, höherfrequente Signale mit dem analogen Teil des Oszilloskops.

Spannung

- Die Spannung bzw. die Amplitude ist von der Betriebsspannung des Stromkreises abhängig (3 bzw. 5).
- Die Spannung hängt ab
  - bei Gleichspannungskreisen vom Schaltkreis. Sie ist bei Bauteilen wie z. B. Leerlaufregeleinrichtungen konstant, d. h. sie ändert sich nicht mit der Drehzahl;
  - bei Wechselspannungskreisen von der Geschwindigkeit des Spannungserzeugers. So steigt z. B. die Ausgangsspannung des induktiven Kurbelwinkelsensors mit der Drehzahl.
- Der Spannungsbreich ist zu vergrößern, wenn der Signalverlauf zu hoch über den Bildrand hinaus geht, zu verkleinern, wenn der Signalverlauf zu klein ist.
- Typische Oszillogramme stellen die ungefähre Lage des Grafen zur Nullachse dar (1). Der Signalverlauf des prüfenden Bauelements kann aber innerhalb des Nullbereichs liegen (2).
- Spannungsspitzen (4) können entstehen, wenn ein Bauteil, z. B. ein Magnetventil, ausgeschaltet oder abgesteuert wird. Die Spannungsspitzen können in der Regel ignoriert werden.

Frequenz

- Die Frequenz ist abhängig von der Betriebsgeschwindigkeit des Schaltkreises.
- Bei Gleichspannungskreisen hängt der eingestellte Zeitmessbereich von der Geschwindigkeit ab, mit der der Stromkreis geschaltet wird (6). So ändert sich die Frequenz einer Leerlaufeinrichtung mit der Motorlast.
- Bei Wechselspannungskreisen ist der einzustellende Zeitmessbereich von der Geschwindigkeit des Signalerzeugers abhängig (3). So steigt die Frequenz des Kurbelwinkelsensors mit der Drehzahl.
- Ist das Oszillogramm stark zusammengedrückt, dann ist der Zeitmessbereich zu verkleinern, ist es stark auseinandergezogen, ist er zu vergrößern.
- Wird das Signal in umgekehrter Richtung wie das Normaldiagramm dargestellt (7), ist das Bauteil in entgegengesetzter Polarität angeschlossen.

Prüfen der Bauteile

Moderne Werkstatt-Oszilloskope haben nur zwei Prüfleitungen mit verschiedenen auswechselbaren Prüfsonden. Das rote Pluskabel wird üblicherweise an den Steuergeräte-PIN, das schwarze Minuskabel an eine geeignete Masse angeschlossen.

3.1.5.3 Prüflampe, LED-Prüflampe

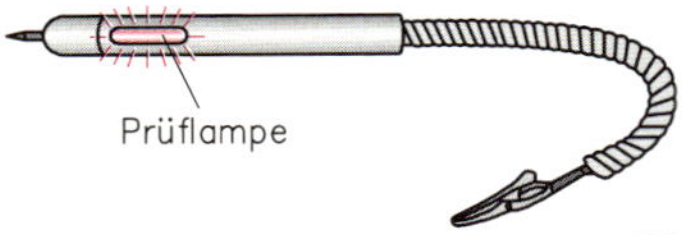

Mit der Prüflampe, bestehend aus der eigentlichen Lampe (12 Volt, 2 Watt) und zwei Prüfspitzen, lassen sich Prüfungen einfach und schnell durchführen.

Zum Prüfen der Stromversorgung von Funktionselementen elektronischer Systeme darf die herkömmliche Prüflampe nicht verwendet werden. Die hohe Stromaufnahme dieser Prüflampe kann zur Zerstörung der elektronischen Funktionselemente führen.

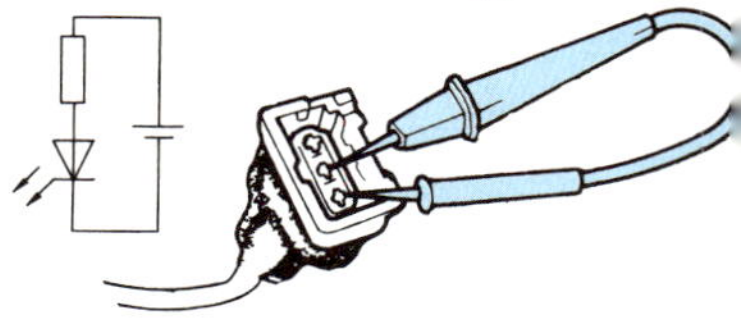

Als Spannungsprüfer eignet sich die Leuchtdioden-Prüflampe, die eine sehr geringe Stromaufnahme hat. Durch Verwendung von zwei Leuchtdioden kann gleichzeitig die Spannungsart und bei Gleichspannung die Polarität der Messstelle bestimmt werden.

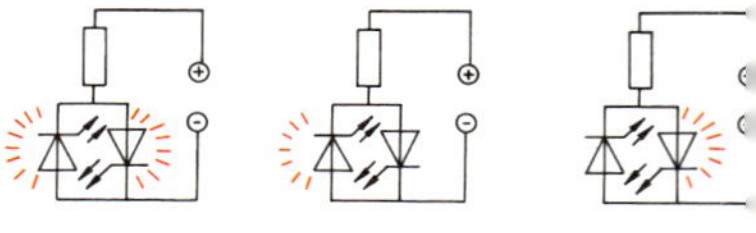

3.1.5.4 Fahrzeugdiagnose-, Mess- und Informationssystem

Das Fahrzeugdiagnose-, Mess- und Informationssystem von VW ist eine Kombination von Messgerät und Computer.

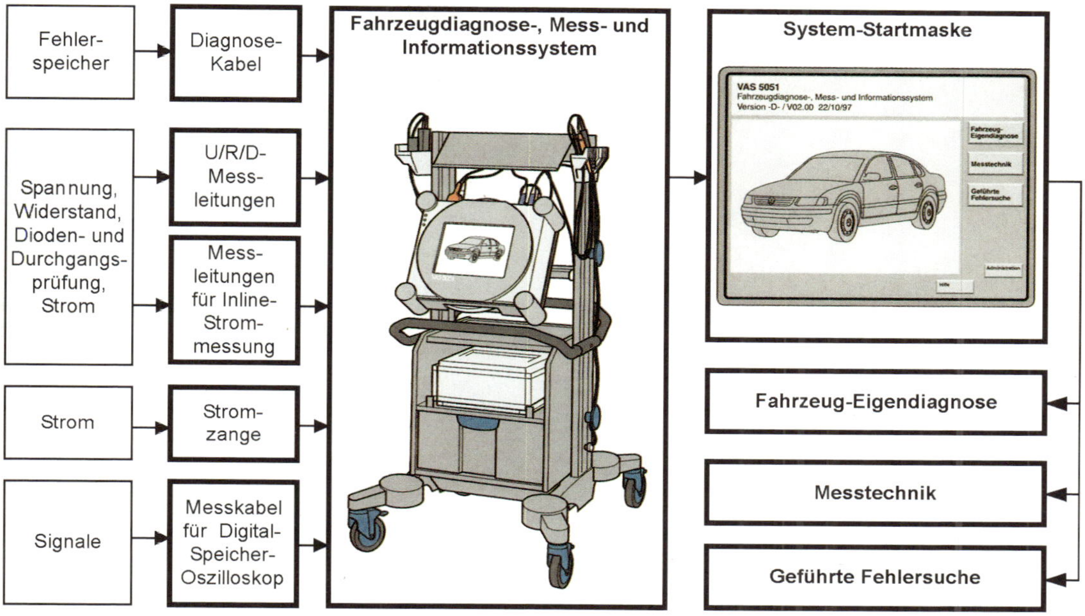

3.1.5.5 Prüf- und Messgeräte

Steuergeräte-Diagnose-Tester (KTS)

Das Testsystem besteht aus KTS-Modulen, die an Laptop oder PC über die serielle oder eine USB-Schnittstelle angeschlossen werden. Über eine serielle Schnittstelle wird das Modul direkt über ein Adapterkabel mit dem Diagnosestecker verbunden. Automatisch erkennt das System das Steuergerät und liest die Ist-Werte, Fehlerspeicher und weitere steuergerätespezifische Daten aus. In das System sind Multimeter und Oszilloskop je nach Ausstattung integriert.

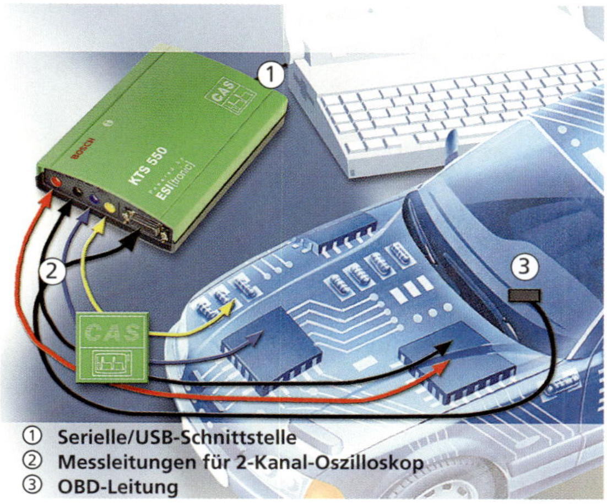

① Serielle/USB-Schnittstelle
② Messleitungen für 2-Kanal-Oszilloskop
③ OBD-Leitung

Das System wird durch das Werkstatt-Informationssystem ESItronic unterstützt, das den Anwender durch alle Prüfschritte führt und Informationen für das zu prüfende System oder die jeweiligen Arbeitsschritte liefert. Die Steuergeräte-Diagnose-Daten werden mit den Daten des „Service-Informations-Sytems" (SIS) durch den „Computer-Aided-Service" (CAS) verknüpft.

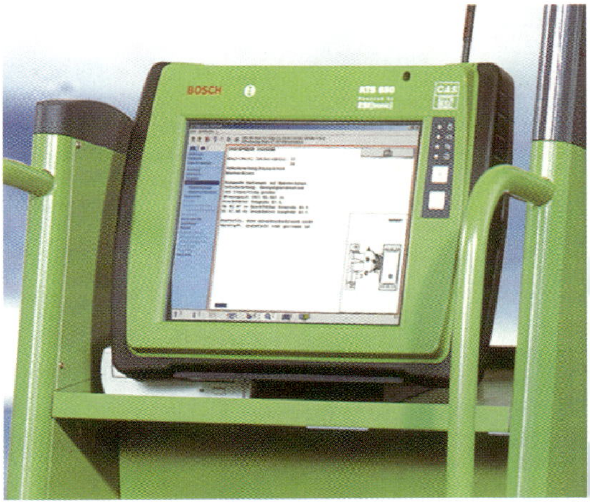

3.1.5.6 Prüfbox

Zum Prüfen der Steuergeräte-Signale vereinfacht eine Prüfbox die Fehlersuche. Die Prüfbox ermöglicht, Prüfgeräte, ohne direkten Zugang zum Mehrfachstecker, an die Steuergeräte-Pins anzuschließen. Sie wird über ein Adapterkabel zwischen Steuergerät und Kabelbaum angeschlossen. Zum einfachen, sicheren Anschließen der Prüfgeräte besitzt die Prüfbox Anschlüsse, die durch Zahlen gekennzeichnet sind.
Der Vorteil einer Prüfbox ist, dass die Gefahr verringert wird, spannungsführende Pins an Masse oder ein anderes Bauteil kurzzuschließen und dadurch Leitungen oder Bauteile zu beschädigen.

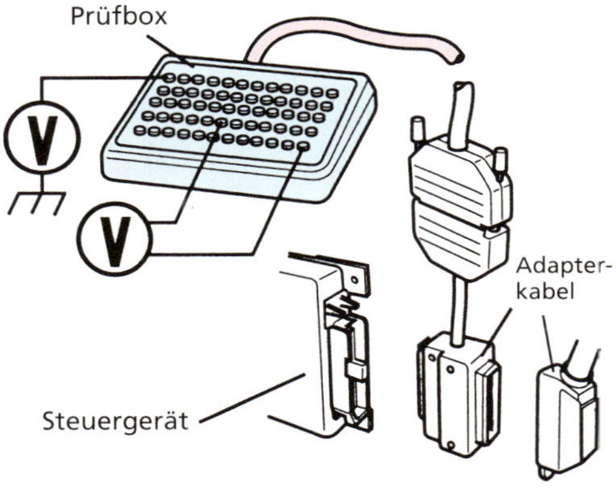

3.1.5.7 Prüfung am Steuergeräte-Mehrfachstecker

Wenn eine Prüfbox nicht zur Verfügung steht, werden die Messungen an der Kabelbaumseite des Steuergerät-Mehrfachsteckers durchgeführt. Hierzu muss die Schutzabdeckung vom Mehrfachstecker abgenommen werden, um Zugang zu den Pins zu erhalten. Zum Messen ist die Pinbelegung des Steuergeräte-Mehrfachsteckers erforderlich.
Zum Prüfen sind sehr feine Prüfspitzen erforderlich, um die Signale zwischen Pin und Masse bzw. zwischen zwei Steuergerätepins abzugreifen.

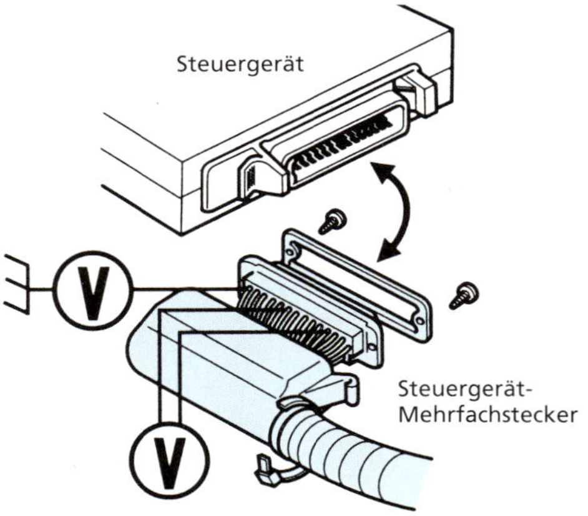

3.1.6 Gefahren des elektrischen Stroms – Maßnahmen der Unfallverhütung

3.1.6.1 Elektrische Geräte und Anlagen in der Kfz-Werkstatt

In jeder Kfz-Werkstatt wird mit einer Vielzahl von elektrischen Geräten und Anlagen gearbeitet. Solange sie fachmännisch behandelt, gepflegt und gewartet werden, besteht für den Menschen keine Gefahr.

Tritt trotzdem ein Defekt z. B. an der Isolation auf, so fließt bei Berührung eines spannungsführenden Leiters durch den Menschen über den Körper ein Strom zur Erde. Der Strom wird als Fehlerstrom bezeichnet. Dieser Fehlerstrom kann lebensgefährlich sein. Nach den Sicherheitsvorschriften darf der Mensch kurzzeitig einer Stromstärke von 40 mA und einer Spannung, die geringer als 42 Volt ist, ausgesetzt werden.

Die höchstzulässige Berührungsspannung für den Menschen beträgt nach VDE 50 Volt.

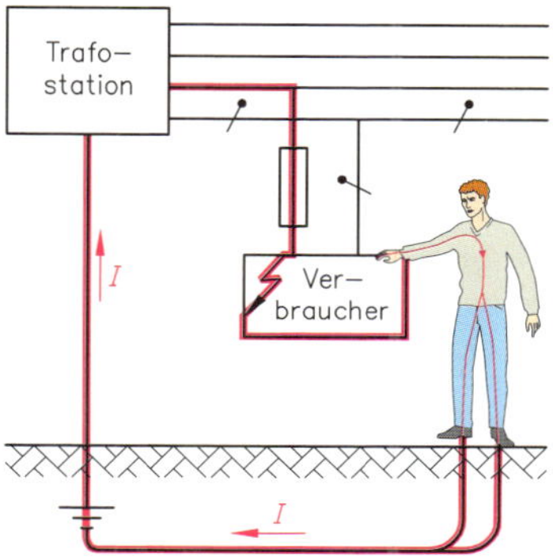

Beim Überschreiten der Grenzwerte besteht die Gefahr, dass für den Menschen gefährliche Wirkungen entstehen:

- Muskelkrampf,
- Herzkammerflimmern, Herzstillstand und Tod,
- Verbrennungen,
- Vergiftungserscheinungen durch Zersetzen der Körperflüssigkeit. Bei einem Stromunfall muss durch erste Hilfe dem Verletzten so schnell wie möglich geholfen werden:
- Der Stromkreis muss sofort unterbrochen oder der Verletzte mit einem nichtleitenden Gegenstand (z. B. Holz) von der Spannung getrennt werden. Der Helfer darf dabei den Verletzten nicht berühren, um nicht selbst zu verunglücken.
- Als erste Hilfe sollten ausgebildete Helfer bei Kreislaufstillstand eine Wiederbelebung mit Atemspende und Herzmassage durchführen.
- Ein Brand ist mittels Decken zu ersticken.
- Liegt kein Atem- oder Kreislaufstillstand vor, ist der Verletzte in eine stabile Seitenlage zu bringen.

Der Arzt ist möglichst früh zu benachrichtigen.

Schutz durch Sicherheitsregeln

Beim Umgang mit elektrischen Geräten und Anlagen sind folgende Regeln zu beachten:

- Alle spannungsführenden Teile müssen isoliert sein. Beschädigte Kabel, Stecker und Betriebsmittel mit defekten Isoliergehäusen dürfen nicht verwendet werden.
- Eine Steckerverbindung darf nur durch Ziehen am Stecker gelöst werden.
- Arbeiten an unter Spannung stehenden Anlagen sind verboten.
- Arbeiten an elektrischen Anlagen dürfen nur von autorisierten Fachkräften durchgeführt werden.

Schutzmaßnahmen gegen gefährliche Körperströme

Elektrogeräte nach den Bestimmungen des VDE (Verband Deutscher Elektrotechniker) tragen das VDE-Zeichen. In den Bestimmungen des VDEs sind u. a. die Schutzmaßnahmen gegen gefährliche Körperströme festgelegt.

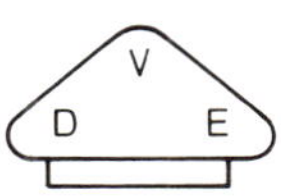

3.1.6.2 Vorschriften zur Prüfung elektrischer/elektronischer Systeme im Kfz

Im Lichtnetz wie in elektrischen Anlagen von Kraftfahrzeugen treten gefährliche Spannungen auf. Bei der Berührung von Teilen, an denen Spannung anliegt (z. B. Xenon-Scheinwerfersystem), besteht durch Spannungsüberschläge aufgrund beschädigter Isolationen die Gefahr eines Stromschlages. Dies gilt für die Sekundär- und Primärseite der Zündanlage, den Kabelbaum mit Steckverbindungen, Lichtanlagen (Xenon) sowie für die Anschlüsse von Testgeräten.

Sicherheitsmaßnahmen:

- Testgeräte nur an vorschriftsmäßig geerdete Schutzkontaktsteckdose anschließen.
- Nur die den Testgeräten beiliegende Netzschlussleitung verwenden.
- Nur Verlängerungsleitungen mit Schutzkontakten verwenden.
- Leitungen mit beschädigter Isolation austauschen (z. B. Netzanschluss- oder Zündleitungen).
- Testgerät zuerst ans Lichtnetz anschließen und einschalten, bevor es ans Fahrzeug angeschlossen wird.
- Testgerät vor dem Einschalten der Zündung mit der Motormasse oder Batterie (B-) verbinden.
- Eingriffe an der elektrischen Anlage von Fahrzeugen nur bei ausgeschalteter Zündung vornehmen. Eingriffe sind z. B. der Anschluss von Testgeräten, Austausch von Teilen der Zündanlage, Ausbau von Aggregaten (z. B. Generatoren), Anschluss von Aggregaten auf einem Prüfstand usw.
- Prüf- und Einstellarbeiten möglichst nur bei ausgeschalteter Zündung und stehendem Motor durchführen.
- Bei Prüf- und Einstellarbeiten mit eingeschalteter Zündung oder laufendem Motor keine spannungsführenden Teile berühren. Dies gilt für sämtliche Anschlussleitungen der Testgeräte und die Anschlüsse von Aggregaten auf Prüfständen.
- Prüfanschlüsse nur mit passenden Verbindungselementen vornehmen (z. B. Prüfkabel-Set oder fahrzeugspezifische Adapterleitungen).
- Prüfsteckverbindungen richtig einrasten und auf einen festen Sitz der Verbindung achten.

(Auszug aus „Hinweise zu Ihrer Sicherheit, zum Schutz von Geräten und Fahrzeugkomponenten“, Maschinenbau und Metall-Berufsgenossenschaft)

3.2 Bordnetze

3.2.1 Das klassische 12-Volt-Bordnetz

Das klassische Bordnetz besteht aus der Stromversorgung (Generator und Batterie), der Startanlage, der Beleuchtung, Warnblinkanlage, Scheibenwischer, Zündung, Einspritzung usw. Der Schaltplan eines klassischen Bordnetzes ist auf Seite 167 dargestellt.
Bei ausgeschalteter Zündung werden nur wenige Verbraucher über Kl. 30 (Dauerplus) (z. B. Radio, Diebstahlwarnanlage) mit Strom versorgt. Wird die Zündung eingeschaltet, werden über Kl. 15 alle übrigen Verbraucher an die Energieversorgung angeschlossen. Der Generator liefert die Energie für die Verbraucher und zum Laden der Batterie.

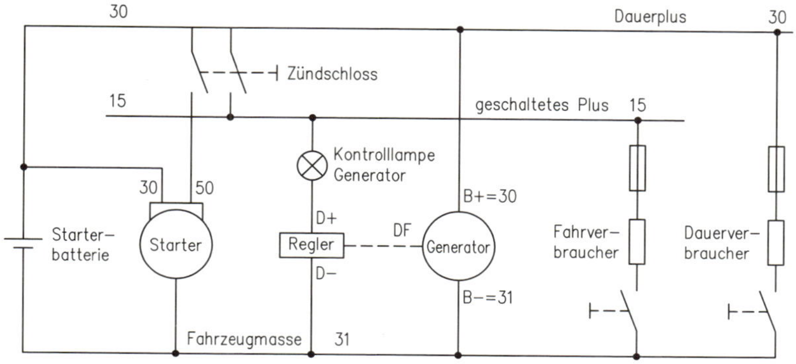

3.2.2 Bordnetz mit „Steuergerät für Bordnetz"

Eine zentrale Rolle im Fahrzeug spielt das Steuergerät für Bordnetz. Es übernimmt eine Vielzahl von Kontroll-, Überwachungs- und Relaisfunktionen. Die folgende Darstellung zeigt die Funktionen, die das Steuergerät für Bordnetz übernimmt.
Die Eingangssignale erhält das Steuergerät für Bordnetz vom CAN-Bus Komfort durch das Schaltermodul für Lenksäule bzw. Lichtdrehschalter. Die Leistungsanschlüsse zu den einzelnen Verbrauchern werden über Transistoren betrieben.

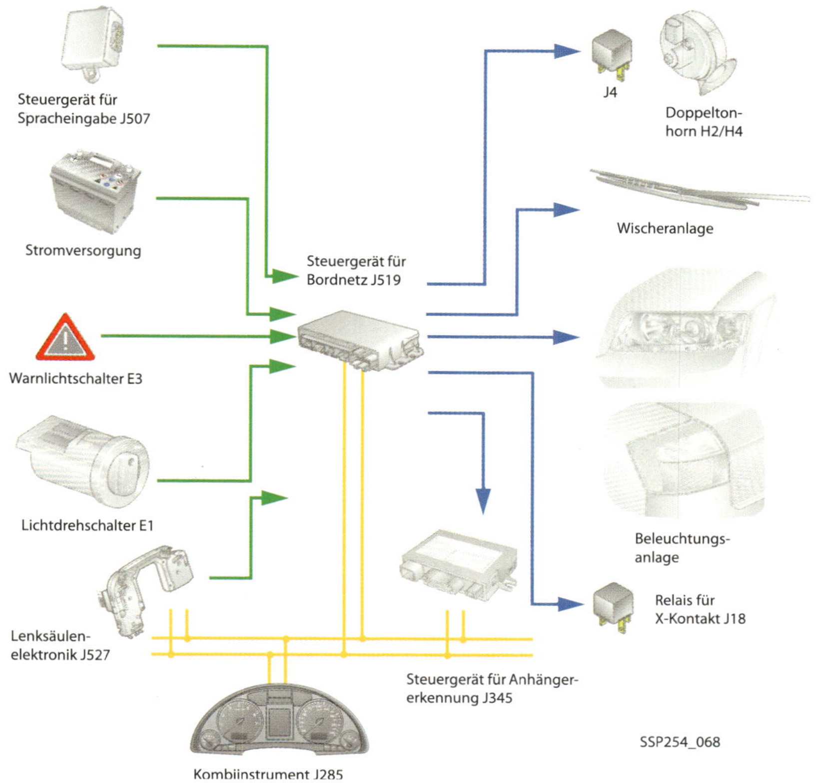

Bordnetzes eines modernen Fahrzeugs

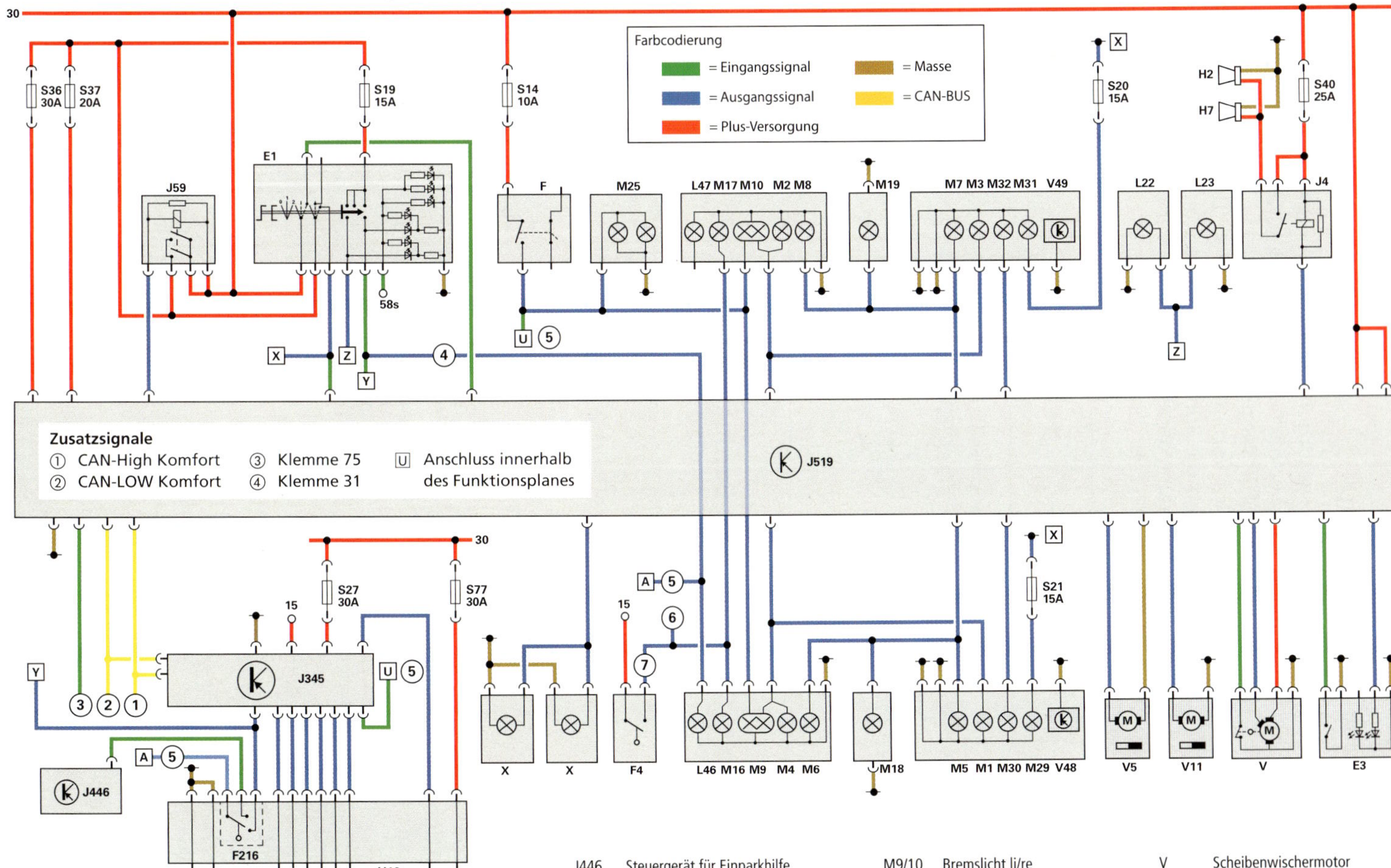

E1	Lichtschalter
E3	Warnlichtschalter
F	Bremslichtschalter
F216	Kontaktschalter für abschaltbare Nebelschlussleuchte
H2	Hochtonhorn
H7	Tieftonhorn
J4	Relais für Doppeltonhorn
J59	Entlastungsrelais für x-Kontakt
J345	Steuergerät für Anhängererkennung
J446	Steuergerät für Einparkhilfe
J519	Steuergerät für Bordnetz
L22/23	Lampe für Nebelscheinwerfer li/re
L46/47	Lampe für Nebelschlussleuchte li/re
M1/3	Standlicht li/re
M2/4	Schlusslicht re/li
M5/7	Blinklicht vorn li/re
M6/8	Blinklicht hinten li/re
M9/10	Bremslicht li/re
M16/17	Rückfahrlicht li/re
M18/19	Seitenblinkleuchte li/re
M25	hochgesetztes Bremslicht
M29/31	Abblendlicht li/re
M30/32	Fernlicht li/re
S	Sicherungen
U10	Steckdose für Anhängerbetrieb
V	Scheibenwischermotor
V5	Scheibenwaschpumpe
V11	Pumpe für Scheinwerferreinigungsanlage
V48/49	Stellmotor für Leuchtweitenregulierung li/re
X	Kennzeichenleuchte

CAN-Datenbus

(Kurzinformation: siehe auch Lernfeld 11)

Das Steuergerät für Bordnetz kommuniziert über das CAN-Datenbus-System (Control Area Network) mit den in der Abbildung dargestellten Steuergeräten.

Einen CAN-Bus kann man sich als Omnibus vorstellen, der Personen zu einer bestimmten Adresse befördert. Der Datenbus transportiert Daten zu bestimmten Adressen, z. B. Steuergeräte. Ohne Datenbus müsste für jede einzelne Information jeweils eine Leitung zu den Steuergeräten geführt werden.

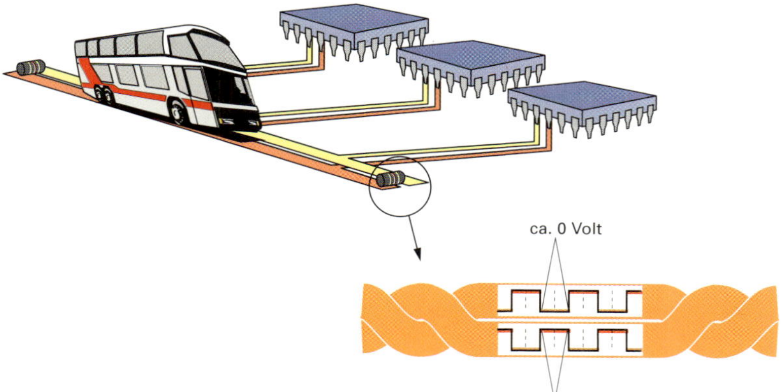

Meist besteht ein Datenbus aus zwei miteinander verdrillten Kupferdrähten (Twisted-Pair-Leitung). So können Störeinflüsse auf die Datenübertragung verhindert werden.
Der Datenaustausch der Steuergeräte läuft wie folgt ab:

- Das Steuergerät 1 stellt Daten zur Verfügung, und sendet sie an die übrigen Steuergeräte. Alle Steuergeräte, die nicht senden, gehen automatisch auf Empfang.
- Die Steuergeräte
  - empfangen die Daten,
  - überprüfen die Daten,
  - übernehmen die Daten, wenn sie benötigt werden, z. B. Steuergerät 4

  Daten die nicht von Bedeutung sind, sperrt das Steuergeräte zur Weiterverarbeitung.

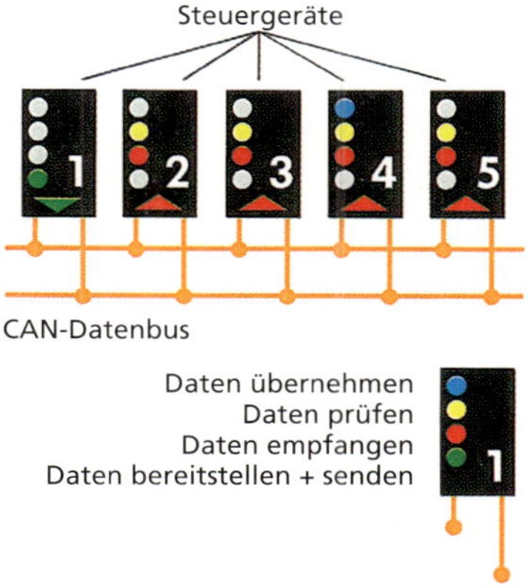

Das Steuergerät für Bordnetz kommuniziert über ein CAN-Datenbus-System, bestehend aus CAN-Datenbus Antrieb und CAN-Datenbus Komfort. Sie unterscheiden sich durch ihre Übertragungsgeschwindigkeit und ihren Dateninhalt. Der CAN-Datenbus Antrieb arbeitet mit einer Übertragungsgeschwindigkeit von 500 kBit/s, der CAN-Datenbus Komfort mit einer Übertragungsgeschwindigkeit von 100 kBit/s. Eine direkte Kommunikation zwischen beiden Systemen ist wegen der unterschiedlichen Geschwindigkeiten nicht möglich. Für den Informationsaustausch ist eine Verbindung erforderlich. Diese Verbindung ermöglicht das Diagnose-Interface für Datenbus (Gateway). Das Gateway übersetzt die von einem Bus-System ankommenden Daten und gibt sie an das andere Bus-System weiter.

3.2.3 Zwei-Batterien-Bordnetz

Ursprünglich diente eine einzige Batterie zum Starten des Fahrzeugs und zur Versorgung des Bordnetzes mit seinen Verbrauchern. Dann wurden Fahrzeuge mit zwei Batterien entwickelt: eine Starterbatterie, ausgelegt ausschließlich für den Startvorgang, und einer Versorgungsbatterie für die restlichen Bordnetzverbraucher. Ein Parallelschalten der beiden Batterien liefert den zum Start benötigten hohen Strom. Ein Steuergerät für die Batterieüberwachung steuert die Ladung der Starterbatterie und sorgt für eine sichere Versorgung der startrelevanten Verbraucher.

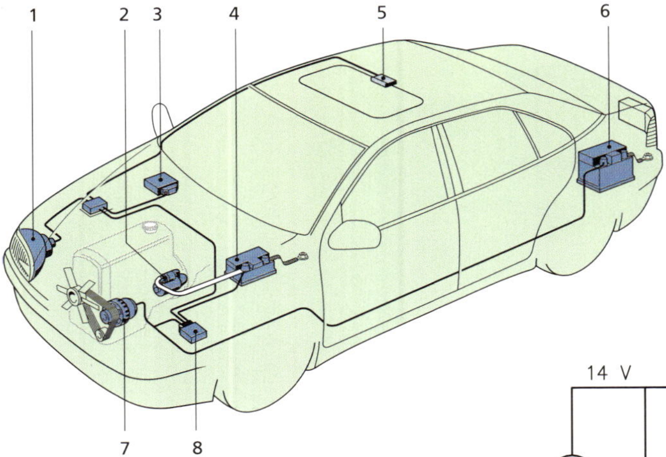

1 Lichtanlage (Bordnetz)
2 Starter
3 Motormanagement (Bordnetz)
4 Startbatterie
5 weitere Bordnetzverbraucher (z. B. Schiebedachbetätigung)
6 Versorgungsbatterie
7 Generator
8 Lade-/Trennmodul

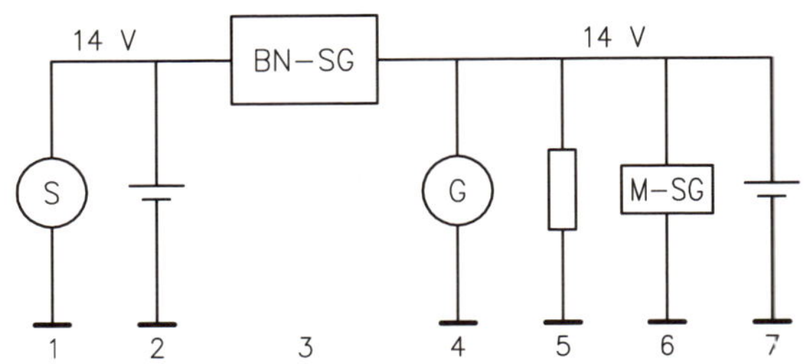

1 Starter
2 Startspeicher
3 Bordnetzsteuergerät
4 Generator
5 Verbraucher
6 Motorsteuergerät
7 Versorgungsbatterie

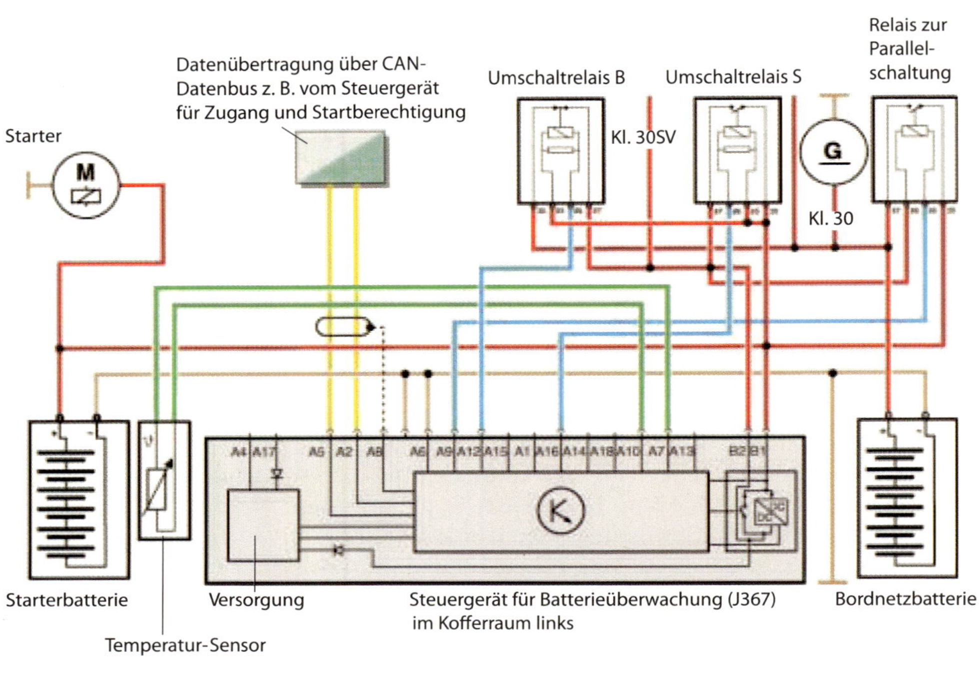

3.3 Hochvoltnetz

3.3.1 Hochvoltfahrzeug (HV-Fahrzeug)

In Kraftfahrzeugen mit Hochvoltsystemen (HV-Fahrzeug) sind Komponenten eingebaut, die mit Spannungen oberhalb

- 25-Volt-Wechselspannung (AC) oder
- 60-Volt-Gleichspannung (DC)

betrieben werden. HV-Netze in Hybridfahrzeugen arbeiten mit Gleichspannungen bis 650 Volt.

3.3.2 Hybridfahrzeug/Elektrofahrzeug

Von Hybridfahrzeugen spricht man, wenn das Fahrzeug über zwei verschiedene Antriebsarten – Verbrennungsmotor und Elektromotor – angetrieben und die gespeicherte Energie/Leistung aus einem Betriebsstofftank und einer Speichereinrichtung, einer Batterie, bezogen wird

Elektrofahrzeuge sind rein elektrisch betriebene Fahrzeuge. Ihre Energie erhalten Elektromobile entweder durch eine Hochvoltbatterie oder eine Brennstoffzelle.

Hybridfahrzeug

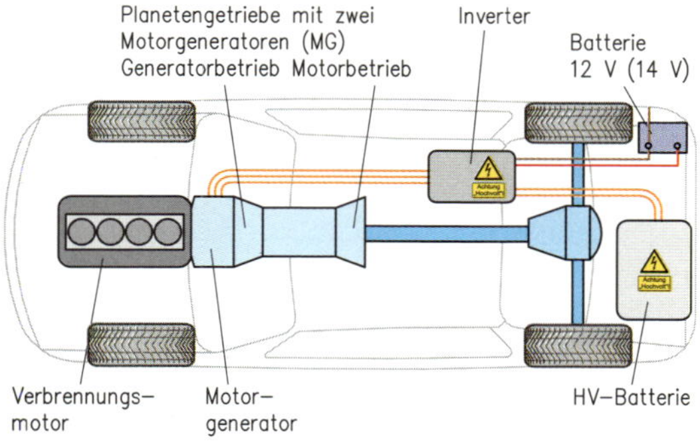

Elektrofahrzeug

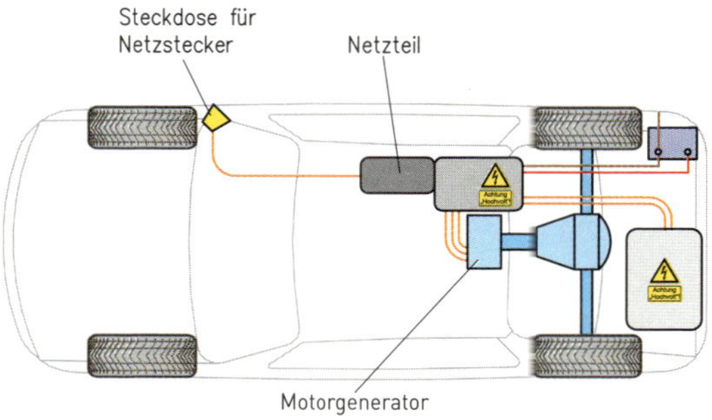

Brennstoffzellenfahrzeug

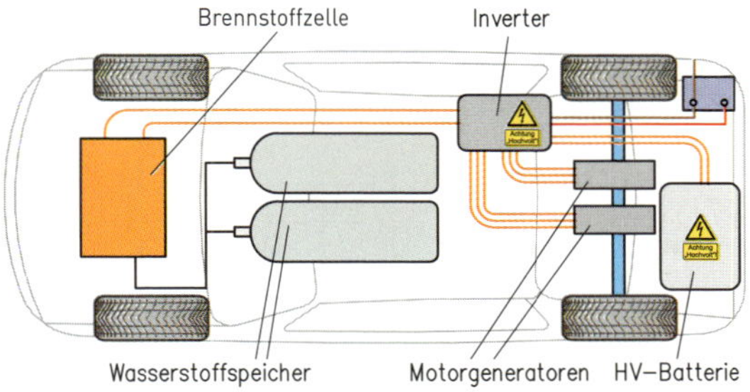

Wesentliche Komponenten eines Hybridfahrzeugs sind:

- Verbrennungsmotor
- Hochvoltbatterie einschließlich Steuergerät für Batteriemanagement
- Leistungselektronik (Inverter)
- Motorgenerator
- Leistungselektronik

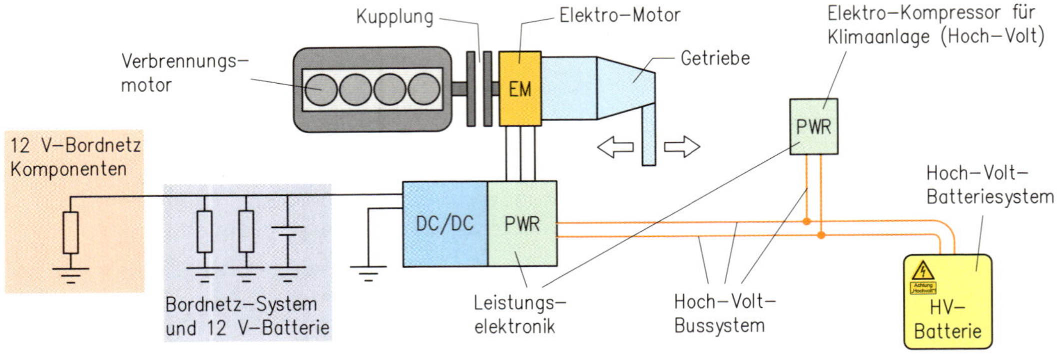

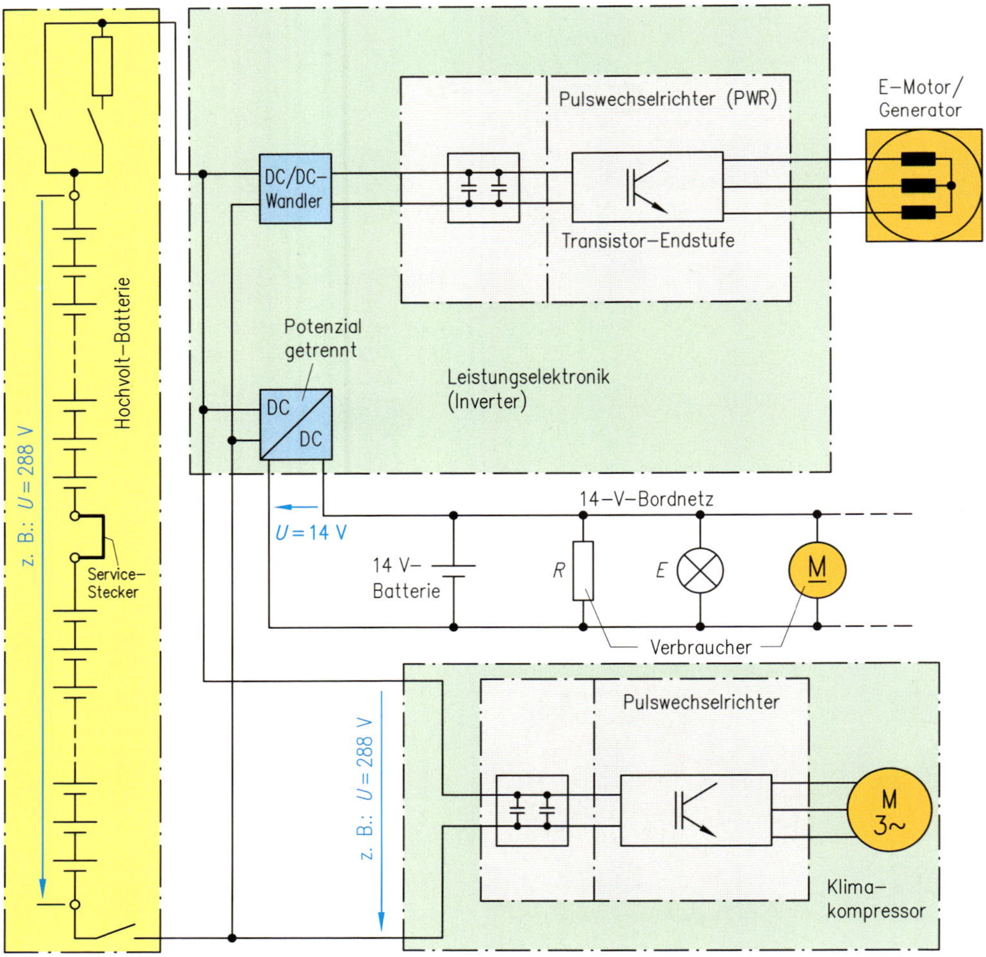

3.3.3 HV-Komponenten

3.3.3.1 HV-Batterien

HV-Batterien werden in Fahrzeugen in zwei Bauarten eingesetzt:
- Nickel-Metallhydrid-Batterien (NiMH-Batterien)
- Lithium-Ionen-Batterien (s. auch Lernfeld 6).

Sie unterscheiden sich in folgenden Punkten:

NiMH-Batterie

Kenndaten
- Spannung: Die Spannung einer Zelle beträgt 1,2 V. 6 Zellen zu je 1,2 V werden zu einem Modul in Reihe geschaltet.
  Ein Batteriepack des VW Touareg besteht z. B. aus 40 Modulen. Die Gesamtspannung des Batteriepacks beträgt damit:
  1 Modul = 6 Zellen je 1,2 V: 6 x 1,2 = 7,2 V
  40 Module je 7,2 V: 40 x 7,2 = 288 V
- Gewicht: Das Gewicht dieser Batterie beträgt 85 kg.
- Spezifische Energie: Die spezifische Energie beträgt 60 bis 80 Wh/kg.

Eigenschaften:
- Geringer Memoryeffekt
- Selbstentladung
- Schwerer als vergleichbare Lithium-Ionen-Batterie
- geringerer Aufwand in Bezug auf Batteriemanagement, Kühlung, Schutzabdeckung als vergleichbare Lithium-Ionen Batterie
- teurer als NiCd-Batterien oder Pb-Batterien
- Die Arbeitstemperatur der Batterie beträgt 40 bis 60 °C. Die Batterie wird daher mit einem Gebläse mit Luft (Touareg Hybrid) oder aus dem Kühlwasserkreislauf (BMW X6) gekühlt oder erwärmt.

NiMH-Batterien werden in HV-Fahrzeuge von Toyota (Prius I, II, III), Honda, Lexus, Mercedes (M-Klasse), BMW (X 6), VW (Touareg), Porsche (Cayenne) eingebaut.

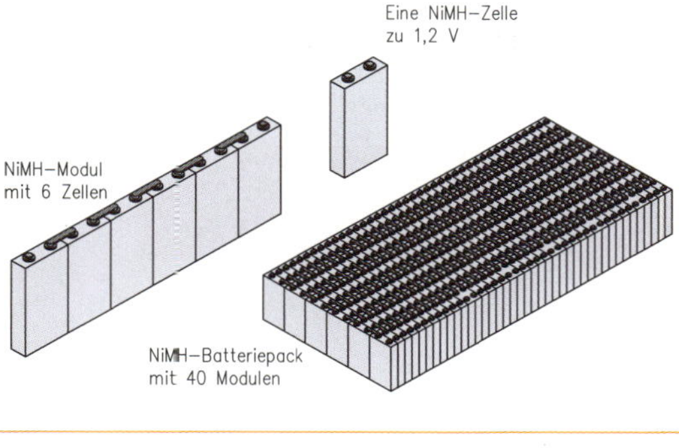

Lithium-Ionen-Batterie

Kenndaten
- Spannung: Die Spannung einer Zelle beträgt 3,6 V. Das Batteriepack des Opel Ampera besteht z. B. aus 50 Modulen. Die Gesamtspannung beträgt 360 V. Die Gesamtspannung des Batteriepacks des Audi Q5 Hybrid beträgt z. B. 266 V.
- Das Gewicht des Batteriepacks beträgt beim Opel 198 kg, beim Audi 38 kg.
- Spezifische Energie: Die Lithium-Ionen-Batterie hat die höchste spezifische Energie: 90 bis 100 Wh/kg.

Eigenschaften:
Vorteile:
- kein Memoryeffekt
- wenig Selbstentladung
- hohe Lebensdauer
- hohe Leistungs- und Energiedichte

Nachteile:
- Temperaturempfindlichkeit: geringerer Wirkungsgrad bei tiefen Temperaturen, schnelle Alterung der Zellen bei hohen Temperaturen. Bei Kurzschluss besteht Brand- und Explosionsgefahr.
  Die Arbeitstemperatur der Batterie beträgt 40 bis 60 °C. Um diese einzuhalten, wird die Batterie über die Klimaanlage (Mercedes S) oder Gebläseluft gekühlt oder erwärmt.
- Empfindlichkeit gegen Überladung und Tiefentladung
- Empfindlichkeit gegen mechanische Belastungen und Beschädigungen, die zu inneren Kurzschlüssen führen können.
- Bei Elektrolytaustritt bildet sich mit Wasser das Nervengift Flusssäure, die in kleinen Mengen tödlich wirkt.
- Tritt Wasser bei Beschädigung des Gehäuses in die Zellen ein, besteht die Gefahr der Explosion.
- 30 % teurer als NiMH-Akkus

Lithium-Ionen-Batterien werden in Fahrzeugen von Mercedes (S- und A-Klasse), BMW (7), Opel (Ampera), Toyota (Prius III), Audi (Q 5 Hybrid) eingesetzt.

Gefährdung durch Lithium-Ionen-Batterien

Im Normalfall und im Fahrbetrieb besteht bei der Lithium-Ionen-Batterie keine Gefährdung. Im Fehlerfall, nach Unfall, Brand oder Beschädigung kann es zu folgenden Problemen kommen:

- Verätzungen durch austretendes Elektrolyt
- Herz-Kreislauf-Störungen durch Lithiumdämpfe
- Entflammung des Elektrolyts
- Entstehung des sehr giftigen Fluor-Wasserstoffs in Verbindung mit Wasser

Gefahrensymbole der Lithium-Ionen-Batterie

3.3.3.2 Steuergerät für Batterieregelung

Das Steuergerät für Batterieregelung überwacht den Lade- und Betriebszustand der Batterie. Hochvoltbatterien besitzen besondere Sicherheitseinrichtungen, die beim Abschalten der Zündung, im Crashfall, beim unsachgemäßen Abziehen oder Abschrauben von Hochvoltleitungen die Hochvoltbatterie vom Hochvoltnetz des Fahrzeuges trennen. Dies erfolgt durch Relais, die in der Hochvolttechnik Schütz genannt werden.

Die Sicherheitseinrichtungen umfassen je nach Hersteller folgende Komponenten:

- ein positiver Schütz für die Plusseite
- ein negativer Schütz für die Minusseite
  Für das Steuergerät für Batteriemanagement ist die Information „Zündschlüssel ist gesteckt" das Signal, die Schütze zum Ankoppeln der Hochvoltbatterie an das Hochvoltstromnetz anzusteuern.
- Service-/Wartungsstecker („Service Disconnect")
  Die Hochvoltbatterie besteht aus zwei Batteriebänken (Batteriepacks) zu je 144 Volt, die durch einen Wartungsstecker verbunden sind und zusammen z. B. 288 Volt liefern. Der Wartungsstecker ist meist in der Mitte des Batteriepacks angeordnet. Durch die Trennung wird der Stromkreis im Batteriemodul geöffnet, und es fließt kein Strom an den Außenpolen der HV-Batterie.

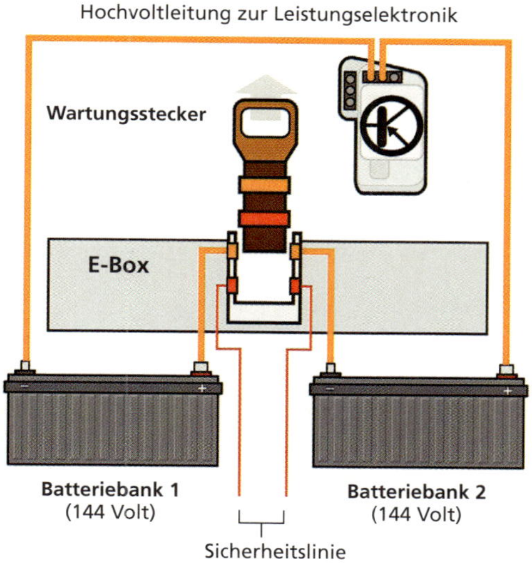

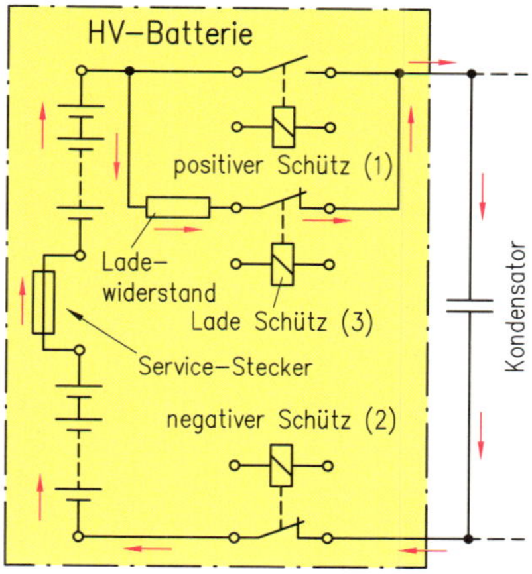

- Ladeschütz mit Ladewiderstand
  Beim Schließen der Arbeitskontakte der Schütze fließt schlagartig ein hoher Strom, bis der auf der HV-Gleichspannungsseite angeordnete Kondensator auf die Spannung der HV-Batterie aufgeladen ist. Beim Einschalten der Zündung werden daher zuerst der Ladeschütz und der negative Schütz angesteuert. Ist der Kondensator aufgeladen, wird der positive Schütz geschlossen und der Ladeschütz geöffnet.
- Ein Gehäuse zum Schutz vor Berühren und Kurzschluss
  Bei Lithium-Ionen-Batterien ist dies ein stabiles, wasserdicht geschlossenes, berstsicheres und säurefestes Gehäuse.

3.3.3.3 Leistungselektronik/Inverter mit DC/DC-Wandler

Die Leistungselektronik ist der Energieumwandler des Elektro-Antriebs. Sie umfasst:

- Steuergerät für Leistungselektronik
- Temperaturgeber für Leistungselektronik
- DC/DC-Wandler
- DC/AC-Wandler
- Hochvolt-Netzverteiler
- Hochvoltanschlüsse
- Niedervoltanschluss zur 12-Volt-Batterie
- eine im Gehäuse integrierte Kühlung
- Sicherheitseinrichtungen

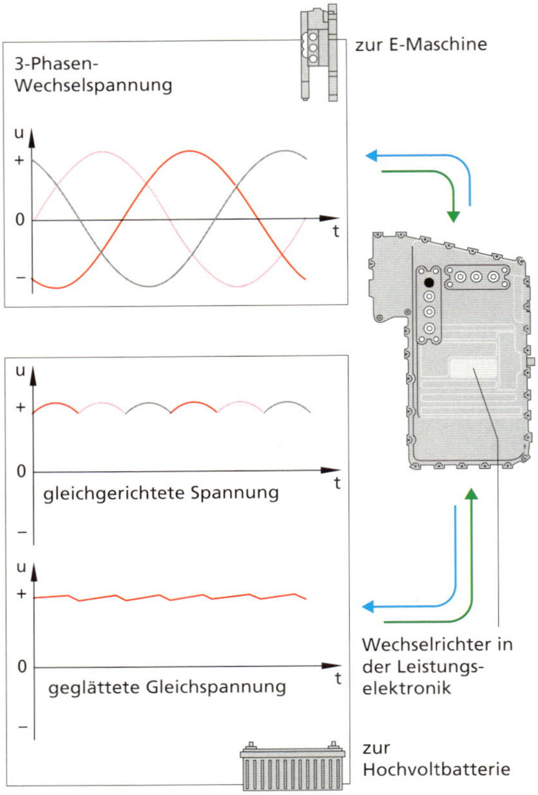

Der Inverter ist ein wesentliches Funktionselement der Leistungselektronik. Er wird auch als Pulswechselrichter (PWR) bezeichnet, mit dessen Hilfe

- die Gleichspannung der HV-Batterie von z. B. 288 V in eine höhere Gleichspannung von 400 V (DC/DC-Wandler) umgewandelt wird,
- die Gleichspannung von 400 V in eine Dreiphasen-Wechselspannung von 400 V (DC/AC-Wandler) für den Elektromotor erzeugt wird.

Läuft der E-Motor als Generator, wandelt der Wechselrichter die Dreiphasen-Wechselspannung von 400 V in eine Gleichspannung von 288 V um, die zum Laden der HV-Batterie genutzt wird. Die Glättung des gleichgerichteten Stroms erfolgt u. a. durch Kondensatoren.
Ein weiterer DC/DC-Wandler – in den Inverter integriert oder selbstständige Funktionseinheit – senkt die Spannung der HV-Batterie von 200 V auf 12 V ab, um die 12-Volt-Bordnetzbatterie und das Bordnetz zu versorgen.

Neben der Glättung des gleichgerichteten Stroms haben die Kondensatoren der Leistungselektronik weitere Aufgaben:

- Sie dienen als Ladungs- und Energiespeicher und puffern Stromspitzenbelastungen.
- Sie verhindern elektromagnetische Störwellen, die die Bordelektronik stören.

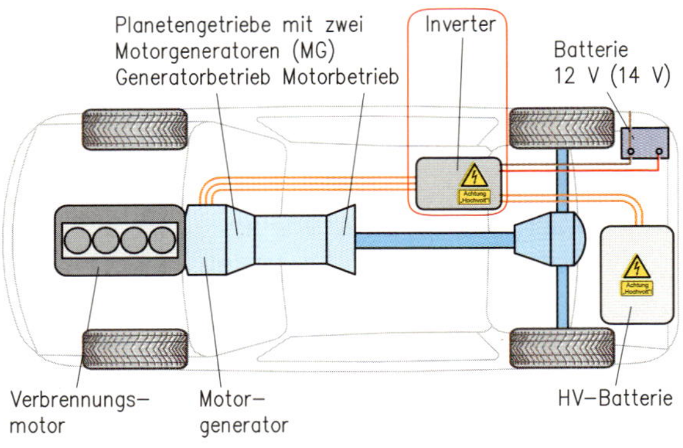

3.3.3.4 Elektromaschinen – Motorgeneratoren

In Hybridfahrzeugen werden in der Regel Elektromaschinen eingesetzt, die sowohl als Motor als auch als Generator genutzt werden können, sogenannte Motorgeneratoren. Diese Motorgeneratoren haben drei Aufgaben:

- Starten des Verbrennungsmotors,
- Generator zum Laden der Hochvoltbatterie,
- Elektromotor zum Bewegen des Fahrzeugs.

Der Motorgenerator ist zwischen Verbrennungsmotor und Getriebe angeordnet.

Die einfache E-Maschine besteht aus folgenden Funktionseinheiten:

- Ständer (Stator) mit drei um 120° versetzten Wicklungen und
- einem Rotor mit einem Dauermagneten.

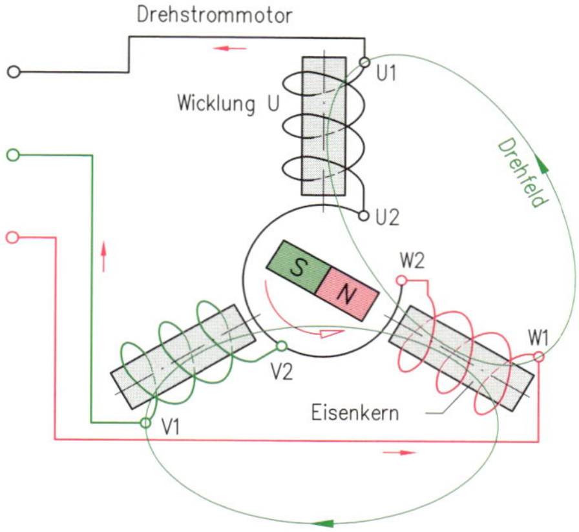

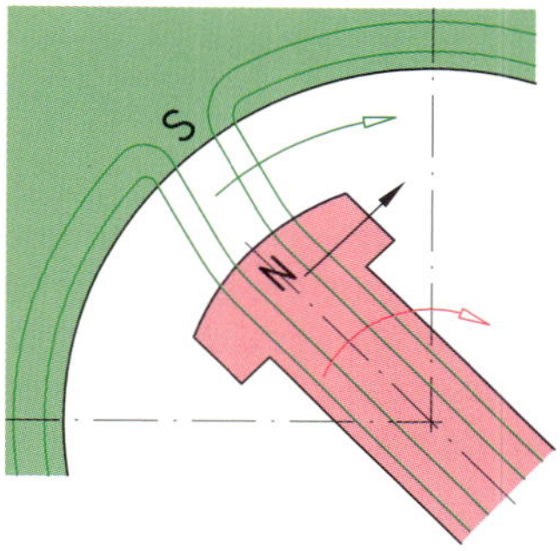

Arbeitet die E-Maschine als Antriebsmotor, so erzeugt die von der Leistungselektronik gelieferte Dreiphasen-Wechselspannung im Ständer ein drehendes Magnetfeld (Drehfeld). In Bereichen, in denen die Feldlinien des Drehfeldes in die Wicklung eintreten, entsteht ein magnetischer Südpol, in Bereichen in denen sie austreten ein magnetischer Nordpol. Die Pole des Drehfeldes wirken auf die Pole des Rotors. Der Rotor mit dem Dauermagneten folgt der Drehbewegung des Drehfeldes des Stators, d. h. der Nordpol des Dauermagneten des Rotors folgt dem sich drehenden Südpol des Drehfeldes. Da Rotor und Drehfeld synchron drehen, nennt man diese Motorbauart Synchron-Drehstrommotor.
Die Drehzahl der E-Maschine ist von der Frequenz abhängig. Zur stufenlosen Regelung wird ein Frequenzumrichter eingesetzt. Rotorlagesensoren messen ständig die Rotorstellung, aus der die Steuerungselektronik die tatsächliche Drehzahl ermittelt.

Arbeitet die E-Maschine als Generator, dreht sich der Rotor durch Antriebskraft des Getriebes (z. B. durch den Verbrennungsmotor oder während des Bremsvorgangs). Durch das Magnetfeld des Dauermagneten, das an den Wicklungen vorbeiläuft, wird in den drei Wicklungen des Ständers eine Dreiphasen-Wechselspannung erzeugt. Die Leistungselektronik wandelt sie in eine Lade-Gleichspannung von z. B. 288 V für die Hochvoltbatterie um.

Motorgeneratoren in Kraftfahrzeugen haben eine höhere Zahl von Wicklungen und Dauermagneten.

3.3.3.5 Leitungen, Kabel, Verbindungseinrichtungen

Hochvoltleitungen unterliegen hohen Anforderungen. Eine HV-Leitung ist wie folgt aufgebaut:

- Kupferdrähte, die vernickelt, versilbert oder verzinnt sein können
- 1. Schicht: Isolation aus Elastomer
- 2. Schicht: verzinntes Kupfergeflecht, gegen elektromagnetische Störungen und als mechanischer Schutz
- 3. Schicht: Hülle aus Elastomer, die leuchtend orange eingefärbt ist und als Warnhinweis für hohe Spannungen dient

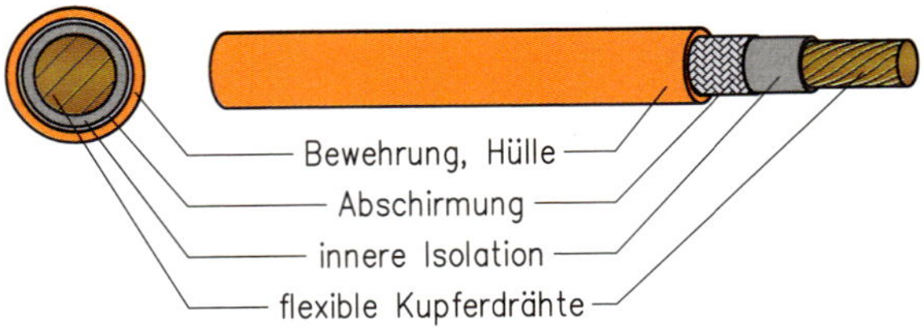

Als weiterer Schutz von HV-Leitungen dienen orangefarbige Kunststoff-Wellrohre oder netzartige Kunststoffschläuche, die über die HV-Leitungen als Scheuerschutz und Bewehrung gegen mechanische Verletzungen gezogen werden. Beschädigte HV-Leitungen dürfen nicht repariert werden, sondern müssen ausgetauscht werden. HV-Kabel sind mit Kabelbindern, Schellen oder Ösen zu befestigen, damit sie nicht schwingen und auf diese Weise brechen.

Eine Hochvoltanlage besitzt folgende Leitungsabschnitte:

- Zwei Hochvoltleitungen von der Hochvoltbatterie zur Leistungselektronik Inverter (a)
- Drei Hochvoltleitungen von der Leistungselektronik zur E-Maschine (c)
- Zweiadrige Hochvoltleitung von der Leistungselektronik zum Klimakompressor (b)

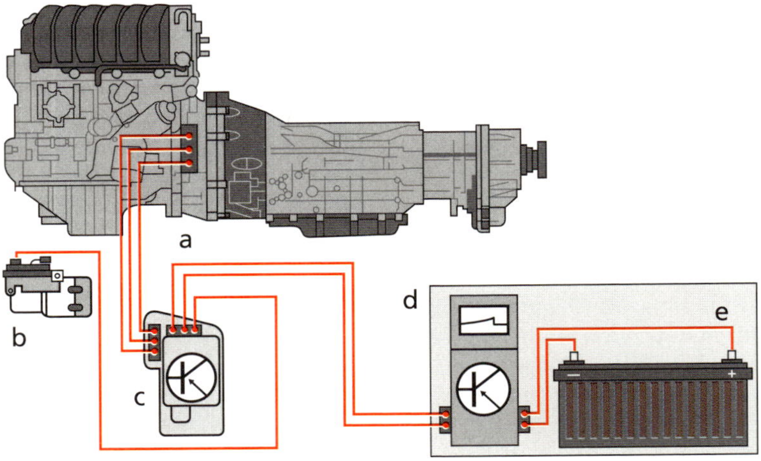

HV-Leitungen müssen fest und kontaktsicher mit den HV-Funktionseinheiten verbunden werden. Je nach Hersteller werden unterschiedliche Systeme verwendet:

- Schraubsysteme (Toyota, BMW)
- Stecksysteme (Mercedes, BMW, VW, Porsche)

Die Stecker sind farblich und mechanisch codiert, sodass sie nicht miteinander vertauscht werden können.

Beim Touareg Hybrid werden drei verschiedene Stecker eingesetzt:

Hochvoltleitungen		
Hochvoltbatterie zur Leistungselektronik	Leistungselektronik zur E-Maschine	Leistungselektronik zum Klimakompressor
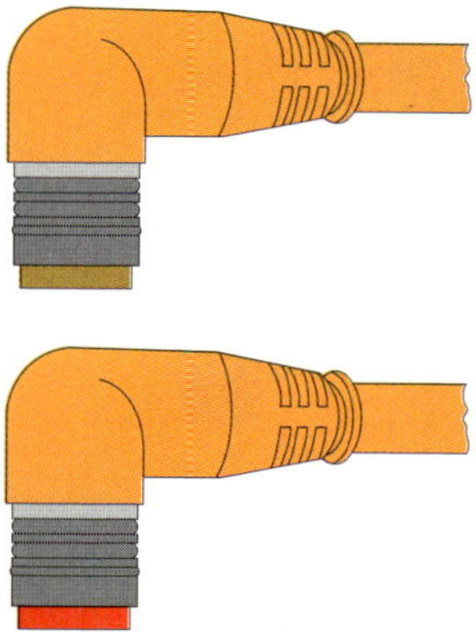	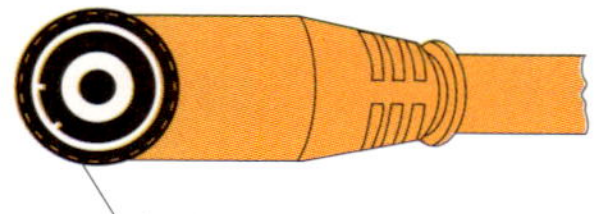	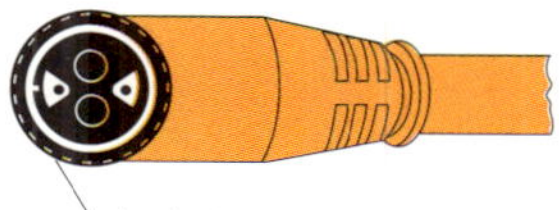

Interlock- oder Sicherheitsstecker verhindern ein unzulässiges Abschrauben oder Abziehen der HV-Leitung. Beim Touareg Hybrid umfasst das Sicherheitskonzept neben dem Wartungsstecker eine Sicherheitslinie mit einer mechanischen und einer elektrischen Komponente.

Sicherheitsstecker mit Verriegelungsbügel

Ein Sicherheitsstecker verhindert zusammen mit einem Verriegelungsbügel, dass HV-Leitungen bei anliegender Spannung abgezogen werden. Erst wenn der Sicherheitsstecker gezogen wurde, kann der Verriegelungsbügel zurückgeschwenkt werden. Da der Sicherheitsstecker entfernt ist, ist auch die Sicherheitslinie unterbrochen (siehe Sicherheitslinie).

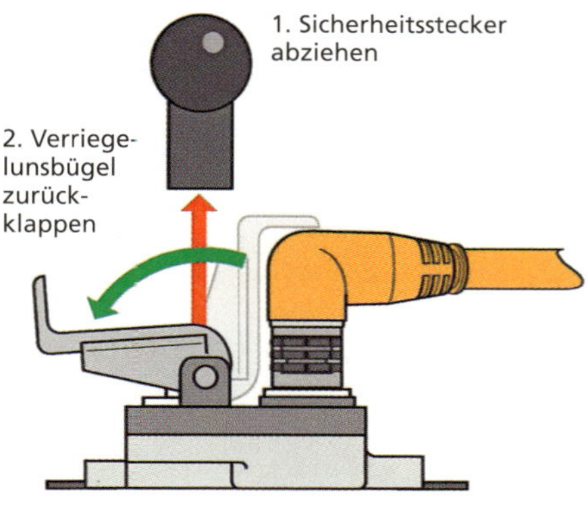

Sicherheitslinie über eine Niedervoltleitung

Alle Bauteile der Hochvoltanlage sind über eine Niedervoltleitung als Ringleitung miteinander verbunden. Ein Strom kann nur fließen, wenn die Leitung nicht unterbrochen ist. Wird ein Sicherheitsstecker entfernt oder ein Bauteil ist nicht betriebsbereit, fließt kein Strom. Das Steuergerät für Batterieregelung überwacht dies, steuert die Schütze an und unterbricht die Verbindung der HV-Batterie zum Hochvoltnetz.

Sicherheitslinie geschlossen

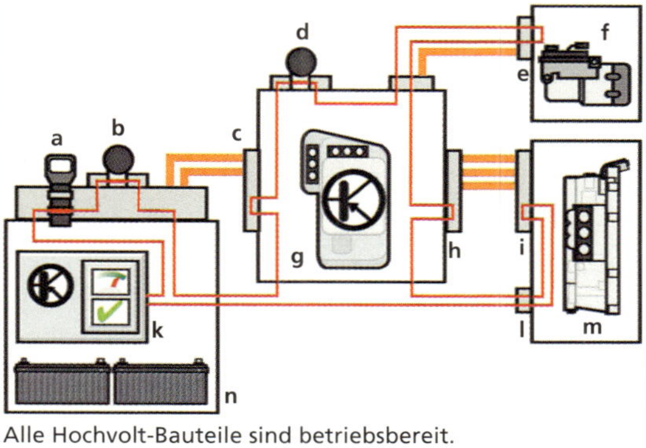

Alle Hochvolt-Bauteile sind betriebsbereit.

3.4 Beleuchtungssysteme

3.4.1 Konventionelle Fahrzeugbeleuchtung

Beleuchtungsanlage

Gesetzlich vorgeschriebene und zusätzlich erlaubte Leuchten sind in der StVZO in den §§ 49a bis 55 festgelegt.

Ort	Leuchte	Anzahl	Leistung in Watt	Gesetzliche Vorschriften
Fahrzeug vorn	Abblendscheinwerfer Fernscheinwerfer Standlicht (Begrenzungsleuchten) Nebelscheinwerfer Blinkleuchte	2 2 2 2 2	55 60 5 35–55 21	Standlicht und Schlussleuchten müssen mitleuchten dito leuchten bei Fahrlicht mit Standlicht und Schlussleuchten leuchten mit
Fahrzeug hinten	Schlussleuchte Rückstrahler Kennzeichenleuchte Nebelschlussleuchte Bremsleuchte Rückfahrscheinwerfer	2 2 – 1 oder 2 2 1 oder 2	5 – 5–10 21 18/21 bis 35	leuchtet bei Fahrlicht mit leuchten mit Kennzeichenleuchten und Standlicht leuchtet zusammen mit Fahrlicht Standlicht und Schlussleuchten leuchten mit bei eingelegtem Rückwärtsgang und eingeschalteter Zündung
Fahrzeug seitlich	Parkleuchte	1 pro Seite	5	weiß nach vorn, rot nach hinten

3.4.2 Scheinwerfer

Scheinwerfer mit Parabolreflektor

Die Wendel für das Abblendlicht liegt vor dem Brennpunkt des Reflektors. Eine Abdeckkappe hindert den Lichtaustritt zur unteren Reflektorhälfte. Es entsteht eine scharfe Hell-Dunkel-Grenze. Durch die Abschrägung der Abdeckkappe um 15° auf der linken Seite entsteht ein Knick in der Hell-Dunkel-Grenze. Die nach oben austretenden Lichtstrahlen werden nach unten gerichtet reflektiert.

Die Glühwendel für das Fernlicht liegt im Brennpunkt des Reflektors. Das Licht wird parallel zur Reflektorachse reflektiert.

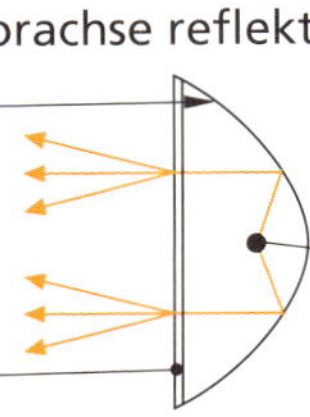

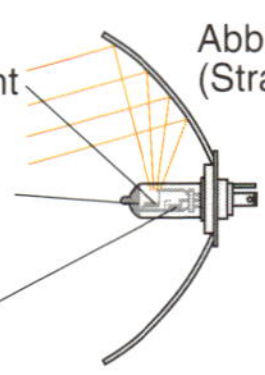

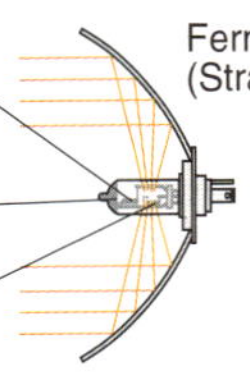

Streuscheiben bestehen aus optischem Glas mit Linsen-, Prismenelementen, kombinierten Elementen sowie Planflächen auf der Innenseite. Sie haben die Aufgabe, das von den Reflektoren ausgesandte Licht so abzulenken, zu streuen oder zu bündeln, dass die Fahrbahn gut ausgeleuchtet wird.

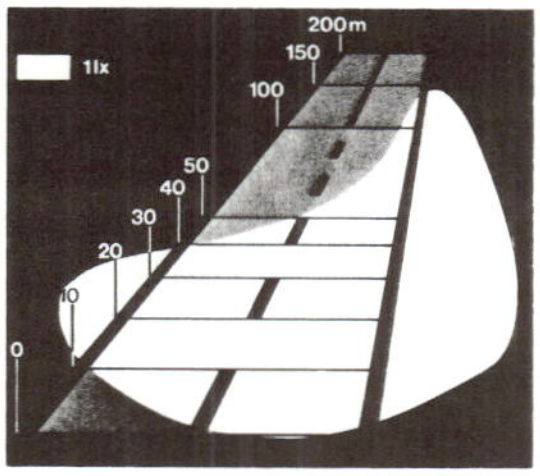

PES-Scheinwerfer

Der Ellipsoid-Abblendscheinwerfer besteht aus 4 Elementen:

- Lichtquelle
- Ellipsoid-Reflektor
  Der Reflektor ist in 3 Ebenen ellipsenförmig aufgebaut.
- Blende
  Die Blende zwischen Lampe und Linse sorgt für eine Abbildung der Hell-Dunkel-Grenze.
- Sammellinse
  Sie bündelt die Lichtstrahlen und übernimmt eine gezielte Lichtverteilung auf der Straße. Eine Streuscheibe ist nicht erforderlich.

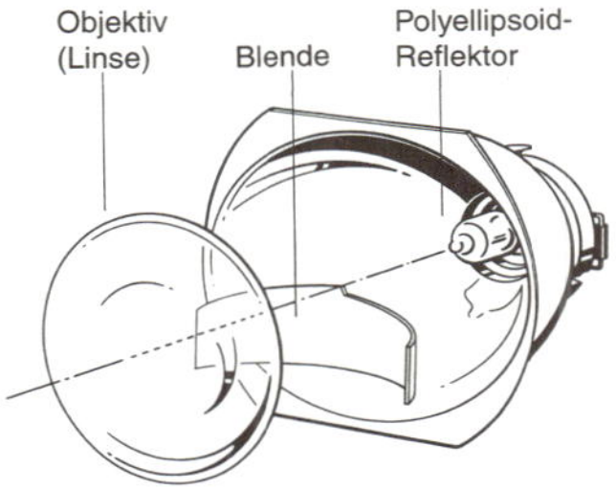

Ein dreiachsiger Ellipsoid-Abblendscheinwerfer oder auch Polyellipsoid-Abblendscheinwerfer (PES) genannt, erzielt, z.B. bei nur 60 mm Durchmesser der Lichtaustrittsfläche, Reichweiten, die bisher nur mit einem viermal breiteren Lichtaustritt erreicht wurden. Er wird daher bei Fahrzeugen mit flacher Frontpartie eingesetzt.

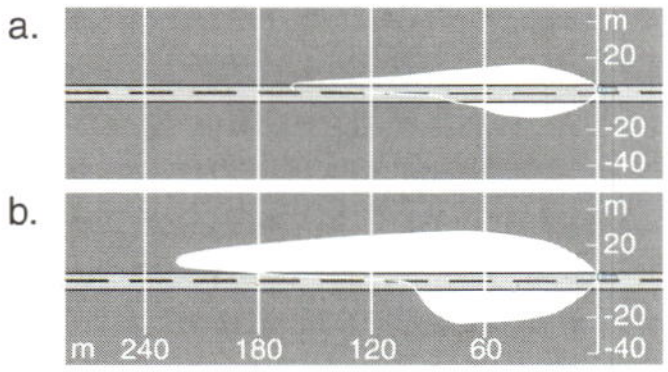

Lichtverteilung a. PES H1-Lampe,
b. Litronic PES D2S-Lampe

Scheinwerfer mit Freiflächenreflektor

Der Reflektor besitzt einen stufenlos variablen Brennpunkt. Jedem Bereich des punktweise frei berechneten Reflektors wird dabei ein bestimmter Teil der Straße zur Ausleuchtung zugeordnet. Damit können fast alle Reflektorflächen für Abblendlicht genutzt werden.

Die Gestaltung der Reflektorfläche wird durch die Anforderung des Fahrzeugherstellers an die Lichtverteilung und Ausleuchtung vorgegeben. Eine Anwendung ist der HNS-Reflektor (Homogeneous Numerically calculated Surface). Bei diesem Reflektor werden die Flächen geglättet,

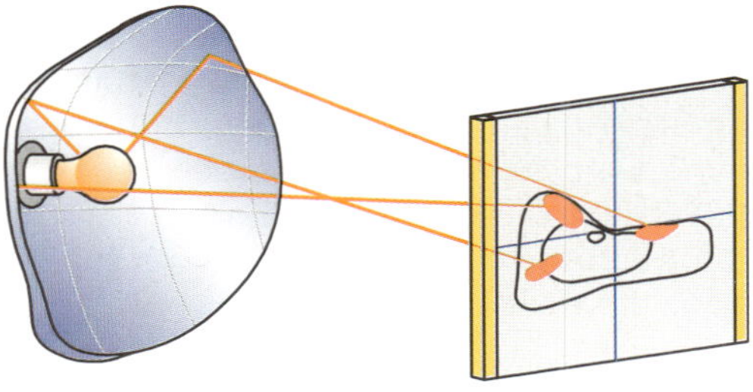

um stufenlose Übergänge der Reflektorflächen zu erreichen. Die komplette Lichtverteilung aus dem Reflektor ermöglicht eine Streuscheibe ohne Profilierung.

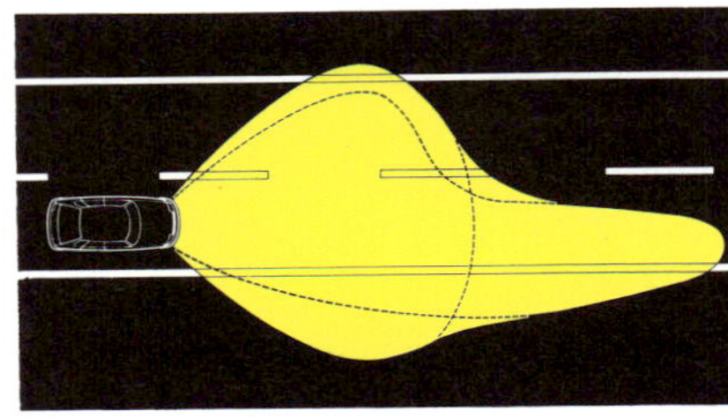

Vorteile sind:

- Optimale Lichtverteilung
- Volle Lichtausbeute
- Wirkungsgrad von bis 50 %

3.4.3 Lampen

Frontbeleuchtung

Halogen-Lampe

Die Halogenlampe besteht aus einem Quarzkolben, der mit Halogen (Jod oder Brom) gefüllt ist. Die Halogenfüllung lässt eine Wendeltemperatur bis nahe an den Schmelzpunkt des Wolframs (3 400 °C) und damit eine hohe Lichtausbeute zu. Das zum Teil verdampfende Wolfram geht mit dem Halogen eine Verbindung ein, die in der Nähe der heißen Glühwendel aufgespalten wird. Das Wolfram setzt sich am Glühfaden ab, der Glaskolben bleibt klar.

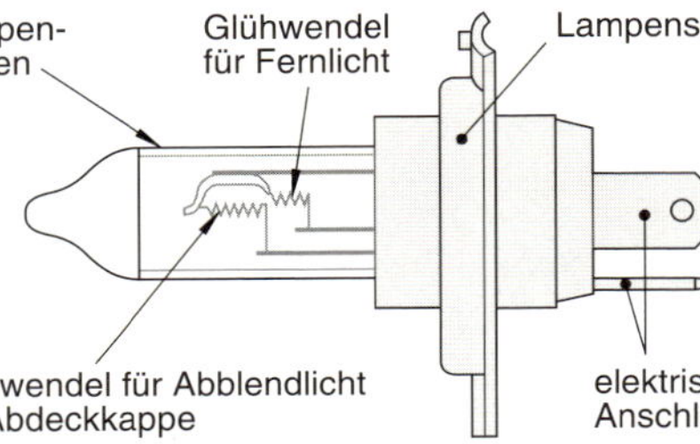

Halogenlampen H1, H3 und H7 haben nur eine Glühwendel und werden für Abblendlicht und Nebelscheinwerfer eingesetzt. Die Halogenlampe H4 besitzt zwei Glühwendel und ist für Fern- und Abblendlicht geeignet.

Gasentladungslampe (Xenon-Lampe)

Die Gasentladungslampe besteht aus dem Lampenkörper aus Quarzglas und der Füllsubstanz mit dem Edelgas Xenon und einer Mischung aus Metallsalzen (Metallhalogenide). Bei einer Zündspannung von 10 bis 20 kV bildet sich zwischen den Elektroden ein Gasplasma-Lichtbogen. Durch die Zufuhr von hochfrequentem Wechselstrom (400 Hz) verdampfen die Metallsalze aufgrund des Temperaturanstiegs und geben dabei Licht ab. Sobald die volle Lichtleistung erreicht ist, genügt nur noch eine Betriebsspannung von 85 V. Im Kfz werden verwendet: D2S-Lampe für Scheinwerfer in PES-Bauart und D2R-Lampe mit integriertem Schatter zur Erzeugung der Helldunkel-Grenze.

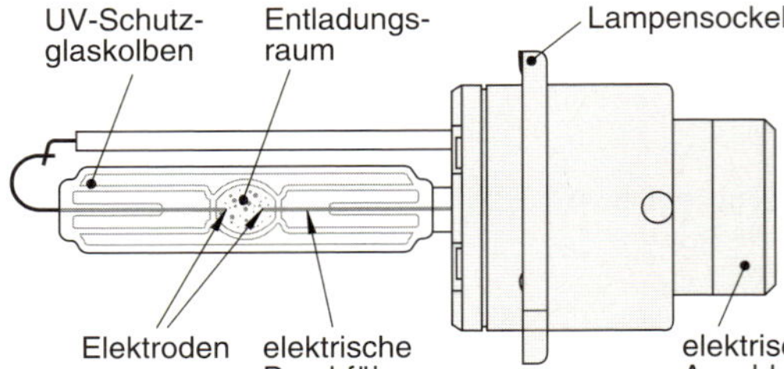

Die Xenon-Lampe liefert doppelt so viel Licht wie eine moderne H7-Lampe, benötigt aber nur 2/ der Leistung. Die Xenon-Lampe ist auf Fahrzeuglebensdauer ausgelegt.

Heckbeleuchtung

Leuchtdioden

Leuchtdioden finden zunehmend Einsatz im Signalleuchtenbereich. Vorteile: Hohe Betriebssicherheit, unempfindlich gegen Vibrationen und Erschütterungen, sehr geringer Energieverbrauch, hohe Lebensdauer, schnelles Einschaltverhalten.

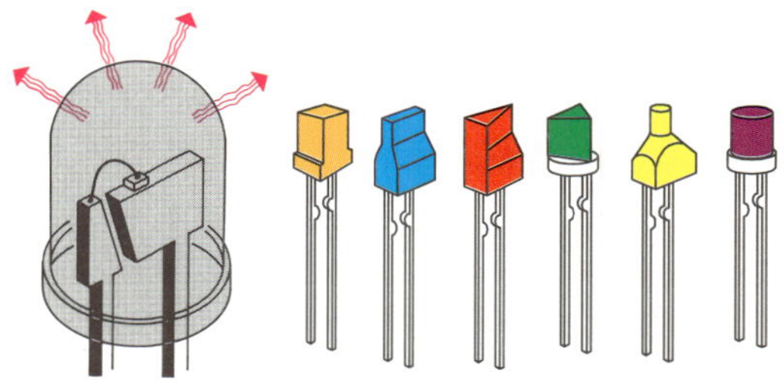

Bei einer ausgeführten Heckleuchte ist das Schlusslicht mit 30, das Bremslicht mit 25 roten LEDs und das Blinklicht mit 23 gelben LEDs bestückt. Die Intensität passt sich den Sichtbedingungen und der Umgebungshelligkeit automatisch an, sodass eine Nebelschlussleuchte als Einzelfunktion entfallen kann. Das Bremslicht wird verzögerungsabhängig in drei Stufen aktiviert: je stärker die Verzögerung, umso mehr LEDs leuchten auf. Bei einer Vollbremsung sorgt ein blinkendes Teilfeld des roten Bremslichts für zusätzliche Warnfunktion (Hella).

Glühlampen

Glühlampen besitzen eine Glühwendel aus Wolfram, die in einem luftleeren Raum angeordnet ist. Durch das Glühen verdampft Wolfram, das sich als Schwärzung des Glaskolbens bemerkbar macht. Die Lichtleistung ist gering. Glühlampen werden nicht mehr für Scheinwerfer verwendet.

Glühlampen finden heute noch für Brems-, Blink-, Schluss-, Begrenzungs-, Rückfahr- und Kennzeichenleuchten Anwendung. Es gibt Einfadenlampen und Zweifadenglühlampen (Bremslicht/Schlusslicht).

1 elektrischer Anschluss
3 Glühwendel
2 Lampensockel
4 Lampenkolben

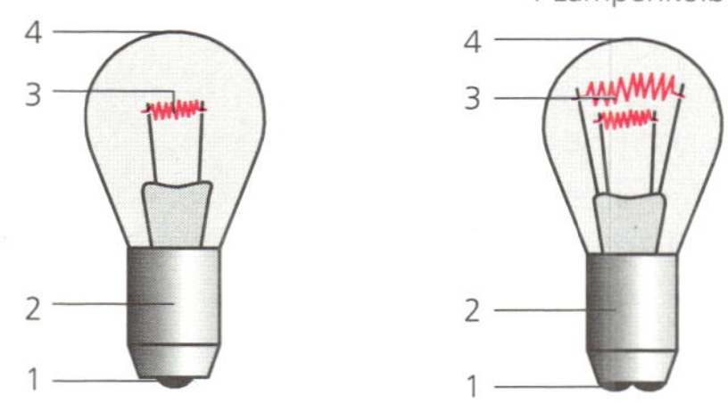

Einfadenglühlampe   Zweifadenglühlampe

3.5.4 Außenlichtsteuerung

Das Steuergerät für das Bordnetz wertet die Signale des Lichtschalters aus. Die Signale über das Einschalten des Blinkers, des Fernlichtes und die Betätigung der Lichthupe werden über das Steuergerät für die Lenksäulenelektronik über den CAN-Datenbus-Komfort gesendet.

Funktionsplan

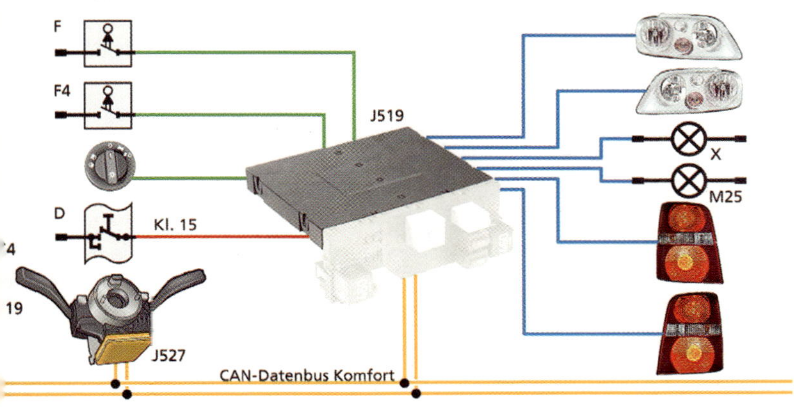

Legende

D	Zündanlassschalter Klemme 15
E1	Lichtschalter
E4	Schalter für Handabblendung und Lichthupe
E19	Schalter für Parklicht
F	Bremslichtschalter
F4	Schalter für Rückfahrleuchten
J519	Steuergerät für Bordnetz
J527	Steuergerät für Lenksäulenelektronik
M25	Lampe für hochgesetztes Bremslicht
X	Kennzeichenleuchte

3.4.5 Glühlampenüberwachung

Die Glühlampen werden vom Bordnetzsteuergerät überwacht. Die Überwachung findet statt als

- Kaltüberwachung
  Die Kaltüberwachung erfolgt im ausgeschalteten Zustand. Die einzelnen Glühlampen werden nach Einschalten der Zündung viermal kurz an den Strom angeschlossen. Durch den Stromwert erkennt das Bordnetzsteuergerät eine defekte Glühlampe.
- Warmüberwachung
  Bei der Warmüberwachung erfolgt die Ansteuerung der einzelnen Glühlampen durch Halbleiter-Bausteine des Bordnetzsteuergeräts. Sie erkennen, ob eine Überlast, ein Kurzschluss oder eine Unterbrechung vorliegt.

Erkannte Fehler werden im Fehlerspeicher eingetragen und im Schalttafeleinsatz angezeigt.

3.4.6 Rückleuchten mit Leuchtdioden (LED)

In Schlussleuchteneinheiten mit Blink-, Schluss- und Bremsleuchten sind teilweise LEDs eingebaut. Zur Ansteuerung ist jeweils ein Mikroprozessor integriert. Der Mikroprozessor steuert durch PWM-Signale, ob die roten LEDs als Schlussleuchte oder Bremsleuchte arbeiten. Blink-Leuchtdioden werden wie die Schlusslicht-Leuchtdioden angesteuert. Es entfällt allerdings die PWM-Steuerung.

Fehlfunktionen werden vom Mikroprozessor erkannt und an das Zentralsteuergerät für das Komfortsystem gesendet.

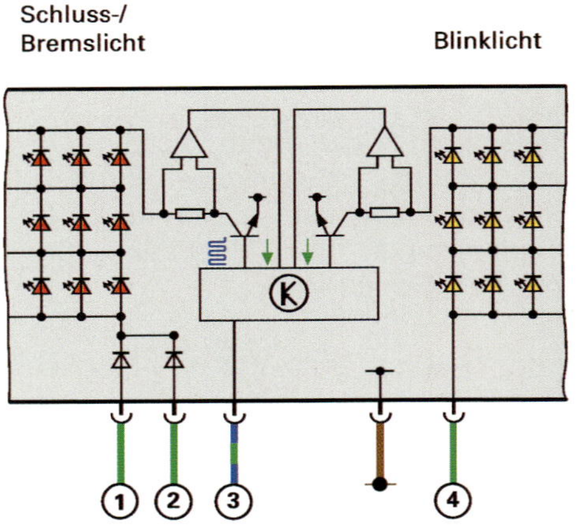

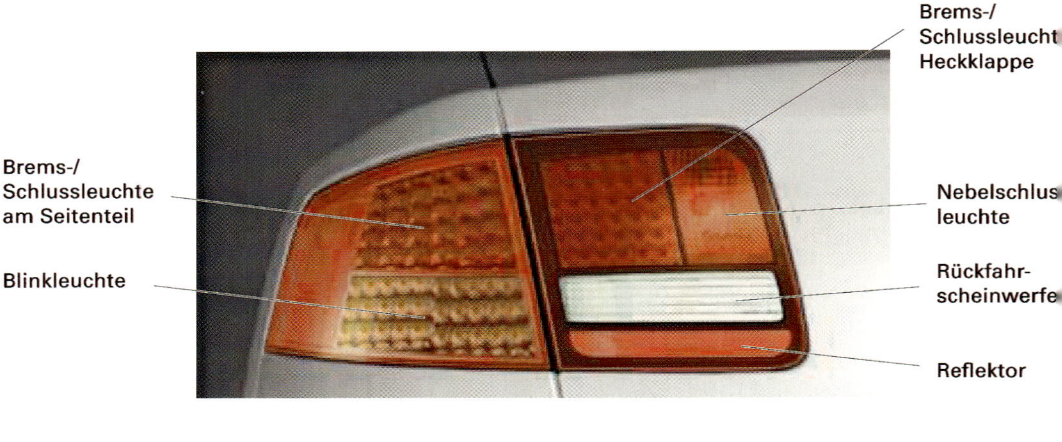

3.4.7 Leuchtweitenregelung

Automatisch-statische Leuchtweitenregelung

Die automatisch-statische Leuchtweitenregelung korrigiert nur Neigungsänderung durch Beladung des Fahrzeugs. Das System Leuchtweitenregelung besteht aus Sensoren an den Fahrzeugachsen, die den Neigungswinkel der Karosserie erfassen, und dem Steuergerät, das aus den Sensorsignalen den Fahrzeugnickwinkel berechnet und mit dem Sollwert vergleicht. Bei Abweichungen steuert das Steuergerät Schrittmotoren an, die die exakte Einstellung der Scheinwerfer durchführen.

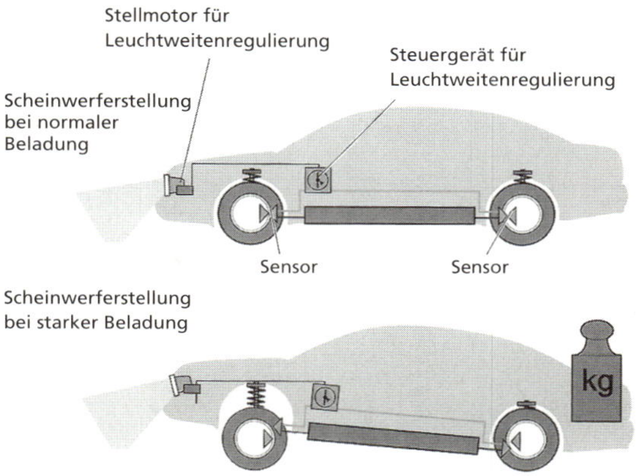

Automatisch-dynamische Leuchtweitenregelung

Zusätzlich zum Beladungszustand werden Leuchtweitenveränderungen, hervorgerufen durch dynamische Fahrzeugveränderungen, z. B. beim Bremsen und Beschleunigen, ausgeregelt. Das Steuergerät erhält die Signale der Geber für das Fahrzeugniveau und das Geschwindigkeitssignal. Im Steuergerät werden die Signale ausgewertet und die Schrittmotoren in den Scheinwerfern angesteuert. Sie gleichen das Fahrzeugniveau ständig aus.

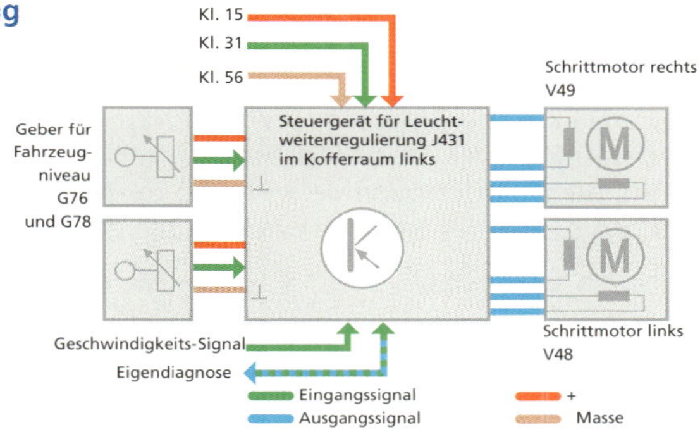

3.4.8 Scheinwerfersysteme mit Gasentladungslampe

Xenon-Licht-Steuerteil

Für Zündung, Betrieb und Überwachung wird ein elektronisches Vorschaltgerät verwendet. Das Vorschaltgerät besteht aus

- Steuerteil
  Es erhöht den Lampenstrom in der kurzen Anlaufphase, damit die Lampe sofort aufleuchtet. Es begrenzt weiterhin den Lampenstrom während des Betriebs und regelt die Betriebsspannung für eine gleichmäßige Lichtausstrahlung.
- Zündteil
  Es erzeugt die erforderliche Hochspannung (10 bis 20 kV) zum Zünden der Gasentladungslampe. Danach bringt eine Wechselspannung von 200 V und 400 Hertz die Lampe zum Leuchten. Ist die Lampe richtig heiß, reicht eine Spannung von 85 V aus.

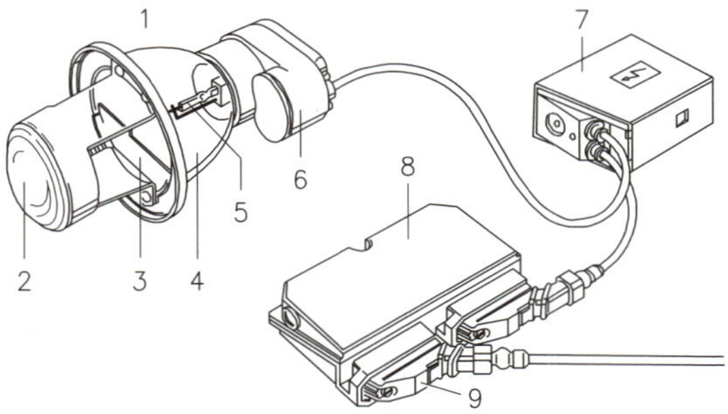

1 Polyellipsoid-Abblendscheinwerfer (PES)
2 Linse
3 Blende
4 Reflektor
5 D1-Gasentladungslampe
6 Lampenträger
7 Zündteil
8 Steuerteil
9 Kabelbaumstecker

Gemäß den Anforderung nach ECE-R48 werden Xenon-Scheinwerfer stets mit einer automatischen Leuchtweitenregelung und einer Scheinwerfer-Reinigungsanlage kombiniert.

Vier-Scheinwerfer-System

Beim Vier-Scheinwerfer-System werden kombiniert:

- Ellipsoid-Scheinwerfer mit Gasentladungslampe für Abblendlicht
- Fernlichtscheinwerfer mit Halogenlampe im eigenen herkömmlichen Reflektor.

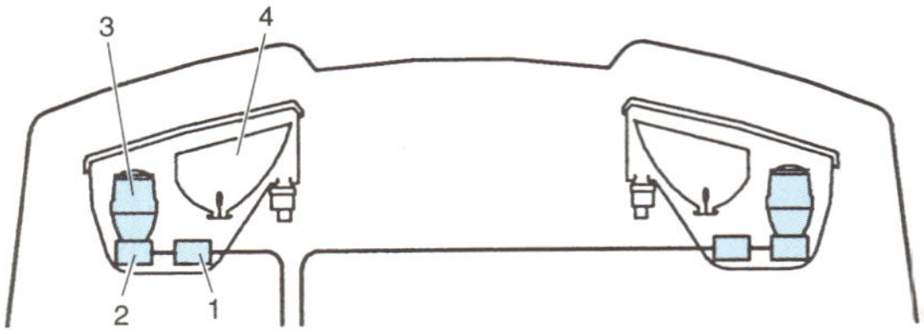

1 Elektronisches Vorschaltgerät mit Steuerteil
2 Zündteil
3 PES-Abblendlicht mit D1-Lampe
4 konventionelles Fernlicht

Zwei-Scheinwerfer-System

Das System ermöglicht mit einer Gasentladungslampe mit einem Zwei-Scheinwerfer-System das Abblendlicht und das Fernlicht (Herstellerbezeichnung Bi-Xenon, Bi-Litronic).

- Ein elektromechanischer Steller bringt beim Betätigen des Fern-/Abblendlichtschalters die Gasentladungslampe im Reflektor in die Position für das Fern- und Abblendlicht.
- Durch Verschieben eines Schatters wird das Fernlicht bzw. Abblendlicht eingestellt.

a) Xenon-Reflexionsscheinwerfer

b) Xenon-Projektionsscheinwerfer

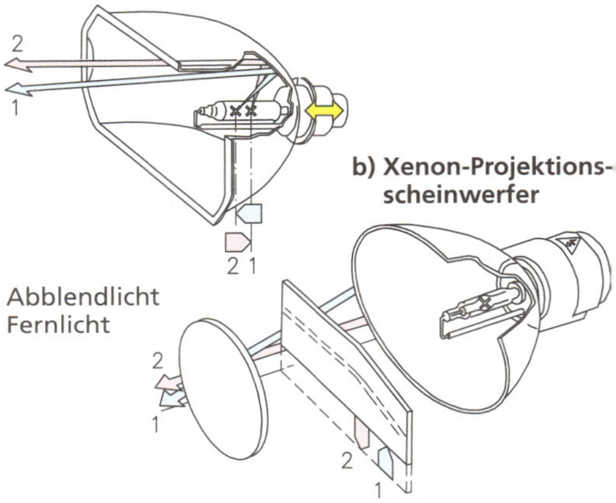

1 Abblendlicht
2 Fernlicht

LED-Scheinwerfer

LED-Scheinwerfer sind aufgrund der hohen Kosten vorerst im Premium-Segment zu finden. Die LED-Scheinwerfer von Hella werden als

- Mono LED Modul mit Abblendlicht und drei weißen Hochleistungs-LEDs,
- Bi-LED Modul mit Abblendlicht und Fernlicht mit sechs Hochleistungs-LEDs

verbaut. Hochleistungs-LEDs arbeiten mit Betriebsspannungen von 3 V sowie Strömen von 2 A und höher.

Vorteile der LED-Scheinwerfer sind:

- wartungsfrei,
- keine beweglichen Teile,
- tagähnliche Lichtfarbe,
- geringerer Kraftstoffverbrauch und Reduzierung des Kohlendioxid-Ausstoßes,
- keine Streuscheibenwaschanlage erforderlich,
- lange Lebensdauer.

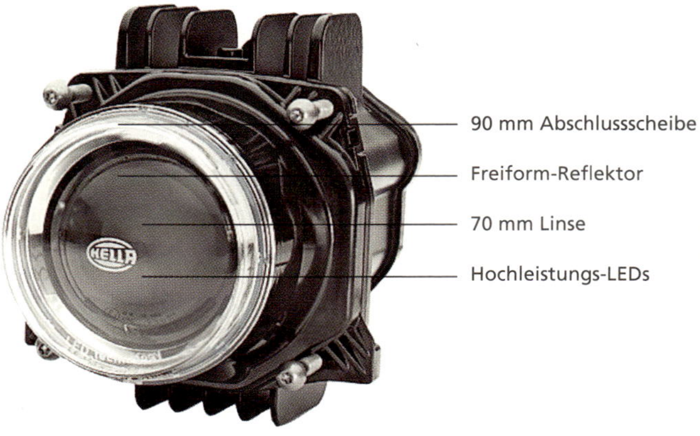

3.5 Steuerungs- und Regelungstechnik

3.5.1 Steuern und Regeln

Steuern

Dämmerungsschaltung

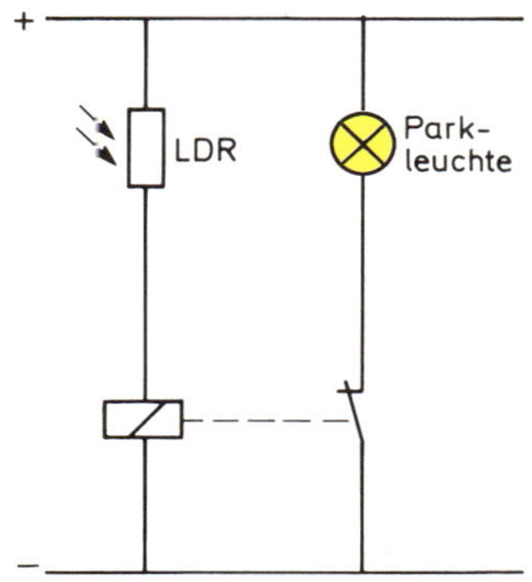

Bei einer einfachen Dämmerungsschaltung steuert das Tageslicht über einen Fotowiderstand (LDR) und ein Relais das Parklicht. Das Tageslicht wird von dem Fotowiderstand in eine elektrische Größe umgesetzt. Ohne Lichteinwirkung hat der LDR einen hohen Widerstand. Der geringe Steuerstrom ist nicht in der Lage, das Relais zum Anzug zu bringen. Die Parkleuchte brennt. Trifft Licht auf den LDR, sinkt der Widerstandswert, der Steuerstrom erhöht sich. Das Relais zieht an und unterbricht den Stromkreis für die Parkleuchte.

Informationsfluss

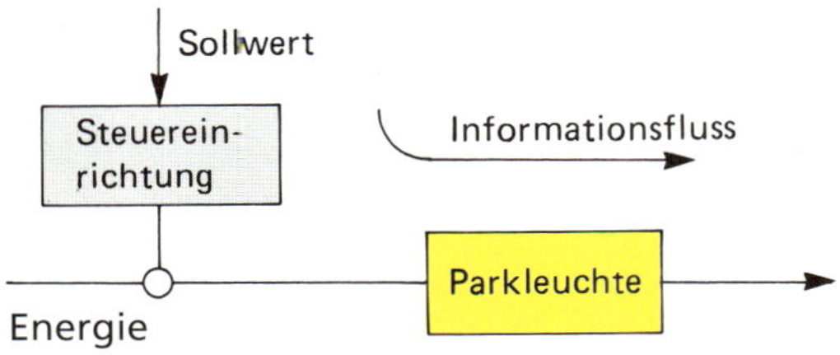

Das Tageslicht beeinflusst das Ein- oder Ausschalten des Parklichts. Das Parklicht beeinflusst umgekehrt das Tageslicht nicht.

Merkmal für den Vorgang des Steuerns ist der offene Wirkungsablauf.

Steuern ist nach DIN 19 226 ein Vorgang in einem System, bei dem eine oder mehrere Größen als Eingangsgrößen andere Größen als Ausgangsgrößen beeinflussen.

Abweichungen vom eingestellten Wert, die infolge von Störungen eintreten (Störgrößen), werden nicht erfasst, um zu einer Korrektur ausgenutzt zu werden. Man spricht von einer Steuerkette.

Regeln

Fahrzeuginnenraumheizung

1 Kaltluft
2 Lüfter
3 Temperatur-messfühler
3a zum Saugrohr oder Gebläse
4 Magnetventil
5 Wärmetauscher
6 Sollwertsteller
7 Ausblasfühler
8 Warmluft
9 Regeleinrichtung

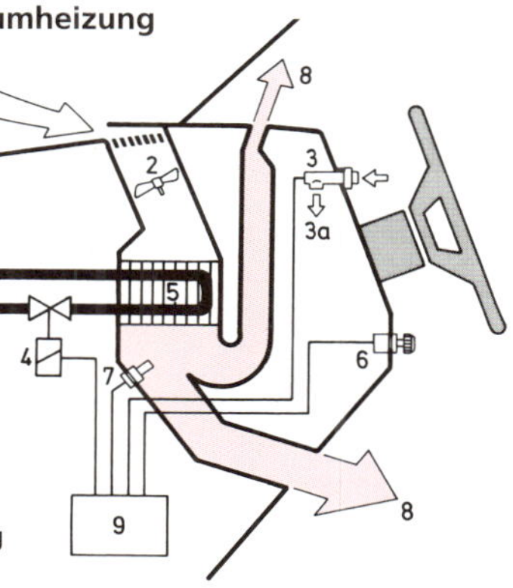

Temperaturmessfühler messen die Temperatur des Fahrzeuginnenraumes und die der Ausblasluft. Die Signale der beiden Temperaturmessfühler (Istwerte) werden vom Regler mit dem eingestellten Sollwert verglichen. Der Sollwert wird durch ein Potenziometer (verstellbarer Widerstand) an der Instrumententafel eingestellt. Bei z. B. niedriger Temperatur im Fahrzeuginnenraum liefert der Regler Impulse an das im Warmwasserkreislauf liegende Elektromagnetventil. Das Elektromagnetventil öffnet und erhöht den Durchfluss der Warmwassermenge und damit die Wärmeenergie, die im Wärmetauscher an die Ausblasluft abgegeben wird.

Informationsfluss

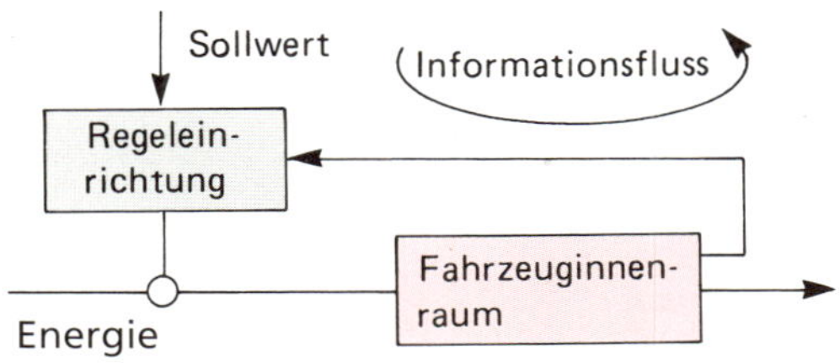

Die Fahrzeuginnentemperatur wird zur Regeleinrichtung ständig zurückgemeldet. Der Regler reagiert auf Temperaturabweichungen und sorgt für eine Temperaturanpassung.

Merkmal für den Vorgang des Regelns ist der geschlossene Wirkungsablauf.

Regeln ist nach DIN 19 226 ein Vorgang, bei dem die zu regelnde Größe fortlaufend erfasst wird, mit einer anderen Größe, der Führungsgröße, verglichen und abhängig vom Ergebnis dieses Vergleichs im Sinne einer Angleichung an die Führungsgröße beeinflusst wird. Man spricht von einem Regelkreis.

3.5.2 Steuerkette, Regelkreis

Steuerkette

Eine Steuerung besteht aus folgenden Funktionseinheiten:

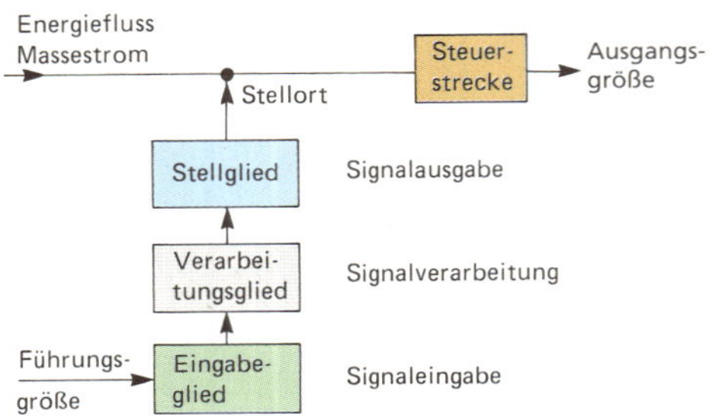

Die Steuerstrecke ist der Teil der Anlage, welcher aufgabengemäß beeinflusst werden soll.
Über das Eingabeglied wird die Führungsgröße (Eingangsgröße) als Signal an die Steuerkette eingegeben. Das Verarbeitungsglied verknüpft oder verarbeitet die Signale nach bestimmten logischen Gesetzen. Stellglied ist das am Eingang der Strecke liegende Glied, das am Stellort in den Massestrom oder Energiefluss eingreift.
Die Steuerglieder sind in Kettenstruktur aneinander gereiht und werden nacheinander durch Signale angesteuert.
Überträgt man dies auf die Dämmerungsschaltung, so erhält man:

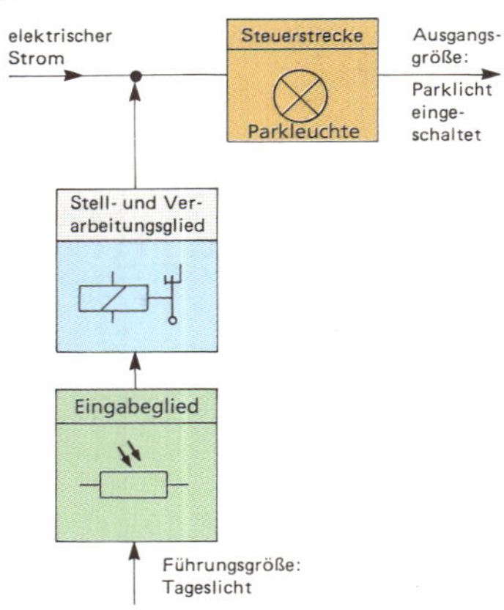

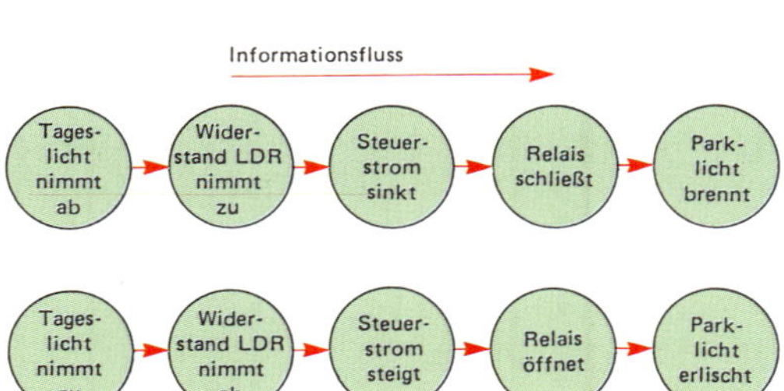

Regelkreis

Eine Regelung besteht aus folgenden Funktionseinheiten:

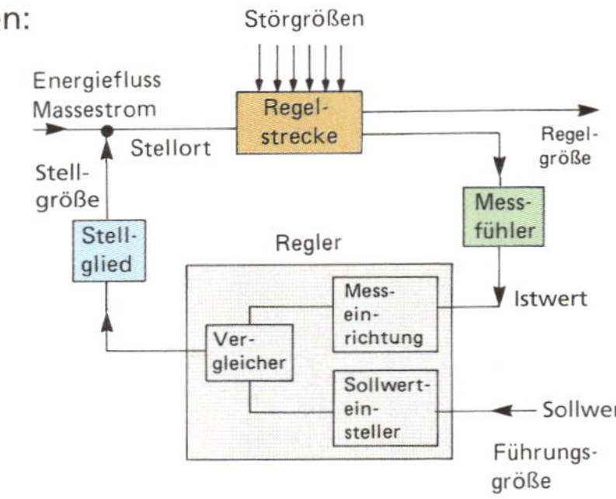

Die Regelstrecke ist der Teil der Anlage, welcher aufgabengemäß beeinflusst werden soll.
Die Regelgröße wird durch Messfühler fortlaufend erfasst. Die Signale werden von der Messeinrichtung des Reglers verarbeitet. Der Sollwerteinsteller wird auf den Sollwert, die Führungsgröße, eingestellt. Im Vergleicher erfolgt ein Vergleich des über die Messeinrichtung gelieferten Istwertes und der im Sollwerteinsteller fest eingestellten Führungsgröße. Der Vergleicher bildet die Regelabweichung und gibt, wenn sie nicht null ist, Spannungssignale an das Stellglied. Das Stellglied greift in den Massestrom ein.
Überträgt man dies auf die Innenraumheizung, so erhält man:

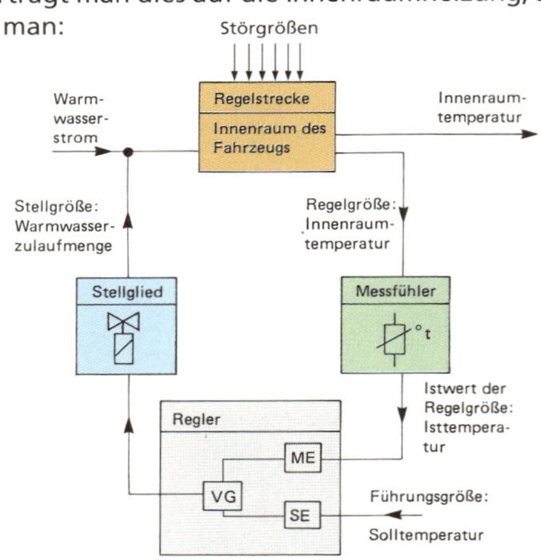

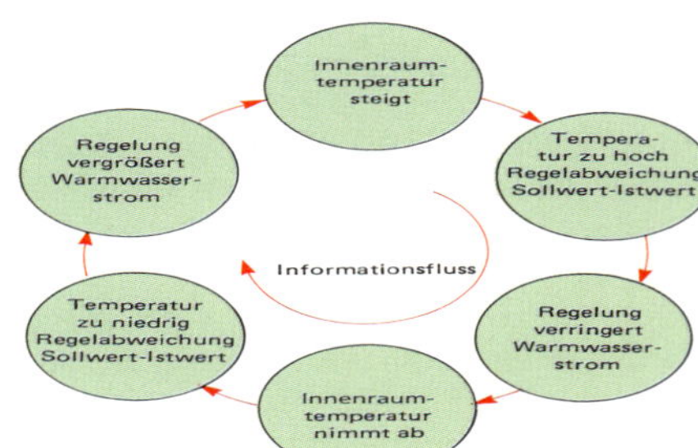

3.5.3 Steuerungsarten, Signalformen

Analoge Steuerungen

Bei einer Helligkeitssteuerung in einer Instrumentenbeleuchtung ändert sich durch Verschieben des Widerstandes die Helligkeit der Lampen. Der Lampenstrom ändert sich stufenlos analog der Stellung des Widerstandes ohne dass Lücken auftreten.

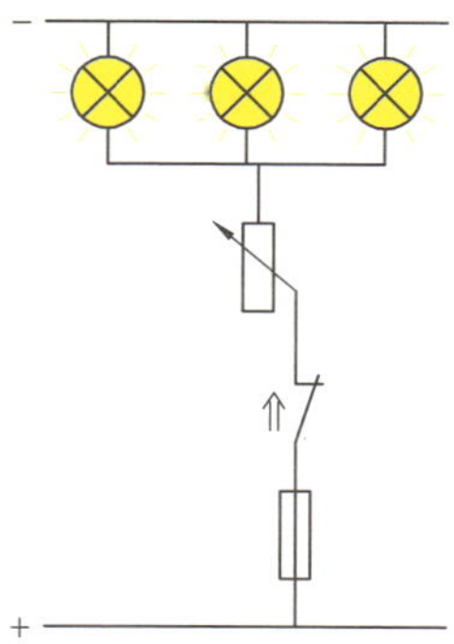

Signale analoger Steuerungen

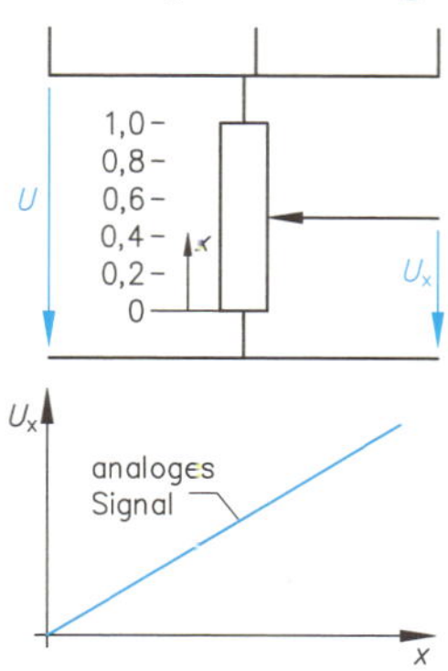

Binäre Steuerungen

In der Schaltung besitzt der Schalter nur zwei Betriebszustände:

- EIN → Spannung vorhanden (1)
- AUS → Spannung nicht vorhanden (0)

Man ordnet diesen beiden Zuständen die Ziffern „0" und „1" zu. Diese Eigenschaft der Zweiwertigkeit wird mit dem Begriff binär bezeichnet. Auch die Signalausgabe erfolgt binär. Die Lampe hat zwei Betriebszustände: EIN oder AUS.

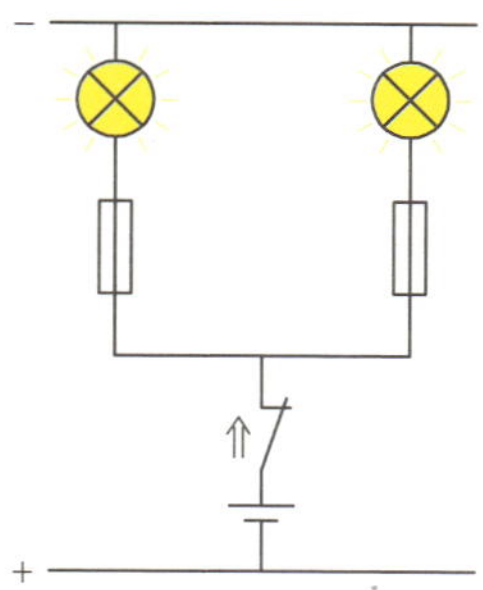

Signale binärer Steuerungen

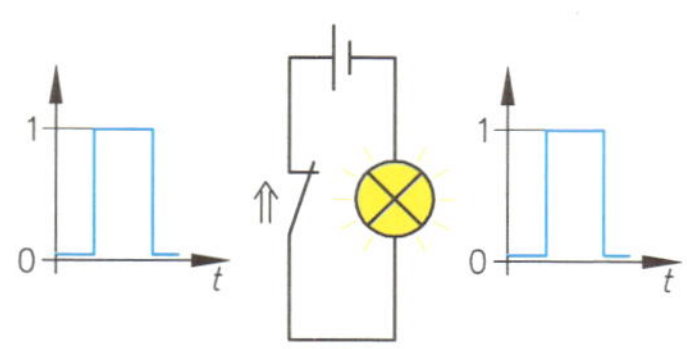

Digitale Steuerungen

In digitalen Steuerungen werden die Signale in festgelegten Schritten angegeben, ohne dass es Zwischenwerte gibt. Die Digitalanzeige der Fahrgeschwindigkeit in der Instrumenteneinheit ändert ihren Anzeigewert nur dann, wenn die Geschwindigkeit um 1 km/h steigt oder fällt. Die Anzeige folgt der Fahrzeuggeschwindigkeit in Zählschritten (1 Zählschritt = 1 Digit).

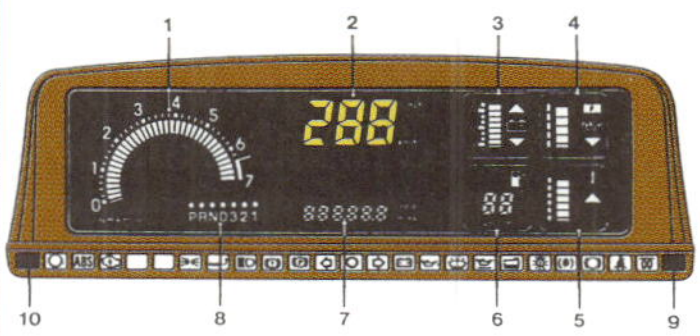

1 Drehzahlmesser
2 Tachometer
3 Batteriespannungsanzeige
4 Öldruckanzeige
5 Bedienschalter
6 Anzeige Wählhebelstellung
7 Wegstreckenzähler
8 Kraftstoffanzeige
9 Temperaturanzeige
10 Bedienschalter

Signale digitaler Steuerungen

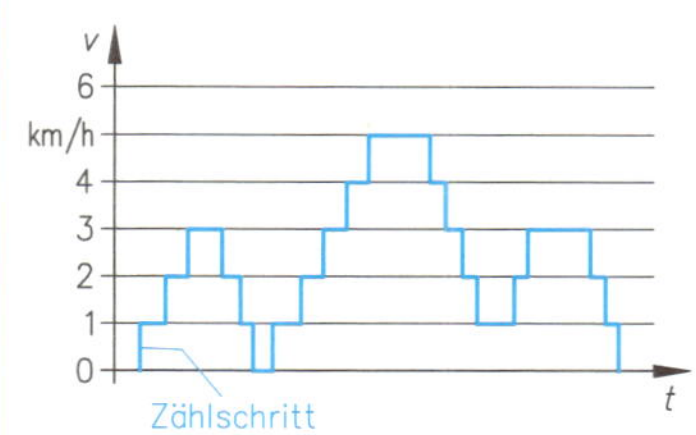

3.5.4 Signalfluss

Das folgende Beispiel zeigt den Signalfluss anhand einer digitalen Anzeige in einem Kfz. Dabei werden die gefahrenen Kilometer durch eine Digitalanzeige angezeigt.

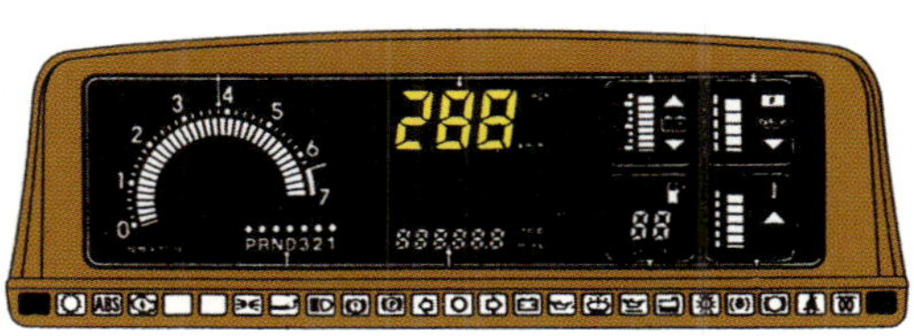

3.5.4.1 Eingabeglied

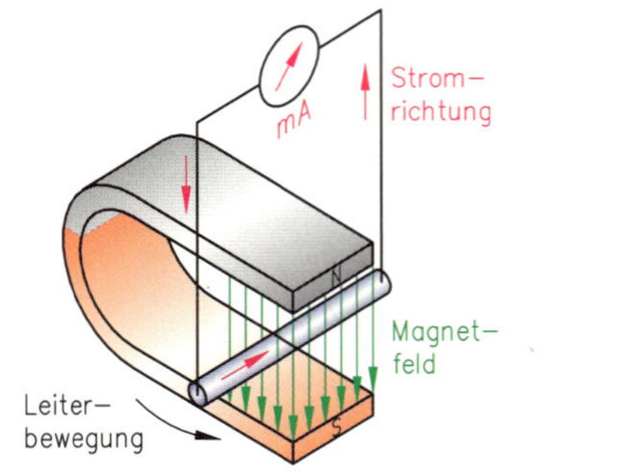

Als Eingabeglied verwendet man z. B. einen Weggeber nach dem Induktionsprinzip, der die Radumdrehungen in elektrische Signale umsetzt. Wird ein Leiter in einem Magnetfeld so bewegt, dass die magnetischen Feldlinien geschnitten werden, wird in ihm eine Spannung erzeugt. Sie wird als Induktionsspannung bezeichnet.

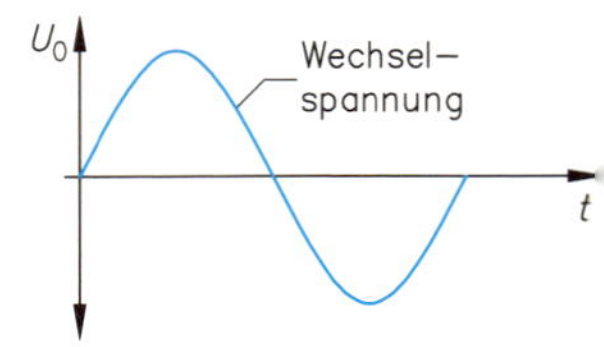

Die Induktionsspannung besteht nur so lange, wie die Feldlinien geschnitten werden. Sie wechselt bei Änderung der Bewegungsrichtung des Leiters ebenfalls ihre Richtung. Wegen ihrer wechselnden Richtung wird die induzierte Spannung Wechselspannung genannt.

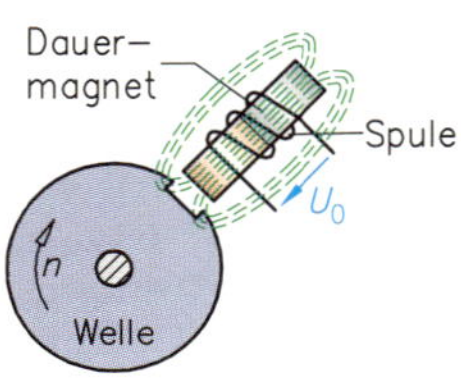

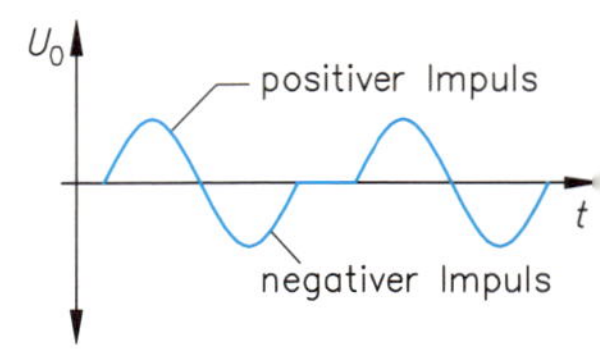

Bei der induktiven Drehzahl- bzw. Wegmessung dreht sich eine mit einer Nut versehene Welle durch das Feld eines Dauermagneten. Bei jeder Umdrehung wird beim Durchgang der Nut die vom Magneten erzeugte Flussdichte verändert. Durch die Flussänderung wird in der den Dauermagneten umfassenden Spule eine Spannung induziert. Pro Umdrehung wird ein positiver und ein negativer Impuls erzeugt.

3.5.4.2 Signalverarbeitungsglieder

Analog-Digital-Wandler

Da die weiteren elektronischen Verarbeitungsglieder nur mit binären Signalen arbeiten können, muss das analoge Signal des Induktionsgebers in ein binäres Signal umgewandelt werden. Die Spannungsimpulse werden von einer elektronischen Schaltung in Rechteckimpulse gleicher Frequenz umgewandelt. Die Baugruppe heißt Analog-Digital-Wandler.

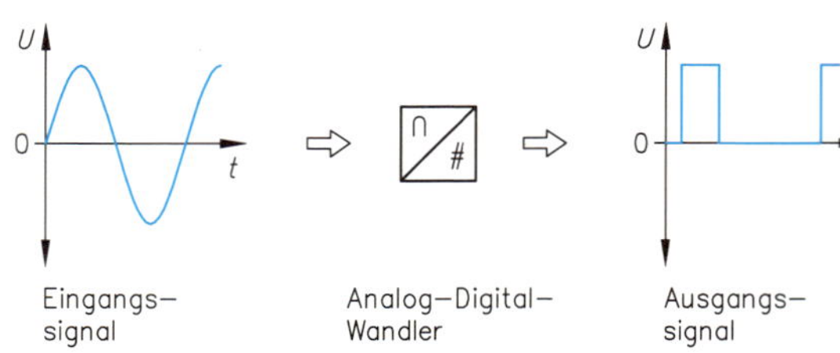

Mit einer einfachen Relaisschaltung lässt sich die Signalumwandlung vergleichen. Das Relais benötigt zum Schalten eine bestimmte Anzugsspannung U_A. Es schließt erst dann den Lampenstromkreis, wenn der Momentanwert der Wechselspannung die benötigte Anzugsspannung U_A überschritten hat. Der Stromkreis bleibt so lange geschlossen, bis der Momentanwert der Wechselspannung die Haltespannung U_H des Relais unterschreitet. Durch die Diode wird die Verarbeitung des negativen Signals verhindert.

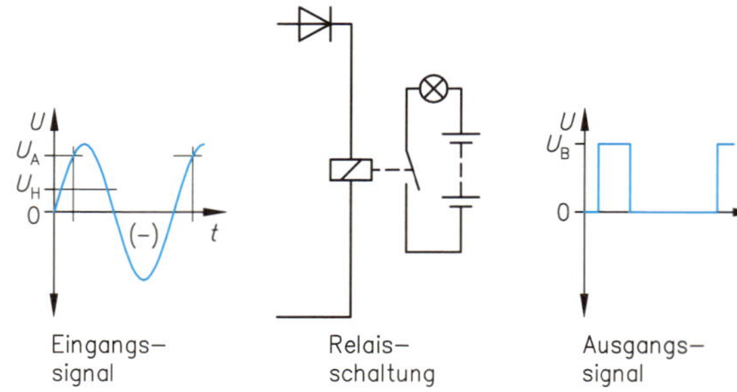

Aus dem analogen Signal ist ein binäres Signal geworden:

Lampe leuchtet: 1-Signal ≙ U_B
Lampe leuchtet nicht: 0-Signal ≙ 0 V

3.5.4.3 Zähler

Die ankommenden Impulse werden in elektronischen Zählerbausteinen addiert. Sie werden wie die Logikbausteine als IC gefertigt. Jeder Zählerbaustein besteht aus mehreren Zählstufen. Jede Zählstufe kann nur von 0 bis 1 zählen (binär).
So können z. B. vier hintereinandergeschaltete Zählstufen von 0 bis 9 zählen (dezimal). Beim 10. Zählimpuls schaltet jede Zählstufe in die Nullstellung zurück.

Zähler mit 4 Zählstufen

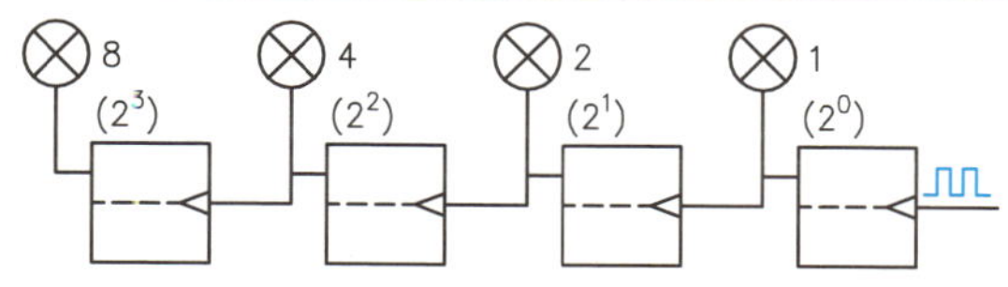

Dezimalzahl	4. Zählerstufe	3. Zählerstufe	2. Zählerstufe	1. Zählerstufe	Zählimpulse	
						Die erste Zählstufe wird von den Zählimpulsen direkt angesteuert. Jede Zählstufe gibt erst dann einen Übertragungsimpuls an die nächste Zählstufe, wenn sie von 1 auf 0 schaltet. Die Lampen zeigen die Binärzahlen an.
0	0	0	0	0		Kein Zählimpuls, die Zählstufen stehen auf 0.
1	0	0	0	1	⎍	Beim ersten Zählimpuls springt die erste Zählstufe von 0 auf 1.
2	0	0	1	0	⎍	Beim zweiten Zählimpuls springt der erste Zähler von 1 auf 0 und gibt einen Übertragungsimpuls an den zweiten Zähler. Er schaltet von 0 auf 1.
3	0	0	1	1	⎍	Der erste Zähler springt mit dem dritten Zählimpuls von 0 auf 1. Die zweite Zählstufe behält ihren Zustand bei.
4	0	1	0	0	⎍	Beim dritten Zählimpuls springt der erste Zähler von 1 auf 0. Er gibt einen Übertragungsimpuls an den zweiten Zähler, der ebenfalls von 1 auf 0 schaltet. Er gibt einen Übertragungsimpuls an die dritte Zählstufe, die von 0 auf 1 schaltet.
5	0	1	0	1	⎍	Beim vierten Zählimpuls schaltet die erste Zählstufe von 0 auf 1. Der Zustand der zweiten und dritten Zählstufe bleibt bestehen.

3.5.4.4 Signalausgabe

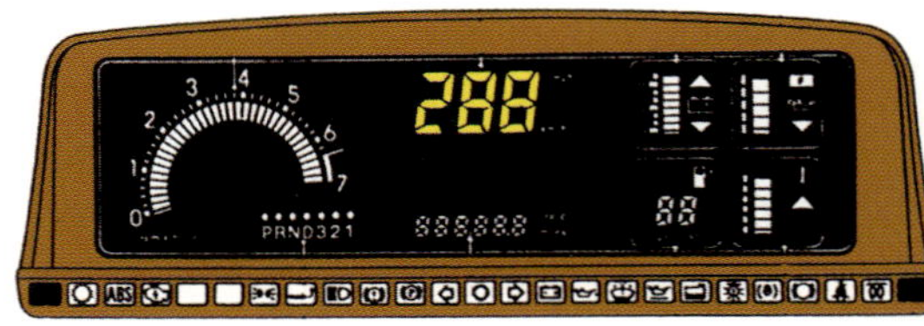

Für die Anzeige der Ziffern stehen 7 Segmente (a–g) zur Verfügung. Jedes Segment besteht aus einer Lumineszenzdiode (Leuchtdiode), bei welcher der Effekt der Fotodiode umgekehrt wird, d.h. elektrische Energie wird in Lichtenergie umgewandelt. Lumineszenzdioden werden auch als LED (light emitting diode) oder Licht aussendende Dioden bezeichnet.
Zur Umwandlung der Binärsignale der Zählstufen auf die Sieben-Segment-Anzeige ist ein Codewandler (Decoder) erforderlich. Über eine entsprechende Schaltung des Festwertspeichers werden die einzelnen Leuchtsegmente angesteuert.

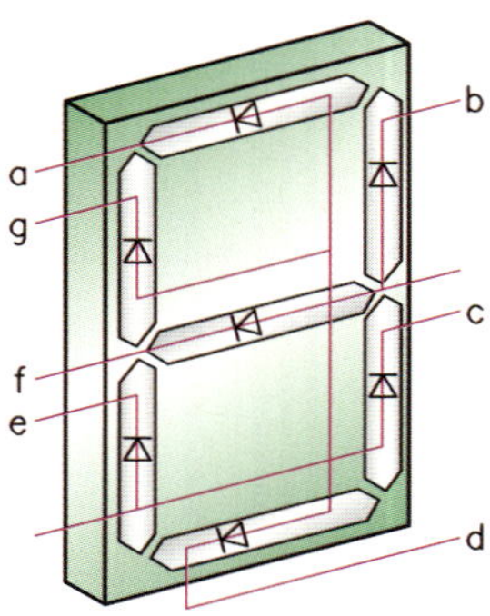

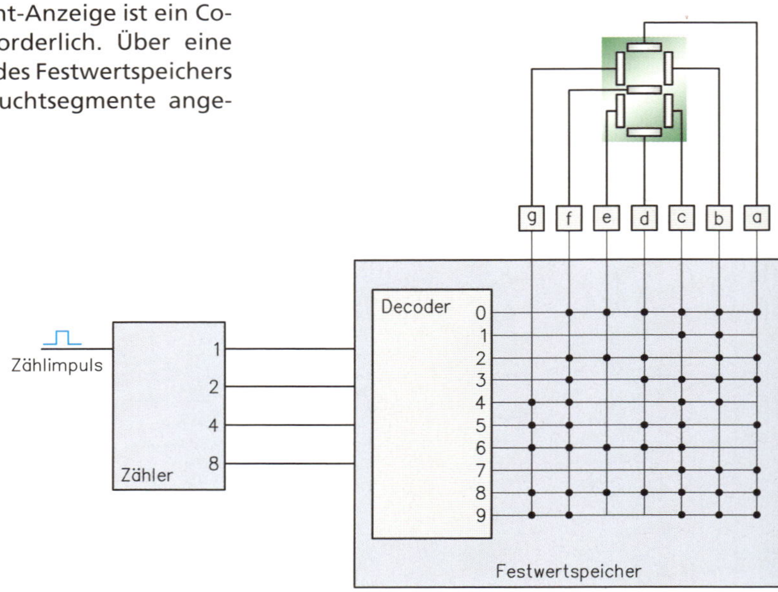

3.5.5 EVA-Prinzip

Jedes informationsverarbeitende System des Kraftfahrzeugs besteht im Wesentlichen aus drei Funktionsbereichen. Beispiel Motorsteuerung:

- Sensoren, Geber, Schalter wandeln die physikalischen Größen Luftmasse, Drehzahl, Temperatur, Stellung der Drosselklappe usw. in elektrische Signale um.
- Das Steuergerät berechnet die einzuspritzende Kraftstoffmenge (Einspritzzeit) sowie den Zündwinkel und bildet die Steuerimpulse.
- Die Aktoren setzen die Steuerimpulse um:
  - Die Einspritzventile öffnen und schließen die Kraftstoffzufuhr entsprechend den Steuerimpulsen und zerstäuben den Kraftstoff.
  - Die Zündkerze zündet im Zündzeitpunkt das Kraftstoff-Luftgemisch.

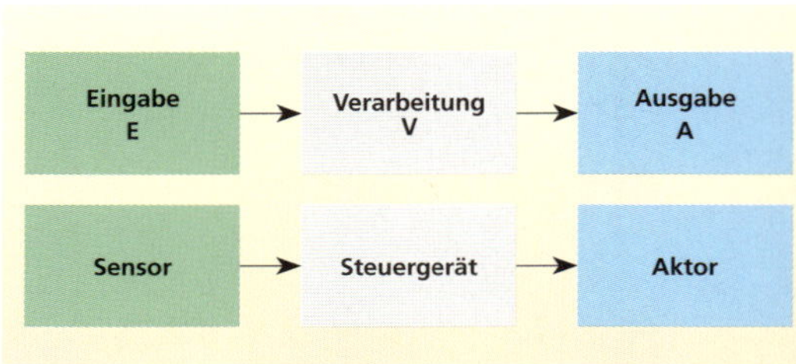

Dieses Eingabe-Verarbeitung-Ausgabe-Prinzip wird als EVA-Prinzip bezeichnet. Wir finden es bei allen Steuerungs- und Regelungssystemen des Kraftfahrzeuges, z. B. beim Motormanagementsystem eines Ottomotors, ABS, Getriebesteuerung usw.

3.5.6 Motormanagementsystem

3.5.6.1 Systemübersicht: Motormanagementsystem

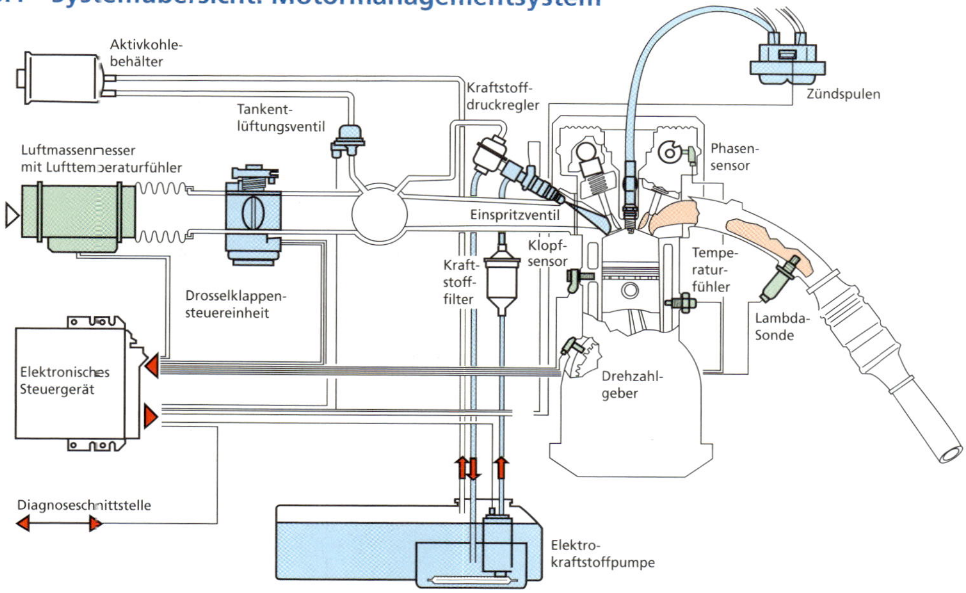

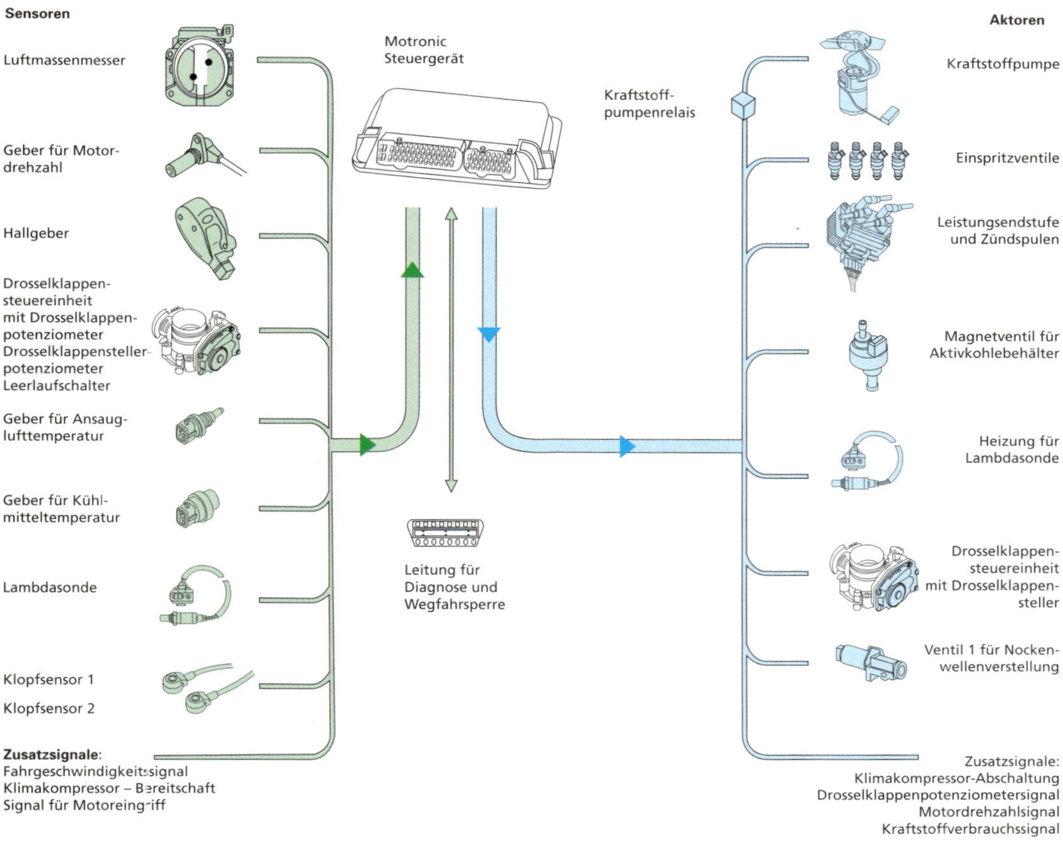

Das Motormanagementsystem besteht aus folgenden Teilsystemen:

Kraftstoffversorgung

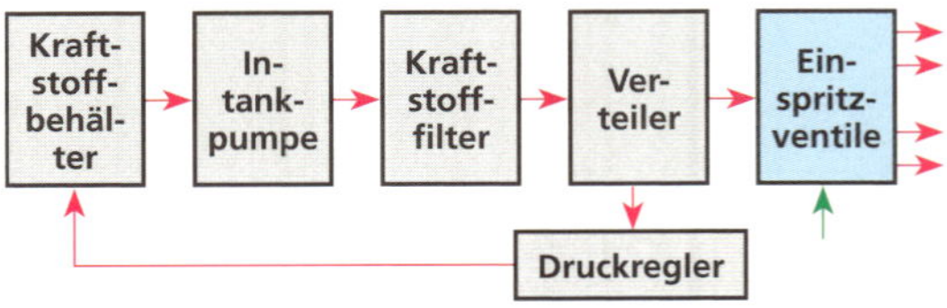

Eine im Tank eingebaute Elektro-Kraftstoffpumpe fördert den Kraftstoff über einen Kraftstofffilter zum Kraftstoffverteiler mit den Einspritzventilen. Ein Druckregler regelt den Kraftstoffdruck. Der nicht verbrauchte Kraftstoff fließt über den Druckregler zum Kraftstoffbehälter zurück. Die Einspritzventile werden durch elektrische Impulse des Steuergeräts angesteuert. Sie spritzen den Kraftstoff in die Einzelsaugrohre der Zylinder vor die Einlassventile.

Vollelektronische Zündung

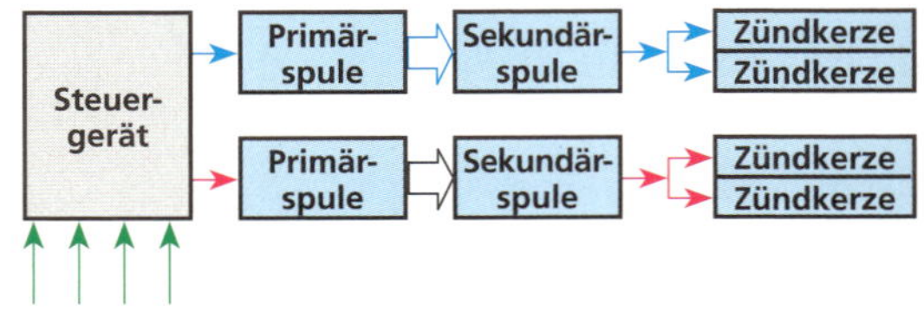

Der Motor besitzt ein Zündsystem mit Zweifunken-Zündspulen. Die beiden Zündspulen sind mit den Zündungsendstufen zu einem kompakten Zündmodul zusammengefasst. Ein Nockenwellensensor gibt die Information, welcher Zylinder angesteuert werden muss.
Da bei der sequenziellen Einspritzung der Zeitpunkt der Einspritzung individuell angepasst wird, ist die Information der Nockenwellenstellung notwendig.

Klopfregelung

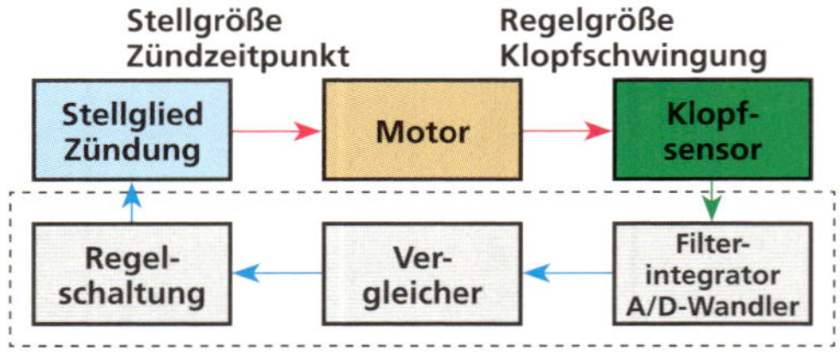

Bei der Klopfregelung erfassen Klopfsensoren die vom Verbrennungsraum ausgehenden Schwingungen und liefern Signale an das Steuergerät. Das Steuergerät erkennt den betroffenen Zylinder und verstellt den Zündzeitpunkt der nächstfolgenden Zündung nach „spät". Bei einmaligem Klopfen wird der Zündwinkel nach kurzer Zeit schrittweise an den im Zündkennfeld gespeicherten Wert zurückgeführt.

Lambda-Regelung

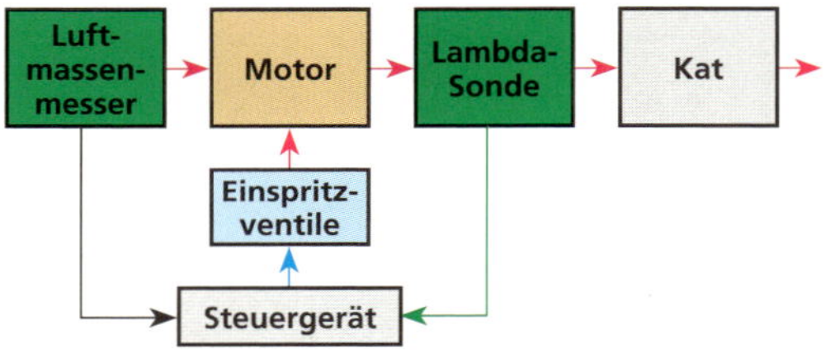

Ein in allen Betriebszuständen konstantes Luftverhältnis von $\lambda = 1$ wird nur über eine ständige Gemischregelung erreicht. Bei Abweichungen vom Sollwert liefert die Lambda-Sonde ein Signal an das Steuergerät, das solange mit einer Änderung der Einspritzzeit der Ventile reagiert bis die Gemischzusammensetzung das Luftverhältnis von $\lambda = 1$ hat.

Kraftstoffverdunstungs-Rückhaltesystem

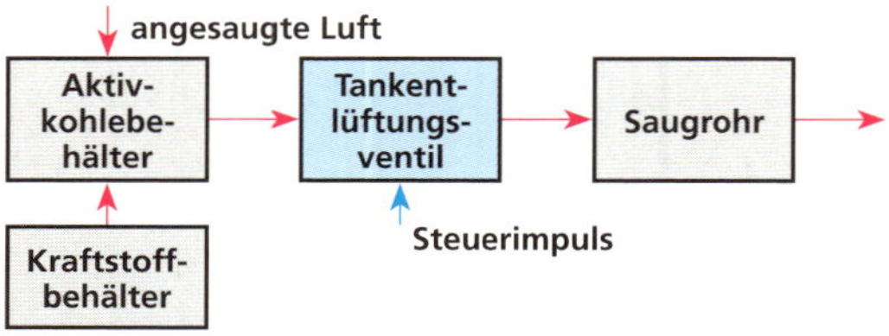

Die im Kraftstoffbehälter entstehenden Kraftstoffdämpfe werden über eine Leitung in den Aktivkohlebehälter geführt und dort gespeichert. Das Tankentlüftungsventil öffnet, wenn es vom Motorsteuergerät angesteuert wird. Der Unterdruck im Saugrohr bewirkt, dass Luft durch die Aktivkohle strömt und die zwischengespeicherten Benzindämpfe mitreißt und über das Saugrohr der Verbrennung zugeführt wird.

Nockenwellenverstellung

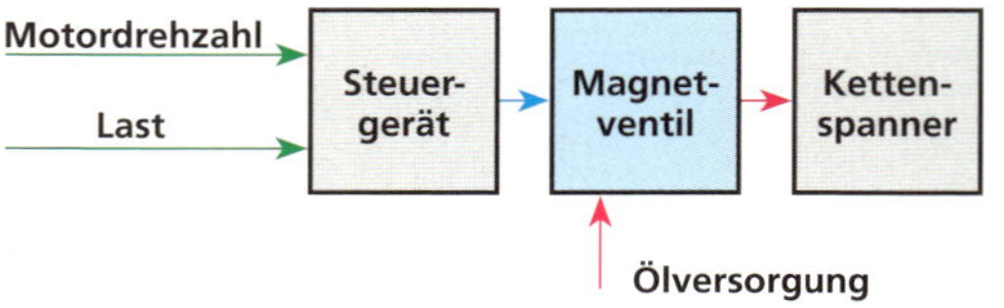

Die variable Ventilsteuerung ermöglicht die Verstellung der Einlassnockenwelle. Dies erfolgt über den Kettenmechanismus, der das Längenverhältnis der Antriebskette zwischen den beiden Nockenwellen verändert. Die Einlassnockenwelle kann gegenüber der Auslassnockenwelle um bis zu 30° verdreht werden. Die Verstellung durch das Steuergerät erfolgt in Abhängigkeit von der Motordrehzahl und dem Lastzustand.

3.5.6.2 Funktionsgruppen der elektronischen Steuerung

Sensoren

Luftmassenmesser

Prinzipbild

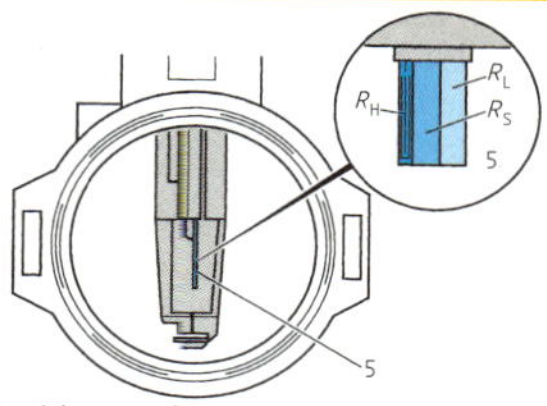

R_H Heizwiderstand
R_L Temperaturwiderstand
R_S Sensorwiderstand

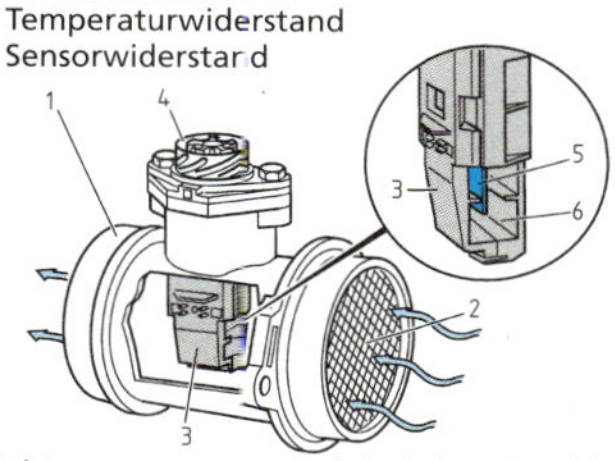

1 Gehäuse
2 Schutzgitter
3 Elektronikgehäuse
4 elektrischer Anschluss
5 Heißfilm-Sensor
6 Messkanal

Schaltbild

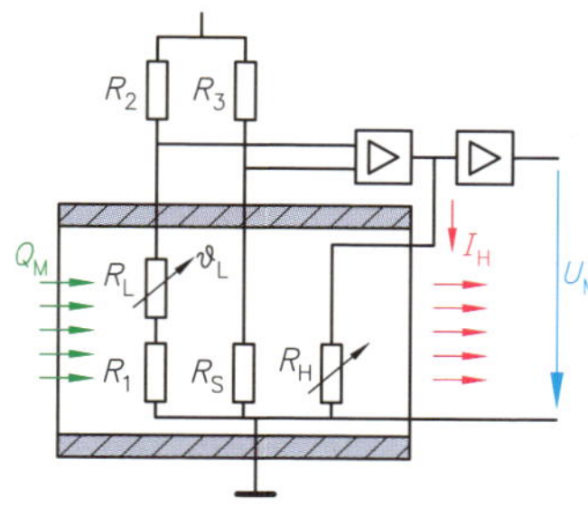

R_K Temperatur-Kompensationssensor
R_H Heizwiderstand
R_1, R_2, R_3 Brückenwiderstände
U_M Messspannung
I_H Heizstrom
t_L Lufttemperatur
Q_M einströmende Luftmasse pro Zeiteinheit

Signal

digital

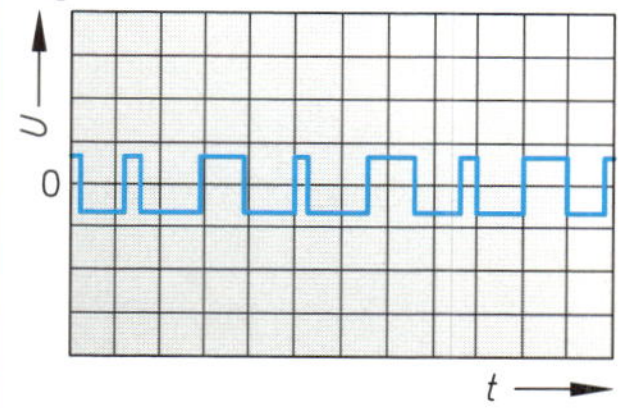

analog

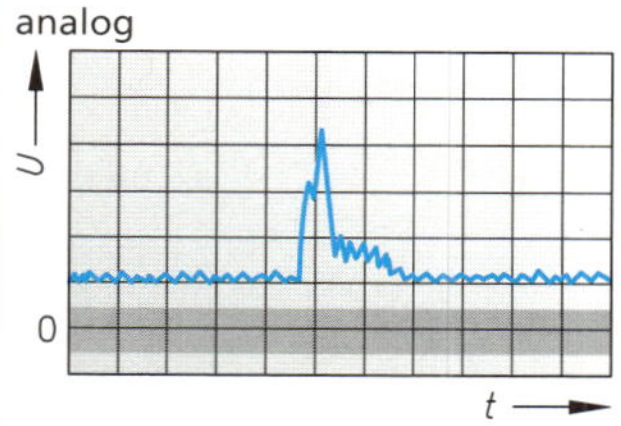

Funktionsweise

Beim Heißfilm-Luftmassenmesser wird anstelle eines Hitzdrahtes ein auf einer Keramikplatte aufgebrachter Heißfilm erwärmt. Der Heißfilm-Luftmassenmesser besitzt drei Widerstände:

- Heizwiderstand (R_H) • Temperaturwiderstand (R_L) • Sensorwiderstand (R_S)

Eine Elektronik im Luftmassenmesser regelt über eine veränderliche Spannung die Temperatur des Heizwiderstandes (R_H) so, dass seine Temperatur 160 °C über der durch den Temperaturwiderstand (R_L) erfassten Ansauglufttemperatur liegt. Der Sensorwiderstand (R_S) erfasst die Temperatur des Heizwiderstandes. Bei Temperaturänderungen aufgrund eines geringeren oder höheren Luftdurchsatzes regelt die Elektronik die Spannung am Heizwiderstand nach, bis die Temperaturdifferenz von 160 °C wieder erreicht ist. Die Größe der Regelspannung dient als Maß für die angesaugte Luftmasse.
Eingangssignal E: Luftmasse; Ausgangssignal A: Spannungssignal

Temperaturfühler

Prinzipbild

Motortemperatursensor
1 Elektrischer Anschluss
2 Gehäuse
3 NTC-Widerstand

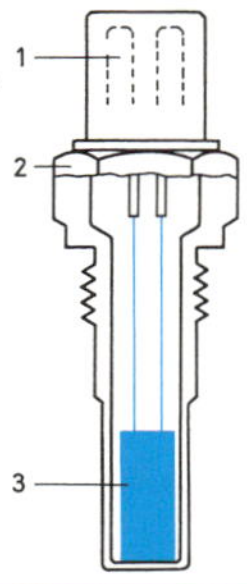

Schaltbild

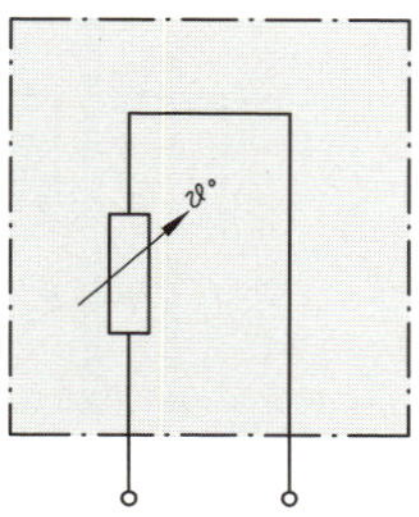

Signal

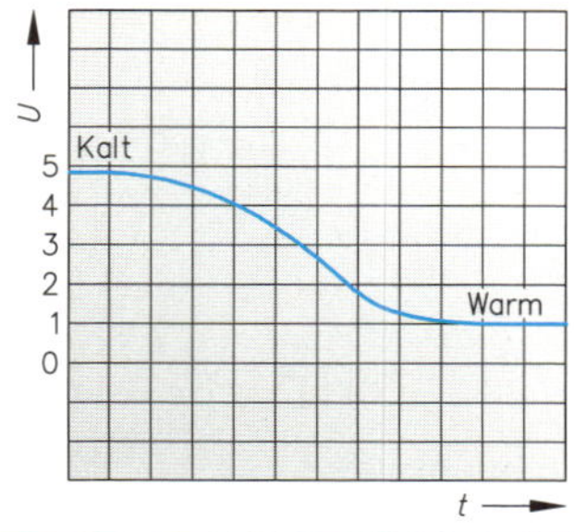

Funktionsweise

Wesentliches Element ist ein NTC-Widerstand. Er verringert bei steigender Temperatur seinen elektrischen Widerstand. Die Widerstandsänderung dient zur Bestimmung der Temperatur. Bei Temperaturfühlern mit einem PTC-Widerstand erhöht sich der Widerstand mit steigender Temperatur.
Eingangssignal E: Temperatur; Ausgangssignal A: Widerstandsänderung

Motordrehzahlgeber

Prinzipbild

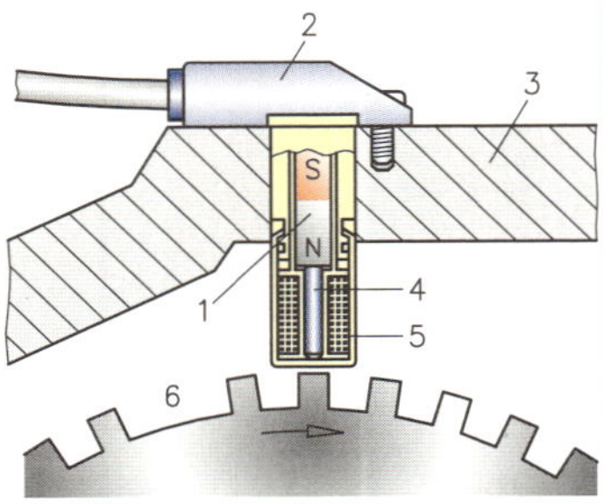

1 Dauermagnet
2 Gehäuse
3 Motorgehäuse
4 Weicheisenkern
5 Wicklung
6 Zahnscheibe mit Bezugsmarke (Zahnlücke)

Schaltbild

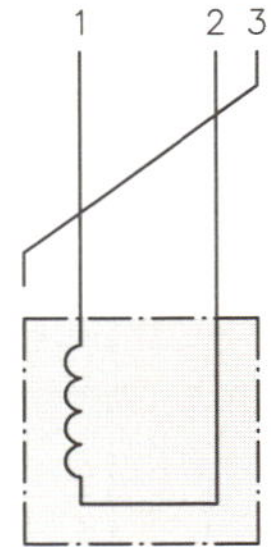

Anschlüsse:
1 Ausgangsspannung
2 Masse
3 Schirmung

Signal

Drehzahlsensor (ohne Zahnlücke)

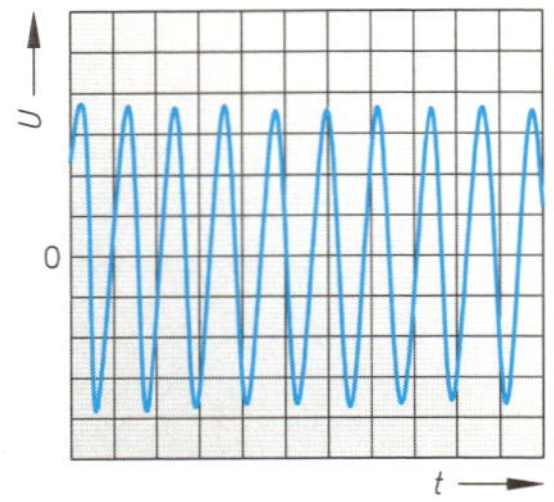

Kurbelwinkelsensor (mit Zahnlücke)

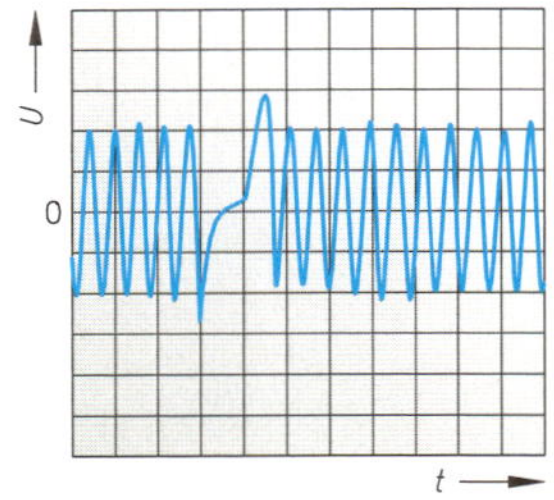

Funktionsweise

Zur Erfassung der Drehzahl und der Kurbelwellenstellung ist an der Kurbelwelle ein Impulsgeberrad mit Zähnen und im Motorgehäuse der Induktionsgeber anordnet. Ein Permanentmagnet im Induktionsgeber erzeugt einen magnetischen Fluss. Bei Drehung des Geberrades ändert sich der magnetische Fluss durch die Zähne. Die Flussänderung bewirkt in der Wicklung des Induktionsgebers eine Wechselspannung. Aus der Frequenz der Wechselspannung errechnet das Steuergerät die Drehzahl.
Zur Erfassung der Kurbelwellenstellung besitzt das Impulsgeberrad eine Zahnlücke. Dreht sich die Zahnlücke am Induktionsgeber vorbei, wird durch die größere magnetische Flussänderung eine höhere Spannung erzeugt. Aus dem Signal erkennt das Steuergerät die Kurbelwellenstellung.
Eingangssignal E: Drehzahl; Ausgangssignal A: Wechselspannung

Klopfsensor

Prinzipbild

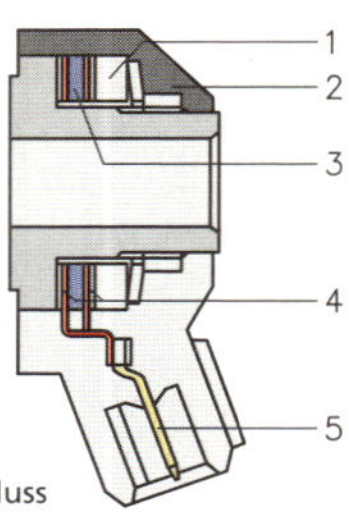

1 Seismische Masse
2 Vergussmasse
3 Piezokeramik
4 Kontaktierung
5 elektrischer Anschluss

Schaltbild

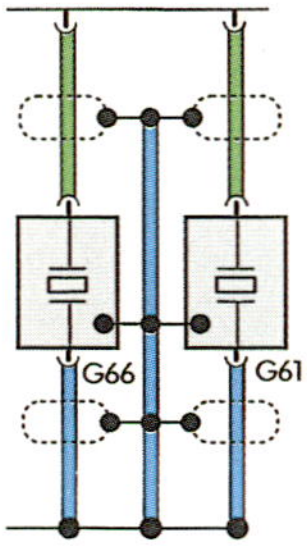

G66/G61: Klopfsensoren

Signal

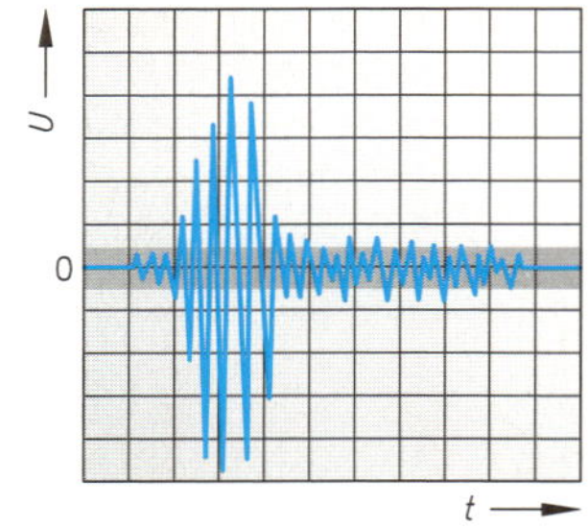

Funktionsweise

Klopfen entsteht, wenn sich das Kraftstoff-Luftgemisch, neben der durch den Zündfunken ausgelösten Verbrennung, selbst entzündet und die beiden Flammenfronten aufeinander treffen. Die dabei entstehenden Schwingungen werden von druckempfindlichen Piezoelementen gemessen. Ein Piezoelement besteht aus einem Kristall (z. B. Quarz), bei dem Druck oder Zug eine elektrische Spannung erzeugt. Der Klopfsensor enthält eine piezokeramische Scheibe, die Druckschwingungen während der Verbrennungsvorgänge in Wechselspannungen umwandelt. Eingangssignal E: Druck; Ausgangssignal A: Spannungssignal

Hallgeber

Prinzipbild	Schaltbild	Signal

Prinzipbild

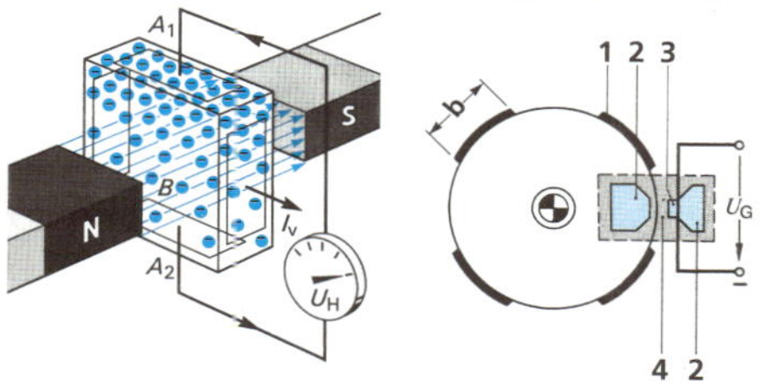

- A_1, A_2 Hallschicht
- U_H Hallspannung
- B Magnetfeld (Flussdichte)
- I_V konstanter Versorgungsstrom
- 1 Blende mit Breite b
- 2 Weichmagnetische Leitstücke
- 3 Hall-IC
- 4 Luftspalt
- U_G Geberspannung

Schaltbild

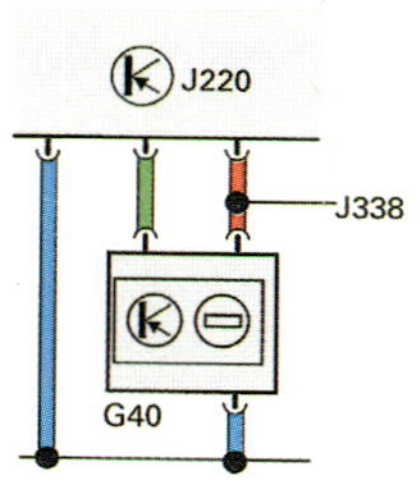

- J220: Steuergerät
- J338: Drosselklappen-steuereinheit
- G40: Hallgeber

Signal

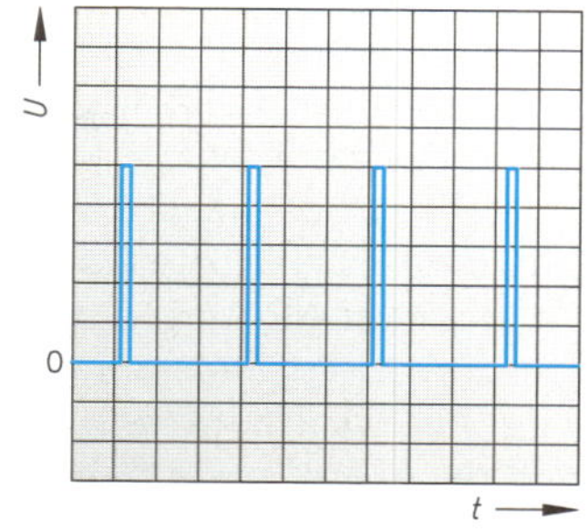

Funktionsweise

Die Information über die Position der Nockenwelle liefert der Hallgeber. Das Signal wird zur Erkennung des 1. Zylinders im OT benötigt. Danach legt das Steuergerät die Einspritzreihenfolge fest. Weiterhin wird das Signal zur Klopfregelung der einzelnen Zylinder benötigt.

Der Hallgeber arbeitet nach dem Halleffekt. Der Halleffekt beruht darauf, dass man einen Versorgungsstrom I_V durch eine Halbleiterschicht (Hallschicht) schickt und diese einem Magnetfeld aussetzt. Die Elektronen werden senkrecht zur Magnetfeldrichtung und senkrecht zur Stromrichtung abgelenkt. An den Querseiten der Halbleiterschicht entsteht eine elektrische Spannung, die Hallspannung U_H.

Beim Hallgeber taucht ein Rotor mit Blenden (Geberrad mit Segment) in den Luftspalt zwischen Dauermagnet und Hall-IC ein. Der Hall-IC besteht aus einer Hallschicht mit einem angeschlossenen elektronischen Schaltverstärker. Sperrt die Blende den Weg des Magnetfeldes zum Hall-IC, so entsteht keine Hallspannung. Der Hall-IC sperrt den Signalstrom. Gibt die Blende den Luftspalt frei, durchsetzt das Magnetfeld die Hallschicht, der Hall-IC schaltet den Signalstrom ein. Die Hallspannung EIN bzw. AUS dient als Signal für das Steuergerät.

Eingangssignal E: Drehzahl; Ausgangssignal A: Hallspannung

Lambda-Sonde

Prinzipbild	Schaltbild	Signal

Prinzipbild

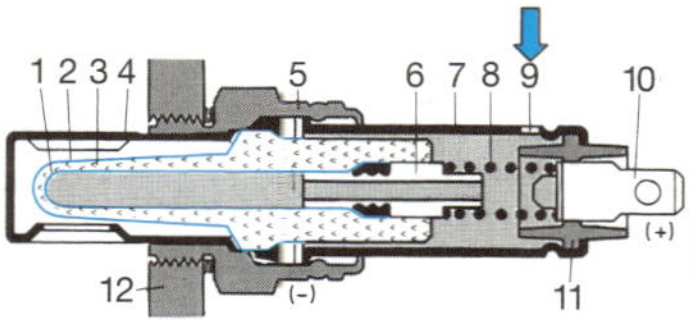

- 1 Elektrode (+)
- 2 Elektrode (–)
- 3 Sondenkeramik
- 4 Schutzrohr (abgasseitig)
- 5 Gehäuse (–)
- 6 Kontaktbuchse
- 7 Schutzhülse (luftseitig)
- 8 Kontaktfeder
- 9 Belüftungsöffnung
- 10 elektrischer Anschluss
- 11 Isolierteil
- 12 Abgasrohrwand

Schaltbild

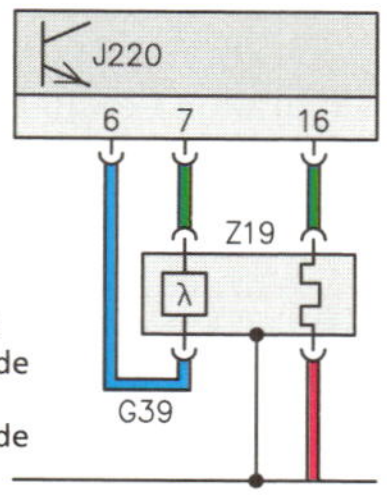

- J220: Steuergerät
- G39: Lambdasonde
- Z19: Heizung Lambdasonde

Signal

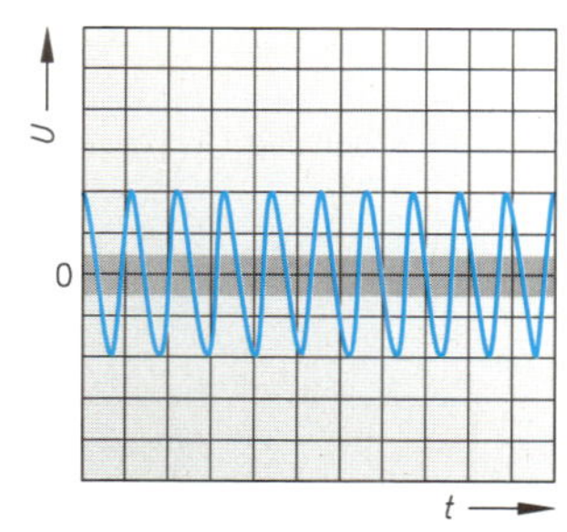

Funktionsweise

Die Lambda-Sonde misst den Restsauerstoffgehalt des Abgases und liefert ein Sondensignal. Die Spannung der Sonde hängt vom Sauerstoffgehalt der Elektrode luftseitig bzw. der Elektrode abgasseitig ab. Ändert sich das Verhältnis der Sauerstoffanteile, so ändert sich auch die elektrische Spannung. Die Sonde erzeugt beim Luftverhältnis $\lambda = 1$ einen Spannungssprung und liefert so ein Signal, das anzeigt, ob das Gemisch fetter oder magerer als $\lambda = 1$ ist. Das Signal wird im Steuergerät mit einem Sollwert verglichen und das Gemisch entweder angereichert oder abgemagert.

Eingangssignal E: Sauerstoffgehalt; Ausgangssignal A: Spannungssignal

Potenziometer und Schalter in der Drosselklappensteuereinheit

Bei kaltem Motor entstehen erhöhte Reibungswiderstände.
Zur Überwindung der größeren Reibungswiderstände muss der kalte Motor im Leerlauf ein höheres Drehmoment abgeben, um einen stabilen Leerlauf zu gewährleisten. Dies wird erreicht, indem die Drosselklappe soweit geöffnet wird, dass der Motor mehr Luft erhält. Da die Mehrluft vom Luftmassenmesser gemessen und bei der Kraftstoffzuteilung berücksichtigt wird, erhält der Motor mehr Gemisch.
Die Drosselklappensteuereinheit besteht aus den Sensoren

- Leerlaufschalter,
- Drosselklappenpotenziometer,
- Drosselklappensteller-Potenziometer und dem Aktor,
- Drosselklappensteller.

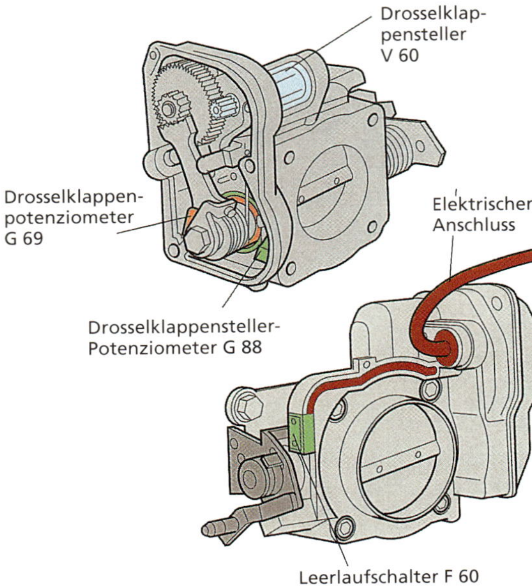

Leerlaufschalter

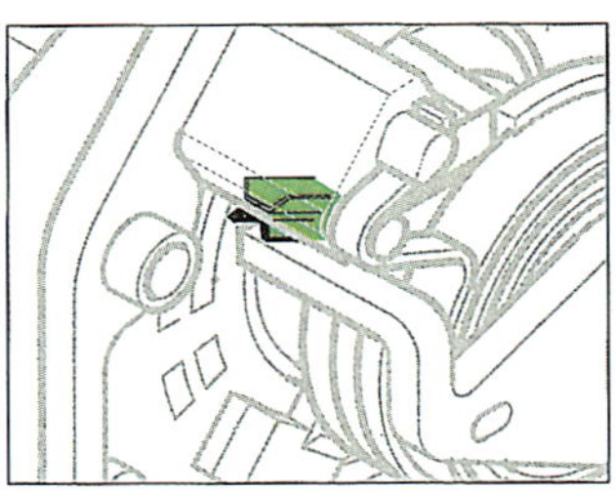

Elektrische Schaltung

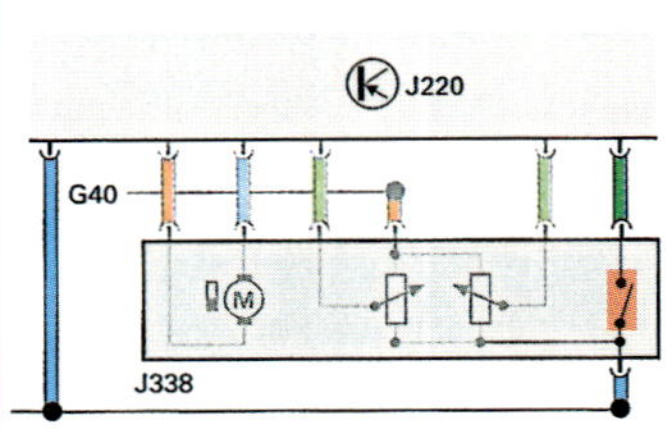

J220: Steuergerät
J338: Drosselklappensteuereinheit
G40: Hallgeber

Der geschlossene Leerlaufschalter (rot) signalisiert dem Steuergerät, dass sich der Motor im Leerlauf befindet.

Drosselklappenpotenziometer

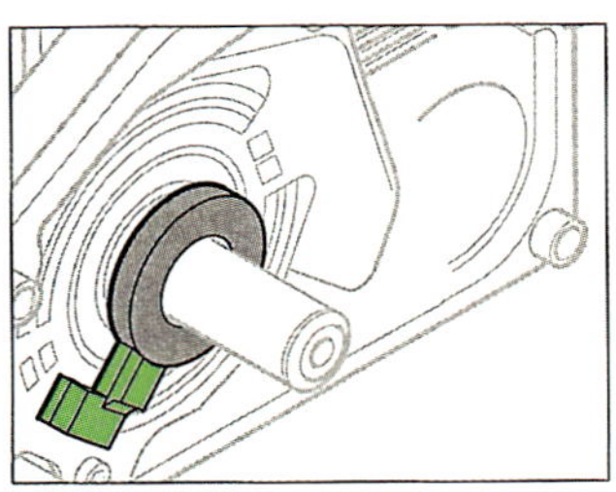

Elektrische Schaltung

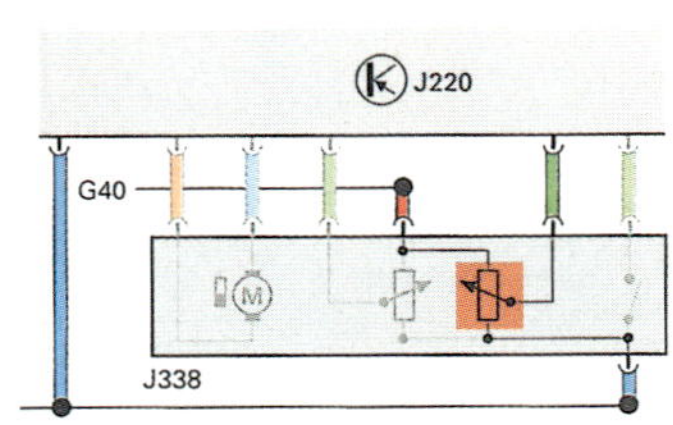

Das Drosselklappenpotenziometer (rot) meldet dem Steuergerät die Stellung der Drosselklappe.

Drosselklappensteller-Potenziometer

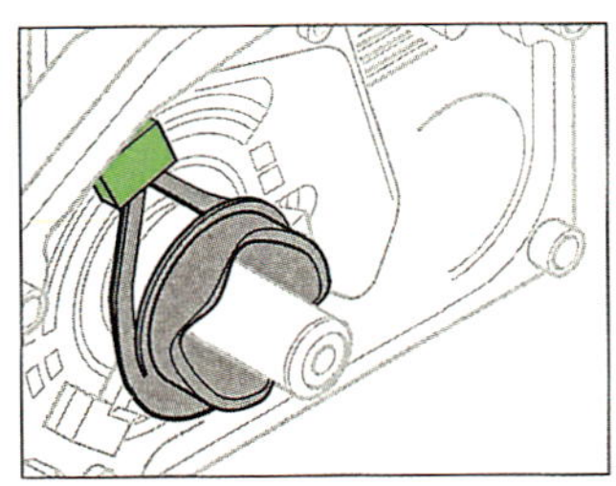

Elektrische Schaltung

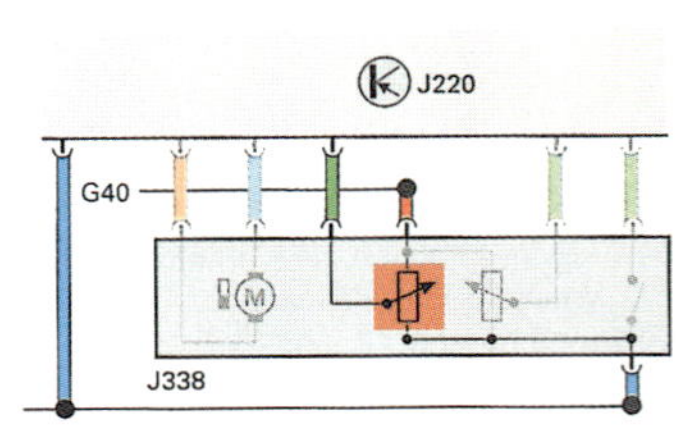

Das Drosselklappensteller-Potenziometer (rot) meldet dem Steuergerät die Stellung des Drosselklappenantriebes.

Signalverarbeitung im Steuergerät

Steuergerät

Signalaufbereitung in den Eingangsstufen
Der Mikrocomputer arbeitet rechenintern mit elektronischen Schaltern, die nur die Schaltzustände „EIN" oder „AUS" kennen. Diesen Schaltzuständen werden die Symbole „1" und „0" zugeordnet. Für die Signalaufbereitung besteht die Hauptaufgabe darin, die Informationen und Daten in eine recheninterne Form umzuwandeln.

ANALOG-DIGITAL-WANDLER (A/D)	IMPULSFORMER (IF)
Analog-Digital-Wandler wandeln analoge Signale in digitale Signale um.	Impulsformer machen aus den beliebig geformten Eingangssignalen ein Rechtecksignal.

Mikrocomputer

Eingabe

Mikroprozessor (CPU) Zentraleinheit

Die drei Hauptbestandteile einer Zentraleinheit sind:
- **Steuerwerk**
  Das Steuerwerk kontrolliert und steuert alle Funktionen des Mikrocomputers:
  - ordnet den Ablauf der Arbeit,
  - ruft die erforderlichen Daten ab,
  - steuert die Ein- und Ausgabe.
- **Rechenwerk:**
  Das Rechenwerk führt alle logischen und arithmetischen Grundoperationen durch: Arithmetische Operationen sind Addieren, Subtrahieren, Multiplizieren, Dividieren. Die logischen Operationen werden zum Steuern des Programmablaufs verwendet. Hierzu werden die Daten miteinander logisch verknüpft. Die erforderlichen Programme und Solldaten liefert der Festwertspeicher, die Istwerte (Betriebsdaten) der Betriebsdatenspeicher.
- **Register:**
  Das Register dient der kurzzeitigen Zwischenspeicherung von Ergebnissen.

Der CPU holt die Istwerte aus dem Betriebsdatenspeicher, die Solldaten aus dem Festwertspeicher und berechnet:
- den Zündwinkel aus den Sensorinformationen Last und Drehzahl, indem er den zugehörigen Wert aus dem gespeicherten Kennfeld entnimmt.
- die Einspritzgrundmenge aus dem Luftmassen- und Drehzahlsignal.

Der CPU korrigiert für einzelne Betriebszustände über den Kennfeldwert, die Einspritzgrundmenge in Abhängigkeit von Motoransaugluft-temperatur und Drosselklappenstellung.

Festwertspeicher (ROM)

Der Festwertspeicher speichert die vom Hersteller vorgegebenen
- Programme,
- Kennlinien,
- Kennfelder,
- Solldaten usw.

Die Daten lassen sich nur lesen, aber nicht verändern. Auch nach dem Abschalten der Stromversorgung behält der Speicher seinen Inhalt.
Kennfelder:

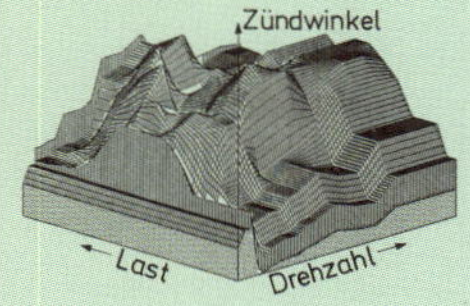

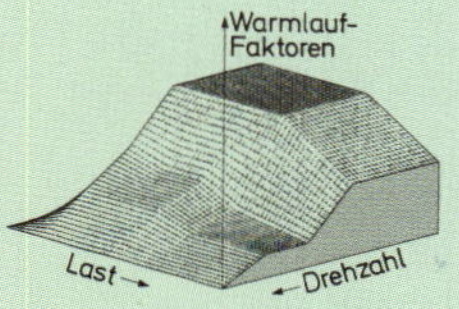

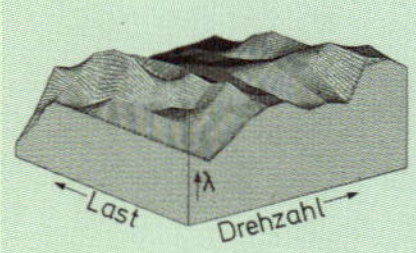

Betriebsdatenspeicher (RAM)

Der Betriebsdatenspeicher speichert alle von den Sensoren gelieferten Daten bis sie der Mikroprozessor abruft. Die Daten werden während des Betriebs ständig durch aktuelle Daten ersetzt.
Nach dem Abschalten der Stromversorgung sind alle Daten gelöscht. Außerdem werden Rechenergebnisse zur späteren Weitererarbeitung zwischengespeichert.

Taktgeber: Erzeugt Impulse, die alle elektronischen Bauelemente zwingen, im gleichen Takt zu arbeiten.

Bus: Gemeinsame Sammelleitungen (Busse) verbinden Mikroprozessor, interne Speicher und Eingabe-Ausgabe-Einheit.

Ausgabe

Signalaufbereitung in den Endstufen

Die vom Mikroprozessor ausgegebenen Signale sind für die Stellglieder zu schwach. Zum Ansteuern müssen sie in der jeweiligen Endstufe verstärkt werden.

Aktoren

Aktoren sind Bauelemente, die durch die Ausgangssignale des Steuergeräts veranlasst werden zum

- Öffnen/Schließen: Ventile, Relais,
- Drehen: Elektromotoren, Stellmotoren.

Einspritzventile

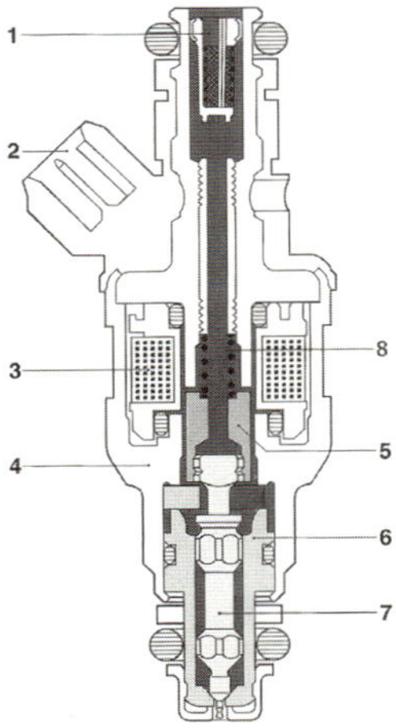

1 Filtersieb im Kraftstoffzulauf
2 elektrischer Anschluss
3 Magnetwicklung
4 Ventilgehäuse
5 Anker
6 Ventilkörper
7 Ventilnadel
8 Schraubenfeder

Das elektromagnetische Einspritzventil besitzt eine Ventilnadel mit aufgesetztem Magnetanker und eine Magnetwicklung. Eine Schraubenfeder drückt die Ventilnadel im Ruhezustand auf den Ventilsitz und verschließt die Kraftstoffaustrittsöffnung zum Saugrohr des Motors. Wird die Magnetwicklung des Ventils vom Steuergerät angesteuert, hebt der Magnetanker die Ventilnadel an. Kraftstoff kann durch die Öffnung austreten.

Kraftstoffpumpenrelais

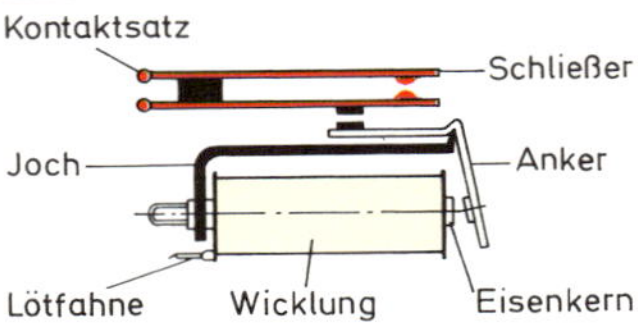

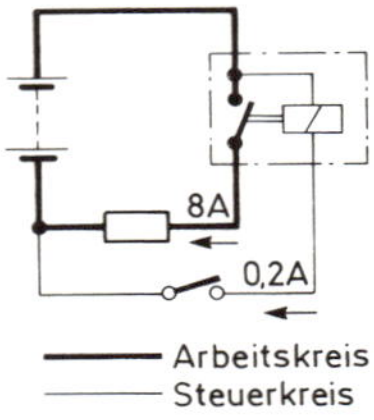

Ein Relais besteht aus einem Elektromagneten, einem Anker und Schaltkontakten. Bei geschlossenem Stromkreis zieht der Eisenkern den Anker an, der die Schaltkontakte betätigt. Dabei können die Kontakte geöffnet, geschlossen oder umgeschaltet werden. Relais werden zum Schalten von z. B. Kraftstoffpumpen eingesetzt. In einer Relaisschaltung unterscheidet man den Steuerstrom- und den Hauptstromkreis. Der Strom des Steuerstromkreises fließt durch die Spule und erzeugt ein Magnetfeld. Dadurch wird der Anker angezogen, der die Schaltkontakte des Hauptstromkreises schließt.

Elektromotoren

Eine stromdurchflossene Spule ist ein Elektromagnet mit Nord- und Südpol. Wird die Spule in das Magnetfeld eines Magneten gebracht, wirken Kräfte auf die Spule.
Gleichnamige Pole von Spule und Magnet stoßen sich ab, ungleichnamige Pole ziehen sich an. Die Kräfte bewirken ein Drehen der Spule. Sie dreht sich nur so lange, bis die Richtung ihres Magnetfeldes mit der des Magneten übereinstimmt. Das sind 180°. Damit sich die Spule weiterdreht, muss die Stromrichtung umgekehrt werden. Beim Gleichstrommotor übernimmt ein Stromwender (Kommutator) diese Aufgabe.
Schrittmotoren werden dort eingesetzt, wo gesteuerte Bewegungen bzw. Positionierungen verlangt werden. Der Schrittmotor besteht aus einem Stator mit z. B. vier Feldwicklungen und einem drehbar gelagerten Dauermagneten als Rotor. Die Statorwicklung erhält Stromimpulse in einer bestimmten Reihenfolge. Die Antriebswelle des Motors dreht sich bei jedem Impuls um einen bestimmten Schritt, im dargestellten Fall um 90°. Die Schrittwinkel liegen je nach Bauart im Bereich von 1,8 ... 15°.
Der Drosselklappensteller ist ein Elektromotor, der die Drosselklappe über den gesamten Drosselklappenbereich betätigen kann.

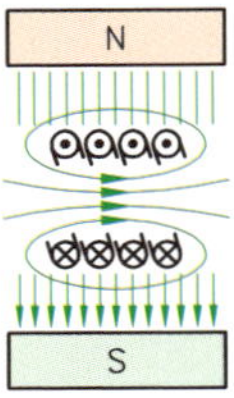

Stromdurchflossene Spule

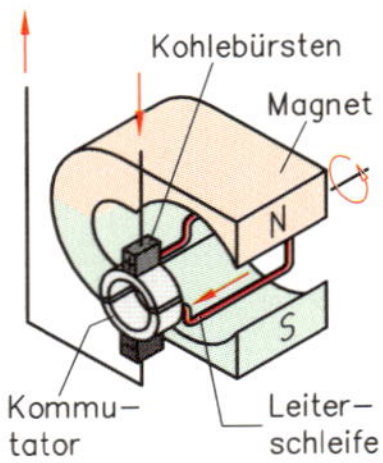

Gleichstrommotor

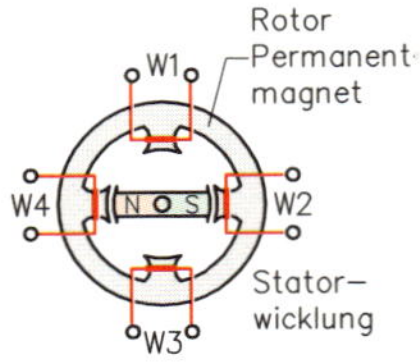

Schrittmotor

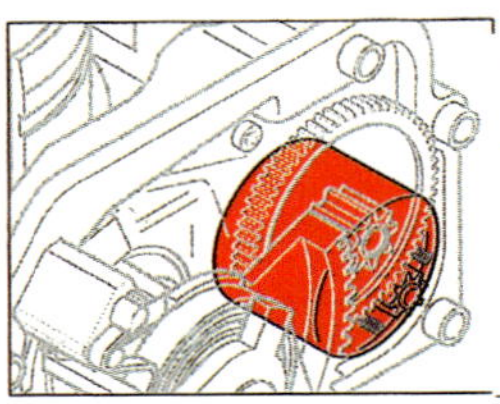

Drosselklappensteller

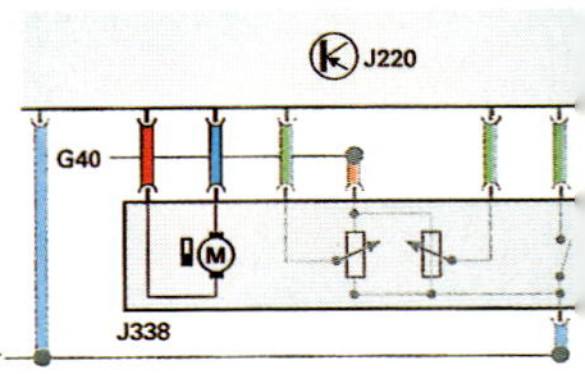

Elektrische Schaltung

Zündspule

Bauelement zur Speicherung, Übertragung der Zündenergie und Erzeugung der Hochspannung ist die Zündspule.

Die Zündspule besteht aus folgenden Bauelementen:

- Eisenkern,
- Primärwicklung mit wenigen Windungen (100 … 200) dicken Kupferdrahtes (0,4 … 0,6 mm Ø),
- Sekundärwicklung mit vielen Windungen (10000 … 20000) dünnen Drahtes (0,05 … 0,1 mm Ø).

Bei geschlossenem Primärstromkreis fließt ein Primärstrom, ein Magnetfeld baut sich auf.

Im Zündzeitpunkt öffnet der Leistungsschalter den Primärstromkreis und unterbricht den Primärstrom. Das schlagartig zusammenbrechende Magnetfeld induziert in der Sekundärwicklung eine Spannung. Da die Sekundärwicklung etwa 100-mal mehr Windungen hat als die Primärwicklung, ist die Sekundärspannung etwa 100-mal größer als die Primärspannung. Die Sekundärspannung ist eine Hochspannung.

Der dargestellten Zweifunken-Zündspule sind 2 Zündkerzen zugeordnet. Der Zündfunke springt gleichzeitig an den Zündkerzen von 2 Zylindern über; bei einem Zylinder im Verdichtungstakt, beim anderen Zylinder im Ausstoßtakt.

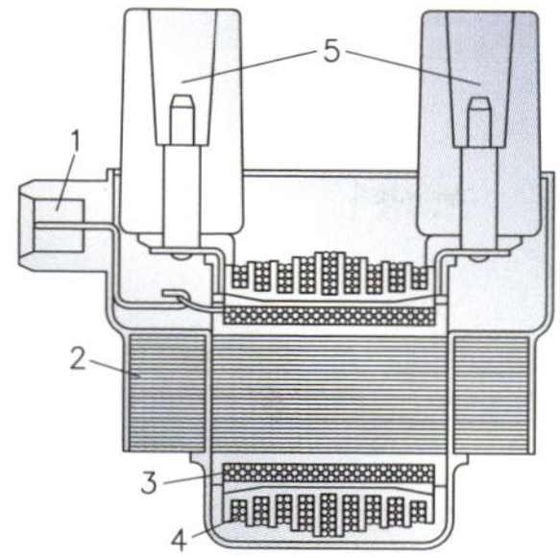

1 Niederspannungsanschluss, außen
2 lamellierter Eisenkern
3 Sekundärwicklung
4 Primärwicklung
5 Hochspannungsanschlüsse

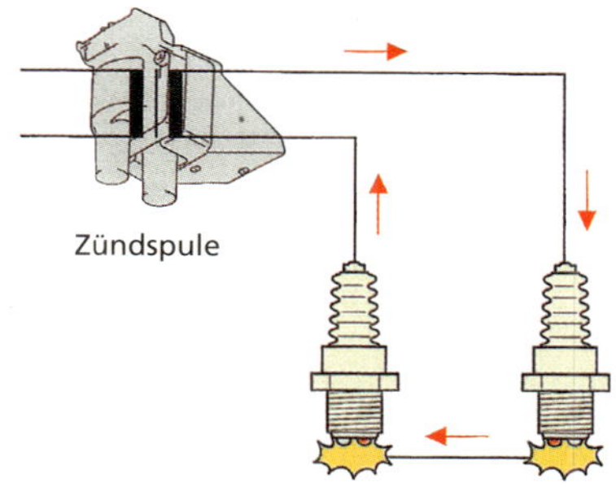

3.5.6.3 Regelungssysteme

Lambda-Regelkreis

Die Kraftstoffzufuhr zum Motor wird durch die Gemischaufbereitungsanlage entsprechend der Gemischzusammensetzungs-Information der Lambda-Sonde so geregelt, dass ein Luft-Kraftstoff-Verhältnis von $\lambda = 1$ erreicht wird.

Die Sonde misst den Restsauerstoffgehalt des Abgases und liefert ein Sondensignal. Die Spannung der Sonde hängt vom Sauerstoffgehalt der Elektrode luftseitig bzw. der Elektrode abgasseitig ab. Ändert sich das Verhältnis der Sauerstoffanteile, so ändert sich auch die elektrische Spannung.

Ein elektronisches Regelgerät verarbeitet das von der Lambda-Sonde kommende Signal. Als Ergebnis der Regelung erhält das Stellglied den Befehl zur Änderung des Kraftstoff-Luftverhältnisses in Richtung auf $\lambda = 1$.

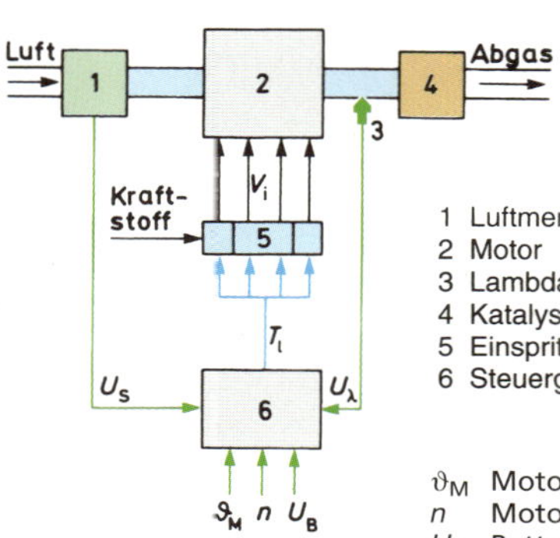

1 Luftmengenmesser
2 Motor
3 Lambda-Sonde
4 Katalysator
5 Einspritzventile
6 Steuergerät mit Regler

ϑ_M Motortemperatur
n Motordrehzahl
U_B Batteriespannung
U_λ Lambda-Sondensignal
U_S Luftmengensignal
T_i Einspritzzeit
V_i Einspritzmenge

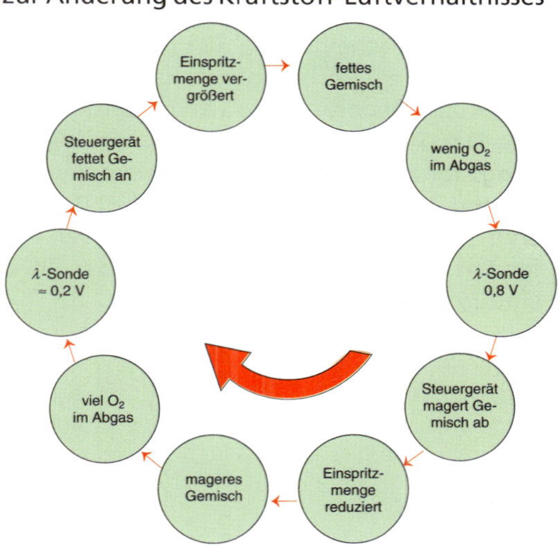

Schadstoffemission

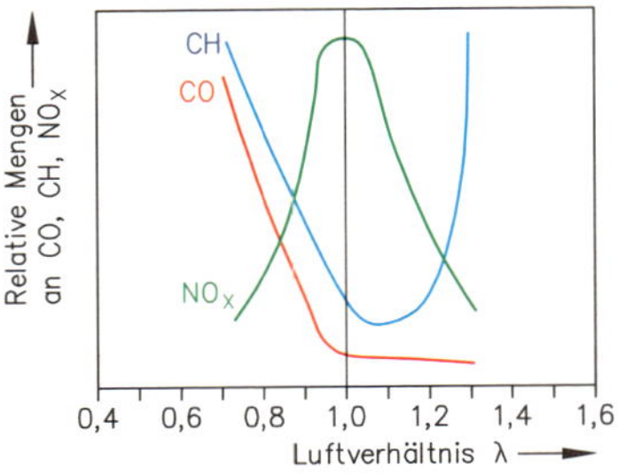

CO nimmt mit steigendem Luftverhältnis ab, CH fällt bis ca. λ = 1,1 ab, steigt im mageren Bereich wieder an. NO_x steigt im fetten Bereich an und fällt im mageren Bereich ab.

Sondensignal

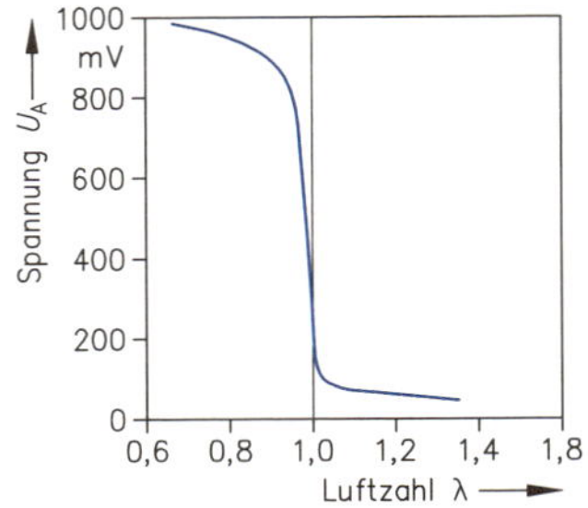

Die Lambda-Sonde erzeugt exakt bei dem Luftverhältnis λ = 1 einen Spannungssprung und liefert so ein Signal, das anzeigt, ob das Gemisch fetter oder magerer als λ = 1 ist.

Wirksamkeit des Katalysators

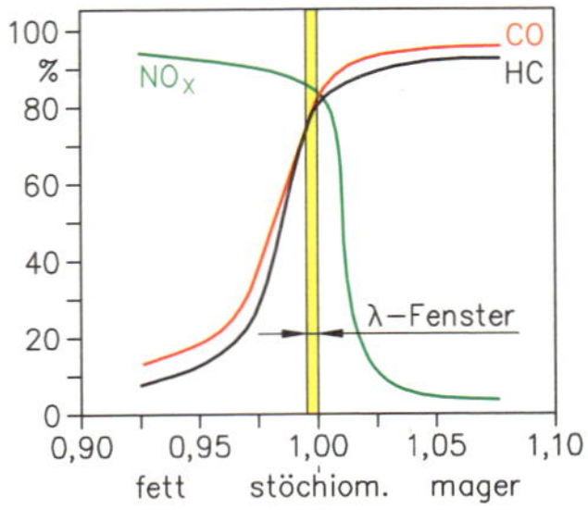

Der Katalysator baut die Schadstoffe bis zu 90 % ab, wenn die Lambda-Sonde das Kraftstoff-Luftgemisch durch einen geschlossenen Regelkreis ständig innerhalb des λ-Fensters hält.

Klopfregelung

Bei einem zu großen Zündwinkel tritt eine klopfende Verbrennung auf, die die Lager stark belastet, durch die der Motor schnell heiß, die Motorleistung geringer und der Kraftstoffverbrauch höher wird. Die Klopfneigung wird zusätzlich begünstigt durch Kraftstoff mit niedriger Oktanzahl, durch hohes Verdichtungsverhältnis, Ablagerungen im Brennraum, bei Volllast und bei mangelnder Kühlung. Die Nachteile der klopfenden Verbrennung lassen sich durch eine Klopfregelung vermeiden. Aus Gründen der Kraftstoffreduzierung erfasst die Klopfregelung ständig die Klopfgrenze und legt den Zündzeitpunkt möglichst nahe an die Klopfgrenze. Zur Klopferkennung sind am Motorblock Klopfsensoren befestigt.

Klopfregelsystem

Bei der Klopfregelung ist am Motorblock ein Klopfsensor zwischen dem zweiten und dritten Zylinder oder zwei Klopfsensoren zwischen zwei Zylindergruppen (selektive Klopfregelung) befestigt. Der Klopfsensor enthält eine piezokeramische Scheibe, die Druckschwingungen während des Verbrennungsvorganges in Signale umwandelt und an das Steuergerät meldet. Das Steuergerät wählt aufgrund der Eingangssignale einen im Zündkennfeld abgespeicherten Zündwinkel und steuert die Zündungsendstufe an. Das Steuergerät kann den klopfenden Zylinder ermitteln, wenn das System eine Zylindererkennung besitzt.

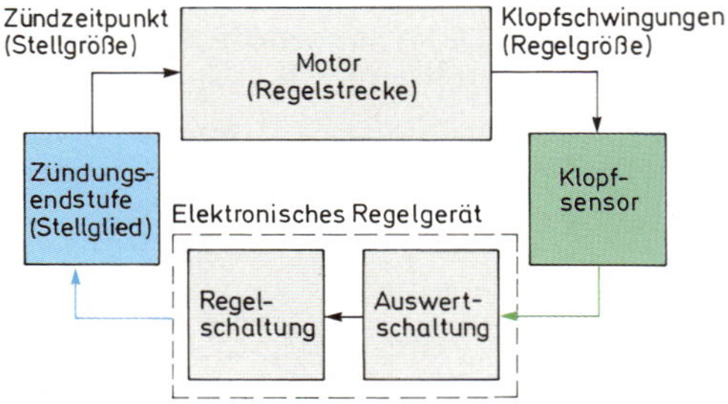

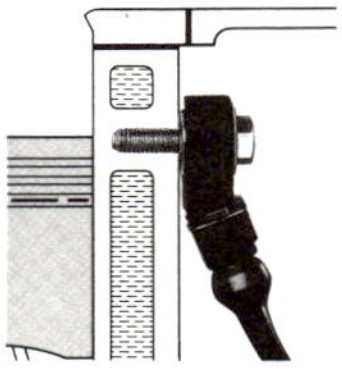

Regelungsverlauf

Sobald Klopfen auftritt, wird der Zündwinkel zurückgenommen, d. h. die Regelung verschiebt den Zündwinkel in Richtung „spät". Tritt mehrmaliges Klopfen auf, wird der Zündzeitpunkt solange zurückgenommen, bis vom Klopfsensor keine Klopfsignale gemeldet werden. Nach Wegfall des Klopfens wird der Zündwinkel wieder dem im Zündkennfeld gespeicherten Wert schrittweise angenähert. Bei der zylinderselektiven Klopfregelung wird die Zündverstellung getrennt für jeden einzelnen Zylinder durchgeführt. Welcher Zylinder von einer klopfenden Verbrennung betroffen ist, ermittelt das Steuergerät durch das Signal des Klopfsensors in Verbindung mit dem erfolgten Zündsignal, dem OT-Signal und dem Drehzahlsignal.

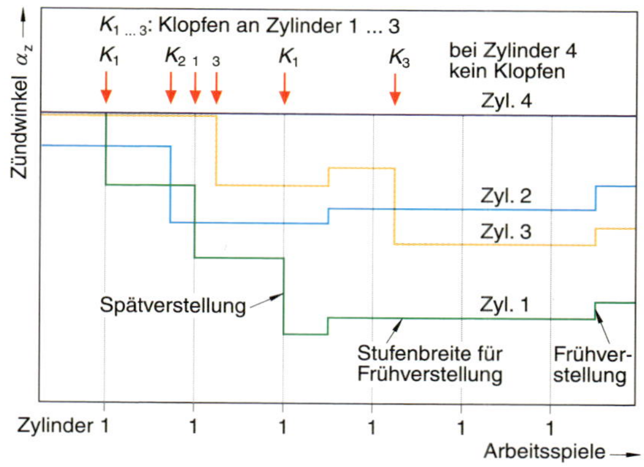

Leerlaufregelung mit Leerlaufsteller

Bei Einspritzsystemen mit Leerlaufsteller wird zur Leerlaufstabilisierung eine Umgehungsleitung parallel zur Drosselklappe angeordnet, um mehr Luft anzusaugen. Da diese zusätzliche Luft (Mehrluftmenge) vom Luftmengenmesser gemessen und bei der Kraftstoffzuteilung berücksichtigt wird, erhält der Motor mehr Gemisch. Dadurch erreicht man bei kaltem Motor eine Leerlaufstabilisierung. Die Leerlaufstabilisierung kann durch eine Steuer- oder Regeleinheit erfolgen.
Neben der Leerlaufstabilisierung durch die Drosselklappensteuereinheit wird die Regelung durch den Leerlaufsteller vorgenommen.

Leerlauffüllungsregelung

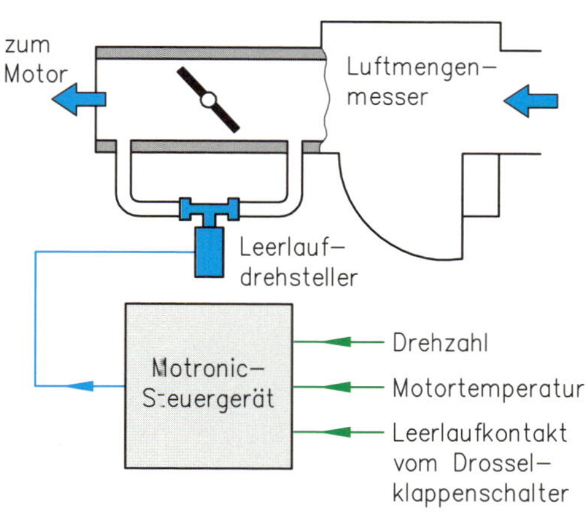

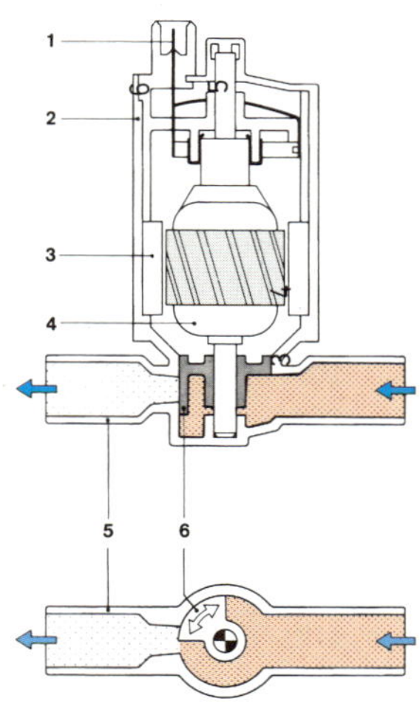

1 elektrischer Anschluss
2 Gehäuse
3 Dauermagnet
4 Anker
5 Luftkanal als Bypass zur Drosselklappe
6 Drehschieber

In die Umgehungsleitung ist ein Leerlaufdrehsteller eingebaut, der aus einem Elektromotor und einem Drehschieber besteht. Der Drehschieber vermindert den Querschnitt der Umgehungsleitung.
Die Regelung der Leerlaufdrehzahl erfolgt durch ein Regelgerät. Es erhält seine Informationen über die Ist-Drehzahl von der Zündanlage. Im Regelgerät wird die programmierte Soll-Drehzahl mit der Ist-Drehzahl verglichen. Bei Abweichungen bildet das Regelgerät ein Signal für den Leerlaufdrehsteller.
Weitere Informationen (Temperatur, Drosselklappenstellung) sorgen dafür, dass unter speziellen Bedingungen, z. B. bei tieferen Temperaturen oder Gasgeben ein Fehlverhalten vermieden wird.

3.5.7 Hydraulische und pneumatische Steuerungen

3.5.7.1 Grundaufbau der Steuerungen

Hydraulische Steuerungen finden wir insbesondere im Pkw, pneumatische Steuerungen mehr im Nkw. Im Nkw wird die Druckluftversorgung der Druckluftbremsanlage als Energiequelle für Steuerungsanlagen genutzt. Ein Vergleich der unterschiedlichen Steuerungen zeigt, dass in allen dargestellten Anlagen gleiche Funktionsgruppen und Funktionselemente verwendet werden:

- Antriebszylinder als Stellglieder,
- Wegeventile als Signal- und Steuerglieder,
- Hydropumpen oder Verdichter zum Bereitstellen der Druckenergie.

In allen gesteuerten Anlagen unterscheiden wir zwischen einem Arbeits- und Steuerteil bzw. Regelteil. Der Arbeitsteil besteht aus einer Energiequelle (Elektromotor), die die Energie bereitstellt. In einem Energieumformer (Pumpe) wird die bereitgestellte Energie in die gewünschte Energieform umgewandelt. Über Energieübertragungselemente wird der Energieträger (Hydrauliköl oder Druckluft) zum Antriebsglied (Arbeitszylinder) geleitet, das die zugeführte Energie in die gewünschte Energieform umwandelt.

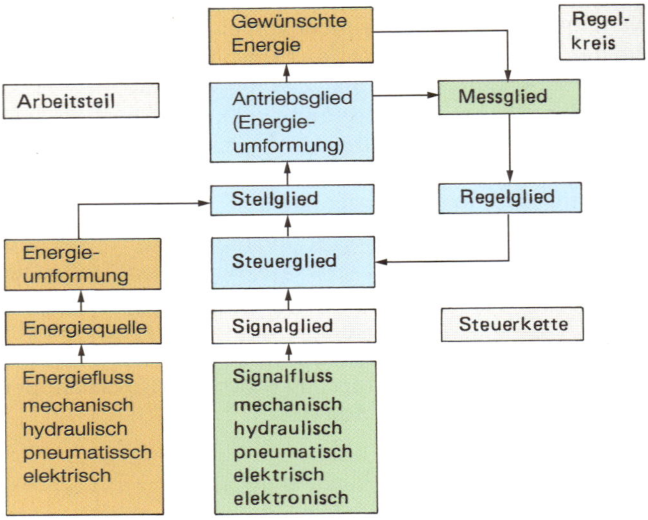

Zur Steuerung des Arbeitsteils wird unmittelbar vor dem Antriebsglied ein Stellglied (Wegeventil) in den Energiefluss eingebaut. Das Stellglied ist das letzte Glied einer Steuerkette oder eines Regelkreises. Es erhält seine Informationen über ein Steuerglied von einem Signalglied oder vom Regelglied.

3.5.7.2 Energieträger – Druck

Druckflüssigkeiten, Druckluft

In den unterschiedlichen hydraulischen Systemen des Kraftfahrzeuges kommen unterschiedliche Druckflüssigkeiten zum Einsatz.

- Motoröl: Motorschmierung, hydraulisches Spielausgleichselement der Ventilsteuerung, Nockenwellenverstellung;
- Getriebeöl: Schalt- und Achsgetriebe;
- ATF-Öl: Automatic-Transmission-Fluids für automatische Getriebe;
- Bremsflüssigkeit: Bremsanlagen, hydraulische Kupplung;
- Kühlflüssigkeit: Kühlsystem;
- Kraftstoffe: Otto- und Dieselmotoren;
- Hydrauliköl: hydraulische Kraftübertragung in Laderampen, Hebesysteme usw.

Für pneumatische Systeme muss die Druckluft aufbereitet werden, bevor sie in die Ventile und Arbeitseinheiten eintritt. Daher wird eine Wartungseinheit vorgeschaltet, bevor die Luft zum Verbraucher gelangt. Sie besteht aus

- Filter: Er reinigt die Luft von Fremdteilchen, z. B. Staub.
- Druckregler: Er hält den Arbeitsdruck konstant, unabhängig vom schwankenden Netzdruck.
- Öler: Er zerstäubt Öl, um die Pneumatik-Geräte ausreichend mit Schmiermittel zu versorgen.

Mit der angesaugten Luft gelangt Wasserdampf über den Verdichter in die Druckluft. Kondensatabscheider sammeln das Wasser, das regelmäßig abgelassen werden muss.

Druckgrößen und Einheiten

Die Einheit des Druckes ist Pascal (Pa)

$$1 \text{ Pascal} = 1 \text{ Pa} = 1 \frac{\text{N}}{\text{m}^2}$$

Pascal ist eine sehr kleine Einheit. Deshalb verwendet man in der Kfz-Technik Bar (bar):

$$1 \text{ bar} = 100\,000 \text{ Pa} = 10 \frac{\text{N}}{\text{cm}^2}$$

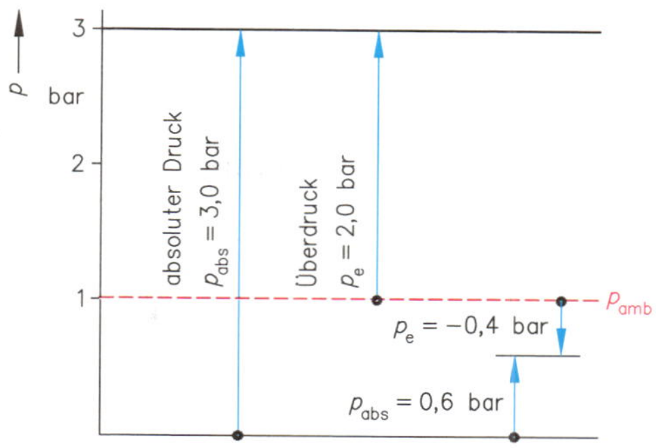

Wir unterscheiden folgende Druckgrößen:

- Absoluter Druck p_{abs}
  Der absolute Druck p_{abs} ist der in einem Behälter herrschende Druck gegenüber dem Druck 0 bar im Vakuum.
- Atmosphärendruck p_{amb}
  Der Atmosphärendruck p_{amb} ist der in der Atmosphäre herrschende Luftdruck gegenüber dem Druck 0 bar im Vakuum. In der Technik gilt: $\boldsymbol{p_{amb} = 1}$ **bar**
- Überdruck p_e
  Der Überdruck p_e ist der Druckunterschied zwischen dem absoluten Druck und dem Atmosphärendruck. $\boldsymbol{p_e = p_{abs} - p_{amb}}$

Der Begriff „Unterdruck" darf als Bezeichnung eines Zustandes verwendet werden. Bei exakter Angabe heißt es:

- p_e positiv: positiver Überdruck, z. B. p_e = 3 bar
- p_e negativ: negativer Überdruck, z. B. p_e = – 0,4 bar

In der Hydraulik interessieren nur die Überdrücke p_e, sodass hier meist nur das Formelzeichen p benutzt wird.

Hydraulikflüssigkeit

Für hydraulische Steuerungen verwendet man als Hydraulikflüssigkeit Mineralöl. In Bremsanlagen befindet sich als Bremsflüssigkeit eine Polyglykolverbindung.
Hydraulikflüssigkeit ist nicht kompressibel.
Wirkt eine Kraft F über eine Kolbenfläche A auf eine eingeschlossene Hydraulikflüssigkeit, so entsteht ein Druck p. Der Druck p pflanzt sich nach allen Seiten gleichmäßig fort (Gesetz von Pascal):

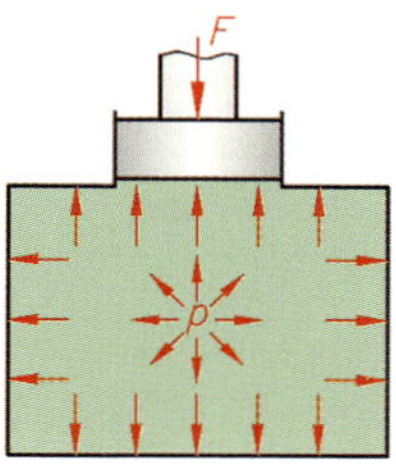

$$p = \frac{\text{Kraft}}{\text{Fläche des Kolbens}}$$

$$p = \frac{F}{A}$$

p Druck in N/cm²
F Kraft in N
A Fläche in cm²

Die gleichmäßige Druckausbreitung in Flüssigkeiten wird in der hydraulischen Presse ausgenutzt.
Die hydraulische Presse besteht aus zwei Zylindern mit unterschiedlich großen Durchmessern, die durch eine Leitung miteinander verbunden sind. Die hydraulische Presse ermöglicht eine Kraftübersetzung.

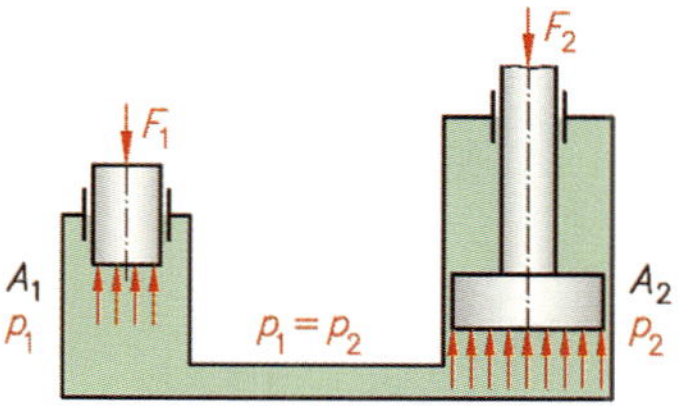

Da im System überall der gleiche Druck herrscht, gilt:

$$p_e = \frac{F_1}{A_1} = \frac{F_2}{A_2} \rightarrow \frac{F_1}{A_1} = \frac{F_2}{A_2}$$

Beispiel:

Gegeben: d_1 = 20 mm; d_2 = 100 mm; F_1 = 150 N; Gesucht: p_e; F_2

Lösung: $p_e = \frac{F_1}{A_1} = \frac{150\text{ N}}{\frac{2^2\text{ cm}^3 \cdot 3{,}14}{4}} = \underline{\underline{47{,}7\text{ bar}}}$ $\qquad F_2 = p_e \cdot A_2 = 47{,}7\text{ bar} \cdot \frac{10^2\text{ cm}^2 \cdot 3{,}14}{4} = \underline{\underline{3\,750\text{ N}}}$

Luft

Druckluft ist verdichtete atmosphärische Luft. Die angesaugte Luft enthält eine bestimmte Menge Wasserdampf. Beim Abkühlen der verdichteten Luft wird Wasser ausgeschieden und fällt als Kondensat in der Anlage an.

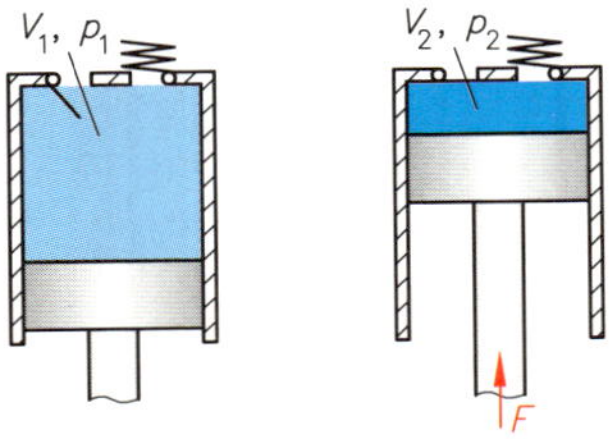

Luft ist kompressibel.
Beim Verdichten der Luft ändert sich ihr Zustand. Wird ein vorhandenes Ansaugvolumen V_1 mit dem Anfangsdruck p_1 verdichtet, so entsteht ein Volumen V_2 und ein hoher Druck p_2.

Der Druck verfünffacht sich, wenn sich das Volumen auf ein Fünftel verringert. Danach ist

$$p_1 \cdot V_1 = 500\ \text{cm}^3 \cdot 1\ \text{bar}$$
$$p_2 \cdot V_2 = 100\ \text{cm}^3 \cdot 5\ \text{bar}$$

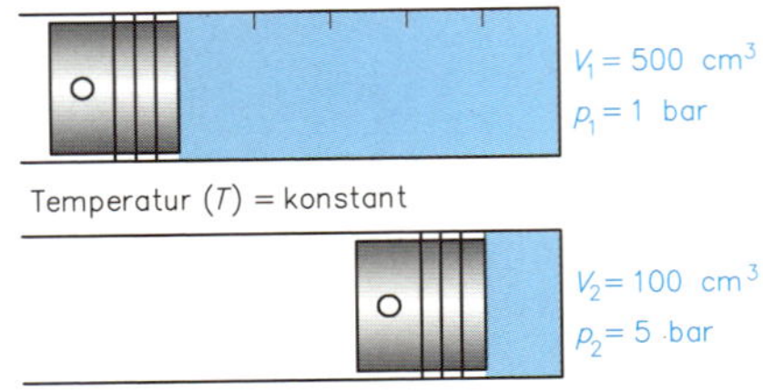

Daraus ist ersichtlich, dass das Produkt $p_1 \cdot V_1 = p_2 \cdot V_2$ in einem abgeschlossenen System bei konstanter Temperatur gleichbleibend ist (konstant). Das Gesetz von Boyle-Mariotte ist:

$$\mathbf{p_1 \cdot V_1 = p_2 \cdot V_2}$$

p Druck in N/m²
V Volumen in m³

Beispiel:
Gegeben: In einem Vorratsbehälter der Druckluftbremse mit einem Volumen von 100 l beträgt der Druck 5 bar.
Gesucht: Wieviel l Luft sind das bei atmosphärischem Druck?
Lösung:

$$V_2 = \frac{p_1 \cdot V_1}{p_2} = \frac{5\ \text{bar} \cdot 100\ \text{l}}{1\ \text{bar}} = \underline{\underline{500\ \text{l}}}$$

3.5.7.3 Grundaufbau hydraulischer und pneumatischer Steuerungen

Ähnlich wie in der Elektrotechnik werden die Zusammenhänge in der hydraulischen bzw. pneumatischen Steuerung durch einen Schaltplan dargestellt. Mithilfe des Schaltplanes ist es möglich,

- die Bauelemente und ihr Zusammenwirken zu analysieren,
- die Fehlersuche bei Störungen zu erleichtern.

Hydraulische Steuerung

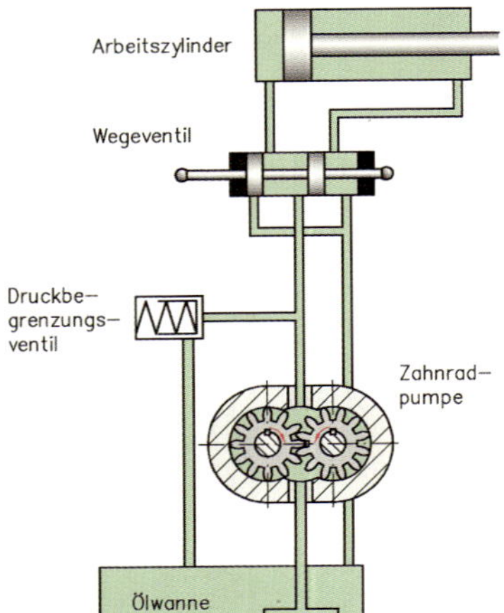

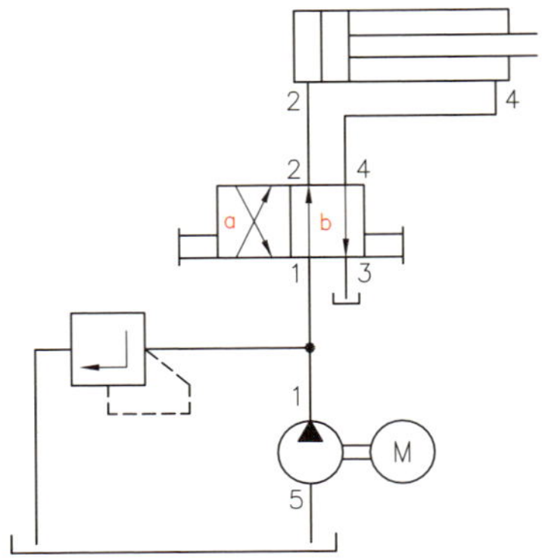

Das Ventil hat 4 Anschlüsse. Das Ventil-Symbol ist in 2 Felder (Quadrate) geteilt. Jedes Teil stellt eine Schaltstellung (a und b) dar. Das Ventil und der Arbeitskolben werden grundsätzlich in Ruhestellung (b) dargestellt. Bei dieser Ventilstellung fährt der Arbeitskolben aus. Wird das Ventil in die andere Schaltstellung (a) geschoben, wird der Arbeitszylinder von rechts mit Drucköl versorgt, der Kolben fährt ein. Das Öl im Arbeitszylinder auf der linken Seite wird verdrängt und fließt in die Ölwanne zurück.

Pneumatische Steuerung

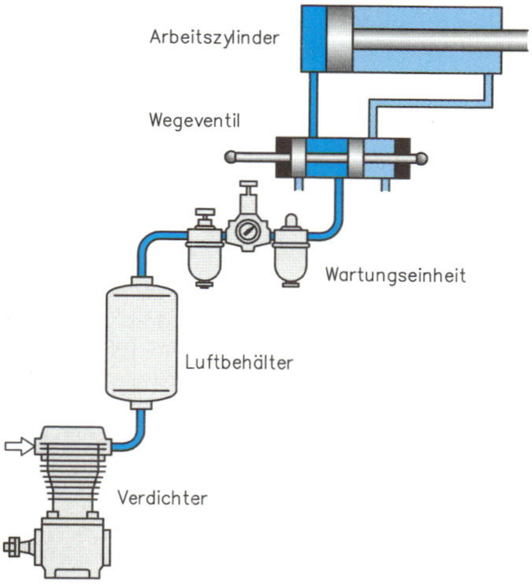

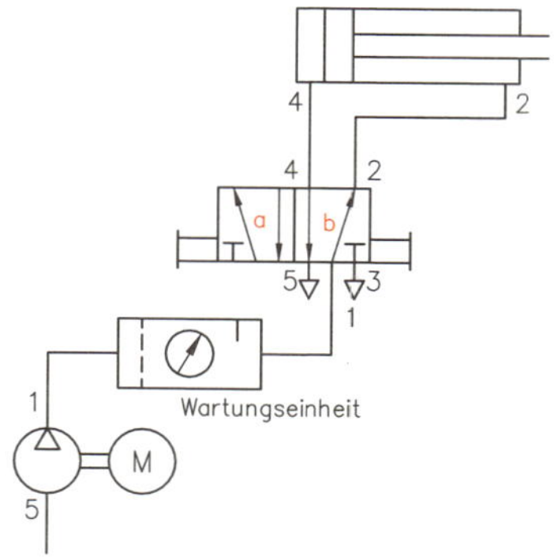

Das Ventil hat 5 Anschlüsse und 2 Schaltstellungen (a und b). In der Ruhestellung (b) wird der Kolben von rechts mit Druckluft beaufschlagt. In Schaltstellung (a) wird der Weg für die Druckluft zum Arbeitszylinder frei gemacht. Der Kolben fährt aus. Er verdrängt die Luft auf der anderen Seite des Kolbens, die über das Ventil ins Freie abgeleitet wird.

Der Unterschied zwischen beiden Steuerungen besteht in der Darstellung der Druckversorgungsanlage und in der Ableitung der Abluft bzw. des Hydrauliköls.

3.5.7.4 Geräte zur Energieumformung

Arbeitszylinder

Die Arbeitszylinder formen die pneumatische oder hydraulische Energie in mechanische Energie um. Druckluft- und Hydraulikzylinder gleichen sich in ihrem grundsätzlichen Aufbau und in ihrer Funktion.

Einfach wirkender Zylinder	Doppelt wirkender Zylinder
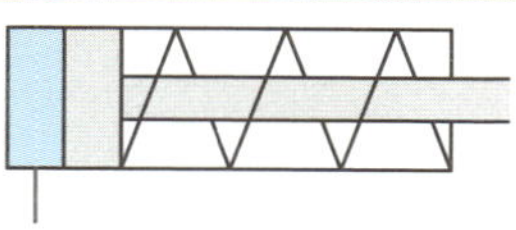	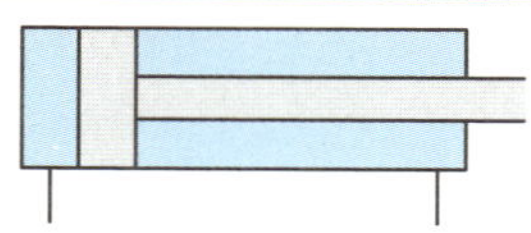
Einfach wirkende Zylinder besitzen nur einen Anschluss. Sie verrichten nur in einer Richtung Arbeit. Die Rückbewegung erfolgt durch eine eingebaute Feder.	Der doppelt wirkende Zylinder besitzt zwei Anschlüsse, je einen auf den beiden Kolbenseiten. Er kann daher in beiden Bewegungsrichtungen Arbeit verrichten.

Hydropumpen und Verdichter

Hydropumpen

Zahnradpumpe

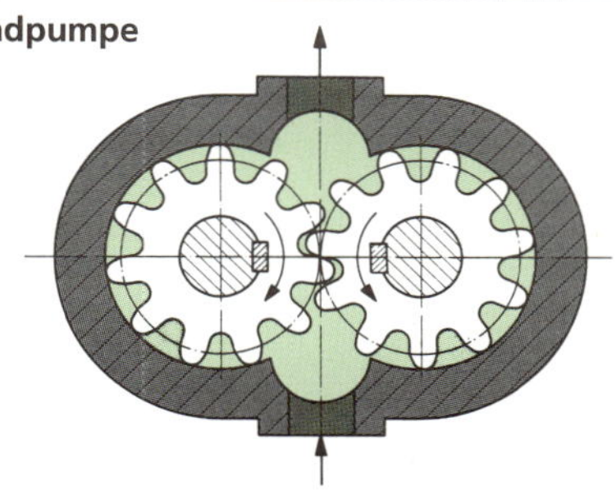

Eine einfache, robuste und preiswerte Hydropumpe ist die Zahnradpumpe. Die zwei ineinander eingreifenden Zahnräder laufen mit hohen Drehzahlen um. Die Zahnräder bilden außen mit der Gehäusewand Kammern, in denen das Öl vom Saug- zum Druckraum gefördert wird. Im Druckraum wird das Öl durch die einlaufenden Zähne des Gegenrades aus den Zahnlücken verdrängt. Durch den Zahneingriff wird ein Rücklauf des Öles vom Druck- zum Saugraum verhindert. Die Pumpe ist selbstansaugend.

Hydropumpen

Fortsetzung

Flügelzellenpumpe

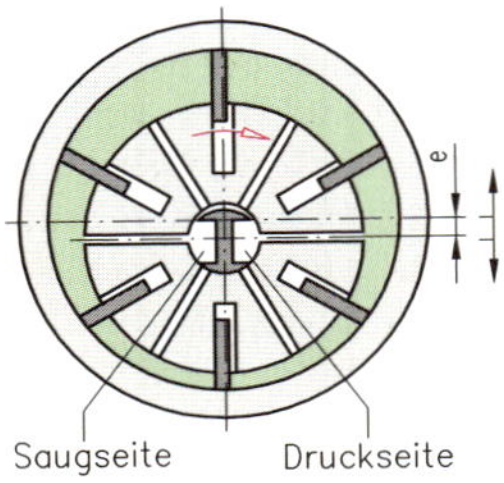

Radialkolbenpumpe

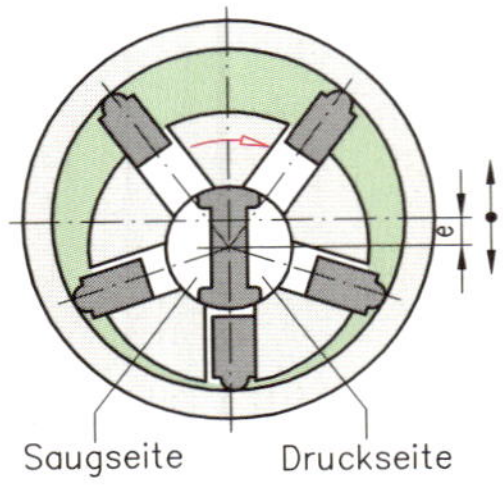

Bei der Flügelzellenpumpe werden die im Rotor angeordneten Flügel durch die Fliehkräfte an die Innenwand des Laufringes gedrückt. Da der Laufring exzentrisch gelagert ist, vergrößert bzw. verkleinert sich bei der Drehung des Rotors das Volumen. Das Öl wird tangential von der Saug- zur Druckseite gefördert.

Bei der Radialkolbenpumpe führen die Kolben beim Drehen des exzentrisch gelagerten Rotors eine Hubbewegung aus. Bei beiden Pumpen kann durch Exzentrizitätsverstellung (e) eine Volumenveränderung und eine Förderrichtungsumkehr erreicht werden.

Verdichter (Luftkompressor)

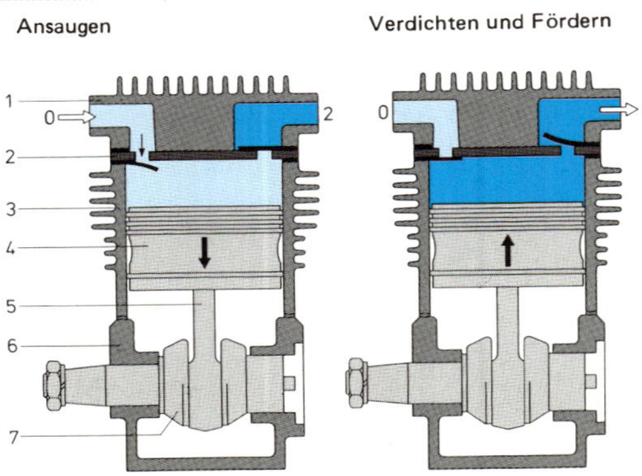

drucklos (Außenluft) Druckluft

1 Zylinderkopf
2 Zwischenplatte (mit Ein- und Auslassventil)
3 Zylinder
4 Kolben
5 Pleuelstange
6 Kurbelgehäuse
7 Kurbelwelle

Die Druckluftversorgung der Druckluftbremsanlage wird im Lkw zur Steuerung weiterer pneumatischer Anlagen verwendet.
Ein Verdichter saugt über einen Luftfilter atmosphärische Luft an und verdichtet sie. Sobald ein bestimmter Druck erreicht ist, öffnet das Auslassventil und die verdichtete Luft strömt zum Druckregler. Der Druckregler leitet die Druckluft, die bei laufendem Motor ständig vom Luftkompressor zuströmt, entweder in die Luftbehälter oder ins Freie und regelt dadurch den Vorratsdruck der Druckluftbremsanlage. Ein Zweikreis-Schutzventil verteilt die Druckluft von einer Energiequelle auf zwei voneinander getrennte Vorratskreise. Der Luftbehälter dient zum Speichern der verdichteten Luft. Ein Entwässerungsventil ermöglicht das Ablassen des Kondenswassers aus den Luftbehältern.

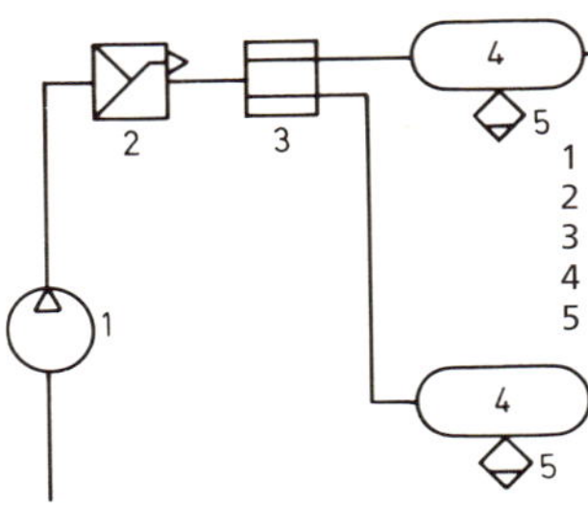

1 Luftkompressor
2 Druckregler
3 Zweikreis-Schutzventil
4 Luftbehälter
5 Entwässerungsventil

In anderen pneumatischen Anlagen schließt sich an den Verdichter eine Wartungseinheit zur Aufbereitung der Luft (Filtern, Betriebsdruck, Regeln, Ölen) an

Ventile

Wegeventile

Wegeventile steuern den Beginn und das Ende sowie die Richtung des Ölstromes bzw. der strömenden Druckluft. Wegen der gleichartigen Funktion verwendet man für Hydraulik- und Pneumatikventile die gleichen Bildzeichen.

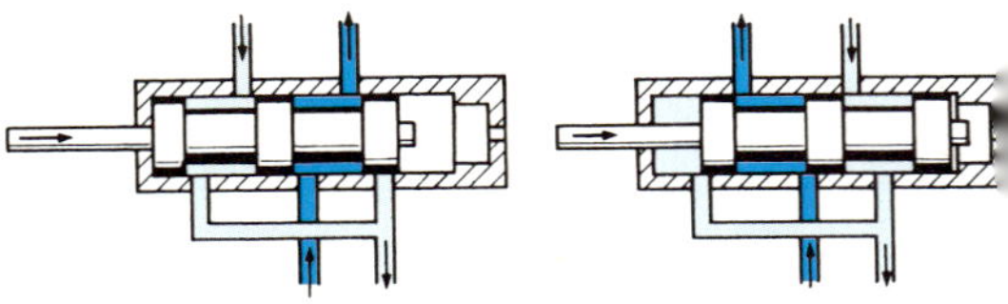

Wegeventile werden zeichnerisch durch Quadrate dargestellt. Pfeile und Linien innerhalb der Quadrate geben die Leitungen und die Durchflussrichtung an. Eine Sperrung wird durch ein „T" gekennzeichnet.

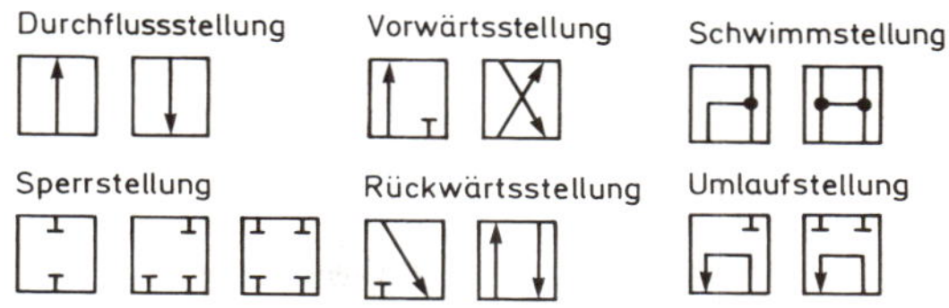

Für jede Schaltstellung wird ein Quadrat gezeichnet: 3 Quadrate = 3 Schaltstellungen. Die Leitungsanschlüsse werden an das Quadrat Ausgangsstellung bzw. Nullstellung herangezogen. Wegeventile werden nach der Anzahl der Leitungsanschlüsse und der Anzahl der Schaltstellungen bezeichnet. Das nebenstehende Ventil hat 4 Leitungsanschlüsse und 3 Schaltstellungen. Es wird daher als 4/3-Wegeventil bezeichnet. Folgende Schaltstellungen sind möglich:

- Sperrnullstellung
- Schaltstellung a (Vorwärtsstellung)
  Quadrate werden über die Anschlussleitungen nach rechts verschoben
- Schaltstellung b (Rückwärtsstellung)
  Quadrate werden über die Anschlussleitungen nach links verschoben

Die Betätigungsart wird waagerecht an die Quadrate herangezogen.

Schaltstellungen eines 4/3-Wegeventils

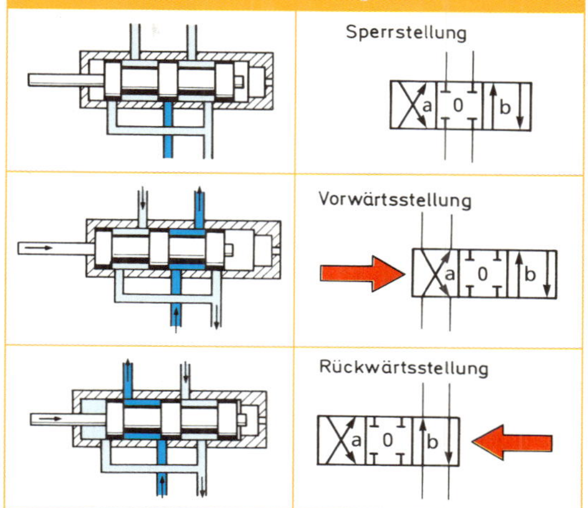

Beispiel:
4/3-Wegeventil mit Umlaufnullstellung, federzentriert, elektromagnetisch betätigt
Anschlüsse:

1	Druckanschluss
2, 4,	Arbeitsanschluss
7	Rücklaufanschluss

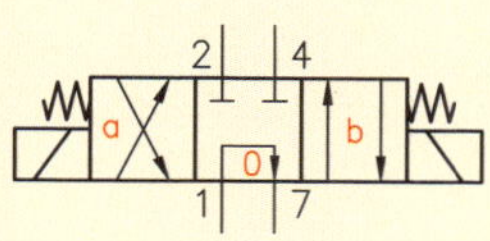

0 Umlaufnullstellung
a Schaltstellung
b Schaltstellung

Wegeventile

Symbol	Benennung
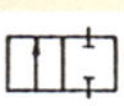	2/2-Wegeventil
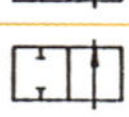	2/2-Wegeventil
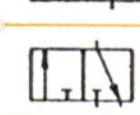	3/2-Wegeventil
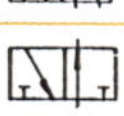	3/2-Wegeventil
	4/2-Wegeventil
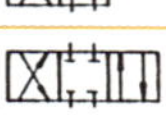	4/3-Wegeventil
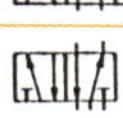	5/2-Wegeventil

Betätigungsarten

Mechanische Betätigung		Elektrische Betätigung	
	– durch Stößel oder Taster		– durch Elektromagnet
		Pneumatische Betätigung	
	– durch Feder		– durch Druckbeaufschlagung
	– durch Rolle		
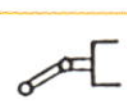	– durch Rolle, nur in einer Richtung	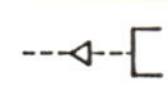	– durch Druckentlastung
Muskelkraftbetätigung		**Hydraulische Betätigung**	
	– allgemein		
	– durch Druckknopf		
	– durch Hebel		
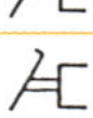	– durch Pedal		

Druckbegrenzungsventil

Das Druckbegrenzungsventil begrenzt den Druck im System auf einen bestimmten Maximalwert. Das Druckbegrenzungsventil dient als Sicherheitsventil vor Überlastungen einer Anlage. Wird der Maximalwert überschritten, öffnet das Ventil und das Öl fließt in den Vorratsbehälter zurück.

Druckventile werden durch ein Quadrat dargestellt. Sie haben einen Zu- und Ablauf und einen internen Steueranschluss für das Steueröl. Der Steuerdruck wird dem eigenen Zu- oder Ablauf entnommen. Eine Feder stellt den Kolben in die Ausgangsstellung. Ein Pfeil durch die Feder gibt an, dass der Druck, bei dem das Ventil schaltet, einstellbar ist.

Haupteinsatzgebiet der Druckventile ist die Hydraulik.

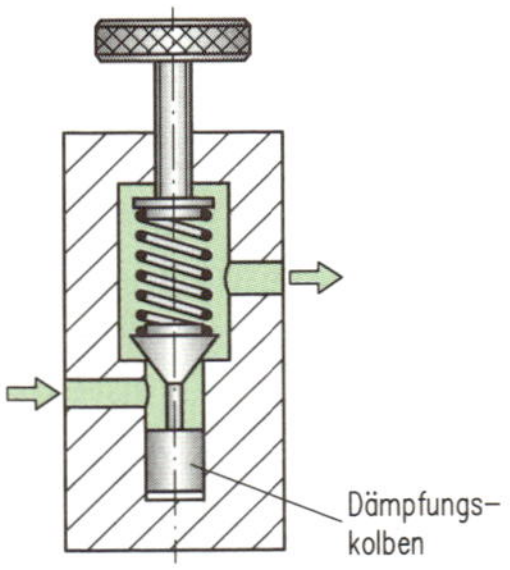

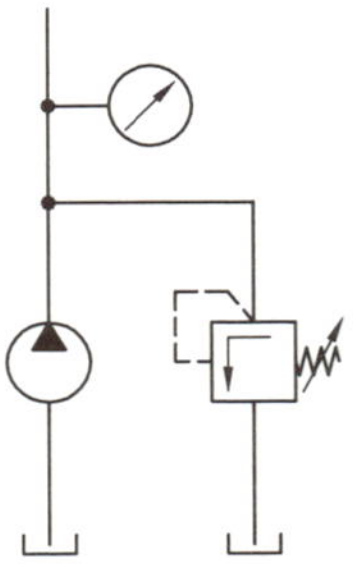

Sperrventile

- **Rückschlagventil**

Das Rückschlagventil erlaubt den Durchfluss in einer Richtung und sperrt in Gegenrichtung. Das Ventil öffnet, sobald der Eingangsdruck in der freien Richtung eine größere Kraft aufbringt als die eingebaute Feder. Sperrventile finden bei Motorschmierung bzw. Motorkühlung Anwendung. Parallel zum Ölfilter (1) bzw. zum Kühler (2) ist ein Rückschlagventil eingebaut. Steigt der Druck im System an, z. B. durch Verschmutzung, öffnet das Rückschlagventil, der Druck kann sich abbauen bzw. die Druckflüssigkeit wird ungefiltert weitergefördert.

Weiterhin findet das Sperrventil bei Hebebühnen (3) Anwendung. Bei abgeschalteter Pumpe (1) und geschlossenem 2/2-Wegeventil (4) bleibt der Kolben in seiner Halteposition. Zum Ablassen des Kolbens muss das 2/2-Wegeventil geöffnet werden. Das Druckbegrenzungsventil (5) sichert das System gegen einen zu hohen Druck, wenn der Kolben seine Endposition erreicht hat.

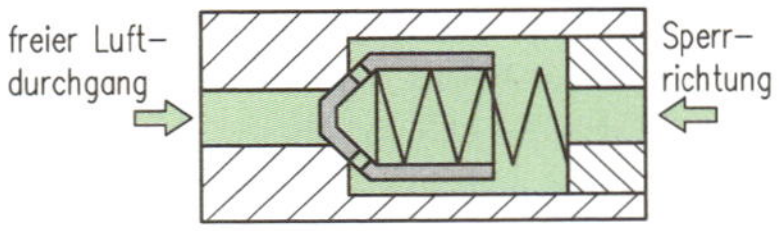

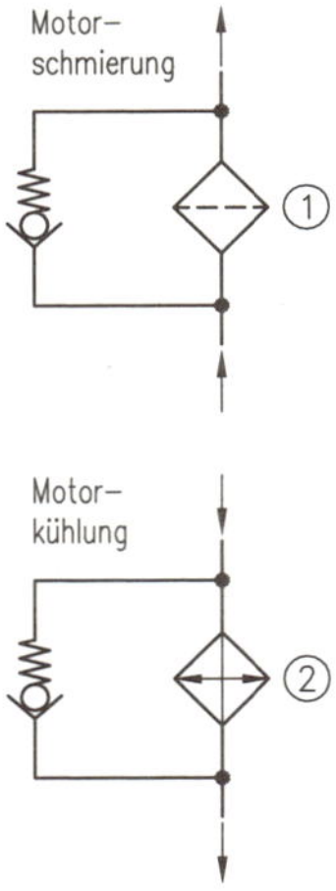

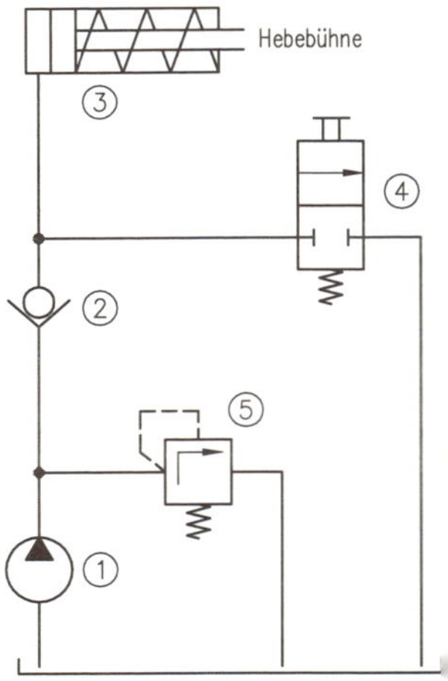

- **Wechselventil**

Das Wechselventil hat 2 Zuflüsse und einen Abfluss. Der Zufluss mit dem höheren Druck p_1 ist mit dem Abfluss A verbunden, während der andere Zufluss gesperrt ist. Wechselventile werden dort eingesetzt, wo ein Steuerglied (Ventil) oder Antriebsglied (Zylinder) von zwei, auch räumlich getrennten Stellen aus, betätigt werden sollen. Z. B. Steuerung einer Bustür.

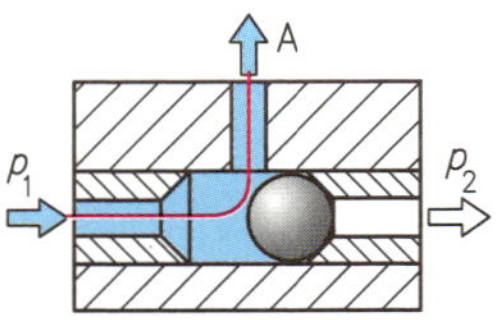

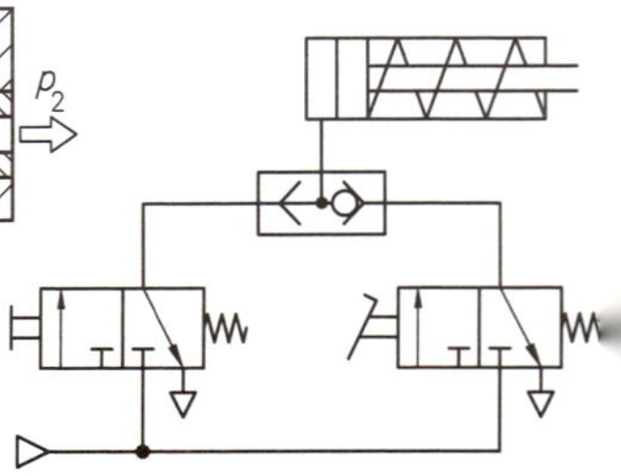

Stromventil, Drosselrückschlagventil

Die Stromventile verändern bzw. begrenzen die Durchflussmenge des Druckmediums. Durch die Beeinflussung des Volumenstromes durch Verengung oder Erweiterung des Durchflussquerschnitts wird die Kolbengeschwindigkeit von Zylindern verändert.

Das Drosselrückschlagventil besteht aus einer Drosselstelle und einem Sperrventil.

Die Drosselwirkung besteht nur in einer Richtung, in entgegengesetzter Richtung besteht ein freier Durchgang über das Rückschlagventil. Die Regelung der Kolbengeschwindigkeit ist beim Ausfahren und/oder Einfahren möglich.

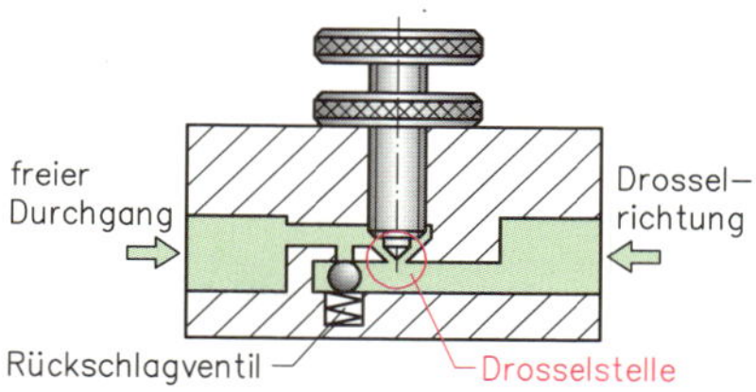

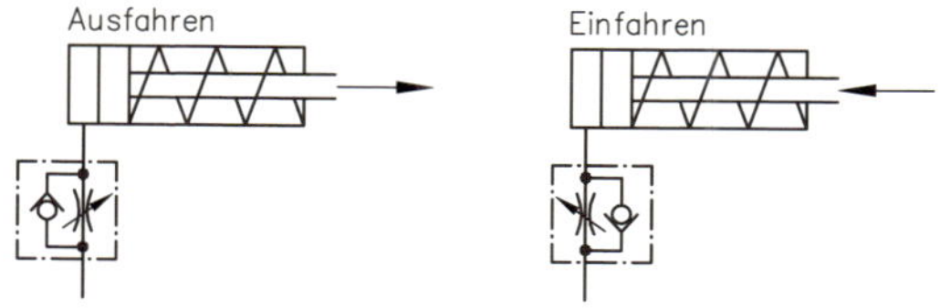

Hydrospeicher

Hydrospeicher
- speichern die Druckflüssigkeit,
- mindern Druckstöße im System,
- kompensieren Leckölverluste.

Hydrospeicher bestehen aus einem Behälter, der einen Flüssigkeits- und einen Gasteil besitzt. Die Trennung erfolgt durch einen Kolben, eine Membran oder eine Gummiblase. Das zusammendrückbare Gas übernimmt die Druckspeicherung.

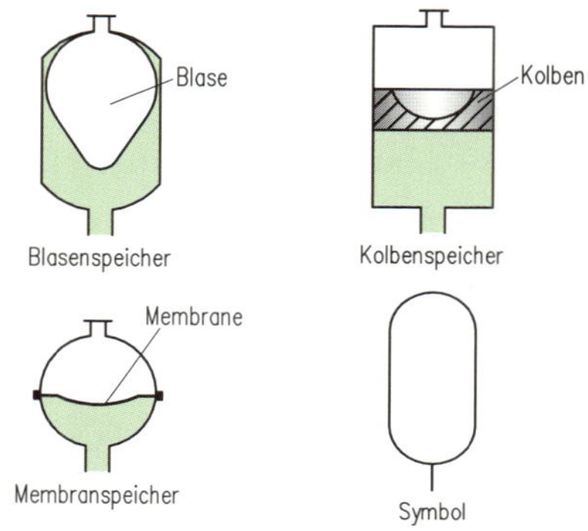

Rohrleitungen

Als Leitungen werden in der Hydraulik und Pneumatik meist nahtlose Präzisionsstahlrohre verwendet. Als flexible Leitungen finden Schläuche aus elastischen Materialien mit Gewebe- oder Drahtgeflechten Anwendung. Dabei ist zwischen Hochdruck- und Höchstdruckschläuchen zu unterscheiden. Zur Verbindung der Rohre bzw. Schläuche werden Schneidringverschraubungen bei Metallrohren und Klemmverschraubungen für Kunststoffrohre verwendet.

Schneidringverschraubungen

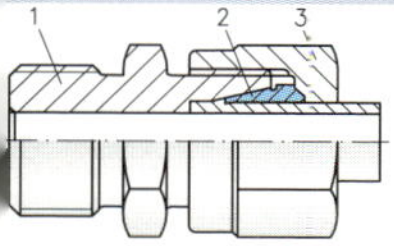

1 Einschraubteil
2 Schneidring
3 Überwurfmutter

Bei der Vormontage wird ein harter Schneidring mit der Überwurfmutter in das Rohrende gesteckt. Beim Anziehen der Überwurfmutter drückt sich der Schneidring in das Rohrende ein und wirft dabei einen Bund auf.

Klemmverschraubungen

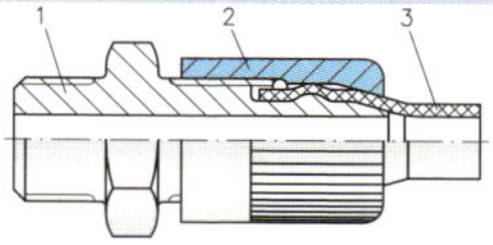

1 Einschraubteil mit Aufstecktülle
2 Überwurfmutter mit Klemmkonus
3 Kunststoffschlauch

Der Schlauch wird auf das Einschraubteil mit Aufstecktülle gezogen. Beim Anziehen der Überwurfmutter mit Klemmkonus wird der Schlauch eingespannt.

3.5.7.5 Wartung und Druckmessung

Hydraulische Systeme

Hydraulische Systeme müssen überprüft werden auf:
- Druckflüssigkeitsstand
- Undichte Leitungen und Verbindungen
- Undichte Geräte
- Geknickte Schläuche und scharfe Rohrbiegungen
- Luftblasen in der Druckflüssigkeit
- Wasser in der Druckflüssigkeit durch Kondensation oder Diffusion durch die Schläuche
- Verschmutzte Druckflüssigkeit aufgrund unzureichender Druckflüssigkeitswechsel
- Druckflüssigkeit entspr. den Angaben des Herstellers
- Spezielle Wartung der Anlage oder einzelner Geräte nach Angabe des Herstellers

Pneumatische Systeme

Pneumatische Systeme müssen überprüft werden auf:
- Undichte Leitungen und Verbindungen
- Knickstellen in Schläuchen
- Leckverluste an Ventilen
- Kolbenstangenführungen auf Verschleiß
- Auf Funktionsfähigkeit der Ventile für automatische Kondensatentleerer
- Funktionsfähigkeit der Filter
- Spezielle Wartung der Anlage oder einzelner Geräte nach Angabe des Herstellers

Zur Messung von Drücken in Hydrauliksystemen werden Manometer eingesetzt. Der Druck wird mechanisch über elastische Platten oder flachgedrückte Rohre mit Hebel- und Zahnstangenübersetzung auf den Zeiger übertragen.

Die Druckskala gibt den Druck in bar an. Zur Wartung und Fehlerdiagnose sind in den Hydrauliksystemen des Kfz Messstellen vorgesehen, an die die Druckmessgeräte über Kupplungen oder Adapter angeschlossen werden können.

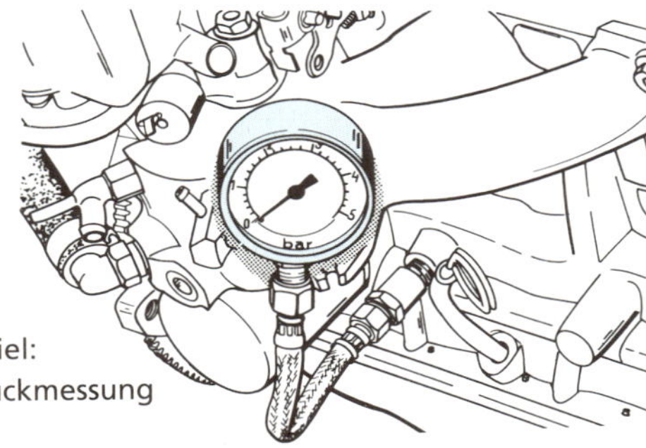

Beispiel: Öldruckmessung

3.5.7.6 Schaltpläne

Da hydraulische und pneumatische Anlagen ähnlich aufgebaut sind, werden für die Schaltpläne die gleichen Schaltzeichen entsprechend DIN ISO 1219 verwendet.

Der Schaltplan ist nach folgenden Kriterien aufgebaut:

- Energiequellen unten links angeordnet.
- Steuerungselemente werden von unten nach oben entsprechend dem Signalfluss angeordnet: Energieversorgung – Signaleingabe – Signalverarbeitung – Signalausgabe – Energieumwandlung.
- Antriebszylinder oben, von links nach rechts wirkend.
- Die Bauelemente werden mit Schaltkreisnummer und fortlaufender Bauteilnummer gekennzeichnet. Zwischen der Schaltkreisnummer und der Bauteilnummer steht ein Punkt.
  Die Kennzeichnung ist mit einem Rahmen versehen.
- Die Bauelemente werden in der Hydraulik in der Ruhestellung (Ausgangsstellung), in der Pneumatik in der Ruhestellung mit Druckbeaufschlagung dargestellt.

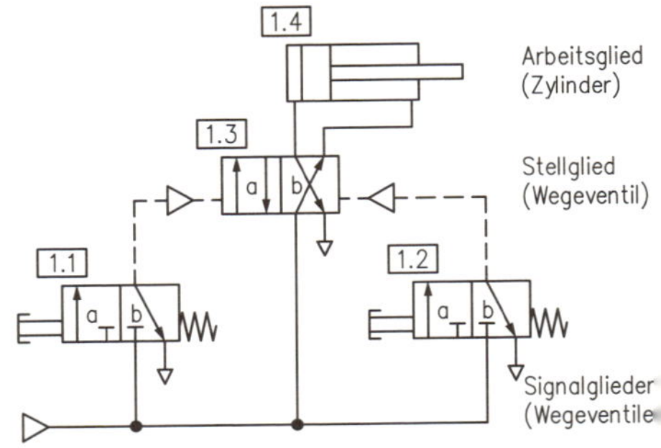

Kennzeichnungsbeispiel:

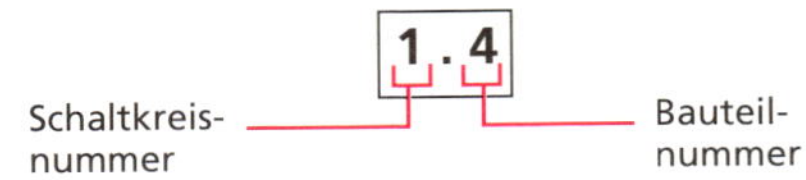

Schaltzeichen

Grundschaltzeichen					
Symbol	Benennung	Erklärung	Symbol	Benennung	Erklärung
————	Linie	hydraulische Leitung	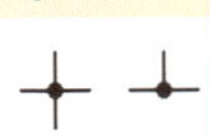	Linienverbindung mit Punkt	Leitungsverbindung
— — — —	lang gestrichelte Linie	Steuerleitung		Linienkreuz	keine Verbindung
- - - - - - -	kurz gestrichelte Linie	Leckölleitung			

Hydraulische Schaltzeichen

Symbol	Benennung	Erklärung	Symbol	Benennung	Erklärung
	Behälter	sammelt Druckflüssigkeit		Drosselventil	drosselt den Ölstrom
	Hydraulikpumpe	fördert Druckflüssigkeit	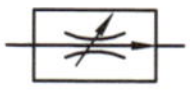	Stromregelventil	hält Ölstrom konstant
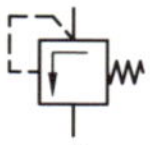	Druckbegrenzungs-ventil	begrenzt Druck im Zulauf	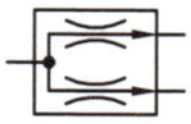	Stromteiler	teilt Ölstrom auf
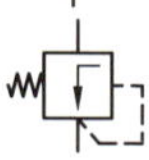	Druckreduzierventil	hält Druck im Ablauf konstant		2/2-Wegeventil	2 Anschlüsse 2 Schaltstellungen
	Rückschlagventil	sperrt Ölstrom in eine Richtung	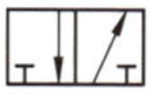	3/2-Wegeventil	3 Anschlüsse 2 Schaltstellungen
	Rückschlagventil (federbelastet)		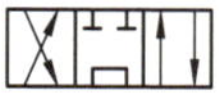	4/3-Wegeventil	4 Anschlüsse 3 Schaltstellungen
	entsperrbares Rückschlagventil	wird durch Steuer-signal entsperrt	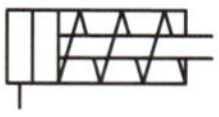	einfach wirkender Zylinder	in eine Richtung wirkend
	Drossel-rückschlagventil	Kombination		doppelt wirkender Zylinder	in zwei Richtungen wirkend
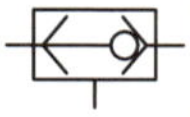	Wechselventil	sperrt Ölstrom je nach Druckverhältnis	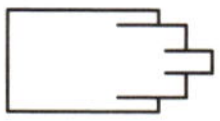	Teleskopzylinder	in eine Richtung wirkend in Stufen ausfahrbar
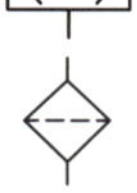	Filter			Kühler	
	Hydrospeicher ohne Vorspannung			Manometer	zur Druckmessung
	Hydrospeicher mit Vorspannung	Gasvorspannung			

Hydraulische Grundschaltung

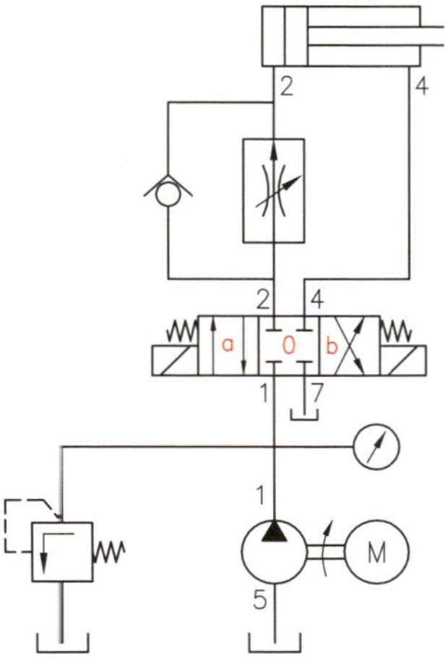

Die Pumpe fördert Drucköl. Das Druckbegrenzungsventil ist auf Systemdruck eingestellt. Das 4/3-Wegeventil wird elektromagnetisch angesteuert, ist federzentriert, besitzt drei Schaltstellungen: Sperrstellung, eine Vorwärts- und eine Rückwärtsstellung. Das Drosselventil ist verstellbar und verändert den Volumenstrom nur beim Ausfahren des Kolbens. Bei Rückwärtsstellung des 4/3-Wegeventils fährt der Kolben ein.
Das Öl fließt über das Sperrventil und das Wegeventil in den Ölbehälter zurück.

Steuerkette
Signalglied
Steuerglied } → 4/3-Wegeventil
Stellglied
Antriebsglied: Arbeitszylinder

Pneumatische Grundschaltung

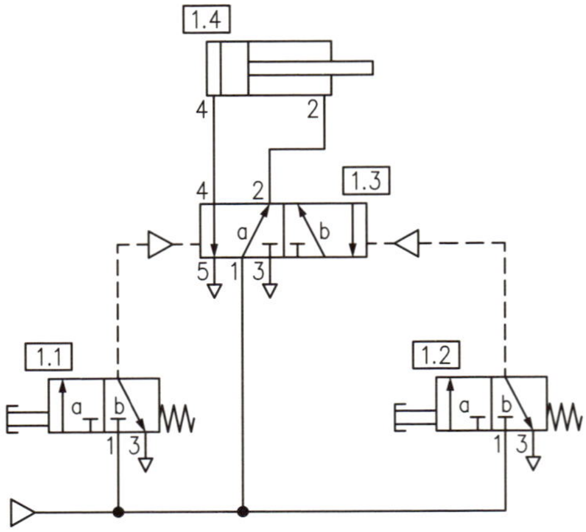

Der Kolbenverdichter saugt Luft an und verdichtet sie. Das 5/2-Wegeventil 1.3 hat zwei Schaltstellungen, eine Vorwärts- und eine Rückwärtsstellung. Es wird von beiden Seiten durch Druckluft angesteuert.
Die 3/2-Wegeventile 1.1, 1.2 werden von Hand betätigt und haben eine Federrückstellung. Mit dem Ventil 1.2 kann das Ventil 1.3 in die Stellung geschaltet werden, damit der Kolben ausfährt. Zum Einfahren des Kolbens 1.4 wird das Ventil 1.1 betätigt, das das 5/2-Wegeventil in die Ausgangsstellung schaltet.
Die Druckluft strömt ins Freie.

Steuerkette
Signalglieder: 3/2-Wegeventile 1.1 und 1.2
Steuerglied, Stellglied: 5/2-Wegeventil 1.3
Antriebsglied: Arbeitszylinder 1.4

UND-Schaltung

Wenn beide 3/2-Wegeventile (1.4 **UND** 1.6) gedrückt sind, erhält das 4/2-Wegeventil 1.1 einen Steuerimpuls und schaltet in die Durchgangsstellung. Der Kolben fährt aus.

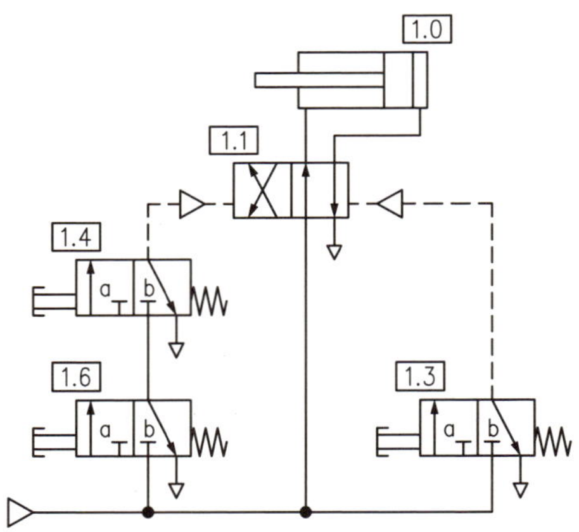

ODER-Schaltung

Das 4/2-Wegeventil 1.1 kann entweder durch das 3/2-Wegeventil 1.4 **ODER** das 3/2-Wegeventil 1.6 betätigt werden, damit der Arbeitskolben ausfährt.

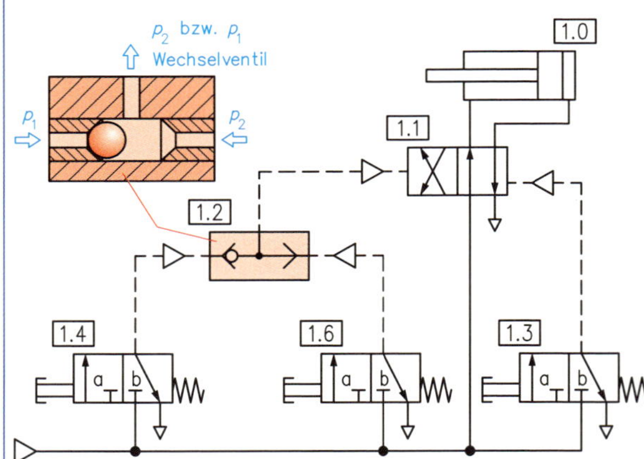

3.5.7.7 Hydraulische und pneumatische Systeme im Kfz

Im Kfz arbeiten die folgenden hydraulischen und pneumatischen Systeme:

- Hydraulische Systeme
  - Hydraulische Kupplung
  - Hydraulische Bremse
  - Motorschmierung
  - Servolenkung
  - Automatisiertes Schaltgetriebe
  - Automatikgetriebe
  - Nockenwellensteuerung
- Pneumatische Systeme
  - Unterdruck-Bremskraftverstärker
  - Ladedruckregelung beim Abgasturbolader
  - Kraftstoffverdunstungs-Rückhaltesystem
  - Abgasrückführung
  - Saugrohrklappenschaltung bei Benzin-Direkteinspritzung
  - Luftfederung

3.5.8 Elektrische/elektronische Verknüpfungssteuerungen

Eine Steuerung, deren Steuersignale (Ausgangssignale) durch Verknüpfung (Kombination) mehrerer Eingangssignale entstehen, nennt man Verknüpfungssteuerung oder kombinatorische Steuerung. Die Innenbeleuchtung eines Kfz gehört zu den Verknüpfungssteuerungen.

Innenbeleuchtung eines Kfz

Situation:

Die Innenbeleuchtung eines Pkw wird eingeschaltet, wenn die Fahrer- oder Beifahrertür geöffnet wird.

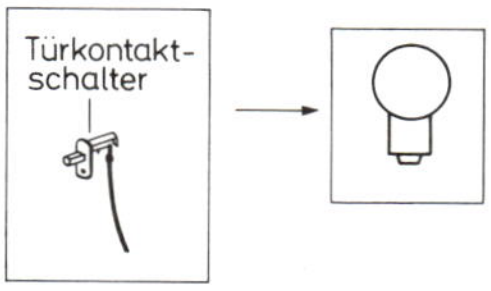

Elektrische Schaltung

Die Steuerung der Innenbeleuchtung besteht aus:

- Eingabeglied
- Verarbeitungsglied
- Signalglied

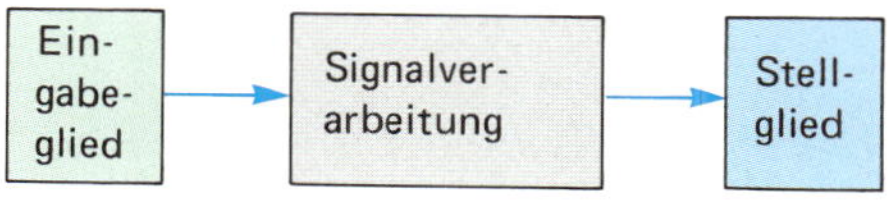

Eingabeglieder sind

- der Türkontakt S1,
- der Türkontakt S2.

Stellglied ist ein Relais, das die Innenbeleuchtung ein- und ausschaltet.

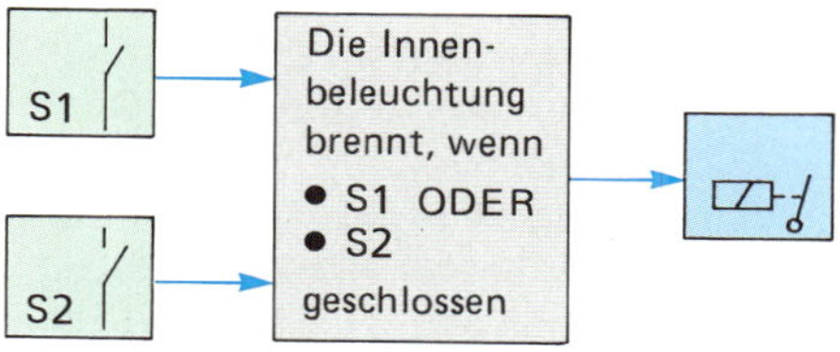

In der Signalverarbeitung werden die Eingabeglieder so verknüpft, d.h. verdrahtet, dass folgende Funktion entsteht:

Die Innenbeleuchtung wird eingeschaltet, wenn

- die rechte Tür geöffnet wird und der Schalter S1 den Stromkreis zum Relais schließt ODER
- die linke Tür geöffnet wird und der Schalter S2 den Stromkreis zum Relais schließt,
- beide Türen geöffnet sind.

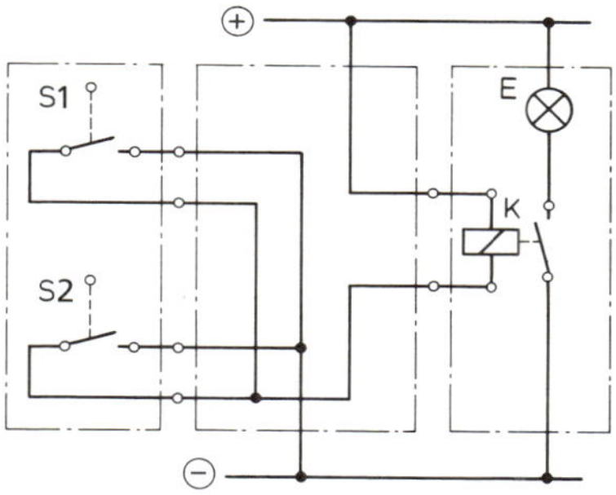

Mithilfe einer Funktionstabelle, auch Wahrheitstabelle genannt, wird die Wirkungsweise der Schaltung überprüft. In der Funktionstabelle werden die Ausgangszustände in Abhängigkeit von den Eingängen dargestellt.

Für die Funktion der Schaltung gilt folgende Festlegung:

Spannung vorhanden → 1-Signal,

keine Spannung vorhanden → 0-Signal.

Eingangszustände		Ausgangszustand
Türkontakt S1	**Türkontakt S2**	**Lampe E**
AUS	AUS	AUS
EIN	AUS	EIN
AUS	EIN	EIN
EIN	EIN	EIN

S1	S2	E
0	0	0
1	0	1
0	1	1
1	1	1

In der dargestellten Steuerung „Innenbeleuchtung" ist die logische Grundfunktion ODER enthalten, d.h. die Schaltung stellt eine ODER-Verknüpfung dar. In einer ODER-Verknüpfung führt der Ausgang dann ein 1-Signal, wenn mindestens an einem Eingang ein 1-Signal anliegt. Nur wenn alle Eingänge 0-Signal führen, liegt auch am Ausgang ein 0-Signal an.

Die zeichnerische Darstellung der logischen Grundfunktion erfolgt im Logik- oder Funktionsplan. Hierzu verwendet man Logiksymbole, die aus einem Quadrat bestehen mit eingetragenem Zeichen für die Art der Verknüpfung. Die Eingänge bezeichnet man mit dem Buchstaben S (Schalter), den Ausgang mit dem Buchstaben E.

Der Übersichtsplan berücksichtigt nur die wesentlichen Teile einer Schaltung. Er gibt einen schnellen Überblick über Aufgabe, Aufbau, Gliederung und Funktion einer Verknüpfungsschaltung. Die Schaltzeichen sagen nichts über die schaltungstechnische Verwirklichung durch Kontakte oder Halbleiterbauelemente aus.

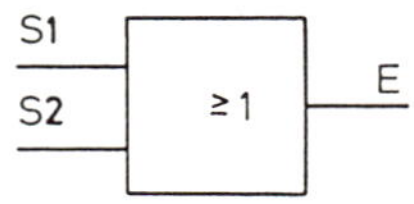

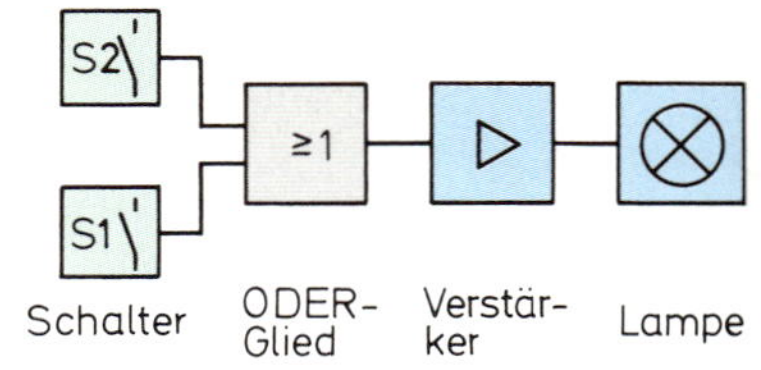

Logikbaustein als Verarbeitungsglied

Die elektronischen Schaltungen werden in der Praxis in sogenannten Logikbausteinen ausgeführt. Diese Bausteine sind meist integrierte Schaltungen (IC). Im IC sind auf einer Fläche von nur wenigen Quadratmillimetern eines Siliziumkristalls (Chip) viele Transistoren, Dioden und Widerstände untergebracht und durch gezielte Verknüpfung, z. B. zu einer ODER-Schaltung, verwirklicht.
Ein solcher Logikbaustein wird in großen Stückzahlen gefertigt und ist dadurch preisgünstig.
Im Standard-Logikbaustein werden vier separate ODER-Verknüpfungen zu einer Betriebseinheit zusammengefasst. Der Baustein besitzt 14 Anschlüsse, auch PIN genannt. Am Anschluss 14 liegt die Betriebsspannung U_B, der Anschluss 7 liegt an Masse.
Mit einem IC-Baustein kann die logische Schaltung für die Innenbeleuchtung aufgebaut werden. Der Baustein sitzt in einem IC-Stecksockel, an dem die einzelnen Anschlüsse herausgeführt sind.
Die vom Logikbaustein ausgehenden Signale sind für die Stellglieder zu schwach. Zum Ansteuern müssen sie in einer Endstufe verstärkt werden.

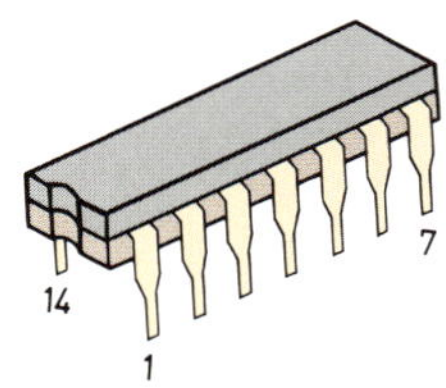

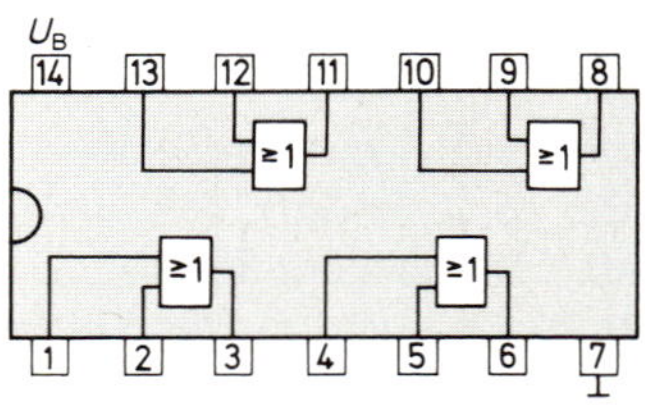

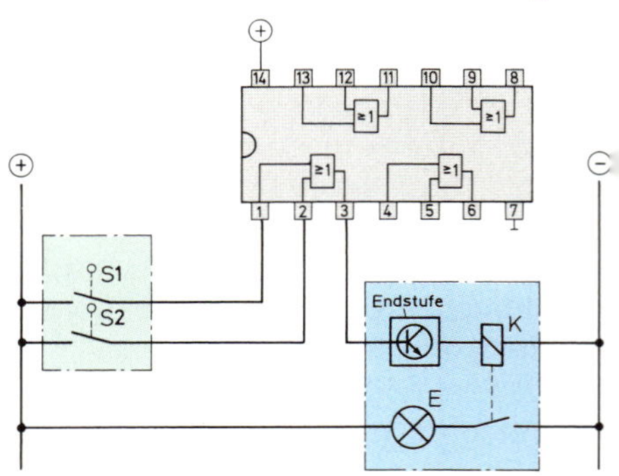

Signalpegel

Ein Schalter hat zwei eindeutige Betriebszustände:
EIN → 1-Signal, AUS → 0-Signal.
Diese Betriebszustände werden auch als Logik-Werte bzw. Logik-Zustände bezeichnet.
In elektronischen Schaltungen sind nicht nur die Logikzustände von Interesse, sondern auch Spannungen, die diesen Logikzuständen entsprechen. Folgende Zuordnung ist üblich:

- 0-Signal ≙ 0 Volt,
- 1-Signal ≙ 12 Volt.

Elektronische Bauteile weisen jedoch Toleranzen auf, sodass auch für die binären Spannungszustände Toleranzen festgelegt werden müssen. In einer Schaltung mit Transistoren gilt:

- 0-Signal ≙ 0 ... 2 Volt,
- 1-Signal ≙ 6 ... 12 Volt.

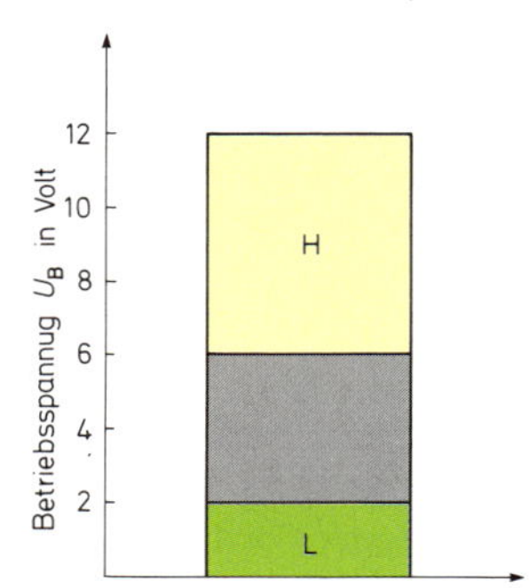

Diese Spannungen werden auch mit Pegeln gleichgesetzt
- höhere Spannung ≙ hoher Pegel ≙ H (High)
- niedere Spannung ≙ niedriger Pegel ≙ L (Low)

Die Tabelle zeigt, dass die binären Größen 0 und 1 leicht zu unterscheiden sind. Allerdings muss man dafür sorgen, dass Spannungen zwischen 2 und 6 Volt nicht auftreten.

Signalpegel				
Signal	**Symbol**	**Pegelbereich**	**Spannung**	**Abweichung**
AUS	0	L	0 V	0–2 V
EIN	1	H	12 V	6–12 V

Logische Grundfunktionen

Zu den logischen Grundfunktionen, mit denen Verknüpfungssteuerungen aufgebaut werden, gehören:
- UND-Funktion,
- ODER-Funktion,
- NICHT-Funktion.

Die Verknüpfungen lassen sich mithilfe von Schaltkontakten verwirklichen. Für die Signalzustände gilt:
0-Signal → Spannung nicht vorhanden, 1-Signal → Spannung vorhanden.
In einer Funktionstabelle werden die Ausgangssignale in Abhängigkeit zu den Eingangssignalen dargestellt.

<table>
<tr><th>Verknüpfung</th><th colspan="2">Stromlaufplan – Logiksymbol – Beschreibung</th><th>Funktionstabelle</th></tr>
<tr><td>UND-Funktion
Der Ausgang einer UND-Funktion führt dann ein 1-Signal, wenn alle Eingänge ein 1-Signal führen.</td><td>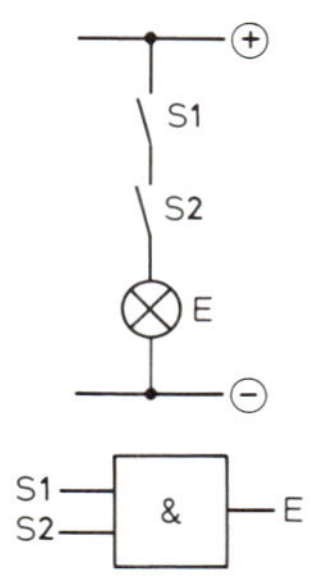</td><td>Die Lampe E ist nur dann eingeschaltet, wenn alle in Reihe geschalteten Kontakte S1 und S2 gleichzeitig geschlossen sind.</td><td>
<table>
<tr><th>S1</th><th>S2</th><th>E</th></tr>
<tr><td>0</td><td>0</td><td>0</td></tr>
<tr><td>0</td><td>1</td><td>0</td></tr>
<tr><td>1</td><td>0</td><td>0</td></tr>
<tr><td>1</td><td>1</td><td>1</td></tr>
</table></td></tr>
<tr><td>ODER-Funktion
Am Ausgang einer ODER-Funktion liegt nur dann ein 1-Signal an, wenn mindestens ein Eingang ein 1-Signal führt.</td><td>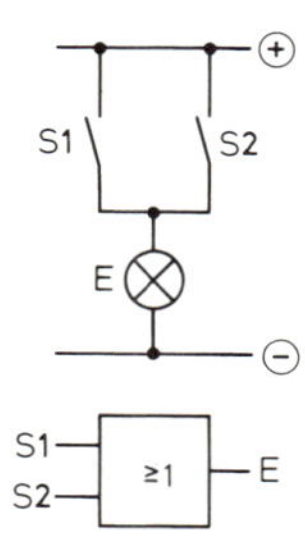</td><td>Die ODER-Funktion ist mit einer Parallelschaltung von Kontakten vergleichbar.
Die Lampe E ist dann eingeschaltet, wenn mindestens einer der beiden parallel geschalteten Kontakte S1 oder S2 oder beide Kontakte geschlossen sind.</td><td>
<table>
<tr><th>S1</th><th>S2</th><th>E</th></tr>
<tr><td>0</td><td>0</td><td>0</td></tr>
<tr><td>0</td><td>1</td><td>1</td></tr>
<tr><td>1</td><td>0</td><td>1</td></tr>
<tr><td>1</td><td>1</td><td>1</td></tr>
</table></td></tr>
<tr><td>NICHT-Funktion
Am Ausgang einer NICHT-Funktion liegt dann ein 1-Signal an, wenn der Eingang ein 0-Signal führt.</td><td>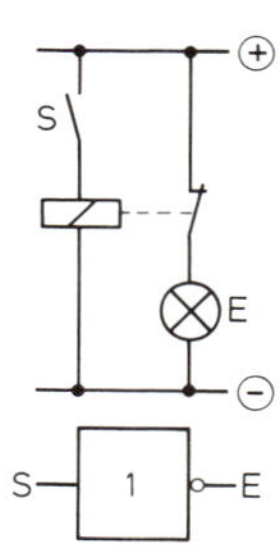</td><td>Die NICHT-Funktion ist mit einem Öffnerkontakt vergleichbar.
Die Lampe E ist dann eingeschaltet, wenn der Kontakt S nicht betätigt wird.</td><td>
<table>
<tr><th>S1</th><th>E</th></tr>
<tr><td>0</td><td>1</td></tr>
<tr><td>1</td><td>0</td></tr>
</table></td></tr>
</table>

3.6 Messen mit dem Multimeter

Klemmenspannung Bordnetz

Voraussetzung: Ein Verbraucher ist eingeschaltet, Stromkreis geschlossen

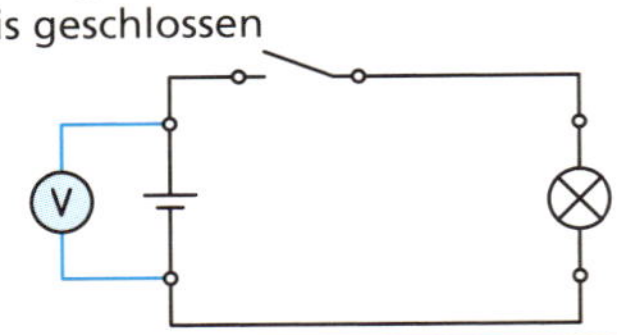

Klemmenspannung eines Verbrauchers

Voraussetzung: Stromkreis geschlossen

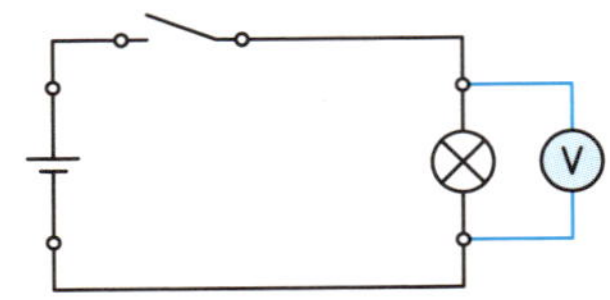

Stromstärke eines Verbrauchers

Voraussetzung: Stromkreis geschlossen

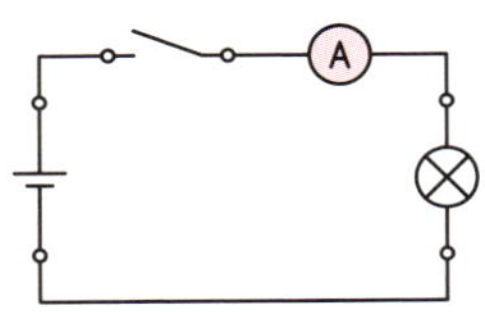

Plusseitiger Spannungsverlust

Voraussetzung: Stromkreis geschlossen,
Sollwert: < 0,5 V

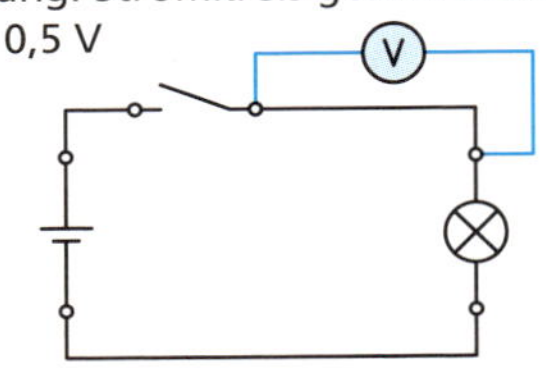

Minusseitiger Spannungsverlust

Voraussetzung: Stromkreis geschlossen,
Sollwert: < 0,5 V

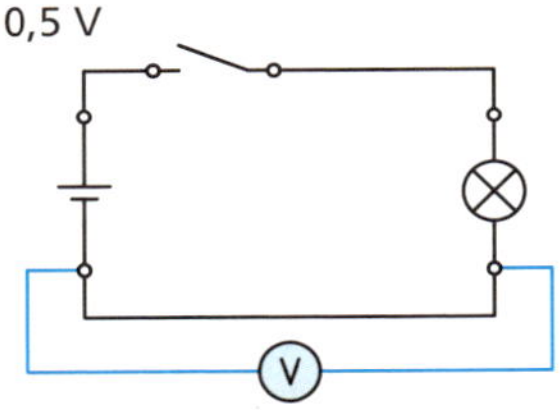

Spannungsverlust über einen Schalter

Voraussetzung: Stromkreis geschlossen

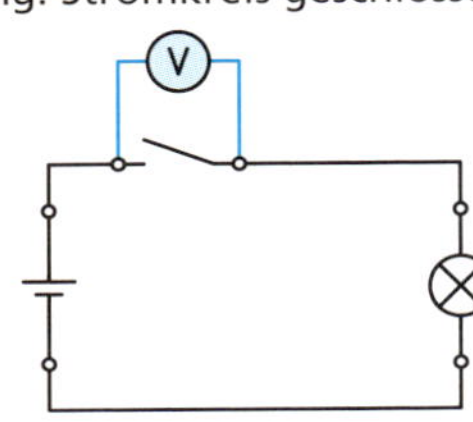

Widerstand und Durchgang einer Leitung

Leitung ist aus dem Stromkreis herausgelöst, Leitung stromlos.

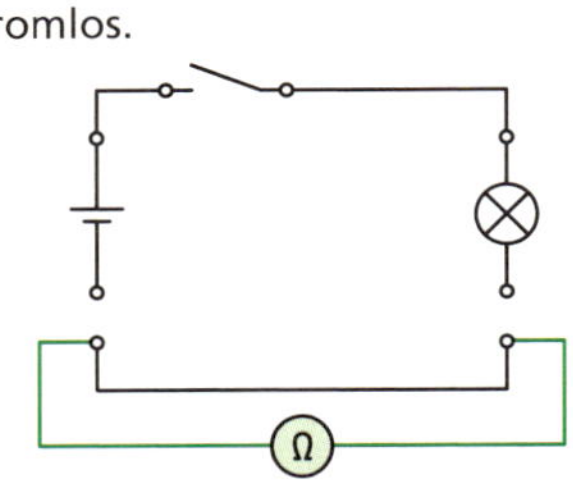

Widerstand eines Verbrauchers

Voraussetzung: Verbraucher ist aus dem Stromkreis herausgelöst. Verbraucher ist stromlos.
Sollwert: 0 bis < 1 Ω

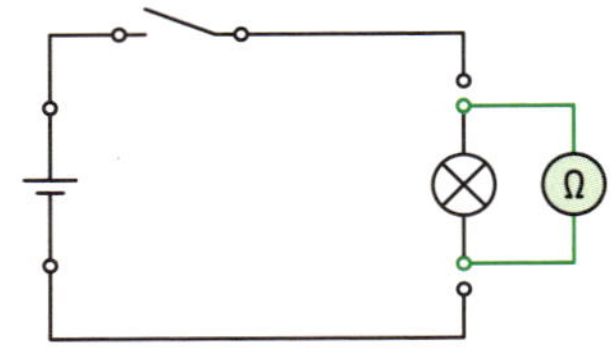

Masseschluss (Messung mit Widerstandsmessgerät)

Positive Spannungsversorgung hat einen Masseschluss.

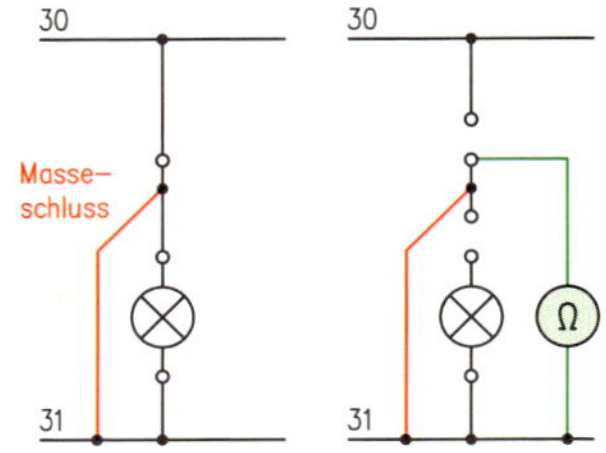

Angezeigter Messwert ca. 0 Ω: Masseschluss

Leitungsschluss (Messung mit Widerstandsmessgerät)

Zwei benachbarte Leitungen haben Kontakt.

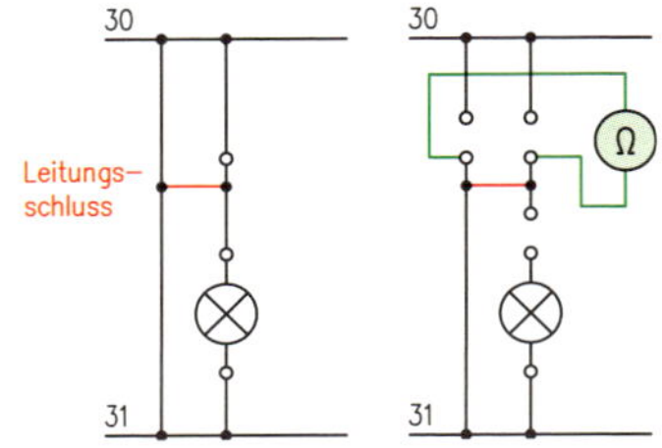

Angezeigter Messwert ca. 0 Ω: Leitungsschluss

3.7 Funktionsstörungen Batterie

Kundenbeanstandung: Batterie muss wiederholt geladen werden

Ursachen: Batterie verbraucht
Batterie tiefentladen
Nicht ausreichend durch Generator geladen
Entladung durch defekte Verbraucher

Informationsbeschaffung:

i Fachinformationen: Energieversorgung Seite 20, Schaltplanarten Seite 165 f., Messen von Spannung, Strom, Widerstand und Signalen Seite 170 f., Bordnetz Seite 179
Internet: www.varta.com.http://de.bosch-automotive.com/de/parts/parts_and.../batteries .../batteries_5

Kennzeichen für eine verbrauchte Batterie ist, dass sie nur mit kleinen Strömen geladen oder entladen wird und dass die Spannung bei Belastung zusammenbricht. Die Ursache können die Unterbrechungen von Zellen- oder Plattenverbindern sein. Eine solche Batterie muss ersetzt werden: Prüfung der Batterie bei Belastung.

Bei 79 % aller Ausfälle von Batterien besteht eine Tiefentladung der Batterie.
Eine Batterie ist tiefentladen, wenn ihre gesamt Kapazität entnommen wurde. Bei jeder Tiefentladung verliert die Batterie einen Teil ihrer Leistung. Damit verringert sich ihre Lebensdauer.
Gründe für die Tiefentladung sind:

- Kurzschluss in der elektrischen Anlage
  Kontrolle der Sicherungen
- Verbauung der falschen Batterie
  Vergleich der Batteriekennzeichnung mit Angaben des Herstellers, z. B. ESItronic: Fahrzeugwahl → Mechanik → Testwerte → Batterie
- Fahrzeugbeleuchtung angelassen
- Generator lädt nicht ausreichend auf
  Generatorspannung, Spannungsfall in Leitungen messen
- Kurzstreckenfahrten, insbesondere im Winter, durch Heckscheibenheizung bzw. Sitzheizung
  Nach Möglichkeit im Winter verzichten
- Zu viel nachträglich eingebaute Verbraucher
  Evtl. stärkere Batterie einbauen
- Versteckte Verbraucher
  Versteckte Verbraucher aufspüren

Stromversorgungssystem

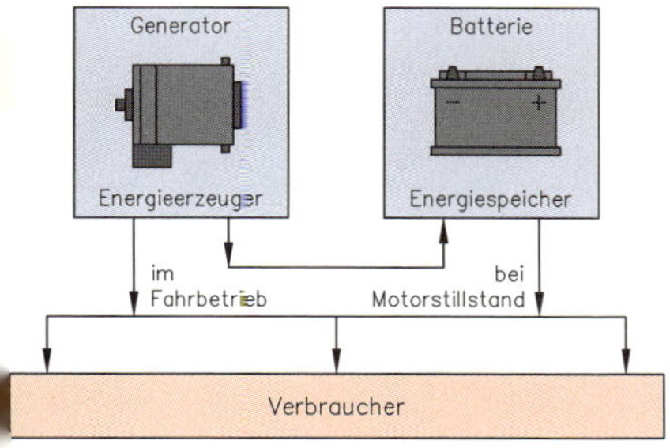

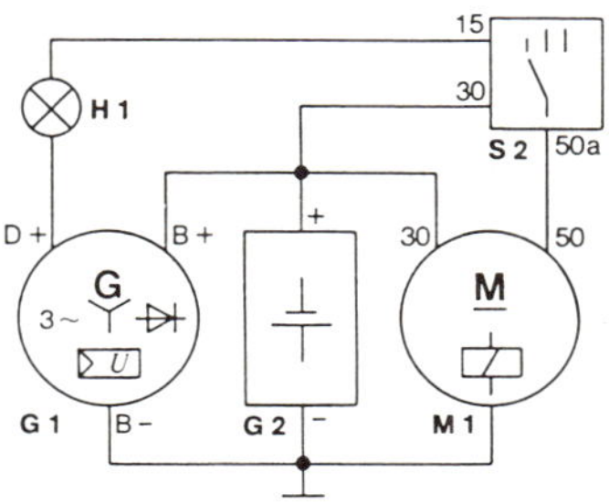

G1 Drehstromgenerator mit Regler
G2 Batterie
M1 Starter
S2 Zündstartschalter

Stromverlauf: Ladestrom
Plusseite: Generator G1, Kl. B+ – Leitung Kl. 30 – Batterie G2, Plus (30)
Minusseite: Batterie G1, Minus (31) – Massebänder Batterie/Karosserie/Motor – Generator G1, Kl. B–

Messschaltung

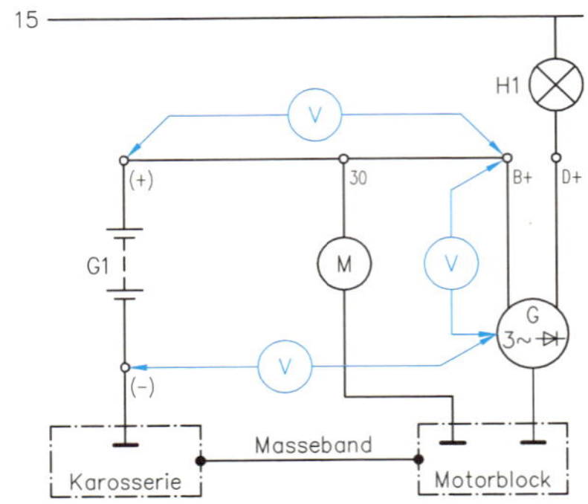

Diagnoseweg:
Spannung bei belasteter Batterie – Generatorspannung – Spannungsfall in den Leitungen

Aufspüren von versteckten Verbrauchern

Eine Batterie entlädt sich auch durch die Stromaufnahme der verschiedenen Steuergeräte im Ruhezustand und durch versteckte Verbraucher. Wenn sich eine Batterie über Nacht entleert, deutet dies auf einen versteckten Verbraucher hin.

Ob ein versteckter Verbrauch vorhanden ist, wird mithilfe eines Amperemeters aufgespürt. Hierzu wird das Massenkabel abgeklemmt und das Amperemeter zwischen Minuspol der Batterie und Massekabel geschaltet. Der weitere Ablauf zeigt der Programmablaufplan.

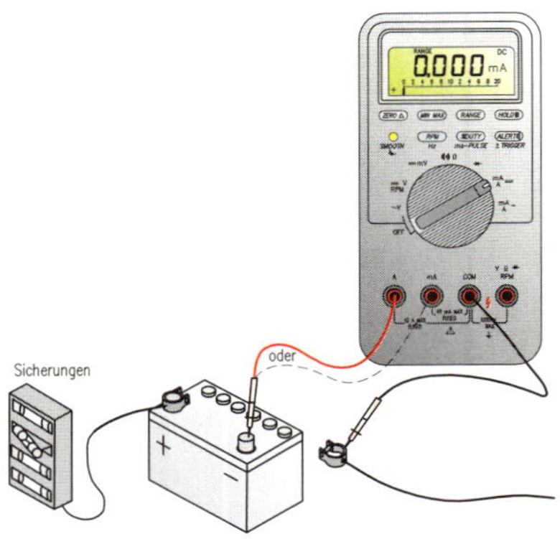

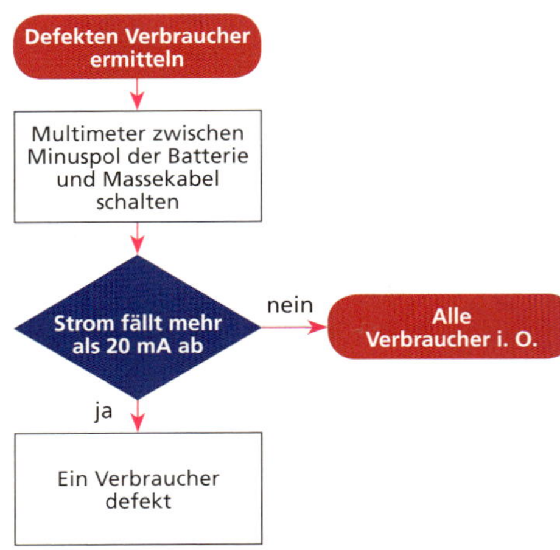

Lernaufgaben

1. Welche Sichtprüfungen schlagen Sie vor?
2. Entwickeln Sie den Prüfplan.
3. Wie kann der versteckte Verbraucher eingegrenzt werden.
4. Welche Unfallverhütungsvorschriften sind beim Umgang mit Batterien zu beachten?

3.8 Funktionsstörung Beleuchtungsanlage (konventionell)

Kundenbeanstandung: linker Nebelscheinwerfer brennt nicht

Fahrzeug: Audi A4, 1,8 TFSI 2008
Sichtprüfung: Kontakte, Leitungen, Lampe
Mögliche Ursachen: Leitungsunterbrechung, Masseschluss

Informationsbeschaffung:

Fachinformationen:
Stromlaufplan eines Pkw Seite 167, Messen von Spannung, Strom, Widerstand und Signalen 170 f., Beleuchtungssysteme Seite 192
ESItronic: Audi A4, 1,8 TFSI, Schaltpläne

Schaltplan

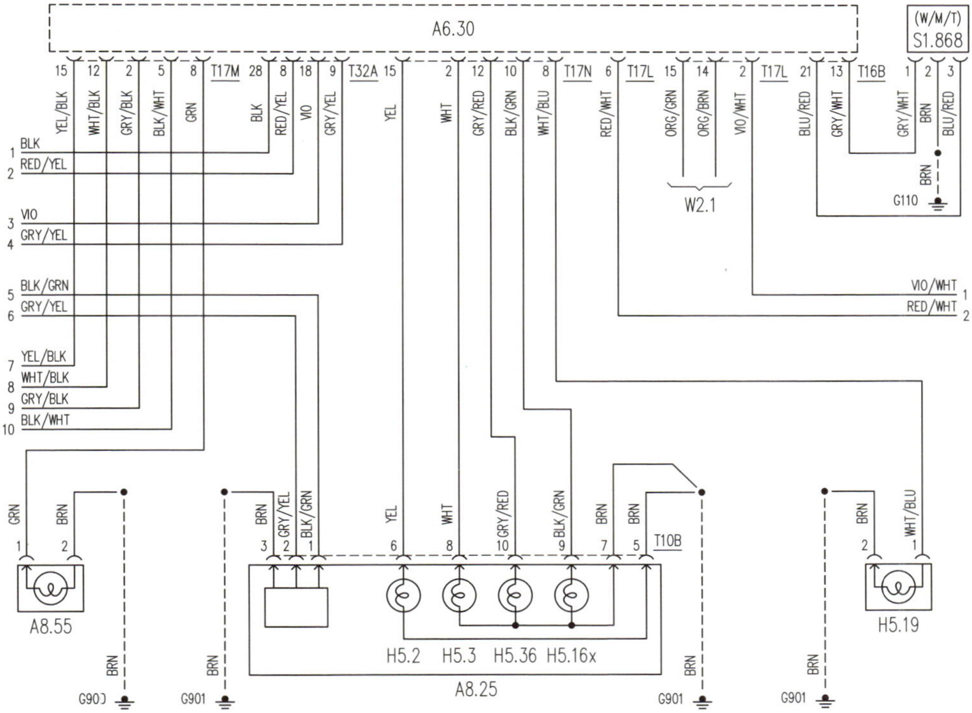

Legende

A 8.55	Nebelscheinwerfer links	H 5.2	Abblendlicht	H 5.16 Blinkleuchten
A 8.25	Scheinwerfer rechts	H 5.3	Fernlicht	A 630 Zentralelektronik Steuergerät
		H 5.36	Parkleuchte rechts	W 2.1 Datenbus

Lernaufgaben

1. Die Beleuchtungsanlage hat einen Scheinwerfer mit Freiflächenreflektor. Wie unterscheidet er sich vom Parabolreflektor?
2. Die Frontbeleuchtung besitzt Halogenlampen. Wie wird das Licht erzeugt?
3. Es werden Halogenlampen H4 verwendet. Welche Eigenschaften haben sie?
4. Entwickeln Sie den Prüfplan.

3.9 Funktionsstörung Innenbeleuchtung (konventionell)

Kundenbeanstandung:
Die Innenbeleuchtung leuchtet nicht beim Öffnen der linken hinteren Tür.

Fahrzeug: BMW 325 (E 36)

Sichtprüfung: Da beim Öffnen der vorderen Türen die Beleuchtung funktioniert, müssen die Sicherungen, der Schalter S1 und die Leuchten in Ordnung sein.

Mögliche Ursache: linker, hinterer Türkontaktschalter defekt, Leitung unterbrochen, Masseschluss

Informationsbeschaffung:

Fachinformationen:
Stromlaufplan eines Pkw Seite 167, Messen von Spannung, Strom, Widerstand und Signalen Seite 170
ESItronic: BMW 325 (E3)

Schaltplan aus dem Werkstattinformationssystem

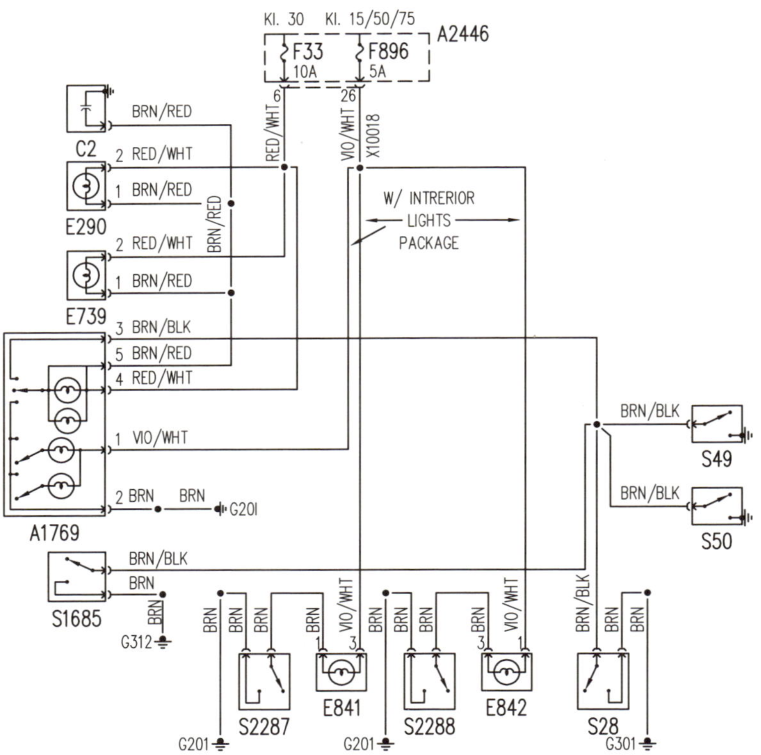

Nr.	Elektrische/elektronische Bauelemente
E390	Innenleuchte hinten links
E739	Innenleuchte hinten rechts
A1769	Deckenleuchte/Kartenleseleuchte
E841	Make-Up-Spiegelbeleuchtung Fahrer
E842	Make-Up-Spiegelbeleuchtung Beifahrer
C2	Kondensator
S1685	Türkontaktschalter Fahrerseite
S28	Türkontaktschalter vorne rechts
S49	Türkontaktschalter hinten rechts
S50	Türkontaktschalter hinten links
S2287	Schalter Make-Up-Spiegel Fahrerseite
S2288	Schalter Make-Up-Spiegel Beifahrerseite

Wirkungsweise/Mode of action: interior illumination

(Der englische Text unterstützt Sie bei der Beschreibung des Kühlsystems. Es ist keine wörtliche Übersetzung, sondern eine freie Übersetzung zu wählen. Die erforderlichen Vokabeln können Sie über den Online-Service http:/dict.leo.org der TU München ermitteln.)

- The switch S1 has three positions: "off", "permanent interior lighting", "steering by the door switch".

  When the switch S1 is operated in position 1 and the left backdoor is opened the door switch S50 closes the electrical circuit for the bulbs E290, E739 and the ceiling lights. At the same time the condenser C2 is charged. When the door is closed the circuit is interrupted and electrical current cannot flow. Now the condenser discharges itself over the interior lamps and the interior is a short time illuminated.

- Series circuits: Switch S1 and the door switches; fuse, bulb E841, switch S 2287; parallel circuits: bulbs E290 and E739.

- Each bulb is connected to the terminal and each bulb is also connected to the battery negative terminal. The supply voltage to each lamp is therefore battery voltage.

Lernaufgaben

1. Zeichnen Sie den Schaltplan nach DIN-Norm.
2. Erklären Sie die Wirkungsweise der Innenbeleuchtung. Zur Unterstützung dient der englische Text.
3. Geben Sie Reihen- und Parallelschaltungen an.
4. Was ist der Vorteil einer Parallelschaltung der Lampen E290 und E739?
5. Wie ist eine Sicherung aufgebaut und welche Aufgabe hat sie?
6. Wie ist ein Kondensator aufgebaut und welche Aufgabe hat er?
7. Mit wie viel Ampere müssen die Sicherungen F33 und F896 ausgelegt werden, wenn jede Lampe 10 W hat?
8. Welche Sichtprüfungen schlagen Sie vor?
9. Entwickeln Sie den Prüfplan.
10. Zu beachten ist, dass die Innenleuchten minusseitig angesteuert werden. Bei einigen Messungen muss das Messinstrument nicht mit der Fahrzeugmasse, sondern mit Dauerplus verbunden werden.

3.10 Funktionsstörung Beleuchtungsanlage mit Xenonleuchten

Kundenbeanstandung: Scheinwerfereinheit links, Gasentladungslampe brennt nicht

Fahrzeug: VW Golf IV 1.6/01.1998 – 05.2004
Mögliche Ursachen: Gasentladungslampe defekt, Spannungsversorgung Steuergerät, Lichtschalter, Kombischalter n.i.O

Informationsbeschaffung:

Fachinformationen:
Scheinwerfersysteme mit Gasentladungslampe Seite 197
Unterlagen aus ESItronic: VW Golf IV, SIS/CAS – Beleuchtung – Litronic 2.1

Aufbau des Scheinwerfersystems Litronic 2.1

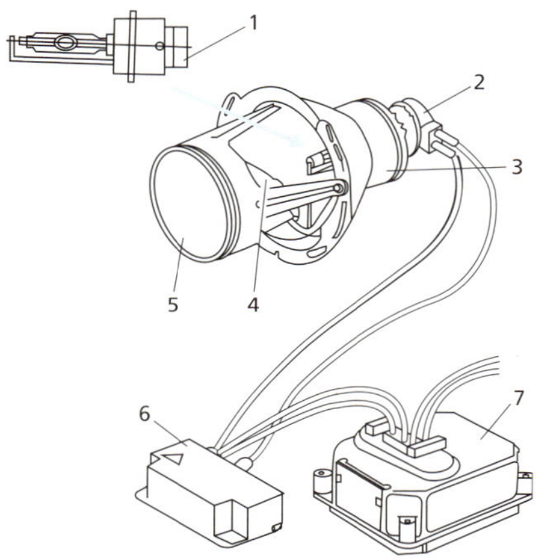

PES-Abblendscheinwerfer
1 Gasentladungslampe D2S
2 Lampenstecker
4 Blende
5 Linse

Elektronisches Vorschaltgerät (EVG)
6 Zündgerät (Hochspannungsteil, bei Litronic 2.0: schwarzes Gehäuse)
7 Steuergerät

Kennwerte

Versorgungsspannung des Steuergeräts: 9–16 V
Stromaufnahme im Betrieb: 2,5–6,2 A
Max. Stromaufnahme ($t \leq 10$ s): 15 A
Zündspannung: mind. 18 kV
Betriebsspannung der Lampe: 80–117 V
Max. Anlaufstrom: 2,6 V
Betriebsstrom der Lampe (effektiv): 0,3–0,6 V
Anlaufleistung: 65 W
Betriebsleistung der Lampe: 35 W
Betriebsfrequenz der Lampe: 400 Hz

Schaltplan

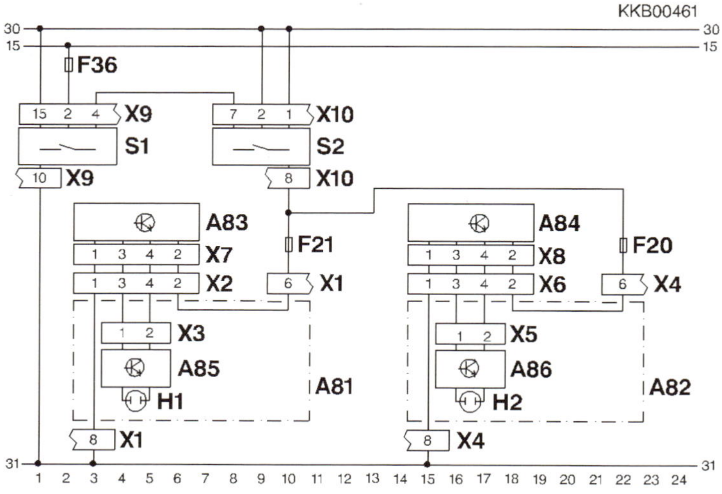

A82 Scheinwerfereinheit rechts
A83 Litronic-Steuergerät links
A84 Litronic-Steuergerät rechts
A85 Zündgerät links
A86 Zündgerät rechts
F20 Sicherung 15 A (Kl. 56b) rechts
F21 Sicherung 15 A (Kl. 56b) links
F36 Sicherung 15 A (Kl. x)
H1 Gasentladungslampe links
H2 Gasentladungslampe rechts
S1 Lichtschalter
S2 Kombischalter
X2 Stecker Litronic Scheinwerfereinheit rechts
X3 Stecker Zündgerät links
X4 Stecker Litronic Steuergerät links
X5 Stecker Scheinwerfereinheit rechts
X6 Stecker Litronic Scheinwerfereinheit rechts
X7 Stecker Zündgerät rechts
X8 Stecker Litronic Steuergerät rechts
X9 Stecker Lichtschalter
X10 Stecker Kombischalter

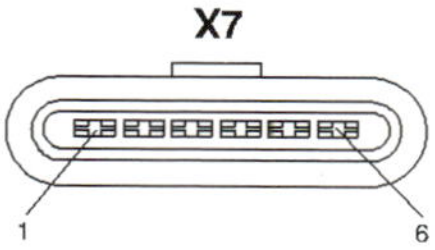

Stecker X7 von
Litronic-Steuergerät A83:

1 Masseversorgung (Kl. 31)
2 Spannungsversorgung (Kl. 56b)
3 Spannungsversorgung Zündgerät
4 Spannungsversorgung Zündgerät
5 nicht belegt
6 nicht belegt

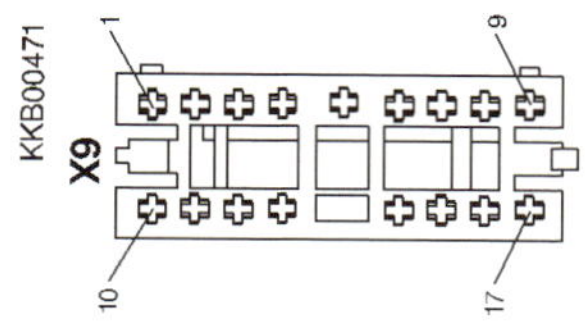

Stecker X9 von
Lichtschalter S1:

1 Zündschloss (Kl. xz)
2 Spannungsversorgung (Kl. x)
3 Tagesfahrlicht (Kl. TFL)
4 Spannungsversorgung (Kl. 56)
5 nicht belegt
6 Rückleuchten (Kl. B)
7 Abblendlicht (Kl. 56b)
8 nicht belegt
9 Nebelschlusslicht (Kl. NSL)
10 Masseversorgung (Kl. 31)
11 Scheibenreinigungsanlage (Kl. SRA)
12 nicht belegt
13 Standlicht links (Kl. 58L)
14 Standlicht rechts (Kl. 58R)
15 Versorgungsspannung (Kl. 30)
16 Standlicht (Kl. 58)
17 Instrumentenbeleuchtung (Kl. 58d)

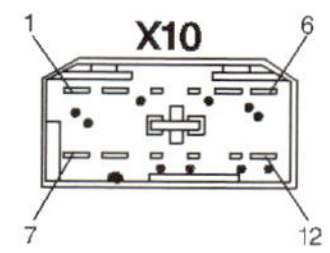

Stecker X10 von
Kombischalter S2:

1 Versorgungsspannung (Kl. 30)
2 Versorgungsspannung (Kl. 30)
3 Blinkleuchte links (Kl. 49L)
4 Parklicht (Kl. P)
5 Warnblinker (Kl. 49a)
6 Signalhorn (Kl. 71)
7 Spannungsversorgung (Kl. 56)
8 Abblendlicht (Kl. 56b)
9 Parklicht links (Kl. PL)
10 Parklicht rechts (Kl. PR)
11 Blinkleuchte rechts (Kl. 49R)
12 Fernlicht (Kl. 56a)

Diagnoseweg: (siehe ESItronic)
Anlaufstromaufnahme und Betriebsstromaufnahme prüfen – Spannungsversorgung prüfen: Steuergerät A83 – Zündgerät A85 – Lichtschalter S1 – Kombischalter S1

Lernaufgaben

1. Welche Sichtprüfungen schlagen Sie vor?
2. Benennen Sie die Funktionseinheiten eines Scheinwerfersystems mit Gasentladungslampe.
3. Geben Sie die Aufgaben von Steuerteil und Zündteil an.
4. Wie hoch ist die Betriebsspannung?
5. Wie hoch ist die Zündspannung?
6. Wie entsteht der Plasma-Lichtbogen?
7. Wie ist ein PES-Scheinwerfer aufgebaut?
8. Welche Aufgaben haben die Funktionselemente des PES-Scheinwerfers?
9. Wie erhält ein Zwei-Scheinwerfer-System Fern- und Abblendlicht?
10. Welche Gasentladungslampe verwendet man beim Zwei-Scheinwerfer-System?
11. Wie erhält man bei einem Vierscheinwerfer-System Fern- und Abblendlicht?
12. Welche Gasentladungslampe verwendet man beim Vier-Scheinwerfer-System?
13. Welches System ist im o. a. Beispiel verbaut?
14. Entwickeln Sie den Prüfplan.

3.11 Scheinwerfereinstellung

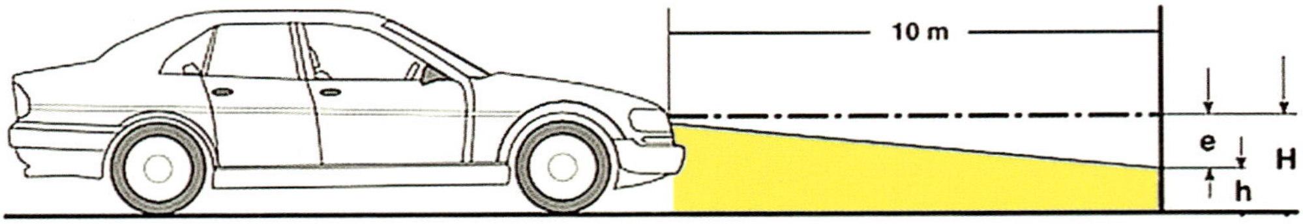

Nach Arbeiten am Scheinwerfer, nach Lampenwechsel ist eine Scheinwerfereinstellung durchzuführen:

- Streuscheiben dürfen weder beschädigt noch verschmutzt sein.
- Bei Fahrzeugen mit manueller Leuchtweitenregelung ist die Verstelleinrichtung auf die Grundstellung einzustellen.
- Bei Fahrzeugen mit automatischer Leuchtweitenregelung und bei Scheinwerfern mit Xenonlampen ist die Grund- bzw. Justiereinstellung mithilfe eines Diagnosetesters durchzuführen.
- Scheinwerfereinstellgerät im Abstand von ca. 30 cm zum Scheinwerfer.
- Neigung nach Herstellerangaben prüfen (sie steht in der Nähe des Scheinwerfers). Prozentangabe auf dem Scheinwerfer beachten: Die Prozentangaben, z. B. 1,2 % beziehen sich auf den Projektionsabstand von 10 m. Das Neigungsmaß berechnet sich aus

$$\frac{10\ \text{m} \cdot 1{,}2\ \%}{100\ \%} = 0{,}12\ \text{m} = 12\ \text{cm}$$

- Einstellmaß e nach Herstellerangabe (12 cm für Scheinwerfer).

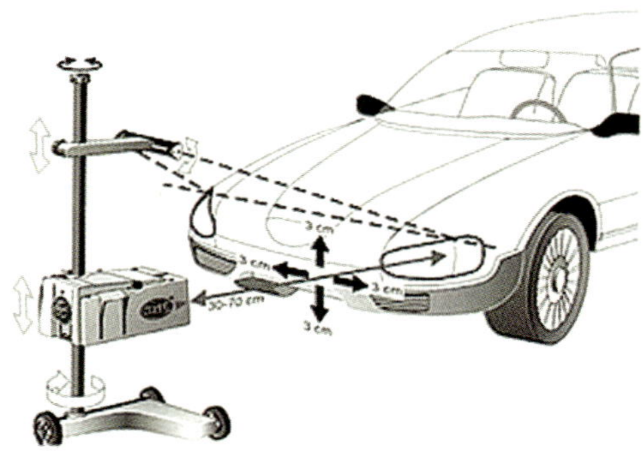

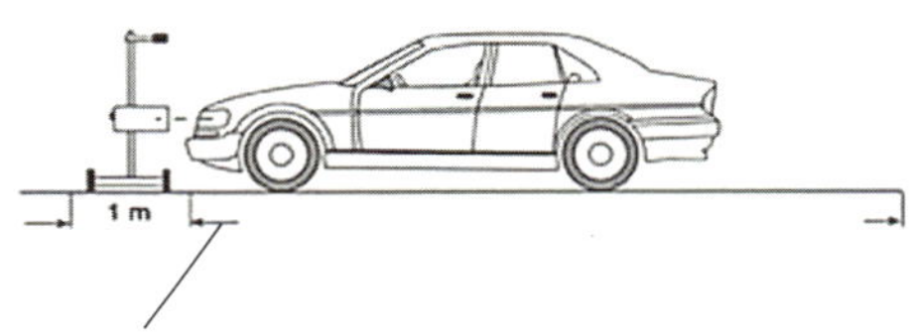

PKW min. 4 m, NKW min. 8,5 m
Bodenunebenheit nicht > 1 mm/m

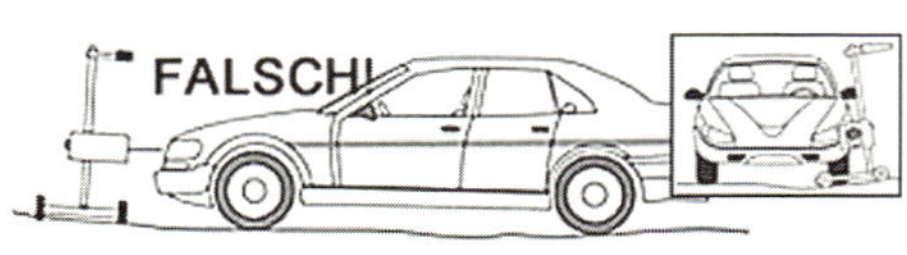

Ein ebener Untergrund ist die Voraussetzung für die richtige Einstellung der Scheinwerfer.

Vorbereitung des Fahrzeuges nach StVZO:

- Die Reifen müssen den vorgeschriebenen Luftdruck aufweisen.
- Der Fahrersitz ist mit 75 kg oder einer Person zu belasten.
- Bodenunebenheit nicht größer als 1 mm/m.

Bei Arbeiten an einem Xenon-Scheinwerfersystem ist genau nach dem Reparaturleitfaden vorzugehen, da an den Xenon-Lampen sehr hohe elektrische Spannungen anliegen. Die Bauteile sind daher mit Warnschildern ausgestattet.

Die Scheinwerfergrundeinstellung erfolgt z. B. mit dem Fahrzeugdiagnose-, Mess- und Informationssystem.

Der Motor ist zu starten und danach das Licht einzuschalten, damit die Stellmotore ihren Referenzlauf starten. Dieser Referenzlauf ist notwendig, damit der Stellmotor aus seiner momentanen Stellung über den unteren Wendepunkt zu seiner Grundeinstellung fahren kann.

Nach Auswahl „Leuchtweitenregulierung" und „Grundeinstellung" wird der Scheinwerfer eingestellt. Durch Eingabe einer Tastenkombination wird die neue Regellage vom Steuergerät gelernt.

3.12 Eigendiagnose – Fehlerspeicher

Eigendiagnosesysteme sind als zusätzliches Programm in die Steuergeräte der Fahrzeugsysteme integriert. Sie sind in der Lage, Sensoren, Aktoren und deren Regelkreise bei Einschalten der Spannungsversorgung sowie während des Betriebs auf ihre Normalfunktion zu überprüfen. Abweichungen werden im Fehlerspeicher abgelegt. Die im Steuergerät gespeicherten Fehler werden als digitale Fehlercodes bzw. in Textform abgelegt und können über eine Schnittstelle (Diagnoseanschluss/OBD-Schnittstelle) mit einem Werkstatttester angezeigt werden. Das Auslesen des Fehlerspeichers bedeutet jedoch noch keine Diagnose. Der Fehlercode gibt oft nicht den eigentlichen Fehler an, sondern zeigt die Richtung der Fehlersuche an. Jede Aussage ist daher lediglich als ein zu prüfender Fehlerhinweis zu verstehen.

Die Abfrage der Eigendiagnose erfolgt in folgenden Arbeitsschritten:

- Diagnosetester mit der Schnittstelle am Fahrzeug verbinden
- Zündung einschalten
- Eigendiagnose durchführen
- Fehlerspeicher auslesen und ausdrucken
- Fehlerspeicher löschen: erforderlich, um den Fehler zu reproduzieren und um den tatsächlichen Fehlerstatus im System zu erkennen
- erneute Fehlerabfrage

Informationsbeschaffung:

Beispiel: Fehlercode (VW Golf V 1,6)
1398 Kurbelwellen-Positionssensor, Motordrehzahlsignal (TD) Masseschluss (siehe Seite 208)

> Fachinformationen:
> Motordrehzahlgeber Seite 208
> ESItronic: VW Golf 1,6, 1998–2004

Diagnoseweg: Es folgt eine Überprüfung mit Multimeter und Oszilloskop.
Sichtprüfung der Steckanschlüsse – Widerstand am Steckanschluss prüfen – Signalverlauf prüfen – Leitungen auf Unterbrechung/Masseschluss prüfen

Schaltplan: Kurbelwellen-Positionsstecker B4.4

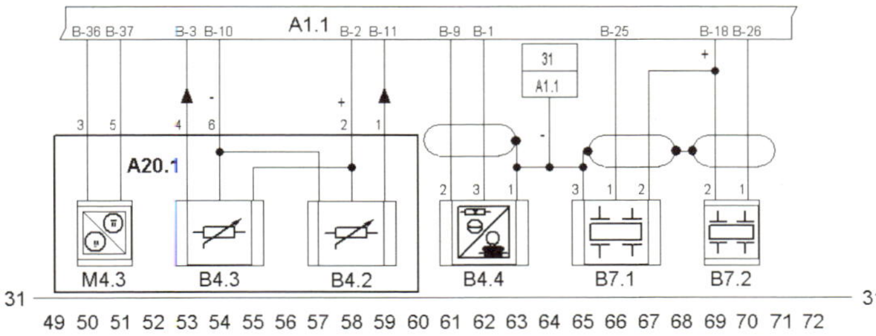

Steckanschluss der Komponente B4.4

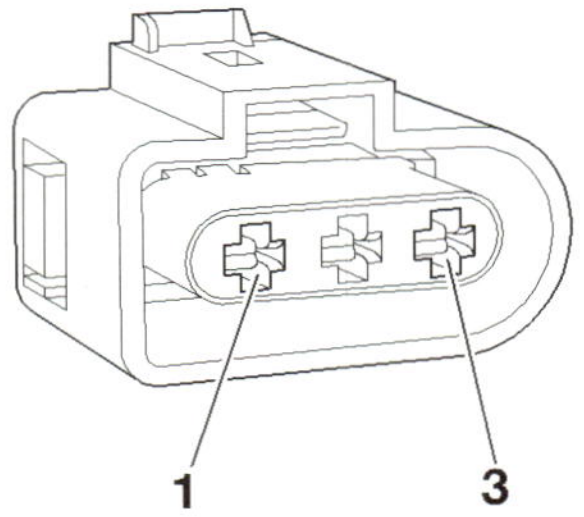

Lernaufgaben

1. Erklären Sie die Funktionsweise eines Kurbelwellen-Positionssensors.
2. Entwickeln Sie einen Prüfplan.

3.13 Freischalten von Hochvoltkomponenten

Für Arbeiten an HV-Systemen sind nur Personen qualifiziert, die eine Zertifizierung als „Fachkundiger für Arbeiten an HV-eigensicheren Systemen in Fahrzeugen“ besitzen!

Informationsbeschaffung:

> Fachinformationen:
> Hochvoltsysteme Seite 39, Hochvoltnetz Seite 183

In der DIN VDE Norm 0105 sind 5 Sicherheitsregeln festgelegt:

- Freischalten,
- gegen Wiedereinschalten sichern,
- Spannungsfreiheit feststellen,
- (Erden und Kurzschließen),
- benachbarte, unter Spannung stehende Teile abdecken und abschranken.

Diese Sicherheitsregeln gelten für Starkstromanlagen unabhängig von der Spannungshöhe. Beim Arbeiten an Anlagen bis 1 000 V, also Arbeiten am HV-System, reicht es aus, wenn die ersten 3 Regeln sichergestellt sind. Die 3 Regeln werden von den Herstellern sehr unterschiedlich gehandhabt.

Freischalten

- Zündung ausschalten und Zündschlüssel sicher verwahren,
- Toyota: Massekabel der 12-V-Batterie abklemmen, Isolierhandschuhe anziehen, Service-/Wartungsstecker abziehen,
- BMW: Service Disconnect-Stecker ziehen und mit Vorhängeschloss sichern,
- MB: Geführte Freischaltung durch Tester; HV-Leitung abziehen und Hochvolt-Zuschaltsperre einbauen.

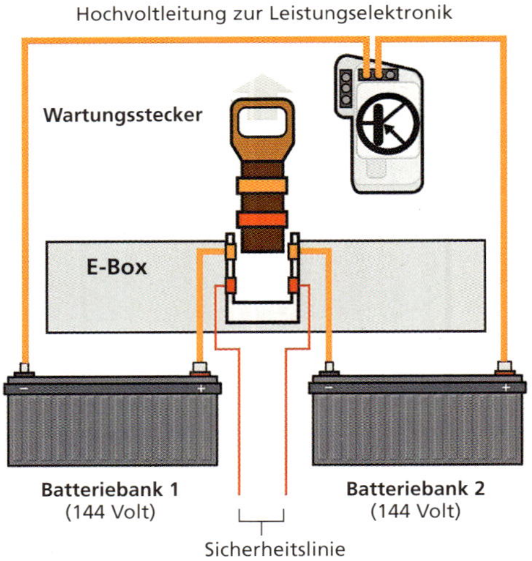

Kennzeichnung von HV-Fahrzeugen in der Werkstatt

Gegen Wiedereinschalten sichern

- BMW: Mit Abziehen des Schlüssels vom Vorhängeschloss ist das System gegen Wiedereinschalten gesichert.
- MB: Mit Abschließen der Hochvolt-Zuschaltsperre ist das System gegen Wiedereinschalten gesichert.
- Toyota: Service-/Wartungsstecker sicher verwahren.

Spannungsfreiheit feststellen

In freigeschalteten HV-Systemen kann durch die eingebauten Kondensatoren noch gefährliche Spannung vorhanden sein. Hersteller geben daher nach dem Freischalten eine Mindestwartezeit an, nach der Abdeckungen geöffnet oder festgeschraubte/gesteckte Leitungen gelöst werden dürfen. (Toyota: Mindestens 10 Minuten warten, bis eingebaute Kondensatoren entladen sind.) Ein HV-System gilt daher bis zu Feststellung der Spannungsfreiheit als spannungsführend.

Spannungsfreiheit ist nach Herstellervorgabe festzustellen:

- Toyota: Spannungsfreiheit am Inverter mit zugelassenem Spannungsprüfer prüfen.
- BMW: Nach Einschalten der Zündung erscheint im Display das Freischalt-Symbol.
- MB: Anzeige der Spannung und des Stromes im Multifunktions-Display, Werte in Tester eingeben, Freischaltprotokoll ausdrucken und an der Windschutzscheibe des Fahrzeugs befestigen.
- VW/Audi: Die Prüfungen werden mit dem Diagnosesystem über die OBD-Schnittstelle ausgeführt.

  Mit der dargestellten Messbox kann die Spannungsfreiheit gemessen werden. Über USB an das Diagnosesystem VAS angeschlossen, kann mit den isolierten Spitzen festgestellt werden, ob das System spannungsfrei ist. Spezielle Messadapter zum Anschluss an das Diagnosesystem ermöglichen die Messung der Spannungsfreiheit und des Isolationswiderstands.

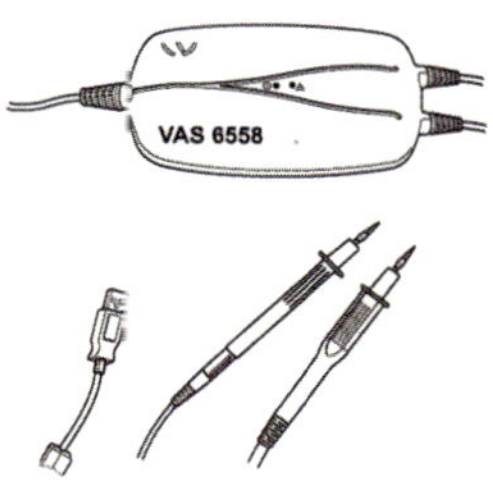

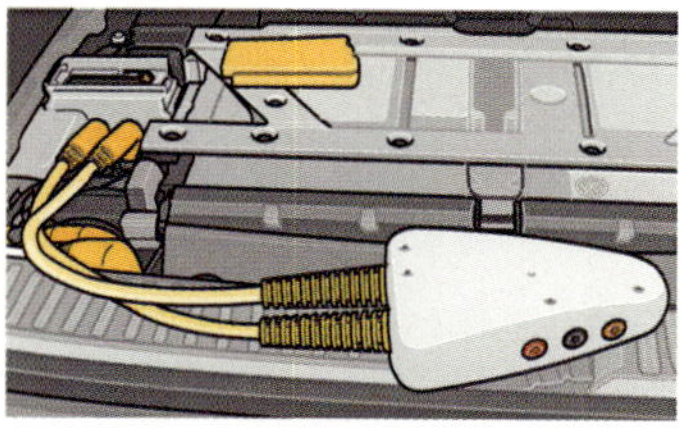

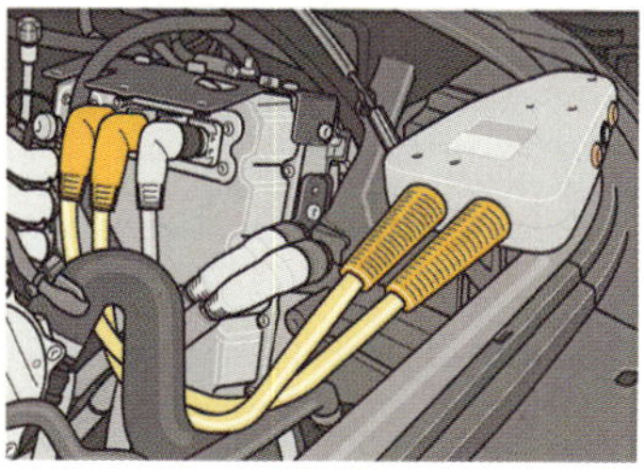

Fahrzeugdiagnose-, Mess- und Informationssystem

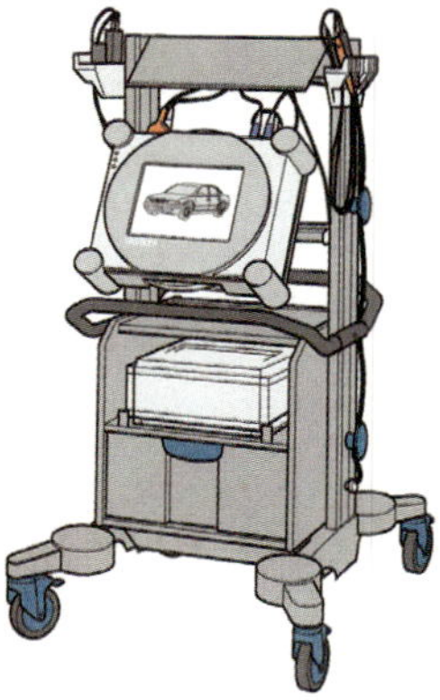

Lernaufgaben

1. Welche Komponenten sind in einem Hybridfahrzeug verbaut?
2. Welche Spannung hat eine Zelle der NiMH-Batterie und eine Zelle der Litium-Ionen-Batterie?
3. Wie erhält man die notwendigen hohen Spannungen?
4. Welche Gefahren bestehen bei Lithium-Ionen-Batterien?
5. Welche Aufgabe hat das Steuergerät für Batterieregelung?
6. Welche Aufgabe hat der Inverter mit DC/DC-Wandler?
7. Welche Elektromotoren werden in Hybridfahrzeugen verwendet?
8. Was versteht man unter einem Motorgenerator?
9. Dürfen Sie eine Freischaltung durchführen?
10. Wann können Sie eine Freischaltung durchführen?
11. Sie sollen bei einem Hybridfahrzeug den Kühlmittelstand prüfen und das Scheibenwaschwasser nachfüllen. Dürfen Sie diese Tätigkeit ausführen?
12. Auf welche besonderen Merkmale müssen Sie bei der o. a. Servicetätigkeit achten?

Lernaufgaben

Fortsetzung

13. Welche Bedeutung haben die dargestellten Hinweisschilder?
14. Welche Aussagen machen die Hinweisschilder (a bis g)?

Betriebsanweisung (Beispiel)

Arbeitsplatz/Tätigkeitsbereich: Arbeiten an Hybridfahrzeugen mit Hochvoltkomponenten

1. ANWENDUNGSBEREICH

- Für Arbeiten an Kraftfahrzeugen mit HV-Systemen müssen Mitarbeiter zum „Fachkundigen für Arbeiten an HV-eigensicheren Systemen in Fahrzeugen" zertifiziert werden.
- Wartungsarbeiten nur an eigensicheren Fahrzeugen (Herstellerangabe)

2. GEFAHREN FÜR MENSCH UND UMWELT

- Stromfluss über den menschlichen Körper kann zu Verkrampfungen, Herzkammerflimmern, Herzstillstand und inneren Verbrennungen führen.
- Verbrennungsgefahr und Verblitzen der Augen durch Lichtbogen bei Kurzschluss der beiden Pole des HV-Systems

3. SCHUTZMASSNAHMEN UND VERHALTENSREGELN

Folgende Sicherheitsregeln müssen bei Arbeiten an Hochvoltanlagen an Hybridfahrzeugen beachtet werden:

- **Freischalten:**
  Zündung ausschalten, Massekabel der 12-Volt-Batterie abklemmen, Batteriehauptschalter auf Aus oder Service-Wartungsstecker abziehen, Sicherung für das HV-System entfernen.
- **Gegen Wiedereinschalten sichern:**
  Zündschlüssel abziehen und sicher verwahren, Service-Wartungsstecker sicher verwahren, Batterie-Hauptschalter durch Abdeckkappe gegen Wiedereinschalten sichern.
- **Spannungsfreiheit nach Herstellervorgabe feststellen:**
  In freigeschalteten HV-Systemen können durch die eingebauten Kondensatoren noch gefährliche Spannungen vorhanden sein. Mindestwartezeit nach Herstellerangabe einhalten, bevor Abdeckungen geöffnet oder Leitungen gelöst werden.
  Spannungsfreiheit feststellen durch
  Diagnosesysteme (über OBD-Schnittstelle) o. herstellerspezifische Testgeräte o. für HV-Systeme zugelassene Spannungsprüfer o. Symbole am Armaturenbrett.
  Nur zugelassene Spannungsprüfer (GS-Zeichen) verwenden, Schutzhandschuhe tragen

4. VERHALTEN BEI STÖRUNGEN

- Vorgesetzte informieren
- Schutzmaßnahmen an HV-Fahrzeugen überprüfen
- Bevor Weiterarbeit, Unfallursache ermitteln

5. ERSTE HILFE

- Verletzte aus Gefahrenbereich bringen
- Erste Hilfe leisten: bei fehlender Atmung und fehlendem Puls sofort Herz-Lungen-Wiederbelebung einleiten, bei Atem-Kreislaufstillstand Verunglückten in stabile Seitenlage bringen
- Erste-Hilfe-Leistungs-Ersthelfer und Sicherheitsfachkraft heranziehen
- Notruf 112 (Feuerwehr) mit genauen Informationen: 1. Ort des Unfalls, 2. Art des Unfalls (z. B. Stromschlag), 3. Anzahl der Personen, 4. Art der Verletzung (z. B. schwere Verbrennungen durch Hochspannungsunfall), 5. Warten auf Rückfragen

6. INSTANDHALTUNG

Nach jeder Instandhaltung Schutzmaßnahmen überprüfen
Instandhaltungsarbeiten nur von beauftragten und qualifizierten und zertifizierten Personen.

Datum:
Nächster
Überprüfungstermin:

Unterschrift:
Unternehmer/Geschäftsleitung

4 Fahrwerksänderungen – Nachrüsten

4.1 Maßnahmen

Serienfahrwerke sind ein Kompromiss zwischen problemlosen Fahreigenschaften und Federungskomfort.
Unter Verzicht auf Fahrkomfort durch härtere Fahrwerksabstimmung sind bessere Fahreigenschaften zu erreichen. Für ein Sportfahrwerk sind Umrüstungen erforderlich.

Ein Sportfahrwerk muss folgende Forderungen erfüllen:
- hohe Kurvengeschwindigkeit und Richtungsstabilität,
- gut kontrollierbares Fahrverhalten im Grenzbereich,
- sicheres Fahrverhalten bei Wechselkurven und Lastwechseln,
- gute Übertragung der Antriebskraft auf die Fahrbahn.

Ein wichtiger Wert ist die Kurvengrenzgeschwindigkeit. Sie ist die maximal erreichbare Kurvengeschwindigkeit auf einem bestimmten Kurvenradius, bevor der Wagen ausbricht. Einfluss auf die Kurvengeschwindigkeit haben
- die Reifen (Bauart, Dimension, Gummimischung, Lauffläche, Profilgestaltung),
- Schwerpunkthöhe,
- Spurweite und Radstand,
- Gewichtsverteilung,
- Art und Ausführung der Radaufhängung.

Um die Seitenführungskräfte und damit die Kurvengrenzgeschwindigkeit zu erhöhen, sind folgende Maßnahmen möglich:
- Breitreifen,
- höherer Luftdruck,
- breitere und leichtere Felgen,
- Wagen tiefer legen,
- negativer Sturz vorne und hinten,
- Spur vorne und hinten verbreitern,
- Stabilisatoren vorne und hinten,
- Front- und Heckspoiler, um den Auftrieb zu reduzieren.

4.2 Einzelmaßnahmen

Breitreifen, Felgen

Breitreifen besitzen aufgrund der breiteren Lauffläche mehr Grip und Traktion. Durch die geringeren Querschritte werden größere Seitenkräfte bei geringerem Schräglaufwinkel aufgenommen. Bei höherem Reifendruck wird der Schräglaufwinkel ebenfalls kleiner. Es gilt

- höherer Reifendruck vorn reduziert das Untersteuern,
- höherer Reifendruck hinten reduziert das Untersteuern.

Auf einer breiteren Felge stützt sich der gleiche Reifen besser ab. Es gilt
- breitere Felge hinten reduziert das Übersteuern,
- breitere Felge vorne reduziert das Untersteuern.

Veränderung vom Sturz

Durch negativen Sturz kann das an der Kurvenaußenseite sich abstützende Rad größere Seitenführungskräfte aufbauen und damit größere Kurvengeschwindigkeiten erreichen.

Die Veränderung des Sturzes bewirkt

- negativer Sturz vorne mindert das Untersteuern,
- negativer Sturz hinten mindert das Übersteuern.

Damit sich die Reifen nicht unregelmäßig abnutzen, sollten die negativen Sturzwinkel vorne nicht mehr als 2 Grad, hinten nicht mehr als 3 Grad betragen.

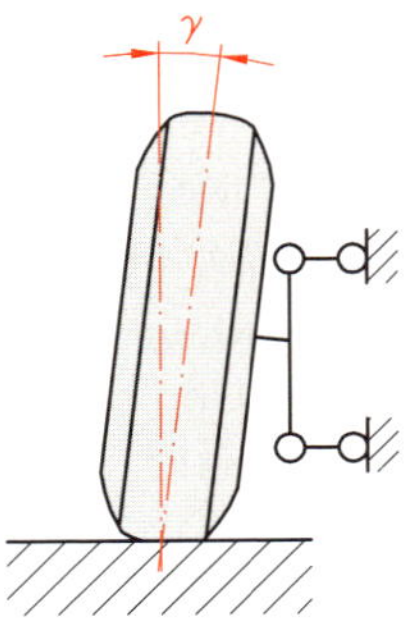

Verändern der Spurbreite

Durch Distanzscheiben oder geringere Einpresstiefe kann die Spurbreite einer Achse verändert werden. Die seitliche Abstützung des Fahrzeugs wird damit verbessert. Veränderungen der Spurbreite bewirken:

- breitere Spur vorne reduziert das Untersteuern,
- breitere Spur hinten reduziert das Übersteuern.

Stabilisatoren vorne und hinten

Der Stabilisator erhöht bei Kurvenfahrten die Radlast auf das kurvenäußere Rad. Gleichzeitig wird das kurveninnere Rad entlastet und der Schräglaufwinkel auf der Außenseite erhöht.

Die Federung der einfedernden Seite wird um die Torsionskraft des Stabilisators erhöht, sodass sich die Seitenneigung erheblich verringert. Es gilt

- Stabilisator vorne reduziert das Übersteuern und fördert das Untersteuern,
- Stabilisator hinten reduziert das Untersteuern und fördert das Übersteuern.

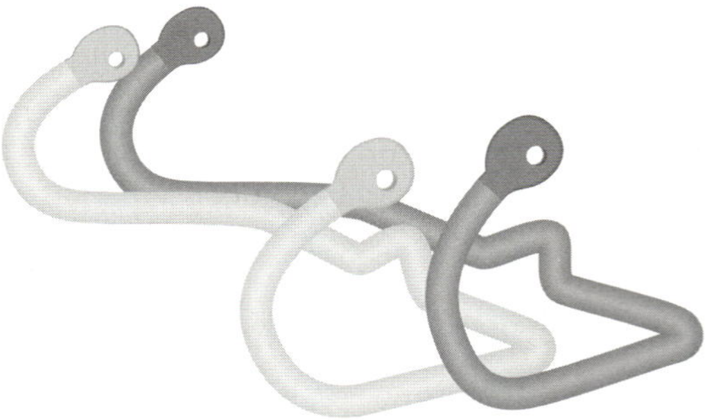

Stabilisatoren

Tieferlegen

Durch Tieferlegen eines Fahrzeugaufbaus und eine Verbreiterung der Spur erreicht man eine bessere Abstützung der Fliehkräfte in Kurven und eine höhere Kurvengeschwindigkeit. Um eine optimale Fahrwerksabstimmung zu erhalten, müssen Schwingungsdämpfer und Fahrzeugfedern aufeinander abgestimmt werden.

- Tieferlegungsfedern
  Durch spezielle Tieferlegungsfedern können die ursprünglichen Einfederwege verkürzt werden. Durch die progressiven und verkürzten Federn erhält man einen niedrigeren Schwerpunkt und damit eine sportliche Straßenlage. Aufgrund der reduzierten Federwege ist eine Erhöhung der Federrate erforderlich (s. Seite 503). Dadurch bedingt müssen straffere, gekürzte bzw. Rebound-Schwingungsdämpfer verwendet werden, die eine bessere Bodenhaftung gewährleisten.

- Sportstoßdämpfer
  Mit zunehmender Tieferlegung und Beladung des Fahrzeugs wird der Restfederweg (= möglicher Arbeitsweg des Schwingungsdämpfers) verringert. Durch Verwendung von Sportschwingungsdämpfern kann zusätzlicher Restfederweg gewonnen werden.
  Hauptmerkmale eines Sportschwingungsdämpfers sind
  - feste oder einstellbare Dämpfercharakteristik (Dämpferhärte),
  - verkürzte Gehäuse,
  - verkürzte Kolbenstangen,
  - Nutenverstellung (zum Einstellen der Fahrzeughöhe bei der Hinterachse).
- Sportfedersätze
  In einem Sportfedersatz sind Schwingungsdämpfer und Fahrwerksfedern schon zusammengebaut und aufeinander abgestimmt.

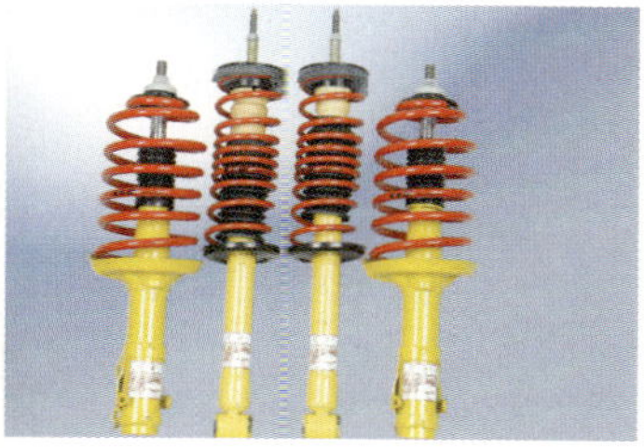
Pluskit

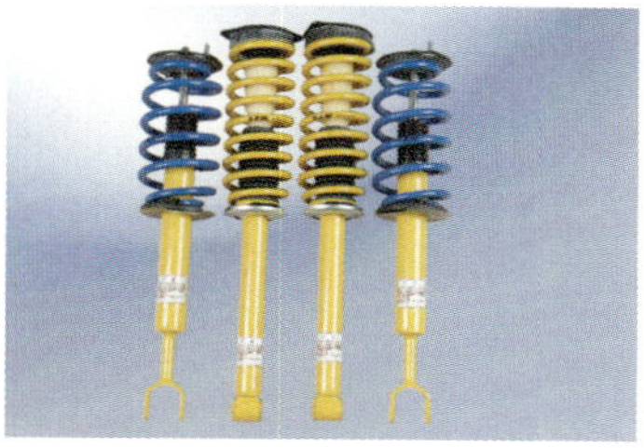
Performancekit

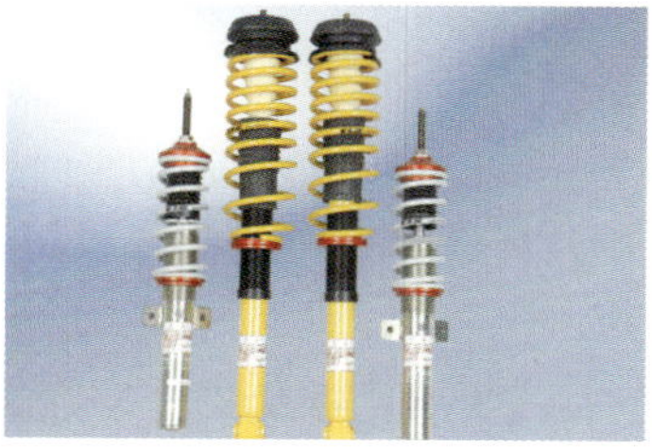
Profikit

Durch die Tieferlegung ergeben sich eine Reihe von Nachteilen:

- verminderte Bodenfreiheit,
- höhere Belastung anderer Fahrwerkskomponenten,
- bei großen Tieferlegungsraten sind zusätzliche Umrüstungen erforderlich, um die Rad-Freizügigkeit zu gewährleisten, z. B. Radkastenumbau.

Springkit

4.3 Änderungen am Fahrwerk und der Betriebserlaubnis

Über zulässige bzw. unzulässige Veränderungen am Fahrwerk gibt die Straßenverkehrs-Zulassungsordnung im § 19, Abs. 2 StVZO Auskunft. Grundsätzlich erlischt die Betriebserlaubnis, wenn fremde Teile eingebaut werden. Es ist dann eine Einzelabnahme nach § 21 StVZO erforderlich.

Mit einem Teilegutachten ist allerdings heute die vereinfachte Eintragung des Fahrwerks nach § 19, Abs. 3 StVZO möglich. Es ist nur noch beim TÜV oder einer sonstigen autorisierten Prüforganisation (DEKRA, GTÜ) eine Anbaubescheinigung nach § 19, Abs. 4 StVZO einzuholen. In diesem Fall wird lediglich der korrekte Einbau und die Erfüllung eventueller Auflagen überprüft.

Die technischen Änderungen müssen in den Fahrzeugpapieren dokumentiert werden. Für die eigentliche Eintragung nach § 27 StVZO durch die Zulassungsstelle genügt es, die Änderung nachtragen zu lassen, wenn das Fahrzeug ab- oder umgemeldet wird. Die Anbaubescheinigung ist allerdings mitzuführen.

4.4 Nachrüsten: Anhängerkupplung

Fahrzeug: VW Golf V, Limousine Baujahr 11.03

Auftrag: Sie erhalten den Auftrag, eine Anhängerkupplung mit abnehmbarem Kupplungskopf in das Fahrzeug einzubauen.

Informationsbeschaffung:

Fachinformationen: Fa. Westfalia-Automotive GmbH, www.westfalia-automotive.de
Einbauanleitung: Internetrecherche

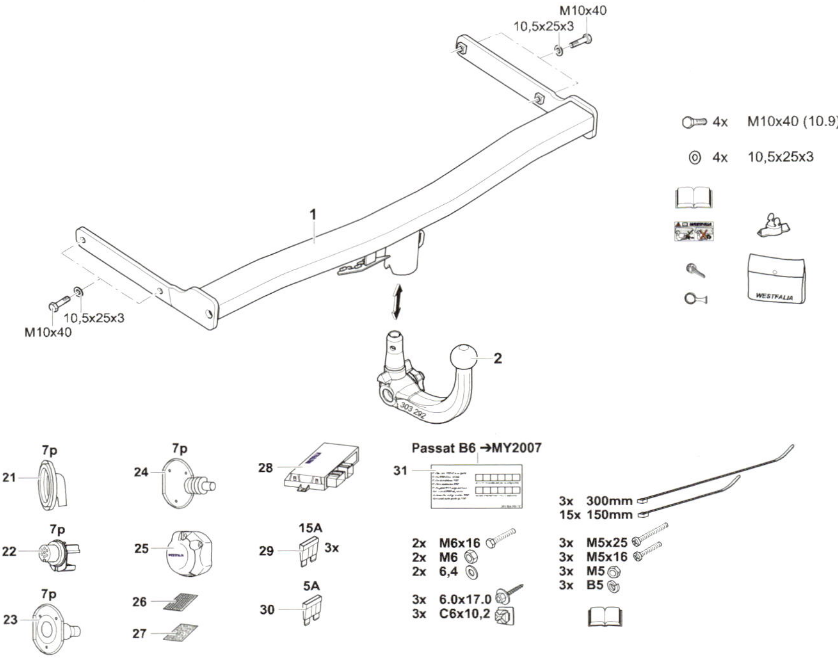

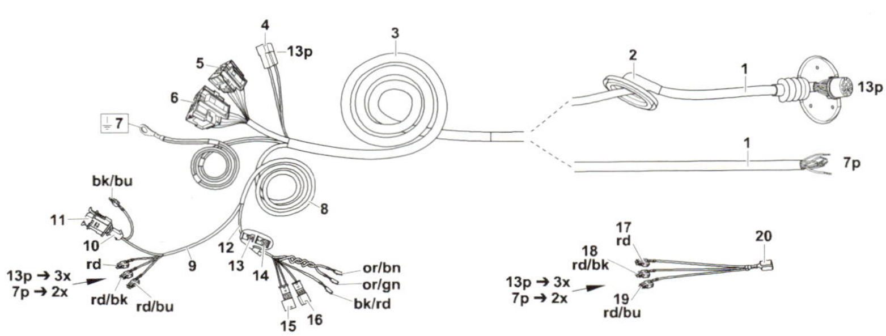

Lernaufgaben

1. Überprüfen Sie, ob die Daten der Anhängerkupplung mit den Daten des Fahrzeugs übereinstimmen.
2. Der Hersteller der Anhängerkupplung stellt in der Einbauanleitung nur eine bildliche Darstellung ohne Text zur Verfügung. Entwickeln Sie einen entsprechenden Arbeitsplan.
3. Entwickeln Sie die Betriebsanweisung für den Kunden.

4.5 Umrüsten auf LED-Rückleuchten

Kundenwunsch: LED-Rückleuchten

Fahrzeug: Golf 6

Informationsbeschaffung:

Fachinformationen: Seiten 195/196,
www.hella.com → Kernkompetenzen → Innovative Lichtsysteme → Technische Informationen Lichttechnik
Einbauanleitung: Internetrecherche

Äußere und innere LED-Rückleuchten von Hella

Lernaufgaben

1. Wie wird bei LED-Leuchten Licht erzeugt?
2. Welche Vorteile haben LED-Leuchten?
3. Wie hoch ist die Betriebsspannung einer LED-Leuchte?
4. Entwickeln Sie den Arbeitsplan zur Umrüstung auf LED-Rückleuchten.

4.6 Umrüsten: Scheinwerferanlage

Kundenwunsch: Halogen-Scheinwerferanlage durch eine Xenon-Scheinwerferanlage ersetzen

Fahrzeug: BMW 3 (E 36)

Informationsbeschaffung:

> **i**
> Fachinformationen: Scheinwerfersysteme mit Gasentladungsanlagen Seite 197
> www.hella.com; Technische Daten Umrüstsatz von Hella:
> Set mit Gasentladungslampe, mit Glühlampen, mit Stellmotor für LWR, mit Vorschaltgerät; Lampenart: D2R, H7, PY21W; Leuchtefunktion: mit Blinklicht; Leuchten-Bauart: Halogen, Xenon;
> Einbauanleitung: Internetrecherche

Montageanleitung Xenon Nachrüstsatz

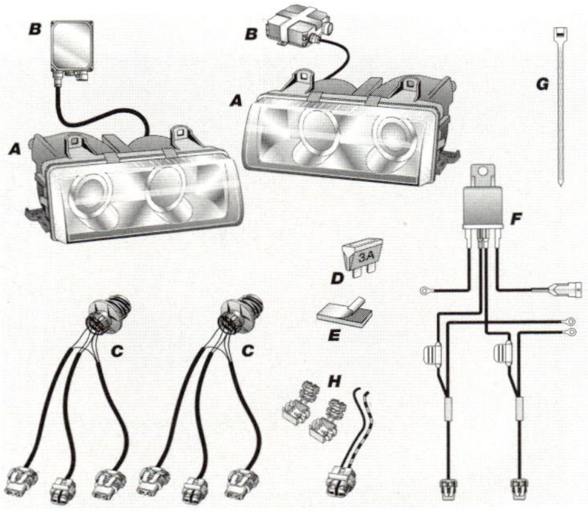

Montagesatz Xenon

- A Scheinwerfer
- B Vorschaltgerät
- C Adapterkabel (nicht für Compakt)
- D Standlichtsicherung 3 A
- E Moosgummi
- F Relais mit Xenon Kabelbaum
- G Kabelbinder
- H Positionslicht-Stecker mit Einschneidverbindern

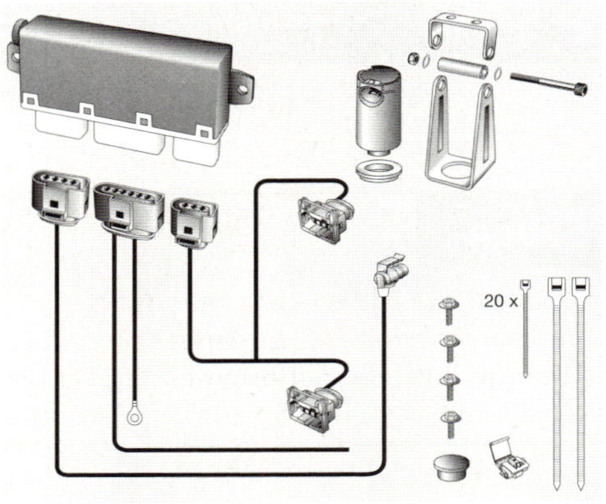

Ultraschall-Leuchtweiten-Regulierung
(gehört nicht grundsätzlich zum Lieferumfang)

Lernaufgaben

1. Welche gesetzlichen Vorgaben sind beim Nachrüsten von Scheinwerfern zu beachten?
2. Welche Bedeutung haben die o. a. Begriffe des Umrüstsatzes?
3. Welche Leuchtenart ist für Abblendlicht, welche für Fernlicht zuständig?
4. Wie arbeitet das Vorschaltgerät?
5. Wie arbeitet die Leuchtweitenregelung?
6. Erstellen Sie einen Arbeitsplan zur Montage der Xenon-Scheinwerfer und der Leuchtweitenregelung.

4.7 Nachrüsten: Tagfahrlicht

Kundenwunsch: Der Kunde will sein Fahrzeug mit Tagfahrlicht ausrüsten

Fahrzeug: Sie wählen das Fahrzeug

Informationsbeschaffung:

Fachinformationen:
www.tagfahrlicht.de
www-hella.com
Einbauanleitung: Internetrecherche

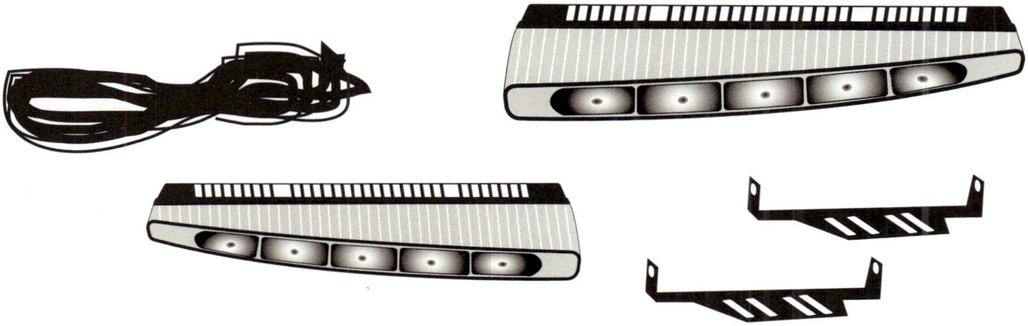

Lernaufgaben

1. Welche rechtlichen Bestimmungen sind zu beachten?
2. Worauf ist beim Kauf eines Nachrüstsatzes zu achten?
3. Entwickeln Sie einen Arbeitsplan zum Nachrüsten eines Fahrzeugs auf Tagfahrlicht.

Bildquellenverzeichnis

Den nachfolgend aufgeführten Firmen danken wir für die Überlassung von Informationsmaterial, Fotos, Vorlagen und fachlicher Beratung.

Adam Opel AG, Rüsselsheim: S. 25.1, 80.1, 109.3, 116.4-5
BASF SE, Ludwigshafen: S. 29.1, 30.1
Wilhelm Böllhoff GmbH & Co. KG, Bielefeld: S. 107.1-2
CEMP S.p.A, Mandello del Lario: S. 127.1-2
Continental Aftermarket GmbH (ATE), Frankfurt: S. 33.1
Continental Aktiengesellschaft, Hannover: S. 59.2, 123.1-5
Deutsche Gesetzliche Unfallversicherung (DGUV), München: S. 39.1, 240.2-3
Eberspächer Climate Control Systems GmbH & Co. KG, Esslingen: S. 118.7-9
ELV Elektronik AG, Leer: S. 238.1-2
Ford AG, Köln: S. 17.2, 87.1, 90.3, 110.2, 111.1, 149.1, 232.1
GKN Walterscheid GmbH, Lohmar: S. 90.2
HAHN+KOLB WERKZEUGE GmbH: S. 115.5
HAZET-WERK, Remscheid: S. 89.4-5, 90.1, 132.3, 133.1, 134.1-2
Hella KGaA Hueck & Co., Lippstadt: S. 198.3, 247.1, 248.1-4
Henkel AG & Co. KGaA, Düsseldorf: S. 74.1-2, 78.1-2, 79.1-2, 89.1
IBS Scherer GmbH, Gau Bickelheim: S. 144.1
Jungheinrich AG, Hamburg: S. 130.2-4
K.A.W. Fahrwerkstechnik: S. 256.1-2, 257.1-4
Mahr GmbH, Göttingen: 114.5-8
Mercedes-Benz AG, Stuttgart: S. 17.1
Messer Group GmbH, Bad Soden: S. 90.1, 91.2-4, 94.2
OSKAR SCHWENK GmbH & Co. KG, Fellbach: S. 115.6
PEWA Messtechnik GmbH, Schwerte: S. 163.2, 177.1-4, 242.1
Robert Bosch GmbH, Stuttgart: S. 10.1, 19.1, 20.3, 41.1, 131.1, 132.1-2, 143.7, 158.1, 233.1, 236.1-2, 237.1-3, 239.1-2
SKF GmbH, Schweinfurt: S. 123.6-7
Volkswagen AG, Wolfsburg: S. 9.1-7, 13.1-2, 16.1, 18.1-2, 21.1, 24.1-2, 40.2-3, 49.2, 58.1-4, 73.1-2, 98.11-12, 140.1, 143.2-6, 150.3-5, 179.2, 180.1, 205.2, 209.1-4, 210.1-6, 212.2-3, 213.1, 241.3-5
WESTFALIA-Automotive GmbH, Rheda-Wiedenbrück: S. 246.1
Westfalia, Hagen: S. 134.1
ZF Friedrichshafen AG, Schweinfurt: S. 253.1

Technische Zeichnungen:
MD-Grafikdesign, Michele DI Gaspare, Bergheim
OKS, Delhi (Indien)

Titelfoto:
Robert Bosch GmbH, Stuttgart

Sachwortverzeichnis